Ennio Marques
Palmeira

GEOSSINTÉTICOS
em geotecnia e meio ambiente

Grafia atualizada conforme o Acordo Ortográfico da Língua
Portuguesa de 1990, em vigor no Brasil desde 2009.

Capa Malu Vallim
Projeto gráfico Alexandre Babadobulos
Diagramação Douglas da Rocha Yoshida
Preparação de figuras Vinicius Araujo
Preparação de textos Hélio Hideki Iraha
Revisão de textos Renata Sangeon
Impressão e acabamento BMF gráfica e editora

Dados Internacionais de Catalogação na Publicação (CIP)
(Câmara Brasileira do Livro, SP, Brasil)

Palmeira, Ennio Marques
Geossintéticos em geotecnia e meio ambiente /
Ennio Marques Palmeira. -- São Paulo : Oficina de Textos, 2018.

Bibliografia
ISBN 978-85-7975-298-8

1. Engenharia civil 2. Geotecnia 3. Geotecnia -
Aspectos ambientais 4. Geossintéticos 5. Meio ambiente I. Título.

18-18729 CDD-677.4

Índices para catálogo sistemático:
1. Geossintéticos : Tecnologia 677.4

Maria Alice Ferreira - Bibliotecária - CRB-8/7964

Rua Cubatão, 798
CEP 04013-003 São Paulo SP
tel. (11) 3085 7933
www.ofitexto.com.br
atend@ofitexto.com.br

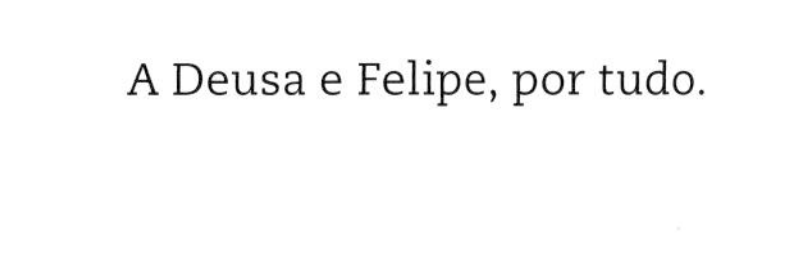

A Deusa e Felipe, por tudo.

AGRADECIMENTOS

Este livro não é somente o resultado do trabalho e da dedicação do autor, pois muitas outras pessoas contribuíram para sua versão final. Assim, há muitos a quem agradecer. Primeiramente a Deus, pelos caminhos que me fez trilhar, e à minha família, pelo apoio incondicional. Agradeço aos mestres que me formaram profissionalmente e que até hoje são referências como profissionais e figuras humanas. Minha gratidão ao Prof. Fernando E. Barata, que, como mestre e exemplo, me atraiu para a Geotecnia. Ao Prof. Willy A. Lacerda, que fez o convite para que eu desenvolvesse minha dissertação de mestrado no Instituto de Pesquisas Rodoviárias (IPR/DNIT), pela generosidade e pela amizade de décadas. Foi no IPR, na década de 1970, que tomei contato com as primeiras publicações sobre geossintéticos, quando estes ainda estavam engatinhando em termos de divulgação mundial. Também no IPR tive a felicidade e o prazer de conhecer e trabalhar com excelentes profissionais, como Alberto Ortigão, Alberto Sayão, Márcio S. S. Almeida, Mauro Werneck, Roberto Q. Coutinho e Sandro Sandroni, entre vários outros amigos e colegas. Agradeço também aos professores George W. E. Milligan e Peter Wroth, pelos exemplos e ensinamentos durante meu doutoramento. A troca de experiências e a amizade com diversos profissionais que atuam na academia e na indústria dos geossintéticos também foram muito enriquecedoras e certamente contribuíram para o desenvolvimento deste livro. Entre eles, cabe citar Benedito S. Bueno, Delma Vidal, Jorge G. Zornberg, Maria G. Gardoni Almeida e Maurício Ehrlich. Também sou grato à Universidade de Brasília (UnB), particularmente aos colegas e amigos do Programa de Pós-Graduação em Geotecnia e aos seus ex-alunos, em especial os de pós-graduação, cujos resultados de pesquisas subsidiaram várias partes desta obra, bem como aos órgãos de fomento e empresas que os financiaram. Agradeço também às empresas Geo Soluções, Huesker, Maccaferri e Ober, pelo patrocínio, e à Oficina de Textos, pela editoração e produção.

Um livro sobre uma temática tão abrangente não deve ter a pretensão de ser completo nem perfeito. Desse modo, críticas e sugestões para aprimorá-lo serão muito bem-vindas. Tê-lo concluído foi também consequência de cobranças e incentivos diversos ao longo dos anos. Assim, cabe o apelo já feito por dois de meus ídolos na área musical...

> *"Sir or Madam*
> *Will you read my book?*
> *It took me years to write*
> *Will you take a look?"*

(de *Paperback Writer*, John W. Lennon & Sir J. Paul McCartney)

O autor

APRESENTAÇÃO

Dá-me grande satisfação escrever a apresentação do livro sobre geossintéticos do Prof. Ennio Palmeira. Isso porque creio ter tido participação na trajetória do autor no estudo desses notáveis materiais. O envolvimento do Ennio com os geossintéticos teve seu ponto de partida quando ele me procurou para discutirmos o tema da sua dissertação de mestrado na Coppe, no final de 1977. Nessa ocasião, convidei-o para que se juntasse ao grupo de pesquisadores da Coppe que participava do programa de pesquisas sobre aterros sobre solos moles do Instituto de Pesquisas Rodoviárias (IPR/DNIT). Lá no IPR, o Ennio tomou contato com os anais do primeiro evento sobre geossintéticos, que tinham sido recentemente adquiridos pelo instituto e acabaram por selar seu destino profissional, fazendo dele pioneiro em pesquisas sobre esses materiais no país. O resto é história.

Este livro é composto de dez capítulos, que apresentam de forma abrangente assuntos importantes sobre geossintéticos e suas aplicações em Engenharia Geotécnica e em obras de proteção ambiental. É mostrada não só a fundamentação teórica mas também considerações práticas e exemplos de cálculos. Ao final do livro, são listadas referências que permitirão ao leitor se aprofundar mais nos temas tratados.

O Cap. 1 apresenta os tipos e funções dos geossintéticos. Constata-se a versatilidade desses materiais e que eles podem ser utilizados combinados ou em substituição a materiais naturais em quase todos os problemas geotécnicos. Também é exposto um histórico do desenvolvimento dos geossintéticos no país e no exterior, além de informações úteis para os leitores.

No Cap. 2, mostram-se os tipos de polímero empregados na confecção de geossintéticos e são discutidas e enfatizadas as características e propriedades dos polímeros que podem influenciar o comportamento de produtos geossintéticos. Esse conhecimento se mostrará importante ao serem apresentadas as aplicações de geossintéticos em obras geotécnicas e geoambientais, em capítulos seguintes.

O Cap. 3 apresenta e discute os ensaios de laboratório utilizados para quantificar propriedades físicas, mecânicas e químicas de geossintéticos que são fundamentais para projeto. Também são exibidos aspectos relevantes relacionados à realização de ensaios, bem como faixas típicas de variação de valores de propriedades de geossintéticos, o que é muito útil para projetistas.

Até o Cap. 3 são expostos os conhecimentos básicos necessários sobre os geossintéticos como materiais de construção. A partir do Cap. 4 iniciam-se as apresentações de métodos de projeto utilizando geossintéticos em suas diversas funções. Este capítulo aborda o uso desses materiais como elementos drenantes e de filtro. Métodos para a especificação de produtos são apresentados, bem como cuidados e requisitos para a instalação apropriada na obra.

O uso de geossintéticos em obras de proteção ambiental é abordado no Cap. 5. Temas como obras de controle de erosões e sistemas de barreiras geossintéticas em obras de disposição de resíduos são apresentados e discutidos. Também são discutidos requisitos para tais aplicações, exemplos de cálculo e aspectos a serem observados na especificação, controle de execução e avaliação de desempenho de geossintéticos em obras de proteção ambiental.

O Cap. 6 aborda a utilização de geossintéticos em obras hidráulicas. São mostrados os condicionantes de projeto e aplicações em canais, reservatórios e barragens. Exemplos de obras executadas são também fornecidos. De particular relevância é a apresentação de aplicações em barragens, onde geossintéticos ainda são pouco empregados no país.

Do Cap. 7 em diante, o livro aborda temas relacionados às diferentes aplicações de geossintéticos em reforço de solos. O Cap. 7 mostra o uso de geossintéticos em obras viárias, tais como vias não pavimentadas, vias pavimentadas e plataformas de serviço. São apresentados os benefícios trazidos pelo reforço geossintético, bem como métodos de projeto e exemplos de cálculo.

No Cap. 8, aborda-se a utilização de geossintéticos em reforço de aterros sobre solos com baixa capacidade de suporte. Modernas abordagens desse tipo de aplicação são exibidas, incluindo os benefícios do reforço, métodos de análise de estabilidade, requisitos para o geossintético, aspectos construtivos, aterros sobre estacas, aterros sobre colunas granulares encamisadas e exemplos de cálculo. Neste capítulo, é apresentada também a utilização de geossintéticos como elementos para a aceleração de recalques por mecanismos de drenagem vertical e radial.

Estruturas de contenção e taludes íngremes reforçados são descritos e apresentados no Cap. 9. São mostrados diferentes tipos de muros reforçados, processos construtivos, métodos de dimensionamento e avaliação de deslocamentos horizontais da face. Neste capítulo, é também discutido o emprego de geossintéticos na construção de barreiras de impacto contra queda e rolamento de blocos rochosos em taludes, assim como são apresentados exemplos de cálculo.

O Cap. 10, o último do livro, aborda outras aplicações de geossintéticos em obras de reforço de solos, aplicações não tão comuns quanto as apresentadas em capítulos anteriores. Esses são os casos de reforço de fundações superficiais, utilização de fibras misturadas ao solo e reforço de aterros sobre cavidades.

Uma importante característica do livro é não só reunir a experiência de 40 anos do autor em pesquisas sobre geossintéticos, mas também sua completeza, abrangência e nível de atualidade dos processos e métodos apresentados e discutidos. A grande quantidade de dados para projeto e exemplos de cálculo complementam e facilitam o entendimento das teorias apresentadas.

Sem dúvida, esta publicação é uma excepcional contribuição do Prof. Ennio Palmeira para o meio técnico e científico sobre materiais cada vez mais presentes em obras geotécnicas e de geotecnia ambiental. Será útil para engenheiros e alunos de cursos de graduação e pós-graduação. Trata-se de uma obra indispensável nas bibliotecas dos engenheiros geotécnicos.

Finalizo parabenizando o autor por esta excelente contribuição para o meio técnico e científico nacional. Voltando no tempo, creio que valeu muito a pena ter sugerido ao Ennio desenvolver sua pesquisa de mestrado no IPR.

Rio de Janeiro, junho de 2018
Willy Alvarenga Lacerda
Professor emérito da UFRJ

SUMÁRIO

Parte I

TIPOS, FUNÇÕES E PROPRIEDADES DOS GEOSSINTÉTICOS

GEOSSINTÉTICOS: TIPOS E FUNÇÕES

1

1.1 Tipos e definições

De forma sucinta, entende-se por geossintético o produto polimérico para uso em obras geotécnicas e de proteção ambiental. Em sua concepção mais abrangente, inclui os produtos oriundos de polímeros manufaturados ou naturais, embora os primeiros predominem na maioria das aplicações, particularmente naquelas que requerem elevadas vidas úteis. Esses produtos podem ser utilizados em uma grande variedade de problemas geotécnicos, tais como reforço (estruturas de contenção, taludes íngremes ou aterros sobre solos moles) ou estabilização de solos, drenagem e filtração, barreiras para fluidos e gases, controle de erosão, barreira de sedimentos, proteção ambiental etc.

Atualmente, dispõe-se de uma grande variedade de produtos geossintéticos, cuja terminologia (com base na norma NBR 12553/2003), abreviações e características básicas são:

- *Geobarra (GB)*: produto em forma de barra, com função predominante de reforço.
- *Geotêxtil (GT)*: produto têxtil permeável, utilizado predominantemente na Engenharia Geotécnica e Geoambiental, com funções de drenagem, filtração, reforço, separação e proteção (Fig. 1.1). De acordo com o processo de manufatura, pode ser classificado em:
  - ◊ *Geotêxtil não tecido (GTN)*: produto composto de fibras ou filamentos distribuídos espacialmente de forma aleatória. Dependendo do processo de solidarização das fibras, pode ser subclassificado em:
    - ▸ *Geotêxtil não tecido agulhado (GTNa)*: as fibras são ligadas mecanicamente por processo de agulhagem.
    - ▸ *Geotêxtil não tecido termoligado (GTNt)*: as fibras são interligadas por fusão parcial por meio de aquecimento.
    - ▸ *Geotêxtil não tecido resinado (GTNr)*: as fibras são interligadas por meio de produtos químicos.
  - ◊ *Geotêxtil tecido (GTW)*: produto resultante do entrelaçamento de fios, filamentos ou laminetes segun-

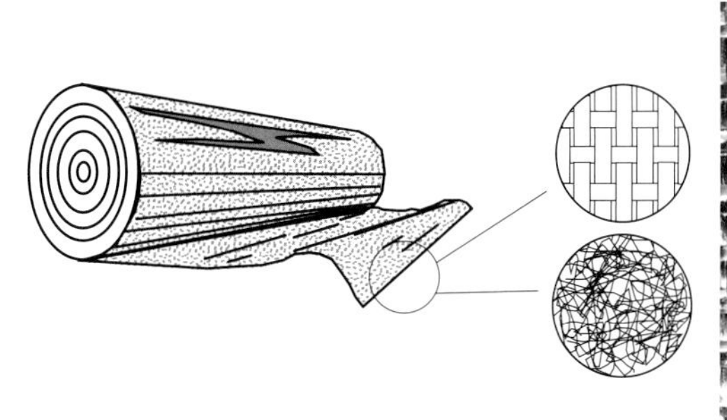

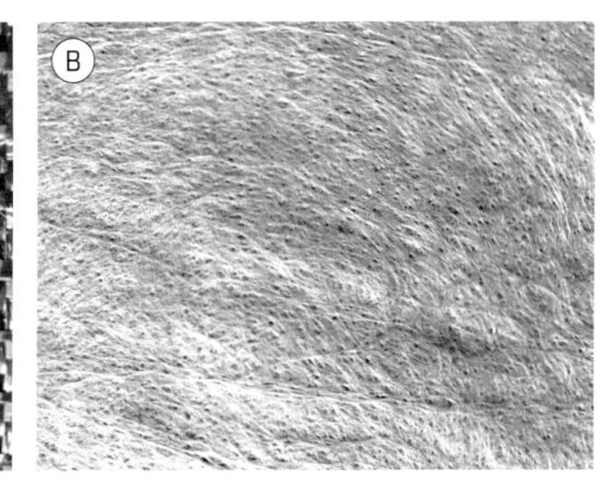

Fig. 1.1 (A) Geotêxtil tecido e (B) geotêxtil não tecido (imagens ampliadas)

do direções preferenciais de fabricação, denominadas trama (sentido transversal) e urdume (sentido longitudinal).

◊ *Geotêxtil tricotado (GTK)*: produto cujos fios são entrelaçados por tricotamento.

- Os geotêxteis podem ser altamente anisotrópicos no que diz respeito a propriedades de engenharia relevantes. Por exemplo, os coeficientes de permeabilidade na direção normal ao plano da manta e ao longo do plano da manta podem ser bem diferentes. O mesmo se aplica à resistência e rigidez à tração em diferentes direções, particularmente nos geotêxteis do tipo tecido. Assim, quando esses materiais são utilizados como reforço, é de fundamental importância atentar para a coincidência entre a direção de máxima solicitação imposta pela obra e a direção de máxima resistência e rigidez do reforço.
- *Geogrelha (GG)*: estrutura plana em forma de grelha constituída por elementos com função predominante de resistência à tração (Fig. 1.2). De acordo com o processo de manufatura, pode ser classificada em:

◊ *Geogrelha extrudada (GGE)*: confeccionada por processo de extrusão e sucessivo estiramento. O estiramento em sentido único origina geogrelhas unidirecionais, ao passo que o estiramento nos dois sentidos origina geogrelhas bidirecionais.

◊ *Geogrelha soldada (GGB)*: nesse caso, os elementos de tração longitudinais e transversais da geogrelha são soldados nas juntas, geralmente produzidas com feixes de filamentos recobertos por capa protetora.

◊ *Geogrelha tecida (GGW)*: formada por elementos de tração longitudinais e transversais tricotados ou tecidos nas juntas, geralmente produzidos com feixes de filamentos revestidos por capa protetora.

- As geogrelhas também podem apresentar anisotropia de resistência e rigidez à tração nas direções normal e paralela à direção do eixo do rolo. Geogrelhas uniaxiais são anisotrópicas em termos de resistência e rigidez à tração, com a resistência em uma direção (geralmente a normal à direção do eixo do rolo) significativamente maior que na outra. Geogrelhas biaxiais apresentam os mesmos valores, ou valores próximos, de resistência e rigidez à tração nas direções normal e paralela ao eixo do rolo. No caso de geogrelhas uniaxiais, sua correta orientação diante das solicitações esperadas na obra também é de fundamental importância. Mais recentemente estão disponíveis geogrelhas multiaxiais, com aberturas com forma triangular (Fig. 1.2B).
- *Geotira (GI)*: tira plástica para utilização como reforço em obras de solo reforçado. É fornecida em rolos e geralmente constituída por feixes de fibra sintética (poliéster, por exemplo) envolta por capa ou matriz de material de proteção (PVC ou polietileno).
- *Geocélula (GL)*: produto com estrutura tridimensional aberta, constituída por células interligadas que confinam mecanicamente os materiais nelas inseridos, com função predominante de reforço e controle de erosão, podendo também, por empilhamento, formar estruturas de contenção de gravidade (Fig. 1.3). As geocélulas são fornecidas comprimidas, o que facilita o transporte. Na obra, são expandidas, e grampos são utilizados para manter os painéis abertos após a instalação sobre o terreno e antes de seu preenchimento. O preenchimento estratégico de unidades celulares selecionadas também pode manter todo o painel aberto sobre o terreno durante a execução da obra.
- *Geocomposto (GC)*: produto formado pela associação de um ou mais geossintéticos. Dependendo da função predominante, pode resultar em geocomposto para drenagem, para reforço etc. (Fig. 1.4).

◊ *Geocomposto argiloso (GCL)*: produto formado pela associação de geossintéticos a um material argiloso de baixa permeabilidade com a finalidade de funcionar como barreira contra líquidos e gases (Fig. 1.5). Internacionalmente, é conhecido pela terminologia GCL, sigla de *geocomposite clay liner*.

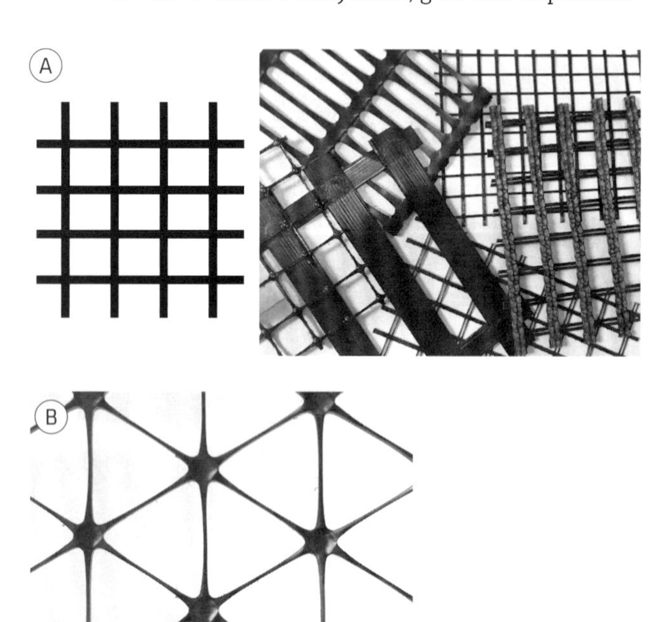

Fig. 1.2 (A) Geogrelhas uniaxiais e biaxiais típicas e (B) geogrelha multiaxial
Fonte: cortesia de (A) Huesker, Maccaferri e Tensar e (B) Tensar.

Fig. 1.3 Geocélula
Foto: cortesia de Geo Soluções.

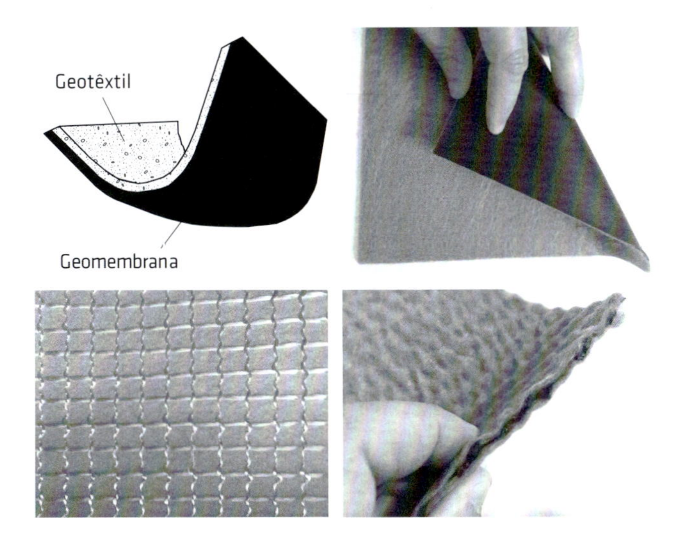

Fig. 1.4 Geocompostos
Fotos: cortesia de Ober/Sansuy, Huesker e Roma.

◊ *Geocomposto para drenagem (GCD)*: associação de um ou mais geossintéticos formando produto para drenagem (Fig. 1.6). É fornecido em rolos e instalado no terreno para drenagem em taludes, escavações e para a aceleração de recalques de aterros sobre solos moles. No caso de aceleração de adensamento de solos moles, os geocompostos para drenagem são também conhecidos como

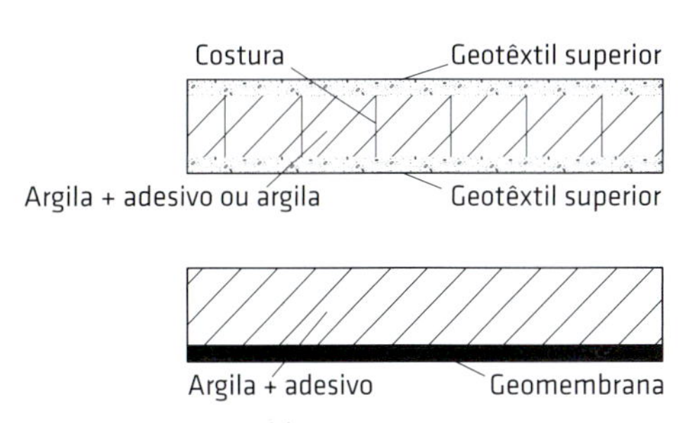

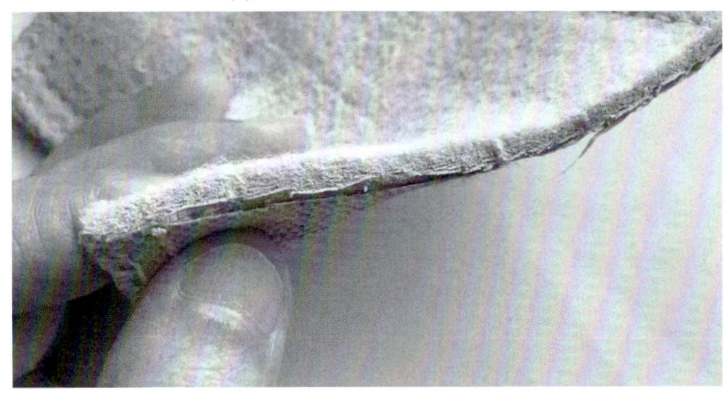

Fig. 1.5 Alguns tipos de geocomposto argiloso
Foto: cortesia de Ober.

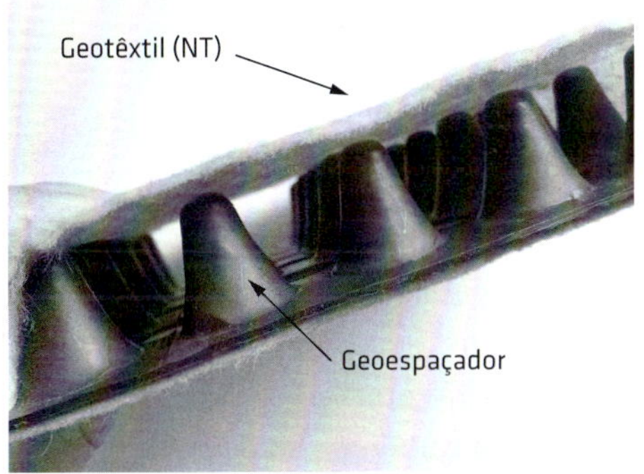

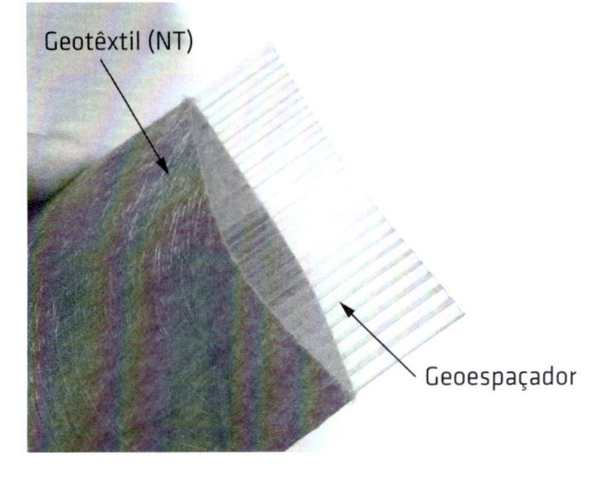

Fig. 1.6 Geocompostos para drenagem
Fotos: cortesia de Maccaferri e Contech.

drenos sintéticos, drenos pré-fabricados ou drenos em tira. As grandes vantagens desses produtos em relação aos drenos naturais (granulares) são facilidade de transporte, uniformidade e homogeneidade do produto e rapidez de instalação.

- *Geoespaçador (GS)*: componente sintético visando prover grande quantidade de espaços vazios entre estruturas contíguas, com função principal de drenagem (Fig. 1.7).

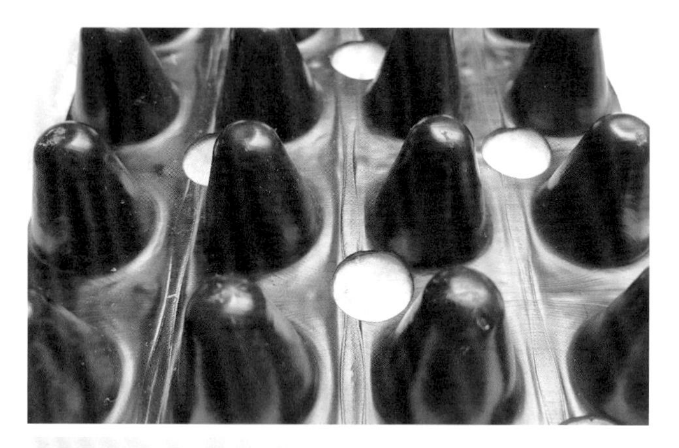

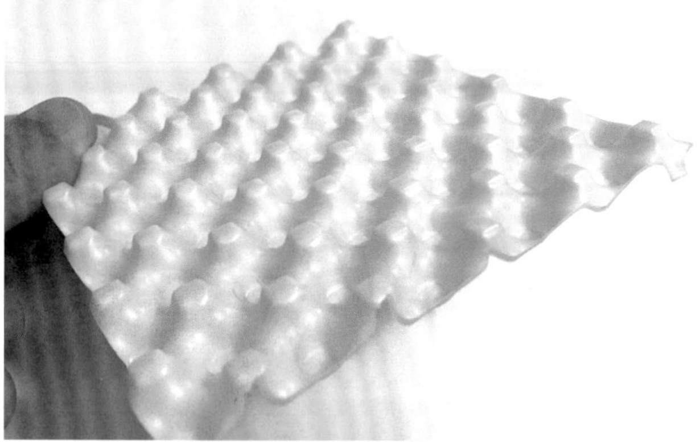

Fig. 1.7 Geoespaçadores
Foto: (cortesia de ABG).

- *Geoexpandido (GE)*: produto fabricado com polímero expandido visando reduzir peso, em substituição a materiais de aterro granulares convencionais (Fig. 1.8). Tipicamente, pode apresentar massas específicas de 10 kg/m^3 a 50 kg/m^3.
- *Geobloco ou geoespuma*: bloco confeccionado com material de baixa densidade (geoexpandido) para substituição de materiais de aterros convencionais ou redução de tensões sobre outras estruturas (Fig. 1.9). Os geoblocos são leves, mas rígidos o suficiente para aplicações em obras civis. São geralmente dispostos manualmente nos locais apropriados com a utilização de poucos operários, em face do baixo peso de cada elemento. Podem ser interessantes em construção de aterros sobre solos moles, particularmente como aterros de encontros de pontes (Fig. 1.9).

Fig. 1.8 Geoexpandido

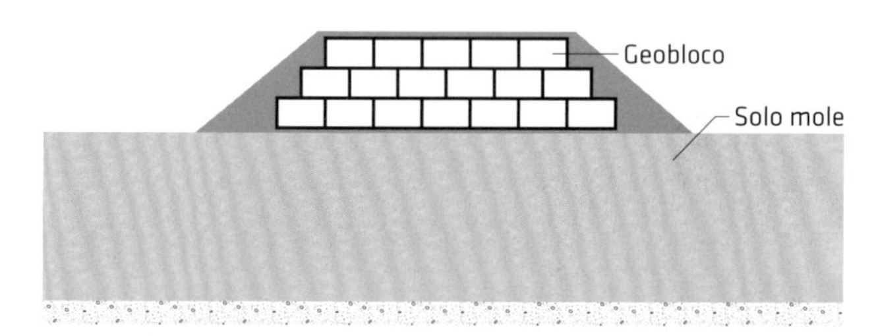

Fig. 1.9 Geoblocos em obra de aterro
Foto: cortesia de Sandro S. Sandroni.

- *Geofibra*: fibra sintética utilizada para misturas com solo visando reforço (Fig. 1.10). As fibras podem ser contínuas ou em segmentos (pequeno comprimento). Podem ser utilizadas para a construção de aterros rodoviários e bases de pavimentos ou como material de reaterro de estruturas de contenção. Uma variante dessa técnica de reforço de solo é a utilização de pequenos elementos de geogrelha misturados ao solo, no lugar das fibras individuais. Equipamentos especiais são necessários para conseguir uma mistura homogênea das fibras na matriz de solo, o que é fundamental para o bom desempenho do conjunto.

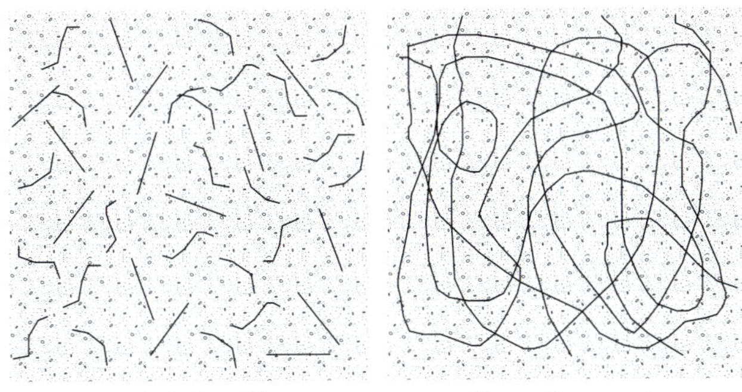

Fig. 1.10 Reforço de solo com fibras
Foto: cortesia de Maccaferri.

- *Geofôrma (GF)*: estrutura confeccionada com geossintéticos (geralmente geotêxteis) visando conter materiais provisória ou permanentemente, podendo ser utilizada em obras hidráulicas, controle de erosões e redução de umidade de resíduos, por exemplo (Fig. 1.11). Geofôrmas com comprimento substancialmente maior que a largura são também conhecidas como geofôrmas lineares ou geocontêineres.

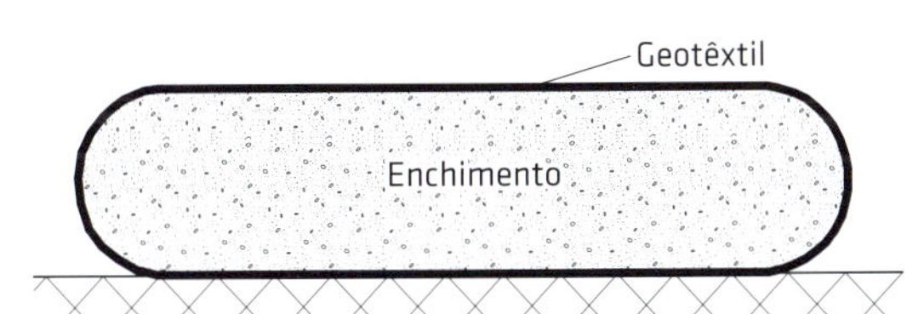

Fig. 1.11 Geofôrma
Foto: cortesia de Huesker.

- *Georrede (GN)*: estrutura em forma de grelha confeccionada de modo a apresentar grande volume de vazios, sendo utilizada predominantemente como meio drenante (Fig. 1.12).

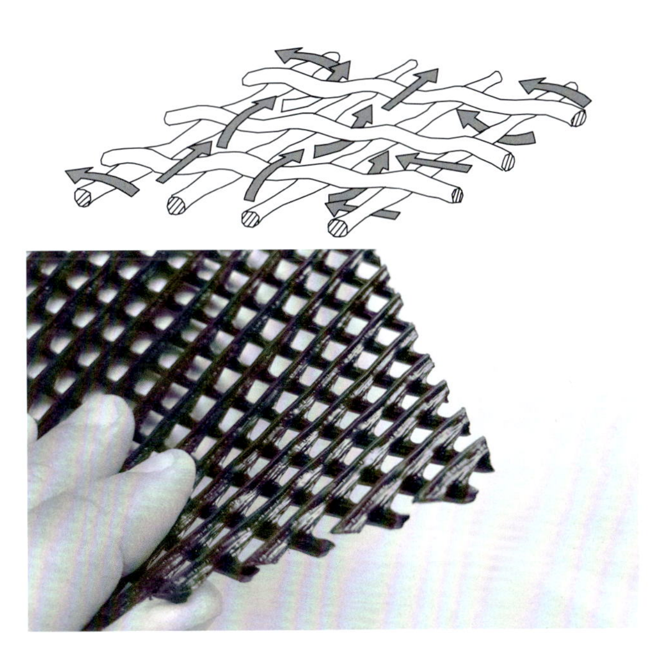

Fig. 1.12 Georrede
Foto: cortesia de Maccaferri.

- *Geomanta (GA)*: manta sintética para aplicação em obras de proteção contra erosão. No caso de ser biodegradável, é conhecida como biomanta (Fig. 1.13).

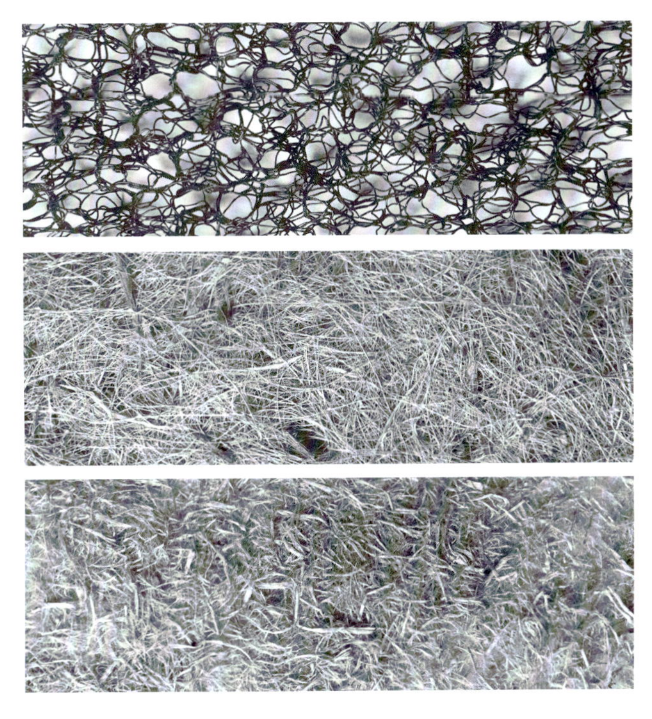

Fig. 1.13 Alguns tipos de geomanta
Fotos: cortesia de Maccaferri, Sintemax e Futerra.

- *Geomembrana (GM)*: produto bidimensional com baixíssimo coeficiente de permeabilidade (tipicamente 10^{-11} cm/s a 10^{13} cm/s) e utilizado como barreira ou em separação. As geomembranas podem ser produzidas com superfícies lisas ou rugosas e com diferentes cores (Fig. 1.14). São fornecidas em rolos ou painéis com variadas dimensões, sendo os painéis soldados no campo por meio de procedimentos especiais.

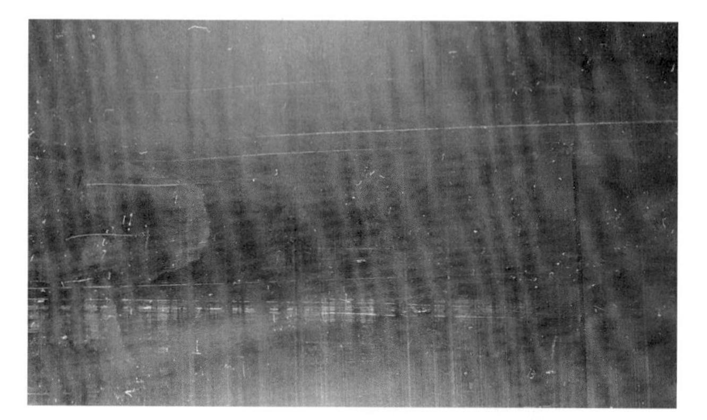

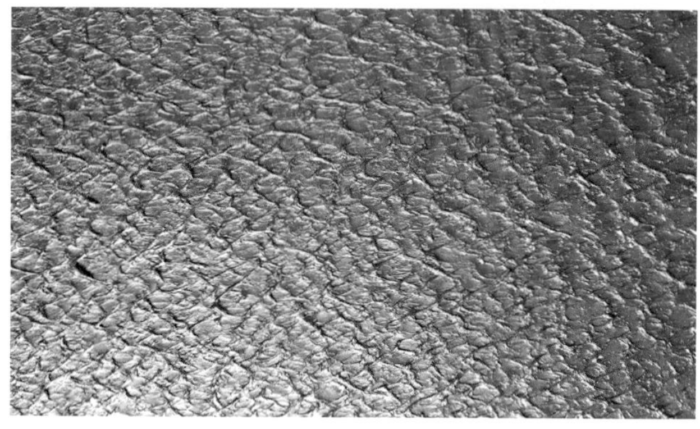

Fig. 1.14 Geomembranas (lisa e texturizadas)
Fotos: cortesia de Engepol e Neoplastic.

- *Geotubo (GP)*: tubo de material sintético para utilização em obras de drenagem (Fig. 1.15). Esses tubos podem ser produzidos com perfurações, para a confecção de drenos. Têm tido aplicação crescente em obras geotécnicas e de proteção ambiental devido à facilidade de instalação e à resistência a ataques químicos e biológicos, o que favorece seu emprego em obras de disposição de resíduos, nas quais outros materiais podem ser atacados pelos fluidos presentes.

Fig. 1.15 Geotubos
Foto: cortesia de Kanaflex.

- *Geossintético eletrocinético para drenagem (EKG)*: produto polimérico condutor de eletricidade que acelera o adensamento de solos moles saturados por meio de eletrosmose (Fig. 1.16).

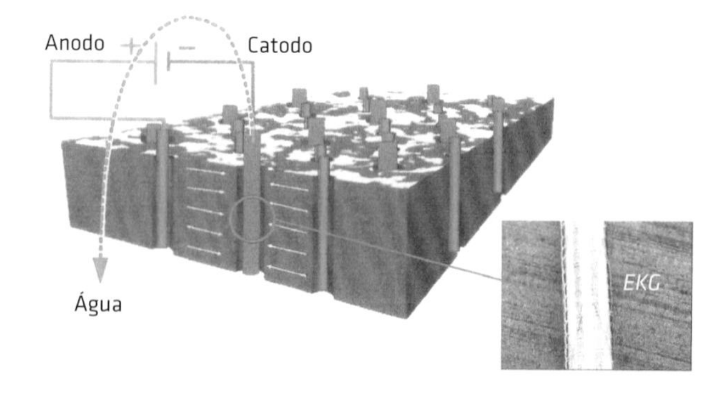

Fig. 1.16 Geossintético eletrocinético em drenagem de solos moles saturados
Fonte: modificado de Jones et al. (2006).

- *Tubos geotêxteis*: estruturas lineares formadas por tubos de geotêxtil encamisando material granular, em forma de salsichões, para utilização em obras hidráulicas, proteção e redução de umidade de resíduos (Fig. 1.17).

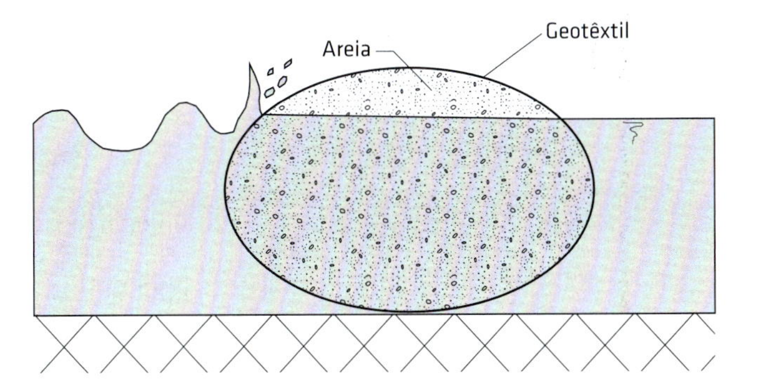

Fig. 1.17 Exemplo de aplicação de tubo geotêxtil em obra hidráulica

1.2 Funções dos geossintéticos

Uma camada de geossintético em uma obra pode ter uma ou mais das seguintes funções:

- *Reforço*: a presença da camada de geossintético tem a finalidade de reforçar um maciço de solo, conferindo-lhe maior resistência mecânica e menor deformabilidade. Alguns exemplos de obras em que camadas de geossintético desempenham a função de reforço são apresentados na Fig. 1.18.
- *Drenagem*: nesse caso, o geossintético visa drenar fluidos ou gases para regiões apropriadas. A Fig. 1.19 mostra alguns exemplos de obras onde camadas de geossintético podem desempenhar a função de drenos.
- *Filtração*: o geossintético funciona como filtro de um sistema drenante (Fig. 1.19) em obras geotécnicas e geoambientais, de forma semelhante a filtros granulares convencionais. Pode também ser utilizado como elemento filtrante para a redução do potencial poluente de lixiviados e resíduos.
- *Barreira*: nesse caso, a camada de geossintético tem a função de barrar ou minimizar a passagem de fluidos ou gases. Tal aplicação é de particular importância em obras de proteção ambiental e em obras hidráulicas. Geossintéticos podem também funcionar como barreiras de sedimentos em obras de controle de erosões ou para retardar a movimen-

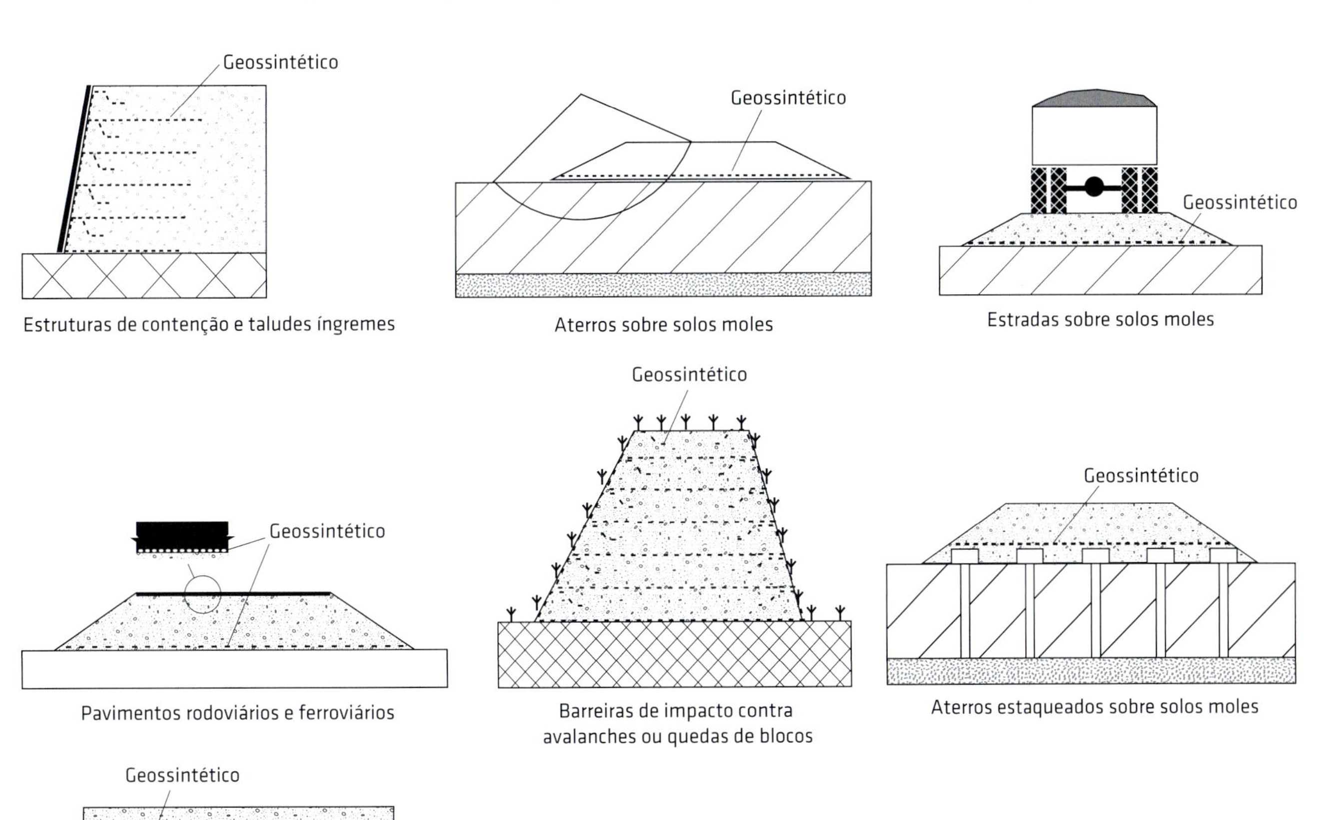

Fig. 1.18 Exemplos de aplicação de geossintéticos em reforço de solos

tação de dunas. A Fig. 1.20 apresenta exemplos de geotêxteis funcionando como barreiras.

- *Separação*: a camada de geossintético (tipicamente geotêxteis) tem a finalidade de separar materiais, como exemplificado na Fig. 1.21.
- *Proteção*: nesse tipo de função, o geossintético é utilizado para proteger uma camada de solo contra a erosão ou para proteger outra camada de geossintético (contra danos mecânicos, por exemplo), como esquematizado na Fig. 1.22.
- *Outras funções*: geossintéticos podem também ser usados como camada para aumentar ou reduzir a aderência entre superfícies (Fig. 1.22), como camada para diminuir tensões sobre estruturas e como materiais leves para aterros (geoexpandidos), como mostra a Fig. 1.23.

O Quadro 1.1 sumaria as funções de geossintéticos em obras geotécnicas e de proteção ambiental.

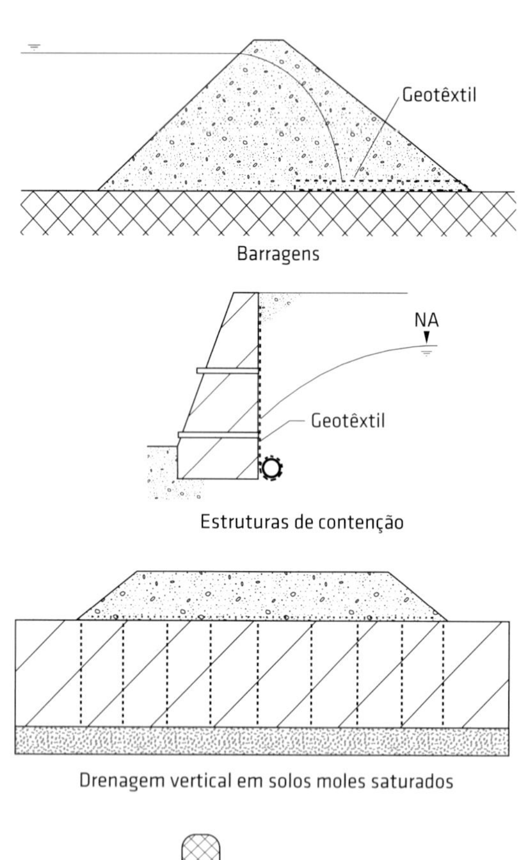

Fig. 1.19 Exemplos de aplicação de geossintéticos como drenos e filtros

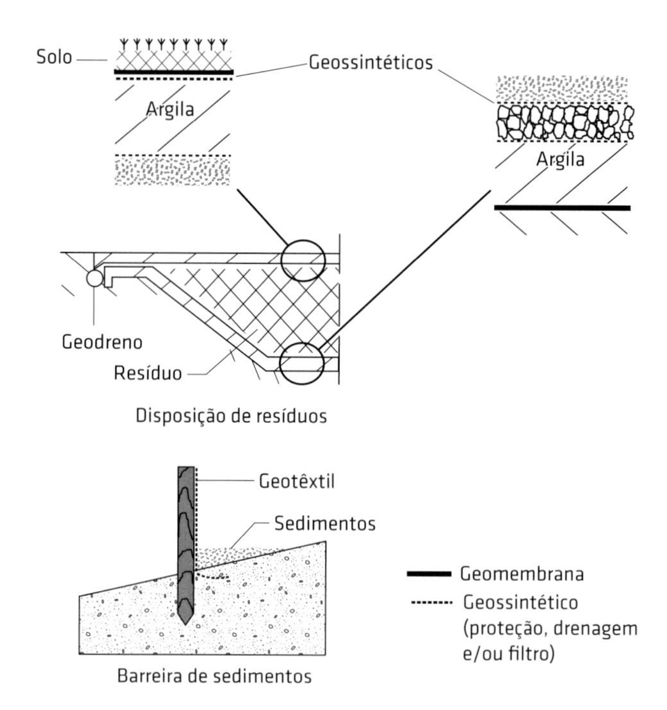

Fig. 1.20 Exemplos de aplicação de geossintéticos como barreiras

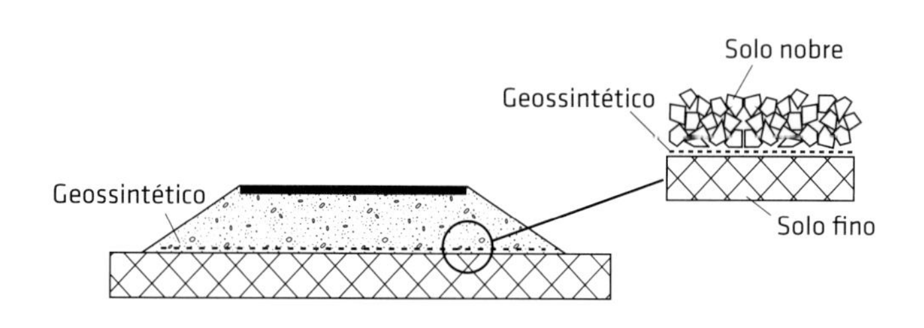

Fig. 1.21 Exemplo de aplicação de geossintéticos em separação em obras de pavimentação

1.3 Sustentabilidade e geossintéticos

A energia consumida pode ser um fator determinante no custo de fabricação de um material de construção. A fabricação de plásticos consome consideravelmente menos energia que a de outros materiais de engenharia. Por exemplo, o custo da energia utilizada na fabricação de alguns componentes metálicos comuns (alumínio e aço, por exemplo) corresponde a cerca de 70% a 80% do custo final do componente. Já no caso de plásticos, o custo relativo ao consumo de energia varia tipicamente entre 40% (PVC) e 55% (PEAD) do custo final do plástico (Crawford, 1998). Assim, no que se refere a geossintéticos, esse aspecto, associado à menor utilização de equipamentos e de água e à maior facilidade de execução, pode resultar em obras cujas construções provoquem menores impactos ambientais que as aplicações de soluções de engenharia convencionais.

Vários trabalhos na literatura (Stucki et al., 2011; Frischknecht et al., 2012; Heerten, 2012; Damians et al.,

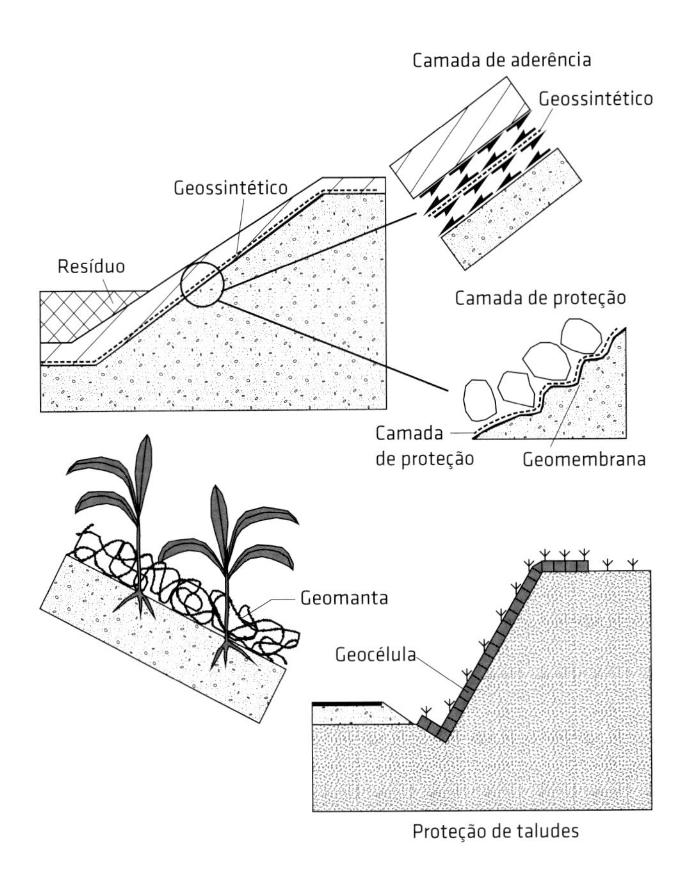

Fig. 1.22 Exemplos de aplicação de geossintéticos como proteção ou camada de aderência

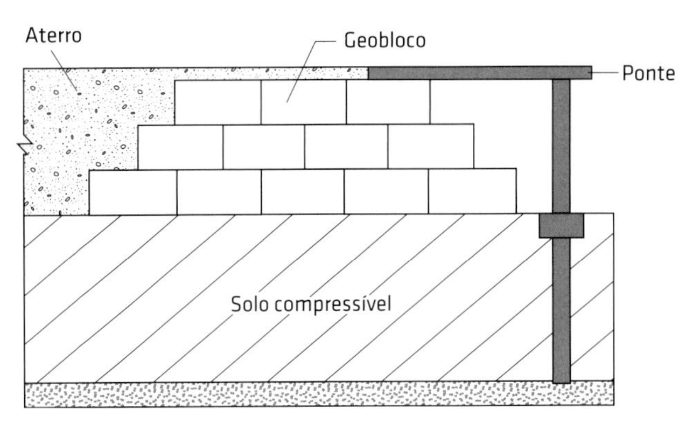

Fig. 1.23 Exemplo de aplicação de geoblocos de poliestireno expandido como aterro leve

2016) têm mostrado que a utilização de geossintéticos favorece a adoção de soluções de engenharia mais sustentáveis que as convencionais, com menos emissões de gases nocivos à atmosfera e reduções de consumo de água e de fontes de energia, por exemplo. Stucki et al. (2011) e Frischknecht et al. (2012) avaliaram impactos ambientais provocados por diferentes soluções geotécnicas com e sem geossintéticos. Foram analisados fatores como emissão de gases nocivos à atmosfera, consumo de água, eutrofização, acidificação, consumo de energia renovável e de energia não renovável, entre outros. A Fig. 1.24A-C

Quadro 1.1 TIPOS DE GEOSSINTÉTICO E PRODUTOS DERIVADOS E SUAS APLICAÇÕES TÍPICAS

Tipo	Função						
	Reforço	Separação	Drenagem	Filtração	Barreira	Proteção	Outra
Geoblocos							✓(1)
Geocélulas	✓					✓	✓(2)
Geocompostos	✓	✓	✓	✓	✓	✓	
Geocontêineres			✓			✓	✓
Geofôrmas			✓			✓	✓(2, 9)
Geodrenos			✓	✓			
Geoespaçadores			✓				
Geofibras	✓						
Geogrelhas	✓						✓(3)
Geomantas						✓	✓(4)
Geomembranas		✓			✓	✓	
Georredes			✓				
Geotêxteis	✓	✓	✓	✓	✓(5)	✓	✓(3, 6)
Geotiras	✓						
Geotubos			✓				
EKG(8)			✓				✓(7)
Tubos geotêxteis			✓			✓	✓(8, 9)

Notas: (1) material de preenchimento ou aterros de baixa densidade e redução de pressões sobre estruturas de contenção; (2) estrutura de contenção, quando empilhadas convenientemente; (3) confinamento de material granular em colunas granulares; (4) dependendo do produto, fixação para favorecimento à germinação de sementes; (5) se geotêxtil não tecido impregnado por asfalto, como barreira capilar ou barreira para sedimentos; (6) camada de aderência/interface entre materiais; (7) melhoria e descontaminação de terrenos; (8) drenos eletrocinéticos; (9) estruturas de contenção, favorecimento ou restauração de *habitat* marinhos naturais, alteração de características hidráulicas (geração ou desvio de ondas, por exemplo).

apresenta alguns dos problemas geotécnicos investigados em que soluções utilizando geossintéticos podem ser empregadas em substituição às convencionais (Palmeira, 2016). Nesses casos, foram avaliados impactos ambientais provocados por soluções envolvendo filtro de areia e filtro geotêxtil (Fig. 1.24A), camada granular drenante e geocomposto para drenagem em sistema de cobertura de aterro sanitário (Fig. 1.24B) e muros de contenção de concreto e reforçado com geotêxtil (Fig. 1.24C). A Fig. 1.24D mostra que a utilização de um filtro geotêxtil em um pavimento

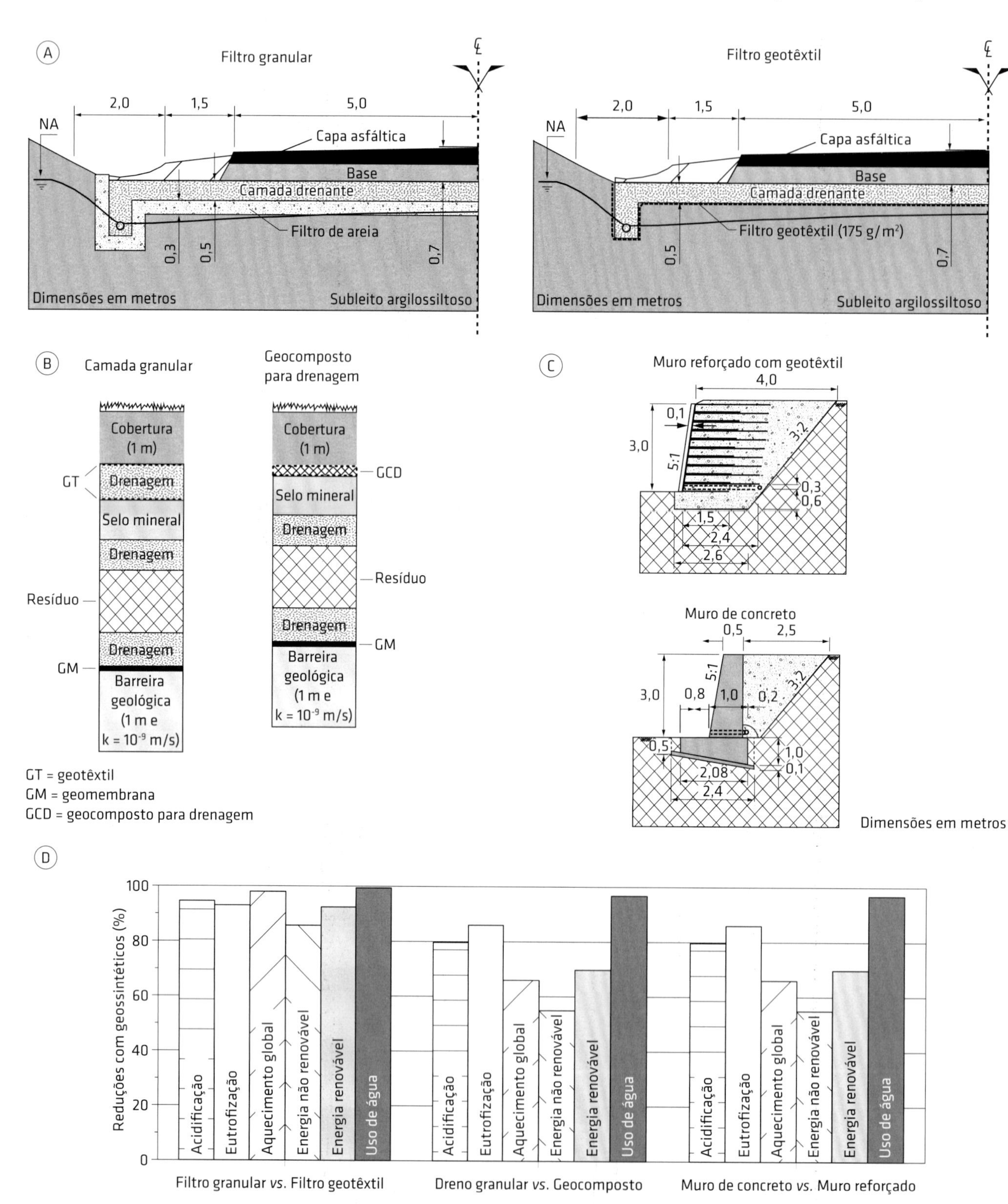

Fig. 1.24 Comparações entre impactos ambientais de diferentes soluções: (A) filtro geotêxtil *versus* filtro granular em pavimento rodoviário; (B) dreno granular *versus* geocomposto drenante; (C) muro reforçado *versus* muro de concreto; (D) comparações entre soluções convencionais e soluções com geossintéticos
Fonte: modificado de Palmeira (2016), com dados de Stucki et al. (2011) e Frischknecht et al. (2012).

rodoviário (Fig. 1.24A) pode reduzir em cerca de 85% os impactos ambientais que seriam produzidos por um filtro de areia tradicional. Reduções entre 55% e 98% em impactos ambientais poderiam ser obtidas com a utilização de um geocomposto para drenagem, em vez de dreno granular (Fig. 1.24B), em sistema de cobertura de aterro sanitário, com consumo de água 98% menor. Reduções de impactos ambientais entre 68% e 83% foram também obtidas com a utilização de muro de contenção reforçado com geossintético em comparação com a solução tradicional de muro de gravidade de concreto (Fig. 1.24C,D). Na medida em que soluções de engenharia que produzam menos impactos ambientais são cada vez mais importantes, certamente aumentará a utilização de soluções com geossintético.

Geossintéticos podem também ser empregados como forma de viabilizar o uso de materiais de construção não convencionais ou de resíduos. Santos (2011), Santos, Palmeira e Bathurst (2014) e Góngora (2011) apresentaram resultados de desempenhos de muros reforçados com geossintéticos e de estradas não pavimentadas sobre solos fracos em que se empregaram resíduos de construção e demolição reciclados como materiais de aterro. Soluções com geossintéticos combinados com o emprego de pneus usados, resíduos de construção, garrafas PET, tampas de garrafas usadas e solos de baixa qualidade podem ser encontradas em Palmeira (1981), Paranhos, Palmeira e Silva (2003), Rezende (2003), Silva (2004), Fernandes (2005), Junqueira, Silva e Palmeira (2006), Palmeira, Silva e Junqueira (2007), Silva (2007), Silva e Palmeira (2007) e Palmeira (2016), por exemplo.

1.4 Histórico e evolução na utilização de geossintéticos

A utilização de inclusões visando reforçar um solo, embora possa parecer uma técnica recente, na verdade remonta à Antiguidade. Exemplos disso são as muralhas de *ziggurat* de Agar Quf, na Mesopotânia, construídas em 1.400 a.C. com a utilização de mantas feitas de raízes como elementos de reforço. A Fig. 1.25 esquematiza como eram construídas tais estruturas, algumas com até cerca de 90 m de altura (Holtz, 2015), com partes delas ainda existentes nos dias de hoje. Citações bíblicas reportam aplicações semelhantes, e trechos da Muralha da China também foram construídos utilizando-se a técnica de reforço de solos. Os incas construíram estradas para o acesso a templos empregando misturas de solo a lã de vicunha (animal parente das lhamas), que também resistem ao tempo. John (1987) cita o uso de mantas de algodão, em 1927, pelo Departamento de Estradas da Carolina do Sul (EUA), como reforço de camadas asfálticas em pavimentos.

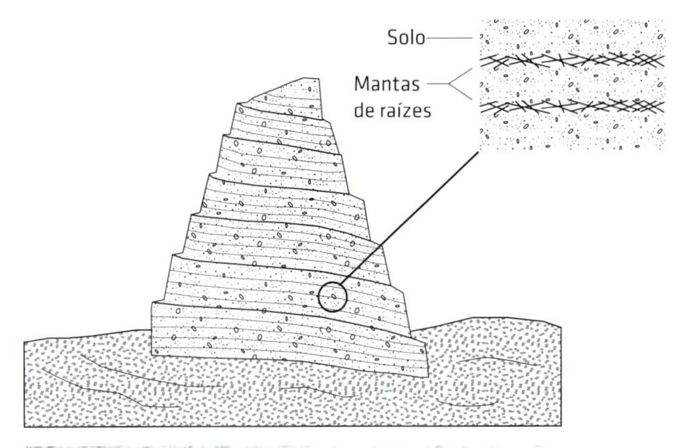

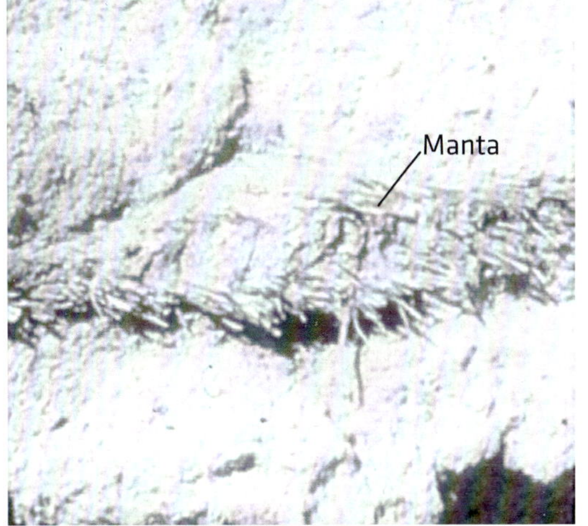

Trecho de um *ziggurat*

Fig. 1.25 *Ziggurats*
Foto: J. P. Giroud.

Na década de 1960, o engenheiro Henri Vidal fez reviver a técnica de reforço de solos por inclusões por meio da utilização de tiras metálicas em aterros, solução conhecida como terra armada.

O emprego de elementos sintéticos de reforço oriundos da indústria petroquímica é mais recente. Os precursores em tal utilização foram provavelmente os holandeses e os americanos, na década de 1950. O início da década de 1970 trouxe uma aceleração no uso desses materiais. Só nessa década, na América do Norte, a utilização de geotêxteis cresceu de 2 para 90 milhões de metros quadrados (John, 1987). A Fig. 1.26 apresenta a evolução no consumo de diferentes tipos de geossintético na América do Norte a partir do final da década de 1970 até meados da década de 1990. Pode-se observar que uma sensível aceleração na utilização de geotêxteis se dá nos anos 1970. Já outros tipos de geossintético, mais ligados às aplicações de proteção ambiental, têm seus usos incrementados no início dos anos 1980, particularmente em decorrência de maior rigor e mudanças em legislações ambientais de países desenvolvidos. Apesar desse crescimento em utilização, nos anos 1980 o emprego desses materiais em engenharia civil representava apenas cerca de 1% do mercado de fibras

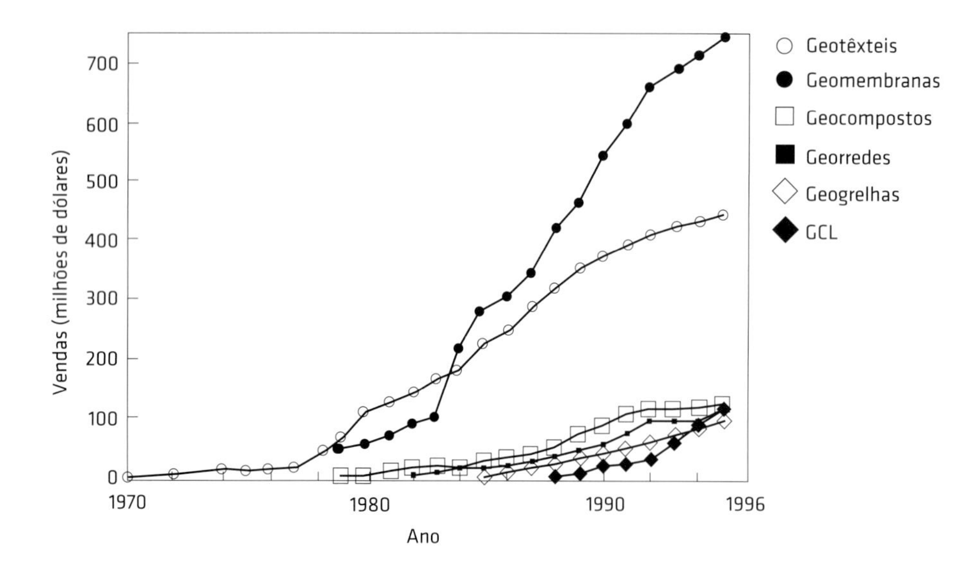

Fig. 1.26 Crescimento de vendas de alguns geossintéticos de 1970 a 1995
Fonte: Koerner (1998).

industriais e cerca de apenas 0,25% do mercado mundial de materiais têxteis (John, 1987).

A Fig. 1.27 apresenta a distribuição de tipos de aplicação de geotêxteis na América do Norte. Pode-se observar a percentagem considerável de aplicações ligadas à proteção do meio ambiente e a obras rodoviárias.

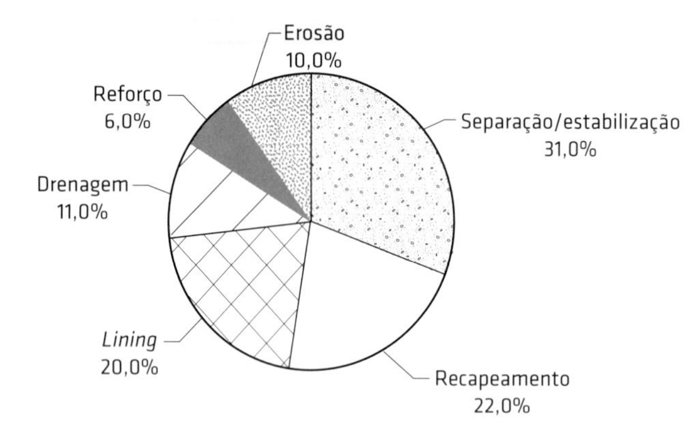

Fig. 1.27 Utilização de geotêxteis na América do Norte
Fonte: Ifai (1996)

No Brasil, o emprego de geossintéticos, embora acelerado nas últimas duas décadas, ainda pode ser considerado tímido em comparação ao de países desenvolvidos, e até inferior ao de países com economias ou extensões territoriais menores. As principais razões para o contínuo crescimento de sua utilização em obras geotécnicas e de proteção ambiental são:

- contínuo aprimoramento e melhoria da qualidade dos geossintéticos para uso em obras de engenharia;
- redução de custos dos geossintéticos;
- redução do tempo de execução de obras;
- melhoria das metodologias de projeto, resultados de pesquisas e observações de casos históricos com geossintéticos;
- facilidade de transporte para regiões remotas ou com escassez de materiais naturais;
- custo competitivo quando comparado ao de soluções tradicionais de engenharia;
- maior rigidez e controle de utilização de materiais naturais tradicionais em virtude de imposições de ordem ambiental;
- o uso de geossintéticos pode resultar em soluções de engenharia sustentáveis e com menores impactos ao meio ambiente.

Como é comum para novos materiais e técnicas construtivas, a utilização de geossintéticos em obras civis cresceu a uma velocidade muito superior à do desenvolvimento de pesquisas no assunto. Assim, a maioria das obras iniciais em que tais materiais foram usados certamente foi projetada de forma muito conservadora à luz do conhecimento atual. Nos dias de hoje se observam projetos cada vez mais arrojados e impensáveis há alguns anos.

1.5 Desenvolvimento dos geossintéticos no Brasil

O emprego de geossintéticos no Brasil remonta ao início dos anos 1970, e mais aceleradamente a partir da década de 1990. Os geotêxteis foram provavelmente os primeiros tipos de geossintético a serem utilizados em obras geotécnicas no país, há cerca de 40 anos, principalmente em aplicações ligadas a drenagem e filtração. Pouca ou nenhuma informação está disponível na literatura técnica sobre essas obras pioneiras, com exceção de relatos superficiais de profissionais envolvidos nelas. Registre-se que, nessa fase pioneira, a participação de profissionais ligados às empresas fabricantes de geossintéticos foi de fundamental importância para o início da consolidação dos geossintéticos como materiais de construção no país.

Nos anos 1970, os geotêxteis eram do conhecimento de um limitado número de profissionais geotécnicos no país. A falta de informações (até em nível mundial) sobre tais produtos, associada a uma certa relutância em aceitar plásticos como materiais de qualidade pela comunidade técnica, comprometia a confiabilidade dos geossintéticos como componentes de obras geotécnicas. Não raro os fabricantes desses materiais não dispunham de dados e informações técnicas relevantes sobre seus produtos para a engenharia nem de pessoal especialmente qualificado para um perfeito diálogo com projetistas e executores de obras. A falta de informação técnica sobre o assunto e os produtos e a falta de resultados de pesquisas sobre a utilização de geossintéticos sob condições típicas nacionais foram certamente algumas das principais causas do atraso na aceitação desses materiais no Brasil, em comparação ao ocorrido em outros países. Sob esse aspecto, a situação atual é totalmente diferente. No final dos anos 1970 e início dos anos 1980, o interesse por esses materiais e sua utilização começaram a acelerar no Brasil, envolvendo não só aplicações em drenagem e filtração, mas também como reforço de solos.

Em meados da década de 1970, foram realizados ensaios pioneiros em geotêxteis em laboratórios de empresas e em instituições tecnológicas e de pesquisa no país (Geomecânica S.A., Instituto de Pesquisas Tecnológicas de São Paulo e Coppe/UFRJ, por exemplo) visando à definição de parâmetros ou propriedades básicas para subsidiar projetos. Ao final da década de 1970, o Instituto de Pesquisas Rodoviárias do Departamento Nacional de Estradas de Rodagem (IPR/DNER) iniciou a construção de aterros experimentais instrumentados sobre solos moles na Baixada Fluminense, no Rio de Janeiro. Parte dessa pesquisa envolveu o estudo de geotêxteis como elementos de reforço de aterros sobre solos moles, com a construção de uma estrada não pavimentada reforçada (Palmeira, 1981) e de aterros sobre colchão de geotêxtil e sobre geocompostos para drenagem vertical (drenos pré-fabricados).

A Fig. 1.28 sintetiza alguns marcos na evolução dos geossintéticos no Brasil e no exterior. Pode-se observar que a maior parte dos fatos relevantes no país ocorreu após 1980. Passos importantes para a disseminação desses materiais no país foram a criação da Comissão de Geossintéticos da Associação Brasileira de Mecânica dos Solos e Engenharia Geotécnica (ABMS), no início dos anos 1980, e a realização do primeiro evento nacional sobre geossintéticos. A comissão da ABMS ficou inativa por algum tempo e foi reativada em 1992, quando da realização do I Simpósio Brasileiro de Geossintéticos (Geossintéticos'92), em Brasília. Outro marco importante foi a criação da seção

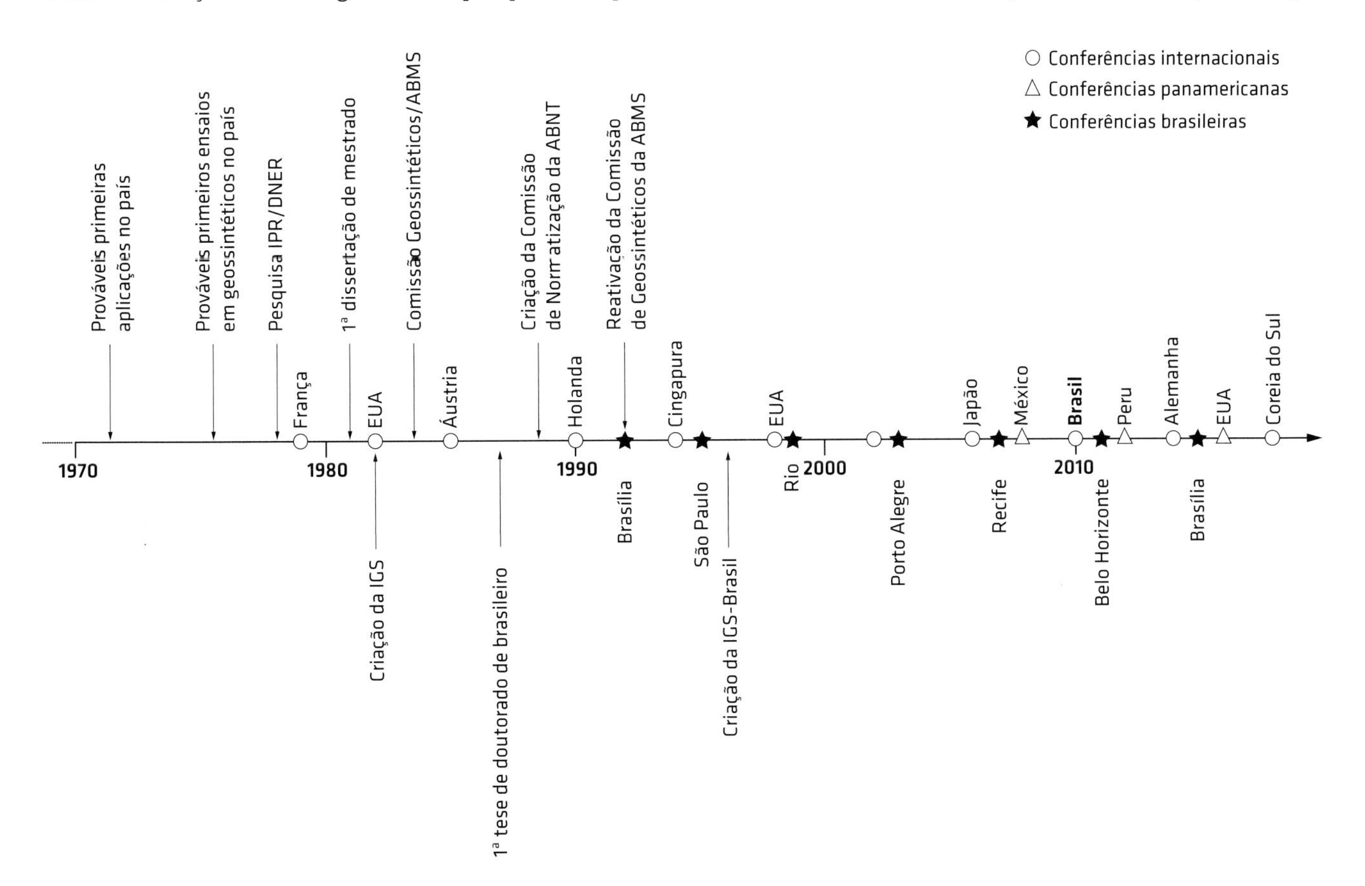

Fig. 1.28 Marcos nacionais e internacionais relevantes para a evolução dos geossintéticos
Fonte: modificado de Palmeira (1995).

brasileira da International Geosynthetics Society (IGS), IGS-Brasil, em 1996. Desde então, a IGS-Brasil e a Comissão de Geossintéticos da ABMS vêm fomentando a disseminação do conhecimento sobre geossintéticos por meio de eventos científicos, cursos, palestras, simpósios, boletins informativos etc., com expressivo apoio de fabricantes de geossintéticos. Nesse contexto, foi importante também a criação da Comissão de Normalização de Geossintéticos da Associação Brasileira de Normas Técnicas (ABNT), por muitos anos sob a coordenação da Profª. Delma Vidal, envolvendo vários estudiosos no assunto, para a elaboração de normas brasileiras sobre geossintéticos. A comprovação da consolidação dos geossintéticos no Brasil pode também ser exemplificada pela realização, em 2010, com sucesso, da IX Conferência Internacional de Geossintéticos (9ICG), na cidade de Guarujá, em São Paulo.

No plano mundial, atualmente existe um grande número de eventos técnicos e científicos sobre geossintéticos, muitos deles organizados sob os auspícios ou pela IGS. A cada quatro anos são realizados eventos regionais na Europa, na Ásia e na América, além de eventos nacionais em um grande número de países. No Brasil, já foram realizadas sete conferências nacionais e inúmeros eventos regionais e locais. Tal nível de atividades evidencia a pujança dos geossintéticos no cenário técnico-científico mundial.

INTRODUÇÃO AOS POLÍMEROS

2

Os polímeros servem como matéria-prima para uma grande variedade de produtos e objetos utilizados rotineiramente. Alguns desses produtos são comumente conhecidos como plásticos, embora a definição de plástico seja um pouco diferente, como será apresentado adiante. Neste capítulo, será dada ênfase à apresentação de materiais poliméricos normalmente utilizados na fabricação de geossintéticos para obras geotécnicas e de proteção ambiental.

2.1 Histórico, definições e características

O advento da Segunda Guerra Mundial é, em parte, responsável pelo surgimento da *borracha sintética*, ao final dos anos 1930, uma vez que o corte de suprimentos de borracha natural por causa da guerra provocou a aceleração nas pesquisas para seu desenvolvimento. Desde então, os avanços tecnológicos desses materiais e suas aplicações têm crescido intensamente.

Os plásticos podem ser fabricados a partir de materiais naturais, tais como celulose, carvão, petróleo e gás natural. O petróleo é a matéria-prima mais importante para sua fabricação, a qual consome apenas cerca de 4% daquela matéria-prima (Michaeli et al., 1995).

O termo *polímero* tem origem grega, resultando da combinação de *polys* (muitas) e *meros* (partes). Assim, um polímero é uma sucessão de partes formando um todo. Uma parte individual é denominada *monômero*. O número de locais onde as moléculas de monômeros se ligam é chamado de *funcionalidade* (Mano, 1985) e determina o tipo e o comprimento da cadeia polimérica. O número de repetições da molécula do monômero é denominado *grau de polimerização*. A longa cadeia primária do polímero é também conhecida como sua espinha dorsal (Thomas; Cassidy, 1993a), à qual pode haver grupos anexados. A Fig. 2.1 esquematiza as unidades de repetição do polietileno, do policloreto de vinila (PVC) e do poliéster saturado (PET), que são polímeros muito utilizados na fabricação de alguns tipos de geossintético.

Uma importante característica de um polímero é seu peso molecular, definido como o peso molecular da unidade multiplicado pelo grau de polimerização. Quanto maior é o peso molecular do polímero, maior é sua resistência a solicitações mecânicas, ao trincamento e ao calor e menor é a fluência e a processabilidade. Entretanto, algumas propriedades mecânicas (resistência à tração, por exemplo) atingem seus valores máximos para um determinado valor de peso molecular. Assim, um excessivo peso molecular não é necessário, além de ser difícil de se obter (Thomas; Cassidy, 1993b).

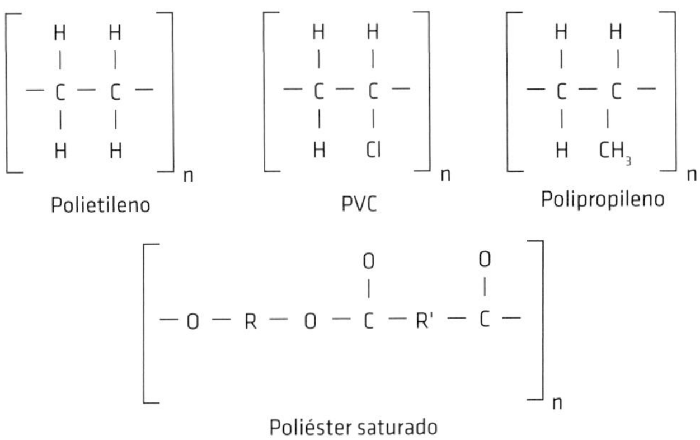

$$\left[\begin{array}{cc} H & H \\ | & | \\ -C- & C- \\ | & | \\ H & H \end{array}\right]_n \qquad \left[\begin{array}{cc} H & H \\ | & | \\ -C- & C- \\ | & | \\ H & Cl \end{array}\right]_n \qquad \left[\begin{array}{cc} H & H \\ | & | \\ -C- & C- \\ | & | \\ H & CH_3 \end{array}\right]_n$$

Polietileno — PVC — Polipropileno

$$\left[\begin{array}{c} \qquad\qquad\quad O \qquad\quad\;\; O \\ \qquad\qquad\quad | \qquad\quad\;\;\; | \\ -O-R-O-C-R'-C- \end{array}\right]_n$$

Poliéster saturado

Fig. 2.1 Unidades de repetição de alguns polímeros

Os termos *polímero* e *plástico* são frequentemente utilizados indistintamente na prática da Engenharia. Entretanto, há uma distinção entre eles (Crawford, 1998): o polímero é o material puro, resultante do processo de polimerização, raramente utilizado na forma pura, ao passo que o plástico é obtido quando aditivos são empregados. Alguns aditivos usados na fabricação de plástico são:

- *Agentes antiestáticos*: atraem a umidade do ar para a superfície do plástico, de forma a aumentar sua condutividade e reduzir a possibilidade de centelha ou descarga.
- *Agentes de ligação*: melhoram a ligação entre plásticos e materiais de enchimento inorgânicos (fibras de vidro, por exemplo).
- *Agentes de enchimento*: permitem que um volume grande de plástico seja produzido com o uso de pouca resina polimérica e aumentam as propriedades mecânicas do plástico. É o caso de fibras curtas e flocos de materiais inorgânicos.
- *Agentes retardadores de combustão*: diminuem a possibilidade de combustão do plástico.
- *Lubrificantes*: reduzem a viscosidade do plástico para facilitar sua moldagem.
- *Pigmentos*: produzem cores no plástico.
- *Plastificantes*: são materiais de baixo peso molecular que alteram as propriedades do plástico, conferindo-lhe maior maleabilidade e flexibilidade.
- *Reforço*: a utilização de elementos de reforço aumenta a resistência e a rigidez do plástico.
- *Estabilizantes*: evitam ou reduzem a deterioração do plástico sob a ação de agentes ambientais. É o caso de antioxidantes, estabilizantes contra calor ou contra a deterioração do plástico sob a ação de raios ultravioleta.

Os aditivos são incorporados ao processo de fabricação do plástico visando à melhoria de suas propriedades. Alguns aditivos particulados comuns são carbonato de cálcio, serragem, carbono, esferas de vidro, grãos metálicos, argila, mica, quartzo, óxidos metálicos, outros polímeros etc. Por sua vez, exemplos de aditivos fibrosos são vidro, carbono e grafite, celulose, polímeros sintéticos, metais etc. Aditivos poliméricos podem também ser incorporados a geocompostos argilosos (GCL) para acelerar a absorção de água e a expansão (Thomas; Cassidy, 1994a).

Os polímeros podem ter cadeias lineares de moléculas (polímeros lineares) ou cadeias com ramificações (polímeros reticulados ou polímeros com ligações cruzadas ou polímeros tridimensionais). O tipo de configuração da cadeia é resultado das reações químicas utilizadas para sintetizar o polímero e tem um grande efeito nas propriedades finais do produto (Thomas; Cassidy, 1993a). A Fig. 2.2 apresenta configurações de cadeias moleculares. O tipo de cadeia do polímero afeta várias de suas características, tais como resistência e rigidez mecânica, fusibilidade, entre outras. Denomina-se *copolímero* a cadeia formada pela repetição de dois monômeros diferentes.

A ligação entre moléculas dos polímeros e suas cadeias é muito importante para suas propriedades e desempenho. Forças de Van der Waals, dipolos permanentes ou ligações de hidrogênio provocam a ligação entre moléculas do polímero. A ligação entre cadeias de moléculas é, em geral, bem mais fraca e frequentemente necessita de reforços (*crosslinking*), conseguidos por meio de ligações transversas, como utilização de monômeros com funcionalidade maior que dois, uso de agentes químicos e uso de radiação nuclear.

A Tab. 2.1 sumaria as propriedades e características mais relevantes dos polímeros mais comumente utilizados na fabricação de geossintéticos.

Os polímeros se dividem em dois grandes grupos, os termoplásticos e os termofixados ou termorrígidos.

- *Polímeros termoplásticos*: são aqueles que podem sofrer repetidos estágios de aquecimento e resfriamento, moldados como se deseje, sem perder suas características básicas. Exemplos de polímeros termoplásticos são o polietileno (PE), o polipropileno (PP) e o poliéster (PET).

  Os termoplásticos amorfos, como o PVC rígido, são aqueles que apresentam cadeias moleculares fortemente ramificadas e cadeias secundárias longas, não permitindo, assim, uma estrutura mais densa. São geralmente transparentes devido à sua estrutura mais porosa, que também facilita a penetração de agentes químicos, provocando uma menor resistência a ataques químicos. Sua estrutura aleatória contribui para que sejam menos resistentes à fadiga e ao desgaste por abrasão.

  Os termoplásticos semicristalinos são aqueles que apresentam pequenas ou poucas cadeias secundá-

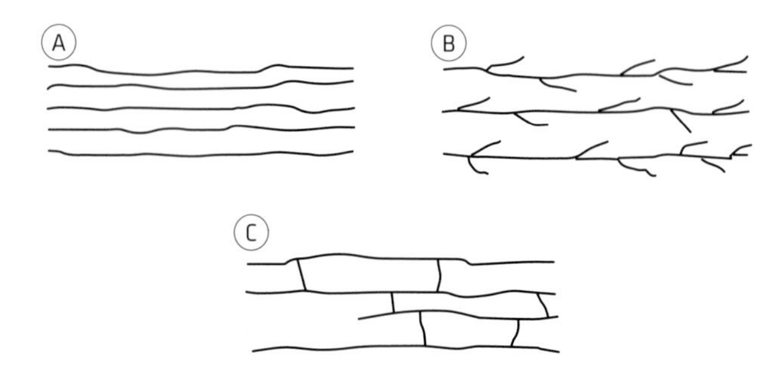

Fig. 2.2 Cadeias moleculares de polímeros: (A) linear; (B) ramificada; (C) com ligações cruzadas

Tab. 2.1 PROPRIEDADES E CARACTERÍSTICAS DE ALGUNS POLÍMEROS TERMOPLÁSTICOS

Polímero		Peso molecular (PM)	Densidade (d)	Temperatura de transição vítrea (T_g) (°C)	Temperatura de fusão cristalina (T_m) (°C)	Cristalinidade (CR) (%)
Polietileno (PE)	Polietileno de alta densidade (PEAD)	200.000	0,94 a 0,97	−100 a −125	130 a 135	Até 95
	Polietileno de baixa densidade (PEBD)	50.000	0,92 a 0,94	−20 a −30	109 a 125	Até 60
Características		Alta resistência química e a solventes, menor custo.				
Polipropileno (PP)		80.000 a 500.000	0,9 a 1,0	4 a 12	165 a 175	60 a 70
Características		Alta resistência química e a solventes, baixo custo.				
Poliestireno (PS)		300.000	1,05 a 1,06	100	235	Muito baixa
Características		Rigidez, semelhança com o vidro, alta resistência química, baixa resistência a solventes orgânicos, baixa resistência a intempéries, baixo custo.				
Policloreto de vinila (PVC)		50.000 a 100.000	1,2 a 1,4	81	273	5 a 15
Características		Alta resistência à chama, formação de peças tanto rígidas quanto muito flexíveis com plastificante, baixo custo.				

Fonte: Mano (1991).

rias, propiciando a existência de regiões ordenadas nas cadeias de moléculas individuais, que são, por isso, mais densas (Michaeli et al., 1995). Quando um termoplástico é resfriado a partir do estado de fusão, algumas cadeias moleculares se alinharão em um estado cristalino, altamente ordenado e estável (Thomas; Cassidy, 1993b). Entretanto, não se observa uma cristalização completa (também existem regiões amorfas), daí o termo *semicristalino*. O grau de cristalinidade pode variar de 30% no PVC a 75% no polietileno de alta densidade. Diferentes tipos de polietileno (de alta, média ou baixa densidade) diferem entre si principalmente na percentagem de cristalinidade e são preparados ajustando-se o número de ramos que compõem grupos laterais volumosos (Thomas; Cassidy, 1993b). O aumento na cristalinidade eleva a resistência à tração, a rigidez, a dureza, a resistência química e a resistência ao calor, e reduz a permeabilidade e a deformação na ruptura, a resistência ao impacto, o fissuramento e a flexibilidade.

- *Polímeros termofixados ou termorrígidos*: são aqueles que não podem sofrer repetições de estágios de aquecimento e resfriamento. Qualquer aquecimento adicional após a formação do polímero provocará alterações em suas propriedades. Isso decorre da formação de ligações cruzadas intermoleculares quando da fusão do polímero, tornando-o infusível e insolúvel. Exemplos de polímeros termofixados são o nitrilo, o butil e o elastômero de dieno-propileno-etileno (EPDM). A diferença de comportamento entre polímeros termoplásticos e termofixados se deve justamente às ligações transversais, que não existem nos materiais termoplásticos.

Os compósitos são materiais formados pela adição de fibras aos plásticos. Fibras de vidro são o tipo de reforço mais frequentemente empregado devido à sua boa combinação de resistência, rigidez e custo. Materiais plásticos porosos também podem ser produzidos com diferentes finalidades em Engenharia. A alta porosidade é conseguida por meio do jateamento de gás inerte durante a moldagem do plástico, conferindo-lhe um aspecto esponjoso. Esse é, por exemplo, o caso do poliestireno (PS), que pode ser utilizado como substituto de solos em aterros, por sua baixa densidade comparativamente ao aterro convencional (tipicamente 0,5% a 2,5% da densidade de solos típicos).

As borrachas convencionais fazem parte da família dos polímeros por também possuírem longas cadeias de moléculas. Devido a essas cadeias serem torcidas, com aspecto semelhante a bobinas, tais materiais podem ser submetidos a grandes deformações. A vulcanização é um processo de cura da borracha que evita que ocorram deslizamentos relativos entre cadeias de moléculas quando a borracha é tracionada, permitindo uma recuperação da forma inicial do material após a solicitação mecânica aplicada ter sido removida. Os elastômeros (ou borrachas termoplásticas) foram desenvolvidos de modo a manter as mesmas características e propriedades das borrachas vulcanizadas, mas com um processo de fabricação mais simples e com custos menores.

Polímeros diferentes podem apresentar distintos valores de densidade. A densidade desses materiais, por si só, não é importante, a menos que tenham que afundar ou flutuar em um líquido. Entretanto, para as poliolefinas (polímeros confeccionados de hidrocarbonos com ligações duplas, como polietileno e polipropileno), a densidade é um importante indicador de outras propriedades (Thomas; Cassidy, 1993c). Nesses materiais, o aumento da densidade favorece o crescimento da resistência mecânica, da resistência química e da estabilidade quanto à oxidação, por exemplo. Por outro lado, a redução da densidade favorece o trincamento sob tração, a perda de flexibilidade, a redução da resistência ao impacto e a redução da deformação na ruptura (Thomas; Cassidy, 1993c).

2.2 Propriedades térmicas dos polímeros

A temperatura de fusão cristalina de um polímero (T_m) é aquela em que as regiões ordenadas dele se desagregam e se fundem (Mano, 1991). A temperatura de fusão é maior para polímeros com maior cristalinidade, sendo sempre inferior a 300 °C para os polímeros termoplásticos. Os polímeros termorrígidos não apresentam fusão, mas carbonização por aquecimento.

Outra temperatura importante para o comportamento dos polímeros é a *temperatura de transição vítrea* (T_g), que representa a temperatura em que aumenta a mobilidade das cadeias moleculares sob a ação de esforços externos, devido à redução das forças intermoleculares. Abaixo da temperatura de transição vítrea não há mobilidade das cadeias macromoleculares, e o material torna-se mais rígido. Thomas e Cassidy (1993b) apresentam uma interessante analogia entre os estados de um polímero acima e abaixo de sua temperatura de transição vítrea. Acima, as cadeias moleculares se comportariam como minhocas movendo-se em uma caixa. Abaixo, o aspecto das cadeias seria como se as minhocas estivessem congeladas na caixa. A incorporação de aditivos pode aumentar ou diminuir o valor de T_g. Polímeros como PE, PP, PVC flexível e CSPE apresentam valores de T_g abaixo da temperatura ambiente típica, enquanto PET, *nylon* e PVC rígido apresentam valores de T_g superiores a 70 °C (Thomas; Cassidy, 1993b). A Tab. 2.2 exibe os valores de T_g e T_m para alguns polímeros.

Tab. 2.2 VALORES DE T_g E T_m PARA ALGUNS POLÍMEROS TERMOPLÁSTICOS

Polímero[1]	T_g (°C)	T_m (°C)
PEAD	−36	135
PEBD	−70	115
PELBD	−60	125
PP	−3	165
PS	100	(2)
PVC	81	(2)
PMMA	105	(2)
PVA	31	(2)
PET	80	250
Nylon 6	40	235
Nylon 66	50	265
PTFE (*teflon*)	−73	325

Nota: (1) PELBD = polietileno linear de baixa densidade, PMMA = polimetil-metacrilato, PVA = polivinil álcool, *nylons* 6 e 66 = poliamidas, PTFE = politetrafluoretileno (*teflon*); (2) não apresenta T_m por ser polímero amorfo.

Fonte: Manrich, Frattini e Rosalini (1997).

A temperatura de fluidez do polímero é aquela que separa o estado elástico do estado fundido, não sendo definida com precisão (Michaeli et al., 1995).

O coeficiente de dilatação térmica de um plástico pode ser importante, dependendo da aplicação pretendida. Isso pode ser relevante, por exemplo, na instalação ou manutenção de geomembranas sob o sol. A exposição ao calor pode provocar deformações que causem rugas nas mantas. A Tab. 2.3 apresenta alguns dados de propriedades térmicas de alguns materiais (Crawford, 1998). Pode-se observar a variedade de valores de propriedades térmicas entre os materiais e como a presença de reforço (fibras de vidro, por exemplo) pode reduzir o coeficiente de dilatação térmica do plástico e aumentar sua temperatura máxima de trabalho.

A Fig. 2.3 esquematiza o comportamento de polímeros semicristalinos e polímeros amorfos, quanto a resistência e deformabilidade, em função da temperatura.

2.3 Propriedades mecânicas dos polímeros

Um importante aspecto relativo à utilização de plásticos em Engenharia diz respeito à dependência do comportamento mecânico de tais materiais em relação à temperatura e à taxa de deformação. A Fig. 2.4 mostra os comportamentos típicos de um plástico submetido a tensões de tração sob diferentes taxas de deformação (Fig. 2.4A) e sob diferentes temperaturas (Fig. 2.4B). Quanto maior a velocidade de carregamento, maior a resistência à tração e maior o módulo de deformação do material. Quanto maior a temperatura, mais dúctil e deformável o plástico

Tab. 2.3 ALGUMAS PROPRIEDADES TÉRMICAS DE ALGUNS MATERIAIS

Material	Massa específica (kg/m^3)	Calor específico (kJ/kg K)	Coeficiente de dilatação térmica (m/m/°C)	Máxima temperatura de trabalho (°C)
ABS(1)	1.040	1,3	90	70
Acrílico	1.180	1,5	70	50
Nylon 66	1.140	1,7	90	90
Nylon 66 (33% de fibra de vidro)	1.380	1,6	30	100
PET	1.360	1,0	90	110
PET (36% de fibra de vidro)	1.630	-	40	150
PEAD	950(2)	2,26(2)	130 a 220(2)	-
PEBD	920(2)	2,26(2)	100 a 140(2)	-
Polipropileno	905	2,0	100	100
PVC rígido	1.400	0,9	70	50
PVC flexível	1.300	1,5	140	50
Espuma de poliestireno	32	-	-	-
Aço inoxidável	7.855	0,49	10	800
Zinco	7.135	0,39	39	-
Cobre	8.940	0,39	16	-

Notas: (1) ABS = acrilonitrila butadieno estireno; (2) dados de Mano (1991).
Fonte: modificado de Crawford (1998).

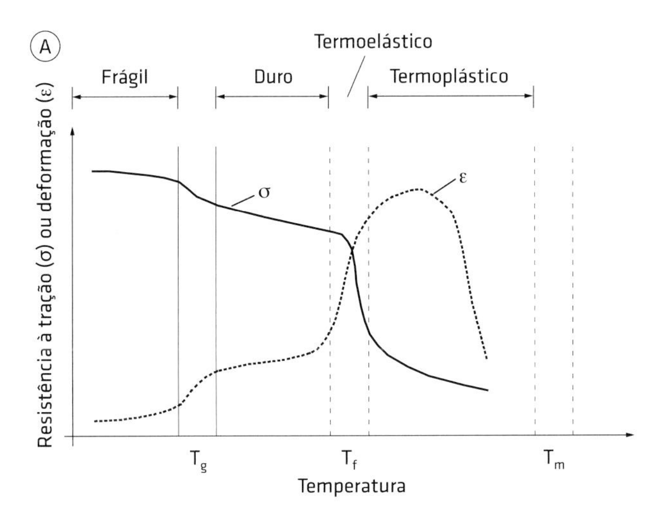

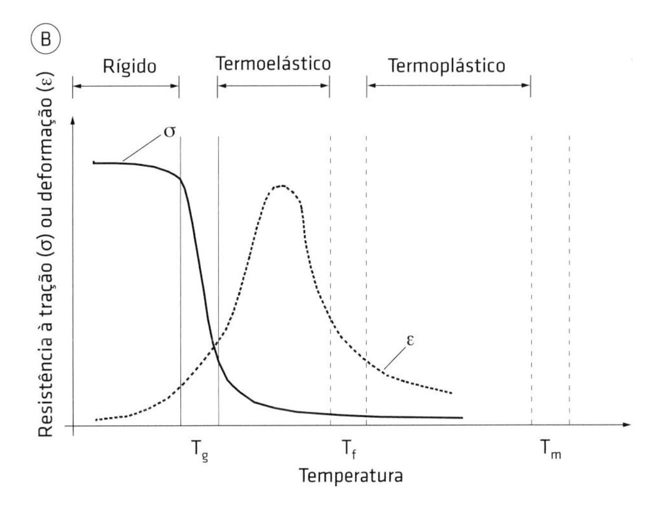

Fig. 2.3 Comportamento de polímeros de acordo com a temperatura: (A) polímeros semicristalinos e (B) polímeros amorfos
Fonte: modificado de Michaeli et al. (1995).

se torna. Este último aspecto está intimamente relacionado à temperatura sob a qual o plástico foi ensaiado e à temperatura de transição vítrea (T_g) do polímero constituinte. Para temperaturas de ensaio menores que T_g, o plástico se comporta de forma mais rígida e resistente que em ensaios sob temperaturas maiores que T_g. A Fig. 2.4B apresenta também a definição de módulo de deformação secante do plástico (E_ε) a uma determinada deformação (ε) e para determinados valores de temperatura de ensaio e velocidade de deformação. Esse conceito será bastante importante quando da definição da rigidez secante de um geossintético (J), em face do comportamento altamente não linear da maioria dos materiais poliméricos.

A orientação molecular tem um significativo efeito em certas propriedades dos polímeros. Tal orientação pode ser conseguida aquecendo-se o polímero acima de sua temperatura de transição vítrea, estirando-o várias centenas por cento em uma direção e resfriando-o à temperatura ambiente sob tensão. Nessas condições, as cadeias de polímero estarão preferencialmente orientadas na direção do estiramento, o que provocará anisotropia em suas propriedades. Na direção do estiramento, o polímе-

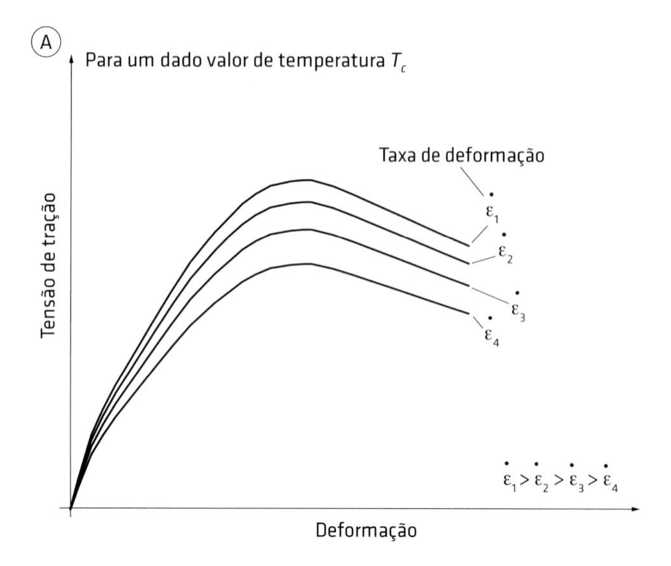

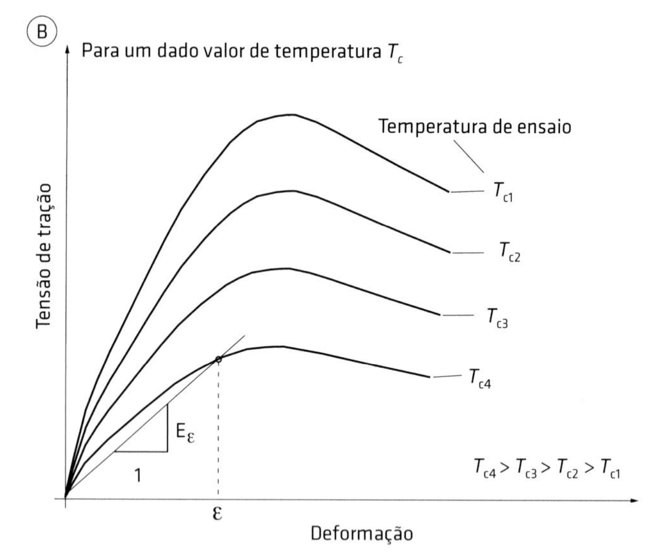

Fig. 2.4 Comportamento mecânico típico de plásticos: (A) em função da taxa de deformação e (B) em função da temperatura de ensaio

ro orientado será consideravelmente mais resistente que o mesmo polímero não orientado, enquanto na direção transversal ele será mais fraco que o mesmo polímero não orientado. A resistência à tração do polímero pode ser aumentada por um fator de 2 ou 3 pela orientação unidirecional das moléculas de cadeia (Alfrey; Gurnee, 1971). Por essa razão, os materiais poliméricos mais resistentes são polímeros cristalinos orientados. Em fibras muito orientadas, o alongamento na ruptura é menor. A Tab. 2.4 apresenta uma comparação da resistência à tração e da tenacidade de alguns polímeros orientados e de outros materiais de construção convencionais. Pelos resultados apresentados nessa tabela, verifica-se que, por unidade de peso, os polímeros podem ser significativamente mais resistentes que alguns metais.

A Fig. 2.5 apresenta comparações adicionais entre faixas de variação de valores de resistência à tração de alguns polímeros e de outros materiais. A amplitude de variação da deformação na ruptura para polímeros também é bastante grande, variando de menos de 10% até cerca de 900%, dependendo do tipo de polímero. O mesmo

Tab. 2.4 COMPARAÇÃO DE PROPRIEDADES MECÂNICAS DE DIFERENTES MATERIAIS

Material	Resistência à tração (MPa)	Tenacidade (g/denier)
Polipropileno (isotático)	830	9,3
Nylon	830	7,6
Fortison	1.040	7,5
Arame de aço	3.110	4,0
Arame de latão	1.040	1,2
Arame de alumínio	280	1,0

Fonte: modificado de Alfrey e Gurnee (1971).

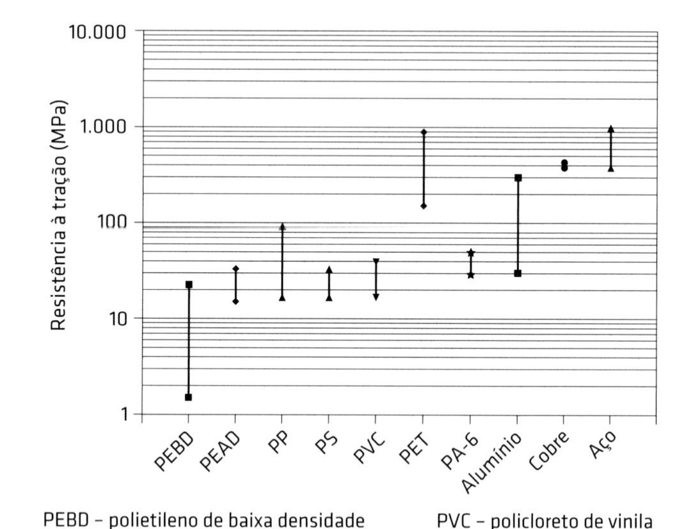

PEBD – polietileno de baixa densidade
PEAD – polietileno de alta densidade
PP – polipropileno
PS – poliestireno
PVC – policloreto de vinila
PET – poliéster
PA-6 – poliamida 6

Fig. 2.5 Comparação da resistência à tração de diferentes materiais
Fonte: modificado de Mano (1991).

se aplica a valores de módulos de elasticidade, que podem variar de frações a dezenas de MPa.

Os polímeros são materiais com comportamento viscoelástico. Isso se deve à sua susceptibilidade a deformações sob carga constante (fluência) em decorrência do deslocamento das macromoléculas do polímero entre si quando submetidas a carregamento prolongado. A Fig. 2.6 apresenta o comportamento típico de um polímero quando solicitado à tração. Inicialmente se observa um mecanismo de deformação elástica, imediatamente após a aplicação da tensão de tração. Mantida a tensão constante, observa-se um lento processo de deformação sob tensão constante (fluência). Caso a tensão seja removida instantaneamente, observa-se uma recuperação de parte da deformação de natureza elástica, seguida de um processo de recuperação de natureza viscoelástica.

Na utilização de um plástico em engenharia, dependendo da aplicação e da função do material, podem ser de particular importância suas susceptibilidades à fluência ou à relaxação de tensões. Na relaxação de tensões, observa-se a redução da tensão necessária para manter uma deformação constante no material.

A ruptura por fadiga também pode ocorrer em plásticos submetidos à ação de cargas cíclicas, de modo similar ao observado para metais. Nesse aspecto, o polipropileno e o copolímero etileno-propileno têm excelente resistência à fadiga.

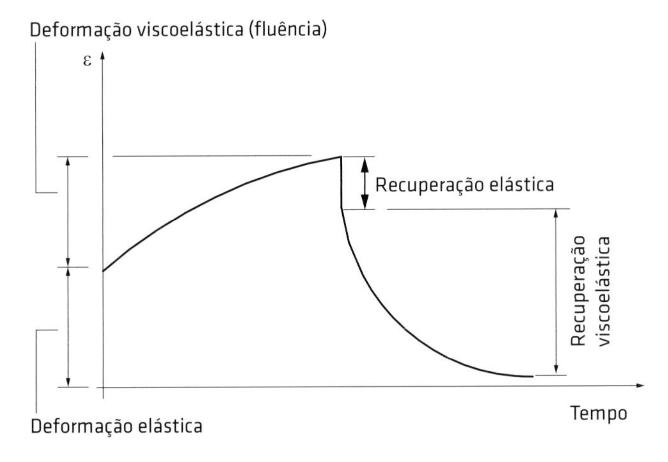

Fig. 2.6 Comportamento viscoelástico de polímeros

2.4 Resistência de plásticos à degradação

A degradação de polímeros pode ocorrer em razão da quebra de sua estrutura química. Isso pode se dar devido à exposição do plástico a ácidos, solventes, calor, tensão ou radiação ou mesmo, dependendo do polímero, a substâncias aparentemente inofensivas, como água ou oxigênio. A adição de estabilizantes, antioxidantes e outros aditivos pode aumentar a durabilidade e a resistência dos plásticos à degradação. O Quadro 2.1 apresenta a resistência de alguns polímeros à ação de diferentes substâncias. Maiores informações sobre a resistência de geossintéticos à degradação podem ser encontradas no Cap. 3.

A penetração de uma determinada substância em um produto polimérico é diferente do fluxo de água em solos. No caso de polímeros, as moléculas da substância devem forçar suas entradas criando aberturas entre as cadeias poliméricas, onde normalmente não estão presentes (Thomas; Cassidy, 1993c). É importante notar que polímeros acima de suas temperaturas de transição vítrea apresentam significativa mobilidade das cadeias moleculares, e, sendo assim, elas podem ser empurradas pela substância penetrante.

A difusividade mede quão rapidamente uma molécula migrará através de um polímero e é influenciada por peso molecular, distribuição molecular, cristalinidade, ramificações, ligações cruzadas e presença de aditivos, enchimentos e plastificantes (Thomas; Cassidy, 1993c). A solubilidade avalia quanto um permeante pode ser absorvido pelo produto polimérico (geomembrana, por exemplo). A água é praticamente insolúvel em PE, enquanto o hexano (CH_3-CH_2-CH_2-CH_2-CH_2-CH_3) é altamente solúvel em PE, por terem estruturas químicas quase idênticas (Thomas; Cassidy, 1993c). Difusividade e solubilidade podem ser propriedades importantes em aplicações de geomembranas em obras de proteção ambiental.

No que se refere à resistência química, Thomas e Cassidy (1993c) enfatizam a importância de separar os fenômenos que afetam o polímero propriamente dito dos que afetam as propriedades do produto composto. Os eventos possíveis de ocorrer quando um produto polimérico é colocado em contato com uma substância química podem ser

Quadro 2.1 RESISTÊNCIA TÍPICA DE ALGUNS POLÍMEROS A DIFERENTES SUBSTÂNCIAS

Agente	Poliéster (PET)	Poliamida (PA)	Polietileno (PE)	Polipropileno (PP)	Policloreto de vinila (PVC)
Fungos	Pouca	Boa	Excelente	Boa	Boa
Insetos	Média	Média	Excelente	Média	Boa
Vermes	Média	Média	Excelente	Média	Boa
Ácidos minerais	Boa	Média	Excelente	Excelente	Boa
Substâncias alcalinas	Média	Boa	Excelente	Excelente	Boa
Calor seco	Boa	Média	Média	Média	Média
Calor úmido	Média	Boa	Média	Média	Média
Oxidantes	Boa	Média	Pouca	Boa	-
Abrasão	Excelente	Excelente	Boa	Boa	Excelente
Ultravioleta	Excelente	Boa	Pouca	Boa	Excelente

Fonte: Ingold (1982).

classificados em efeitos físicos reversíveis, efeitos físicos irreversíveis e reações químicas (Quadro 2.2). Alguns produtos poliméricos podem ter suas propriedades alteradas quando em contato com alguma substância química, mas, após a substância ser desadsorvida, as propriedades originais do produto podem retornar (efeitos reversíveis). Thomas e Cassidy (1993c) frisam que a importância de conhecer efeitos reversíveis é que ensaios de curto prazo são comumente realizados em plásticos, e os resultados de tais ensaios nem sempre se correlacionam bem com comportamentos de longo prazo. Assim, segundo esses autores, a melhor maneira de verificar se o contato do produto com a substância química provocou efeitos permanentes é esperar a substância ser desadsorvida e ensaiar novamente o produto.

Quadro 2.2 POSSÍVEIS EFEITOS DE SUBSTÂNCIAS QUÍMICAS EM PRODUTOS POLIMÉRICOS

Efeitos físicos reversíveis	Efeitos físicos irreversíveis	Reações químicas
Inchamento Amolecimento/plastificação	Dissolução Extração de aditivos Relaxação por indução química Trincamento sob tensão (*environmental stress cracking*)	Oxidação/redução Ozonização Hidrólise Outras reações

Fonte: Thomas e Cassidy (1993c).

Com respeito a ataques por microrganismos, micróbios não conseguem processar moléculas muito grandes, como as de polímeros. Entretanto, podem atacar moléculas menores, como as de plastificantes e de outros aditivos (Thomas; Cassidy, 1994a).

A perda de aditivos pode alterar significativamente propriedades de produtos poliméricos. Por exemplo, a perda de plastificantes presentes em um produto de PVC o tornará mais rígido, resistente e friável e menos deformável. Por outro lado, se antioxidantes forem removidos de produtos de polipropileno ou polietileno, não ocorrerão mudanças físicas evidentes nesses produtos. Entretanto, se posteriormente eles forem expostos à radiação ultravioleta (UV), vão se degradar de forma muito mais rápida, devido à perda de aditivos protetores (Thomas; Cassidy, 1993c).

A oxidação de um polímero consiste na reação química envolvendo oxigênio e o polímero. Trata-se de um processo autocatalítico que, uma vez iniciado, provoca uma reação em cadeia que degrada mais o polímero que o agente provocador da oxidação individualmente. O agente provocador da oxidação pode ser o calor, radiações (ultravioleta e outras) e oxidantes (Thomas; Cassidy, 1994a). Os aditivos antioxidantes visam interromper o processo de oxidação. No caso de proteção contra a radiação ultravioleta, o negro de fumo (*carbon black*) é o aditivo mais comumente utilizado.

A exposição de plásticos aos raios ultravioleta (UV) pode causar redução de propriedades físicas, uma vez que tal radiação provoca a quebra das ligações moleculares na cadeia polimérica. Já a absorção de água pode provocar uma plastificação do material, que, ao final (no caso de perda de água), pode levar ao aumento de sua fragilidade, tornando-o quebradiço (Crawford, 1998). A maioria dos termoplásticos é afetada pela ação da água e de raios UV, em particular os derivados de celulose, mas também o são o polietileno, o PVC e os *nylons*.

Outro fenômeno de longo prazo importante em produtos poliméricos é o trincamento sob tensão. Tal fenômeno ocorre quando um pequeno sulco ou arranhão tem sua profundidade aumentada, ocasionando o seccionamento do produto. A velocidade do trincamento depende das características do sulco ou do corte, da tensão atuante e da temperatura, e o processo pode ser acelerado por certas substâncias químicas. Quando tais substâncias estão presentes, o processo é denominado trincamento sob tensão e ambiente (*environmental stress cracking*, ESC) (Thomas; Cassidy, 1993d). Esse fenômeno é de particular importância em aplicações de geomembranas como barreiras. Embora todos os polímeros possam estar sujeitos a esse fenômeno, ele é mais crítico em poliolefinas (polietileno e polipropileno). Segundo Thomas e Cassidy (1993d), o tema tem sido tão estudado que várias novas gerações de resinas de polietileno para geomembranas têm sido produzidas, apresentando velocidades de progressão de trincas cem vezes menores que aquelas do início dos anos 1980.

As propriedades do polímero que afetam o trincamento sob tensão em poliolefinas são a densidade, o peso molecular, a distribuição do peso molecular e o tipo e a distribuição do comonômero. Dessas, a mais importante é a densidade. À medida que a densidade é reduzida, a taxa de evolução do trincamento sob tensão também diminui. Informações adicionais e ensaios para a avaliação do trincamento sob tensão em geossintéticos são apresentadas no Cap. 3.

Como comentado anteriormente, os plásticos de engenharia podem ser tratados com a adição de diferentes substâncias, de forma a garantir seu bom funcionamento e durabilidade. Como será visto adiante, o comportamento de geossintéticos ao longo do tempo, sob condições normais de uso em obras geotécnicas, pode ser considerado de muito bom a excelente.

2.5 Polímeros comumente utilizados na fabricação de geossintéticos e produtos correlatos

Os tipos de polímero mais frequentemente utilizados na confecção de geossintéticos são o polipropileno, o poliéster, o polietileno, o PVC e a poliamida. A seguir, são apresentadas algumas características e propriedades desses e de outros polímeros. Informações adicionais sobre eles podem ser encontradas em Koerner (1998), Mano (1985, 1991), Michaeli et al. (1995) e Crawford (1998). Outras propriedades aparecem sumariadas na Tab. 2.1.

- *Polietileno (abreviação genérica = PE)*: é formado pela polimerização de compostos contendo ligações insaturadas entre dois átomos de carbono. Sua produção em escala iniciou-se em 1943. Forma-se da repetição da unidade apresentada na Fig. 2.1. Os tipos mais utilizados são o polietileno de baixa densidade (PEBD ou, em inglês, LDPE), o polietileno linear de baixa densidade (PELBD ou LLDPE) e o polietileno de alta densidade (PEAD ou HDPE). O polietileno linear é altamente cristalino e funde a 137 °C. Assim, o polietileno linear de baixa densidade é mais rígido que o polietileno de baixa densidade. Já o polietileno de alta densidade é mais cristalino e mais resistente que as formas anteriores. O polietileno é principalmente utilizado na fabricação de geomembranas, geogrelhas, geocélulas, georredes, geotubos e geocompostos.
- *Poliéster (abreviação genérica = PET)*: pode ser fabricado na forma termoplástica ou termorrígida. Os termoplásticos (poliéster saturado – PET) são altamente cristalinos, exibindo dureza, resistência mecânica e à abrasão, resistência química e baixa absorção de umidade. O poli(tereftalato de etileno) (PET) é comumente utilizado em embalagens, recipientes e garrafas (de refrigerantes, por exemplo). Por sua vez, uma das principais aplicações da forma termorrígida (poliéster insaturado) é servir como matriz para reforço de fibra de vidro. O poliéster é principalmente utilizado na fabricação de geotêxteis e geogrelhas.
- *Polipropileno (abreviação genérica = PP)*: é o menos denso de todos os termoplásticos. É muito atraente para diversas aplicações devido a suas características de resistência mecânica, rigidez e excelente resistência à fadiga e ao ataque químico. É principalmente utilizado na fabricação de geotêxteis, geogrelhas, geomembranas e geocompostos.
- *Policloreto de vinila (abreviação genérica = PVC)*: é um polímero muito usado na confecção de alguns tipos de geossintéticos e foi desenvolvido em 1939 (Koerner, 1998). A unidade de repetição do PVC é apresentada na Fig. 2.1. Pode ser encontrado na forma flexível ou rígida, dependendo da adição ou não de plastificante durante sua fabricação. É principalmente utilizado na fabricação de geomembranas, geocompostos e geotubos.
- *Poliamida (abreviação genérica = PA, também conhecido por* nylon): apresenta excelente resistência, rigidez e dureza. Diferentes tipos de *nylon* podem ser encontrados (*nylon* 6, *nylon* 66 e *nylon* 11, por exemplo). A poliamida é principalmente utilizada na fabricação de geotêxteis, geocompostos e geogrelhas.
- *Poliestireno (abreviação genérica = PS)*: é encontrado em diferentes densidades e pode apresentar comportamentos variando de friável a muito rijo. Pode também ser encontrado na forma expandida, utilizada em embalagens e, particularmente em Geotecnia, na construção de aterros de baixa densidade. É empregado na fabricação de geoblocos e geocompostos.
- *Elastômero de dieno-propileno-etileno (abreviação genérica = EPDM)*: trata-se de um copolímero que, quando não vulcanizado, apresenta boa estabilidade ao armazenamento. Quando vulcanizado, exibe resistência ao calor, ao ozônio, à abrasão e a líquidos polares, sendo flexível a baixas temperaturas. O EPDM pode ser utilizado na fabricação de geomembranas.
- *Polietilieno clorossulfonado (abreviação genérica = CSPE)*: é resultante da modificação do polietileno. É frequentemente usado na fabricação de geomembranas reforçadas (CSPE-R).

2.6 Processos de fabricação de geossintéticos

Os principais processos para a fabricação de geossintéticos são por extrusão, coextrusão e calandragem. O Quadro 2.3 exibe os tipos de processo mais utilizados para diferentes geossintéticos. Outros processos são apresentados em Mano (1985).

O processo de extrusão mais simples consiste em forçar o plástico derretido através de um orifício. O tipo de equipamento mais comumente empregado é a extrusora de rosca única, esquematizada na Fig. 2.7. Nesse processo, o plástico é introduzido na forma de *pellets* e conduzido para o orifício de saída por uma rosca ao longo de um trecho em que ocorre fusão e mistura. A forma e as dimensões do produto final são condicionadas pelo tipo e forma do orifício. Por sua vez, a coextrusão consiste na utilização de dois ou mais jatos de plástico fundido durante o processo de extrusão para a fabricação de geomembranas.

Quadro 2.3 PROCESSOS PARA A FABRICAÇÃO DE GEOSSINTÉTICOS

Tipo de produto	Processo inicial	Processos adicionais comuns
Geomembrana	Extrusão Calandragem Coextrusão	–
Geotêxtil	Extrusão	Rotação, estiramento, corte, formação de teia, agulhagem, calandragem, tiragem, tecelagem
Georrede	Extrusão	–
Geogrelha	Extrusão	Puncionamento, rotação, tecelagem, tricotagem, revestimento por imersão
Geotubo	Extrusão	–

Fonte: Thomas e Cassidy (1994b).

Geomembranas podem ser confeccionadas usando-se extrusão com um orifício moldador que resulta em um produto em forma de manta. Outro processo, o sopro, envolve a utilização de um orifício de saída circular que produz um cilindro contínuo (Fig. 2.8). Nesse caso, o ar é introduzido pelo centro do moldador fixando-se o diâmetro do tubo. Simultaneamente, o tubo é puxado axialmente, de forma que o plástico é expelido na direção de fabricação. O processo de estiramento provoca o alinhamento de moléculas, induzindo alguma cristalização e enrijecendo e aumentando a resistência do plástico (Thomas; Cassidy, 1994b). A calandragem também pode ser utilizada na confecção de geomembranas com ou sem reforço, em que o plástico fundido é comprimido entre rolos rotatórios, como esquematizado na Fig. 2.9. O processo mais comum de fabricação de geomembranas é em monocamada sem reforço, com espessuras típicas entre 0,13 mm e 5 mm e larguras de rolo típicas entre 0,9 m e 5,2 m, podendo chegar a 10 m para alguns fabricantes.

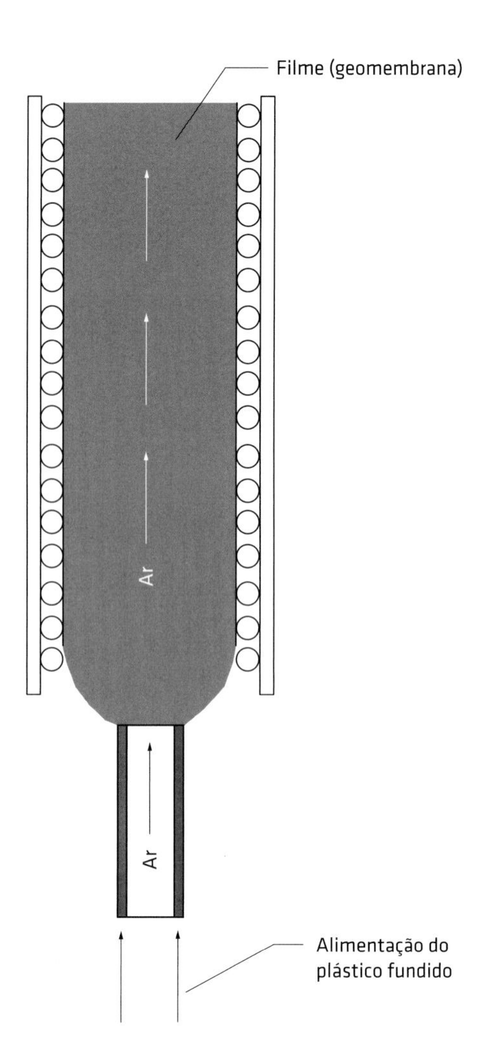

Fig. 2.8 Esquema de fabricação de geomembranas pelo processo de sopro

Os filamentos utilizados na confecção de geotêxteis também são comumente produzidos por extrusão. Posteriormente, podem ser solidarizados por diferentes processos, tais como tecelagem, tricotagem e, no caso de geotêxteis não tecidos, adição de resinas (geotêxtil resinado), calor (geotêxteis termoligados) ou agulhagem.

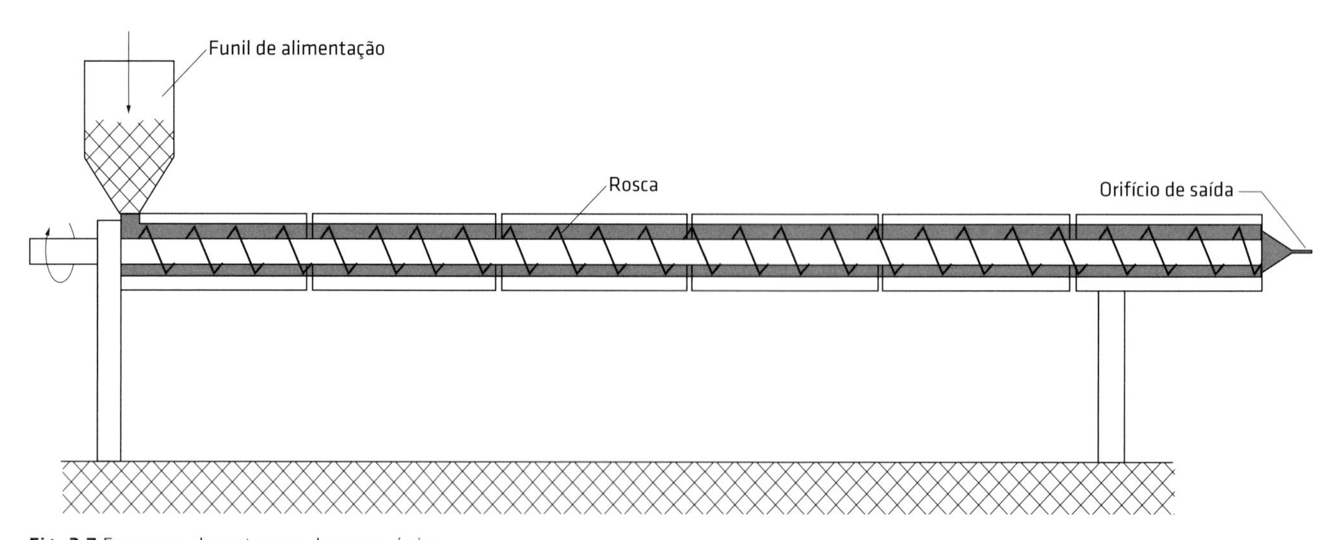

Fig. 2.7 Esquema de extrusor de rosca única

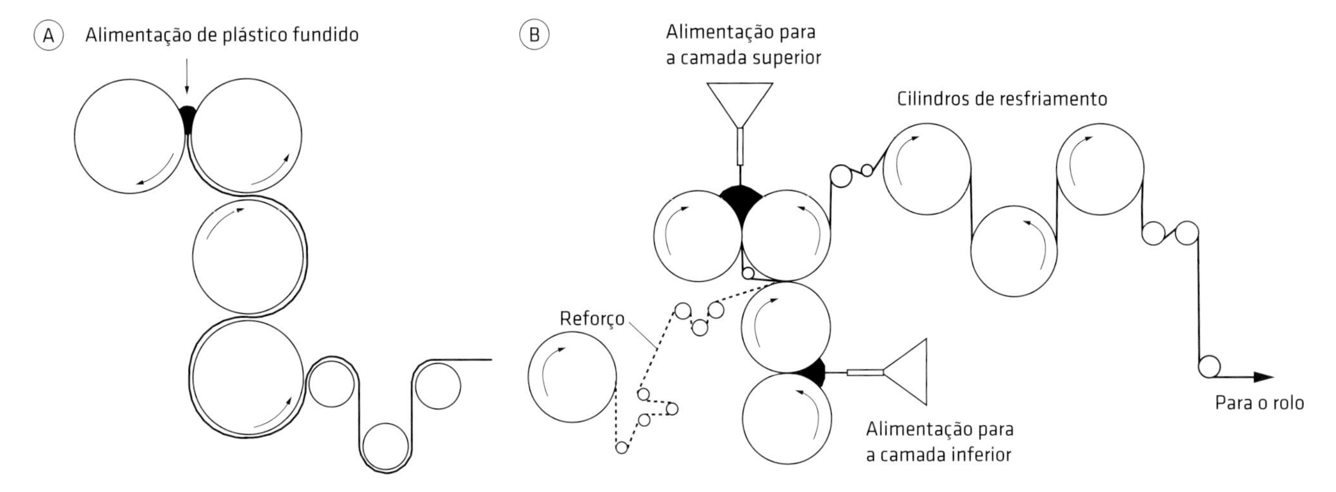

Fig. 2.9 Esquema de confecção de geomembranas por calandragem: (A) sem reforço e (B) reforçadas
Fonte: modificado de (A) Rosen (1982) e (B) Koerner (1998).

Os filamentos podem ser curtos ou contínuos. A Fig. 2.10 esquematiza o processo de confecção de geotêxtil não tecido agulhado, que é um tipo de geotêxtil muito utilizado em filtração e separação. Nesse caso, a manta produzida passa por um sistema de agulhagem, em que agulhas com geometria apropriada entrelaçam os filamentos.

Georredes e geogrelhas são também comumente fabricadas por extrusão. No caso de geogrelhas, a extrusão pode também ser usada para fabricar geogrelhas de poliolefinas orientadas. Inicialmente, é confeccionada uma camada plana de plástico extrudado. A seguir, são executadas perfurações na camada, que posteriormente é aquecida a uma temperatura um pouco inferior a seu ponto de fusão e esticada uniaxial ou biaxialmente para formar a geogrelha. Geogrelhas confeccionadas com filamentos possuem um processo diferente de fabricação. Inicialmente, feixes de multifilamentos são tecidos ou tricotados para formar a matriz do reforço. A seguir, a matriz é imersa em solução de PVC ou acrílico, que, após endurecimento, forma um revestimento de proteção para os feixes de filamentos (Thomas; Cassidy, 1994b).

Geocompostos argilosos (GCLs) são confeccionados por um processo que promove o encapsulamento da massa de bentonita entre camadas de geossintéticos, geralmente geotêxteis. A Fig. 2.11 esquematiza o processo de fabricação desses geocompostos em que a solidarização dos geotêxteis inferior e superior é executada por agulhagem (ver também Fig. 1.5). Por sua vez, a Fig. 2.12 apresenta algumas seções transversais típicas de GCLs.

Os GCLs são comumente utilizados sob camadas de geomembrana com a finalidade de proteger a geomembrana contra danos e, no caso de dano, vedar a passagem do fluido poluente devido à expansão da bentonita. A Fig. 2.13 exemplifica a vedação de dano em geomembrana pela expansão da bentonita de um GCL (Mendes, 2010; Mendes et al., 2010).

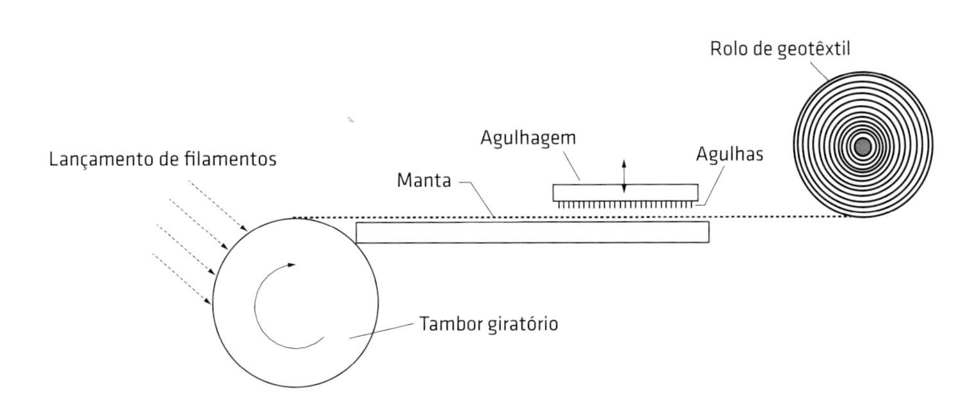

Fig. 2.10 Esquema de confecção de geotêxtil não tecido agulhado

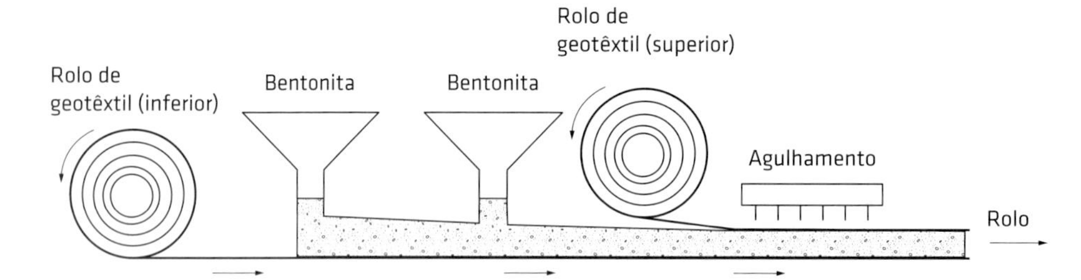

Fig. 2.11 Esquema de confecção de GCL
Fonte: modificado de Koerner (1990).

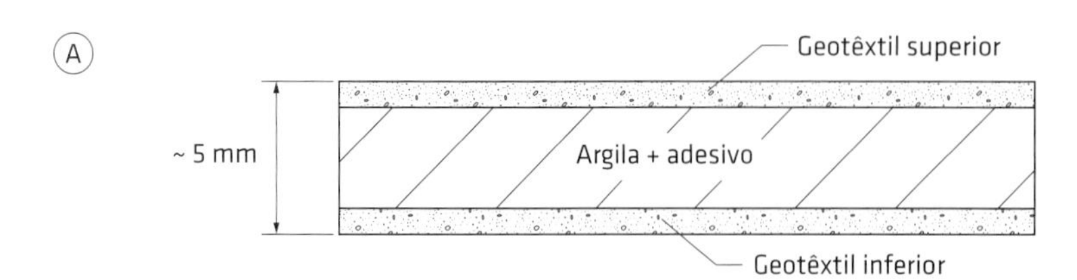

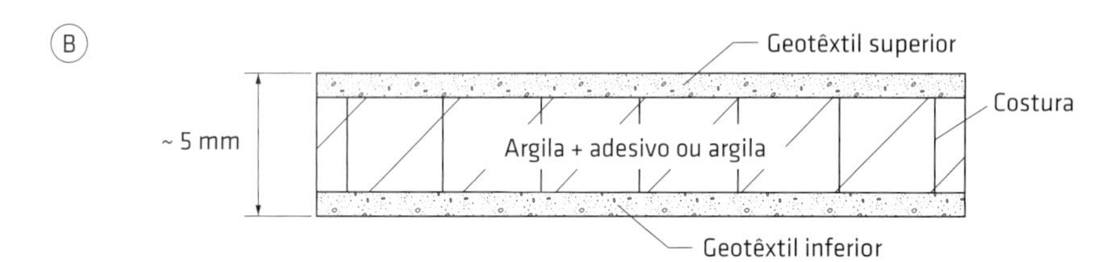

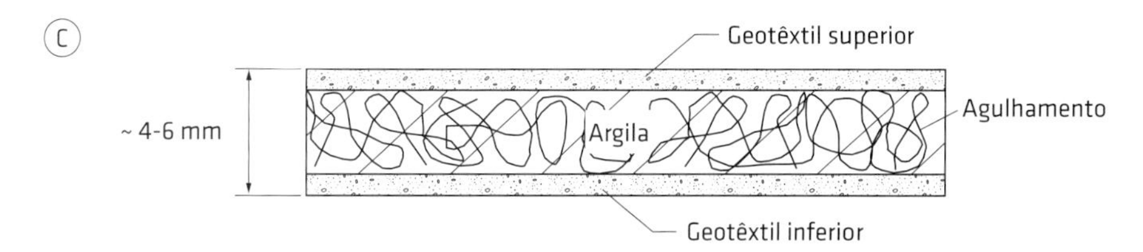

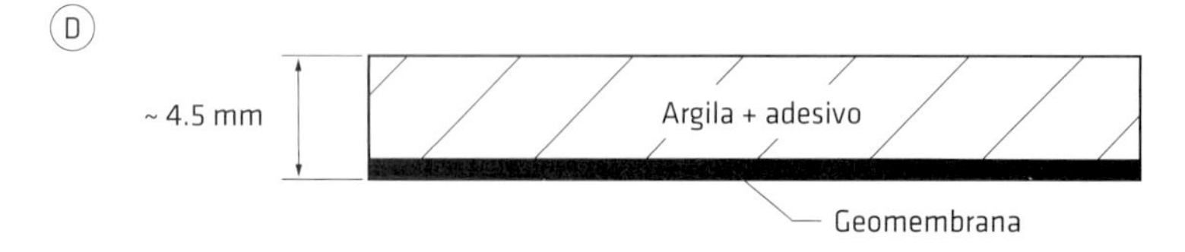

Fig. 2.12 Seções transversais típicas de GCLs: (A) argila colada a camadas de geotêxtil; (B) argila costurada entre camadas de geotêxtil; (C) camadas de argila e geotêxtil agulhadas; (D) argila colada à geomembrana
Fonte: modificado de Daniel e Koerner (1995).

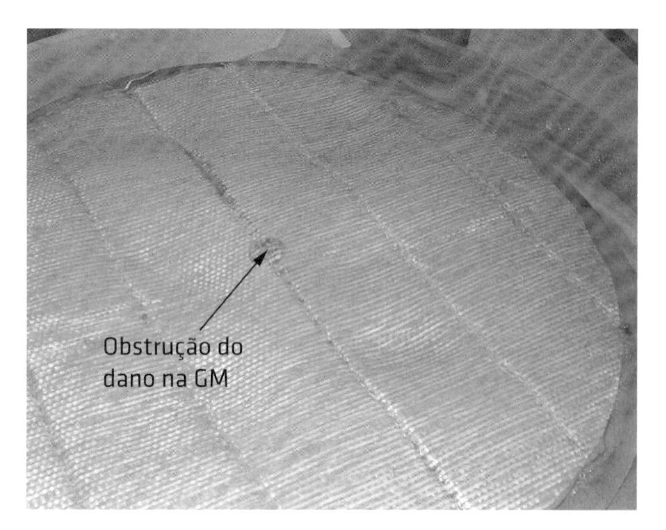

Fig. 2.13 Vedação de dano em geomembrana devido à presença de GCL subjacente
Foto: Mendes (2010).

AVALIAÇÃO DE PROPRIEDADES DOS GEOSSINTÉTICOS

3

Como para qualquer outro material de engenharia, a utilização de geossintéticos pressupõe o conhecimento de suas propriedades relevantes para cada aplicação. Assim, o tipo de aplicação torna algumas propriedades mais relevantes que outras, em face das condições a que o geossintético estará submetido e de sua finalidade na obra.

Vários ensaios em geossintéticos visam fornecer valores-índice de propriedades, ao passo que outros visam fornecer propriedades de desempenho. Os resultados dos primeiros não são necessariamente aplicáveis a projetos, tendo por objetivo primordialmente disponibilizar parâmetros de referência sob condições específicas de ensaio que possam servir como elementos de comparação entre diferentes produtos ou para o controle de qualidade de fabricação ou a aceitação do geossintético na obra. Os resultados de ensaios de desempenho buscam fornecer valores de propriedades sob condições mais próximas daquelas a que o geossintético estará submetido em uma obra. A execução dos ensaios-índice e da maioria dos ensaios de desempenho já se encontra normalizada por normas nacionais ou internacionais.

Neste capítulo abordam-se técnicas de ensaios para a avaliação de propriedades relevantes de geossintéticos para sua utilização em obras geotécnicas e de proteção ambiental. Tal como ocorre para qualquer material de engenharia, os ensaios devem seguir procedimentos normatizados. No Anexo A são apresentadas as normas de ensaios existentes segundo a Associação Brasileira de Normas Técnicas (ABNT), a American Society for Testing and Materials (ASTM) e a International Organization for Standardization (ISO).

3.1 Propriedades físicas

São propriedades físicas dos geossintéticos grandezas como espessura, porosidade, massa por unidade de área (gramatura), diâmetro das fibras ou dos filamentos etc., ou seja, qualquer característica física que possa influenciar o comportamento do material.

A massa por unidade de área, ou gramatura, de um geotêxtil é definida como sua massa dividida por sua área em planta, sendo internacionalmente simbolizada por M_A (IGS, 1996). A massa por unidade de área de geossintéticos é obtida determinando-se a massa de espécimes com área conhecida por meio de balanças de precisão, estando disponíveis normas para esse procedimento (NBR 12568, ASTM 5261-10, ISO 9864:2005 – ver Anexo A).

A espessura (t_G) de um geossintético é definida como a distância entre as superfícies paralelas que limitam seu volume. A medição dessa propriedade é normalizada pela ABNT (NBR 12569) e está esquematizada na Fig. 3.1. Nesse caso, o geossintético pode ser comprimido sob diferentes tensões normais. Leituras de medidores de deslocamentos

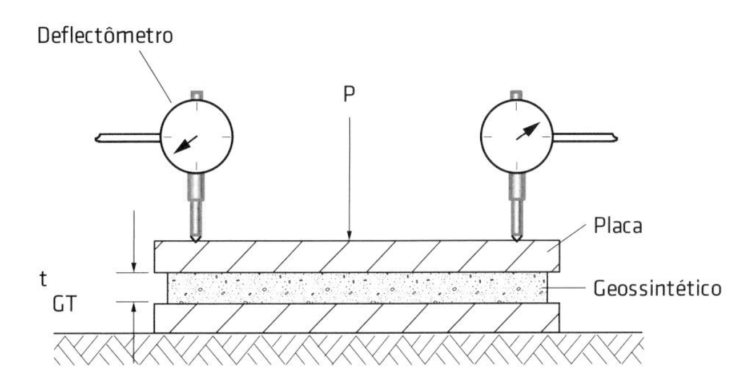

Fig. 3.1 Esquema do ensaio de determinação da espessura de um geossintético

permitem obter a espessura do geotêxtil para diferentes tensões normais.

Define-se como espessura nominal de um geotêxtil a espessura obtida sob uma tensão de compressão igual a 2 kPa, e esse é o valor comumente apresentado em catálogos de fabricantes de geossintéticos.

O processo de compressão é caracterizado por uma variação rápida de espessura imediatamente após a aplicação da tensão normal. A seguir, tem início um processo de compressão lenta (compressão por fluência), cuja duração, até a estabilização, depende do tipo e das características do geossintético sob ensaio, podendo a estabilização das leituras variar de horas a dias.

A porosidade de um geotêxtil é definida como o volume de vazios de um geotêxtil dividido por seu volume total. Assim, pode-se demonstrar que:

$$n = 1 - \frac{M_A}{\rho_f t_{GT}} \quad (3.1)$$

em que n é a porosidade do geotêxtil; M_A, a massa por unidade de área do geotêxtil; ρ_f, a massa específica das fibras ou filamentos do geotêxtil; e t_{GT}, a espessura do geotêxtil.

No caso de geotêxteis, particularmente os não tecidos, a espessura e a porosidade são bastante dependentes do nível de tensões a que tais materiais são submetidos. A Fig. 3.2 apresenta resultados para alguns geotêxteis não tecidos presentes no mercado nacional, sendo possível observar a dependência da espessura e da porosidade em relação à tensão normal aplicada. Nota-se que a variação de espessura desses geotêxteis é mais expressiva para tensões normais de até 500 kPa (Fig. 3.2A). A maioria das obras geotécnicas onde geossintéticos são empregados apresenta níveis de tensões inferiores a esse valor. A porosidade de geotêxteis não tecidos não confinados varia tipicamente entre 0,88 e 0,94 (Fig. 3.2B).

As variações de espessura e porosidade com o nível de tensões podem influenciar outras propriedades dos geotêxteis, tais como sua capacidade de retenção de partículas de solo em aplicações como filtros, sua permeabilidade e sua capacidade de descarga de líquidos e gases ao longo do plano, por exemplo.

3.2 Propriedades hidráulicas

3.2.1 Permeabilidade e permissividade

As propriedades hidráulicas são relevantes para geossintéticos utilizados em funções de drenagem, filtração ou barreira, como é o caso de geotêxteis, geocompostos argilosos e geomembranas. O coeficiente de permeabilidade normal ao plano (k_n) de um geotêxtil é aquele obtido sob condições de fluxo normais ao plano do produto. A permeabilidade ao longo do plano (k_p) é o valor obtido quando o fluxo ocorre ao longo do plano do geossintético. Em função dessas grandezas e da espessura do geossintético, podem ser calculadas a permissividade e a transmissividade (ou transmissibilidade) do geossintético, definidas como:

$$\psi = \frac{k_n}{t_G} \quad (3.2)$$

$$\theta = k_p t_G \quad (3.3)$$

em que ψ e θ são a permissividade e a transmissibilidade do geossintético, respectivamente.

A Fig. 3.3A esquematiza um equipamento para a determinação do coeficiente de permeabilidade normal ao plano de geotêxteis (modelo Sageos, Canadá – Gardoni, 2000), para ensaios com ou sem a aplicação de tensão normal. Equipamento semelhante é proposto pela NBR 15223, para ensaios sem a aplicação de tensão normal no espécime. No caso do ensaio esquematizado nessa figura, somente um espécime de geotêxtil é ensaiado. No caso de geotêxteis não tecidos, particularmente os com baixos valores de gramatura, e dependendo da qualidade e das características do produto, pode-se observar grande variabilidade nos valores de permeabilidade obtidos em ensaios com amostras individuais. Por essa razão, um

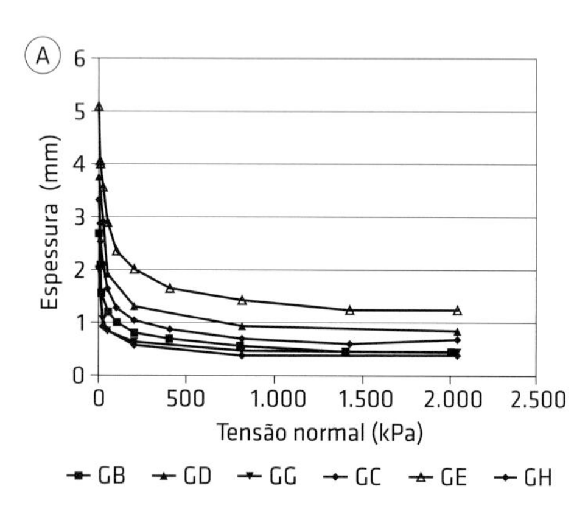

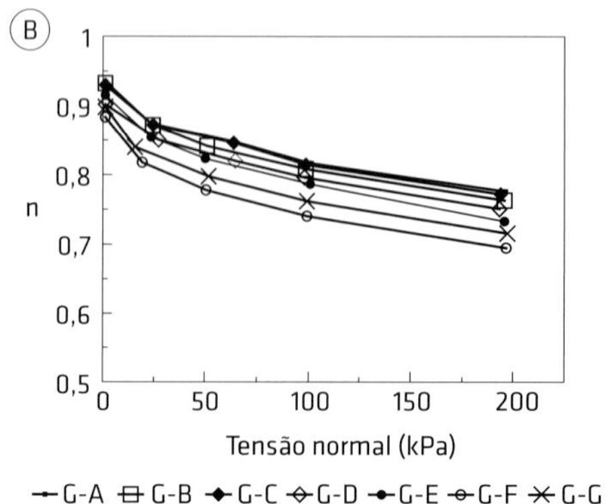

Fig. 3.2 Variação da espessura (A) e da porosidade (B) com o nível de tensões para alguns geotêxteis não tecidos
Fonte: Palmeira e Gardoni (2000a).

número maior de ensaios deve ser realizado em amostras diferentes, de modo que se possa obter o coeficiente de permeabilidade médio com confiabilidade estatística aceitável. Uma alternativa a esse procedimento é a utilização de pacotes com vários espécimes empilhados que são ensaiados simultaneamente, conforme esquematizado na Fig. 3.3B. Nesse caso, é necessário tomar o devido cuidado para que não ocorra fluxo de água preferencial nos contatos entre a amostra e as paredes internas do permeâmetro, e o valor do coeficiente de permeabilidade normal obtido será a média de um número razoável de espécimes. Procedimentos para a realização de ensaios de permeabilidade normal e permissividade são normatizados pelas normas NBR 15223, ASTM D4491 e ISO 10776.

Como comentado anteriormente, a tensão normal atuante sobre geossintéticos pode influenciar algumas de suas propriedades físicas, bem como suas propriedades hidráulicas. A Fig. 3.4 apresenta resultados de coeficientes de permeabilidade normal ao plano e de permissividade em função da tensão normal em ensaios com alguns geotêxteis não tecidos nacionais. Esses resultados mostram a dependência dessas propriedades em relação ao nível de tensões atuantes sobre o geotêxtil. O coeficiente de permeabilidade pode diminuir em até dez vezes na faixa de tensões normais de 0 a 100 kPa, dependendo das características do produto, apesar de ainda se manter elevado para a maioria das aplicações desses materiais. Embora em menor intensidade, a permissividade também diminui com o aumento das tensões normais, como mostrado na Fig. 3.4B.

Devido à baixíssima permeabilidade das geomembranas, torna-se impraticável a realização de ensaios de permeabilidade convencionais. Por essa razão, para esses materiais são realizados ensaios de transmissão de vapor. Correlações entre a permeabilidade e a transmissão de vapor permitem a estimativa da permeabilidade da geomembrana à água. A Fig. 3.5 apresenta o esquema do ensaio de transmissão de vapor através de uma geomembrana. Esse ensaio é normatizado pela ASTM E96. As Tabs. 3.1 e 3.2 exibem dados sobre a transmissão de vapor de água e de gás metano (este último relevante em sistemas de cobertura de áreas de disposição de resíduos sólidos domésticos, por exemplo) para algumas geomembranas.

No caso de o fluido de interesse não ser a água, o ensaio feito na geomembrana é o de transmissão de vapor de solventes, que é realizado de forma semelhante ao de transmissão de vapor de água. As normas ASTM D1434 e ASTM D814 estabelecem procedimentos de ensaio para esse caso.

É importante observar que, sob condições de campo, os valores de certas propriedades físicas e hidráulicas de geotêxteis não tecidos podem diferir daqueles obtidos em ensaios de laboratório tradicionais. No caso de proprie-

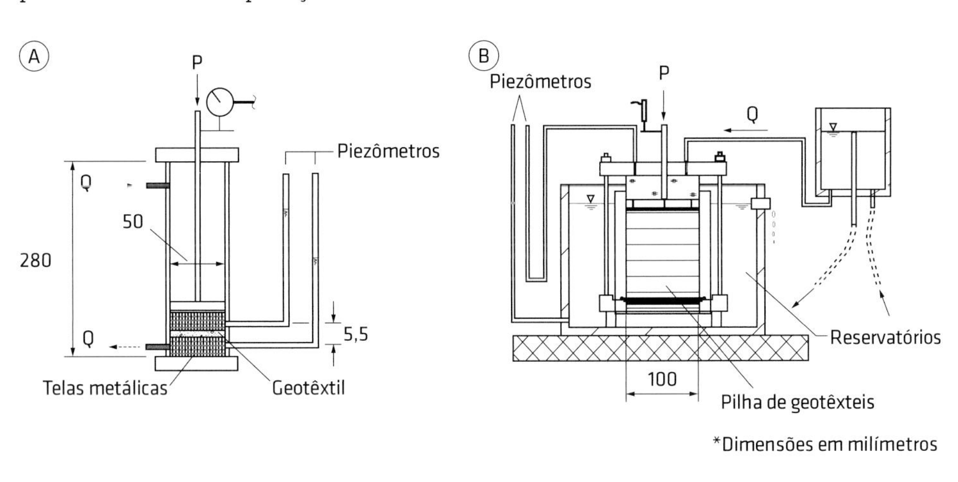

Fig. 3.3 Ensaios para a determinação da permeabilidade normal ao plano de geotêxteis: (A) espécimes individuais (Sageos) e (B) ensaios em pilhas de espécimes
Fonte: (A) Gardoni (2000) e (B) Palmeira (1997).

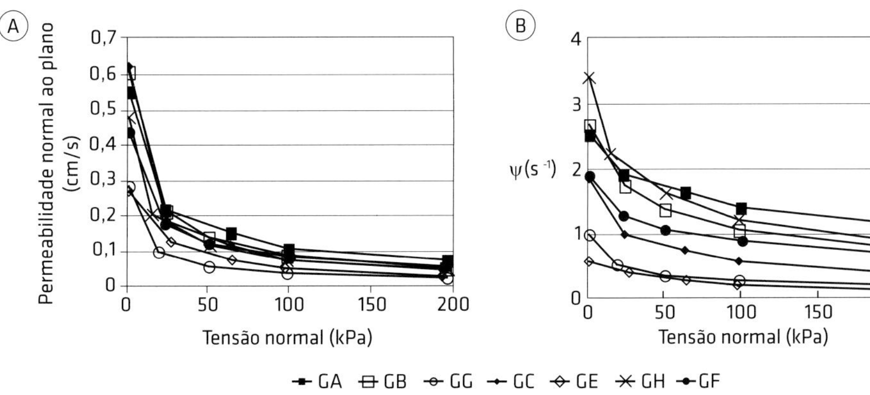

Fig. 3.4 Variação da permeabilidade normal (A) e da permissividade (B) com a tensão normal
Fonte: Palmeira (1997).

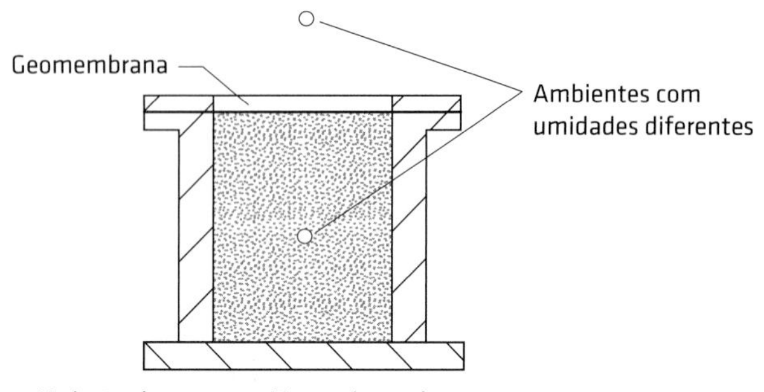

Fig. 3.5 Princípio do ensaio de transmissão de vapor

Tab. 3.1 DADOS SOBRE A TRANSMISSÃO DE VAPOR DE ÁGUA

Geomembrana[1]	Espessura (mm)	Resultados de ensaios de transmissão de vapor ($g/m^2/dia$)
PVC	0,28 0,52	4,4 2,9
CPE	0,53 0,97	0,64 0,56
CSPE	0,89	0,44
EPDM	0,51 1,23	0,27 0,31
PEAD	0,80 2,44	0,017 0,006

Notas: (1) CPE = polietileno clorado, CSPE = polietileno clorossulfonado e EPDM = elastômero de etileno--polipropileno-dieno.
Fonte: Koerner (1998).

Tab. 3.2 DADOS SOBRE A TRANSMISSÃO DE GÁS METANO (CH_4)

Geomembrana[1]	Espessura (mm)	Resultados de ensaios de transmissão de vapor ($mL/m^2/dia/atm$)
PVC	0,25 0,51	4,4 3,3
CSPE	0,81 0,86	0,27 1,6
LLDPE	0,46	2,3
PEAD	0,61 0,86	1,3 1,4

Notas: (1) CSPE = polietileno clorossulfonado e LLDPE = polietileno linear de baixa densidade.
Fonte: EPA (1991).

dades hidráulicas, a impregnação do geotêxtil por partículas de solo durante o espalhamento e a compactação de aterros pode provocar a intrusão de partículas de solo nos vazios do geotêxtil, como esquematizado na Fig. 3.6. A presença de tais partículas tende a diminuir o valor do coeficiente de permeabilidade e a compressibilidade do geotêxtil. A influência da impregnação no comportamento de drenos e filtros geotêxteis foi identificada por vários autores (Masounave; Denis; Rollin, 1980; Heerten, 1982; Giroud, 1996; Palmeira; Fannin; Vaid, 1996). Palmeira, Fannin e Vaid (1996) sugerem uma medida da impregnação de geotêxteis não tecidos dada por:

$$\lambda = \frac{M_s}{M_f} \qquad (3.4)$$

em que λ é o nível de impregnação do geotêxtil não tecido por partículas de solo; M_s, a massa de partículas de solo dentro do geotêxtil por unidade de área; e M_f, a massa de fibras do geotêxtil por unidade de área (igual à sua gramatura).

Palmeira e Gardoni (2000a) reportam valores de λ obtidos em laboratório e em espécimes de geotêxteis exumados de obras reais variando entre 0,3 e 15, dependendo das características dos geotêxteis e dos solos. Esses valores podem ser particularmente elevados no caso de solos arenosos finos.

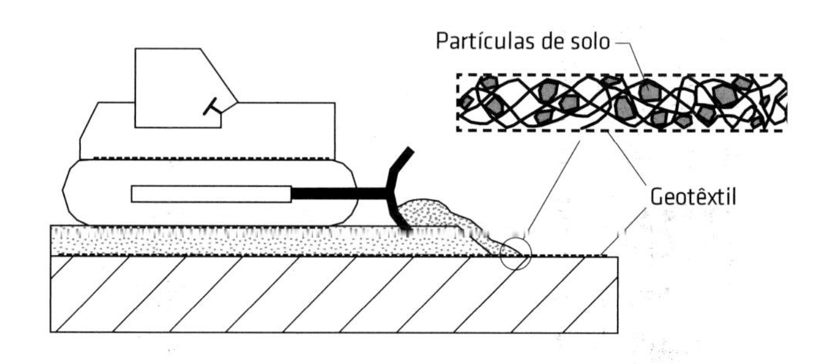

Fig. 3.6 Impregnação de geotêxteis não tecidos em virtude do espalhamento e da compactação de aterros
Fonte: Palmeira e Gardoni (2000a).

A impregnação do geotêxtil por partículas sólidas durante a construção de aterros não é necessariamente prejudicial a seu desempenho. A razão disso é que a presença dessas partículas reduz a compressibilidade do geotêxtil (Fig. 3.7), o que pode provocar perdas menores de permeabilidade (ou permissividade) desse geotêxtil quando comprimido em relação às perdas de permeabilidade que apresentaria, sob a mesma tensão normal, caso estivesse perfeitamente limpo (virgem). Palmeira, Gardoni e Bessa da Luz (2005) apresentam resultados de ensaios de filtração com geotêxteis nacionais e diferentes solos em que, em vários casos, os coeficientes de permeabilidade normal de geotêxteis impregnados foram maiores que os de geotêxteis virgens sob a mesma tensão normal.

Os geotêxteis não são necessariamente isotrópicos em relação à permeabilidade. Ensaios de laboratório realizados por Gourc, Rollin e Lafleur (1982) e Palmeira e Gardoni (2002) mostram que o coeficiente de permeabilidade ao longo do plano (k_p) pode ser significativamente maior que

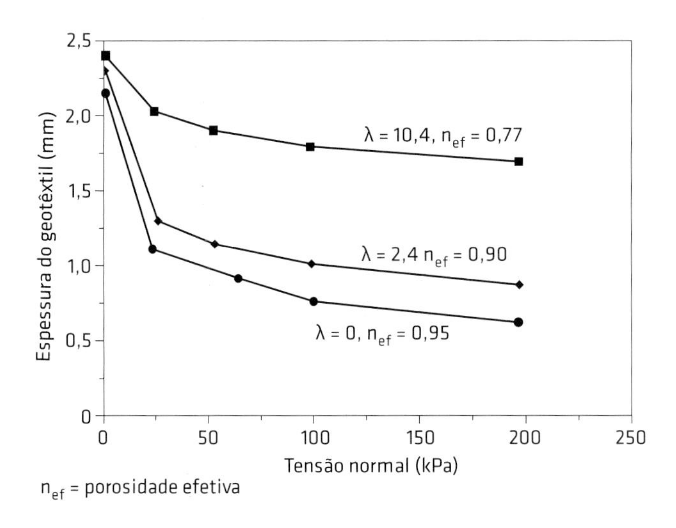

Fig. 3.7 Influência da impregnação na compressibilidade de um geotêxtil não tecido
Fonte: Palmeira (2003).

o coeficiente de permeabilidade normal ao plano (k_n), como exemplificado na Fig. 3.8.

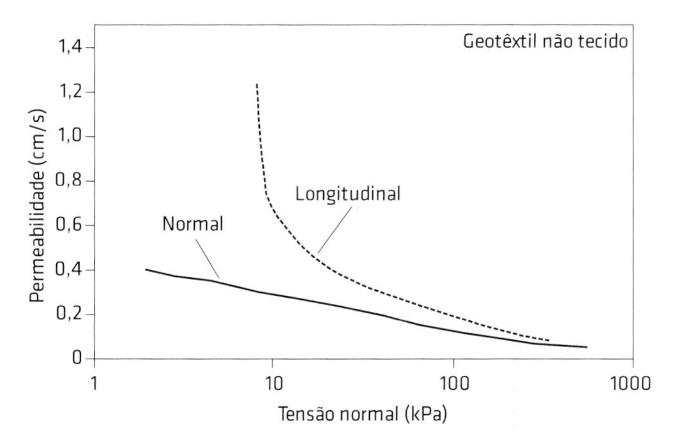

Fig. 3.8 Anisotropia de permeabilidade de um geotêxtil não tecido
Fonte: Palmeira e Gardoni (2002).

3.2.2 Transmissividade

A transmissividade (ou transmissibilidade, como normalmente se usa em hidráulica) de um geossintético (Eq. 3.3) fornece uma medida da capacidade desse material de permitir a passagem de fluido ao longo de seu plano. O equipamento de ensaio utilizado em sua determinação, apresentado esquematicamente na Fig. 3.9, permite que o fluxo de água ao longo do plano do espécime ocorra devido à diferença de carga hidráulica entre dois reservatórios localizados em suas extremidades. Além disso, possibilita também que diferentes valores de tensões normais ou gradientes hidráulicos sejam aplicados ao espécime. A norma da ASTM (ASTM 4716), por exemplo, prescreve que o espécime deve ter forma quadrada, com lado igual a 30 cm.

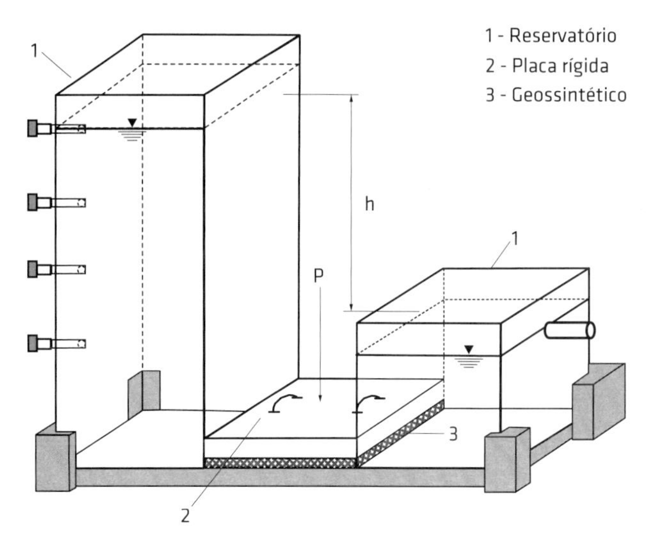

Fig. 3.9 Esquema do equipamento para ensaios de transmissividade em geossintéticos
Fonte: Gardoni (2000).

Cuidados devem ser tomados para evitar fluxo preferencial ao longo das faces internas do equipamento, bem como a influência do embarrigamento de filtros geotêxteis de geocompostos para drenagem para o interior dos espaços dos geoespaçadores ou georredes. Para a consideração desse efeito, é comum o uso de camadas de borracha ou espuma sobre (e sob, se necessário) o espécime de geocomposto para drenagem. Detalhes sobre equipamentos e sobre a execução desse tipo de ensaio podem ser encontrados normatizados em NBR ISO 12958, ASTM D4716 e ASTM D6574 (Anexo A).

A transmissividade do geossintético pode também ser bastante dependente do nível de tensões atuantes, particularmente no caso de geotêxteis não tecidos. A Fig. 3.10 mostra resultados de ensaios de transmissividade em

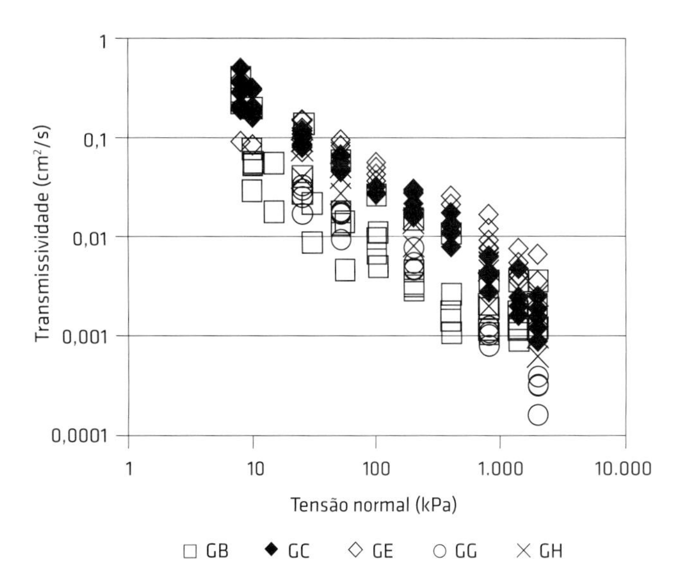

Fig. 3.10 Transmissividade de alguns geotêxteis nacionais
Fonte: Gardoni (2000).

alguns geotêxteis nacionais sob tensões normais de até 2.000 kPa. Observa-se que essa propriedade pode variar em até duas ordens de magnitude, dependendo do produto considerado e do valor da tensão normal atuante.

Gardoni (2000) apresentou uma correlação oriunda de uma análise estatística multivariável para a estimativa da transmissividade de geotêxteis não tecidos agulhados da marca Bidim-BBA (tipos OP, com 200 g/m² $\leq M_A \leq$ 600 g/m²) fabricados até o ano 2000, e para uma faixa de tensões normais variando de 2 kPa a 2.000 kPa. A expressão originalmente desenvolvida por esse autor pode ser reescrita como:

$$\theta = e^{a+b\ln\sigma_n} \quad \textbf{(3.5)}$$

com

$$a = 0{,}524 - 0{,}00118M_A \quad \textbf{(3.6)}$$

$$b = -1{,}111 + 0{,}000575M_A \quad \textbf{(3.7)}$$

em que θ é a transmissividade do geotêxtil (cm²/s); σ_n, a tensão normal atuante sobre o geotêxtil (kPa); e M_A, a massa do geotêxtil por unidade de área (g/m²).

A Fig. 3.11 apresenta a melhor e a pior comparação entre previsões pela Eq. 3.5 e resultados de ensaios que a geraram. Deve-se frisar que a Eq. 3.5 foi desenvolvida para produtos de um mesmo fabricante, e sua extrapolação para outros produtos só seria razoável se estes possuíssem comprovadamente propriedades e características muito similares às daqueles que foram objeto de estudo de Gardoni (2000). Entretanto, para outros produtos, correlações como essa seriam muito úteis em análises e projetos preliminares.

Geocompostos para drenagem podem ser bem menos sensíveis que geotêxteis quanto à dependência da transmissividade, ou da capacidade de descarga, em relação à tensão normal, dependendo da rigidez do material drenante do núcleo (geoespaçador ou georrede). A Fig. 3.12 apresenta resultados de ensaios de transmissividade em seis geocompostos para drenagem consistindo de georrede entre camadas de geotêxtil não tecido agulhado. Pode-se observar que, em boa parte dos casos, a capacidade de descarga ao longo do plano dos geocompostos ensaiados é pouco afetada pelo nível de tensões até valores de tensões normais da ordem de 200 kPa. A redução na transmissividade tende a se acentuar à medida que o núcleo (georrede ou geoespaçador) do geocomposto é mais comprimido com o aumento da tensão normal.

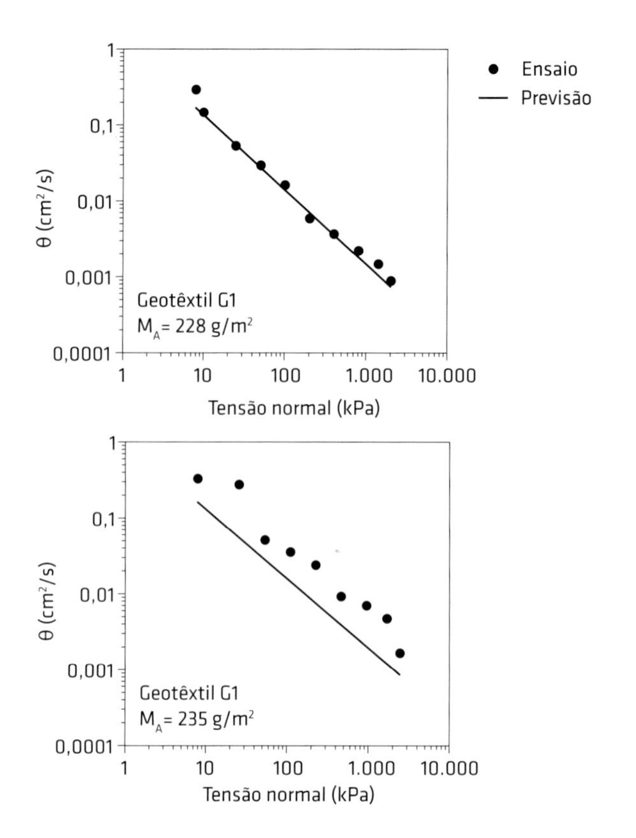

Fig. 3.11 Comparação entre previsões de transmissividade pela Eq. 3.5 e resultados de ensaios. (A) melhor comparação e (B) pior comparação
Fonte: Gardoni e Palmeira (1999).

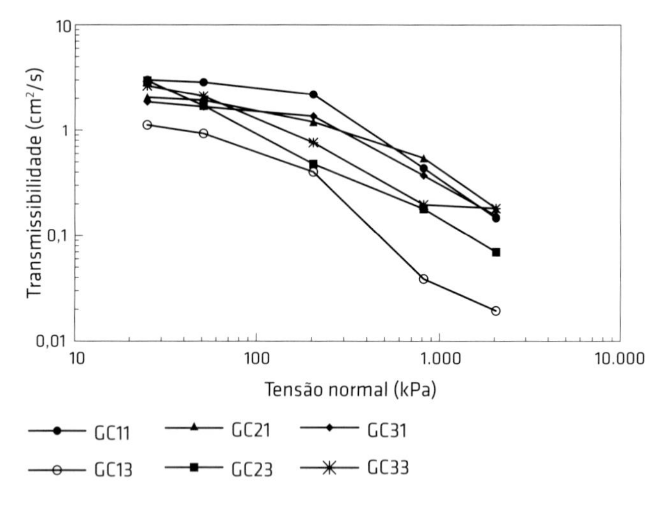

Fig. 3.12 Variação da transmissibilidade de um geocomposto para drenagem com a tensão normal
Fonte: Gardoni e Palmeira (1999).

No caso de geocompostos para drenagem, o mais comum é que resultados de ensaios com o equipamento da Fig. 3.9 sejam apresentados em termos de capacidade de descarga ao longo do plano, e não de transmissividade. A razão é que, com exceção de situações muito particulares, as condições de fluxo ao longo do plano de um geocomposto são tipicamente de fluxo turbulento, para o qual a transmissividade varia com o gradiente hidráulico.

Fluxo turbulento também pode predominar em ensaios de transmissividade em geotêxteis, dependendo do gradiente hidráulico utilizado no ensaio.

A impregnação do geotêxtil não tecido por partículas de solo também afeta os valores de transmissividade e, como no caso da permissividade, discutida anteriormente, não necessariamente de forma negativa. A Fig. 3.13 apresenta resultados de ensaios de transmissividade de geotêxteis não tecidos agulhados com e sem impregnação por diferentes tipos de solo. Tais resultados mostram que a transmissividade do geotêxtil impregnado não é necessariamente menor que a do geotêxtil virgem submetido à mesma tensão normal. É importante notar que, para a maioria das situações práticas, a capacidade de descarga de um geotêxtil pode não ser suficiente em face dos requisitos da obra. Nesses casos, os geocompostos para drenagem podem prover soluções adequadas, já que existem no mercado produtos com elevados valores de capacidade de descarga ao longo do plano.

3.2.3 Abertura de filtração de geotêxteis

A abertura de filtração de um geotêxtil (O_n) é definida como o tamanho da maior partícula de solo que é capaz de atravessá-lo, sendo uma grandeza de fundamental importância para a especificação de geotêxteis como filtros. Existem diversos tipos de ensaio para a determinação desse valor, e os principais deles são esquematizados na Fig. 3.14.

O método de ensaio mais rotineiramente usado é o peneiramento (Fig. 3.14A-C). Nesse caso, utiliza-se um recipiente dentro do qual o geotêxtil é instalado sobre uma malha metálica e provoca-se o peneiramento do solo através do geotêxtil por vibração ou movimentos cíclicos. O material passante pelo geotêxtil é submetido a análise granulométrica para a determinação do tamanho do maior grão. A definição do diâmetro desse maior grão depende da norma considerada, mas usualmente ele é tomado como o valor para o qual 95% em massa dos demais grãos possuem diâmetro menor (diâmetro correspondente a 95% passando na curva granulométrica do solo que atravessou o geotêxtil). O resultado obtido depende de vários fatores relacionados às características do geotêxtil e às condições de ensaio, tais como tempo de vibração, energia aplicada, presença ou não de água etc. Por essa razão, o ensaio é normatizado em várias partes do mundo.

A norma americana ASTM D4751 aborda a utilização de peneiramento seco (Fig. 3.14A). Fatores como tipo de ensaio de peneiramento, tempo de peneiramento e energia utilizada nele e forças eletrostáticas podem influenciar os resultados obtidos (Gourc; Faure, 1990; Dierickx; Van der Sluys, 1990; Fischer; Holtz; Christopher, 1992; Dierickx; Myles, 1996). Caso o ensaio seja realizado totalmente a seco, partículas de solo podem ficar aderidas às fibras pela ação de forças eletrostáticas desenvolvidas no geotêxtil antes ou durante o ensaio, motivo pelo qual a norma americana prescreve o uso de substância inibidora de eletrostática. Uma vez que a utilização de água evita o aparecimento de forças eletrostáticas (Gourc; Faure, 1990), os peneiramentos úmidos ou hidrodinâmicos são preferíveis ao peneiramento seco. No peneiramento úmido (Fig. 3.14B), à medida que o recipiente é agitado, o material granular de ensaio sofre umedecimento por chuveiramento, e a tendência é a adoção desse tipo de ensaio na maioria dos países, devido à sua simplicidade. No peneiramento hidrodinâmico (Fig. 3.14C), o recipiente contendo o solo e o espécime de geotêxtil é submetido a imersão e emersão em uma banheira repetidamente, exigindo, assim, um equipamento um pouco mais sofisticado.

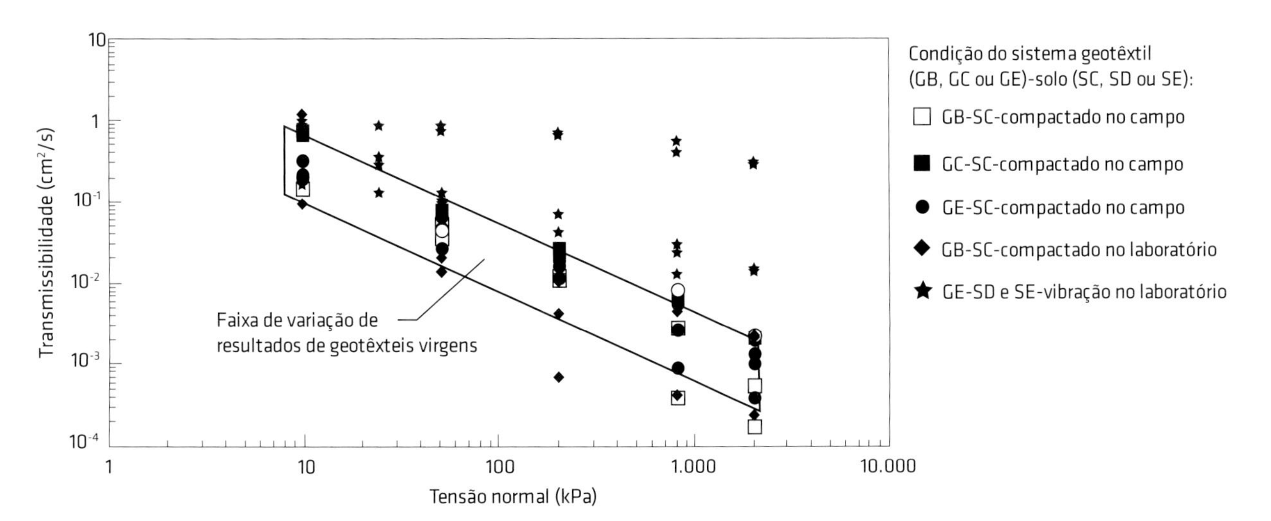

Fig. 3.13 Influência da impregnação na transmissividade de alguns geotêxteis não tecidos agulhados
Fonte: Palmeira e Gardoni (2000a).

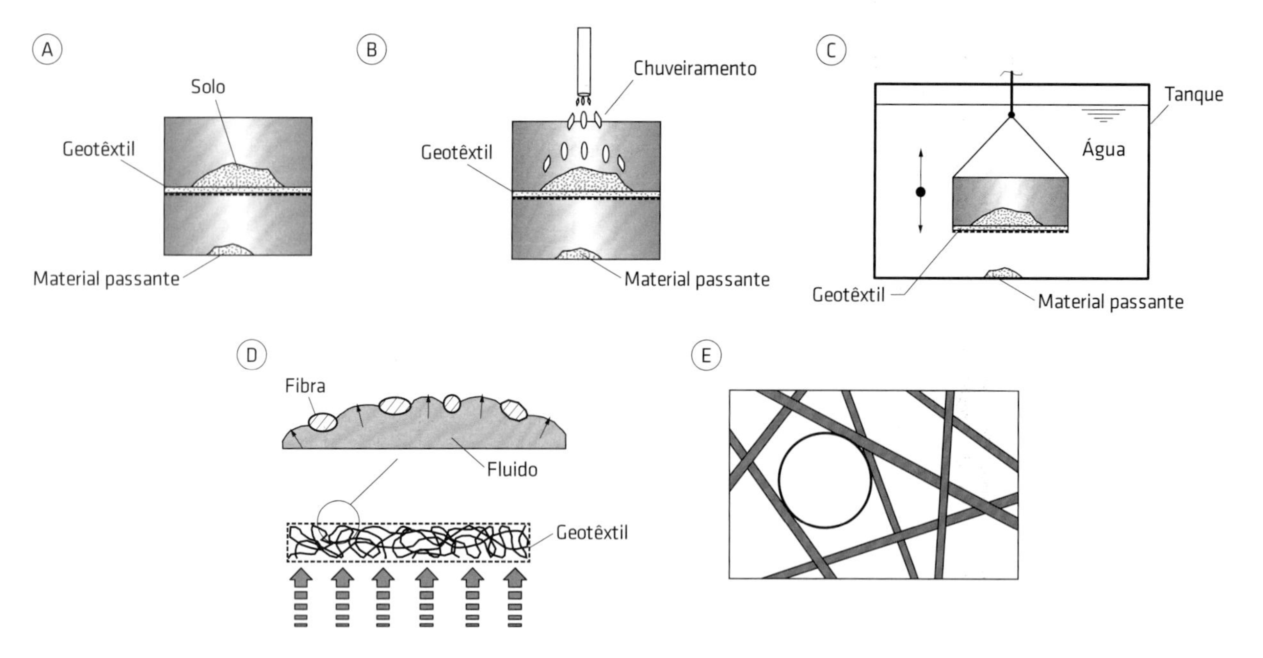

Fig. 3.14 Métodos para a determinação da abertura de filtração de geotêxteis: (A) peneiramento seco; (B) peneiramento úmido; (C) peneiramento hidrodinâmico; (D) intrusão de poros; (E) análise de imagens

É comum o emprego de esferas de vidro em ensaios de peneiramento. Embora as esferas possam ter forma e textura bastante diferentes das de um solo real, sua utilização provê um meio de padronização e comparação entre produtos diferentes, bem como dados de abertura de filtração para catálogos de produtos.

As metodologias de determinação da abertura de filtração por intrusão de poros ou análise de imagens são de uso mais restrito, particularmente devido ao custo e ao tempo para a obtenção de resultados. Na intrusão de poros (Fig. 3.14D), os diâmetros das constrições (diâmetro equivalente da menor abertura de um canal de fluxo através do geotêxtil) do geotêxtil são determinados em função de relações entre tais diâmetros e a resistência imposta à passagem do fluido utilizado no ensaio em virtude das forças capilares nos poros. Um ensaio particularmente interessante sob esse aspecto é o *bubble point* (BBP), ou ensaio de ponto de bolha, normalizado pela ASTM (ASTM D6767) e que tem crescido muito em utilização nos últimos anos. Tal ensaio permite também determinar o coeficiente de permeabilidade normal do geotêxtil. Valores de permeabilidade normal de geotêxteis não tecidos encontrados por meio dele compararam bem com os de ensaios convencionais (Palmeira; Gardoni, 2002). Entretanto, esse ensaio pode ser pouco acurado para a medição de poros grandes, devido às baixas pressões para o fluido vencer as forças capilares e entrar nos poros (Bhatia; Smith; Christopher, 1996; Vermeersch; Mlynarek, 1996). Ensaios recentes têm confirmado a relevância e a praticidade do ensaio BBP (Gardoni, 2000; Silva, 2014; Trejos-Galvis, 2016).

Na análise de imagens (Fig. 3.14E), lâminas de geotêxtil impregnado por resina são submetidas à microscopia para a determinação das dimensões de aberturas do geotêxtil. Esse ensaio permite definir a forma e as dimensões de seções transversais de poros, o número de fibras por unidade de área e o diâmetro das fibras do geotêxtil. Entretanto, não fornece a forma do canal de fluxo nem as dimensões de constrições (Gourc; Faure, 1990; Fischer; Holtz; Christopher, 1992). Por causa de seu custo e tempo de obtenção de resultados, a utilização desse método tem se restringido a pesquisas.

Os procedimentos para a obtenção da abertura de filtração de geotêxteis são normatizados em NBR ISO 12956, ASTM D4751 e ASTM D6767.

Em geotêxteis não tecidos agulhados, os furos deixados pelas agulhas podem ser as maiores aberturas disponíveis no geotêxtil para a passagem de partículas de solo, como mostrado na Fig. 3.15, influenciando o valor da abertura de filtração (Palmeira; Fannin, 1998). A distorção ou a obstrução desses furos durante a construção da obra, ou a compressão do geotêxtil sob o peso de camadas de solo, podem reduzir as dimensões deixadas pelos furos das agulhas, mas estes podem ainda permanecer como as maiores aberturas para a passagem de partículas de solo.

Assim como a permissividade e a transmissividade, a abertura de filtração de um geotêxtil não tecido depende do nível de tensões a que ele está submetido e da presença de partículas de solo em seu interior (impregnação) (Gardoni; Palmeira, 2002). Quando comprimido, há a tendência à diminuição dos diâmetros de constrição, aumentando a capacidade do geotêxtil de impedir a passagem de partí-

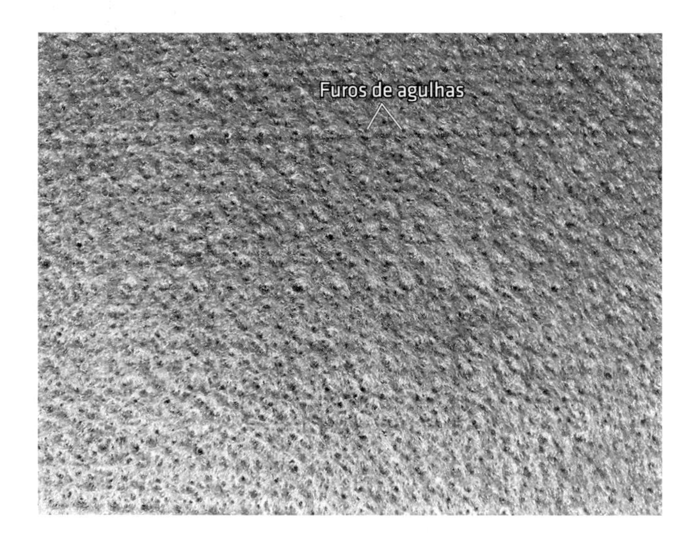

Fig. 3.15 Aberturas deixadas por agulhas após o processo de confecção de um geotêxtil não tecido agulhado

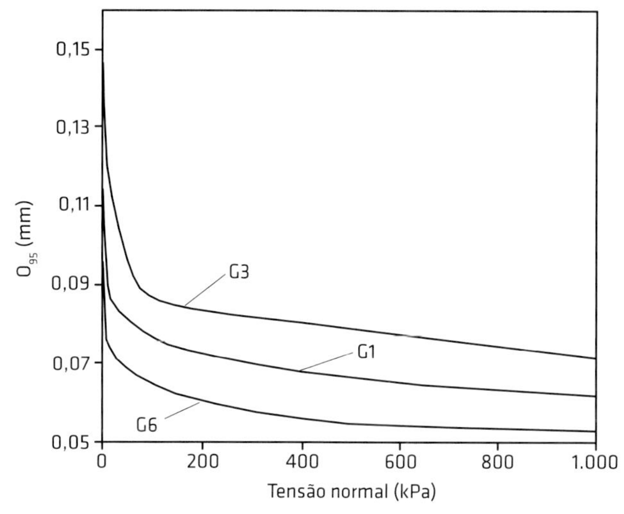

Fig. 3.16 Influência das tensões normais na abertura de filtração de três geotêxteis não tecidos
Fonte: modificado de Trejos-Galvis (2016).

culas de solo. A Fig. 3.16 mostra a redução da abertura de filtração de geotêxteis não tecidos sob diferentes níveis de tensões normais obtidas em ensaios BBP. Podem-se observar significativas reduções nos valores de abertura de filtração com a compressão do geotêxtil. Tal fato repercute favoravelmente no aumento da capacidade de retenção de um filtro geotêxtil (resistência a *piping*).

A impregnação do geotêxtil por partículas de solo reduz mais ainda as dimensões dos poros disponíveis para a passagem de outras partículas. Palmeira e Gardoni (2002) mostraram que, para alguns geotêxteis não tecidos, o efeito combinado da impregnação do geotêxtil por partículas de solo durante seu lançamento e compactação e do nível de tensões pode reduzir em até 4,2 vezes o diâmetro da partícula capaz de atravessar o geotêxtil. As novas dimensões de poros remanescentes alteram as condições de colmatação interna do geotêxtil, em relação às condições que este apresenta quando não comprimido ou impregnado.

3.2.4 Ensaios de filtração e de compatibilidade

Os ensaios de filtração e de compatibilidade entre solos e geotêxteis visam à observação do comportamento de sistemas compostos desses materiais sob condições mais próximas às observadas no campo. Por essa razão, ensaios desse tipo são também denominados ensaios de desempenho.

Ensaio de filtração da fração fina

O ensaio de filtração da fração fina (f^3) foi inicialmente desenvolvido por Hoover (1982) e busca verificar a capacidade de retenção de partículas sólidas em suspensão por geotêxteis. Assim, é indicado para a simulação de barreiras de sedimentos em obras de controle de erosões, por exemplo. Esse ensaio é normatizado pela ASTM D5141. A Fig. 3.17 esquematiza o equipamento para a realização desse tipo de ensaio construído por Farias (1999). Nesse caso, o geotêxtil é submetido ao fluxo vertical de água com diferentes concentrações de sedimentos, e a medição da variação de vazão de fluxo e o controle do diâmetro das partículas passantes pelo geotêxtil permitem aferir seu desempenho na retenção de sedimentos.

Na interpretação do ensaio, é possível identificar um dos seguintes tipos de comportamento:

- as partículas de solo passam continuamente através da camada de geotêxtil (*piping*);
- as partículas de solo se acumulam sobre a camada de geotêxtil ou no interior dela, reduzindo a vazão de fluxo, além dos limites estabelecidos para o bom desempenho do sistema;
- as partículas de solo formam uma camada estável sobre o geotêxtil, com vazão constante, que satisfaz às condições de operação requeridas do sistema.

A Fig. 3.18 apresenta alguns resultados de ensaios de filtração da fração fina obtidos por Farias (1999) utilizando solos de erosões do Distrito Federal e geotêxteis não tecidos agulhados de baixa gramatura como barreira para sedimentos. Observa-se que, à medida que se aumenta a quantidade de solo adicionada ao fluxo, a vazão por unidade de área que atravessa o geotêxtil diminui, devido ao acúmulo de solo sobre o geotêxtil. Em quatro dos sistemas ensaiados, observa-se uma tendência à estabilização da vazão por unidade de área, ao passo que se pode verificar uma considerável redução da vazão em um dos casos. Entretanto, mesmo nesse caso, o geotêxtil ensaiado foi bem-sucedido em reter as partículas de solo em suspensão,

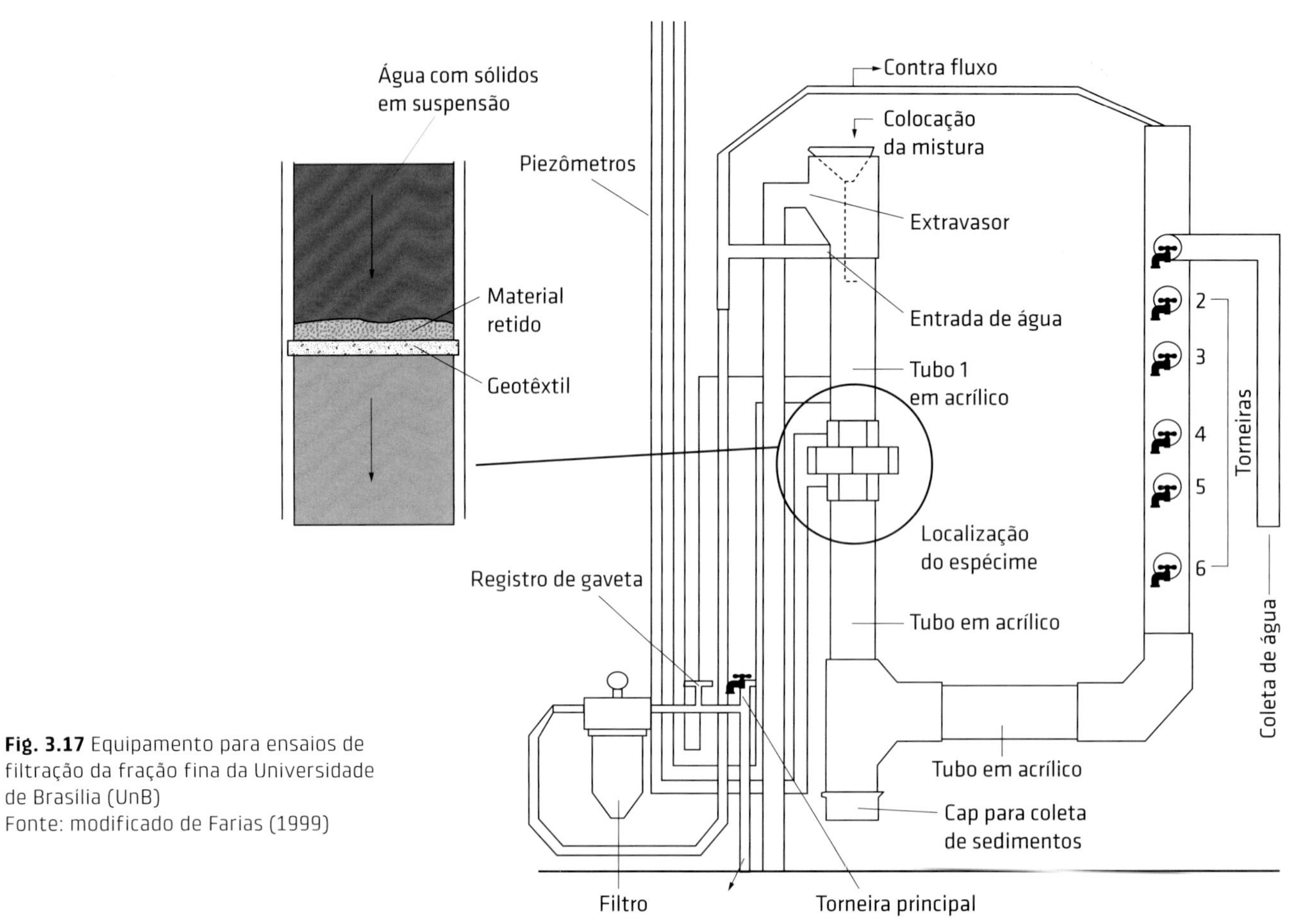

Fig. 3.17 Equipamento para ensaios de filtração da fração fina da Universidade de Brasília (UnB)
Fonte: modificado de Farias (1999)

Fig. 3.18 Resultados de alguns ensaios de filtração da fração fina com solos de erosões do Distrito Federal e geotêxtil não tecido de baixa gramatura
Fonte: Palmeira e Farias (2000).

no que se refere a obras de retenção de sedimentos. Farias (2005) relata também, com base em ensaios em laboratório, excelente desempenho de geotêxteis não tecidos como barreiras de sedimentos em canais de grandes dimensões.

Ensaio de condutividade hidráulica

O ensaio de condutividade hidráulica visa verificar a compatibilidade entre solos finos e filtros geotêxteis. A Fig. 3.19 esquematiza o equipamento de ensaio, que consiste em uma célula na qual se pode aplicar uma pressão confinante no corpo de provas de solo. Como em um ensaio triaxial para a determinação da resistência ao cisalhamento de solos, o corpo de provas de solo é envolvido por uma membrana de borracha para isolá-lo da água utilizada para a aplicação da tensão de confinamento. O espécime de geotêxtil é colocado sob o corpo de provas de solo e sobre uma base drenante, e o conjunto é submetido ao fluxo d'água para o acompanhamento da variação de vazão e permeabilidade total do sistema solo-geotêxtil. O ensaio é normatizado pela ASTM D5567.

A razão entre condutividades hidráulicas é definida como:

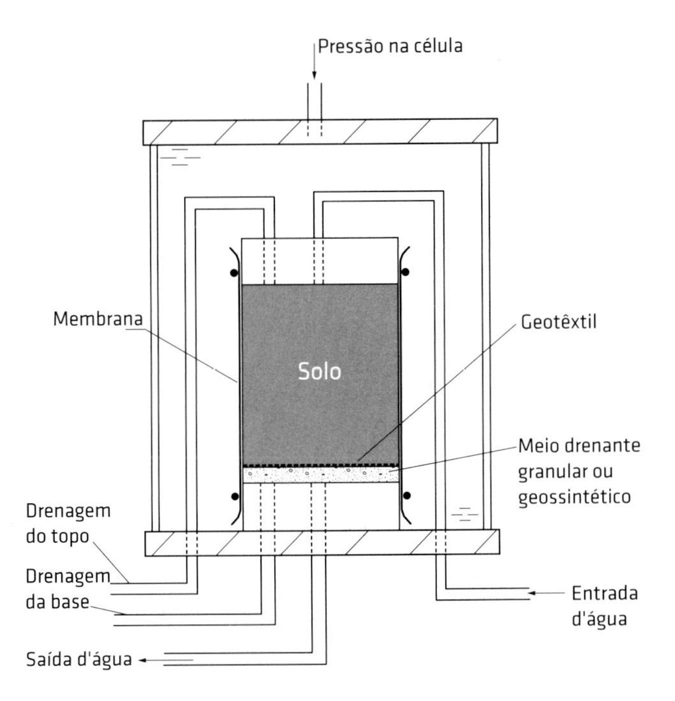

Fig. 3.19 Equipamento para ensaios de condutividade hidráulica
Fonte: Palmeira e Fannin (2002).

$$HCR = \frac{k_{sg}}{k_s} \quad (3.8)$$

em que *HCR* é a razão entre condutividades hidráulicas (*hydraulic conductivity ratio*); k_{sg}, a condutividade hidráulica do sistema solo-geotêxtil; e k_S, a condutividade hidráulica do solo (sem geotêxtil).

A colmatação do filtro poderá ser identificada caso haja uma redução significativa da permeabilidade do sistema em relação à permeabilidade do solo utilizado no ensaio (valor de HCR baixo).

Ensaio de razão entre gradientes

O ensaio de razão entre gradientes visa verificar a compatibilidade entre geotêxteis e solos granulares (areias e siltes arenosos). Internacionalmente, é conhecido como *gradient ratio test* (GRT), sendo normatizado pela ASTM D5101. Ele consiste em submeter um sistema solo-geotêxtil ao fluxo d'água vertical, como mostra a Fig. 3.20, e é executado sob condições de carga hidráulica constante. Durante o ensaio, varia-se o gradiente hidráulico total do sistema (tipicamente de 1 a 10) e medem-se a vazão de fluxo e os gradientes hidráulicos entre pontos específicos. A razão entre gradientes é definida como:

$$GR = \frac{i_{LG}}{i_s} \quad (3.9)$$

em que i_{LG} é o gradiente hidráulico no trecho entre os piezômetros 3 e 4 e i_S é o gradiente hidráulico no solo, no trecho de 50 mm entre os piezômetros 2 e 3 (Fig. 3.20).

Caso a presença do geotêxtil não influencie o regime de fluxo, o valor de *GR* será igual a 1. Se *GR* for inferior a 1, algum nível de *piping* ocorreu. Valores de *GR* inferiores a 0,5 podem ser considerados associados a condições severas de *piping*. Se *GR* for superior a 1, houve algum nível de colmatação do geotêxtil ou incompatibilidade entre este e o solo. Usace (1977) e Haliburton e Wood (1982) sugerem um valor máximo de *GR* igual a 3 para a aceitação do geotêxtil sob ensaio. Palmeira e Fannin (2002) criticam a rejeição de um geotêxtil caso *GR* seja superior a 3 sem que se verifique se o sistema é estável a longo prazo e se a vazão de fluxo que atravessa o sistema é satisfatória para as condições e os requisitos de projeto.

Segundo a ASTM D5101, o valor de *L* é igual a 25 mm. Equipamentos com piezômetros mais próximos (*L* = 3 mm, 4 mm ou 8 mm) ao espécime de geotêxtil, mas com medição de i_S entre 25 mm e 75 mm acima do geotêxtil (Fig. 3.20), também têm sido empregados (Fannin et al., 1996; Matheus, 1997; Gardoni, 2000; Palmeira; Fannin, 2002). A ideia de ter piezômetros mais próximos ao geotêxtil tem como objetivo captar melhor qualquer influência da mudança de comportamento do geotêxtil no regime de fluxo durante o ensaio. Outras metodologias e equipamentos mais sofisticados foram também desenvolvidos (Fannin et al., 1996; Gardoni, 2000) e permitem a aplicação de tensões normais sobre o sistema solo-geotêxtil e a coleta do solo que atravessou o geotêxtil para obter o tamanho de suas partículas. A Fig. 3.21 esquematiza o equipamento desenvolvido na Universidade de Brasília (UnB) para ensaios de razão entre gradientes com elevadas tensões normais e a determinação do diâmetro de grãos que atravessam o geotêxtil.

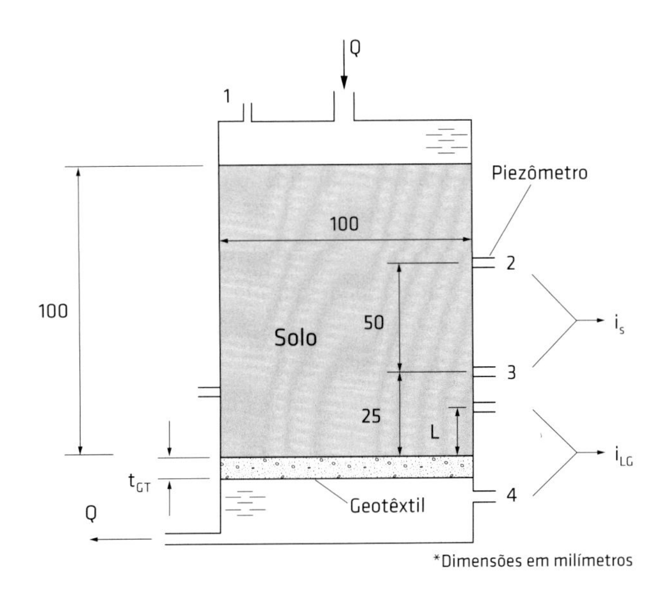

Fig. 3.20 Equipamento para ensaios de razão entre gradientes

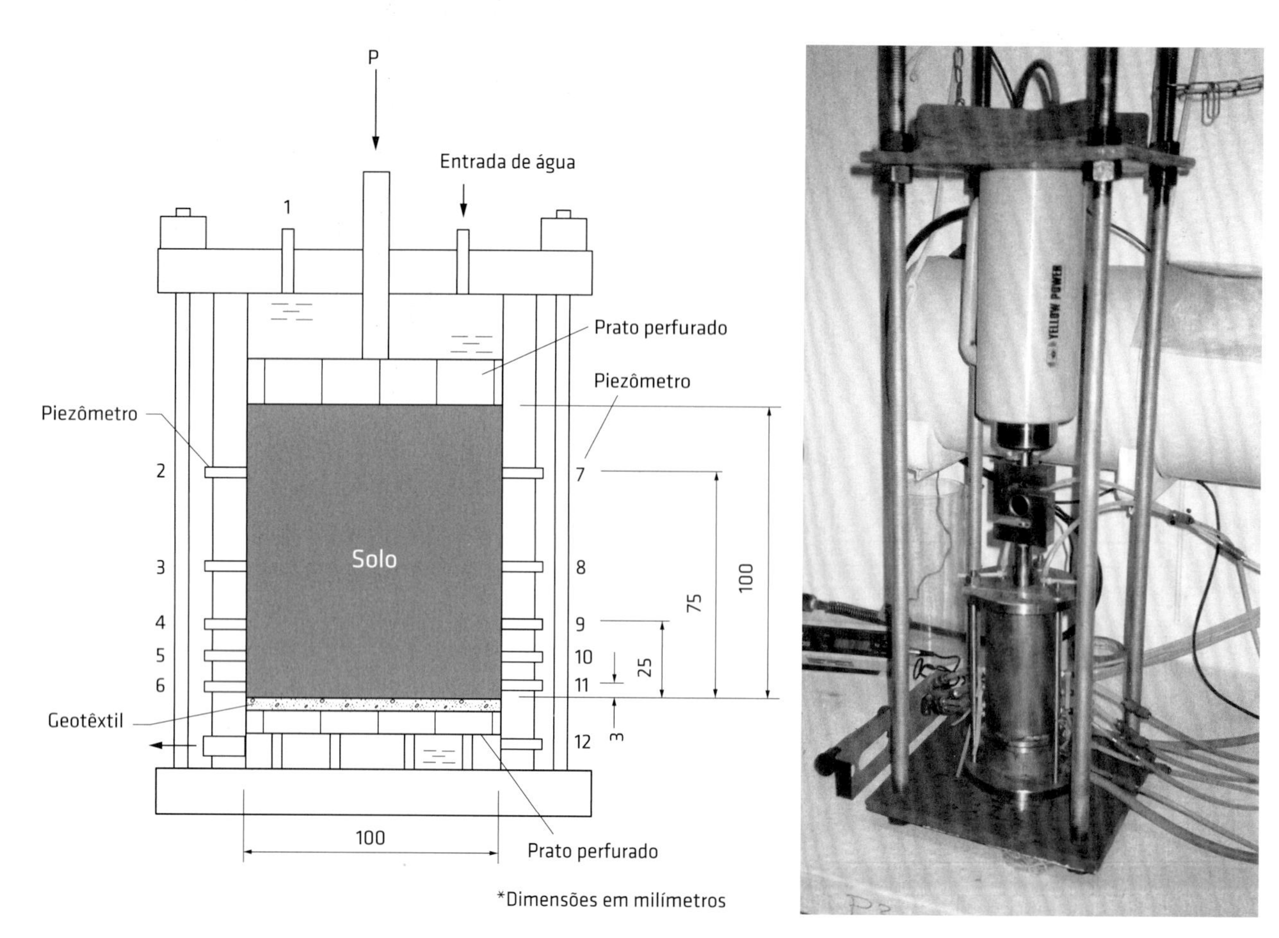

Fig. 3.21 Equipamento para ensaio de razão entre gradientes desenvolvido na UnB

Palmeira, Fannin e Vaid (1996) demonstraram a seguinte expressão relacionando o valor de *GR* com características físicas e hidráulicas do geotêxtil e do solo:

$$GR_L = \frac{k_S}{k_{GT}} \frac{\frac{k_{GT}}{k_L} + \frac{t_{GT}}{L}}{1 + \frac{t_{GT}}{L}} \tag{3.10}$$

em que GR_L é a razão entre gradientes dependendo do valor de L utilizado (Fig. 3.20; segundo a ASTM D5101, L = 25 mm); L, a distância entre o piezômetro usado para o cálculo de *GR* e a superfície do espécime de geotêxtil; k_{GT}, o coeficiente de permeabilidade do geotêxtil; k_L, o coeficiente de permeabilidade do solo no trecho de comprimento L (Fig. 3.20); t_{GT}, a espessura do geotêxtil; e k_S, o coeficiente de permeabilidade do solo longe da interface com o geotêxtil (entre os piezômetros 2 e 3 da Fig. 3.20).

Pela Eq. 3.10, pode-se verificar que o valor de *GR* depende do valor de L utilizado e de propriedades do geotêxtil e do solo que são influenciadas pela tensão normal, assim como depende da maneira como o fluxo d'água pode afetar a estrutura do solo. No caso de solos granulares densos, a influência da tensão normal no valor de k_S é pequena para tensões normais usuais em obras geotécnicas. Como visto anteriormente neste capítulo, o nível de tensões normais pode reduzir a espessura do geotêxtil e alterar sua permeabilidade. Caso ocorra *piping* ou acúmulo de partículas de solo (solo internamente instável) no trecho de comprimento L, o valor de k_L também se alterará. Assim, o valor de *GR* incorpora todas essas influências simultaneamente.

A Fig. 3.22 apresenta a variação de valores de *GR* com a tensão normal obtida em ensaios realizados com o equipamento da Fig. 3.21, para diferentes valores de L. Nesses ensaios, foram utilizados sistemas com solo residual e rejeito de mineração e geotêxtil não tecido agulhado com gramatura igual a 300 g/m^2. Como seria de esperar, o valor de *GR* para L = 25 mm (ASTM) é menos sensível à tensão normal, o que pode ser depreendido da análise da Eq. 3.10. Já os valores de *GR* para L = 3 mm e L = 8 mm são mais sensíveis à tensão normal. Tais resultados confirmam que o valor de *GR* depende de sua definição, das características do solo, de suas condições durante o fluxo e do nível de tensões.

Em algumas situações, o sentido e/ou a direção do fluxo da água que atravessa o geotêxtil pode mudar. Esse é o caso de sistemas filtro-drenantes incorporando geotêxteis em taludes costeiros, onde a flutuação das marés pode ocasionar a reversão do fluxo d'água no talude. A depender das condições, a reversão de fluxo pode alterar o equilí-

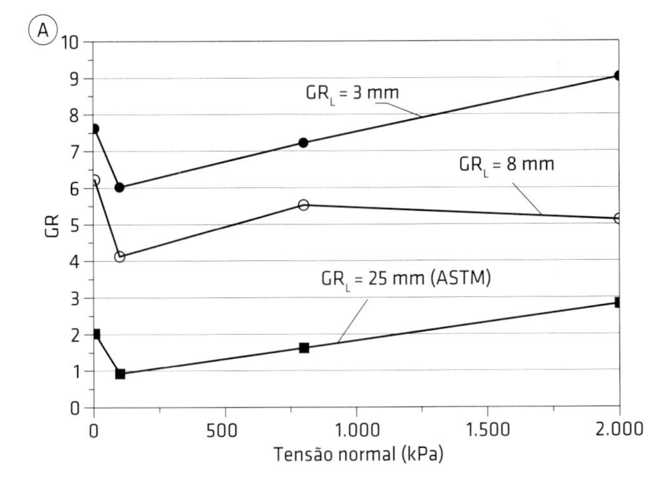

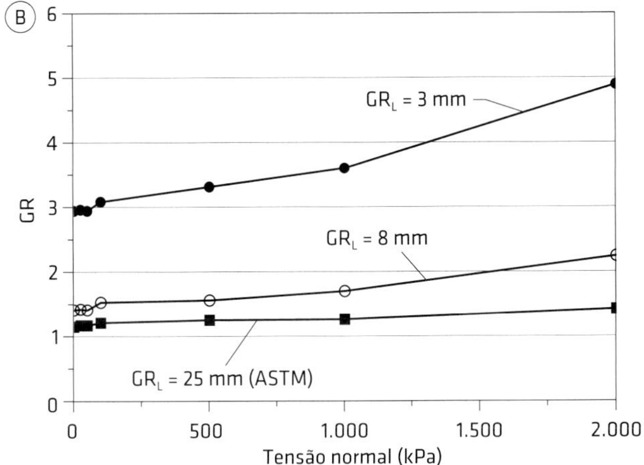

Fig. 3.22 Resultados de ensaios de *GR* sob pressão: (A) ensaio com solo residual e (B) ensaio com rejeito de mineração
Fonte: Palmeira, Gardoni e Bessa da Luz (2005).

brio da estrutura do solo em contato com o filtro geotêxtil. Palmeira e Fannin (2002) apresentam um equipamento para ensaios de razão entre gradientes para condições de reversão de sentido do fluxo.

3.2.5 Implicações e dados relativos a propriedades hidráulicas de geossintéticos para análises preliminares

Estimativa de coeficientes de permeabilidade de geotêxteis não tecidos

A realização de ensaios de laboratório simulando as condições mais próximas possíveis das de campo é o modo mais acurado para determinar o coeficiente de permeabilidade de geotêxteis utilizados em drenos e filtros. Entretanto, ainda são poucos os catálogos que fornecem resultados de ensaios de permissividade ou transmissividade sob diferentes tensões normais. Assim, para cálculos preliminares, pode-se estimar o coeficiente de permeabilidade de geotêxteis não tecidos pela seguinte expressão semiempírica (Giroud, 1996):

$$k_{GT} = \frac{\beta \rho_w g}{16 \eta_w} \frac{n^3}{(1-n)^2} d_f^2 \tag{3.11}$$

em que k_{GT} é o coeficiente de permeabilidade do geotêxtil não tecido; ρ_w, a massa específica da água (em unidades SI, igual a 1.000 kg/m³); η_w, a viscosidade cinemática da água (em unidades SI, igual a 0,001 kg/ms); g, a aceleração da gravidade (em unidades SI, igual a 9,81 m²/s); n, a porosidade do geotêxtil (adimensional); d_f, o diâmetro das fibras do geotêxtil; e β, um coeficiente que depende da tortuosidade do caminho seguido pelas partículas da água.

Conhecendo-se a porosidade do geotêxtil sob uma dada tensão normal, pode-se estimar sua permeabilidade por meio da Eq. 3.11. A variação da porosidade com a tensão normal pode ser facilmente determinada em ensaios de compressão de geotêxteis em laboratório.

Giroud (1996) sugere um valor de β igual a 0,11 para geotêxteis não tecidos. Palmeira e Gardoni (2000a) obtiveram boas comparações (com β = 0,11) entre os valores de permeabilidade normal medidos em ensaios de laboratório e os previstos pela Eq. 3.10 para alguns geotêxteis não tecidos nacionais, particularmente para valores de porosidade do geotêxtil superiores a 0,8, como mostra a Fig. 3.23A. Comparações entre previsões e medições de permeabilidade ao longo do plano do geotêxtil são apresentadas na Fig. 3.23B, nesse caso para um valor de β igual a 0,37. É importante notar que o valor do diâmetro das fibras (d_f) afeta sobremaneira o valor da previsão pela Eq. 3.10. Valores típicos de d_f para geotêxteis não tecidos situam-se entre 0,024 mm e 0,038 mm. Infelizmente, tal valor não é informado em catálogos de fabricantes de geotêxteis, mas pode ser obtido em laboratório por microscopia ou por meio de contato com o fabricante do produto.

Dependendo das características do solo e do geotêxtil, algum nível de impregnação do geotêxtil por partículas do solo pode ocorrer durante o espalhamento e a compactação de aterros ou mesmo ao longo da vida útil da obra, devido a carreamentos de partículas que acabem sendo retidas no interior do geotêxtil. Giroud (1996) apresentou as seguintes expressões para a estimativa de coeficientes de permeabilidade de geotêxteis não tecidos impregnados por partículas sólidas no interior dos vazios ou aglutinadas a suas fibras.

Para partículas no interior dos vazios do geotêxtil:

$$k_1 = \frac{\beta^* \rho_w g}{\eta_w} \frac{\left(n' - \frac{\mu_s}{t_{GT}\rho_s}\right)^3}{\left(\frac{4(1-n')}{d_f} + \frac{6}{d_f}\frac{\mu_s}{t_{GT}\rho_s}\right)^2} \tag{3.12a}$$

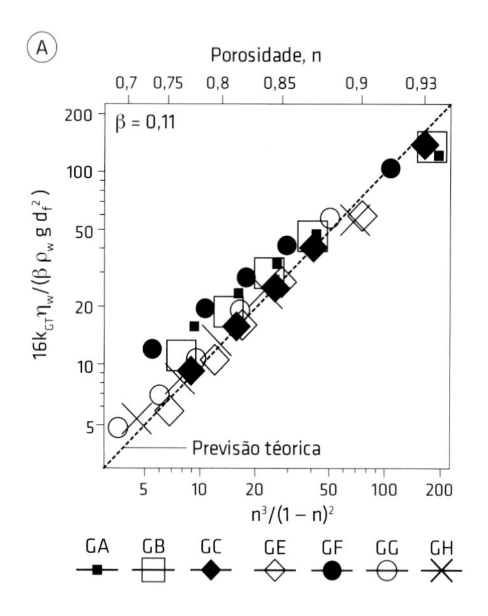

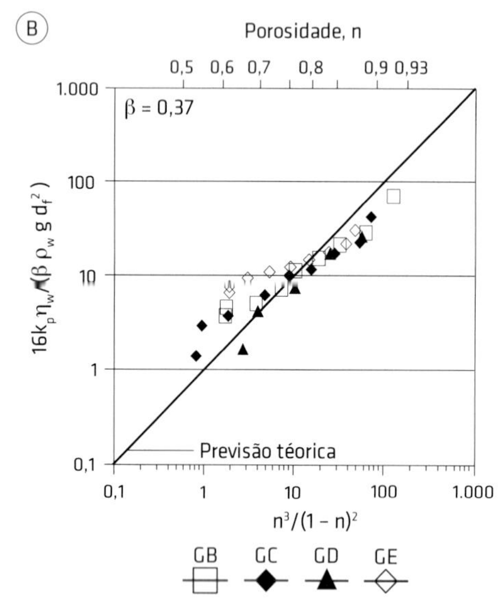

Fig. 3.23 Medições de coeficientes de (A) permeabilidade normal e (B) permeabilidade ao longo do plano em comparação com previsões feitas pela Eq. 3.11
Fonte: Palmeira e Gardoni (2000a).

Ou, como reescrita por Palmeira e Gardoni (2000a):

$$k_1 = \frac{\beta^* \rho_w g}{\eta_w} \frac{\left[n' - \lambda \frac{\rho_f}{\rho_s}(1-n')\right]^3}{\left(\frac{4}{d_f} + \lambda \frac{\rho_f}{\rho_s}\frac{6}{d_s}\right)^2 (1-n')^2} \quad \textbf{(3.12b)}$$

Para partículas aglutinadas às fibras (Giroud, 1996):

$$k_2 = \frac{\beta^* \rho_w g}{16\eta_w} \frac{\left(\frac{d_f}{4}\right)^2 \left(n' - \frac{\mu_s}{t_{GT}\rho_s(1-n_{ag})}\right)^3}{(1-n')\left(1-n' + \frac{\mu_s}{t_{GT}\rho_s(1-n_{ag})}\right)} \quad \textbf{(3.13)}$$

em que k_1 é o coeficiente de permeabilidade do geotêxtil impregnado por partículas em seus vazios; k_2, o coeficiente de permeabilidade do geotêxtil impregnado por partículas aglutinadas a suas fibras; β^*, o coeficiente para a tortuosidade do caminho de fluxo para condições de geotêxtil impregnado; n', a porosidade do mesmo geotêxtil no estado virgem (limpo) e com a mesma espessura do geotêxtil impregnado; μ_s, a massa das partículas presentes no geotêxtil por unidade de área em planta; ρ_s, a massa específica dos grãos impregnando o geotêxtil; ρ_f, a massa específica das fibras do geotêxtil (tipicamente igual a 1.360 kg/m^3 para geotêxteis de poliéster e 905 kg/m^3 para geotêxteis de polipropileno – Crawford, 1998); λ, o nível de impregnação (Eq. 3.4); d_s, o diâmetro médio dos grãos impregnando o geotêxtil; e n_{ag}, a porosidade do aglutinado de partículas.

Caso os diâmetros dos grãos de solo sejam menores que as aberturas do geotêxtil, o valor de d_s a ser utilizado na Eq. 3.13 em estimativas preliminares pode ser igual ao diâmetro das partículas de solo correspondente a 50% passando. Caso contrário, o diâmetro médio dos grãos dentro dos vazios do geotêxtil (d_s) pode ser estimado por (Palmeira; Gardoni, 2000a):

$$\frac{d_s}{d_f} = \sqrt{\frac{\pi}{1-n'}} - 1 \quad \textbf{(3.14)}$$

Palmeira e Gardoni (2000a) obtiveram comparações satisfatórias entre resultados de ensaios de laboratório e previsões de coeficientes de permeabilidade normal e ao longo do plano pelas Eqs. 3.12 e 3.14 para valores de β^* iguais a 0,14 e 0,37, respectivamente.

Previsões de abertura de filtração de geotêxteis não tecidos

A abertura de filtração usualmente utilizada em critérios de retenção em projetos de filtros geotêxteis é aquela obtida em ensaios sem o confinamento do geotêxtil. Entretanto, como observado anteriormente, esse valor depende do nível de tensões atuantes sobre o geotêxtil e da presença ou não de partículas de solo dentro do geotêxtil.

Giroud (1996) apresentou a seguinte expressão para a estimativa da abertura de filtração de um geotêxtil não tecido:

$$\frac{O_f}{d_f} \approx \frac{1}{\sqrt{1-n}} - 1 + \frac{\xi n}{(1-n)t_{GT}/d_f} \quad \textbf{(3.15)}$$

em que O_f é a abertura máxima de filtração do geotêxtil; d_f, o diâmetro do filamento do geotêxtil; t_{GT}, a espessura do geotêxtil; n, a porosidade do geotêxtil; e ξ, um parâmetro empírico.

Esse autor encontrou boas comparações entre previsões pela Eq. 3.15 e resultados experimentais de ensaios com geotêxteis não confinados obtidos por Rigo et al. (1990) para ξ = 10.

Soluções probabilísticas para a estimativa da abertura de filtração de filtros geotêxteis não tecidos podem ser encontradas na literatura. Faure, Gourc e Gendrin (1989) apresentaram um modelo probabilístico para a determinação da abertura de filtração de um geotêxtil não tecido assumindo-o como uma pilha de malhas com membros retilíneos lançados aleatoriamente no plano da camada. Elsharief e Lovell (1996), por sua vez, apresentaram uma abordagem probabilística para o projeto de filtros geotêxteis. Por esses autores, o modelo baseia-se na distribuição de dimensões de poros, espessura e porosidade do geotêxtil e objetiva prever a espessura requerida para o geotêxtil de modo que este retenha um certo diâmetro de partícula de solo com um nível de confiabilidade estabelecido. Nesse caso, o geotêxtil é considerado de forma semelhante à proposta de Faure, Gourc e Gendrin (1989), com as malhas tendo a mesma distribuição de aberturas. Os autores observaram que, para aplicações sob condições normais (baixo gradiente hidráulico e fluxo em um único sentido), geotêxteis não tecidos podem ser projetados para reter solos estáveis com um grau de confiabilidade da ordem de 80%. Urashima e Vidal (1998) também utilizaram solução probabilística para a estimativa da espessura de filtro geotêxtil requerida para a retenção de partículas de solo, baseada no trabalho pioneiro desenvolvido para filtros granulares apresentado por Silveira (1965).

É importante notar que as metodologias convencionais de determinação da abertura de geotêxteis não levam em conta o efeito do confinamento pelo solo. Quando enterrado, o geotêxtil é comprimido e sua porosidade e volume de poros diminuem, sem mencionar a redução do volume de vazios que também pode ser causada por impregnação de partículas de solo durante o espalhamento e a compactação de camadas de solo sobrejacentes, como é o caso em obras de aterros. Assim, na maioria dos casos, na seleção do geotêxtil a ser utilizado, consideram-se condições que não correspondem àquelas a que ele estará submetido no campo. Nesse caso, os métodos de previsão teóricos ou semiempíricos podem ser ferramentas úteis para o estudo do geotêxtil sob condições de confinamento, desde que se conheça a relação entre sua porosidade e a tensão normal e desde que não se tenha impregnação significativa do geotêxtil por partículas de solo. Gardoni e Palmeira (2002) avaliaram a acurácia de diferentes métodos de previsão de abertura de filtração de geotêxteis.

Fatores de redução para propriedades hidráulicas

Os fatores de redução servem para que sejam levados em conta, de forma segura, a ação de mecanismos ou agentes que possam reduzir os valores de parâmetros relevantes dos geossintéticos. Quanto aos parâmetros ligados a propriedades hidráulicas, os fatores de redução podem ser aplicados ao coeficiente de permeabilidade, à abertura de filtração, à transmissividade, à permissividade e à vazão do sistema drenante.

Com relação à capacidade de descarga de geotêxteis, Koerner (1998) sugere a seguinte expressão para o cálculo da vazão admissível através ou ao longo de um geotêxtil:

$$q_{adm} = \frac{q_{max}}{FR_{CC} FR_{FLC} FR_{IMP} FR_{CQ} FR_{CB}} \tag{3.16}$$

em que q_{adm} é a vazão admissível ou de projeto; q_{max}, a vazão máxima através ou ao longo do geotêxtil; FR_{CC}, o fator de redução para consideração de cegamento (filme de partículas de solo sobre o geotêxtil) ou colmatação do dreno; FR_{FLC}, o fator de redução para redução de vazios do geotêxtil decorrente da fluência sob compressão; FR_{IMP}, o fator de redução para impregnação dos vazios do geossintético; FR_{CQ}, o fator de redução para colmatação química; e FR_{CB}, o fator de redução para colmatação biológica.

A Tab. 3.3 apresenta valores de fatores de redução sugeridos por Koerner (1998) para uso na Eq. 3.16.

É importante observar os valores de fator de redução sugeridos na Tab. 3.3 para a consideração da impregnação do geotêxtil por partículas de solo, entre 1 e 1,2, inde-

Tab. 3.3 FATORES DE REDUÇÃO PARA VAZÃO ATRAVÉS OU AO LONGO DE GEOTÊXTEIS

Aplicação	Faixa de variação de fatores de redução				
	F_{CC} (1)	FR_{FLC}	FR_{IMP}	FR_{CQ} (2)	FR_{CB}
Filtros de estruturas de contenção	2 a 4	1,5 a 2	1 a 1,2	1 a 1,2	1 a 1,3
Filtros para drenagem subterrânea	5 a 10	1 a 1,5	1 a 1,2	1,2 a 1,5	2 a 4
Filtros para controle de erosões	2 a 10	1 a 1,5	1 a 1,2	1 a 1,2	2 a 4
Filtros de aterros sanitários	5 a 10	1,5 a 2	1 a 1,2	1,2 a 1,5	5 a 10 (3)
Drenagem sob gravidade	2 a 4	2 a 3	1 a 1,2	1,2 a 1,5	1,2 a 1,5
Drenagem sob pressão	2 a 3	2 a 3	1 a 1,2	1,1 a 1,3	1,1 a 1,3

Notas: outros aspectos podem ter que ser levados em conta na definição dos valores a serem utilizados em função de características do projeto, aplicação, região etc.; (1) se *rip-rap* ou blocos de concreto cobrem a superfície do geotêxtil, deve-se usar o maior valor ou incluir fator de redução adicional; (2) os valores podem ser maiores em particular para águas altamente alcalinas; (3) os valores podem ser maiores para turbidez e/ou quantidade de microrganismos superior a 5.000 mg/L.
Fonte: Koerner (1998).

pendentemente do tipo de aplicação. A Eq. 3.11 permite a estimativa de coeficientes de permeabilidade de geotêxteis limpos, enquanto as Eqs. 3.12 e 3.13 possibilitam a previsão de coeficientes de permeabilidade de geotêxteis impregnados. O uso dessas equações permite uma melhor estimativa dos fatores de redução a serem empregados para levar em conta a compressão de geotêxteis limpos e os efeitos de impregnação. Resultados de ensaios mostram que o fator de redução a ser adotado no coeficiente de permeabilidade para levar em conta a impregnação e o nível de tensões pode variar desde valores aproximadamente iguais ou mesmo inferiores a 1 até valores superiores a 20 (Palmeira; Gardoni; Bessa da Luz, 2005), dependendo do nível de tensões e das características do solo e do geotêxtil.

A proliferação de colônias de bactérias pode também comprometer a função drenante de drenos granulares ou sintéticos. Esse mecanismo é particularmente importante em sistemas filtro-drenantes de obras de disposição de resíduos com altos teores de matéria orgânica, como no caso de lixos domésticos. A matéria orgânica presente no chorume pode propiciar a proliferação de bactérias no sistema de drenagem, que se desenvolvem em colônias, ocupando os vazios do dreno. Remigio (2006) observou a colmatação biológica de geotêxteis submetidos ao fluxo contínuo de chorume em laboratório. Entretanto, normalmente as condições a que os espécimes são submetidos em ensaios de laboratório podem ser bem mais severas que as encontradas no campo. Junqueira (2000) e Silva (2004) constataram o bom comportamento de drenos geotêxteis e granulares em células experimentais de lixo instrumentadas observadas por até quatro anos.

Outro mecanismo que pode comprometer o funcionamento de um dreno é a sedimentação de partículas sólidas presentes no fluido percolante, que podem provocar seu cegamento (acúmulo de partículas sobre a superfície do sistema filtro-drenante). Silva, Palmeira e Vieira (2002) observaram esse mecanismo em ensaios de filtração em grande escala utilizando chorume. A formação de ocre pode também colmatar um sistema drenante e é particularmente relevante em regiões tropicais, em solos com altos teores de ferro. Mendonça (2000) investigou a formação de ocre em filtros geotêxteis, observando um bom comportamento desses sistemas para as durações e condições de ensaio utilizadas. Os mecanismos de colmatação biológica de sistemas filtro-drenantes, sejam granulares, sejam geossintéticos, são muito complexos e ainda requerem muita pesquisa para seu perfeito entendimento e equacionamento.

No caso de georredes, Koerner (1998) sugere a equação a seguir para determinar a vazão disponível ao longo de seu plano. Os valores de fatores de redução sugeridos pelo mesmo autor estão apresentados na Tab. 3.4.

$$q_{disp} = \frac{q_{max}}{FR_{DEI} FR_{FLC} FR_{CQ} FR_{CB}} \tag{3.17}$$

em que q_{disp} é a vazão disponível; q_{max}, a vazão máxima ao longo da georrede; FR_{DEI}, o fator de redução para consideração de deformações elásticas ou intrusão do geossintético adjacente nos vazios da georrede; FR_{FLC}, o fator de redução devido à fluência sob compressão da georrede e/ou do geossintético adjacente; FR_{CQ}, o fator de redução para colmatação química e/ou precipitação química nos

Tab. 3.4 FATORES DE REDUÇÃO PARA VAZÃO AO LONGO DE GEORREDES

Aplicação	Faixa de variação de fatores de redução			
	FR_{DEI}	FR_{FLC} (1)	FR_{CQ}	FR_{CB}
Campos de esportes	1 a 1,2	1 a 1,5	1 a 1,2	1,1 a 1,3
Barreiras contra ascensão capilar	1,1 a 1,3	1 a 1,2	1,1 a 1,5	1,1 a 1,3
Forros e coberturas	1,2 a 1,4	1 a 1,2	1 a 1,2	1,1 a 1,3
Muros de arrimo e taludes em solos	1,3 a 1,5	1,2 a 1,4	1,1 a 1,5	1 a 1,5
Colchões drenantes	1,3 a 1,5	1,2 a 1,4	1 a 1,2	1 a 1,2
Drenos superficiais para coberturas de aterros sanitários	1,3 a 1,5	1,1 a 1,4	1 a 1,2	1,2 a 1,5
Sistema secundário de coleta de chorume em aterros sanitários	1,5 a 2	1,4 a 2	1,5 a 2	1,5 a 2
Sistema primário de coleta de chorume em aterros sanitários	1,5 a 2	1,4 a 2	1,5 a 2	1,5 a 2

Notas: outros aspectos podem ter que ser levados em conta na definição dos valores a serem utilizados em função de características do projeto, aplicação, região etc.; (1) esses valores são sensíveis à densidade da resina usada na fabricação da georrede: quanto maior a densidade, menor o fator de redução; a fluência da cobertura em geotêxtil depende das características e propriedades do geotêxtil.
Fonte: Koerner (1998).

vazios da georrede; e FR_{CB}, o fator de redução para colmatação biológica nos vazios da georrede.

A vazão de dimensionamento para projeto é dada por:

$$q_d = \frac{q_{disp}}{FS} \quad (3.18)$$

em que q_d é a vazão de projeto e FS é o fator de segurança considerado.

Quanto a reduções do coeficiente de permeabilidade normal de geotêxteis, cabe comentar que reduções expressivas não necessariamente significam que haverá um colapso do sistema. Isso se deve à reduzida espessura do geotêxtil em relação às camadas de solo do maciço. Assim, em um contexto global, a menos de reduções de permeabilidade muito grandes, a permeabilidade do sistema em geral é pouco dependente da permeabilidade do geotêxtil. Entretanto, deve-se lembrar que as consequências e as medidas a serem tomadas em decorrência de aumentos de poropressões devido ao mau funcionamento do sistema drenante dependem das características da obra e dos materiais envolvidos. É importante ter em mente que reduções substanciais de permeabilidade de drenos (geossintéticos ou não) alterarão o regime de fluxo de água no maciço, com, por exemplo, mudança da posição da linha freática, o que pode provocar problemas em outras regiões da obra.

3.3 Propriedades mecânicas

O conhecimento das propriedades mecânicas de materiais geossintéticos é essencial em praticamente todas as aplicações desses materiais. É evidente que tais propriedades são muito importantes em obras em que geossintéticos são utilizados como reforço. Entretanto, em outras aplicações, os geossintéticos também devem exibir algumas propriedades mecânicas satisfatórias de modo a, por exemplo, minimizar as consequências de danos sofridos durante a instalação e a compactação de solos sobre eles. Nesta seção são apresentados os principais ensaios para a determinação de propriedades mecânicas relevantes de geossintéticos.

3.3.1 Ensaios de tração

Definições básicas

As seções transversais de grande parte dos materiais geossintéticos não são contínuas ou maciças. Esse é o caso de geogrelhas e geotêxteis, por exemplo, devido à presença de aberturas ou vazios, o que não ocorre com as geomembranas. Assim, para o caso de materiais com seções transversais descontínuas, não faz sentido a definição de tensões normais a tais seções, sendo mais conveniente trabalhar com a força mobilizada por unidade de largura, como esquematizado na Fig. 3.24. Por essa razão, é comum que os resultados de ensaios de tração sejam apresentados, para geotêxteis e geogrelhas, em termos de força por unidade de comprimento normal à solicitação. No caso de geomembranas, é comum a apresentação dos resultados em termos de tensão normal ou de carga por unidade de comprimento.

Além da resistência à tração (T_{max}, Fig. 3.24) e da deformação na ruptura (ε_{max}) de um geossintético, outra grandeza de fundamental importância em obras de reforço de solos é sua rigidez à tração (J), definida como a razão entre a força de tração e a deformação correspondente. Como o comportamento à tração de materiais poliméricos é tipicamente não linear, em projetos é comum a utilização da rigidez secante (J_ε, Fig. 3.24) a uma dada deformação (tipicamente, 1%, 2% ou 5%, dependendo das características do geossintético). Em catálogos de produtos geossintéticos, é usual que esse resultado seja apresentado em termos de carga de tração para uma dada deformação. Dependendo do polímero constituinte, o geossintético pode apresentar

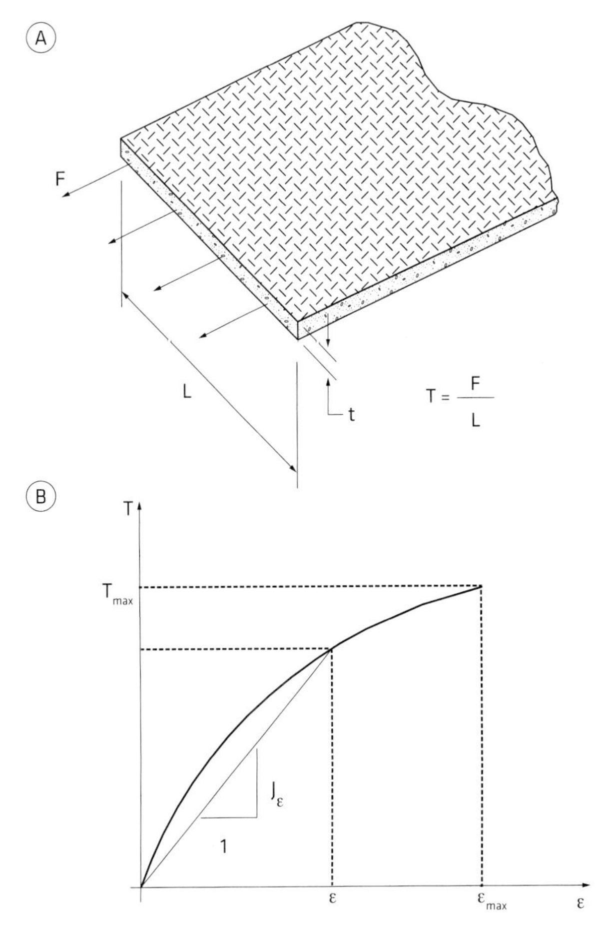

Fig. 3.24 (A) Definição de força por unidade de largura em um geossintético e (B) curva carga-deformação

escoamento antes da ruptura (seccionamento do espécime, para $\varepsilon = \varepsilon_{max}$), resultando em uma curva carga-deformação diferente da apresentada na Fig. 3.24B.

Ensaio de tração em faixa estreita

Nesse ensaio, uma faixa (tira) estreita do geossintético é tracionada a uma velocidade constante até sua ruptura. A Fig. 3.25 esquematiza o ensaio e as dimensões típicas dos espécimes no caso de ensaios em geotêxteis ou geomembranas. Os geotêxteis não tecidos tendem a apresentar acentuada estricção durante o ensaio. Por não simularem realisticamente as solicitações típicas em obras, esses ensaios são utilizados somente para o controle de qualidade de produtos.

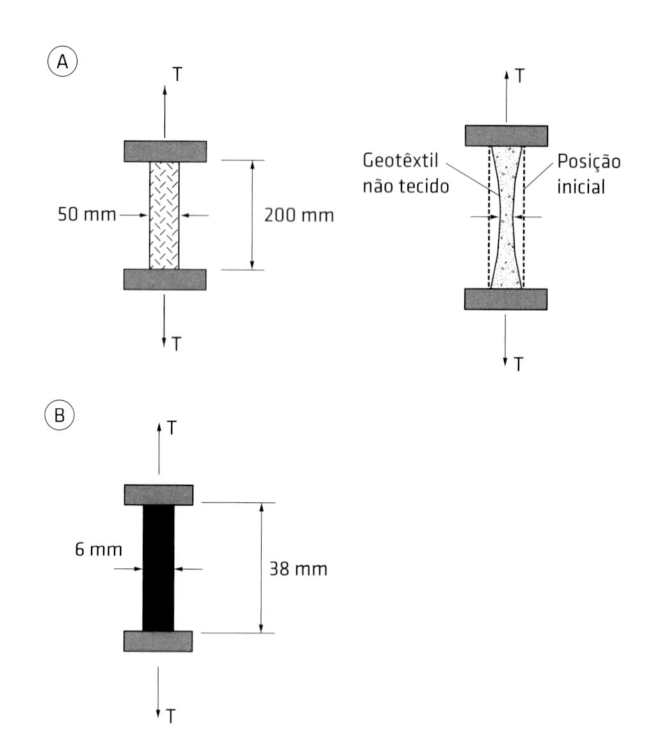

Fig. 3.25 Esquemas típicos de ensaios em faixa estreita: (A) geotêxteis tecidos e não tecidos e (B) geomembranas

Ensaio de tração concentrada ou localizada (grab tensile test)

No ensaio de tração localizada, uma região interna do espécime de geotêxtil é tracionada, como esquematizado na Fig. 3.26A. Embora inicialmente desenvolvido para ensaios da indústria têxtil, até certo ponto esse ensaio pode simular o mecanismo de tração de um trecho de uma camada de geotêxtil no campo, conforme exemplificado na Fig. 3.26B. O ensaio é normatizado pela ASTM D4632.

Os ensaios de tração em faixa estreita ou tração localizada se aplicam a geotêxteis e geomembranas. No caso de geotêxteis, particularmente os do tipo tecido, pode-se ter uma considerável anisotropia de resultados de resistência à tração e deformação máxima, dependendo da orientação do espécime em relação à direção de atuação da força de tração.

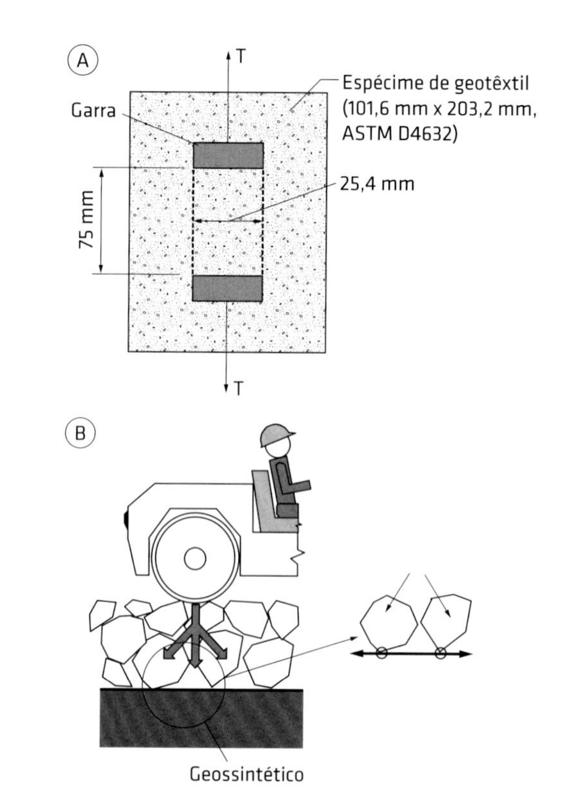

Fig. 3.26 (A) Esquema do ensaio de tração localizada e (B) tracionamento localizado no campo
Fonte: Palmeira (1981, 2000).

Ensaio de tração em faixa larga

Em uma grande variedade de aplicações de geossintéticos em obras geotécnicas e de proteção ambiental, predominam condições de deformação plana do material, ou seja, as dimensões da obra na direção em que o geossintético é predominantemente solicitado são bem menores que na direção normal a esta. Assim, os ensaios de tira estreita e de tração localizada não simulam corretamente as condições de deformação plana.

Inicialmente, algumas formas de simulação de condições de deformação plana foram tentadas por meio de ensaios em amostras cilíndricas de geotêxteis, tracionadas paralelamente ao eixo do cilindro (Van Leeuwen, 1977). Esse tipo de ensaio necessita de equipamento sofisticado e apresenta a desvantagem de ser preciso costurar o espécime para obter a forma cilíndrica. Cabe lembrar que nessa época os pesquisadores estavam preocupados com resultados de ensaios em geotêxteis, já que geogrelhas ainda não eram utilizadas como reforço.

Uma forma mais simples para simular a condição de deformação plana é o emprego de uma faixa de geossintético mais larga no ensaio de tração. Entre outras vantagens, essa forma de espécime reduz a influência da estricção lateral em ensaios com geotêxteis não tecidos. Raumann (1979) mostrou como a largura da faixa de geotêxtil não tecido ensaiado pode afetar os resultados, como evidenciado na Fig. 3.27. Nessa figura, pode-se constatar que, à medida que a largura da faixa aumenta em relação à sua altura, aumentam a resistência e a rigidez à tração do geotêxtil.

Rigo e Perfetti (1980) realizaram ensaios de tração em faixas com diferentes larguras e altura igual a 100 mm para estabelecer a partir de que largura a influência da estricção lateral do espécime poderia ser considerada irrelevante. A Fig. 3.28 apresenta alguns resultados obtidos por esses autores, que mostram que a resistência e a rigidez à tração passam a variar pouco com a largura do espécime para larguras superiores a 200 mm (relação largura/altura do espécime igual a 2), sendo que a rigidez tende a se tornar menos sensível ainda à largura do espécime para valores desta superiores a 500 mm (relação largura/altura do espécime igual a 5). Não por outra razão, a norma americana para esse ensaio adotou altura e largura do espécime de geotêxtil iguais a 100 mm e 200 mm, enquanto a primeira norma francesa adotou 100 mm e 500 mm. Os autores concluíram também que, para larguras cinco vezes maiores que a altura, a estricção do corpo de prova passa a reduzir a largura no trecho central do espécime em menos de 10%. Entretanto, larguras do espécime muito grandes requerem prensas de tração de alta capacidade no caso de ensaios em geossintéticos mais resistentes à tração. Assim, as principais normas para ensaios de tração atuais adotam altura e largura dos espécimes de 100 mm e 200 mm, respectivamente. A Fig. 3.29 mostra um espécime de geotêxtil não tecido próximo dos estágios finais de um ensaio em faixa larga. O procedimento a ser seguido em ensaios de tração em faixa larga é normatizado por NBR ISO 10319, ASTM D4595 e ASTM 4885-01.

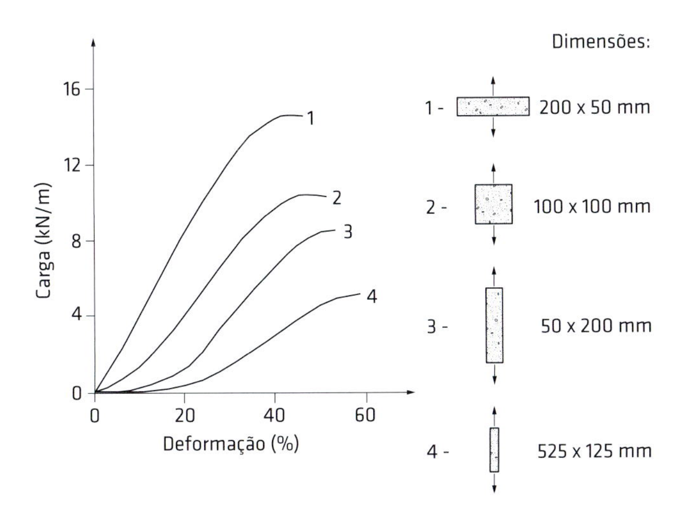

Fig. 3.27 Influência das dimensões do espécime nos resultados de ensaios de tração
Fonte: Raumann (1979).

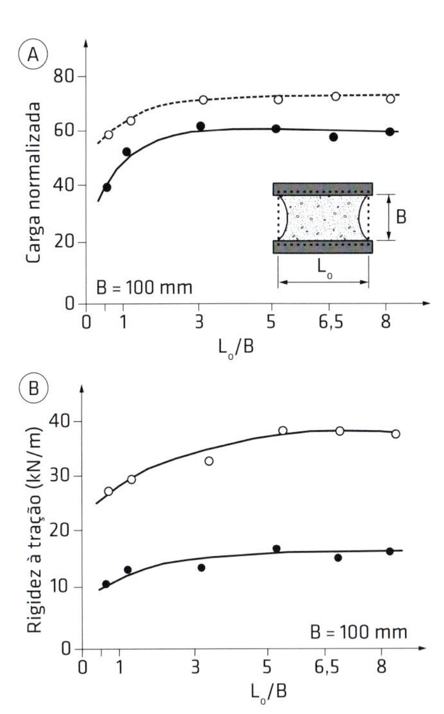

Fig. 3.28 Variação de resistência (A) e rigidez à tração (B) de geotêxteis não tecidos em função da relação largura/altura do espécime
Fonte: Rigo e Perfetti (1980).

Fig. 3.29 Espécime de geotêxtil não tecido próximo do final de um ensaio de tração em faixa larga
Foto: cortesia da Eng.ª Débora L. A. de Melo.

No caso de ensaios de tração em geogrelhas, deve-se garantir que o espécime possua um número mínimo de membros que serão efetivamente tracionados. A NBR 12824 requer que o número de membros tracionados não seja inferior a cinco e que haja, pelo menos, um membro transversal não confinado pelas garras.

O tipo e as características das garras utilizadas em ensaios de tração são de fundamental importância para a qualidade dos resultados obtidos. Deve-se tomar cuidado para evitar escorregamentos nas garras, pois eles influenciam os resultados. Algumas geogrelhas possuem uma capa polimérica de proteção de PVC ou polietileno, por exemplo, para os feixes de fibras mais rígidas internas. Nesses casos, garras que funcionem à pressão podem não ser apropriadas para transferir as cargas de tração para tais fibras, devido a possíveis escorregamentos da capa protetora no contato com os feixes de fibras. Por essa razão, garras especiais (cilíndricas, por exemplo) são recomendadas para ensaios em geogrelhas, particularmente as mais rígidas. Medidas internas de deformações do espécime por meio de sensores óticos ou transdutores também são recomendadas, como forma de evitar influências das garras e de acomodações destas e de componentes da prensa durante o ensaio.

Como comentado no Cap. 2, o comportamento de materiais poliméricos submetidos à tração depende da velocidade de carregamento, ou seja, da taxa de deformação imposta ao material. Alguns polímeros são mais sensíveis à taxa de deformação, ao passo que outros são menos sensíveis. Nesse sentido, é importante considerar a velocidade utilizada em ensaios de tração. Segundo a NBR ISO 10319, a taxa de deformação a ser empregada é igual a 20% (±5%)/min, enquanto para a ASTM D4595, por exemplo, é igual a 10% (±3%)/min. Em comparação com a velocidade de deformação esperada na maioria das obras, as velocidades usadas nesses ensaios-índice são bastante elevadas. Dependendo do polímero constituinte do geossintético, particularmente aqueles com características viscoelásticas mais acentuadas, o comportamento mecânico na obra pode ser significativamente diferente sob taxas de deformação menores. Observe-se também que certos polímeros podem ser mais afetados por variações de temperatura que outros, o que obriga que a temperatura de realização do ensaio seja mantida constante e conhecida.

A Fig. 3.30 esquematiza a dependência do comportamento à tração de geossintéticos em relação à taxa de deformação e à temperatura. A uma dada temperatura, quanto maior é a velocidade de deformação, mais resistente e mais rígido é o comportamento do geossintético. Por outro lado, para uma dada velocidade de deformação, quanto maior é a temperatura, mais extensível e menos resistente é o geossintético. Tais comportamentos podem ser de maior ou menor intensidade dependendo do polímero constituinte do geossintético (Cap. 2). A Fig. 3.31 apresenta os resultados obtidos em ensaios em geogrelha de

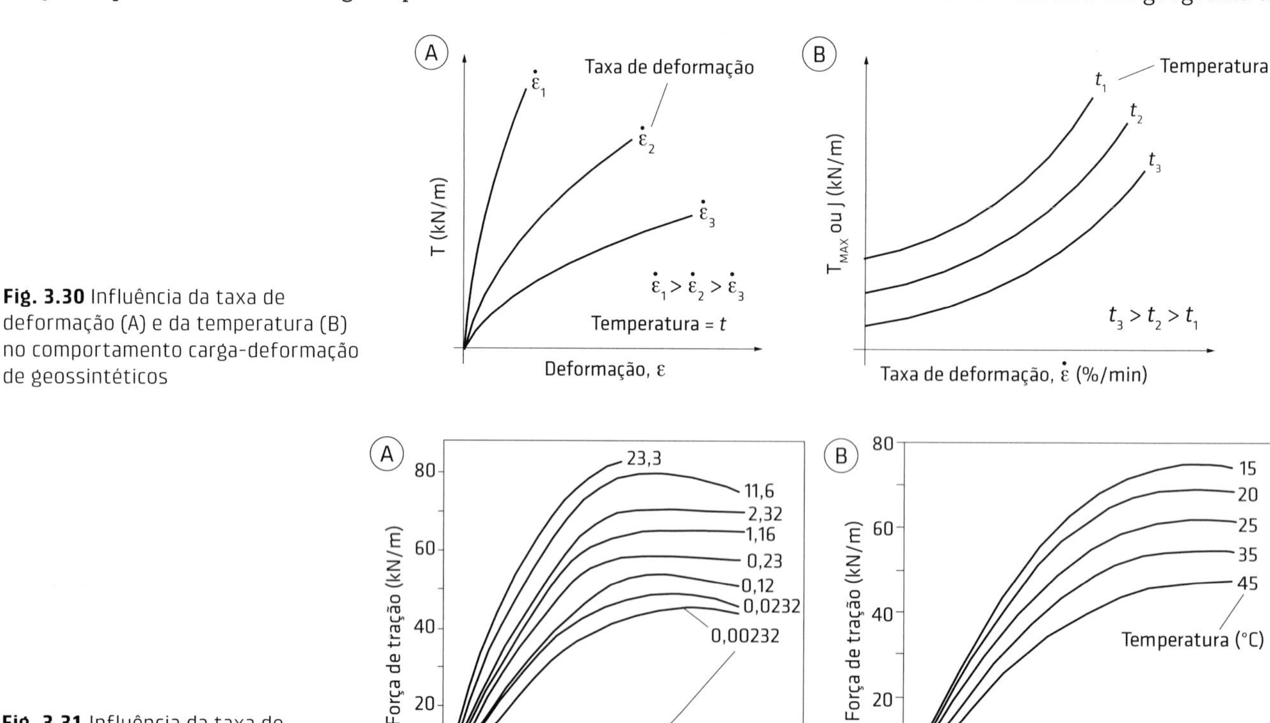

Fig. 3.30 Influência da taxa de deformação (A) e da temperatura (B) no comportamento carga-deformação de geossintéticos

Fig. 3.31 Influência da taxa de deformação (A) e da temperatura (B) no comportamento carga-deformação de uma geogrelha de polietileno
Fonte: McGown (1982).

polietileno, sendo possível verificar os níveis de influência que a temperatura e a velocidade de ensaio podem ter no comportamento carga-deformação da geogrelha ensaiada.

Ensaio de tração confinada

O confinamento pelo solo e a tensão normal em uma obra dificultam o estiramento dos fios, filamentos ou fibras de camadas de geotêxteis, particularmente dos não tecidos. Isso pode provocar aumentos substanciais na rigidez à tração. Os ensaios de tração confinada buscam submeter o espécime de geotêxtil ao esforço de tração sob confinamento por solo.

McGown, Andrawes e Kabir (1982) desenvolveram e utilizaram de forma pioneira o equipamento de ensaio de tração confinada apresentado na Fig. 3.32A. Nesse equipamento, o espécime de geotêxtil é confinado por solo, que está submetido a tensões normais aplicadas por uma bolsa pressurizada. As extremidades do geotêxtil são impregnadas com resina, visando enrijecê-las para permitir a fixação das garras que aplicam as cargas de tração, bem como evitar que a deformabilidade desses trechos afete o resultado do ensaio. A Fig. 3.32B apresenta curvas carga-deformação de ensaios em um geotêxtil não tecido, com e sem confinamento, em que se evidencia um significativo aumento de rigidez à tração devido ao confinamento.

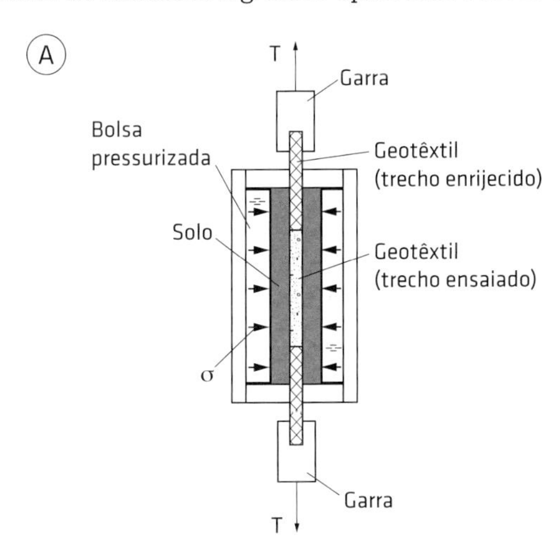

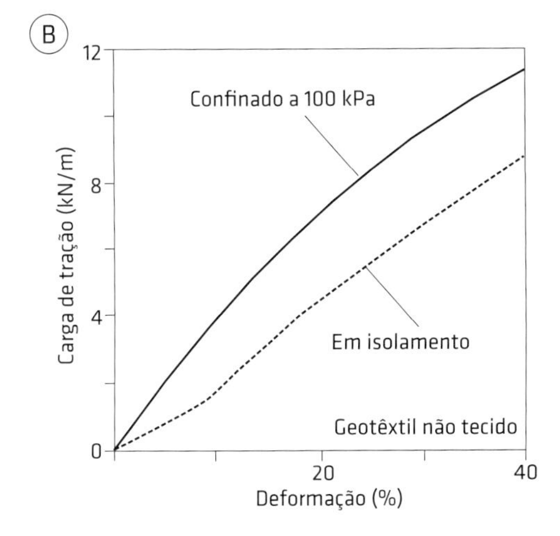

Fig. 3.32 Ensaios de tração confinada: (A) esquema do equipamento e (B) ensaio em geotêxtil não tecido
Fonte: McGown, Andrawes e Kabir (1982).

Palmeira (1990) desenvolveu uma primeira versão do equipamento de tração confinada da UnB de forma semelhante ao de McGown, Andrawes e Kabir (1982). Esse equipamento aparece esquematizado na Fig. 3.33. As dimensões dos espécimes de geotêxtil são as mesmas do ensaio de tração em faixa larga (altura de 10 cm e largura de 20 cm). Resultados de ensaios com esse equipamento também evidenciaram a influência do confinamento na rigidez à tração de geotêxteis, mesmo quando confinados por alguns solos finos (Gomes, 1993; Tupa, 1994). A Fig. 3.34 apresenta variações de carga e de rigidez à tração secante *versus* deformação em ensaios com diferentes geotêxteis e solos confinantes.

Nos equipamentos das Figs. 3.32A e 3.33, o geotêxtil tem seus vazios comprimidos, aumentando o contato entre fibras, bem como pode ser penetrado por partículas de solo. Além disso, a deformação do espécime durante o ensaio mobiliza tensões cisalhantes por atrito na interface solo-geotêxtil. Assim, os resultados fornecidos por tais equipamentos incorporam os três mecanismos agindo simultaneamente, o que, de fato, pode ocorrer em uma obra real. Entretanto, para melhor entender a interação entre solo e geotêxtil nesse tipo de situação, é mais prático individualizar esses mecanismos. Tupa (1994) e Palmeira, Tupa e Gomes (1996) utilizaram o equipamento da Fig. 3.33 em um ensaio no qual o geotêxtil foi comprimido somente por uma bolsa de borracha com interfaces lubrificadas entre esta e o geotêxtil. A Fig. 3.34B também apresenta esse resultado, sendo possível observar uma redução na rigidez confinada, devido à minimização ou à eliminação da influência dos outros dois mecanismos mencionados anteriormente. Contudo, a rigidez confinada ainda é significativamente maior que a obtida no ensaio em isola-

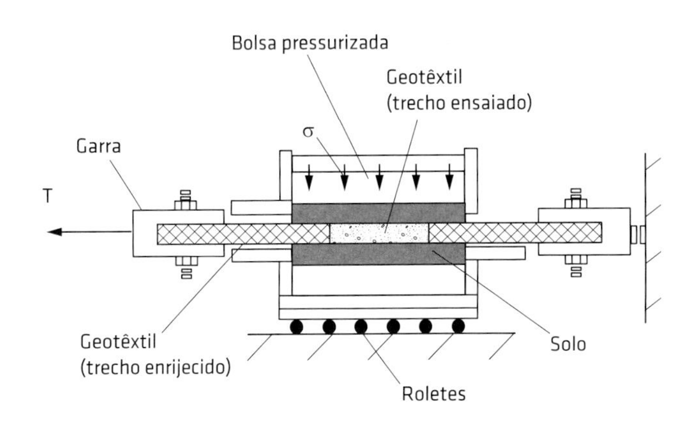

Fig. 3.33 Equipamento para ensaios de tração confinada da UnB (versão 1)
Fonte: Palmeira (1990).

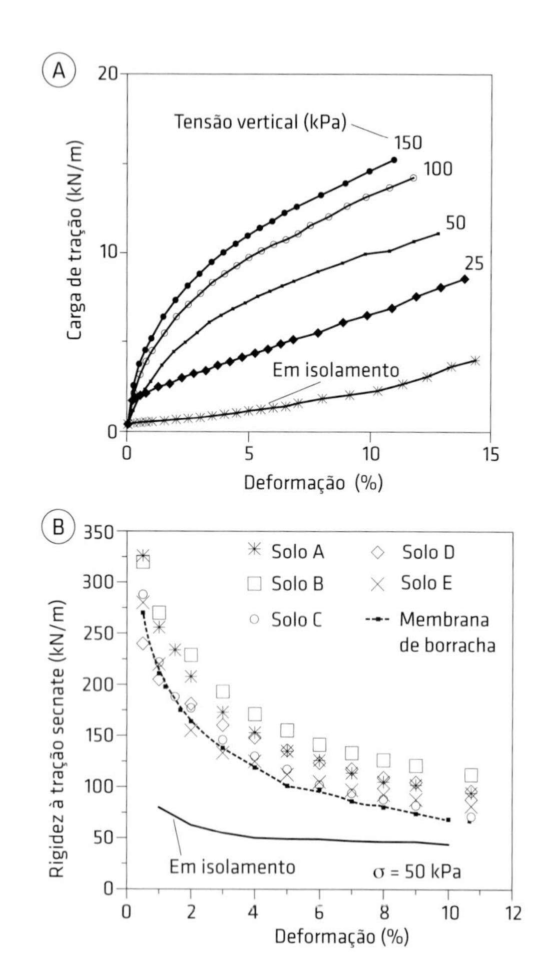

Fig. 3.34 Resultados de ensaios de tração confinada no equipamento da UnB (versão 1): (A) curvas carga-deformação e (B) rigidez secante *versus* deformação
Fonte: Palmeira, Fannin e Vaid (1996).

mento. Outras influências nos resultados desse tipo de ensaio, como o arqueamento na região das extremidades enrijecidas do espécime, foram investigadas por Palmeira, Tupa e Gomes (1996).

Para isolar a influência das tensões cisalhantes e evitar a possibilidade de arqueamento do solo confinante, uma segunda versão do equipamento apresentado na Fig. 3.33 foi desenvolvida e aparece esquematizada na Fig. 3.35. Nesse caso, o espécime é tracionado permitindo-se que o solo confinante também ceda lateralmente, além de não haver extremidades endurecidas do geotêxtil imersas no solo. A tensão confinante é aplicada por uma bolsa pressurizada no topo. Costa e Bueno (2000) apresentam outros tipos de arranjos de ensaios de tração confinada visando eliminar as tensões cisalhantes sobre o espécime. A Fig. 3.36 exibe alguns resultados obtidos com essa nova versão do equipamento. Martins (2000), Matheus (2002) e Mendes (2006) observaram valores de rigidez à tração confinada menores nesse equipamento que os encontrados no equipamento da Fig. 3.33, devido à ausência de tensões cisalhantes nas faces do espécime. No entanto, os valores de rigidez à tração foram ainda bem superiores aos obtidos em ensaios sem confinamento (Fig. 3.36). Mendes (2006) também investigou a influência da impregnação do espécime de geotêxtil não tecido por partículas de solo em seu comportamento carga-deformação.

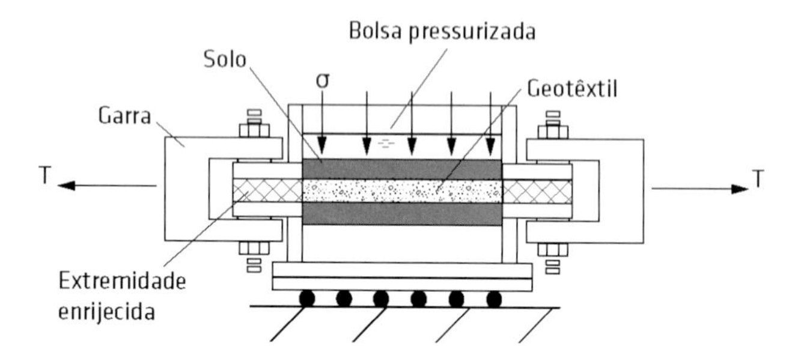

Fig. 3.35 Equipamento para ensaios de tração confinada da UnB (versão 2)
Fonte: Palmeira (1999).

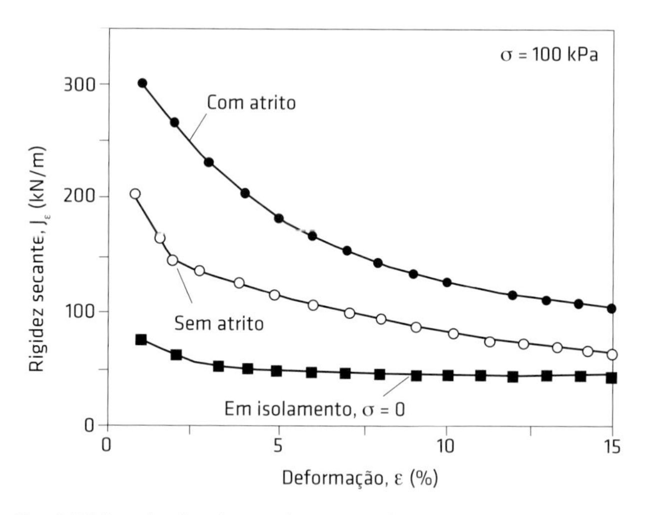

Fig. 3.36 Resultados de ensaios de tração confinada no equipamento da UnB (versão 2)
Fonte: modificado de Mendes, Palmeira e Matheus (2007).

Ensaio de fluência sob tração

A fluência é o fenômeno de deformação lenta sob tensão constante. No caso de materiais poliméricos, o fenômeno de fluência pode ser importante, dependendo do tipo de material e das características da obra onde será utilizado. A Fig. 3.37A esquematiza um ensaio típico de fluência sob tração em faixa larga. Nesse caso, o espécime de geossintético, em um ambiente com temperatura constante, é submetido a uma carga de tração constante. Ao longo do tempo, medem-se as deformações do espécime, podendo-se também calcular as velocidades de deformação. Inicialmente, logo após a aplicação da carga, o espécime experimenta uma deformação imediata e, na sequência, continua deformando por fluência (Fig. 3.37B). Dependendo das características do polímero constituinte e da magnitude da carga aplicada, o espécime pode atingir a ruptura por fluência após um determinado tempo de ensaio. Polímeros como o polietileno e o polipropileno são mais susceptíveis à fluência que o poliéster e a poliamida. O procedimento de ensaio de fluência sob tração é normatizado por NBR 15226, ISO 13431 e ASTM D5262.

A estrutura do geossintético também influencia o valor da deformação quando este é submetido a carregamento constante. No caso de geossintéticos em que as fibras ou filamentos sejam esticados, como geotêxteis, uma parcela da deformação total pode ocorrer devido ao processo de estiramento das fibras ou filamentos. Uma parte dessa deformação é irrecuperável, caso o espécime seja descarregado.

Quanto mais próxima for a carga aplicada do valor da carga de ruptura do geossintético obtida no ensaio-índice de faixa larga, mais rápida será sua ruptura por fluência. Do ponto de vista da estabilidade do geossintético no ensaio de fluência, pode-se então distinguir os comportamentos apresentados na Fig. 3.38. Dependendo da relação entre a carga aplicada no ensaio (T) e a resistência à tração no ensaio-índice (T_{max}), o fenômeno de fluência pode se desenvolver ao longo do tempo com velocidades de deformação crescentes ou decrescentes. As curvas 1 e 2 nessa figura esquematizam comportamentos em que a velocidade de deformação diminui com o tempo. Já a curva 3 evidencia uma situação de potencial instabilidade, e a curva 4 apresenta um significativo aumento da velocidade de deformação com o tempo.

A Fig. 3.38 mostra que se pode evitar a ruptura do geossintético por fluência em um intervalo de tempo (t), caso ele seja submetido a uma carga T suficientemente menor que sua resistência à tração (T_{max}). A escolha correta da relação T/T_{max} para um geossintético fabricado com um polímero susceptível à fluência permitirá que ele seja utilizado sem que rompa por fluência em um tempo menor que sua vida útil. Assim, a susceptibilidade de um geossintético à fluência não é, necessariamente, um impedimento a seu uso como reforço, desde que a carga de tração que será mobilizada nele durante a vida útil da obra seja convenientemente estabelecida.

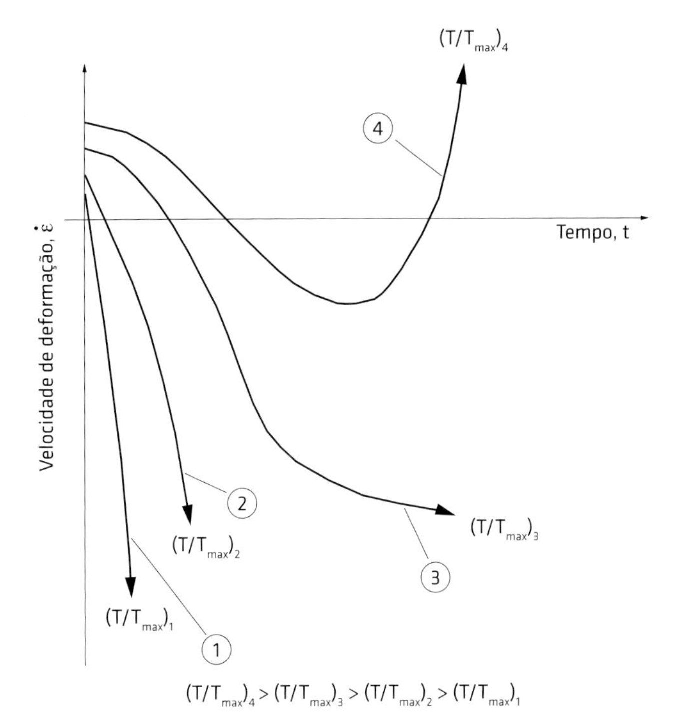

Fig. 3.38 Comportamentos típicos em ensaios de fluência
Fonte: McGown, Andrawes e Yeo (1984).

A Fig. 3.39 apresenta resultados de ensaios de fluência em filamentos de poliéster e polipropileno, sendo possível observar as diferentes intensidades de fluência em função do tipo de polímero. Como comentado anteriormente, nota-se também que, quanto mais próxima a carga aplicada está do valor de ruptura à tração, maiores são as deformações por fluência.

Uma forma prática de representar os resultados de ensaios de fluência é exibida na Fig. 3.40. Nessa figura são representadas as cargas de tração atuantes em espécimes do geossintético e os tempos que eles levam para romper por fluência. Os resultados podem ser interpolados por uma curva denominada *curva de referência* do geossintético, que, em uma escala semilog (Fig. 3.40), se aproxima de uma linha reta. Quanto maior é o número e mais longos são os ensaios de fluência, mais acurada é a curva de referência obtida. Conhecendo-se a curva de referência de um geossintético, pode-se determinar a carga de tração que provocará sua ruptura por fluência ao final da vida útil da obra, como esquematizado na Fig. 3.40. Essa carga é chamada de carga de referência do geossintético (T_{ref})

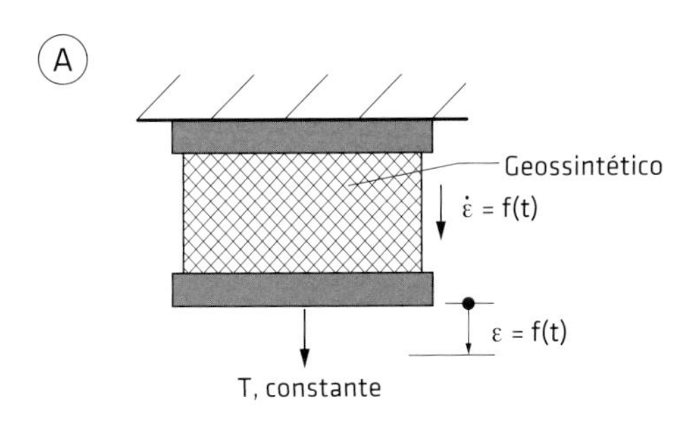

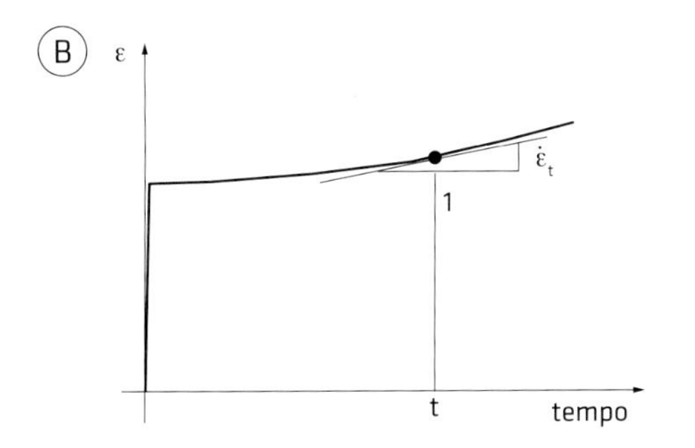

Fig. 3.37 Ensaios de fluência em faixa larga: (A) esquema de um ensaio típico e (B) comportamento típico

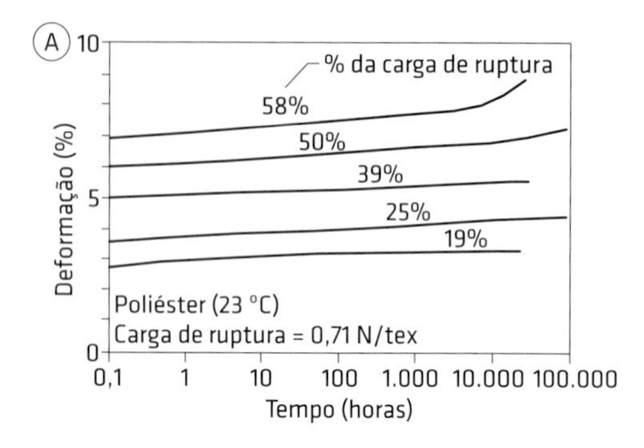

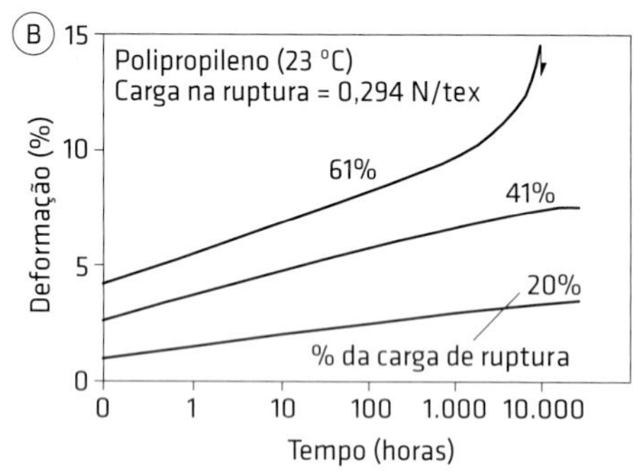

Fig. 3.39 Resultados de ensaios de fluência em filamentos poliméricos: (A) poliéster e (B) polipropileno
Fonte: Jewell e Greenwood (1988).

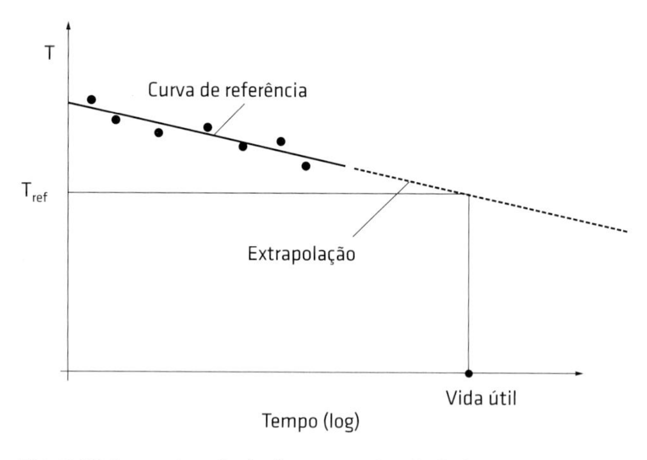

Fig. 3.40 Curva de referência em ensaios de fluência em um geossintético

e é particularmente importante no caso de utilização de geossintéticos como elementos de reforço. Na determinação da resistência de projeto do geossintético, o valor de T_{ref} deverá ainda ser minorado por fatores de redução que levem em conta as possibilidades de danos mecânicos, degradação do geossintético etc., como será discutido adiante neste capítulo.

No caso de o produto geossintético não dispor de ensaios de fluência que permitam obter o valor de T_{ref}, a prática tem sido aplicar fatores de redução à resistência obtida no ensaio-índice (faixa larga), de forma a contornar essa limitação. Para esses produtos, o valor de T_{ref} seria estimado por:

$$T_{ref} = \frac{T_{max}}{FR_{fl}} \quad (3.19)$$

em que T_{max} é a resistência à tração obtida no ensaio de faixa larga e FR_{fl} é o fator de redução para levar em conta a fluência do geossintético, que depende do tipo de polímero utilizado em sua confecção e varia tipicamente entre 2 e 5 (ver seção 3.3.4).

Infelizmente, algumas obras requerem elevadas vidas úteis, muito superiores aos tempos de ensaios de fluência disponíveis. Nesse caso, a prática tem sido a extrapolação dos resultados de ensaios, como exemplificado na Fig. 3.40. Jewell e Greenwood (1988) recomendam que a extrapolação de resultados não exceda em dez vezes o valor da duração do ensaio de fluência. Dependendo da amplitude da extrapolação, são recomendados fatores de redução a serem aplicados no valor estimado para T_{ref} de modo que sejam consideradas as incertezas desse procedimento (ver seção 3.3.4). Jewell e Greenwood (1988) consideram inaceitáveis extrapolações superiores a 1,5 ciclo de $\log_{10}$ (fator de 30) no caso de o produto geossintético não possuir, pelo menos, resultados suportados por ensaios de fluência acelerada.

A principal limitação dos ensaios de fluência convencionais é o elevado tempo de ensaio necessário para se obterem resultados que permitam sua utilização na prática. A norma ASTM D5262, por exemplo, prescreve um tempo de ensaio de 10.000 horas. Por essa razão, ensaios acelerados de fluência têm sido empregados como forma de reduzir o tempo para a obtenção de resultados. Tais ensaios se fundamentam no fato de o aumento da temperatura influenciar o comportamento de fluência de polímeros. Assim, as deformações por fluência ocorrem mais rapidamente se o ensaio é realizado a temperaturas maiores. Essa influência da temperatura está associada à mobilidade das cadeias moleculares dos polímeros. Como comentado no Cap. 2, a temperatura de transição vítrea (T_g) é um importante parâmetro nesse aspecto, pois a fluência de um polímero é geralmente mais intensa sob temperaturas superiores a ela. Uma vez que as temperaturas usuais no terreno são superiores às temperaturas de transição vítrea do polietileno e do polipropileno e inferiores à temperatura de transição vítrea do poliéster, aqueles polímeros são mais susceptíveis à fluência e têm seu comportamento à fluência mais influenciado pela temperatura que o poliéster. O método da superposição tempo-temperatura (*time-temperature superposition method*) e o método SIM (*stepped isothermal method*) se valem de aumentos de temperatura para a obtenção do comportamento de fluência de polímeros. Wrigley (1987), Bush (1990) e Thorton (1998) discutem a utilização desses métodos. Costanzi et al. (2003) exibem resultados do emprego do método *SIM* para alguns geotêxteis nacionais. Os procedimentos para a realização de ensaios de fluência acelerada são normatizados pela ASTM D6992.

Em ensaios acelerados de fluência, alguns cuidados devem ser observados. Tipicamente, a temperatura adotada no ensaio não deve exceder a temperatura de projeto em mais de 30 °C e não deve se aproximar de temperaturas características de alterações do comportamento do polímero, como a temperatura de transição vítrea, por exemplo (Jewell, 1996).

Outros resultados de importância prática obtidos em ensaios de fluência são as curvas isócronas. Uma curva isócrona representa a relação entre cargas de tração e deformações para um dado tempo (t), como esquematizado na Fig. 3.41. A Fig. 3.41A apresenta as variações da deformação total do geossintético em ensaios de fluência para diferentes cargas de tração aplicadas, sob uma temperatura constante. Para um dado tempo (t_1, na Fig. 3.41A) podem ser determinadas as deformações (ε) correspondentes para cada valor de carga de tração (T) atuante. Os pares de valores (ε, T) permitem a obtenção da isócrona no tempo t_1 (para a temperatura em questão), como apresentado na Fig. 3.41B.

Uma das importâncias práticas da curva isócrona é permitir que se limite a deformação no reforço para um determinado tempo. Como exemplo, suponha-se que, para se garantirem condições específicas de serviço e operação apropriadas de uma dada obra de reforço, deva-se limitar a deformação máxima no geossintético utilizado ao longo da vida útil (tempo $t = t_{vu}$) da obra a um valor admissível igual a ε_{adm}. Para determinar a força de tração admissível no reforço nessas condições, é necessário obter a curva isócrona no tempo t_1 igual a t_{vu} (Fig. 3.41), e com o valor de ε_{adm} na curva isócrona determina-se o valor de força de tração admissível (T_{adm}) no reforço, como esquematizado na Fig. 3.41B. A estrutura em solo reforçado deverá ser dimensionada de forma que os reforços não sejam submetidos a esforços de tração superiores a T_{adm}. Assim, o conhecimento da curva isócrona de um reforço geossintético será de fundamental importância quando o projeto impuser limites às deformações nos reforços ao longo da vida útil da obra (critério de deformações máximas de serviço da obra).

No caso de geotêxteis, as deformações por fluência na obra podem ser significativamente menores que as observadas em ensaios de laboratório (em isolamento), devido ao confinamento do geotêxtil pelo solo envolvente e ao atrito na interface solo-geotêxtil. McGown, Andrawes e Kabir (1982) observaram uma significativa redução de deformações por fluência em ensaios de tração confinada. Tal redução se deve fundamentalmente à ação das tensões cisalhantes na interface solo-geotêxtil em equipamentos como os das Figs. 3.32 e 3.33, que reduzem as cargas de tração ao longo do comprimento do espécime. A combinação dos efeitos do confinamento e do atrito entre solo e geotêxtil reduz as tensões e deformações nas fibras (Gomes, 1993; Tupa, 1994; Martins, 2000; Costa; Bueno, 2000; Matheus, 2002). Se presentes nos vazios de geotêxteis não tecidos, os grãos de solo certamente restringem ainda mais a movimentação das fibras (Mendes; Palmeira; Matheus, 2007). Costa e Bueno (2000) também observaram a redução significativa das deformações por fluência em ensaios cujo equipamento de tração confinada evitava a atuação das tensões cisalhantes nas interfaces solo-geotêxtil.

Outro mecanismo de fluência que pode ser relevante é a fluência do geossintético por compressão. Nesse caso, a espessura do geossintético diminuirá ao longo do tempo quando ele for submetido a tensão de compressão constante. Tal aspecto pode ser relevante no caso de drenos geossintéticos, uma vez que a redução de espessura sob compressão diminuirá a transmissividade de geotêxteis e a capacidade de descarga ao longo do plano de geocompostos para drenagem. No caso de geocompostos, o tipo, a forma e a composição do núcleo drenante (georrede

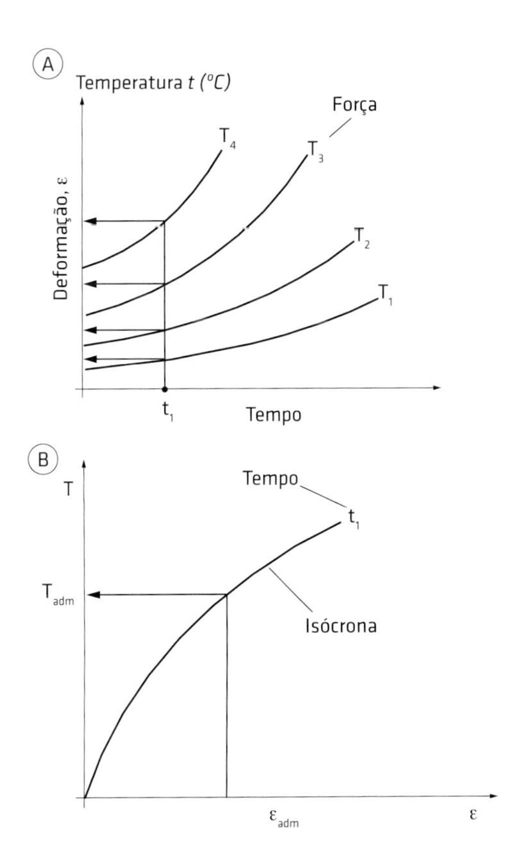

Fig. 3.41 Obtenção de curva isócrona em ensaios de fluência: (A) deformação *versus* tempo e (B) isócrona no tempo t_1

ou geoespaçador) influenciam de forma significativa o comportamento do produto com relação à fluência por compressão. O ensaio para avaliar a susceptibilidade do geossintético à fluência sob compressão consiste em um ensaio de compressão uniaxial em que a tensão de compressão sobre o espécime é mantida constante ao longo do tempo e medidas periódicas da espessura do produto são feitas. O ensaio é normatizado por ASTM D7406 e ISO 25619.

Ensaio de tração tridimensional axissimétrico

Em certas situações, as deformações impostas ao geossintético são diferentes daquelas observadas em ensaios de tração em faixa larga. Esse é, por exemplo, o caso de um afundamento localizado do terreno sob uma camada de geossintético. O ensaio de tração tridimensional axissimétrico é especialmente indicado para ensaios em camadas de geomembranas submetidas a condições semelhantes às esquematizadas na Fig. 3.42A. O equipamento consiste em um tanque com duas partes separadas pela geomembrana (Fig. 3.42B). A parte superior é preenchida com água, que, sob pressão, provoca a deformação da geomembrana para dentro da parte inferior do tanque. A pressão na água é aumentada até a ruptura por tração da geomembrana. Esse ensaio é normalizado pela ASTM D5617. Para o cálculo das grandezas relevantes do ensaio, assume-se que

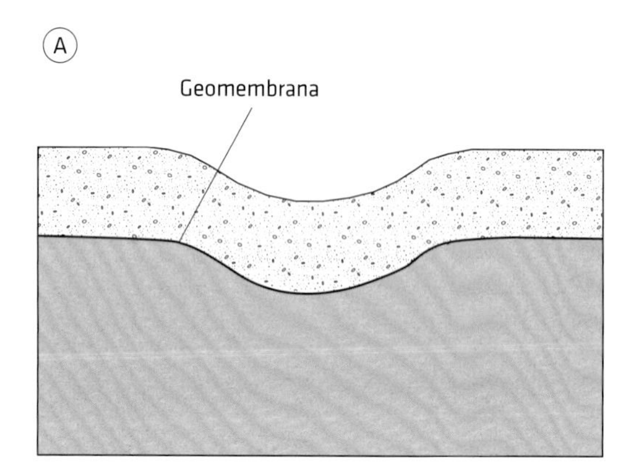

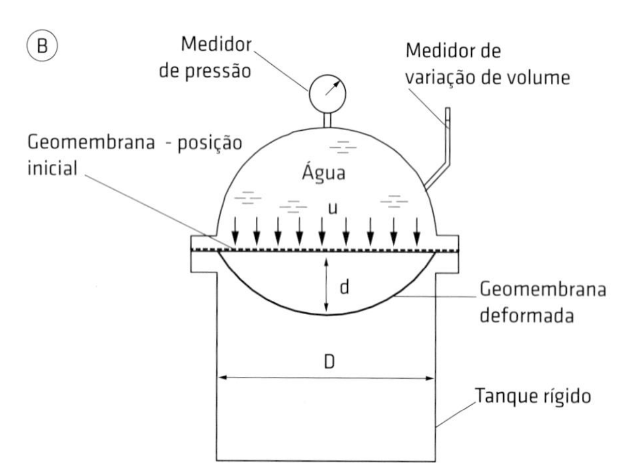

Fig. 3.42 Ensaios de tração axissimétricos: (A) deformação localizada no campo e (B) esquema do ensaio

a geomembrana se deforma com forma esférica. Giroud et al. (1990a), Koerner, Koerner e Hwu (1990) e Merry, Bray e Bourdeau (1993) apresentam equações que permitem relacionar a tensão e a deformação na geomembrana com as dimensões iniciais e deformadas do espécime e com a pressão aplicada pela água.

Os resultados obtidos em ensaios de tração axissimétricos podem ser muito diferentes dos obtidos nos ensaios descritos anteriormente, como é possível verificar nos dados da Tab. 3.5. Isso mostra que a escolha do ensaio apropriado é fundamental para uma previsão acurada do comportamento da geomembrana no campo.

Ensaio de tração em emendas

Em face das larguras usuais de rolos e painéis de geossintéticos, a junção entre partes e painéis pode ser realizada por meio de transpasse, costura ou solda, dependendo do tipo de geossintético e da aplicação. No caso de geotêxteis, utilizam-se costuras, e, no caso de geogrelhas, podem ser utilizadas presilhas e barras metálicas ou poliméricas na junção de painéis ou faixas. Já no caso de geomembranas, para manter a estanqueidade da camada, a união entre painéis deve ser feita por meio de soldas ou adesivos. Existem diferentes tipos de processo de união de painéis de geomembranas, os quais serão abordados no Cap. 8. Em qualquer que seja sua forma, a emenda pode ser um ponto de fraqueza na manta, particularmente quando as costuras ou soldas são realizadas no campo. Por essa razão, ensaios de tração são também necessários em espécimes de trechos costurados ou soldados. No caso de costuras de geotêxteis, o ensaio de tração utilizado é o de faixa larga, sendo, nesse caso, normatizado pela NBR 13134.

No caso de soldas ou colagem de geomembranas, devem ser considerados os dois mecanismos de ruptura apresentados na Fig. 3.43. No caso da Fig. 3.43A, o esforço de tração no espécime provocará a ruptura por cisalhamento ao longo do trecho emendado. Por sua vez, o mecanismo apresentado na Fig. 3.43B é o de descascamento do trecho emendado, sendo esse o mecanismo mais crítico. Assim, devem ser ensaiados espécimes de trechos soldados submetidos aos dois tipos de solicitação. Os resultados obtidos são muito dependentes do tipo de geomembrana e do tipo de processo de união (solda ou colagem) das partes. Os ensaios utilizam espécimes com largura típica de 25 mm e podem ser realizados no campo em equipamentos portáteis, como mostrado na Fig. 3.44.

3.3.2 Ensaios de danos mecânicos

Os ensaios de danos visam avaliar a variação ou o comprometimento de propriedades de geossintéticos em decor-

Tab. 3.5 COMPARAÇÃO ENTRE RESULTADOS DE DIFERENTES ENSAIOS EM GEOMEMBRANAS

Ensaio	Resultado[2]	Tipo de geomembrana[1]			
		PEAD	PEMBD	PVC	CSPE-R
Tira estreita	σ_{max} (kPa)	18.600	8.300	21.000	54.500
	ε_{max} (%)	17	> 500	480	19
	E (MPa)	330	76	31	330
	σ_{ult} (kPa)	13.800	8.300	20.700	5.700
	ε_{ult} (%)	> 500[3]	>500[3]	480	110
Tira larga	σ_{max} (kPa)	15.900	7.600	13.800	31.000
	ε_{max} (%)	15	400[3]	210	23
	E (MPa)	450	69	20	300
	σ_{ult} (kPa)	11.000	7.600	13.800	2.800
	ε_{ult} (%)	> 400[3]	> 400[3]	210	79
Axissimétrico	σ_{max} (kPa)	23.500	10.300	14.500	31.000
	ε_{max} (%)	12	75	100	13
	E (MPa)	720[4]	170[4]	100[4]	350[4]
	σ_{ult} (kPa)	23.500	10.300	14.500	31.000
	ε_{ult} (%)	25	75	100	13

Notas: (1) PEAD = polietileno de alta densidade com espessura de 1,5 mm, PEMBD = polietileno de muito baixa densidade com espessura de 1,0 mm, PVC = policloreto de vinila com espessura de 0,75 mm, e CSPE-R = polietileno clorossulfonado reforçado com espessura de 0,91 mm; (2) σ_{max} = tensão de tração máxima, ε_{max} = deformação para a tensão de tração máxima, E = módulo de deformação, σ_{ult} = tensão de tração última (na ruptura), e ε_{ult} = deformação para a tensão de tração última; (3) não rompeu; (4) valores considerados elevados.
Fonte: Koerner (1998).

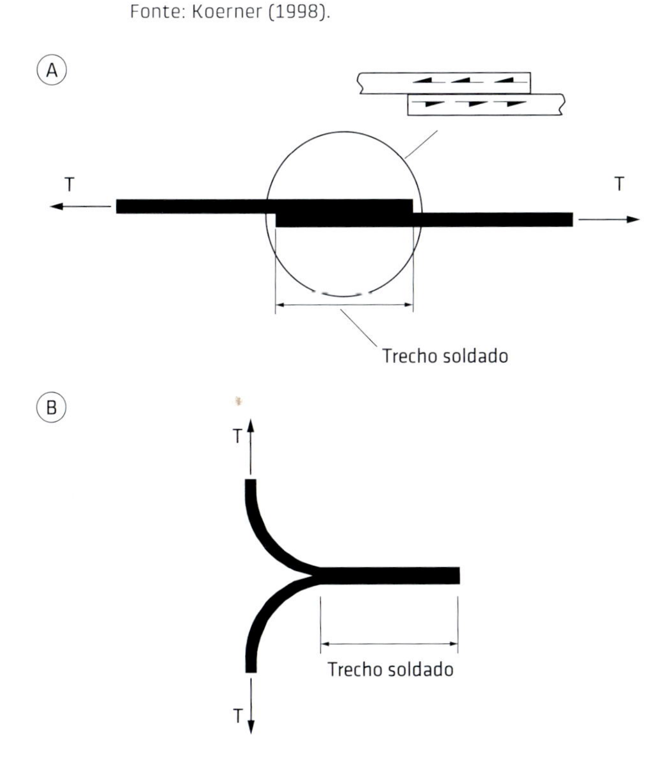

Fig. 3.43 Ensaios de tração em emendas de geomembranas: (A) ensaio de cisalhamento e (B) ensaio de descascamento

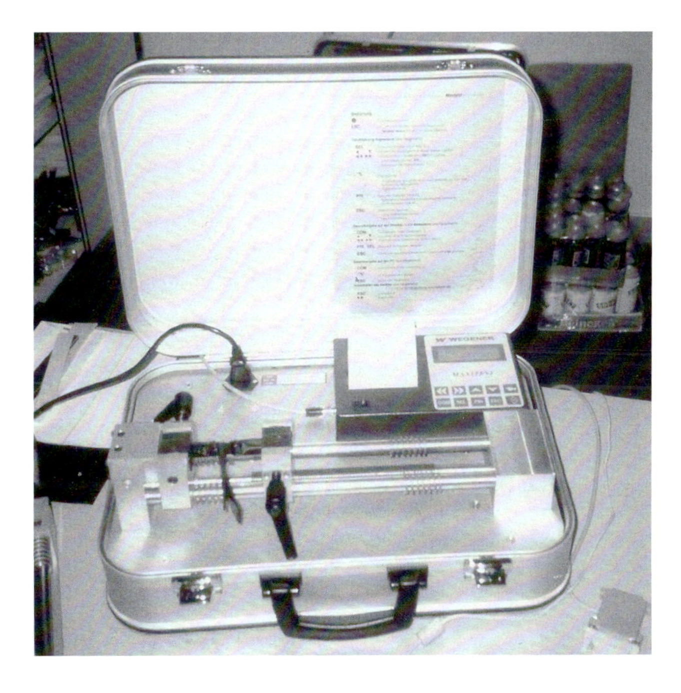

Fig. 3.44 Equipamento portátil para ensaios no campo

rência de danos mecânicos. Esses danos podem ocorrer durante o transporte, o manuseio e/ou a instalação do geossintético na obra, sendo comuns os danos causados por queda de objetos contundentes, passagem de veículos sobre o geossintético, colocação do geossintético sobre uma camada de solo agressivo mecanicamente (presença de elementos graúdos e contundentes) ou lançamento de aterros com pedras, troncos etc. sobre a camada de geossintético já instalada. As Figs. 3.45 e 3.46 exemplificam os

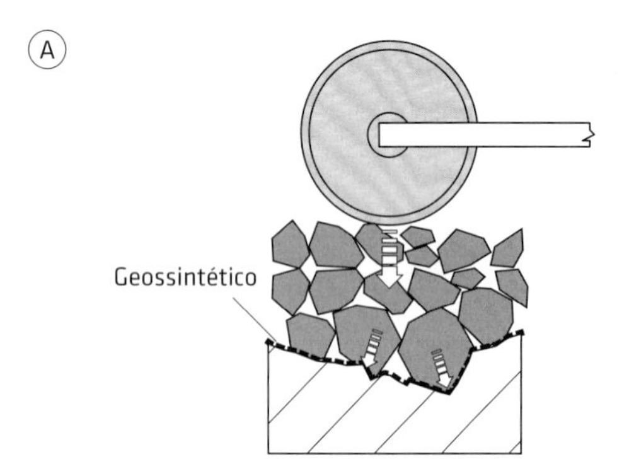

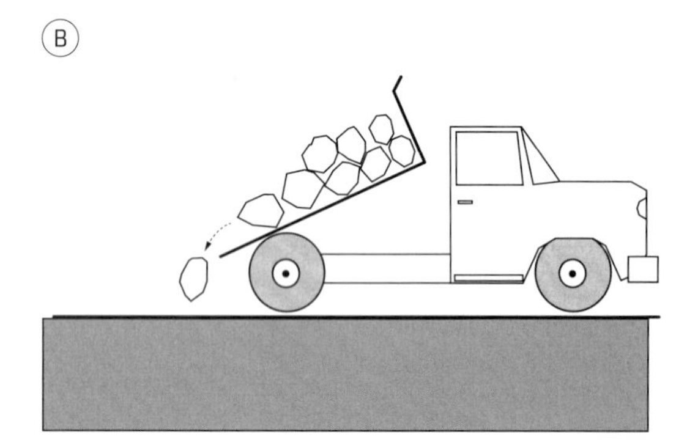

Fig. 3.45 Exemplos de solicitações que podem provocar perfurações ou rasgos em geossintéticos: (A) penetração de elemento contundente e (B) tráfego de veículos ou queda de elemento contundente

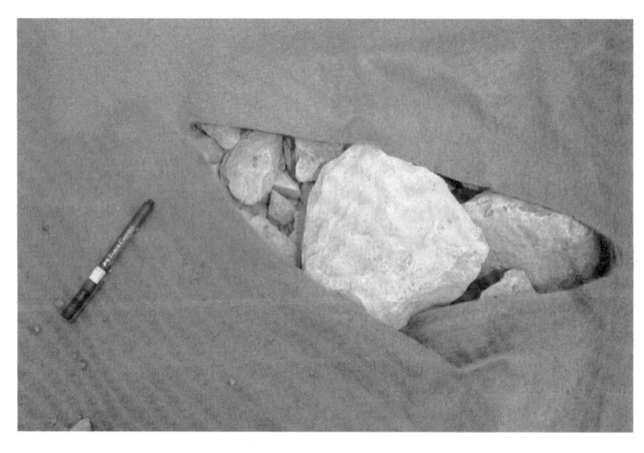

Fig. 3.46 Exemplos de danos em geossintéticos

danos provocados em geossintéticos em virtude de más práticas construtivas ou especificações errôneas de materiais. Como para outros tipos de solicitação, também existem ensaios-índice e ensaios de desempenho que visam quantificar ou simular as consequências de danos mecânicos sobre propriedades relevantes de geossintéticos.

Ensaio de resistência à perfuração dinâmica (queda de cone)

Esse ensaio busca verificar a resistência de um geossintético (tipicamente geotêxteis ou geomembranas) à penetração de uma ponta cônica em queda livre de uma altura padronizada, como esquematizado na Fig. 3.47. O ensaio é padronizado pela NBR ISO 13433:2006.

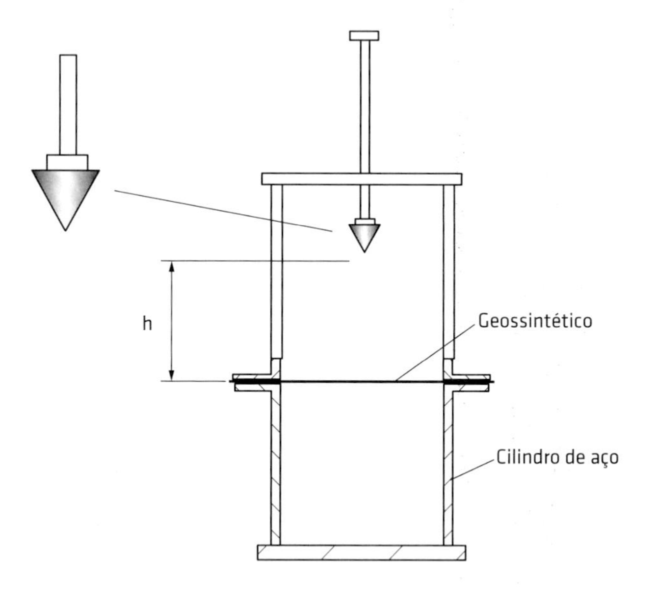

Fig. 3.47 Ensaio de penetração por queda de cone

Ensaio de puncionamento estático (punção CBR)

Nesse ensaio, o geossintético é submetido à força provocada pelo cilindro de aço utilizado em ensaios de índice de suporte Califórnia (*California bearing ratio*, CBR), como mostrado na Fig. 3.48. O espécime de geossintético tem suas extremidades fixas no molde do ensaio, que é conduzido até a ruptura. Nesse ensaio são medidos a força necessária ao puncionamento do espécime e o deslocamento vertical do pistão. Geomembranas reforçadas ou protegidas por camada de geotêxtil apresentam resistências maiores em ensaios desse tipo. O ensaio é padronizado pelas normas NBR ISO 12236 e ASTM D6241-14. As normas ASTM D4833, D5494 e D5514 abordam mecanismos semelhantes de puncionamento de geossintéticos.

Também é possível realizar ensaios com o uso de células que permitem a compressão do espécime de geossintético contra uma camada de solo mecanicamente agressivo. A Fig. 3.49 apresenta a configuração típica desse

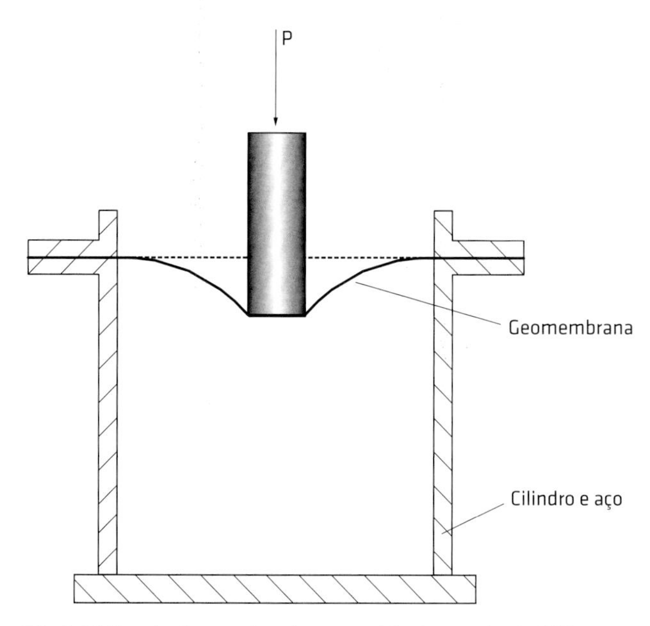

Fig. 3.48 Ensaio de penetração em molde de ensaio de CBR

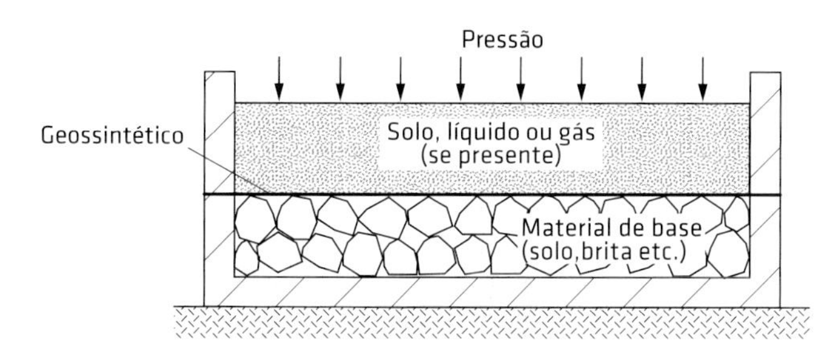

Fig. 3.49 Ensaio de danos com material granular ou elementos contundentes

tipo de ensaio. A camada mecanicamente agressiva para o geossintético pode também ser uma placa contendo elementos prismáticos (forma de pirâmides, por exemplo) ou a própria camada de material que estará em contato com o geossintético na obra. Nascimento (2002) mostrou a eficiência da utilização de uma camada de geotêxtil como proteção separando geomembranas de solo graúdo. A Fig. 3.50 exibe as impressões deixadas por grãos de areia sobre a superfície de uma geomembrana de PVC com e sem a proteção de uma camada de geotêxtil não tecido. Esses resultados foram obtidos em ensaios realizados em equipamento semelhante ao da Fig. 3.49, com tensão vertical de 300 kPa, e evidenciam o efeito benéfico da camada de geotêxtil como proteção nessas situações.

Ensaio de resistência ao impacto

Os ensaios de resistência ao impacto visam avaliar as consequências de impactos de elementos contundentes em geomembranas. Um desses ensaios é o de impacto com pêndulo, em que se deixa uma ponta cônica presa a uma haste rotulada cair e chocar-se com o espécime a ser ensaiado, como esquematizado na Fig. 3.51. Ensaios

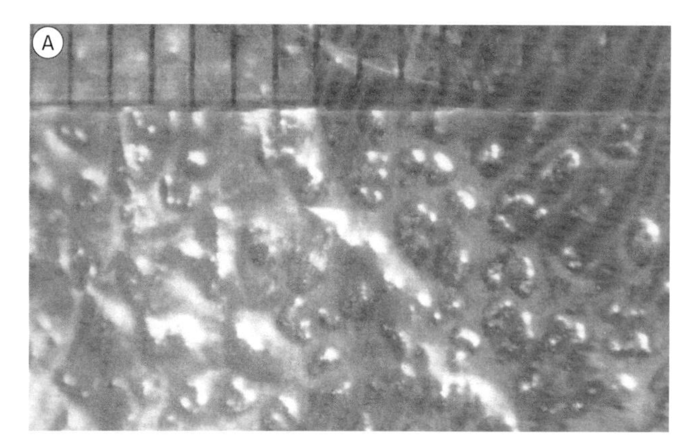

Fig. 3.50 Efeito da proteção de geomembrana com geotêxtil – tensão normal de 300 kPa: (A) sem proteção e (B) com proteção Fotos: Nascimento (2002).

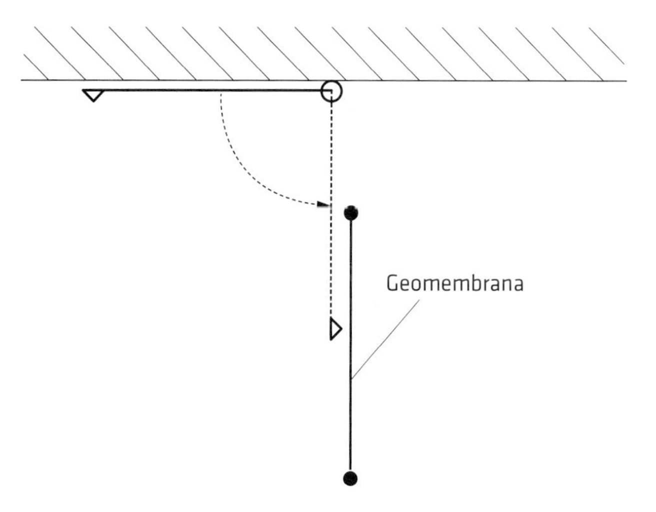

Fig. 3.51 Ensaio de resistência ao impacto com pêndulo

de resistência ao impacto são normatizados por normas como ASTM D1709 (queda livre de dardo), ASTM D3029 (queda de peso) e ASTM D3998 (impacto de pêndulo).

Ensaio de propagação de rasgo

O ensaio de propagação de rasgo (ensaio de rasgamento trapezoidal ou em forma de asa) é realizado conforme exibido na Fig. 3.52 e consiste em avaliar a resistência oferecida à propagação de um rasgo padronizado, previamente executado no espécime a ser ensaiado. O crescimento do esforço de tração indicado na figura provoca o aumento do comprimento do rasgo inicial. A partir da curva relacionando a força aplicada com o deslocamento, pode-se obter a resistência ao rasgamento, que é o maior valor de esforço de rasgamento resistido pelo espécime. O ensaio é normatizado pela ASTM D4533-91.

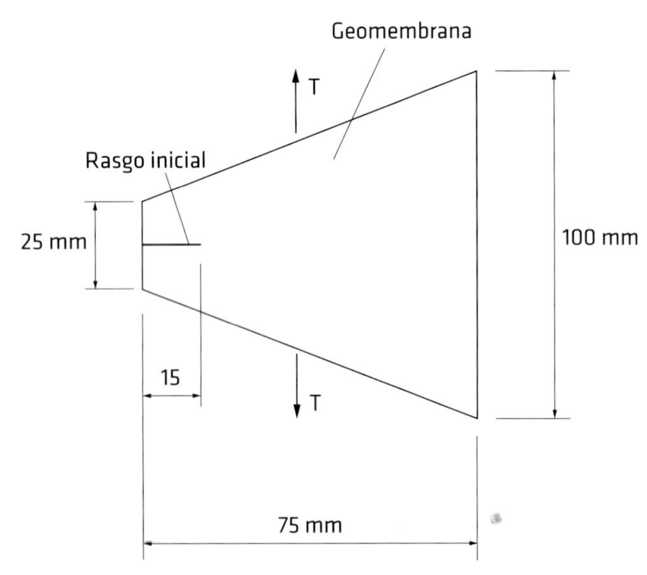

Fig. 3.52 Ensaio de rasgamento trapezoidal ou em forma de asa

Ensaio de resistência ao estouro

O estouro de um geossintético (geotêxtil ou geomembrana) pode ocorrer quando ele é submetido à expansão para dentro de um vazio, como exemplificado na Fig. 3.53A.

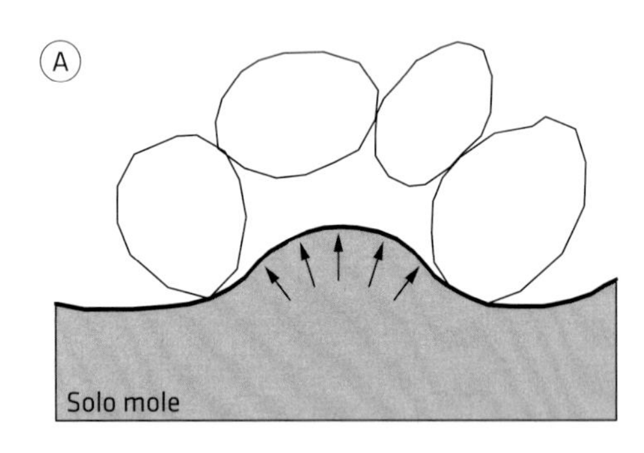

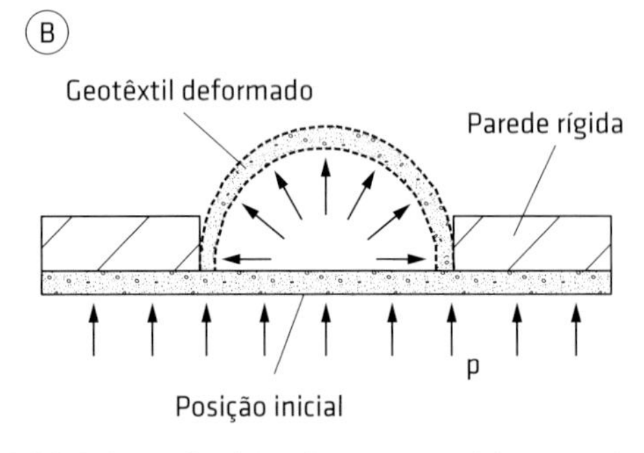

Fig. 3.53 (A) Solicitação típica de estouro e (B) ensaio de resistência ao estouro

O ensaio de resistência ao estouro (Fig. 3.53B) visa avaliar a resistência do material a esse tipo de solicitação. Nesse ensaio, um espécime de geossintético (tipicamente geomembrana ou geotêxtil) é forçado a expandir-se até sua ruptura através de uma abertura circular em uma placa rígida, sob a ação de ar ou água sob pressão. Em ensaios com geotêxteis, um filme plástico extensível é utilizado sob o espécime para evitar a fuga do fluido através dos poros do geotêxtil. O espécime rompe por tração, devido à deformação excessiva. Assim, materiais mais resistentes à tração apresentam também maiores resistências ao estouro.

3.3.3 Ensaios para a avaliação da interação solo-geossintético

Na grande maioria das aplicações, os geossintéticos trabalham enterrados, em contato direto com o solo ou, por vezes, com outro geossintético. Desse modo, em várias aplicações é necessária a avaliação da resistência por ancoragem de trechos de geossintéticos, como são os casos de obras de estruturas de contenção e aterros sobre solos moles, por exemplo. A Fig. 3.54 apresenta uma estrutura de contenção em solo reforçado com geossintéticos e os ensaios que poderiam simular as condições de interação entre solo e geossintético em diversas regiões. Na região A, um mecanismo de ruptura mais superficial se desenvolveria, com deslizamento do solo sobre parte da camada de reforço devido à atuação de uma sobrecarga localizada. Na região B, o solo e o reforço se deformam lateralmente. Na região C, o reforço intercepta a superfície de ruptura que atravessa toda a massa reforçada, enquanto na região D o trecho do reforço além da superfície de ruptura (comprimento de ancoragem) é submetido a arrancamento. Depreende-se das condições da Fig. 3.54 que o ensaio de cisalhamento direto poderia simular as condições das regiões A e C, ao passo que o ensaio de arrancamento simularia as condições da região D. O ensaio de

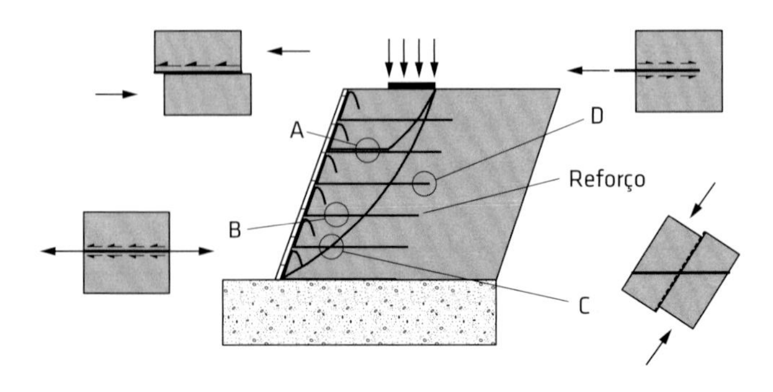

Fig. 3.54 Diferentes mecanismos de interação entre solo e reforço geossintético em uma estrutura de contenção em solo reforçado
Fonte: modificado de Palmeira (1987).

tração confinada poderia simular as condições da região B. É importante observar que todos os ensaios esquematizados nessa figura apresentam limitações.

Por causa de situações como as esquematizadas na Fig. 3.54 (mecanismos nas regiões A, C e D), os ensaios de cisalhamento direto e de arrancamento são os mais comumente utilizados para avaliar os parâmetros de resistência por aderência em interfaces solos-geossintéticos. A comparação entre parâmetros de resistência de interface e de cisalhamento do solo fornece os fatores de eficiência de resistência de interface, definidos como:

$$E_\phi = \frac{\tan\phi_{sr}}{\tan\phi} \quad (3.20)$$

e

$$E_c = \frac{a_{sr}}{c} \quad (3.21)$$

em que E_ϕ é o fator de eficiência com relação ao atrito; ϕ_{sr}, o ângulo de atrito de interface entre solo e reforço; ϕ, o ângulo de atrito interno do solo; E_c, o fator de eficiência com relação à coesão; a_{sr}, a adesão entre solo e reforço; e c, a coesão do solo.

Quanto mais próximos da unidade forem os valores de E_ϕ e E_c, maior será a aderência entre solo e reforço.

A intensidade de interação entre solo e geossintético depende de fatores como tamanho e forma dos grãos de solo, nível de tensões atuante, tipo de geossintético, grau de aspereza da superfície e processo de fabricação do geossintético, por exemplo. Nos geossintéticos planares (geotêxteis, geocompostos argilosos e geomembranas), o mecanismo de interação pode ser considerado como tipicamente por atrito, como esquematiza a Fig. 3.55A, de forma semelhante ao que aconteceria em interfaces entre solos e chapas metálicas. Entretanto, dependendo do tipo de geossintético, dificuldades adicionais podem ser impostas à movimentação dos grãos de solo. No caso de geotêxteis não tecidos, os grãos podem penetrar parcialmente entre as fibras do geotêxtil, o que aumenta a aderência entre tais materiais. Em geotêxteis tecidos, irregularidades em sua superfície também aumentam a aderência ao solo. No caso de geomembranas, o nível de tensões pode provocar um afundamento localizado nos contatos entre grãos e geomembrana, o que também aumenta a aderência entre o solo e a geomembrana (Fig. 3.55A).

Em uma geogrelha, a interação com o solo se dá por uma combinação de atrito ao longo da superfície sólida da geogrelha e resistência passiva nos membros transversais, também chamados de membros de ancoragem (Fig. 3.55B). Dependendo da geometria da grelha, pode-se ter predominância da resistência por atrito ou passiva.

A combinação entre valores de rigidez à tração (J) e tensão normal (σ) atuante sobre o geossintético também pode influenciar os valores de parâmetros de interação entre solo e geossintético, particularmente o valor de E_ϕ. Processos de ruptura progressiva ao longo da interface podem ocorrer em geossintéticos extensíveis, alterando as condições de compacidade do solo vizinho. Tais combinações podem levar a ensaios de arrancamento em que somente parte do reforço seja efetivamente tracionada ou em que o geossintético deforme muito até seu deslizamento integral na massa de solo. O processo de ruptura progressiva pode também acontecer em ensaios de cisalhamento direto, dependendo da rigidez à tração do geossintético, do nível de tensões e das condições de fronteira do equipamento. Em Palmeira (2009), são apresentadas discussões sobre a influência das condições de fronteira e de rigidez de geossintéticos na interação desses materiais com os solos.

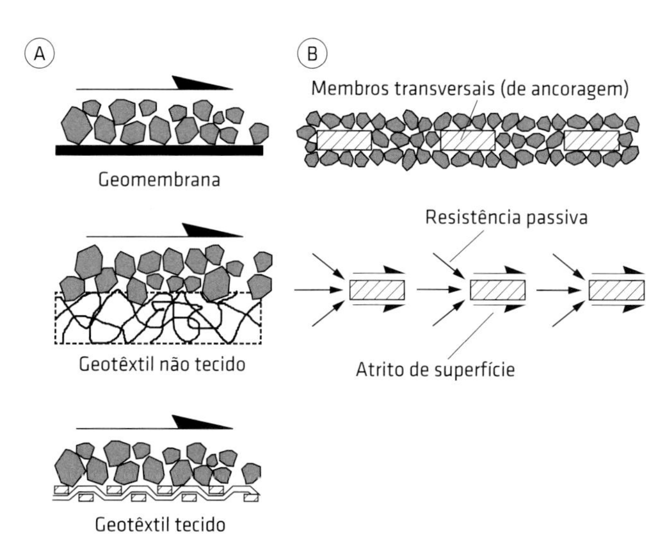

Fig. 3.55 Diferentes mecanismos de interação entre solos e geossintéticos: (A) geossintéticos planares e (B) geogrelhas

Ensaios de cisalhamento direto

A Fig. 3.56 esquematiza alguns arranjos de ensaios de cisalhamento direto encontrados na literatura. Nesses arranjos, o espécime de geossintético é instalado na parte central da célula de ensaio, sob uma camada de solo. O geossintético pode estar assente sobre a mesma camada de solo, sobre outra camada de solo ou sobre base rígida. A forma de aplicação da tensão normal sobre a amostra pode ser por meio de placa rígida ou bolsa pressurizada. As condições de fronteira do ensaio podem afetar os resultados obtidos (Palmeira, 1987, 2009). O arranjo mais comumente utilizado é aquele em que o espécime de geossintético é apoiado sobre base rígida e a tensão

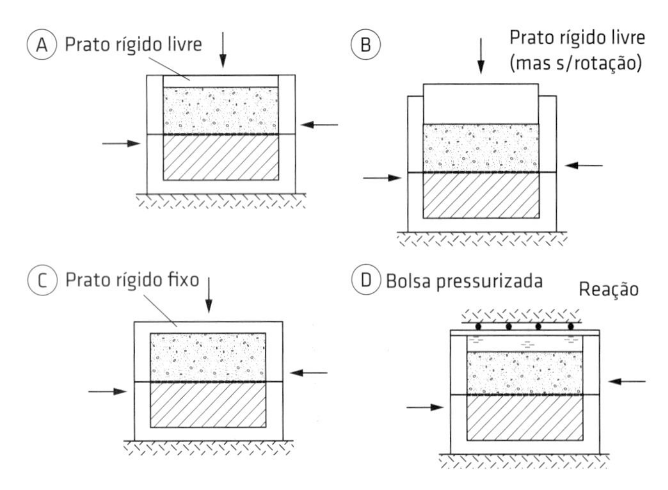

Fig. 3.56 Arranjos típicos de ensaios de cisalhamento direto

normal também é aplicada por placa rígida (Fig. 3.56A). Equipamentos de ensaio com dimensões maiores que as normalmente utilizadas para ensaios em solos podem ser necessários, dependendo do tipo e das dimensões do geossintético a ser ensaiado. A Fig. 3.57 apresenta um equipamento de grandes dimensões (Palmeira, 1987; Palmeira; Milligan, 1989a) para ensaiar amostras de solo com 1 m^3 e geogrelhas com grandes aberturas. Tal equipamento permitia também realizar ensaios com as camadas de reforço geossintético interceptando o plano de ruptura.

O ensaio é realizado de forma semelhante ao ensaio de cisalhamento direto convencional para solos. Como resultados, obtêm-se as curvas relacionando tensão cisalhante e deslocamento relativo entre as caixas do equipamento, e, a partir dessas curvas, pode-se obter a envoltória de resistência ao cisalhamento da interface e os parâmetros de resistência de interface (ϕ_{sr} e a_{sr}). O procedimento de ensaio é normatizado pela NBR ISO 12957 e pela ASTM D5321.

A forma de fixação do geossintético no ensaio pode influenciar os resultados. No caso de arranjos em que o geossintético está apoiado sobre base rígida (placa de aço, por exemplo), o espécime pode ser colado sobre a base ou ter uma de suas extremidades ancorada à base. Neste último caso, como comentado anteriormente, a combinação entre valores de rigidez à tração do geossintético e da tensão normal poderá provocar um processo de ruptura progressiva ao longo do comprimento do espécime. Além disso, a aderência entre o geossintético e a base rígida influenciará os deslocamentos ao longo do comprimento do espécime. No caso do arranjo com o geossintético perfeitamente colado à base, um mecanismo de distorção do geossintético predominará, semelhante a um processo de cisalhamento simples (ou puro). Também no caso do geossintético colado à base, observa-se uma maior tendência a danos mecânicos no espécime, particularmente em ensaios com geotêxteis.

Fig. 3.57 Equipamento de ensaio de cisalhamento direto de grandes dimensões
Foto: Palmeira (1987).

É importante identificar corretamente o mecanismo de interação entre solo e geossintético em ensaios de cisalhamento direto. A Fig. 3.58 apresenta as formas de interação entre esses materiais em ensaios de cisalhamento realizados em equipamento no qual a camada de solo está sobre o geossintético e este repousa sobre base rígida. No caso de ensaios com geotêxteis (Fig. 3.58A), há um contato contínuo entre o solo e o geossintético, embora a superfície de contato não seja necessariamente regular. No caso de ensaios com geomembranas, ocorre uma forma mais regular de superfície de contato (Fig. 3.55A), embora as tensões normais utilizadas no ensaio possam provocar deformações localizadas (afundamentos) na geomembrana nos pontos de contato com os grãos de solo. No caso de ensaios com geogrelhas (Fig. 3.58B), a resistência por atrito é mobilizada entre o solo e a parte sólida superior

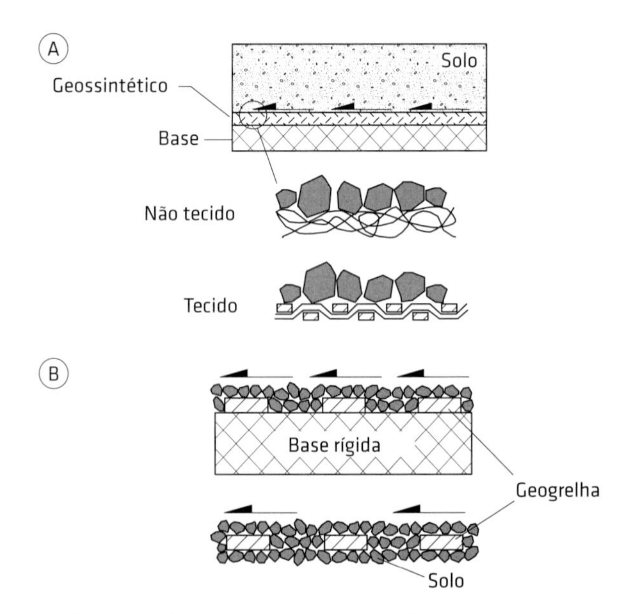

Fig. 3.58 Interação entre solos e geotêxteis (A) e entre solos e geogrelhas (B) em ensaios de cisalhamento direto com o geossintético no plano central

da grelha ("atrito de pele") e entre a massa de solo superior e os grãos confinados entre membros transversais (ou de ancoragem) da geogrelha. Assim, a rugosidade da superfície da geogrelha, as dimensões dos grãos de solo e a forma e as dimensões das aberturas da geogrelha influenciarão os resultados obtidos. Deve-se notar também as diferenças entre as condições de cisalhamento com a geogrelha sobre base rígida (que pode ser lisa ou rugosa) e com a geogrelha imersa no solo. Assim, o ensaio como esquematizado na Fig. 3.58B simularia a situação da região A na Fig. 3.54, mas não da região D, para a qual o ensaio de arrancamento seria o mais indicado.

Ensaios de cisalhamento direto com a camada de geossintético interceptando o plano de ruptura poderiam simular, com limitações, a situação do reforço na região C na Fig. 3.54. Nesses ensaios, observam-se significativos ganhos de resistência de amostras reforçadas em relação às sem reforço, como mostrado na Fig. 3.59. Essa figura apresenta resultados de ensaios de cisalhamento direto de grandes dimensões (Fig. 3.57 – Palmeira, 1987; Palmeira; Milligan, 1989a) em amostras sem e com reforço inclinado de 30° com a vertical. São mostrados resultados para ensaios com geogrelhas metálicas (GM1, GM4 e GM6) e geogrelhas poliméricas (GP1 e GP2). Pode-se observar o significativo ganho de resistência das amostras reforçadas em relação à situação sem reforço. Também se observa uma mudança do comportamento frágil da amostra não reforçada e de algumas amostras reforçadas com grelhas metálicas para um comportamento mais dúctil das amostras reforçadas com geogrelhas poliméricas.

Os ensaios de cisalhamento direto com reforços inclinados em relação ao plano central de ruptura são úteis para fins de pesquisa, mas são de difícil interpretação, devido ao grau de complexidade dos estados de tensões gerados no solo e de forças no reforço. A Fig. 3.60 apresenta resultados de ensaios de cisalhamento direto em amostras sem e com geogrelha interceptando o plano de ruptura. Nesses ensaios, foi utilizada a técnica de fotoelasticidade, em que o solo foi substituído por vidro triturado imerso em líquido com propriedades óticas similares às do vidro. As áreas ou feixes mais brilhantes correspondem a regiões ou direções com elevados níveis de tensões de compressão, ao passo que as regiões mais escuras correspondem a regiões de baixos níveis de tensões. Os resultados da figura mostram a alteração e a complexidade do estado de tensões quando da presença de uma camada de reforço no solo. Análises numéricas por elementos finitos conduzidas por Sieira (2003) também mostram a complexidade do estado de tensões em ensaios com o reforço inclinado em relação ao plano central do equipamento.

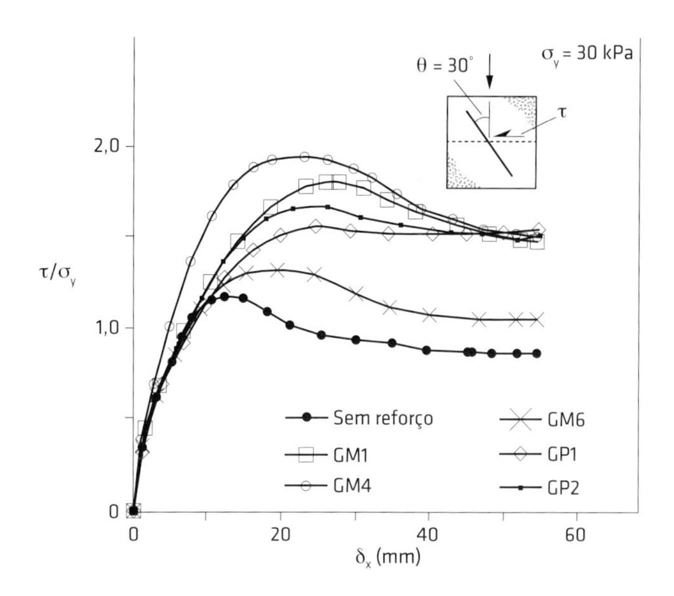

Fig. 3.59 Resultados de ensaios de cisalhamento direto de grandes dimensões
Fonte: modificado de Palmeira (1987).

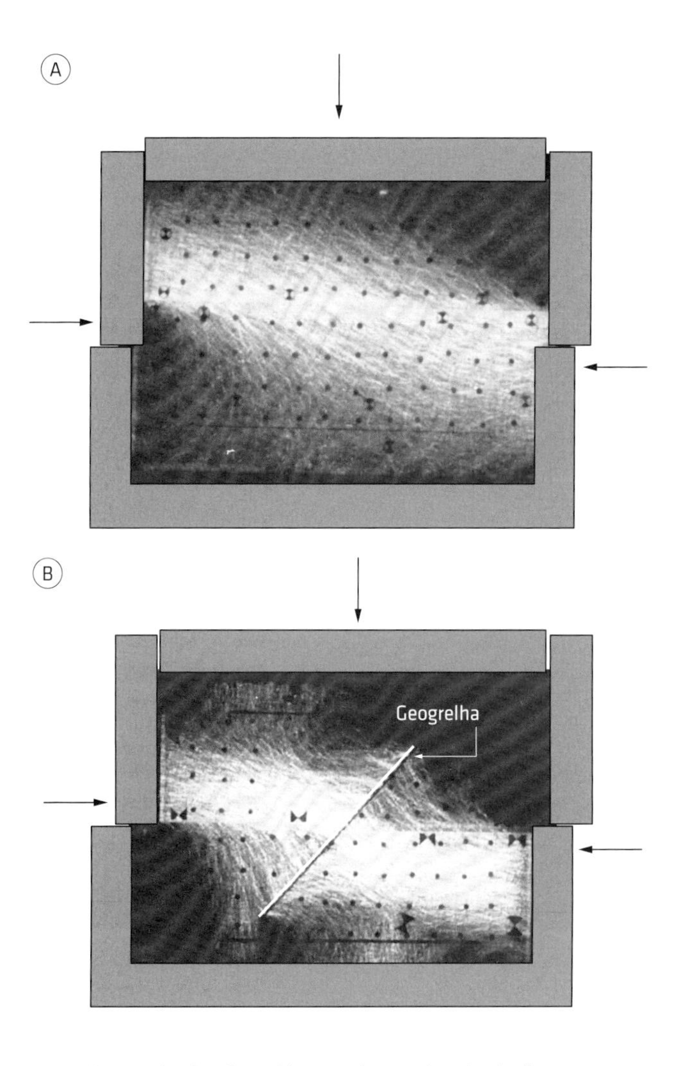

Fig. 3.60 Resultados fotoelásticos de ensaios de cisalhamento direto: (A) com geogrelha e (B) sem geogrelha
Fonte: Palmeira (2009), modificado de Dyer (1985).

Jewell (1980) variou a inclinação do reforço em relação ao plano central da caixa em ensaios de cisalhamento direto com areia e diferentes geogrelhas metálicas. O autor observou um ganho máximo de resistência ao cisalhamento da amostra para uma inclinação do reforço com a vertical em torno de 30°. Resultados semelhantes foram obtidos por Palmeira (1987) em ensaios de cisalhamento direto de grandes dimensões utilizando areia e geogrelhas poliméricas. Palmeira (1987) chamou a atenção para o fato de que este seria aproximadamente o ângulo que os reforços (horizontais) fazem com a normal ao plano de ruptura em uma estrutura de contenção em solo reforçado, caso se admita a superfície de ruptura plana dada pelo método de Rankine e um ângulo de atrito do solo (sem coesão) de 30°. Tais resultados enfatizam a vantagem de as camadas de reforço serem instaladas na horizontal, além da praticidade.

Ensaios de arrancamento

Nos ensaios de arrancamento, um trecho do geossintético enterrado é arrancado por meio da aplicação de força de tração em sua extremidade livre. A Fig. 3.61 esquematiza os arranjos comumente utilizados em ensaios em laboratório e no campo. No laboratório, são usadas caixas rígidas para o ensaio, enquanto no campo tal ensaio pode ser realizado em estruturas em solo reforçado reais ou, o que é mais comum, em aterros. Os ensaios de arrancamento são tipicamente empregados para geotêxteis, geogrelhas e alguns geocompostos em aplicações de reforço de solos. O procedimento de ensaio é normatizado pela ASTM D6706.

Em face das dimensões típicas de reforços geossintéticos, particularmente de algumas geogrelhas, os equipamentos para ensaios de arrancamento de laboratório devem possuir grandes dimensões, e não são raros equipamentos capazes de acomodar amostras de solo com volumes superiores a 1 m³. Podem ser encontrados na literatura vários trabalhos em que equipamentos de grande porte foram utilizados (Palmeira, 1987; Lopes; Ladeira, 1996; Sugimoto; Alagiyawanna; Kadoguchi, 2001; Sieira, 2003; Teixeira, 2003; Palmeira, 2009). As condições de fronteira podem interferir de forma significativa nos resultados obtidos no ensaio, em especial as condições da face frontal do equipamento. Palmeira (1987) mostrou que a rugosidade da face frontal interna de caixas de ensaio pode aumentar significativamente a força de arrancamento medida, em razão de as tensões de cisalhamento desenvolvidas nessa face provocarem aumento de tensão normal sobre o geossintético. De modo a minimizar tal efeito, bem como outros mecanismos de atrito indesejados nas outras faces internas do equipamento, podem ser empregados sistemas de redução de atrito com a utilização de camadas de filmes plásticos e óleo, como esquematizado na Fig. 3.62A. Outras alternativas são a utilização de luvas, que afastam a região efetivamente ensaiada da face frontal (Fig. 3.62B), ou ensaios com dispositivos

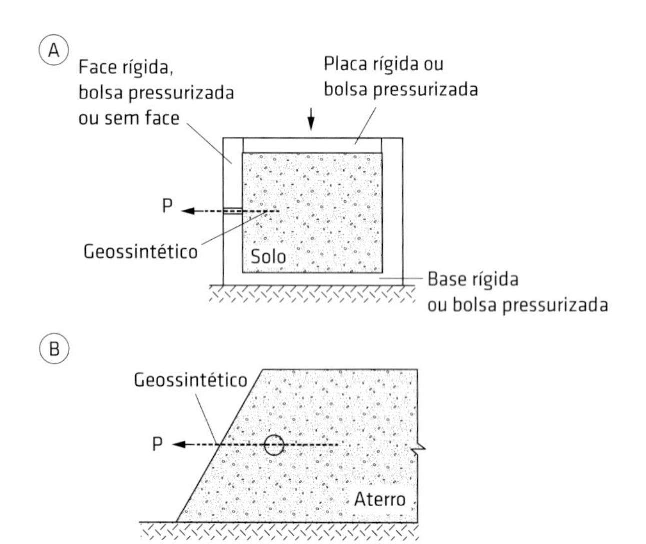

Fig. 3.61 Esquemas típicos de ensaios de arrancamento: (A) em laboratório e (B) no campo

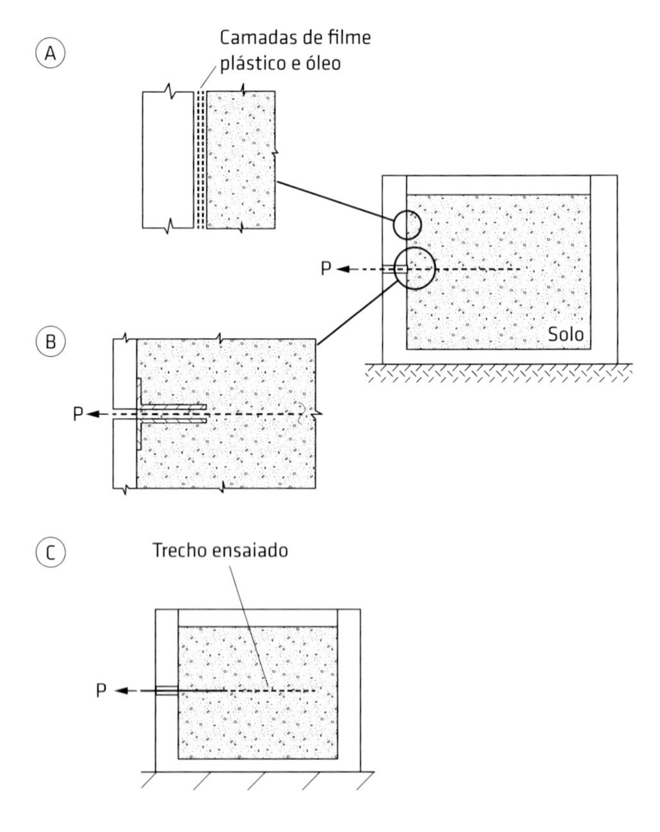

Fig. 3.62 Mecanismos de redução do atrito na face frontal de caixas de arrancamento: (A) lubrificação da face frontal com camadas de filmes plásticos e óleo; (B) uso de luvas; (C) tubos para separação entre o solo e o trecho inicial do reforço tipo geogrelha

internos de separação entre o solo e o trecho inicial do reforço geossintético (Fig. 3.62C). Palmeira (2009) discute a influência das condições de fronteira em resultados de ensaios de arrancamento.

As condições das fronteiras superior e inferior da caixa de arrancamento também podem influenciar os resultados obtidos, motivo pelo qual não se recomenda o uso de caixas de pequenas dimensões ou sistemas em que o comprimento do trecho ensaiado seja muito superior à altura da caixa de ensaios. Ensaios em laboratório (Palmeira, 1987, 2009) e análises numéricas (Dias, 2004) evidenciam a influência das fronteiras nos resultados dos ensaios. Por essa razão, é recomendável o emprego de equipamentos de grandes dimensões para a realização de ensaios de arrancamento.

No caso de ensaios de campo, deve-se atentar para o nível de tensões utilizado no ensaio e sua representatividade para a situação real na obra. É comum a adoção de baixas tensões normais em ensaios de campo, usualmente somente aquelas decorrentes do peso próprio da massa de solo acima do nível do reforço. Tal fato deve ser convenientemente considerado na interpretação dos resultados obtidos. A ausência de uma face frontal nos ensaios em aterros (Fig. 3.61B) pode ser outro fator complicador para a interpretação dos resultados.

Para uma dada tensão normal atuante sobre a camada de reforço, o ângulo de atrito entre solos não coesivos e geossintético obtido em um ensaio de arrancamento é dado por:

$$\phi_{sg} = \tan^{-1}\left(\frac{P}{2A\sigma_n}\right) \quad \textbf{(3.22)}$$

em que Φ_{sg} é o ângulo de atrito entre o solo e o geossintético; P, a carga de arrancamento aplicada na extremidade do geossintético; A, a área enterrada do geossintético efetivamente em contato com o solo; e σ_n, a tensão normal atuante sobre o geossintético.

No caso de solos coesivos, a realização de ensaios de arrancamento sob diferentes valores de tensões normais permite também determinar a adesão entre solo e geossintético e a envoltória de resistência entre solo e geossintético, de forma semelhante ao realizado em ensaios de cisalhamento direto.

É importante enfatizar que a rigidez à tração do reforço e o valor da tensão normal podem influenciar os resultados de ensaios de arrancamento. Como comentado para o ensaio de cisalhamento direto, um processo de ruptura progressiva ocorrerá em reforços extensíveis, de modo que somente parte do geossintético seja efetivamente tracionado, como esquematizado na Fig. 3.63. Nesse caso,

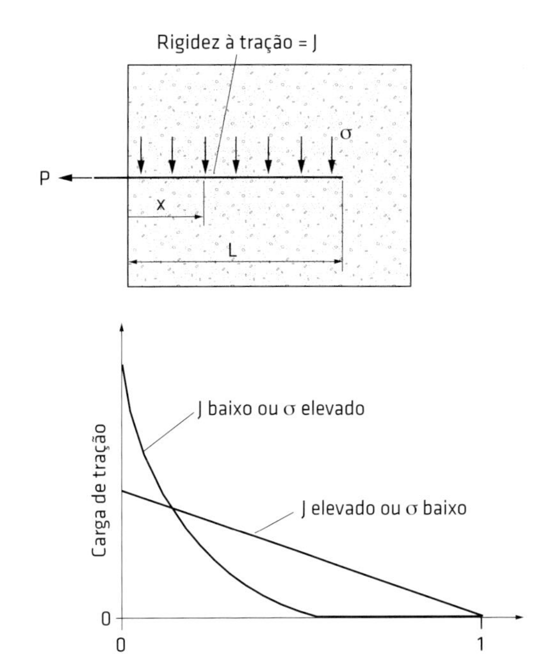

Fig. 3.63 Influência da rigidez à tração ou da tensão normal na carga de tração ao longo do comprimento do geossintético em ensaios de arrancamento

o resultado obtido pela Eq. 3.22 levaria em conta uma parcela da área (A) do reforço que efetivamente não foi tracionada. Por essa razão, são recomendadas medidas internas do mecanismo de deformação ao longo do comprimento do geossintético, com a utilização de extensômetros elétricos ou *tell-tales*.

A Eq. 3.22 é aplicável de forma mais correta a geossintéticos contínuos (geotêxteis e geomembranas). Já no caso de geogrelhas, o valor de Φ_{sg} fornecido por essa equação é um valor aparente de ângulo de atrito, pois, nesse caso, do ponto de vista de quantificação da aderência entre solo e reforço, está se admitindo que a geogrelha se comporte como um elemento contínuo equivalente. Entretanto, dependendo das dimensões e da forma geométrica da grelha, o mecanismo de resistência passiva de seus membros transversais pode desempenhar papel fundamental no valor da resistência ao arrancamento, como esquematizado na Fig. 3.64. A fração de área sólida, em relação à área total da grelha em planta, e suas condições de rugosidade também influenciam os resultados obtidos.

O valor máximo esperado de Φ_{sg} para um geossintético contínuo (geotêxtil, por exemplo) dado pela Eq. 3.22 é o ângulo de atrito do solo sob o mesmo nível de tensões, uma vez que, se a aderência entre solo e geossintético for maior que a resistência ao cisalhamento do solo, o mecanismo de ruptura se desenvolverá na massa de solo. Isso implica que o valor máximo esperado para o fator de eficiência E_Φ (Eq. 3.20) é igual a 1. Entretanto, valores de E_Φ maiores que 1 podem ser encontrados em ensaios de arrancamento de

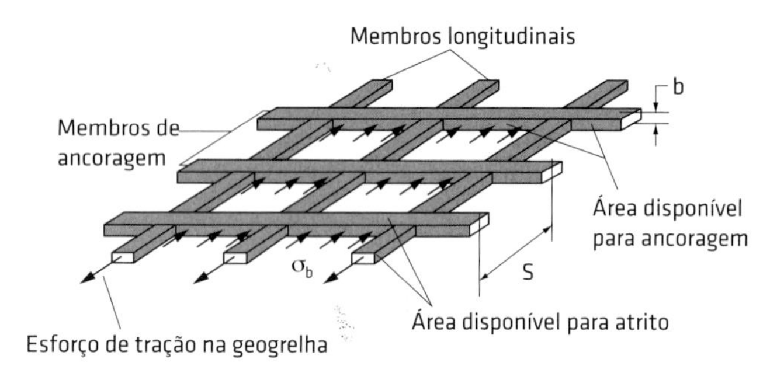

Fig. 3.64 Fatores geométricos intervenientes na resistência ao arrancamento de geogrelhas
Fonte: Palmeira (1998a).

geogrelhas sob condições particulares. Isso pode ocorrer em geogrelhas curtas submetidas ao arrancamento. No caso de grelhas curtas, a predominância da resistência passiva pode influenciar sobremaneira o valor do ângulo de atrito equivalente (Φ_{sg}) entre a grelha e o solo circundante. Outra razão para valores de E_Φ acima de 1 serem encontrados é que ensaios de arrancamento são costumeiramente realizados a baixas tensões normais (em geral, inferiores a 100 kPa), uma vez que, se a aderência entre grelha e solo for elevada, pode-se romper a grelha por tração em vez de ao longo de seu trecho ancorado. Assim, o valor do ângulo de atrito do solo a ser utilizado na Eq. 3.20 deve ser obtido sob o mesmo nível de tensões usado no ensaio de arrancamento, particularmente no caso de ensaios em solos arenosos densos. Outro mecanismo que pode provocar valores de E_Φ superiores a 1 é a concentração de tensões normais sobre os membros da grelha, se estes são mais rígidos que o solo. Nesse caso, localmente as tensões verticais atuantes sobre os membros da grelha podem ser maiores que a tensão vertical devido ao peso de solo sobre a grelha e de sobrecargas superficiais, que tipicamente são admitidas como uniformemente distribuídas durante o ensaio. Embora E_Φ possa ser maior que 1 para as condições discutidas, é recomendável limitar tal valor à unidade na prática.

Outro aspecto a considerar na interação solo-geogrelha é a interferência entre seus membros transversais (Dyer, 1985; Palmeira, 1987; Palmeira; Milligan, 1989b; Palmeira, 2004a). Tais membros podem ser considerados placas ancoradas equidistantes. Dependendo da proximidade entre eles (espaçamento S na Fig. 3.64), a interferência entre os campos de tensões individuais pode influenciar o comportamento e a carga passiva em cada membro, de forma semelhante ao efeito de grupo em fundações. Tal efeito afeta o valor da carga de arrancamento. A Fig. 3.65 apresenta resultados de ensaios fotoelásticos que evidenciam a interferência entre membros de ancoragem de geogrelhas de elevada rigidez à tração e a distribuição

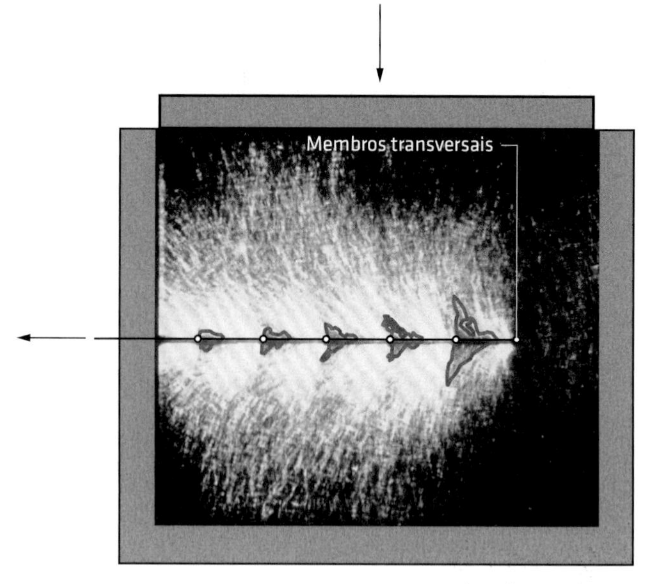

Fig. 3.65 Distribuição de tensões em um ensaio de arrancamento de geogrelha metálica
Fonte: modificado de Dyer (1985).

não uniforme de cargas (trechos de maior luminosidade) entre eles. A intensidade de interferência entre membros de ancoragem depende da forma geométrica e das dimensões da grelha, do tipo de solo, da forma e das dimensões dos grãos de solo em relação à dimensão do membro de ancoragem, do comprimento da grelha, de sua rigidez e do nível de tensões. Assim, dependendo do grau de interferência entre membros de ancoragem, a resistência por ancoragem de uma geogrelha e, consequentemente, o valor de Φ_{sg} dado pela Eq. 3.22 poderão ser dependentes de seu comprimento.

Em ensaios de arrancamento em grelhas metálicas com comprimento máximo de 500 mm em areia uniforme densa, Palmeira (1987) observou que os membros de ancoragem se comportaram como se estivessem infinitamente distantes entre si somente para razões S/b (Fig. 3.64) superiores a 40. Para valores de $S/b \geq 40$, a interferência entre campos de tensões de membros transversais foi desprezível.

Ensaios de plano inclinado (ou de rampa)

No ensaio de plano inclinado, também conhecido como ensaio de rampa, uma caixa contendo o solo é colocada sobre uma superfície na qual a camada de geossintético é fixada – ver, por exemplo, Lalarakotoson, Villard e Gourc (1999), Lopes, Lopes e Lopes (2001), Wasti e Özdüzgün (2001) e Palmeira, Lima Júnior e Mello (2002). Provoca-se a ruptura ao longo da interface solo-geossintético pelo aumento contínuo da inclinação da superfície em relação à horizontal, conforme esquematiza a Fig. 3.66A. Um equipamento desse tipo desenvolvido na UnB, de grandes dimensões, pode ser visto na Fig. 3.66B. Ensaios semelhantes podem ser realizados para a medição da aderência entre diferentes tipos de geossintético (entre geotêxteis e geomembranas, por exemplo). O ensaio de plano inclinado é normatizado pela NBR ISO 12957-2.

O mecanismo de ruptura da interface solo-geossintético ou geossintético-geossintético é semelhante ao observado em ensaios de cisalhamento direto. A vantagem do ensaio de plano inclinado em relação a estes é que podem ser realizados ensaios a baixos níveis de tensões normais, o que é difícil ou impraticável em equipamentos convencionais de cisalhamento direto. A realização de ensaios de cisalhamento direto a tensões normais muito baixas pode superestimar os parâmetros de resistência de interface obtidos, como verificado por Girard, Fisher e Alonso (1990), Giroud et al. (1990b) e Gourc et al. (1996), por exemplo. Assim, o ensaio de plano inclinado é particularmente interessante para a simulação de sistemas de cobertura de áreas de disposição de resíduos ou proteção de taludes, como esquematizado na Fig. 3.67. Em tais situações, mais de um tipo de geossintético pode estar presente, sob camada de solo de cobertura com baixa espessura, o que pode gerar tensões normais sobre as interfaces inferiores a 10 kPa. Além disso, diferentes tipos de geossintético podem estar em contato, e a interface crítica para a estabilidade do conjunto pode ser uma das interfaces geossintético-geossintético (geotêxtil-geomembrana, como esquematizado na Fig. 3.67, por exemplo). O ensaio de plano inclinado também permite ensaiar tais interfaces.

No caso de ensaios com solos não coesivos, o ângulo de inclinação da rampa com a horizontal no instante da ruptura é o ângulo de atrito na interface ensaiada. Para materiais coesivos, o nível de tensões sobre a interface pode ser variado por meio da aplicação de sobrecargas na superfície da camada de solo (Fig. 3.66B). Isso possibilita obter a envoltória de resistência da interface e, consequentemente, o ângulo de atrito e a adesão na interface.

Para caixas de ensaios com as dimensões usuais (menores que 50 cm), as tensões na interface não se dis-

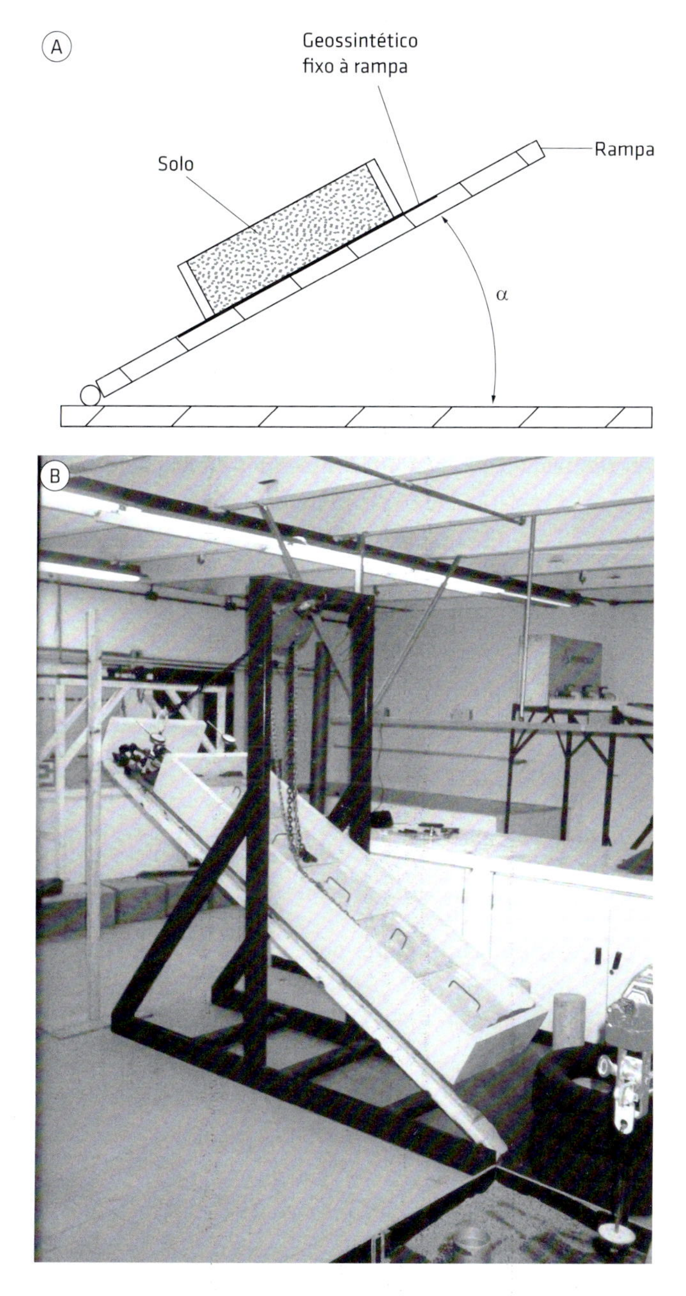

Fig. 3.66 (A) Ensaio de plano inclinado e (B) equipamento de ensaio de grande porte
Foto: Lima Júnior (2000).

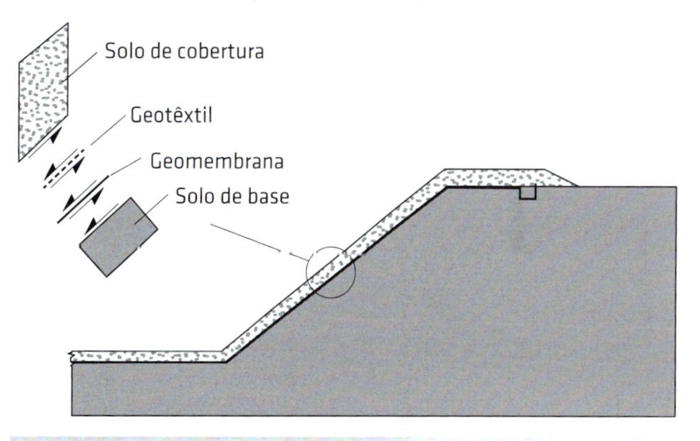

Fig. 3.67 Interação entre diferentes materiais em sistemas de cobertura de áreas de disposição de resíduos

tribuem de forma uniforme, podendo tal distribuição ser satisfatoriamente aproximada a uma forma trapezoidal (Mello, 2001; Palmeira; Lima Júnior; Mello, 2002; Palmeira, 2009). Uma maior uniformidade da distribuição de tensões normais ao longo da interface pode ser conseguida utilizando amostras de solo com relações comprimento/altura elevadas ou com suas faces laterais inclinadas em relação à direção normal à rampa de um ângulo igual ao ângulo esperado para a ocorrência do deslizamento (Gourc et al., 1996). Esta última solução, embora seja a ideal, tem como limitação prática o fato de, em geral, não se conhecer *a priori* a inclinação da rampa que provoca a ruptura da interface.

O equipamento pode ser mais sofisticado, de forma a permitir o ensaio de mais de uma camada de geossintético, a presença de camada de reforço no interior do solo de cobertura ou a medida da carga de tração mobilizada na camada de geossintético (Palmeira; Lima Júnior; Mello, 2002; Palmeira; Vianna, 2003), caso esta seja ancorada à extremidade da rampa que é elevada (Fig. 3.66B). A Fig. 3.68 apresenta resultados típicos de ensaios de plano inclinado sob tais condições. Nesse caso, o solo dentro da caixa foi uma argila, enquanto o geossintético foi uma geomembrana lisa de polietileno de alta densidade.

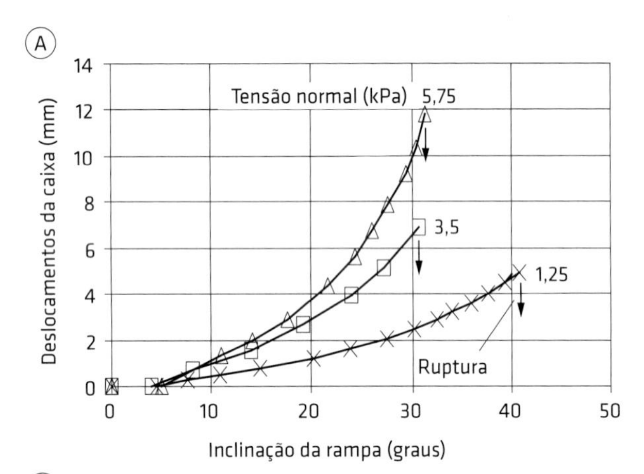

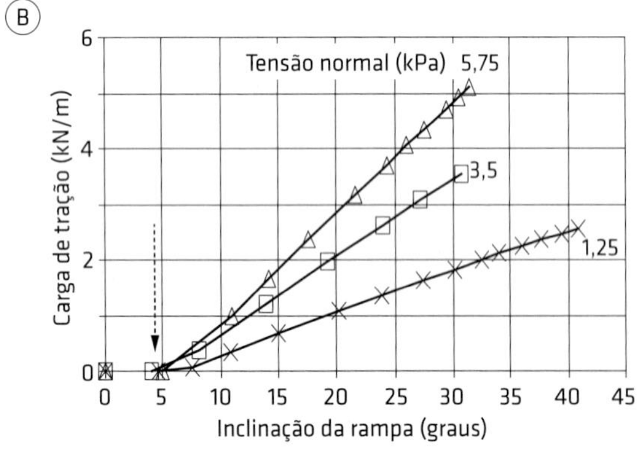

Fig. 3.68 Resultado de ensaio de plano inclinado de grandes dimensões: (A) deslocamento da caixa *versus* inclinação e (B) carga na geomembrana *versus* inclinação
Fonte: Palmeira, Lima Júnior e Mello (2002).

Como em ensaios apresentados anteriormente, mecanismos de ruptura progressiva podem também ocorrer em interfaces em ensaios de plano inclinado (Mello, 2001; Palmeira; Lima Júnior; Mello, 2002; Palmeira, 2009). Tal como nos casos anteriores, a intensidade desse mecanismo será função da rigidez à tração do reforço e da tensão normal atuante na interface.

3.3.4 Implicações e dados relativos a propriedades mecânicas de geossintéticos para análises preliminares

Fatores de redução para propriedades mecânicas

Fatores de redução devem ser empregados na definição de valores de resistências mecânicas de projeto, particularmente em obras de reforço de solos. Como visto anteriormente, a resistência de referência (T_{ref}) de um geossintético é determinada por meio de ensaios de fluência e garante que o geossintético não romperá por fluência no intervalo de tempo utilizado para a determinação de T_{ref} (vida útil da obra). Entretanto, fatores como dano mecânico, danos decorrentes de ação do ambiente (bactérias, fungos, ataques por substâncias químicas etc.) e incertezas em relação ao comportamento mecânico do material fazem com que a resistência de referência deva ser reduzida para levar em conta esses efeitos deletérios. Assim, a resistência à tração de um geossintético a ser utilizada em dimensionamentos pode ser expressa por:

$$T_{disp} = \frac{T_{ref}}{FR_{dm} FR_{amb} FR_{mat}} \quad (3.23)$$

em que T_{disp} é a resistência à tração disponível do geossintético; T_{ref}, a resistência de referência do geossintético; FR_{dm}, o fator de redução para dano mecânico; FR_{amb}, o fator de redução para mecanismos de degradação decorrentes do ambiente onde o geossintético se encontra; e FR_{mat}, o fator de redução para levar em conta incertezas em relação ao produto utilizado.

Deve-se aplicar um fator de segurança à resistência à tração disponível. Assim, a resistência à tração de dimensionamento do geossintético seria dada por:

$$T_d = \frac{T_{disp}}{FS} \quad (3.24)$$

em que T_d é a resistência à tração de dimensionamento e FS é o fator de segurança considerado.

A prática norte-americana para estruturas de contenção em solo reforçado com geossintéticos recomenta FS entre 1,25 e 1,50 (Bathurst, 2016).

Alguns produtos geossintéticos podem não dispor de resultados de ensaios de fluência satisfatórios. Nesses casos, especial cuidado deve ser tomado na utilização de tais geossintéticos em obras onde o mecanismo de fluência possa ser importante. Nessas condições, é usual que o valor de T_{ref} seja estimado por:

$$T_{ref} = \frac{T_{max}}{FR_{fl}} \quad (3.25)$$

em que T_{max} é a resistência à tração obtida em ensaio que melhor represente as condições de carregamento a que o geossintético será submetido na obra, sendo que, em obras sob condições de deformação plana, é prática corrente utilizar o resultado do ensaio de tração de faixa larga; e FR_{fl} é o fator de redução para fluência do reforço geossintético.

A Tab. 3.6 sumaria algumas recomendações de valores de FR_{fl} a serem utilizados na Eq. 3.25 na falta de resultados de ensaios de fluência. Nota-se que, quanto mais sensível o polímero constituinte do geossintético for em relação à fluência, maior deve ser o valor de FR_{fl}.

Tab. 3.6 VALORES MÍNIMOS DE FR_{fl} PARA GEOSSINTÉTICOS NA AUSÊNCIA DE RESULTADOS DE ENSAIOS DE FLUÊNCIA

Referência	Valores mínimos de FR_{fl}			
	Poliéster	Poliamida	Polipropileno	Polietileno
Task Force #27 (1991)	2,5	2,9	5,0	5,0
Koerner (1998)	2,0 a 2,5	2,0 a 2,5	3,0 a 4,0	3,0 a 4,0
Den Hoedt (1986)	2,0	2,5	4,0	4,0
Lawson (1986a)	1,5 a 2,5	1,5 a 2,5	2,5 a 5,0	2,5 a 5,0

O valor de FR_{dm} visa reduzir a resistência do material de modo a incorporar as consequências decorrentes de danos mecânicos, tais como furos e rasgos. Os valores de FR_{dm} a serem usados dependem das características do projeto, do tipo e das características do geossintético e do solo onde este estará enterrado. A Tab. 3.7 apresenta valores mínimos sugeridos desse fator de redução para reforços geotêxteis não tecidos.

Voskamp e Risseeuw (1987) sugerem valores de FR_{dm} para geotêxteis tecidos à base de poliéster iguais a 1,35, quando em contato com pedregulhos angulares, e 1,17, quando em contato com areia. A Tab. 3.8 exibe sugestões de Jewell e Greenwood (1988) para esse fator de redução para geotêxteis tecidos à base de poliéster.

Tab. 3.8 VALORES MÍNIMOS TÍPICOS DE FR_{dm} PARA GEOTÊXTEIS TECIDOS À BASE DE POLIÉSTER

Tipo de aterro	FR_{dm}
Pedras	1,40
Pedregulhos	1,35
Areias	1,17

Fonte: Jewell e Greenwood (1988).

O mecanismo de dano mecânico de geogrelhas é bastante complexo, em decorrência da natureza tridimensional e variabilidade da estrutura e da forma de fabricação desse tipo de geossintético. A Tab. 3.9 apresenta valores típicos de FR_{dm} para reforços em geogrelhas.

Tab. 3.9 VALORES TÍPICOS DE FR_{dm} PARA GEOGRELHAS

Tipo de aterro	D_{max} (mm)(1)	FR_{dm}	
		$T_{max} \leq 50$ kN/m(2)	$T_{max} > 50$ kN/m
Pedras	< 200	1,20-1,70	1,10-1,50
Pedregulhos	< 100	1,15-1,50	1,15-1,25
Areias	< 2	1,10-1,25	1,05-1,20
Argilas	< 0,06	1,05-1,15	1,05-1,10

Notas: (1) D_{max} = diâmetro máximo de grãos de aterros bem graduados; (2) T_{max} = resistência à tração da geogrelha.
Fonte: Palmeira (2004a).

A Tab. 3.10 mostra faixas de valores de FR_{dm} compilados na literatura por Azambuja (1994) para diferentes tipos de geossintético. Nesses casos, os valores de fatores de redução dependem da capacidade de sobrevivência do geossintético e do nível de severidade do meio.

O fator de redução (FR_{amb}) para levar em conta a agressividade do ambiente onde o geossintético se encontra

Tab. 3.7 VALORES MÍNIMOS TÍPICOS DE FR_{dm} PARA GEOTÊXTEIS NÃO TECIDOS

Tipo de aterro	D_{max} (mm)(1)	Valores mínimos de FR_{dm}		
		$140 < M_A \leq 200$ (g/m²)(2)	$200 < M_A \leq 400$ (g/m²)	$400 < M_A \leq 600$ (g/m²)
Pedras	< 200	1,50	1,45	1,40
Pedregulhos	< 100	1,35	1,30	1,25
Areias	< 4	1,30	1,25	1,20
Siltes e argilas	< 0,06	1,20	1,15	1,10

Notas: (1) D_{max} = diâmetro máximo dos grãos; (2) M_A = gramatura do geotêxtil não tecido.
Fonte: Palmeira (2004a).

Tab. 3.10 VALORES DE FR_{dm} EM FUNÇÃO DA SEVERIDADE DO MEIO E DA CAPACIDADE DE SOBREVIVÊNCIA DO GEOSSINTÉTICO

Tipo de geossintético	Capacidade de sobrevivência	Severidade do meio			
		Baixa	Moderada	Alta	Muito alta
Geotêxtil tecido de polipropileno	Baixa	1,30-1,45	1,40- 2,00	NR[1]	NR
	Moderada	1,20-1,35	1,30- 1,80	NR	NR
	Alta	1,10-1,30	1,20- 1,70	1,60-NR	NR
Tecido de poliéster	Alta	1,10-1,40	1,20- 1,70	1,50-NR	NR
Geotêxtil não tecido de poliéster	Baixa	1,15-1,40	1,25-1,70	NR	NR
	Moderada	1,10-1,40	1,20-1,50	NR	NR
	Alta	1,05-1,20	1,10-1,40	1,35-1,85	NR
Geogrelha flexível com revestimento de acrílico	Moderada	1,10-1,20	1,20-1,40	NR	NR
	Alta	1,10-1,15	1,20-1,40	1,50-NR	NR
Geogrelha flexível com revestimento de PVC	Moderada	1,05-1,15	1,15-1,30	1,40-1,60	NR
	Alta	1,05-1,15	1,15-1,30	1,40-1,60	1,50-2,00
Geogrelha rígida de polipropileno	Moderada	1,05-1,15	1,05-1,20	1,30-1,45	NR
Geogrelha rígida de polietileno	Moderada	1,05-1,15	1,10-1,40	1,20-1,50	1,30-1,60
	Alta	1,04-1,10	1,05-1,20	1,15-1,45	1,30-1,50

Nota: (1) NR = não recomendável.
Fonte: modificado de Azambuja (1994).

depende da natureza e características do ambiente e do tipo e características do geossintético. Alguns autores exprimem esse fator como o resultante do produto de fatores específicos individuais devidos a ataques por substâncias químicas (FR_{dq}) e por agentes biológicos (FR_{db}) presentes no solo. A Tab. 3.11 apresenta sugestões de Voskamp e Risseeuw (1987) para valores de FR_{dq} para geotêxteis de poliéster em função do pH do solo. Para esse tipo de geotêxtil, os mesmos autores sugerem um valor de FR_{db} igual a 1,02. O valor mínimo de FR_{amb} usualmente adotado é 1,1.

Tab. 3.11 VALORES DE FR_{dq} PARA GEOTÊXTEIS DE POLIÉSTER

pH do solo	FR_{dq}
5	1,05
5 a 8	1,00
9	1,12

Fonte: Voskamp e Risseeuw (1987).

Incertezas em relação a propriedades mecânicas de determinado produto geossintético a serem utilizadas em projeto podem surgir em decorrência da variabilidade de propriedades físicas, de dispersões de resultados de ensaios (fluência, tração etc.) ou pela necessidade de extrapolação de dados de ensaios para a estimativa do valor de T_{ref}, T_{max} ou outras grandezas mecânicas relevantes. Nesses casos, deve-se também utilizar um fator de redução (FR_{mat}) que leve em conta tais incertezas. O valor de FR_{mat} a ser empregado depende de aspectos como tipo e características do geossintético, qualidade do produto, experiências pregressas com ele, dispersão de resultados de ensaios, extensão da extrapolação de resultados (para a obtenção de T_{ref} em ensaios de fluência, por exemplo), características do projeto, entre outros. Um valor mínimo típico de FR_{mat} é 1,1 (Palmeira, 2004b). No caso de extrapolações de resultados de ensaios de fluência com durações menores que a vida útil prevista para a obra (obras de responsabilidade ou sob condições críticas ou severas), Jewell e Greenwood (1988) sugerem os valores de FR_{mat} apresentados na Tab. 3.12, em função do número de ciclos de $\log_{10}$ extrapolados além da duração do ensaio de fluência.

A Tab. 3.13 exibe valores de fatores de redução para os diversos mecanismos deletérios a serem aplicados a geotêxteis, em função do tipo de obra. Nessa abordagem, tenta-se embutir nos valores de fatores de redução as condições típicas de solicitações encontradas nas obras listadas na tabela.

Estimativas de aderência entre solo e geossintético

A aderência entre solo e geossintético pode ser de fundamental importância para o desempenho de algumas obras geotécnicas, particularmente aquelas em que o elemento geossintético é utilizado como reforço. A melhor maneira de quantificar a aderência entre um solo e um geossintético é por meio da realização de ensaios, como os descritos neste capítulo. A resistência por aderência na interface solo-geossintético pode ser expressa por:

$$\tau_{sr} = a_{sr} + \sigma \tan\phi_{sr} \quad (3.26)$$

Tab. 3.12 VALORES DE FR_{mat} SUGERIDOS EM FUNÇÃO DO NÍVEL DE EXTRAPOLAÇÃO DE RESULTADOS DE ENSAIOS DE FLUÊNCIA

Condição	Sem extrapolação	Extrapolação de 1 ciclo $\log_{10}$ (fator de 10)	Extrapolação de 1,5 ciclo $\log_{10}$ (fator de 30)	Extrapolação de 2 ciclos $\log_{10}$ (fator de 100)
Suportado por resultados de ensaios de fluência acelerada	1,3	1,5	1,8	2,2
Não suportado por resultados de ensaios de fluência acelerada	-	2,0	Inadmissível	Inadmissível

Fonte: Jewell e Greenwood (1988).

Tab. 3.13 FATORES DE REDUÇÃO PARA GEOTÊXTEIS EM FUNÇÃO DO TIPO DE APLICAÇÃO

Aplicação	Faixas de variação de fatores de redução			
	FR_{dm}	FR_{fl}	FR_{dq}	FR_{db}
Separação	1,1-2,5	1,5-2,5	1,0-1,5	1,0-1,2
Colchão	1,1-2,0	1,2-1,5	1,0-2,0	1,0-1,2
Estradas não pavimentadas	1,1-2,0	1,5-2,5	1,0-1,5	1,0-1,2
Muros	1,1-2,0	2,0-4,0	1,0-1,5	1,0-1,3
Aterros	1,1-2,0	2,0-3,5	1,0-1,5	1,0-1,3
Capacidade de carga	1,1-2,0	2,0-4,0	1,0-1,5	1,0-1,3
Estabilização de taludes	1,1-1,5	2,0-3,0	1,0-1,5	1,0-1,3
Recapeamento de pavimentos	1,1-1,5	1,0-2,0	1,0-1,5	1,0-1,1
Ferrovias (filtro/separação)	1,5-3,0	1,0-1,5	1,5-2,0	1,0-1,2
Formas flexíveis	1,1-1,5	1,5-3,0	1,0-1,5	1,0-1,1
Barreiras de sedimentos	1,1-1,5	1,5-2,5	1,0-1,5	1,0-1,1

Fonte: Koerner (1998).

com

$$\phi_{sr} = \tan^{-1}(E_{\phi} \tan\phi) \tag{3.27}$$

e

$$a_{sr} = E_c c \tag{3.28}$$

em que τ_{sr} é a resistência por aderência na interface solo-geossintético; a_{sr}, a adesão entre solo e geossintético; σ, a tensão normal no plano do geossintético; ϕ_{sr}, o ângulo de atrito entre solo e geossintético; E_{ϕ} e E_c, as eficiências de aderência em termos de atrito e coesão, respectivamente; ϕ, o ângulo de atrito do solo; e c, a coesão do solo.

Quanto a geossintéticos planos e contínuos (geotêxteis e geomembranas), a Tab. 3.14 apresenta valores típicos de E_{ϕ} e E_c obtidos em ensaios de cisalhamento direto. Tais valores dependem sobremaneira do tipo de solo e das condições de rugosidade superficial do geossintético, podendo depender também das condições de fronteira do ensaio. No caso de interfaces areia-geotêxteis não tecidos agulhados, os valores de E_{ϕ} podem variar tipicamente entre 0,85 e 1, enquanto para interfaces areias-geotêxteis tecidos o valor de E_{ϕ} comumente varia entre 0,7 e 0,95, embora valores menores possam ser observados dependendo do nível de aspereza da superfície do geotêxtil e da granulometria e forma dos grãos da areia.

Tab. 3.14 FAIXAS DE VARIAÇÃO TÍPICAS DE E_{ϕ} E E_c PARA GEOSSINTÉTICOS PLANOS E CONTÍNUOS

Geossintético	Solo	E_{ϕ} (1)	E_c (1)
Geotêxtil não tecido	Solos arenosos	0,7-1	0
	Solos finos (2)	0,7-1	0,1-0,4
Geotêxtil tecido	Solos arenosos	0,55-1	0
	Solos finos (2)	0,5-1	0,1-0,4
Geomembrana	Solos arenosos	0,5-0,9	0
	Solos finos (2)	0,3-0,9	0,1-0,4
Geocomposto argiloso seco (3)	Areia	0,78 (2)	-
Geocomposto argiloso hidratado (3)		0,44 (2)	-

Notas: (1) os resultados da tabela são apenas indicativos ou foram obtidos sob condições específicas, não substituindo a necessidade e a importância da realização de ensaios de resistência de interface; (2) condições drenadas de cisalhamento; (3) resultado de ensaio de plano inclinado de grandes dimensões (Viana, 2003) – geocomposto com superfície em geotêxtil não tecido agulhado.
Fonte: Tupa e Palmeira (1995) e Viana (2003).

Os valores de E_c são bastante sensíveis ao teor de umidade de solos finos e, em razão da possibilidade de variações significativas desse teor ao longo da vida útil de obras geotécnicas, a parcela adesiva da resistência por aderência entre solo e geossintético é comumente desprezada.

Em alguns tipos de obra, as superfícies de geossintéticos distintos podem ou não estar em contato direto –

por exemplo, quando um geotêxtil é utilizado sobre uma geomembrana para a proteção desta contra danos mecânicos. Nessas situações, pode ser também necessária a determinação de ângulos de atrito (ϕ_{GG}) entre superfícies de diferentes tipos de geossintético. A Tab. 3.15 sumaria algumas faixas de variação desses ângulos coletados na literatura para diferentes geossintéticos e obtidos em ensaios de cisalhamento direto ou de plano inclinado (rampa). A aderência entre superfícies de geossintéticos depende do tipo de geossintético, do processo de manufatura, do tipo de polímero e da rugosidade da superfície. Pode-se observar a grande faixa de variação de valores, o que enfatiza a necessidade de realizar ensaios.

No caso de geogrelhas, há que identificar o mecanismo de interação predominante com o solo envolvente. No caso de deslizamento do solo sobre a grelha (Fig. 3.58), uma parcela de atrito se desenvolve entre o solo e a superfície da grelha e outra entre o solo e os grãos do mesmo solo confinados entre membros transversais (de ancoragem) da grelha. Nesse caso, pode-se escrever que:

$$E_{\phi} = \frac{\tan\phi^*_{sr}}{\tan\phi} = 1 + \alpha_s\left(\frac{\tan\delta}{\tan\phi} - 1\right) \quad \textbf{(3.29)}$$

em que ϕ^*_{sr} é o ângulo de atrito equivalente entre solo e grelha para deslizamento direto do solo sobre a grelha; ϕ, o ângulo de atrito do solo; α_s, a fração da área em planta da grelha ocupada por seus membros (fração de área sólida em planta); e δ, o ângulo de atrito de pele entre o solo e os membros transversais e longitudinais da grelha. Note-se que a Eq. 3.29 não leva em conta possíveis alterações de tensões normais sobre os membros da grelha, em relação à tensão vertical geostática, devido às diferenças de rigidez entre solo e grelha.

No caso de a grelha estar sendo arrancada do terreno, Jewell et al. (1984) propõem que a parcela de resistência passiva proporcionada pelos membros transversais da grelha pode ser expressa por:

$$E_{\phi p} = \frac{\tan\phi^*_{sr}}{\tan\phi'} = \left(\frac{\alpha_b b}{s_g}\right)\left(\frac{\sigma'_b}{\sigma'_v}\right)\left(\frac{1}{2\tan\phi'}\right) \quad \textbf{(3.30)}$$

em que $E_{\phi p}$ é a parcela da eficiência de aderência solo-geogrelha decorrente da resistência passiva somente; α_b, a fração da área frontal dos membros transversais disponível para mobilização de resistência passiva; b, a espessura do membro transversal da grelha (Fig. 3.64); s_g, o vão entre membros transversais (= $S - a$; S é o espaçamento entre membros de ancoragem, e a, a largura do membro transversal); σ_b, a pressão passiva entre os membros transversais e o solo; e σ_v, a tensão vertical no nível de instalação da geogrelha.

Tab. 3.15 FAIXAS TÍPICAS E ALGUNS VALORES DE ÂNGULOS DE ATRITO ENTRE DIFERENTES GEOSSINTÉTICOS

Interface	$n^{(1)}$	ϕ_{GG} (°)$^{(2)}$
Geotêxtil não tecido – geomembrana de PEAD	20	6-30
Geotêxtil tecido – geomembrana de PEAD	5	6-25
Geotêxtil não tecido – geomembrana de PVC	17	13-33
Geotêxtil tecido – geomembrana de PVC	4	11-29
Geotêxtil não tecido – geomembrana de EPDM	4	16-23
Geotêxtil tecido – geomembrana de EPDM	1	16-23
Geotêxtil não tecido – geomembrana PEMBD	4	11-20
Geotêxtil não tecido(3) – geotêxtil não tecido(3, 6)	1	≅24
Geotêxtil tecido(5) – geotêxtil não tecido(3, 6)	1	≅25
Geotêxtil tecido – geomembrana PEMBD	3	10-22
Geotêxtil tecido – geomembrana lisa(5, 6)	1	≅17
Geotêxtil não tecido agulhado de poliéster(3) – manta asfáltica(4)	1	≅36
Geotêxtil não tecido agulhado de poliéster(3, 6) – geomembrana lisa	1	≅21
Superfícies de um mesmo geotêxtil não tecido agulhado de poliéster(3)	1	≅22
Superfícies de um mesmo geotêxtil tecido de polipropileno(5)	1	≅10
Geomembrana lisa – geomembrana lisa(6)	1	≅22
Geocomposto argiloso – geomembrana de PEAD lisa(7, 8)	1	≅24
Geocomposto argiloso – geomembrana de PEAD texturizada(7)	1	≅26
Geogrelha (revestimento de PVC) – geomembrana de PEAD lisa(7)	1	≅23
Georrede de polietileno – geomembrana lisa(6)	1	≅22

Notas: os resultados da tabela são apenas indicativos ou foram obtidos sob condições específicas, não substituindo a necessidade e a importância da realização de ensaios de resistência de interface; (1) n = número de resultados de ensaios disponíveis; (2) ϕ_{GG} = ângulo de atrito entre superfícies de geossintéticos; (3) geotêxtil Bidim OP-30; (4) manta asfáltica Torodin 3; (5) geotêxtil Propex P 2004; (6) ensaios de plano inclinado de grandes dimensões (Lima Júnior, 2000); (7) ensaios de plano inclinado de grandes dimensões (Viana, 2003); (8) geocomposto com geotêxtil não tecido em contato com a geomembrana.
Fonte: Tupa e Palmeira (1995).

Admitindo a hipótese de superposição de efeitos para levar em conta simultaneamente o atrito de pele e a resistência passiva para uma geogrelha submetida ao arrancamento do solo, Jewell et al. (1984) obtiveram a seguinte expressão para a eficiência total de aderência:

$$E_{\phi} = \frac{\tan\phi^*_{sr}}{\tan\phi} = \alpha_s\left(\frac{\tan\delta}{\tan\phi'}\right) + \left(\frac{\alpha_b b}{s_g}\right)\left(\frac{\sigma'_b}{\sigma'_v}\right)\left(\frac{1}{2\tan\phi'}\right) \quad \textbf{(3.31)}$$

Pode-se observar que, para reforços planos contínuos (geotêxteis), têm-se $\alpha_b = 0$ e $\alpha_s = 1$, o que resulta em $E_{\phi} = \tan\delta/\tan\phi = \tan\phi_{sr}/\tan\phi$.

A ocorrência de ruptura progressiva ao longo da interface influenciará o valor de E_{ϕ}, como comentado anteriormente. Nesse caso, a aderência solo-geogrelha será mobilizada sob diferentes magnitudes de deformações na interface ao longo do comprimento da geogrelha. A Fig. 3.69 apresenta as variações de deformações de tração em diferentes segmentos de uma geogrelha de polietileno de alta densidade durante um ensaio de arrancamento de grandes dimensões, em que se pode observar a não uniformidade das deformações ao longo do comprimento da grelha. No caso de deslizamento completo ao longo de todo o comprimento da geogrelha, o mecanismo de ruptura progressiva pode ser levado em conta reduzindo-se o ângulo de atrito do solo. Em casos extremos, é comum admitir-se o ângulo de atrito do solo como sendo igual a seu valor a volume constante ($\Phi = \Phi_{cv}$).

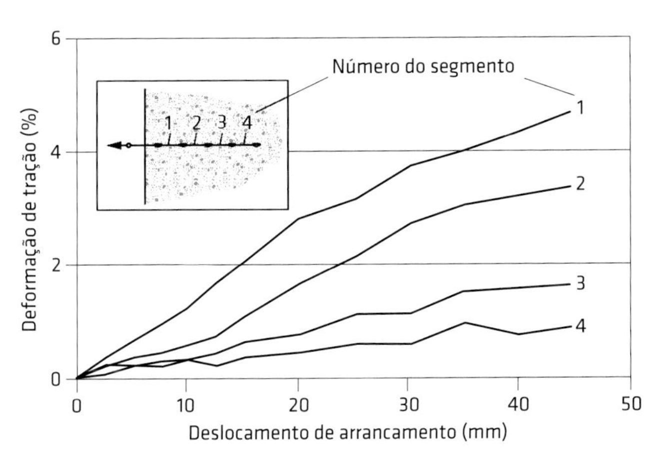

Fig. 3.69 Deformações ao longo do comprimento de uma geogrelha em um ensaio de arrancamento de grandes dimensões
Fonte: modificado de Palmeira (2004a).

Jewell et al. (1984), por meio de estudos teóricos de cargas de arrancamentos de placas enterradas, propuseram os seguintes limites inferior e superior, respectivamente, para o valor de σ'_b/σ'_v na Eq. 3.30:

$$\frac{\sigma_b}{\sigma_v} = e^{(\frac{\pi}{2}+\phi)\tan\phi}\tan(\frac{\pi}{4}+\frac{\phi}{2}) \quad (3.32)$$

$$\frac{\sigma_b}{\sigma_v} = e^{\pi\tan\phi}\tan^2(\frac{\pi}{4}+\frac{\phi}{2}) \quad (3.33)$$

em que Φ é o ângulo de atrito do solo.

O gráfico da Fig. 3.70 exibe resultados de σ'_b/σ'_v obtidos em ensaios realizados por Palmeira (1987) e coletados na literatura. Esses resultados mostram que, na maioria dos casos apresentados, a equação do limite inferior (Eq. 3.32) fornece valores conservadores para a relação σ'_b/σ'_v. A dispersão dos pontos entre as curvas de limites inferior e superior está predominantemente associada às dimensões relativas entre grãos de solo e membros transversais da grelha. A Fig. 3.71 mostra resultados de ensaios de arrancamento em membros transversais iso-

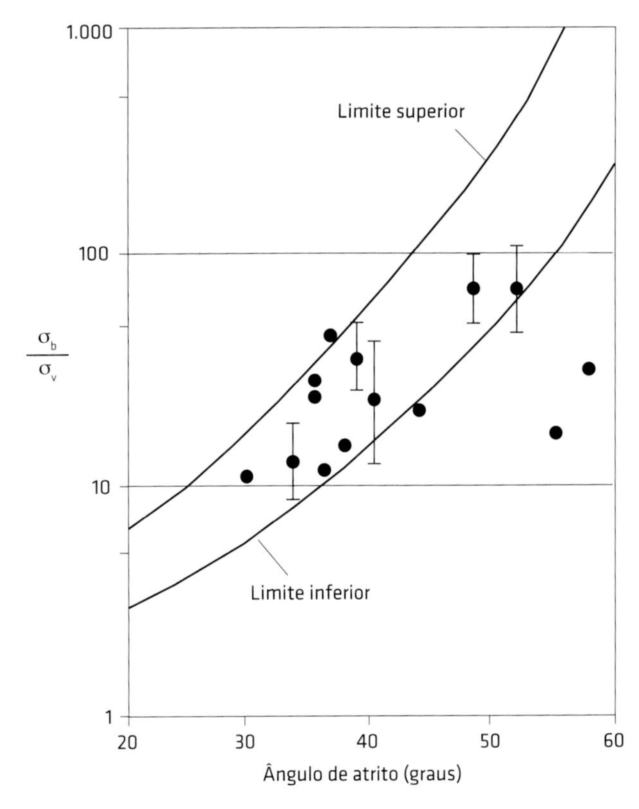

Fig. 3.70 Valores de resistência passiva de membros transversais *versus* ângulo de atrito do solo
Fonte: Palmeira (1987).

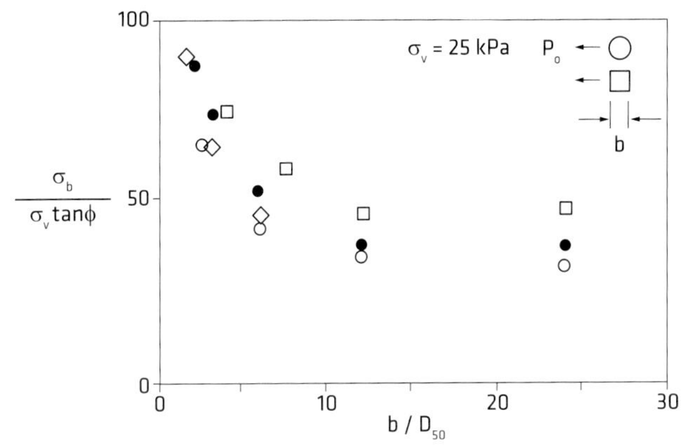

Fig. 3.71 Influência da forma e da dimensão dos membros de ancoragem nos valores da resistência passiva
Fonte: Palmeira e Milligan (1989b).

lados em areias de Leighton Buzzard (Reino Unido), onde se pode verificar que a forma (circular ou quadrada) do membro transversal e a dimensão do grão (D_{50}, diâmetro correspondente a 50% passando) em relação à dimensão do membro (b) podem afetar significativamente a tensão passiva obtida.

O princípio da superposição de efeitos que conduziu à Eq. 3.31 é sujeito a críticas, uma vez que o estado de tensões ao redor dos membros transversais da grelha se altera devido à mobilização de resistência passiva. Isso pode influenciar a magnitude do atrito de pele, particularmente em geogrelhas com geometrias espaciais complexas. Resultados de ensaios fotoelásticos (Milligan; Earl; Bush, 1990) evidenciam que a parcela de resistência de pele pode ser reduzida significativamente para elevados valores de resistência passiva (limiar do arrancamento da grelha). Além disso, dependendo das dimensões e do espaçamento entre membros transversais da grelha, a interferência entre os campos de tensões desenvolvidos por esses membros influencia os valores máximos de resistência passiva desenvolvidos em cada membro de ancoragem. Para quantificar o grau de interferência entre membros transversais de uma geogrelha, Palmeira (1987) definiu-o como:

$$DI = 1 - \frac{nP_o}{P_p} \quad (3.34)$$

em que DI é o grau de interferência entre membros transversais da geogrelha; n, o número de membros transversais da grelha; P_o, a máxima carga de arrancamento de um membro transversal em isolamento; e P_p, a carga de arrancamento da geogrelha.

Uma grelha com aberturas grandes em relação à dimensão dos membros transversais apresentaria grau de interferência nulo, pois, nesse caso, $P_p \cong nP_o$.

Caso a interferência entre membros de ancoragem seja levada em conta, a Eq. 3.31 toma a seguinte forma:

$$E_\phi = \frac{\tan\phi^*_{sr}}{\tan\phi} = \alpha_s\left(\frac{\tan\delta}{\tan\phi}\right) + (1 - DI)\left(\frac{\alpha_b b}{S_g}\right)\left(\frac{\sigma'_b}{\sigma'_v}\right)\left(\frac{1}{2\tan\phi}\right) \quad (3.35)$$

A Fig. 3.72 apresenta valores de DI *versus* dimensões da grelha obtidos a partir de ensaios de arrancamento em grelhas de aço (J variando de 1.268 kN/m a 49.455 kN/m)

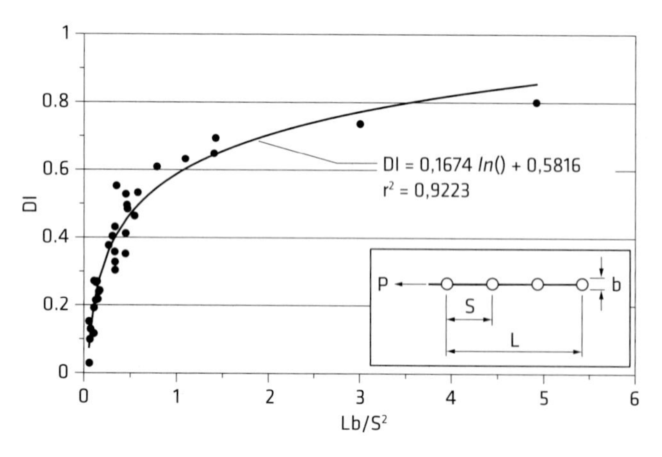

Fig. 3.72 Grau de interferência *versus* geometria – grelhas rígidas em areias
Fonte: modificado de Palmeira (1987).

imersas em areias de Leighton Buzzard, com comprimentos (L) menores ou iguais a 0,5 m, membros transversais cilíndricos, $\alpha_s < 20\%$, baixos valores de b/S, aberturas com forma retangular ou quadrada e $\sigma_v \leq 50$ kPa. Com base nesses dados de ensaios, a seguinte equação de ajuste, com $r^2 = 0{,}922$, pode ser obtida:

$$DI = 0{,}167\ln(Lb/S^2) + 0{,}582 \quad (3.36)$$

em que L é o comprimento enterrado da grelha.

Note-se que a Eq. 3.36 foi obtida para as condições de ensaios apresentadas anteriormente e para geogrelhas rígidas. Sua aplicação a geogrelhas extensíveis ainda não foi avaliada.

A Tab. 3.16 mostra alguns valores de E_ϕ obtidos de ensaios de arrancamento de grandes dimensões coletados na literatura. Pode-se observar que o valor de E_ϕ foi superior a 0,5 para solos predominantemente arenosos e para as características das geogrelhas ensaiadas. Notam-se alguns valores de E_ϕ superiores à unidade, o que pode ser decorrência de fatores como concentração de tensões sobre os membros da grelha, influência de adesão, ângulos de atrito do solo e entre grelha e solo obtidos sob diferentes níveis de tensões e comprimento enterrado da grelha, como comentado anteriormente.

3.4 Propriedades de durabilidade

3.4.1 Resistência ao fissuramento em geomembranas

Geomembranas são geossintéticos utilizados como barreiras para fluidos ou gases. Assim, é importante realizar ensaios que atestem sua estanqueidade sob condições diversas. Os ensaios de fissuramento visam verificar a possibilidade de continuidade do mecanismo de fissuramento em uma geomembrana. Os principais ensaios para avaliar a resistência de geomembranas ao processo de fissuramento são apresentados a seguir.

Ensaio em tira fletida

Esse ensaio é aplicável a produtos semicristalinos, como geomembranas de polietileno de alta densidade. Um espécime previamente preparado com uma fissura padrão é mantido curvado, conforme esquematizado na Fig. 3.73, e observa-se a progressão ou não da fissura imposta. Quanto maior a cristalinidade do material, maior a relevância do ensaio, o qual é normalizado pela ASTM D1693 (*Bent Strip Test*).

Tab. 3.16 ALGUNS VALORES DE E_ϕ PARA GEOGRELHAS OBTIDOS EM ENSAIOS DE ARRANCAMENTO DE GRANDE PORTE

Referência	Tipo de grelha	Solo	σ_v (1) (kPa)	b (mm)	S (mm)	s_g (mm)	S_l (mm)	L (mm)	α_s	α_b	J (kN/m)	E_ϕ
Palmeira (1987)[2]	Aço	Areia[2]	25	1,63	12,5	10,9	12,5	500	0,2	1	6.844	0,97
	Aço	Areia[2]	25	4,78	76,2	71,4	76,2	500	0,11	1	49.455	0,77
	Aço	Areia[2]	25	3,15	50,8	47,7	50,8	500	0,11	1	32.216	0,76
	Aço	Areia[2]	25	4,78	152,4	147,6	76,2	500	0,09	1	49.455	0,56
	PEAD	Areia[2]	25	4,4	111,0	106,6	22,2	522	0,46	0,72	550	0,88
Teixeira (1999)[3]	PET	Areia argilosa[3]	25	1,5	33,0	28,0	42,0	600	0,20	0,71	1.700[8]	0,96
	PET	Areia argilosa[3]	25	1,5	33,0	28,0	42,0	600	0,20	0,71	1.700[8]	1,22
	PET	Areia argilosa[3]	50	1,5	33,0	28,0	42,0	600	0,20	0,71	1.700[8]	0,89
	PET	Areia argilosa[3]	100	1,5	33,0	28,0	42,0	600	0,20	0,71	1.700[8]	0,65
	PET	Areia argilosa[3]	25	1,5	33,0	28,0	42,0	350	0,20	0,71	1.700[8]	1,31
	PET	Areia argilosa[3]	25	1,5	33,0	28,0	42,0	1.200	0,20	0,71	1.700[8]	1,22
	PET	Areia argilosa[3]	25	0,7	27,0	20,0	23,0	350	0,10	0,87	325	1,03
Castro (1999)[4]	PET	Areia [4]	25	0,8	225	200	75,0	1.000	0,54	0,52	1.700[8]	0,73
	PET	Areia [4]	50	0,8	225	200	75,0	1.000	0,54	0,52	1.700	0,55
	PET	Areia siltosa	12,5 a 50	0,8	225	200	75,0	1.000	0,54	0,52	1.700	0,89
Teixeira (2003)	PET	Areia siltoargilosa[5]	25 a 100	1,4	25,0	20	23,0	600	0,30	0,78	960	0,66
Sieira (2003)	PET	Areia pouco siltosa[6]	5 a 100	1,2	23,0	20	28,0	1.000	0,30	0,71	760[8]	1,10
	PET	Silte argiloso[7]	5 a 50	1,2	23,0	20	28,0	1.000	0,30	0,71	760	1,10

Notas: os resultados da tabela são apenas indicativos ou foram obtidos sob condições específicas, não substituindo a necessidade e a importância da realização de ensaios de resistência de interface. (1) σ_v = tensão vertical no ensaio; b = espessura ou diâmetro do membro transversal da grelha; S = espaçamento entre membros transversais da grelha; s_g = vão entre membros transversais da grelha; S_l = espaçamento entre membros longitudinais da grelha; L = comprimento do trecho enterrado; α_s = fração da área sólida da grelha em planta; α_b = fração da área disponível para resistência passiva no membro transversal (em relação à área total da face frontal do membro transversal); J = rigidez à tração da grelha; E_ϕ = fator de eficiência em termos de atrito. (2) Areia Leighton Buzzard 14/25, D_{50} = 0,8 mm, CU = 1,3. (3) Areia argilosa com 32% de argila, 3% de silte e 65% de areia. (4) Areia: D_{10} = 0,24 mm, D_{30} = 0,48 mm, D_{60} = 0,86 mm, CU = 3,5; areia siltosa: D_{10} = 0,006 mm, D_{30} = 0,132 mm, D_{60} = 0,587 mm, CU = 98,3. (5) Areia siltoargilosa: D_{30} = 0,09 mm, D_{50} = 0,15 mm, D_{85} = 0,27 mm, grau de compactação = 95%. (6) Areia pouco siltosa: D_{10} = 0,071 mm, D_{50} = 0,8 mm, D_{85} = 2,3 mm, CU = 14,1, densidade relativa = 80%. (7) Silte argiloso: D_{10} = 0,003 mm, D_{50} = 0,1 mm, D_{85} = 0,62 mm, CU = 56,7, grau de compactação = 100%. (8) Valor aproximado.

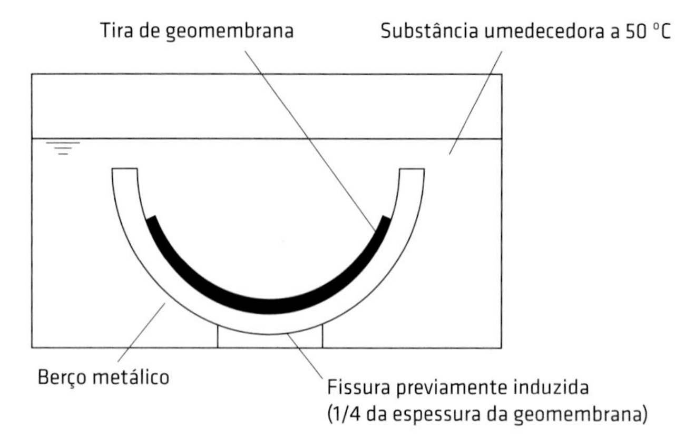

Fig. 3.73 Ensaio em tira fletida

Especificações correntes exigem que nenhuma amostra rompa totalmente, a partir da fissura inicial, em um período de 1.000 horas de observação (Koerner, 1998).

Ensaio de resistência ao fissuramento sob carga constante

Esse ensaio visa verificar o fissuramento de espécimes de geomembranas submetidos a uma carga de tração constante, como mostrado na Fig. 3.74. Durante o ensaio, o espécime é mantido submerso em agente umedecedor. Sua normatização é feita pela ASTM D2552.

A maioria das geomembranas se comporta bem nesse ensaio, com grande dispersão de resultados devido à variabilidade de defeitos superficiais possíveis em diferentes corpos de prova.

Durante o ensaio, o corpo de prova pode apresentar um dos seguintes comportamentos:

- mantém-se na fase elástica;
- rompe plasticamente;
- desenvolve trincas no trecho central.

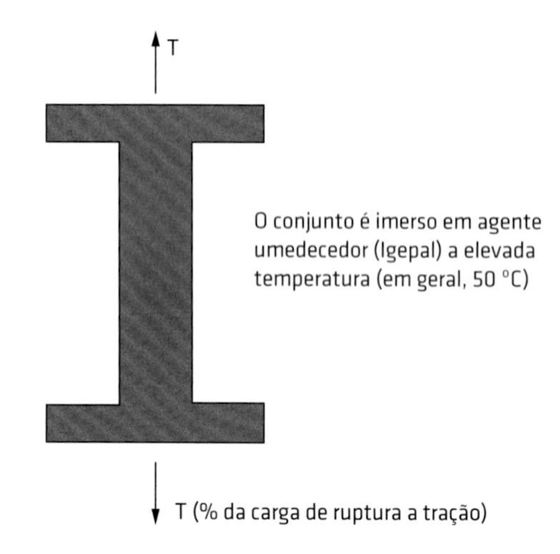

Fig. 3.74 Ensaio de fissuramento sob carga constante

O ensaio pode também ser realizado em incorporação de trechos soldados.

Hsuan, Koerner e Lord Jr. (1993) sugerem a realização de ensaio semelhante com a introdução de um sulco prévio no corpo de prova, que tem 12 mm de altura e 3,2 mm de largura. A profundidade do sulco é de 20% da espessura da geomembrana. Sua introdução reduz o tempo de ruptura e a dispersão observada no ensaio convencional. Nesse caso, uma curva típica de ensaio é apresentada na Fig. 3.75. O tempo ou tensão de transição separa regiões em que a amostra pode se comportar de forma friável ou dúctil. Os mesmos autores recomendam que um critério mínimo para a aceitação da geomembrana quanto à resistência ao fissuramento utilize um tempo de transição superior a 100 h.

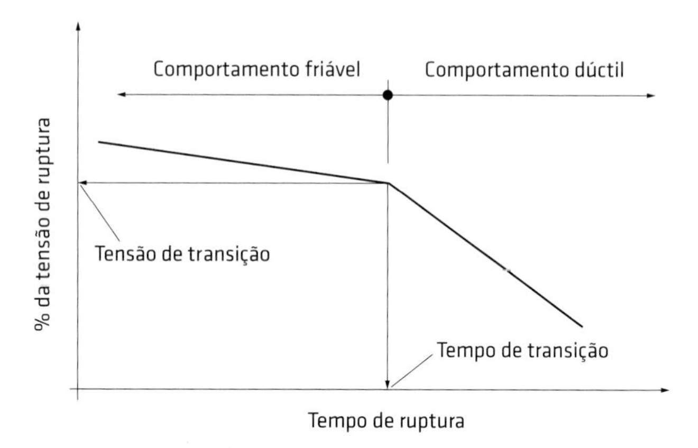

Fig. 3.75 Resultado típico do ensaio com sulco prévio

3.4.2 Resistência a condições ou agentes deletérios

Resistência ao inchamento

A absorção de umidade pode provocar a separação das camadas (lâminas) de geomembranas compostas de multicamadas. O ensaio de resistência ao inchamento visa verificar a possibilidade de ocorrência de tal mecanismo e é normatizado pela ASTM D570.

Esse ensaio consiste na imersão de corpos de prova (25 mm × 75 mm) sob diferentes condições, a saber:

- por 2 h, 24 h ou duas semanas de imersão constante em água a 23 °C;
- sob condições cíclicas de imersão;
- por 0,5 h ou 2 h de imersão em água a 50 °C;
- por 0,5 h ou 2 h de imersão em água em ebulição.

Após os ensaios, verifica-se se ocorreram mudanças no peso dos corpos de prova.

Resistência química

O ensaio de resistência química busca avaliar a resistência do geossintético a substâncias com as quais estará em contato em condições de serviço e é realizado com a imersão do geossintético na substância de interesse (em geral, sob as condições mais críticas possíveis de concentração), como ilustra a Fig. 3.76. A redução no tempo de incubação pode ser conseguida por meio do aumento da temperatura de ensaio. O procedimento de ensaio é normatizado pela ASTM D543 e pela EPA Test Method 9090.

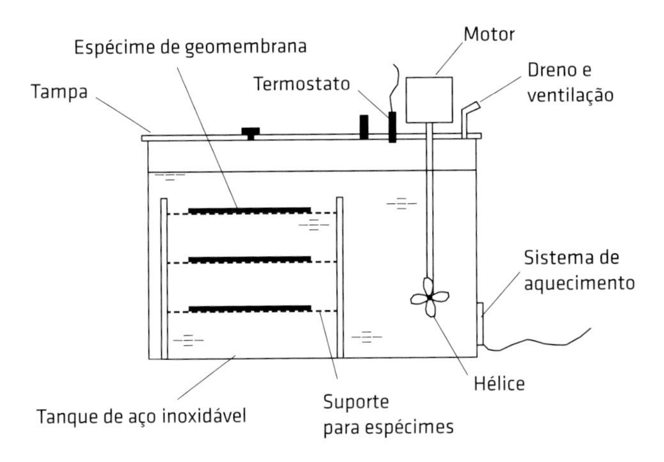

Fig. 3.76 Esquema do equipamento para ensaios de resistência química
Fonte: modificado de Koerner (1998).

Após o período de incubação, pode-se avaliar:

- *variação em propriedades físicas*: espessura, massa, volume etc.;
- *variação em propriedades mecânicas*: resistência à tração, rigidez etc.;
- *permeabilidade*: transmissão de água ou de vapor d'água através de geomembranas incubadas.

O polietileno é geralmente o polímero mais resistente à maioria dos solventes químicos orgânicos e substâncias químicas agressivas. Quanto maior sua densidade, maior a resistência ao ataque químico. Por essa razão, o polietileno de alta densidade (PEAD) é largamente utilizado em obras de disposição de resíduos. Entretanto, ele pode apresentar algumas desvantagens em relação a outros produtos, tais como: maior dificuldade de trabalhabilidade no campo, menor aderência com outros materiais, maior coeficiente de dilatação térmica e maior sensibilidade a trincamento.

Resistência ao ozônio

A exposição do geossintético ao ozônio pode provocar trincamento, o que é particularmente importante em geomembranas. O ensaio de laboratório para avaliar a resistência de um geossintético ao ozônio é feito submetendo-se espécimes do geossintético sob carga a ambientes com diferentes quantidades de ozônio, visando observar o aparecimento e/ou o desenvolvimento de trincas em sua superfície. O procedimento de ensaio é normatizado pela ASTM D518. O geossintético enterrado não sofre a ação do ozônio.

Resistência à radiação ultravioleta e ao calor

A radiação ultravioleta (UV) pode provocar trincamento em geossintéticos devido à volatização de substâncias plastificantes. A variação de comportamento e resistência à radiação UV entre os produtos é muito grande, e a incorporação de aditivos durante a fabricação do geossintético pode aumentar sua resistência a essa radiação. A faixa de luz mais prejudicial aos polímeros é a região UV do espectro eletromagnético. O espectro solar na região UV é dividido em três partes: a) região UV-A, em que a energia de comprimento de onda se situa entre 400 nm e 315 nm; b) região UV-B, que é a faixa entre 315 nm e 290 nm; e c) região UV-C, que inclui a radiação solar abaixo de 290 nm, a qual nunca atinge a superfície da Terra, por ser absorvida totalmente pela camada de ozônio presente na atmosfera (Agnelli, 1999). No caso de geossintéticos enterrados, não há risco de deterioração por ação de raios UV ou por ozônio.

O ensaio normatizado pela ASTM D4355 para a avaliação da resistência de geossintéticos à radiação UV consiste em submeter amostras do geossintético à radiação UV usando o arco de xenônio e posteriormente avaliar a variação de propriedades relevantes. A Fig. 3.77 esquematiza o equipamento de ensaio. A amostra é submetida a ciclos de molhagem e secagem durante o ensaio e exposta à radiação UV por 150 h, 300 h e 500 h. As fases de exposição são compostas de ciclos de 2 h divididos em 90 min somente de radiação seguidos de 30 min de exposição à radiação e à aspersão de água.

Substâncias podem ser adicionadas no processo de fabricação do polímero de forma a aumentar sua resis-

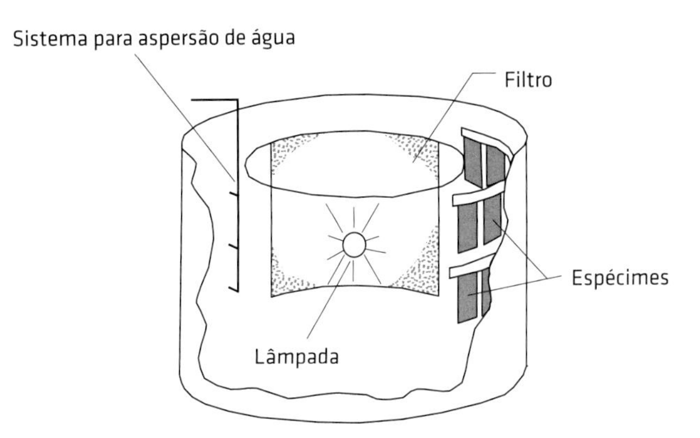

Fig. 3.77 Esquema do ensaio em arco de xenônio
Fonte: modificado de Matheus (2002).

tência à ação dos raios UV. A mais comum dessas substâncias é o negro de fumo, que absorve a faixa danosa da radiação UV e dissipa a energia absorvida sob a forma de calor, prolongando a vida útil do polímero. O negro de fumo é composto de finas partículas de carbono resultantes de um processo de queima incompleta de gases e óleos (hidrocarbonetos).

O efeito da temperatura, também chamado de termo-oxidação, decorre das reações causadas pela formação de radicais livres nas moléculas, frequentemente a partir da dissociação de um átomo de hidrogênio da cadeia principal do polímero. Como consequência dessa dissociação, acontece uma propagação de reações, com a formação de radicais hidroperóxidos de rápida decomposição, causando as cisões das ligações covalentes carbono-carbono. Além das alterações nas propriedades do polímero, é também comum ocorrerem alterações de coloração, provocadas pela oxidação (Abramento, 1995; Agnelli, 1999).

A temperatura, além de ser a responsável por ativar a oxidação, também influencia a velocidade de degradação. Os ensaios desenvolvidos para esse caso consistem basicamente em colocar uma amostra numa estufa com temperatura controlada. Um dos tipos de ensaio consiste em aumentar a temperatura gradativamente até que se observe a deterioração da amostra, definida como uma alteração na aparência, peso, dimensão ou outra propriedade característica do geossintético (ASTM D794). Em outro tipo de ensaio, o geossintético é submetido a uma temperatura constante por um determinado período de tempo. Para alguns polímeros, a temperatura utilizada é igual à sua temperatura de transição vítrea, a qual é aplicada por um determinado período de tempo, geralmente até que sua propriedade principal se reduza a 50% do valor inicial.

3.4.3 Implicações e dados relativos a propriedades de durabilidade de geossintéticos para análises preliminares

Outro mecanismo de degradação de geossintéticos é a hidrólise, que pode provocar reações internas ou externas à superfície do produto. A hidrólise ocorre quando moléculas de água reagem com as moléculas do polímero, resultando em quebra de cadeias moleculares e perdas de peso molecular e resistência. Não é necessário que o polímero esteja submerso para a ocorrência do fenômeno. Resinas de poliéster são especialmente sensíveis à hidrólise, particularmente quando imersas em líquidos com alta alcalinidade. Valores elevados de pH podem afetar alguns poliésteres, enquanto baixos valores podem ser danosos a poliamidas. O fenômeno da hidrólise em polímeros em contato (ou embutidos) com concreto fresco pode reduzir sensivelmente a resistência do reforço nas proximidades da massa de concreto. Leclercq et al. (1990) apresentaram resultados de ensaios de tração em tiras de geotêxtil tecido de poliéster exumadas de uma estrutura com 17 anos de existência. As tiras foram afetadas por hidrólise até uma distância de 0,1 m a 0,2 m da face de concreto, em que o pH do ambiente variou entre 13 e 14. Além dessas distâncias, não foram detectadas perdas de resistência nas tiras de geotêxtil exumadas em relação a seu estado original. A Tab. 3.17 apresenta perdas de resistência de diferentes produtos geotêxteis devido à hidrólise, após 120 dias de incubação em Na(OH) ou $Ca(OH)_2$, sob diferentes valores de pH e a 20 °C de temperatura. Os produtos de polipropileno investigados não apresentaram perdas de resistência. Para os de poliéster, dependendo do produto ou de sua composição, pode-se observar desde nenhuma perda de resistência até perdas de 53% da resistência inicial.

A oxidação dos plásticos pode ser causada por contato com oxidantes, exposição à radiação UV, elevadas temperaturas sob prolongados intervalos de tempo ou exposição a intempéries e pode resultar em perda de propriedades mecânicas, com o aumento da fragilidade do material e o trincamento sob tensão (*stress cracking*). Ela afeta a maioria dos termoplásticos em vários graus, em particular poliolefinas (polipropileno e polietileno), PVC, *nylon* e derivados de celulose (Crawford, 1998). Em termos relativos, entre os polímeros mais frequentemente utilizados, o polipropileno é potencialmente o mais susceptível à oxidação, seguido pelo polietileno de alta densidade e pelo poliéster (WSDOT, 1998). Uma grande variedade de agentes antioxidantes pode ser adicionada aos polímeros para evitar sua oxidação durante a fabricação e o uso. Van Zanten (1986) mostrou que a taxa de oxidação do polímero depende do tipo e da quantidade de antioxidante empregado e de sua distribuição no interior do polímero.

O trincamento sob tensão em ambiente (*environmental stress cracking*) pode ocorrer em alguns plásticos sob tensão em contato com certas substâncias. As tensões podem ser aplicadas por agentes externos, embora tensões internas ou residuais geradas durante o processo de moldagem do plástico sejam provavelmente as causas mais comuns desse trincamento. A maioria dos líquidos orgânicos pode provocá-lo. Polietileno, ABS e poliestireno são sensíveis a esse fenômeno. Apesar de o trincamento sob tensão não envolver o ataque direto à estrutura química do plástico, o problema pode ser aliviado pelo controle de fatores estruturais (Crawford, 1998). O mecanismo de trincamento sob tensão é relacionado à penetração, através de defeitos superficiais do plástico, de certas substâncias que alteram a

Tab. 3.17 PERDAS DE RESISTÊNCIA DE ALGUNS GEOTÊXTEIS APÓS 120 DIAS DEVIDO À HIDRÓLISE SOB DIFERENTES VALORES DE pH E A 20 °C

Tipo[1]	Solução	M_A[2] (g/m²)	pH				
			2	4	7	10	12
PP – tecido, monofilamento[3]	$Ca(OH)_2$	220	-	-	SA[4]	SA	SA
PP – não tecido agulhado	$Ca(OH)_2$	770	-	-	SA	SA	SA
PP – não tecido, termoligado	$Ca(OH)_2$	100	-	-	SA	SA	NC
PVC – não tecido, monofilamento	$Ca(OH)_2$	95	-	-	SA	SA	SA
PET – não tecido agulhado, entrelaçado, fibras brancas	$Ca(OH)_2$	550	-	-	SA	SA	SA
PET – não tecido, termoligado	$Ca(OH)_2$	100	-	-	SA	SA	SA
PET – não tecido agulhado, entrelaçado, mistura de fibras brancas e negras	Na(OH)	450	-	-	SA	–33%	–53%
PET – não tecido, termoligado	Na(OH)	100	-	-	SA	SA	SA
PET – não tecido agulhado, entrelaçado, mistura de fibras brancas e negras	Na(OH)	150	–18%[5]	SA	SA	–27%	–32%
PET – não tecido agulhado, entrelaçado, mistura de fibras brancas e negras	Na(OH)	150	SA	SA	SA	–13%	–16%
PET – não tecido agulhado, entrelaçado, fibras brancas	Na(OH)	150	SA	SA	SA	SA	SA
PET – não tecido agulhado, carbono negro, mistura de fibras	Na(OH)	134	–12%	–15%	SA	SA	SA
PET – não tecido agulhado, carbono negro, mistura de fibras	Na(OH)	134	SA	SA	SA	SA	SA
PET – não tecido agulhado, resinado	Na(OH)	264	SA	SA	SA	SA	SA

Notas: (1) produtos de diferentes fabricantes; (2) M_A = massa por unidade de área; (3) PP = polipropileno, PVC = policloreto de vinila, PET = poliéster saturado; (4) SA = sem alteração de resistência; (5) ensaios com maior duração são necessários para melhores conclusões.
Fonte: modificado de Halse, Koerner e Lord Jr. (1987a, 1987b) e Koerner (1998).

energia de superfície e promovem o fraturamento do material. O fenômeno provoca um processo de desentrosamento das cadeias poliméricas, em vez de suas quebras. A resistência do polietileno ao trincamento sob tensão pode ser melhorada com o aumento de seu peso molecular médio, de sua cristalinidade e do grau de orientação das cadeias poliméricas e com o uso de copolimerização (WSDOT, 1998).

Em geral, os materiais geossintéticos não apresentam grandes problemas relacionados à temperatura do ponto de vista da degradação, a menos que sejam submetidos a altas temperaturas de trabalho, como pode ocorrer em algumas aplicações. Nesses casos, é possível que aconteçam mudanças de comportamento das propriedades mecânicas ao longo do tempo, principalmente da relação carga-deformação, com alterações na resistência e na rigidez à tração, por exemplo.

Giroud e Peggs (1990) afirmam que, em determinadas regiões, as geomembranas podem estar sujeitas a uma grande variação de temperatura, desde baixíssimas temperaturas no inverno a altas temperaturas no verão. Por exemplo, no oeste dos Estados Unidos foram observadas temperaturas em geomembranas variando de –35 °C a 90 °C. Os mesmos autores afirmam ainda que é comum, em regiões a nordeste dos Estados Unidos, medirem-se temperaturas em geomembranas variando entre –20 °C no inverno e 75 °C em um dia ensolarado de verão. Variações significativas de temperatura são também comuns em diversas regiões do Brasil. Como na maioria das aplicações o geossintético encontra-se enterrado, as consequências deletérias de variações de temperatura são reduzidas ou evitadas.

Temperaturas elevadas podem também ocorrer em certas obras devido a reações químicas. Junqueira e Palmeira (1999) e Junqueira (2000) mediram temperaturas em geomembranas da ordem de 46 °C em células experimentais de lixo doméstico. Bidone e Cotrin (1988) explicam que o aumento da temperatura em aterros sanitários se dá principalmente em virtude da liberação de calor por microrganismos aeróbicos, que utilizam o alto grau de oxigênio disponível no início do processo de aterramento. Temperaturas entre –35 °C e 90 °C são reportadas em diversos trabalhos na literatura na região de instalação de geomembranas em áreas de disposição de lixo doméstico (Haxo; Haxo, 1988; Landreth, 1988; Giroud; Peggs, 1990; Junqueira; Palmeira, 1999). A Tab. 3.18 apresenta alguns resultados de variações de propriedades mecânicas, obtidas em ensaios de tração em faixa larga, para duas geomembranas nacionais de polietileno de alta densidade. Já a Tab. 3.19 exibe a variação de resistência e deformação máxima em ensaios de tração em faixa larga para quatro geotêxteis nacionais (não tecidos agulhados, manufaturados com filamentos contínuos de poliéster, com gramaturas variando de 150 g/m² a 600 g/m²). Para esses geotêxteis, a influência do calor foi mais significativa nas deformações na ruptura que na resistência à tração.

Tab. 3.18 RESULTADOS DE ENSAIOS DE EXPOSIÇÃO DE GEOMEMBRANAS AO CALOR

Tipo de ensaio	ε_y (%)$^{(1)}$	$\Delta\varepsilon_y / \varepsilon_{yo}$ (%)	σ_y (MPa)	$\Delta\sigma_y / \sigma_{yo}$ (%)
Geomembrana GMA (espessura = 0,8 mm)				
Virgem	15	-	14	-
A 75 °C por 500 h	15	0	17	+14
A 75 °C por 1.000 h	15	0	15	+7
Geomembrana GMB (espessura = 2,0 mm)				
Virgem	14	-	17	-
A 75 °C por 500 h	16	+14	16,65	−2
A 75 °C por 1.000 h	15	+7	17,38	+2

Notas: (1) ε_y = deformação de tração de escoamento, $\Delta\varepsilon_y = \varepsilon_y - \varepsilon_{yo}$ = variação de deformação de tração de escoamento, ε_{yo} = deformação de tração de escoamento para espécimes virgens, σ_y = tensão de tração de escoamento, $\Delta\sigma_y$ = variação de tensão de escoamento, σ_{yo} = tensão de tração de escoamento máxima para espécimes virgens.
Fonte: modificado de Matheus, Palmeira e Agnelli (2004).

Baixas temperaturas, na maioria das vezes, não causam problemas a geomembranas para as condições ambientais normalmente encontradas no Brasil. Entretanto, criam problemas de ordem construtiva no que diz respeito à execução de painéis de geomembranas. Altas temperaturas também acarretam problemas de ordem executiva, devido à dilatação da geomembrana. Os ensaios apresentados nas normas ASTM D2102, D2259, D1042 e D1204 permitem a obtenção de valores de coeficiente de dilatação térmica de geossintéticos. As variações de dimensões (dilatação ou contração) devem ser levadas em conta nas especificações de instalação de geomembranas.

Como comentado anteriormente, a radiação UV pode provocar a degradação de geossintéticos. A Tab. 3.20 mostra resultados de ensaios de degradação por radiação UV em alguns geotêxteis não tecidos nacionais. Os geotêxteis em questão foram não tecidos agulhados, manufaturados com filamentos contínuos de poliéster,

Tab. 3.19 VARIAÇÕES DE PROPRIEDADES MECÂNICAS DE ALGUNS GEOTÊXTEIS NACIONAIS CAUSADAS POR EXPOSIÇÃO AO CALOR

Temperatura (°C)	Tempo de exposição (h)	$\varepsilon_{max}$$^{(1)}$ (%)	$\Delta\varepsilon_{max}/\varepsilon_{max\text{-}o}$ (%)	T_{max} (kN/m)	$\Delta T_{max}/T_{max\text{-}o}$ (%)
Geotêxtil G/A (M_A = 150 g/m²)					
20	-	67	0	6,15	0
75	500	72	7,5	6,0	−2,4
Geotêxtil G/B (M_A = 200 g/m²)					
20	-	59	0	9,86	0
75	500	70	18,6	9,58	−2,8
75	2.000	63	6,8	9,5	−3,7
Geotêxtil G/C (M_A = 300 g/m²)					
20	-	63	0	15,01	0
75	500	67	6,3	15,08	0,5
75	1.000	67	6,3	15,46	3,0
100	500	69	9,5	15,52	3,4
100	1.000	73	15,9	15,29	1,9
125	500	59	−6,3	14,60	−2,7
125	1.000	53	−15,9	13,79	−8,1
Geotêxtil G/D (M_A = 600 g/m²)					
20	-	65	0	25,14	0
75	500	71	9,2	24,32	−3,3

Notas: (1) ε_{max} = deformação de tração máxima, $\Delta\varepsilon_{max} = \varepsilon_{max} - \varepsilon_{max\text{-}o}$ = variação de deformação de tração máxima, $\varepsilon_{max\text{-}o}$ = deformação de tração máxima para espécimes virgens, T_{max} = carga de tração máxima, ΔT_{max} = variação de carga de tração máxima, $T_{max\text{-}o}$ = carga de tração máxima para espécimes virgens.
Fonte: modificado de Matheus, Palmeira e Agnelli (2004).

Tab. 3.20 VARIAÇÕES DE PROPRIEDADES MECÂNICAS DE ALGUNS GEOTÊXTEIS NACIONAIS CAUSADAS POR EXPOSIÇÃO À RADIAÇÃO UV

Tempo de exposição (h)	ε_{max}[1] (%)	$\Delta\varepsilon_{max}/\varepsilon_{max\text{-}o}$ (%)	T_{max} (kN/m)	$\Delta T_{max}/T_{max\text{-}o}$ (%)
Geotêxtil G/A (M_A = 150 g/m²)				
0	67	0	6,15	0
150	54	−19,4	6,20	0,8
300	57	−14,9	6,10	−0,8
500	54	−19,4	5,99	−2,6
Geotêxtil G/B (M_A = 200 g/m²)				
0	59	0	9,86	0
150	61	3,4	9,71	−1,5
300	54	−8,5	8,94	−9,3
500	58	−1,7	10,51	6,6
Geotêxtil G/C (M_A = 300 g/m²)				
0	63	0	15,01	0
150	66	4,8	16,33	8,8
300	67	6,3	17,18	14,5
500	63	0	14,76	−1,7
1.440 (1)[2]	61	−3,2	15,30	1,9
2.880 (2)	65	3,2	16,43	9,5
5.760 (4)	68	7,9	16,51	10,0
8.640 (6)	64	1,6	15,84	5,5
11.520 (8)	65	3,2	14,84	−1,1
14.400 (10)	63	0	15,51	3,3
21.600 (15)	65	3,2	15,79	5,2
28.800 (20)	59	−6,3	15,28	1,8
43.200 (30)	63	0	15,71	4,7
57.600 (40)	59	−6,3	13,86	−7,7
Geotêxtil G/D (M_A = 600 g/m²)				
0	65	0	25,14	0
150	63	−3,1	26,9	7,0
300	58	−10,8	29,89	18,9
500	62	−4,6	26,76	6,4

Notas: (1) M_A = massa por unidade de área, ε_{max} = deformação de tração máxima, $\Delta\varepsilon_{max} = \varepsilon_{max} - \varepsilon_{max\text{-}o}$ = variação de deformação de tração máxima, $\varepsilon_{max\text{-}o}$ = deformação de tração máxima para espécimes virgens, T_{max} = carga de tração máxima, ΔT_{max} = variação de carga de tração máxima, $T_{max\text{-}o}$ = carga de tração máxima para espécimes virgens; (2) tempo de exposição em dias entre parênteses.
Fonte: Matheus, Palmeira e Agnelli (2004).

com gramaturas variando de 150 g/m² a 600 g/m². De forma geral, para os tempos de exposição à radiação UV utilizados, os resultados mostram variações inferiores a 20% nas deformações na ruptura e na resistência à tração (ensaios em faixa larga).

As variações de propriedades de duas geomembranas de polietileno de alta densidade nacionais quando expostas à radiação UV e ao calor são apresentadas na Tab. 3.21. A influência da exposição ao UV foi mais significativa nas deformações de escoamento, particularmente para a geomembrana com menor espessura.

Rankilor (1990) mostrou resultados de experiências sobre a influência da incidência direta de luz solar em diversos tipos de reforço polimérico por períodos de até dois anos. Resultados iniciais desse estudo indicaram que, nos geossintéticos com incidência direta de luz solar,

Tab. 3.21 RESULTADOS DE ENSAIOS DE EXPOSIÇÃO DE GEOMEMBRANAS À RADIAÇÃO UV E AO CALOR

Tipo de ensaio	ε_y (%)[1]	$\Delta\varepsilon_y/\varepsilon_{yo}$ (%)	σ_y (MPa)	$\Delta\sigma_y/\sigma_{yo}$ (%)
Geomembrana GMA (espessura = 0,8 mm)				
Virgem	15	-	14	-
Exposição por 150 h	11	−27	15	+7
Exposição por 300 h	12	−20	15	+7
Exposição por 500 h	12	−20	15	+7
Geomembrana GMB (espessura = 2,0 mm)				
Virgem	14	-	17	-
Exposição por 150 h	13	−7	19	+12
Exposição por 300 h	13	−7	18	+6
Exposição por 500 h	14	0	18	+6

Notas: ε_y = deformação de tração de escoamento, $\Delta\varepsilon_y = \varepsilon_y - \varepsilon_{yo}$ = variação de deformação de tração de escoamento, ε_{yo} = deformação de tração de escoamento para espécimes virgens, σ_y = tensão de tração de escoamento, $\Delta\sigma_y$ = variação de tensão de escoamento, σ_{yo} = tensão de tração máxima de escoamento para espécimes virgens.
Fonte: Matheus, Palmeira e Agnelli (2004).

houve uma tendência geral de quedas de resistência e de rigidez à tração. Entretanto, em alguns casos, houve acréscimo na rigidez à tração de alguns desses materiais. Tal aumento de rigidez foi também observado por Leclercq et al. (1990) em amostras coletadas em obras reais com até 17 anos de idade, na França. Esse aumento de rigidez não significa melhoria das propriedades do geossintético. Ao contrário, pode indicar um início de processo de degradação (Matheus, 2002). Em ensaios semelhantes, Pandolpho e Guimarães (1995) observaram a eficiência do negro de fumo em minimizar os efeitos da radiação UV em geotêxteis de poliéster, bem como a menor repercussão da degradação por tal radiação em geotêxteis mais espessos.

Em termos de ataques a geossintéticos, os agentes biológicos mais relevantes são os animais (particularmente os roedores), os fungos e as bactérias. O tipo de ataque e sua intensidade ainda são desconhecidos, e quanto mais duro, resistente e espesso o geossintético, maior sua resistência a esse tipo de ataque.

No caso de geomembranas, em que a estanqueidade é fundamental, quando é factível o ataque de animais, deve-se proteger a geomembrana com, por exemplo, cobertura com pedras. Contudo, não há evidências na literatura de danos significativos a geossintéticos enterrados como consequência da ação de roedores.

Para a ocorrência de degradação biológica de plásticos, os microrganismos e fungos devem aderir à sua superfície e usá-los como fonte de alimentação. No caso de plásticos de engenharia, tal possibilidade é bastante remota. Isso é atestado pelo grande esforço que a indústria de plástico tem empreendido na fabricação de materiais biodegradáveis (Koerner, 1988). Ionescu et al. (1982) realizaram experimentos com seis tipos de geotêxtil (polipropileno, poliéster e composto) em meios biologicamente agressivos por períodos de 5 a 17 meses, não observando mudanças significativas nas propriedades dos materiais nem ataque estrutural às fibras.

Os fungos dependem de carbono, nitrogênio e outros elementos para sobreviverem. Estima-se que 1 g de solo possa abrigar de 10 a 30 milhões de fungos (Koerner, 1998). Sob esse aspecto, seria preocupante a instalação de geomembranas em contato com matéria orgânica em decomposição. Entretanto, a observação desse tipo de aplicação ao longo dos anos tem mostrado que os polímeros de elevado peso molecular parecem ser insensíveis a tal tipo de degradação. Sistemas drenantes naturais ou de geossintéticos podem ser colmatados por proliferação de fungos ou de bactérias (*colmatação biológica*).

Produtos geossintéticos podem entrar em contato com as mais diversas substâncias, particularmente em obras de disposição de resíduos. Assim, é difícil generalizar a possibilidade de uma substância atacar um determinado geossintético, pois as consequências do contato entre a substância e o geossintético dependerão das características de ambos. Quanto a geossintéticos enterrados em solo, como recomendação geral, Elias (1990) sugere que seriam motivo de potencial preocupação solos com as características apresentadas no Quadro 3.1. No caso de dúvidas, ensaios de resistência ao ataque químico devem ser realizados, bem como consultas aos fabricantes.

Quadro 3.1 SOLOS COM POTENCIAL DE DEGRADAR GEOSSINTÉTICOS

Solo	Características
Solos ácidos	Apresentam baixos valores de pH e consideráveis quantidades de íons CL^{-1} e SO_4^{-2}
Solos orgânicos	Apresentam alta quantidade de matéria orgânica e susceptibilidade a ataque microbiológico
Solos salinos	Ocorrem em áreas saturadas pela água do mar ou em áreas alcalinas secas
Solos ferruginosos	Contêm Fe_2SO_3
Solos calcários	Ocorrem em áreas dolomíticas
Solos estabilizados	São sujeitos a sais descongelantes, estabilizados com cimento ou cal

Fonte: Elias (1990).

3.5 Ensaios de identificação de polímeros constituintes de geossintéticos

Os ensaios de identificação com o uso de calor servem para detectar o polímero constituinte de um geossintético por meio de seu comportamento quando submetido a diferentes valores de temperatura. Alguns exemplos desses tipos de ensaio são:

- análise termogravimétrica (TGA);
- calorimetria diferencial de varredura (DSC);
- análise termomecânica (TMA);
- análise dinâmica mecânica (DMA);
- índice de derretimento (MI);
- determinação de peso molecular.

No caso da análise termogravimétrica, por exemplo, obtém-se a perda de massa do polímero com o aumento da temperatura. As formas das curvas resultantes dos ensaios e a temperatura para a queima total podem permitir a identificação do polímero ou a alteração de suas propriedades quando submetido a algum agente deletério. A Fig. 3.78 apresenta o resultado de ensaios termogravimétricos de dois espécimes de geotêxtil de poliéster, sendo um virgem e outro submetido previamente a imersão em um hidrocarboneto por um período de três meses. Os resultados mostram que a imersão provocou certo nível de alteração no comportamento termogravimétrico do geotêxtil.

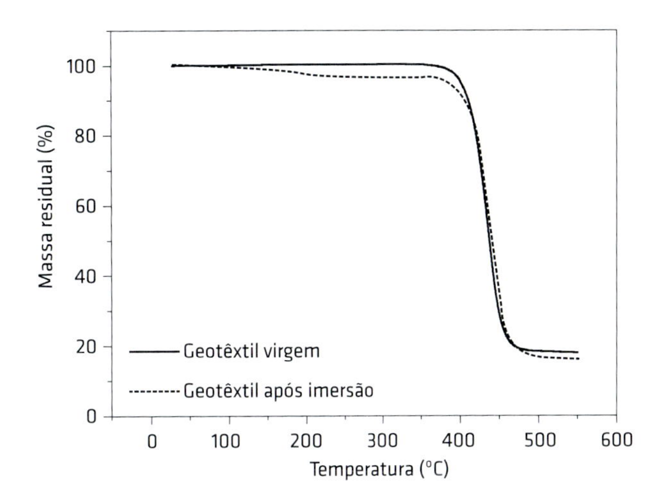

Fig. 3.78 Resultado de análise termogravimétrica de geotêxteis de poliéster
Fonte: Silva et al. (2005).

Na calorimetria diferencial de varredura (DSC), a diferença de energia fornecida a um espécime e a um sistema de referência é medida em função da temperatura, com ambos submetidos a um aumento controlado de temperatura. Nesse ensaio, pode-se avaliar a cristalização e a temperatura de transição vítrea (T_g). A Fig. 3.79 esquematiza um resultado típico de ensaio de DSC, em que se pode identificar a região de transição vítrea (região A), cristalização (região B) e fusão dos cristais (região C). Em alguns casos, a cristalização do polímero pode mascarar o valor de T_g, de modo a não ser possível identificá-lo no ensaio de DSC (Thomas; Cassidy, 1993b).

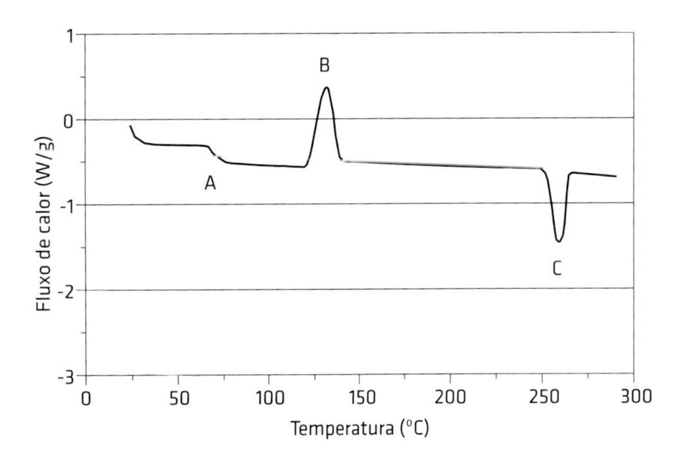

Fig. 3.79 Exemplo de resultado de ensaio de DSC

Mais detalhes sobre ensaios para a identificação de polímeros podem ser encontrados em Manrich, Frattini e Rosalini (1997) e em Koerner (1998).

Parte II

GEOSSINTÉTICOS EM DRENAGEM, FILTRAÇÃO E APLICAÇÕES AMBIENTAIS E HIDRÁULICAS

GEOSSINTÉTICOS EM DRENAGEM E FILTRAÇÃO

4

4.1 Geossintéticos em drenagem

Geossintéticos podem ser utilizados como meios drenantes em diferentes obras geotécnicas e de proteção ao meio ambiente. Os mais eficientes para esse tipo de aplicação são os geocompostos para drenagem, embora geotêxteis (particularmente os não tecidos) possam também ser usados, mas com menor eficiência em termos de capacidade de descarga ao longo de seu plano.

O projeto de um sistema de drenagem com geossintéticos basicamente requer o conhecimento de conceitos consagrados em Mecânica dos Solos, tais como a quantificação da vazão que atingirá o sistema de drenagem por meio de rede de fluxo, e o conhecimento de propriedades geotécnicas relevantes dos materiais (particularmente o coeficiente de permeabilidade dos solos) e das condições de fronteira. No que se refere aos geossintéticos, é necessário o conhecimento de propriedades como permissividade e transmissividade, discutidos no Cap. 3, e como tais propriedades podem variar sob as condições do projeto.

Para funcionar convenientemente como elemento drenante, um geossintético deve satisfazer às seguintes condições:

- *permissividade*: o elemento filtrante (geotêxtil) de um geocomposto ou o filtro geotêxtil de um dreno misto deve possuir permissividade suficiente para permitir a passagem do fluido satisfatoriamente e sem causar acréscimos de poropressões no maciço;
- *transmissividade*: caso o geossintético seja também responsável pela condução do fluido ao longo de seu plano para outra região, deve possuir valor de transmissividade suficiente para que tal transmissão se dê de forma desimpedida e sem trabalhar sob pressão.

O atendimento dos requisitos hidráulicos não dispensa a verificação das condições de filtro, que são também fundamentais.

A permissividade requerida para uma camada de geotêxtil pode ser obtida a partir da equação de continuidade sob condições de fluxo laminar:

$$q = kiA = k\frac{\Delta H_{GT}}{t_{GT}}A = \psi_{req}\Delta H_{GT}A$$

Assim:

$$\psi_{req} = \frac{q}{\Delta H_{GT}A} \quad \textbf{(4.1)}$$

em que ψ_{req} é a permissividade requerida; k_n, o coeficiente de permeabilidade normal ao plano do geotêxtil; t_{GT}, a espessura do geotêxtil; i, o gradiente hidráulico (direção normal ao geotêxtil); A, a área do geotêxtil atravessada pela água; e ΔH_{GT}, a perda de carga hidráulica no geotêxtil.

Desse modo, a permissividade do geotêxtil a ser especificado deve ser tal que:

$$\psi = \psi_{req} FR_{CC} FR_{FLC} FR_{IMP} FR_{CQ} FR_{CB} \quad \textbf{(4.2)}$$

em que ψ é a permissividade do geotêxtil a ser especificado; FR_{CC}, o fator de redução para consideração de cegamento (filme de partículas de solo sobre o geotêxtil) ou colmatação do dreno; FR_{FLC}, o fator de redução para redução de vazios do dreno decorrente de fluência sob compressão; FR_{IMP}, o fator de redução para impregnação dos vazios do geossintético; FR_{CQ}, o fator de redução para colmatação química; e FR_{CB}, o fator de redução para colmatação biológica.

No Cap. 3 são apresentados valores sugeridos para fatores de redução em aplicações de geossintéticos com drenos e filtros.

A capacidade de descarga disponível de geotêxteis ao longo de seu plano pode ser obtida pela seguinte expressão (Koerner, 1998):

$$q_{disp} = \frac{q_{max}}{FR_{CC} FR_{FLC} FR_{IMP} FR_{CQ} FR_{CB}} \quad (4.3)$$

em que q_{disp} é a capacidade de descarga, ou vazão, disponível e q_{max} é a capacidade de descarga máxima ao longo do geotêxtil.

No caso de georredes, Koerner (1998) sugere a equação a seguir para a determinação da capacidade de descarga de projeto ao longo do plano:

$$q_{disp} = \frac{q_{max}}{FR_{DE} FR_{FLC} FR_{CQ} FR_{CB}} \quad (4.4)$$

em que q_{disp} é a capacidade de descarga disponível; q_{max}, a capacidade de descarga máxima ao longo da georrede; e FR_{DE}, o fator de redução para consideração de deformações elásticas ou intrusão do geossintético adjacente nos vazios da georrede.

Valores sugeridos de fatores de redução são apresentados nas Tabs. 3.3 e 3.4. Deve-se aplicar um fator de segurança ao valor da capacidade de descarga disponível para determinar a capacidade de descarga de projeto.

Outras aplicações importantes de geossintéticos em drenagem são aquelas em sistemas drenantes de obras de disposição de resíduos e para a aceleração do processo de adensamento de solos moles saturados. Essas aplicações específicas serão apresentadas nos Caps. 5 e 8, respectivamente.

Exemplo 4.1

Avaliar a possibilidade de utilizar um geocomposto como camada drenante de um muro de arrimo (solo admitido isotrópico e homogêneo), cujas condições para projeto são apresentadas na Fig. 4.1. Para o nível de tensões esperado, o geocomposto candidato apresenta capacidade de descarga igual a $2{,}5 \times 10^{-3}$ m³/s/m, e seu filtro geotêxtil tem permissividade igual a $0{,}9$ s^{-1}.

Resolução

Vazão por unidade de comprimento chegando à camada drenante:

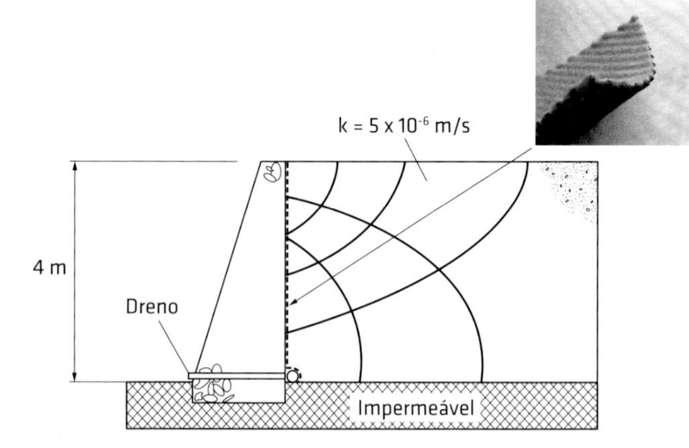

Fig. 4.1 Esquema do muro de arrimo

$$q = \frac{n_c}{n_d} kH$$

em que q é a vazão por unidade de comprimento normal ao plano do desenho; n_c, o número de canais de fluxo; n_d, o número de quedas de carga hidráulica; k_s, o coeficiente de permeabilidade do solo; e H, a perda de carga hidráulica total.

Como, para as condições de fluxo apresentadas, a perda de carga e o número de quedas de carga hidráulica dependem do canal de fluxo considerado, pode-se admitir conservadoramente $H = 4$ m e $n_d = 3$. Assim:

$$q = \frac{4}{3} \times 5 \times 10^{-6} \times 4 \; = \; 26{,}7 \times 10^{-6} \text{m}^3/\text{s/m}$$

A determinação da permissividade requerida para o filtro geotêxtil do geocomposto para drenagem (Eq. 4.1) depende da perda de carga hidráulica no geotêxtil (ΔH_{GT}), que só poderia ser obtida em ensaios de filtração especiais. Dessa forma, pode-se adotar conservadoramente $\Delta H_{GT} = 4$ m (ou seja, perda de carga total ocorrendo no geotêxtil). A área atravessada pelo fluxo por unidade de comprimento normal ao plano do desenho (A) é igual a 4 m². Portanto:

$$\psi_{req} = \frac{q}{\Delta H_{GT} A} = \frac{26{,}7 \times 10^{-6}}{4 \times 4} = 1{,}7 \times 10^{-6} \text{s}^{-1}$$

Ao adotar os seguintes fatores de redução (ver Cap. 3) para o exemplo em questão:

- colmatação e cegamento (FR_{CC}) = 3;
- redução de vazios por fluência por compressão (FR_{FLC}) = 1,5;
- impregnação dos vazios (FR_{IMP}) = 2;
- colmatação química (FR_{CQ}) = 1;
- colmatação biológica (FR_{CB}) = 1.

A permissividade disponível do geotêxtil do geocomposto candidato é dada por:

$$\psi_{disp} = \frac{0,9}{3 \times 1,5 \times 2 \times 1 \times 1} = 0,1\ s^{-1}$$

O fator de segurança quanto à permissividade do filtro geotêxtil é:

$$FS = \frac{\psi_{disp}}{\psi_{req}} = \frac{0,9}{1,7 \times 10^{-6}} = 5,3 \times 10^{5} \Rightarrow OK!$$

Para a capacidade de descarga disponível do geocomposto, admitindo-se os mesmos fatores de redução utilizados anteriormente, tem-se:

$$q_{disp} = \frac{q_{max}}{FR_{CC}FR_{FLC}FR_{IMP}FR_{CQ}FR_{CB}} = \frac{2,5 \times 10^{-3}}{3 \times 1,5 \times 2 \times 1 \times 1} = 2,78 \times 10^{-4}\ m^{3}/s/m$$

O fator de segurança quanto à capacidade de descarga é dado por:

$$FS = \frac{q_{disp}}{q_{req}} = \frac{2,78 \times 10^{-4}}{26,7 \times 10^{-6}} = 10,4 \Rightarrow OK!$$

Assim, o produto geocomposto candidato atenderia às condições de permissividade para seu filtro geotêxtil e de capacidade de descarga ao longo de seu plano. Note-se que, além disso, o geotêxtil deve também funcionar como filtro do solo a ser utilizado como reaterro para o muro.

4.2 Filtros geotêxteis

Uma das utilizações mais comuns do geotêxtil é como camada de filtro em obras geotécnicas e de proteção ao meio ambiente. O emprego de uma camada de geotêxtil como filtro traz várias vantagens de ordem prática em relação aos filtros granulares convencionais, tais como facilidade construtiva, confiabilidade na repetibilidade das propriedades, uniformidade do material, menor ocupação de volume na obra e redução de consumo, ou mesmo não utilização, de materiais naturais. Entretanto, como no caso de filtros granulares, o geotêxtil deve atender a requisitos específicos para funcionar apropriadamente como filtro.

Um filtro geotêxtil bem especificado é aquele em que, quando do estabelecimento do fluxo permanente, a estrutura do solo em contato com o filtro se manterá estável, tipicamente com a presença de pontes de grãos, como esquematizado na Fig. 4.2. No processo, alguns grãos de solo atravessarão o filtro e outros ficarão retidos em seu interior. No entanto, ao final uma condição estável tem que ser atingida, sem que haja comprometimento com a retenção de grãos de solo (*piping*), sem colmatação do filtro e sem redução significativa de permeabilidade.

Geotêxteis do tipo tecido ou não tecido podem ser utilizados como filtros. Entretanto, há uma predominância no uso de geotêxteis do tipo não tecido nessas aplicações, embora sua estrutura seja mais complexa. As principais razões para essa predominância são:

- Maior estabilidade quanto às dimensões das aberturas do filtro. Geotêxteis tecidos, particularmente os de menor gramatura, são mais susceptíveis a terem suas aberturas aumentadas durante a instalação do filtro no campo (estiramento, dano etc.).
- Menor susceptibilidade a danos mecânicos e tendência a repercussões menores de danos no funcionamento do filtro.

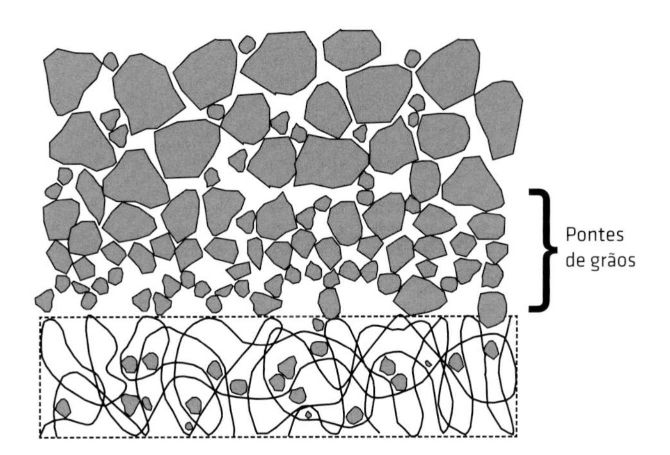

Fig. 4.2 Configuração estável de grãos de solo em contato com o filtro geotêxtil

4.2.1 Mecanismos de colmatação de filtros geotêxteis

Basicamente, são três os mecanismos de colmatação de filtros geotêxteis, como esquematizado na Fig. 4.3. O mecanismo de cegamento (Fig. 4.3A) consiste no acúmulo de partículas de solo com dimensões menores que as aberturas do filtro sobre sua superfície, formando uma camada de baixa permeabilidade. Tal mecanismo pode ocorrer em solos internamente instáveis, sujeitos ao fenômeno de sufusão (carreamento de partículas de solo menores pelos vazios entre partículas maiores). A incompatibilidade entre as dimensões das partículas carreadas e das aberturas do filtro acaba resultando na formação da camada de baixa permeabilidade sobre o filtro. O mecanismo de bloqueamento (Fig. 4.3B) é passível de ocorrência em geotêxteis do tipo tecido, com o bloqueamento de suas aberturas por partículas de solo. Entretanto, tal mecanismo seria estatisticamente muito improvável em um geotêxtil do tipo não tecido, devido à quantidade de aberturas

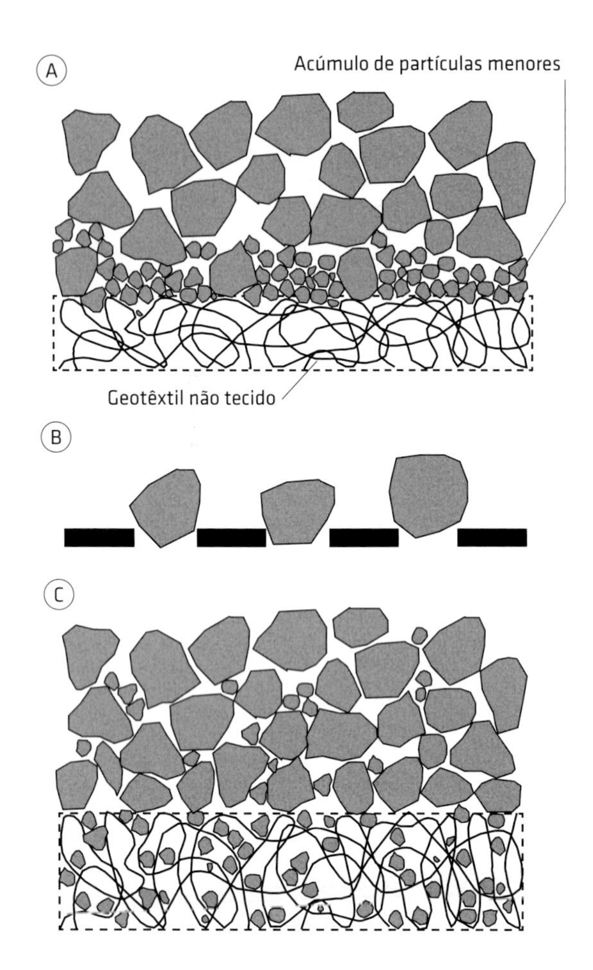

Fig. 4.3 Mecanismos de colmatação de filtros geotêxteis: (A) cegamento; (B) bloqueamento; (C) obstrução interna

deste. A obstrução de poros do geotêxtil (Fig. 4.3C) pode surgir em decorrência de impregnação excessiva por partículas de solo (por exemplo, durante o espalhamento de camadas de solos finos não coesivos sobre o filtro e/ou por partículas trazidas pelo fluido), formação de colônias de bactérias obstruindo os poros do geotêxtil ou precipitação de compostos químicos.

A colmatação por proliferação de colônias de bactérias também é bastante factível em sistemas de drenagem granulares ou geossintéticos em aterros sanitários (Cancelli; Cazzuffi, 1987; Koerner; Koerner, 1990; Silva; Palmeira; Vieira, 2002; Rowe; McIsaac, 2005; McIsaac; Rowe, 2005, 2006, 2007, por exemplo). Rowe, Armstrong e Cullimore (2000a) e Fleming, Rowe e Cullimore (1999) apresentam exemplos de colmatação severa de filtros granulares em laboratório e em um aterro sanitário após apenas quatro anos de utilização, respectivamente. Nesse caso, as bactérias proliferam, formando filmes que obstruem canais de fluxo e os poros do filtro granular ou do geotêxtil. A Fig. 4.4 apresenta um exemplo de formação de filmes de bactérias nos poros de um filtro geotêxtil após 90 dias sob fluxo de chorume em laboratório. Entretanto, os resultados de ensaios de laboratório e observações de campo sugerem

Fig. 4.4 Formação de filmes de bactérias em um filtro geotêxtil submetido ao fluxo de chorume
Fonte: Palmeira et al. (2008).

que, no laboratório, os filtros são geralmente ensaiados sob condições bem mais severas que as encontradas na obra. Isso decorre do fato de que vários fatores (umidade, temperatura, quantidade de matéria orgânica etc.) podem influir na atividade das bactérias, e, no campo, pode não ocorrer a constância dos requisitos necessários para a sobrevivência ou a proliferação acelerada de bactérias. Ensaios com filtros geotêxteis em contato direto com o lixo doméstico em laboratório (Colmanetti; Palmeira, 2001, 2002) e em células experimentais de lixo (Junqueira; Palmeira, 1999; Junqueira; Silva; Palmeira, 2006) mostraram excelente desempenho dos filtros de geotêxtil não tecido após cerca de seis anos de observação. Corcoran e Bhatia (1996) não observaram colmatação biológica em filtro geotêxtil não tecido exumado do aterro sanitário de Fresh Kills, Nova York (EUA), quatro anos após sua instalação, embora reduções significativas de permissividade tenham sido verificadas. Os autores concluíram que essa redução de permissividade ocorreu devido à impregnação do geotêxtil por intrusão de partículas durante sua instalação ou pouco tempo após a instalação.

A possibilidade de colmatação química deve ser avaliada, dependendo do material em contato com o filtro (solos, resíduos etc.). A precipitação de compostos químicos pode obstruir os vazios do filtro, comprometendo seu funcionamento. As consequências desse mecanismo de colmatação podem levar anos para se manifestarem. Veylon et al. (2016) descrevem um caso histórico, com 18 anos de existência, em que a precipitação de calcita na face jusante de um filtro geotêxtil em uma vala drenante reduziu significativamente o desempenho do sistema. Assim, para situações mais complexas, ensaios adicionais podem ser necessários para um projeto de filtro (areia ou geotêxtil) mais confiável.

Outro ponto levantado é a possibilidade de ruptura dos filmes de bactérias após um nível de colmatação elevado ter provocado um acúmulo de chorume sobre o geotêxtil (Koerner; Koerner, 1990). Isso se daria porque esse acúmulo aumentaria a pressão sobre os filmes de bactéria. Para determinada altura de chorume acumulada, a pressão seria suficiente para romper os filmes e possibilitar que o sistema voltasse a funcionar até um novo processo de colmatação. Remigio (2006) observou essa remoção de filmes de bactérias com o acúmulo de chorume sobre o filtro geotêxtil em laboratório. No entanto, há que se considerar que sucessivos processos de colmatação podem requerer alturas cada vez maiores de chorume para uma remoção significativa de filmes de bactérias (Palmeira et al., 2008). Um aspecto favorável para os filtros geotêxteis em relação aos granulares é que, no caso de se anteverem problemas de colmatação biológica em aterros sanitários, o sistema de drenagem pode ser dimensionado de forma a permitir a utilização de vácuo, injeção de gás ou retrolavagem para a limpeza periódica do filtro (ver Cap. 5), com o consequente aumento de sua vida útil (Koerner; Koerner, 1990).

Uma situação importante em solos tropicais é a possibilidade de colmatação de filtros, tanto granulares quanto geotêxteis, por precipitação de ferro (formação de ocre). Infanti e Kanji (1974), Ferreira (1978), Kanji et al. (1981) e Lindquist e Bonsegno (1981) apresentam relatos de formação de ocre e, eventualmente, colmatação de filtros granulares em barragens brasileiras. Ford (1982), Scheurenberg (1982), Van Zanten e Thaber (1982) e Puig, Gouy e Labroue (1986) reportam diferentes níveis de influência da formação de ocre em filtros geotêxteis. A Fig. 4.5 mostra um exemplo de colmatação férrea em um filtro geotêxtil sob um colchão de gabiões. Nesse nível de colmatação, os vazios do filtro podem ser totalmente obstruídos por material gelatinoso, com repercussões importantes para a estabilidade da obra.

A colmatação por formação de ocre ainda é um fenômeno pouco conhecido. Mendonça (2000) realizou ensaios de laboratório induzindo a formação de ocre em filtros de areia e em filtros geotêxteis. Os filtros geotêxteis (tecidos e não tecidos) tinham aberturas de filtração variando entre 0,13 mm e 0,8 mm, e o filtro de areia consistiu de areia média a grossa (D_{50} = 0,92 mm, D_{10} = 0,31 mm, D_{85} = 1,58 mm e CU = 3,4). Observaram-se reduções de permeabilidade do filtro geotêxtil variando de 2,4 a 45,3 vezes, mas o comportamento geral do sistema foi satisfatório, em vista da baixa permeabilidade do solo em contato com o geotêxtil (da ordem de 1.000 a 10.000 vezes menos permeável que os filtros ensaiados). Reduções de permeabilidade menores foram observadas no filtro de areia,

Fig. 4.5 Colmatação férrea de filtro geotêxtil
Foto: Palmeira e Fannin (2002).

embora a maior capacidade de retenção do filtro de areia (maior espessura) também possa ser fator de preocupação em médio e longo prazo, com relação a esse tipo de mecanismo de colmatação. Quando possível, uma forma de evitar ou minimizar o problema é o afogamento permanente do filtro, uma vez que a falta de oxigênio inviabiliza a atividade de microrganismos causadores da precipitação do ferro. Legge (2004) descreve um procedimento que envolveu o fechamento temporário e controlado da saída de descarga de um colchão drenante de uma grande barragem de rejeitos de mineração, para alterar as condições ambientais no colchão de aeróbicas para anaeróbicas e, com isso, remediar um processo de colmatação biológica.

Em face do enorme número de filtros granulares e geotêxteis em funcionamento, a colmatação por formação de ocre parece ser um evento não muito frequente, porque várias condições devem ser atendidas para que se viabilize a ocorrência desse tipo de fenômeno. Entretanto, em regiões com histórico de ocorrência desse tipo de colmatação, ou sob suspeita, bem como em obras de responsabilidade (estruturas de contenção, por exemplo), os devidos cuidados devem ser tomados, incluindo inspeções periódicas e serviços de manutenção dos filtros.

4.2.2 Critérios para filtros geotêxteis

Um geotêxtil deve atender aos seguintes critérios para funcionar como filtro:

- *critério de retenção*: visa garantir que o geotêxtil reterá as partículas de solo, evitando uma passagem significativa delas através de si e o fenômeno de *piping*;
- *critério de permeabilidade*: visa garantir que o filtro geotêxtil manterá um valor de coeficiente de permeabilidade suficientemente maior que o do solo em contato e compatível com as necessidades do regime de fluxo e as características da obra;

- *critério anticolmatação*: visa garantir que o filtro não sofrerá nenhum mecanismo de colmatação (Fig. 4.3);
- *critério de sobrevivência e durabilidade*: visa garantir que o filtro possuirá propriedades mecânicas suficientes para resistir a danos durante o manuseio, a instalação e a execução da obra, bem como possuirá durabilidade igual ou superior à vida útil da obra.

Para a aplicação dos critérios, são necessárias propriedades físicas e hidráulicas do filtro (espessura, coeficiente de permeabilidade, abertura de filtração, por exemplo), bem como propriedades do solo, particularmente sua curva granulométrica. Assim, para situações rotineiras, a correta especificação de um filtro geotêxtil requer somente dados que podem ser obtidos com os fabricantes (em catálogos de produtos, por exemplo) e com ensaios de granulometria, que são muito baratos. Desse modo, não há justificativa, econômica ou técnica, para que os critérios de filtro sejam ignorados, o que pode levar a insucessos que poderiam ser evitados. Situações envolvendo materiais mais complexos em contato com o filtro certamente podem requerer ensaios adicionais.

Critério de retenção

Quanto à capacidade de retenção do filtro geotêxtil, pode-se encontrar um grande número de critérios na literatura. O Quadro 4.1 apresenta alguns deles. Basicamente, o critério de retenção é expresso de forma a limitar um tamanho representativo da partícula de solo em relação às dimensões da abertura do filtro. Assim, tem-se a seguinte relação:

$$O_n \leq aD_s \quad \textbf{(4.5)}$$

em que O_n é a dimensão representativa das aberturas do geotêxtil por onde partículas de solo podem passar, ou abertura de filtração do geotêxtil (usualmente assumida como igual a O_{95}, O_{90} etc., dependendo do autor do critério – ver Cap. 3), e a é o número que multiplica o diâmetro característico dos grãos de solo D_s (adotado como igual a D_{90}, D_{85}, D_{50}, D_{30} ou D_{15}, dependendo do critério).

O valor de a pode ser função do tipo de geotêxtil, do tipo de solo, da porosidade do geotêxtil, de coeficientes de uniformidade e de curvatura do solo etc. – ver Quadro 4.1.

Critérios de retenção com base em soluções probabilísticas também podem ser encontrados na literatura (Faure, 1988; Faure; Gourc; Gendrin, 1989; Elsharief; Lovel, 1996; Urashima; Vidal, 1998, por exemplo). Entretanto, tais abordagens ainda têm aplicação limitada, devido à sua maior complexidade.

Critério de permeabilidade

Alguns critérios de permeabilidade para filtros geotêxteis estão sumariados no Quadro 4.2. O coeficiente de permeabilidade do geotêxtil a ser considerado na especificação deve ser o valor obtido sob o nível de tensões esperado na obra.

4.2.3 Dimensionamento de filtros geotêxteis segundo Christopher e Holtz (1985)

A seguir, é apresentada a metodologia de Christopher e Holtz (1985) para o dimensionamento de filtros geotêxteis. Apesar de existirem várias metodologias na literatura, esta é uma bastante consolidada, particularmente na América do Norte, bem como bastante completa em relação às congêneres. Ela se baseia na especificação do filtro com base no atendimento aos critérios de filtro apresentados anteriormente.

Critério de retenção

- *Condições de fluxo permanente*

$$O_{95} < BD_{85} \quad \textbf{(4.6)}$$

em que O_{95} é a abertura de filtração do geotêxtil; D_{85}, o diâmetro das partículas de solo correspondente a 85% passando; e B, um parâmetro que depende das características do solo.

Para areias, areias com pedregulhos, areias siltosas e areias argilosas (menos de 50%, em peso, dos grãos < 0,075 mm):

- ◊ se $C_u \leq 2$ ou $C_u \geq 8 \Rightarrow B = 1$;
- ◊ se $2 \leq C_u \leq 4 \Rightarrow B = 0{,}5/C_u$;
- ◊ se $4 < C_u < 8 \Rightarrow B = 8/C_u$.

Sendo C_u = coeficiente de uniformidade do solo = D_{60}/D_{10}.

Para solos finos, deve-se usar a fração granulométrica < 4,75 mm para a seleção do filtro geotêxtil.

Para siltes e argilas com mais de 50% de partículas menores que 0,075 mm, B depende do tipo de geotêxtil:

- ◊ para geotêxteis tecidos $\Rightarrow B = 1$ e $O_{95} \leq 0{,}3$ mm;
- ◊ para geotêxteis não tecidos $\Rightarrow B = 1{,}8$ e $O_{95} \leq 0{,}3$ mm.

- *Condições de fluxo dinâmicas*

Para condições de fluxo dinâmicas, Christopher e Holtz (1985) recomendam que:

$$O_{95} < 0{,}5D_{85} \quad \textbf{(4.7)}$$

- *Solos internamente instáveis*

Solos com $C_u > 20$ e curva de distribuição granulométrica com concavidade voltada para cima ou solos faltando uma faixa granulométrica são potencialmente instá-

Quadro 4.1 ALGUNS CRITÉRIOS DE RETENÇÃO ENCONTRADOS NA LITERATURA

Referência	Critério	Comentários
Ragutzki (1973)(*)	$O_f \leq 0,5D_{50}$ a $0,7D_{50}$ $O_f \leq 0,5D_{50}$ a $1,3D_{50}$ $O_f \leq 0,5D_{50}$ a $1,5D_{50}$	Tecidos e não tecidos, fluxo dinâmico/reverso, solo não confinado. Tecidos, fluxo dinâmico/reverso, solo confinado. Não tecidos, fluxo dinâmico/reverso, solo confinado.
Usace (1977)	0,149 mm $\leq O_{95} \leq$ 0,211 mm 0,149 mm $\leq O_{95} \leq D_{85}$	$D_{50} >$ 0,074 mm. $D_{50} \leq$ 0,074 mm. Geotêxteis não devem ser utilizados se $D_{85} <$ 0,074 mm.
AASHTO (1986a)	$O_{95} <$ 0,59 mm $O_{95} <$ 0,30 mm	Se 50% dos grãos de solo ≤ 0,074 mm. Se 50% dos grãos de solo > 0,074 mm. Sem limitações no tipo de geotêxtil ou solo.
Calhoun (1972)	$O_{95}/D_{85} \leq 1$ $O_{95} \leq$ 0,2 mm	Tecidos, solos com ≤ 50% passando na peneira nº 200. Tecidos, solos coesivos.
Zitscher (1974 apud Rankilor, 1981)	$O_{50}/D_{50} \leq$ 1,7-2,7 $O_{50}/D_{50} \leq$ 2,5-3,7	Tecidos, solos com $C_u \leq 2$, D_{50} = 0,1 mm a 0,2 mm. Não tecidos, solos coesivos.
Ogink (1975)	$O_{90}/D_{90} \leq 1$ $O_{95}/D_{85} \leq 1,8$ $O_f \leq D_{85}$(*) $O_f \leq D_{15}$(*)	Tecidos. Não tecidos. Fluxo dinâmico/reverso, tecidos e não tecidos, com formação de filtro natural. Fluxo dinâmico/reverso, tecidos e não tecidos, sem formação de filtro natural.
Sweetland (1977)	$O_{15}/D_{85} \leq 1$ $O_{15}/D_{15} \leq 1$	Não tecidos, solos com C_u = 1,5. Não tecidos, solos com C_u = 4.
Schober e Teindl (1979)	$O_{90}/D_{50} \leq$ 2,5-4,5 $O_{90}/D_{50} \leq$ 4,5-7,5	Tecidos e não tecidos finos, depende de C_u. Não tecidos espessos, depende de C_u, siltes e solos arenosos.
Teindl e Schober (1979 apud Faure 1988)	$O_f \leq D_5$ a D_{85}	Condições de fluxo dinâmico/reverso, tecidos e não tecidos, depende do gradiente hidráulico.
Millar, Ho e Turnbull (1980)	$O_{50}/D_{85} \leq 1$	Tecidos e não tecidos.
Rankilor (1981)	$O_{50}/D_{85} \leq 1$ $O_{15}/D_{15} \leq 1$	Não tecidos, solos com 0,02 mm $\leq D_{85} \leq$ 0,25 mm. Não tecidos, solos com $D_{85} >$ 0,25 mm.
Giroud (1982)	$O_{95}/D_{50} < C'_u$ $O_{95}/D_{50} < 9/C'_u$ $O_{95}/D_{50} < 1,5C'_u$ $O_{95}/D_{50} < 13,5/C'_u$ $O_{95}/D_{50} < 2C'_u$ $O_{95}/D_{50} < 18/C'_u$	Se I_D < 35%, $1 < C'_u < 3$. Se I_D < 35%, $C'_u > 3$. Se 35% < I_D < 65%, $1 < C'_u < 3$. Se 35% < I_D < 65%, $C'_u > 3$. Se I_D > 65%, $1 < C'_u < 3$. Se I_D > 65%, $C'_u > 3$. Admite migração de finos para valores altos de C_u.
Carroll (1983)	$O_{95}/D_{85} \leq$ 2-3	Tecidos e não tecidos.
Heerten (1982)	$O_{90} < 10D_{50}$ e $O_{90} \leq D_{90}$ $O_{90} < 2,5D_{50}$ e $O_{90} \leq D_{90}$ $O_{90} < D_{50}$ $O_{90} < 10D_{50}$ e $O_{90} \leq D_{90}$ e $O_{90} \leq$ 0,1 mm	Solos não coesivos, com $C_u \geq 5$ e condições estáticas de carregamento. Solos não coesivos, com $C_u < 5$ e condições estáticas de carregamento. Solos não coesivos, condições dinâmicas de carregamento. Solos coesivos, independentemente da condição de carregamento.
Mlynarek (1985) e Mlynarek, Lafleur e Lewandowski (1990)	$2D_{15} < O_{95} < 2D_{85}$	Não tecidos.
Lawson (1986b)	$O_{90}/D_n = C$	Desenvolvido para solos residuais de Hong Kong. Valores de n e C são obtidos de um gráfico definindo regiões de desempenho satisfatório do filtro.
Lawson (1987 apud GEO, 1993)	$O_{90}/D_{85} \leq 1$ 0,08 mm $\leq O_{90} \leq$ 0,12 mm 0,03 mm $\leq O_{90} \leq D_{85}$	Solos predominantemente arenosos com D > 0,1 mm, por exemplo, solos residuais granulares e solos arenosos aluvionares. Solos não coesivos, por exemplo, siltes de origem aluvial ou de outra origem, e para solos coesivos não dispersivos. Solos coesivos dispersivos.
John (1987)	$O_{85}/D_{50} \leq (C'_u)^a$	a depende do tamanho das partículas de solo a serem retidas (a = 0,7 para D_{85}).
FHWA – Christopher e Holtz (1985)	$O_{95}/D_{85} \leq$ 1-2 $O_{95}/D_{15} \leq 1$ ou $O_{50}/D_{85} \leq 0,5$	Depende do tipo de solo e do valor de C_u. Fluxo dinâmico, pulsante ou cíclico se o solo pode se mover abaixo do geotêxtil.
CFGG (1986)	$O_f/D_{85} \leq$ 0,38-1,25 $O_f \leq 0,5D_{85}$(*) $O_f \leq 0,75D_{85}$(*)	Depende do tipo de solo, compactação, condições hidráulicas e de aplicação. Fluxo reverso, tecidos e não tecidos, solo fofo. Fluxo reverso, tecidos e não tecidos, solo denso.

Quadro 4.1 (continuação)

Referência	Critério	Comentários
Fischer, Christopher e Holtz (1990)	$O_{50}/D_{85} \leq 0{,}8$ $O_{95}/D_{15} \leq 1{,}8\text{-}7{,}0$ $O_{50}/D_{50} \leq 0{,}8\text{-}2{,}0$	Baseado na distribuição de poros do geotêxtil, depende do valor de C_u.
Rollin, Mlynarek e Bolduc (1990)	$O_{95} < 1$ a $1{,}5D_{85}$	Obtido a partir de ensaios com solo arenoso fino e para três não tecidos agulhados utilizando aparelho de filtração com fluxo ascendente.
Luettich, Giroud e Bachus (1992)	Gráficos	Baseado no tamanho dos poros do geotêxtil, tipo de solo e dimensões de partículas, condições hidráulicas e outros fatores.
CGS (1992)	$O_f/D_{85} < 1{,}5$ $O_f/D_{85} < 3{,}0$	Solos uniformes. Solos bem graduados.
OMT (1992)	$O_f/D_{85} < 1{,}0$ e $O_f > 0{,}5D_{85}$ ou 40 μm	Não tecidos são preferíveis, $t_{GT} > 1$ mm, evitar geotêxteis termoligados.
UK DTp – Murray e McGown (1992 apud Corbet, 1993)	$O_{90}/D_{90} = 1$ a 3 $O_{90}/D_{90} < 1$ a 3	Solos com $1 \leq C_u \leq 5$, tecidos e não tecidos. Solos com $5 < C_u < 10$, tecidos e não tecidos finos ($t_{GT} \leq 2$ mm) – critério alternativo.
	$O_{90}/D_{50} < 1{,}8$ a 6	Solos com $5 < C_u < 10$, não tecidos espessos ($t_{GT} > 2$ mm) – critério alternativo.
Fannin, Vaid e Shi (1994)	$O_f/D_{85} < 1{,}5$ e $O_f/D_{50} < 1{,}8$ $O_f/D_{85} < 0{,}2$, $O_f/D_{50} < 2{,}0$, $O_f/D_{50} < 2{,}5$ e $O_f/D_{15} < 4{,}0$	Não tecidos, $1 < C_u < 2$. Não tecidos, $3 < C_u < 7$.
Bhatia e Huang (1995)	$O_{95}/D_{85} < 0{,}65\text{-}0{,}05C_c$ $O_{95}/D_{85} < 2{,}71\text{-}0{,}36C_c$ $O_{95} < D_{85}$	$n < 60\%$ e $C_c > 7$. $n < 60\%$ e $C_c < 7$. $n < 60\%$.
Lafleur (1999)	$O_f/D_I < 1$	Solos estáveis ($C_u \geq 6$ e $D_I = D_{85}$ nesse caso), solos com $C_u > 6$, mas com curva granulométrica linear ($D_I = D_{50}$ nesse caso), solos descontínuos ($C_u > 6$) internamente instáveis ($D_I = D_G$) e solos com $C_u > 6$ com curva granulométrica com concavidade voltada para cima e internamente estáveis ($D_I = D_{30}$).
	$1 < O_f/D_I < 5$	Solos instáveis com $D_I = D_{30}$ para solos descontínuos internamente instáveis e para solos internamente instáveis com curvas granulométricas com concavidades voltadas para cima (risco de migração de finos). Critério desenvolvido para solos não coesivos.

Notas: esse quadro apresenta um resumo de cada critério, por isso, não utilizar qualquer critério apresentado antes de consultar o trabalho original. C_c = coeficiente de curvatura do solo = $D^2_{30}/(D_{60}D_{10})$; C_u = coeficiente de uniformidade do solo = D_{60}/D_{10}; C'_u = coeficiente de uniformidade linear do solo = $(D'_{100}/D'_0)^{0,5}$; D_G = diâmetro mínimo da descontinuidade; D_I = diâmetro indicativo do solo-base a ser protegido; D_{50f} = diâmetro médio da partícula da fração de solo menor que o valor de O_f do geotêxtil; D_Y = diâmetro da partícula de solo correspondente a Y por cento passando; D'_Y = diâmetro da partícula correspondente a Y por cento passando obtido de ajuste linear da parte central da curva granulométrica do solo; I_D = densidade relativa; n = porosidade do geotêxtil; O_f = abertura de filtração do geotêxtil obtida em ensaio de peneiramento hidrodinâmico; O_X = abertura do geotêxtil correspondente ao tamanho da partícula X com base em ensaios secos com microesferas de vidro; e t_{GT} = espessura do geotêxtil.

Fonte: modificado de Palmeira e Gardoni (2000b) e Gardoni e Palmeira (2002).

veis internamente. Nesses casos, para a retenção das partículas móveis (sufusão), deve-se usar as dimensões de partículas de solo representativas da parcela capaz de se deslocar na direção do filtro geotêxtil. Nesse caso, pode haver cegamento do filtro, o que deve ser avaliado por ensaios de filtração (razão entre gradientes, por exemplo – ver Cap. 3).

Critérios de permeabilidade e de permissividade do filtro

- Para condições não críticas e menos severas, $k_{GT} > k_S$.
- Para condições críticas e severas, $k_{GT} > 10k_S$.
- Para possibilidade de colmatação biológica, $k_{GT} > 100k_S$.

Critério de permissividade

- $\Psi \geq 0{,}5$ s^{-1} para menos de 15% em peso de partículas menores que 0,075 mm.
- $\Psi \geq 0{,}2$ s^{-1} para 15% a 50% em peso de partículas menores que 0,075 mm.
- $\Psi \geq 0{,}1$ s^{-1} para mais de 50% em peso de partículas menores que 0,075 mm.

Raramente geotêxteis são utilizados como elementos principais de drenagem, devido à sua baixa capacidade de descarga para as condições da maioria das obras geotécnicas, particularmente quando submetidos a níveis de tensões elevados. Caso o geotêxtil também desempenhe papel relevante do ponto de vista de drenagem, sua capacidade de descarga (ou transmissividade) deve também ser avaliada, levando-se em conta os fatores de redução pertinentes. Valores de coeficientes de permeabilidade e permissividade do geotêxtil a serem utilizados no critério devem ser aqueles obtidos sob o nível de tensões esperado na obra.

Quadro 4.2 ALGUNS CRITÉRIOS DE PERMEABILIDADE OU PERMISSIVIDADE ENCONTRADOS NA LITERATURA

Referência	Critério	Comentários
Calhoun (1972), Schoeber e Teindl (1979), Wates (1980), Giroud (1982), Carroll (1983) e Christopher e Holtz (1985)	$k_{GT} > k_S$	Fluxo estacionário em aplicações não críticas e condições de solo não severas.
Carroll (1983) e Christopher e Holtz (1985)	$k_{GT} > 10k_S$	Condições críticas e condições severas hidráulicas e de solo.
Christopher e Holtz (1985)	$k_{GT} > 100k_S$	Quando houver risco de colmatação biológica.
Departamento de Transportes do Reino Unido – Corbet (1993)	$k_{GT} > 10k_S$	Para geotêxteis tecidos e não tecidos finos ($t_{GT} < 2$ mm).
	$k_{GT} > 100k_S$	Para não tecidos espessos ($t_{GT} > 2$ mm).
Lafleur (1999)	$k_{GT} > 20k_S$	

Notas: k_{GT} = coeficiente de permeabilidade do geotêxtil, k_S = coeficiente de permeabilidade do solo e t_{GT} = espessura do geotêxtil; a pressão sobre o geotêxtil pode influenciar o valor de t_{GT}, enquanto a impregnação e o nível de tensões podem influenciar o valor de k_{GT} (ver Cap. 3).

Critério anticolmatação

Para condições menos críticas e menos severas:

- para $C_u > 3 \Rightarrow O_{95} \geq 3D_{15}$;
- para $C_u \leq 3 \Rightarrow$ selecionar o geotêxtil com o maior valor de O_{95} que atenda simultaneamente ao critério de retenção.

Qualificadores opcionais quando a colmatação é possível (por exemplo, solos internamente instáveis, solos siltosos):

- para não tecidos $\Rightarrow$ porosidade do geotêxtil $(n) \Rightarrow 50\%$;
- para tecidos de monofilamentos e tecidos em fitas $\Rightarrow$ $POA \geq 4\%$, em que POA = percentagem de área aberta do geotêxtil em planta.

Para condições severas e/ou críticas:

Selecionar o geotêxtil que satisfaça aos critérios de retenção e de permeabilidade. A seguir, executar ensaios de filtração utilizando o solo e as condições hidráulicas que ocorrerão na obra. Nesse caso, podem ser realizados os seguintes ensaios (ver Cap. 3):

- *ensaio de razão entre gradientes* (GR test): para areias e solos siltosos (se $k_S \geq 10^{-7}$ m/s);
- *ensaio de condutividade hidráulica* (HCR test): para solos com $k_S < 10^{-7}$ m/s.

Ensaios de filtração de longa duração podem ser necessários, dependendo das características da obra.

É possível classificar as condições de utilização do filtro geotêxtil como severas ou não severas, críticas ou não críticas, de acordo com as recomendações apresentadas no Quadro 4.3. Fatores adicionais podem ter que ser levados em conta nessa classificação.

Critério de sobrevivência

A Tab. 4.1 apresenta os requisitos para a sobrevivência do geotêxtil recomendados por AASHTO (1990a, 1990b, 1996 apud Holtz; Christopher; Berg, 1997).

Exemplo 4.2

Verificar os requisitos para que o geotêxtil do geocomposto do Exemplo 4.1 funcione como filtro para o solo de reaterro segundo a metodologia de Christopher e Holtz (1985). A curva granulométrica do solo para a situação mais desfavorável é apresentada na Fig. 4.6.

Quadro 4.3 RECOMENDAÇÕES PARA A AVALIAÇÃO DA NATUREZA CRÍTICA OU DA SEVERIDADE EM APLICAÇÕES EM DRENAGEM E CONTROLE DE EROSÕES

Natureza crítica ou não crítica da aplicação		
Item	**Condição crítica**	**Condição não crítica**
1. Risco de perda de vida e/ou dano estrutural devido à falha do dreno	Alto	Nenhum
2. Custo de reparo *versus* custo de instalação do dreno	Muito maior	Igual ou menor
3. Evidência de colmatação do dreno antes de potencial falha catastrófica	Nenhuma	Sim
Grau de severidade da aplicação		
Item	**Condição severa**	**Condição não severa**
1. Solo a ser drenado	Solos descontínuos, sujeitos a *piping* ou dispersivos	Solos bem graduados ou uniformes
2. Gradiente hidráulico	Alto	Baixo
3. Condições de fluxo	Dinâmico, cíclico ou pulsos	Fluxo permanente

Fonte: Carroll (1983).

Tab. 4.1 REQUISITOS PARA A SOBREVIVÊNCIA

Propriedade	Drenagem[1]		Método de ensaio
	Alta sobrevivência[2] (classe 2)[5]	Sobrevivência moderada[3] (classe 3)[5]	
Resistência no ensaio de tração tipo *grab* (N)	700	500	ASTM D4632
Deformação (%)	n/a	n/a	ASTM D4632
Resistência da costura[4] (N)	630	450	ASTM D4632
Resistência à perfuração (N)	250	180	ASTM D4833
Resistência ao rasgo (trapezoidal) (N)	250	180	ASTM D4533
Resistência ao estouro (kN/m²)	1.300	950	ASTM D3786
Degradação por radiação ultravioleta	50% da resistência mantida após 500 h	50% da resistência mantida após 500 h	ASTM D4355

Notas:
- A aceitação do material geotêxtil deve ser feita com base na norma ASTM D4759.
- Segundo a AASHTO, a agência contratante pode requerer uma carta do fornecedor certificando que seu geotêxtil atende aos requisitos. Observação: geotêxteis tecidos confeccionados com filmes/fitas não devem ser permitidos.
- Os valores apresentados se aplicam para costuras executadas no campo e na fábrica.

(1) Mínimo: usar o valor na direção principal mais fraca. Todos os valores apresentados representam valores médios mínimos do rolo (os resultados de ensaios em amostras de qualquer rolo devem ser iguais ou maiores que o valor mínimo mostrado nessa tabela). Os valores apresentados são para aplicações menos críticas/menos severas. Lotes a serem ensaiados devem seguir a norma ASTM D4354.
(2) As aplicações de drenagem que requerem alta sobrevivência para os geotêxteis são aquelas onde as tensões de instalação são mais severas que as em aplicações moderadas, por exemplo, quando agregados muito graúdos, afiados, angulares são utilizados, altos graus de compactação (> 95%, segundo a AASHTO T99) são especificados ou a profundidade da vala de drenagem é maior que 3 m.
(3) As aplicações de drenagem que requerem sobrevivência moderada para os geotêxteis são aquelas onde os geotêxteis são utilizados em contato com superfícies lisas regulares, sem protuberâncias angulares ou afiadas, os requisitos de compactação são leves (grau de compactação < 95%, segundo a AASHTO T99) e a profundidade da vala de drenagem é menor que 3 m.
(4) Os valores apresentados se aplicam para costuras executadas no campo e na fábrica.
(5) Classificação segundo a AASHTO (1996).
Fonte: modificado de AASHTO (1990a, 1990b, 1996 apud Holtz; Christopher; Berg, 1997).

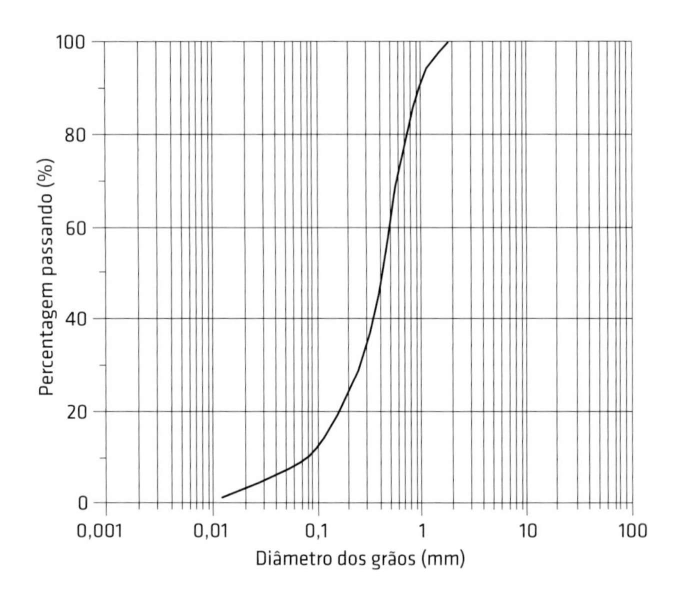

Fig. 4.6 Curva granulométrica mais desfavorável do solo

Resolução

Dados granulométricos relevantes:

$D_{85} = 0{,}81$ mm

$D_{60} = 0{,}48$ mm

$D_{10} = 0{,}081$ mm

$D_{30} = 0{,}24$ mm

$C_u = D_{60}/D_{10} = 0{,}48/0{,}081 = 5{,}93$

$D_{15} = 0{,}12$ mm

$C_c = D_{30}^2/D_{60}D_{10} = 6{,}1$

Critério de retenção

Solo com menos de 50% menor que 0,075 mm

e $4 < C_u < 8 \Rightarrow B = 8/C_u = 8/5{,}93 \Rightarrow B = 1{,}35$

$O_{95} \leq B\ D_{85} = 1{,}35 \times 0{,}81 \Rightarrow O_{95} \leq 1{,}09$ mm

Critério de permeabilidade

Estrutura de contenção ⇒ condições críticas/severas

$k_G \geq 10k_s = 10 \times k_s = 10 \times 5 \times 10^{-6}$

$k_G \geq 5 \times 10^{-5}$ m/s

Critério de permissividade

Menos de 15% menor que 0,075 mm ⇒ $\Psi \geq 0{,}5\ s^{-1}$

O coeficiente de permeabilidade e a permissividade do geotêxtil obtidos devem atender aos critérios apresentados sob as condições de tensões a que o geotêxtil estará submetido na estrutura.

Critério anticolmatação

Para condições críticas/severas ⇒ realizar ensaios de filtração.

Como $k_S \geq 10^{-7}$ m/s $\Rightarrow$ ensaio de razão entre gradientes (recomendação da ASTM: razão entre gradientes, GR, ≤ 3)

Assim, na especificação do produto, tanto os requisitos para drenagem (Exemplo 4.1) quanto os requisitos para filtração devem ser atendidos.

4.3 Aspectos importantes a serem considerados em obras de drenagem e filtração

4.3.1 Tipo e características do solo

De fundamental importância para o bom funcionamento de um dreno e filtro granular ou geossintético é o tipo e as características do solo que estará em contato com o sistema. Solos internamente instáveis ou ambientes propensos a atividade biológica significativa podem provocar a colmatação prematura de filtros. Quanto a solos internamente instáveis, a Fig. 4.7 apresenta curvas granulométricas típicas desses solos (solos descontínuos ou com curva granulométrica com concavidade voltada para cima). Nesses casos, a migração de partículas menores através dos vazios entre partículas maiores (sufusão) pode levar ao cegamento do filtro.

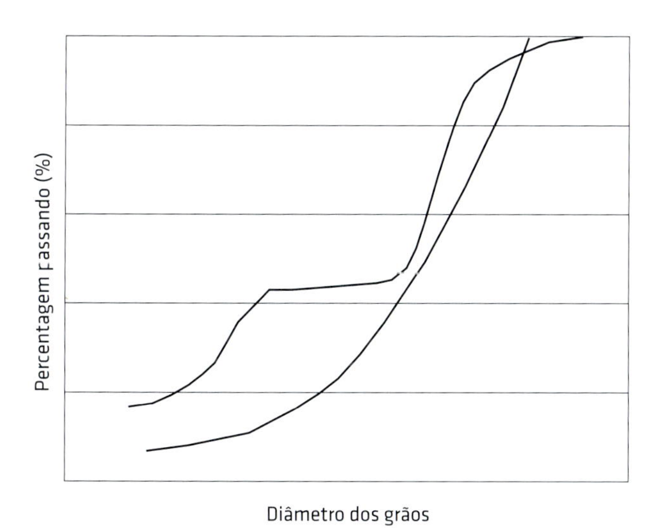

Fig. 4.7 Curvas granulométricas típicas de solos com potencial instabilidade interna

Alguns critérios para o estabelecimento do potencial de um solo em se comportar de forma instável estão disponíveis na literatura. Além da forma da curva granulométrica, de particular relevância são os valores dos coeficientes de uniformidade ($C_u = D_{60}/D_{10}$) e de curvatura ($C_c = D_{30}^2/(D_{60}D_{10})$) do solo. O Quadro 4.4 exibe alguns critérios para a avaliação do potencial de instabilidade interna de um solo.

Quadro 4.4 ALGUNS CRITÉRIOS PARA A VERIFICAÇÃO DO POTENCIAL DE INSTABILIDADE INTERNA DE SOLOS

Referência	Condição
Kenney e Lau (1985)	Um solo pode ser internamente instável se sua fração mais fina (30%) não atender à condição $W_{4D} > 2{,}3W_D$, em que W_{4D} e W_D são as percentagens (em massa) de partículas menores que dados diâmetros $4D$ e D, respectivamente.
Bathia e Huang (1995)	Solos com $C_c > 7$.
Christopher e Holtz (1985)	Solos com $C_u > 20$ e curva granulométrica com concavidade voltada para cima.
Lafleur (1999)	Solos com $C_u > 6$ e curva granulométrica com concavidade voltada para cima.

4.3.2 Aspectos construtivos deletérios

Durante a instalação do geossintético, devem ser evitados fatores que possam comprometer seu desempenho como elemento de drenagem e/ou filtro. Assim, é necessário proibir a passagem de veículos de construção sobre o filtro geotêxtil, por exemplo. A Fig. 4.8 apresenta um exemplo de prática executiva incorreta e os danos causados ao filtro geotêxtil.

Deve-se evitar a contaminação da camada de filtro por corrida de lama, acúmulo de poeira ou contaminação do núcleo drenante granular, como exemplificado na Fig. 4.9. Nesses casos, a camada filtrante deve ser devidamente lavada, e, se tal procedimento não se mostrar satisfatório, é preciso que o trecho contaminado seja substituído.

O material de aterro a ser instalado sobre o filtro geotêxtil não deve danificá-lo. Assim, devem ser evitados materiais graúdos, com elementos perfurantes, tais como pedras, enrocamento, galhos, troncos, tocos etc. A Fig. 4.10 mostra uma prática construtiva inaceitável associando aterro com blocos de rocha, galhos e troncos e com tráfego de veículos de construção sobre o geotêxtil. Materiais tão heterogêneos, além de poderem danificar o filtro, posteriormente podem provocar sua colmatação por cegamento ou atividade biológica.

Na instalação de filtro geotêxtil em vala drenante, deve-se garantir o perfeito contato entre o filtro e as paredes internas da vala. Espaços vazios entre eles facilitam a migração de finos do solo em suspensão em direção ao filtro, podendo colmatá-lo por cegamento (Fig. 4.11). A NBR 15224 apresenta procedimentos para a instalação de filtros geotêxteis em valas drenantes.

Em colchões drenantes, bem como em outros tipos de dreno, não se deve fechar o colchão com o filtro geotêxtil externamente, pois, nesse caso, inverte-se a sequência

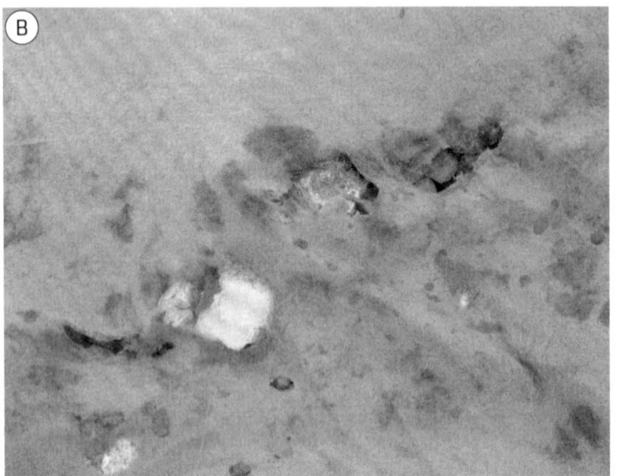

Fig. 4.8 Danos provocados por prática construtiva inaceitável: (A) veículo sobre o filtro geotêxtil e (B) danos ao filtro

Fig. 4.9 (A) Contaminação do elemento de filtro por corrida de lama e (B) contaminação do núcleo drenante

Fig. 4.10 Prática construtiva e material de aterro impróprios

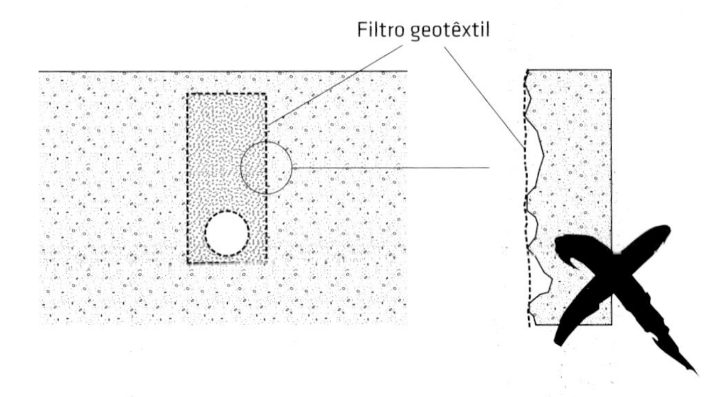

Fig. 4.11 Instalação imprópria de filtro geotêxtil em vala drenante

correta de camadas de um filtro. A Fig. 4.12 exibe o fechamento incorreto de um colchão drenante, decorrente de seu envelopamento pelo filtro geotêxtil. Tal prática pode provocar o cegamento do filtro geotêxtil devido à migração de finos (ou pó de brita) através dos poros do material granular drenante em direção ao filtro. O mesmo se aplica a filtros geotêxteis envolvendo tubos perfurados imersos em material drenante (Fig. 4.13).

O emprego de produtos geotêxteis diferentes também deve ser evitado, a menos que possuam as mesmas propriedades hidráulicas e de filtração requeridas para os solos em contato. A Fig. 4.14 apresenta um exemplo de utilização de produtos diferentes no filtro de um colchão drenante, bem como uma prática construtiva inaceitável, devido ao tráfego de veículos sobre o filtro. Geotêxteis parecidos não necessariamente possuem as mesmas propriedades físicas, mecânicas e hidráulicas.

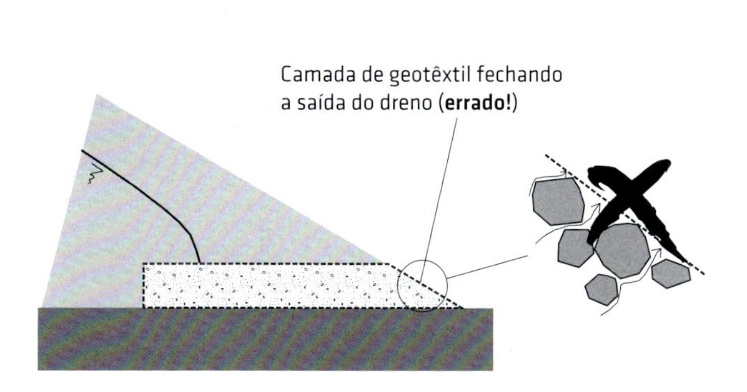

Fig. 4.12 Fechamento errado de saída de drenos pelo filtro geotêxtil

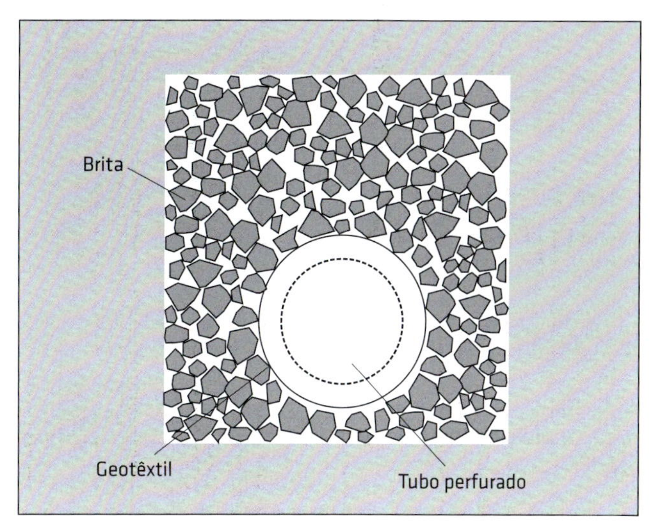

Fig. 4.13 Posicionamento errado do filtro geotêxtil

Fig. 4.14 Utilização de diferentes produtos geotêxteis

GEOSSINTÉTICOS EM OBRAS DE PROTEÇÃO AMBIENTAL

5

Os geossintéticos podem ser utilizados em várias aplicações de proteção ao meio ambiente e de remediação de danos ambientais. Tais são os casos de confinamento de resíduos, confinamento de terrenos contaminados, descontaminação de terrenos e controle de erosões. Suas principais funções nesses tipos de obra podem ser de barreira contra líquidos e gases, barreira para sedimentos, separação entre materiais, proteção, drenagem e filtração e até mesmo reforço. A Fig. 5.1 exemplifica algumas dessas aplicações.

5.1 Geossintéticos em controle de erosões

Geossintéticos podem ser empregados em obras de controle de erosões (erosões de taludes, erosões costeiras, canais etc.) por meio da adoção de geotêxteis, geomantas e geocélulas. Nas seções seguintes, apresentam-se as principais aplicações desses materiais em controle de erosões.

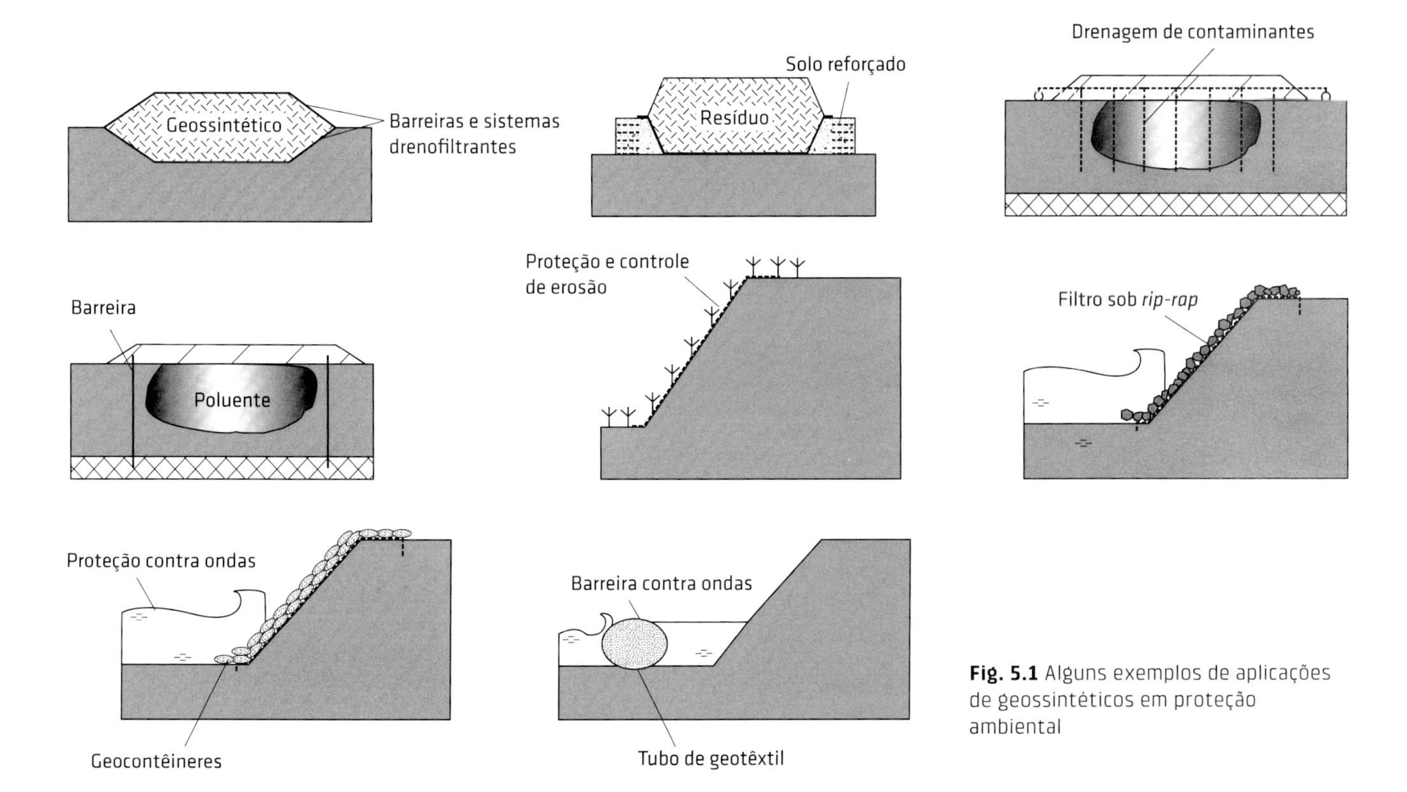

Fig. 5.1 Alguns exemplos de aplicações de geossintéticos em proteção ambiental

5.1.1 Barreiras para sedimentos (*silt fences*)

Nesse tipo de aplicação, a barreira se assemelha a uma parede formada por camada de geotêxtil mantida na vertical por postes. A Fig. 5.2 mostra o princípio de funcionamento e o esquema de uma barreira para sedimentos, enquanto a Fig. 5.3 apresenta exemplos de sua aplicação em voçorocas. A camada de geotêxtil funciona como um elemento de filtro que visa permitir a passagem da água e a retenção dos sólidos em suspensão. A condição de fluxo com sólidos em suspensão é bastante severa no que diz respeito à possibilidade de colmatação do filtro, como comentado anteriormente. Entretanto, em barreiras para sedimentos, essa colmatação geralmente não constitui problema relevante.

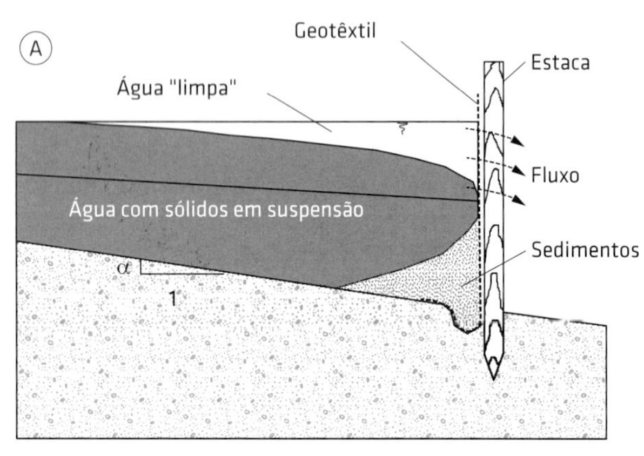

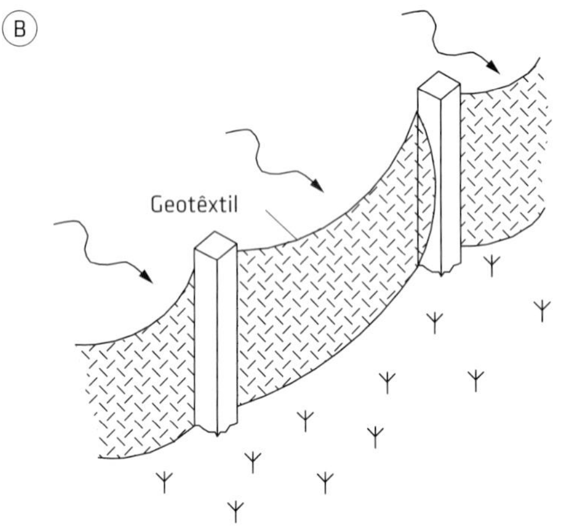

Fig. 5.2 Barreira para sedimentos: (A) seção transversal e (B) vista esquemática
Fonte: modificado de Koerner (1998).

Richardson e Middlebrooks (1991) apresentam uma abordagem para o dimensionamento de barreiras para sedimentos para mecanismos de erosão laminar em terreno liso e sem vegetação. Segundo esses autores, o comprimento máximo ao longo do talude sob responsabilidade de uma dada barreira é obtido por (Fig. 5.4):

Fig. 5.3 Exemplos de barreiras para sedimentos em voçorocas
Fotos: cortesia de Dr. Rideci J. Farias e Dr. João L. Armelin.

$$L_{max} = 36{,}2e^{-11{,}1\alpha} \quad \textbf{(5.1)}$$

em que L_{max} é o comprimento máximo acima da barreira (m) e α é a declividade do terreno (1: α, ou 1 na horizontal para α na vertical).

A vazão de *run-off* no trecho considerado é dada por:

$$Q = CIA \quad \textbf{(5.2)}$$

em que Q é a vazão de *run-off* (água mais sedimentos) (m^3/h); C, o coeficiente de *run-off* (adimensional); I, a intensidade de chuva (m/h); e A, a área erodida (m^2/m).

O valor de C recomendado para terrenos lisos e sem vegetação é de 0,5 (Koerner, 1998). O mesmo autor recomenda que se use um valor de intensidade de chuva com 1 h de duração com intervalo de recorrência de dez anos.

O volume de sedimentos acumulado após um evento entre barreiras dependerá do tipo de arranjo das barreiras. Para a situação da Fig. 5.4, o volume de sedimentos acumulado por uma barreira é dado por:

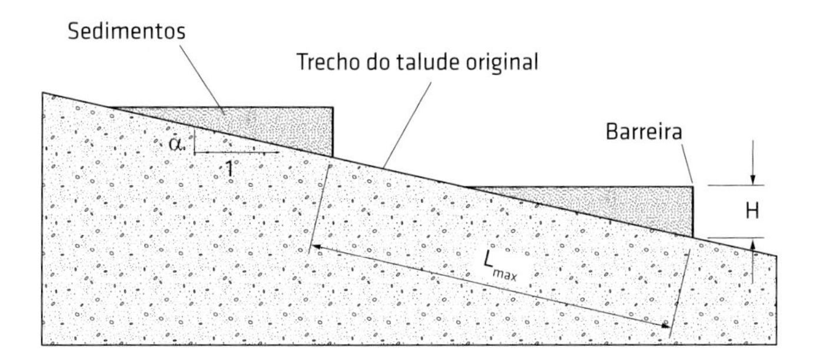

Fig. 5.4 Acúmulo de sedimentos em barreiras

$$V = Qt = H(\frac{H}{\alpha})/2 \quad (5.3)$$

Então:

$$H = \sqrt{2Qt\alpha} \quad (5.4)$$

em que V é o volume total de *run-off* (m³); Q, a vazão de *run-off* (m³/h); t, a duração da chuva (assumida como igual a 1 h, com base no valor de I utilizado no cálculo de Q); H, a altura necessária da barreira para conter os sedimentos de uma única chuva; e α, a declividade do terreno.

Para a contenção dos sedimentos de n chuvas, multiplica-se o valor de H obtido anteriormente por n. Assim, a altura total da barreira para n chuvas é dada por:

$$H_n = nH \quad (5.5)$$

Deve-se ter em mente que a abordagem para o cálculo de H é conservadora, uma vez que admite que todo o volume da vazão de *run-off* é ocupado por sólidos. Desse modo, o valor de H_n deverá suportar mais que as n chuvas previstas, dependendo da concentração de sólidos na mistura água-sedimentos.

É importante também notar que essa metodologia pode levar a situações como a esquematizada na Fig. 5.4. A depender dos valores de H_n e L_{max}, após se atingir o limite de sedimentos que uma barreira pode suportar, parte do talude original ficará exposta. Caso esse trecho seja erodido posteriormente, poderá causar instabilidade de barreiras a montante. Tais aspectos devem ser considerados em projetos (por exemplo, aumento do número ou da altura das barreiras), bem como a proteção junto ao pé da barreira para evitar erosão no caso de extravasamento (*overtoping*). É recomendável também fazer inspeções periódicas visando verificar a estabilização ou não do processo erosivo ou se é preciso intervenções adicionais, tais como remoção dos sedimentos contidos pelas barreiras ou execução de novas barreiras.

O tipo de geotêxtil é selecionado em função de sua resistência à tração ao longo da direção mais fraca. As condições de fluxo são severas, uma vez que o geotêxtil será submetido ao fluxo de líquido com sólidos em suspensão, o que pode causar sua colmatação. Entretanto, a verificação do filtro nesse tipo de aplicação, em geral, não é importante para o funcionamento da barreira. A colmatação do geotêxtil favorece a função barreira, mas pode sobrecarregar os postes de apoio e provocar extravasamento sobre a barreira. A avaliação do geotêxtil mais indicado dos pontos de vista técnico e econômico pode ser feita por meio de ensaios aplicáveis a barreiras para sedimentos descritos no Cap. 3.

Para determinar a resistência à tração do geotêxtil e o espaçamento entre postes (colunas), Richardson e Middlebrooks (1991) recomendam a utilização dos gráficos apresentados na Fig. 5.5.

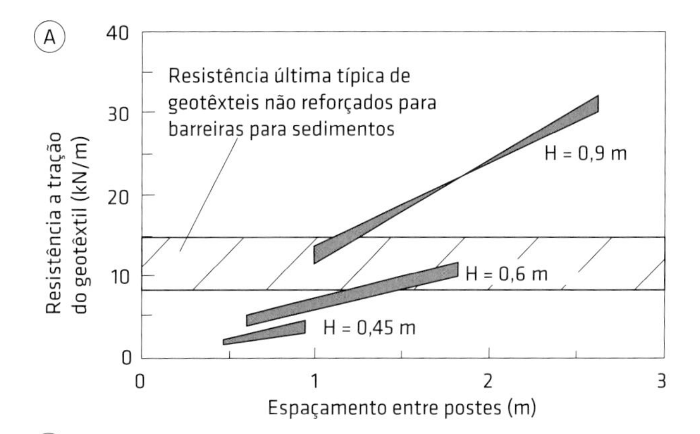

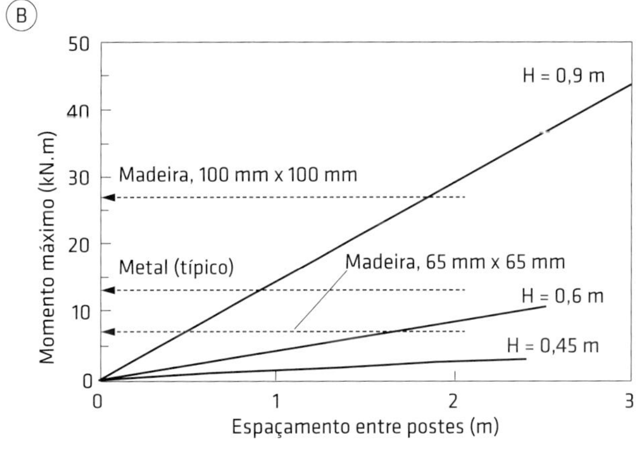

Fig. 5.5 (A) Resistência à tração do geotêxtil e (B) espaçamento entre postes
Fonte: Richardson e Middlebrooks (1991).

Exemplo 5.1

Projetar o sistema de barreira para o talude mostrado na Fig. 5.6. A intensidade de chuva, com dez anos de intervalo de recorrência e duração de 1 h, é igual a 50 mm/h, e o sistema deve ser projetado para quatro chuvas nessas condições.

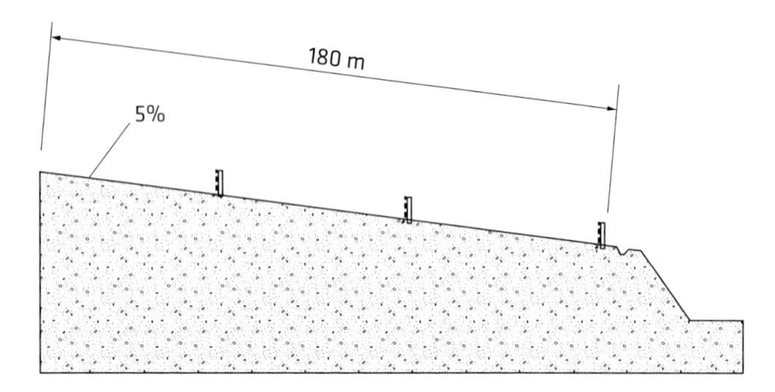

Fig. 5.6 Esquema do talude a ser protegido

Resolução

Cálculo do comprimento máximo sobre o talude para cada barreira (Eq. 5.1)

$$L_{max} = 36{,}2e^{-11{,}1\alpha} = 36{,}2 \cdot e^{-11{,}1 \times 0{,}05} = 20{,}8 \text{ m}$$

Então, serão necessárias nove barreiras espaçadas de 20 m.

Vazão de run-off (Eq. 5.2)

$$Q = CIA = 0{,}5 \times 50 \times 10^{-3} \times (20 \times 1) = 0{,}5 \text{ m}^3/\text{h}$$

Altura necessária por chuva de projeto (Eq. 5.4)

$$H = \sqrt{2Qt\alpha} = \sqrt{2 \times 0{,}5 \times 1 \times 0{,}05} = 0{,}22 \text{ m}$$

E, para quatro chuvas de projeto (Eq. 5.5):

$$H_n = nH = 4 \times 0{,}22 = 0{,}88 \text{ m} \Rightarrow H_n = 0{,}9 \text{ m}$$

Resistência à tração do geotêxtil

Assumindo-se um espaçamento entre estacas de 1,5 m, obtém-se da Fig. 5.5A:

$$T_{req} \cong 18 \text{ kN/m}$$

Assim, adotando-se um produto de fatores de redução e fator de segurança igual a 1,5 (valores dependentes das condições locais e do tipo de geotêxtil):

$$T_{max} = 1{,}5 \times 18 = 27 \text{ kN/m}$$

Deve-se, nesse caso, especificar um geotêxtil com resistência à tração igual ou superior a 27 kN/m. Pode-se também verificar a possibilidade de usar um geotêxtil menos resistente, que atenda aos demais requisitos, apoiado sobre geogrelha, tela metálica (Fig. 5.3) ou outra configuração de apoio.

Espaçamento entre estacas

Da Fig. 5.5B, para um espaçamento entre postes de 1,5 m e $H = 0{,}9$ m, é possível utilizar postes com momento máximo admissível superior ou igual a 22 kNm.

5.1.2 Proteções superficiais contra erosões em taludes

As erosões em taludes causadas pela ação da água podem ocorrer devido a escoamento superficial (canais, ação de chuvas), alteração de sentido e direção do fluxo (em taludes de reservatórios, lagoas etc.) e ação de ondas. As flutuações de nível d'água em reservatórios, lagoas etc. por razões operacionais ou em épocas de secas provocam alterações no fluxo d'água no talude, como mudanças de sentido e direção decorrentes do rebaixamento do nível d'água do reservatório, conforme esquematizado na Fig. 5.7. Para evitar a erosão causada pela reversão do sentido do fluxo, é necessária uma camada de filtro sobre o talude subjacente à camada de proteção contra o impacto de ondas. Processo semelhante pode ser provocado pelo impacto de ondas sobre a face do talude.

No que se refere a escoamento superficial, os taludes podem ser protegidos por geomantas ou geocélulas preenchidas com solo (terra vegetal) e vegetação, brita ou concreto. Geocélulas ou camadas de *rip-rap* associadas a filtro geotêxtil podem ser utilizadas para a proteção do talude contra o impacto de ondas ou a reversão de fluxo devida a rebaixamentos no reservatório. Os impactos de ondas também podem ser atenuados ou evitados com o uso de tubos de geotêxtil devidamente posicionados ou com a adoção de geocontêineres. A Fig. 5.8 exibe alguns exemplos dessas aplicações. O dimensionamento de tubos geotêxteis, geocontêineres e geofôrmas é apresentado no Cap. 10.

O geotêxtil a ser utilizado sob camadas permeáveis (*rip-rap*, colchões de pedras, geocélulas preenchidas com

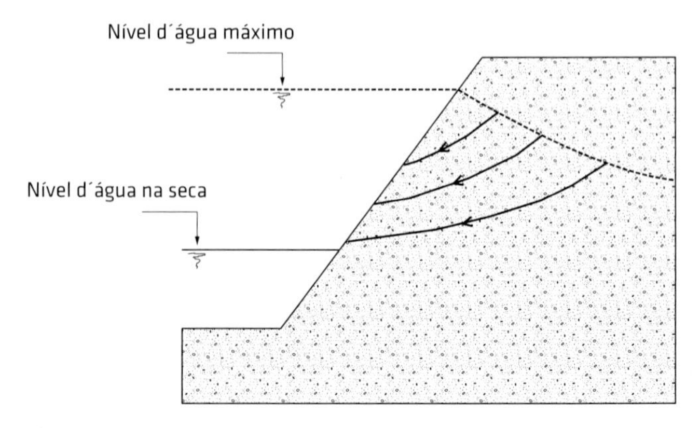

Fig. 5.7 Mudança na condição de fluxo em taludes de reservatórios

Fig. 5.8 Proteção de taludes contra erosão superficial, impacto de ondas e reversão de fluxo: (A) revestimento de talude com geocélula e (B) filtro geotêxtil sob *rip-rap*
Foto: (B) cortesia de Huesker.

material granular etc.) deve ser filtro para o material subjacente (ver Cap. 4), resistir a danos mecânicos provocados pelos materiais em contato e ter durabilidade compatível com as necessidades da obra.

Estabilidade da cobertura sobre o talude

Além da estabilidade do talude como um todo, outro aspecto de fundamental importância é a estabilidade do conjunto material de cobertura-geotêxtil sobre a superfície do talude. Dois mecanismos de instabilidade podem ocorrer nesses casos: deslizamento do material de cobertura sobre o geotêxtil ou deslizamento do conjunto ao longo da interface geotêxtil-superfície do talude. A Fig. 5.9 esquematiza o problema.

No caso de sistemas de cobertura que possam se aproximar da condição de *talude infinito* (Fig. 5.10), uma forma expedita de estimar o fator de segurança contra o deslizamento do material de cobertura sobre a camada de geotêxtil é dada por:

$$FS = \frac{\tan\phi_{sg-s}}{\tan\beta} \quad (5.6)$$

em que FS é o fator de segurança contra o deslizamento do material de cobertura; ϕ_{sg-s}, o ângulo de atrito entre o material de cobertura e a face superior do geotêxtil; e β, a inclinação do talude com a horizontal.

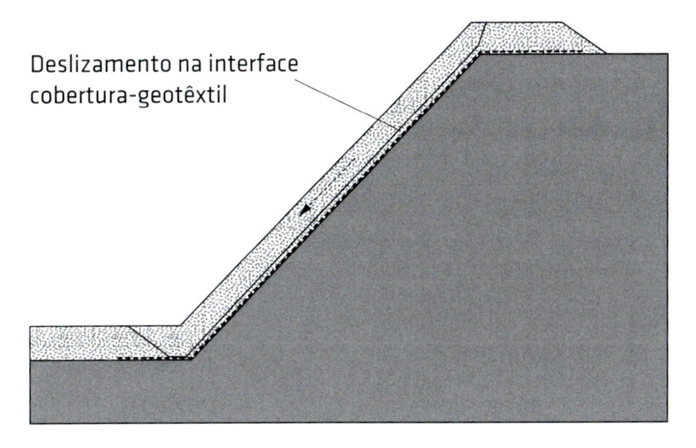

Fig. 5.9 Deslizamento de sistemas de cobertura para proteção contra erosão

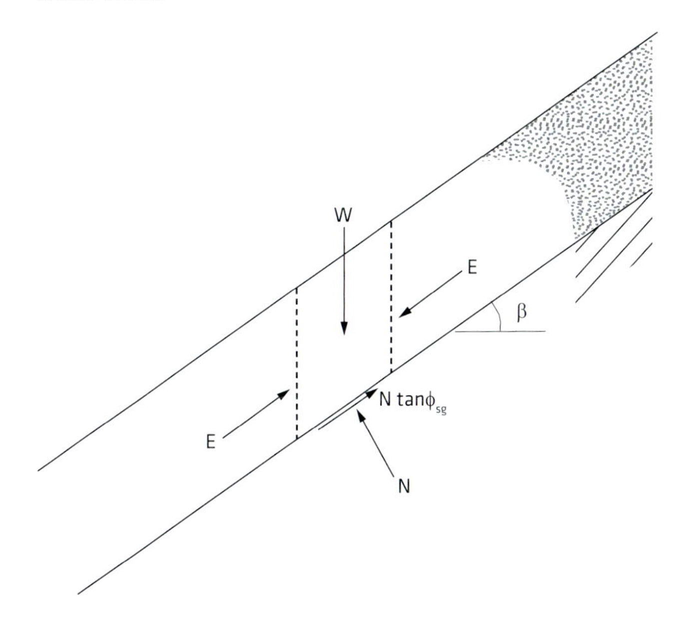

Fig. 5.10 Condição de talude infinito para o material de cobertura

Koerner e Hwu (1991) apresentam uma abordagem para o cálculo do fator de segurança contra o deslizamento do solo de cobertura sobre a camada de geomembrana, que pode ser aplicada a análises similares de coberturas sobre geotêxteis, como esquematizado na Fig. 5.11. Nessa abordagem, admite-se a existência de uma trinca no solo de cobertura junto à crista do talude. Segundo esses autores, o fator de segurança contra o deslizamento do solo de cobertura sobre o geotêxtil pode ser obtido por:

$$FS = \frac{-B \pm \sqrt{B^2 - 4AC}}{2A} \quad (5.7)$$

com

$$A = 0{,}5\gamma L t \sin^2 2\beta \quad (5.8)$$

$$B = -[\gamma L t \cos^2\beta \tan\phi_{sg-s} \sin 2\beta + a_s L \cos\beta \sin 2\beta + \gamma L t \sin^2\beta \tan\phi \sin 2\beta + 2ct\cos\beta + \gamma t^2 \tan\phi] \quad (5.9)$$

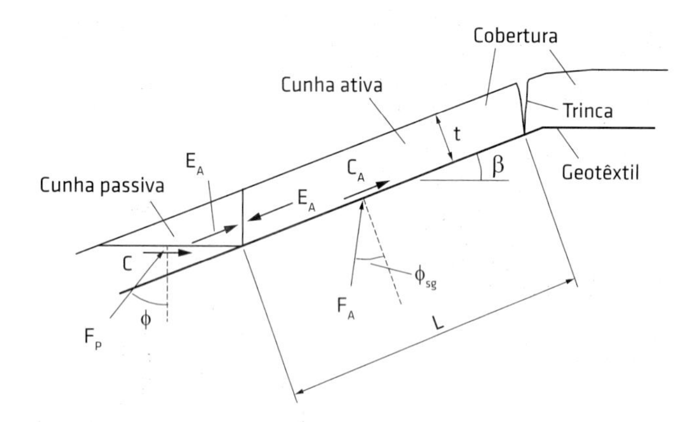

Fig. 5.11 Análise de estabilidade do solo de cobertura sobre o geotêxtil
Fonte: modificado de Koerner e Hwu (1991).

$$C = (\gamma L t \cos\beta \tan\phi_{sg-s} + a_s t)(\tan\phi \sin\beta \sin 2\beta) \quad (5.10)$$

em que γ é o peso específico do solo de cobertura; L, o comprimento da cunha instável; t, a espessura do solo de cobertura; β, a inclinação do talude com a horizontal; ϕ_{sg-s}, o ângulo de atrito na interface superior do geotêxtil (interface solo de cobertura-geotêxtil); a_s, a adesão na interface superior do geotêxtil (interface solo de cobertura-geotêxtil); ϕ, o ângulo de atrito do solo de cobertura; e c, a coesão do solo de cobertura.

Deve-se notar que a solução de Koerner e Hwu (1991) não considera a possibilidade de fluxo de água pelo solo de cobertura paralelo ao talude. Uma solução que pode levar em conta esse tipo de fluxo foi desenvolvida por Long (1995) e é apresentada na seção 5.2.2.

Exemplo 5.2

Um sistema de proteção para um talude costeiro com 6 m de altura prevê uma camada de material de cobertura com 0,4 m de espessura, peso específico igual a 21 kN/m³, coesão nula e ângulo de atrito de 38°, a ser instalada sobre uma camada de filtro geotêxtil não tecido. A inclinação do talude é de 1:2,5 (V:H) e seu comprimento é igual a 12 m. O ângulo de atrito entre o solo de cobertura e o geotêxtil é igual a 31° e a adesão é nula. Para tais condições, calcular o fator de segurança contra o deslizamento do solo de cobertura.

Resolução

Para talude 1:2,5 ⇒ $\beta = 21{,}8°$

Segundo Koerner e Hwu (1991) (Eq. 5.7):

$$FS = \frac{-B \pm \sqrt{B^2 - 4AC}}{2A}$$

com (Eqs. 5.8 a 5.10)

$$A = 0{,}5\gamma L t \sin^2 2\beta = 0{,}5x21x12x0{,}4x\sin^2 2x21{,}8° = 23{,}97$$

$$B = -[\gamma L t \cos^2\beta \tan\phi_{sg-s} \sin 2\beta + a_s L \cos\beta \sin 2\beta + \\ +\gamma L t \sin^2\beta \tan\phi \sin 2\beta + 2ct\cos\beta + \gamma t^2 \tan\phi]$$

$$B = -[21x12x0{,}4\cos^2 21{,}8° \tan 31° \sin 2x21{,}8° + \\ +0x12x\cos 21{,}8° \sin 2x21{,}8° + \\ +21x12x0{,}4\sin^2 21{,}8° \tan 38° \sin 2x21{,}8° + \\ +2x0x0{,}4\cos 21{,}8° + 21x0{,}4^2 \tan 38°]$$

$$B = -46{,}12$$

$$C = (\gamma L t \cos\beta \tan\phi_{sg-s} + a_s t)(\tan\phi \sin\beta \sin 2\beta)$$

$$C = (21 \times 12 \times 0{,}4\cos 21{,}8° \tan 31° + 0 \times 0{,}4) \\ (\tan 38° \sin 21{,}8° \sin 2 \times 21{,}8°) = 11{,}25$$

Então:

$$FS = \frac{-B \pm \sqrt{B^2 - 4AC}}{2A} = \frac{-(-46{,}12) + \sqrt{(-46{,}12)^2 - 4x23{,}97x11{,}25}}{2x23{,}97}$$

$$FS = 1{,}64$$

Cabe observar que, admitindo a condição de talude infinito, tem-se (Eq. 5.6):

$$FS = \frac{\tan\phi_{sg-s}}{\tan\beta} = \frac{\tan 31°}{\tan 21{,}8°} = 1{,}50$$

Ancoragem do geotêxtil no topo do talude

A camada de geotêxtil tracionada deve ser convenientemente ancorada no topo do talude, como esquematizado na Fig. 5.12 para o caso da extremidade do geotêxtil enterrada em uma cava.

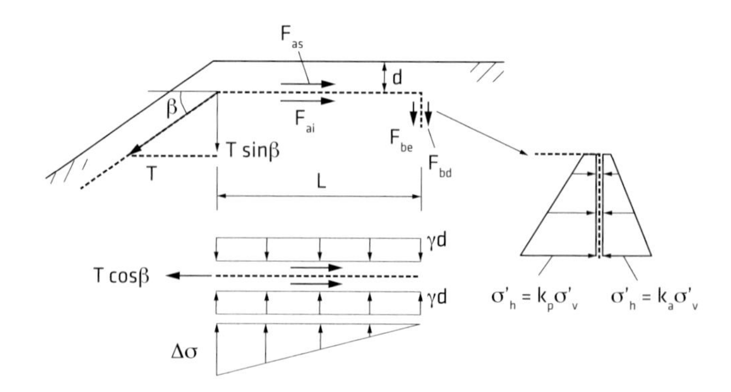

Fig. 5.12 Tensões sobre o geossintético no trecho de ancoragem
Fonte: modificado de Koerner (1998).

Levando em conta essa figura, para o arrancamento do geotêxtil no trecho de ancoragem, tem-se:

$$T_d \cos\beta = F_{as} + F_{ai} + F_{bd} + F_{be} \quad (5.11)$$

em que T_d é a força de tração de dimensionamento no geotêxtil e as demais forças são forças de atrito em interfaces, como mostrado na Fig. 5.12.

A parcela $\Delta\sigma$ de tensão normal mostrada na figura decorre da inclinação da força T com a horizontal. Do equilíbrio na vertical obtém-se (Koerner, 1998):

$$\Delta\sigma = \frac{2T_d \sin\beta}{L} \quad (5.12)$$

As forças de atrito são calculadas em função das tensões normais, dos ângulos de atrito de interface e das áreas de contato. Assim, para o caso da Fig. 5.12, tem-se:

$$F_{as} = (a_s + \gamma d \tan\phi_{sg-s})L \quad (5.13)$$

$$F_{ai} = [a_i + (\gamma d + 0{,}5\Delta\sigma)\tan\phi_{sg-i}]L \quad (5.14)$$

em que γ é o peso específico do solo acima do geotêxtil; d, a profundidade da camada de geotêxtil; a_s e a_i, as adesões nas interfaces acima e abaixo do geotêxtil, respectivamente; e ϕ_{sg-s} e ϕ_{sg-i}, os ângulos de atrito nas interfaces acima e abaixo do geotêxtil, respectivamente.

Para a contribuição do trecho de ancoragem dobrado, os valores de F_{be} e F_{bd} podem ser obtidos de modo análogo, em função da tensão horizontal σ_h (Fig. 5.12), e, com isso, é possível determinar o comprimento de ancoragem total requerido. No cálculo da tensão horizontal, os coeficientes de empuxo passivo (k_p) e empuxo ativo (k_a) sao utilizados à esquerda e à direita do trecho dobrado, respectivamente (Fig. 5.12).

A extremidade do geotêxtil pode também ser ancorada em cava, envolvendo bloco de concreto, o que certamente melhora as condições de ancoragem.

5.2 Geossintéticos em disposição de resíduos

Vários tipos de geossintético podem ser usados em obras de disposição de resíduos, com diferentes funções: barreira, proteção, reforço, separação, drenagem e filtração. No caso de barreiras para fluidos e gases, são empregadas as geomembranas e os geocompostos argilosos (ou geocompostos bentoníticos). Mantas asfálticas consistindo de matriz de geotêxtil não tecido impregnada com asfalto podem também ser adotadas em algumas situações.

Segundo a Ifai (1996), nos Estados Unidos, a utilização de geomembranas e geotêxteis em obras de disposição de resíduos urbanos e industriais corresponde a 52% das aplicações de geomembranas e a 20% das aplicações de geotêxteis (terceiro tipo mais comum de aplicação de geotêxteis).

As principais vantagens das geomembranas em relação às soluções convencionais em obras de disposição de resíduos são:

- o geossintético é um material de construção manufaturado e sofre rigoroso controle de qualidade, o que lhe confere maior constância e confiabilidade nas propriedades e características gerais;
- facilidade na instalação, o que implica redução no tempo de execução da obra e nos custos;
- pequena espessura, acarretando redução de volume de disposição ocupado pelo sistema de barreira – o mesmo se aplica ao caso de sistemas drenantes com geossintético;
- a função de barreira com camada de argila compactada pode ser severamente comprometida caso apareçam trincas causadas por perda de umidade;
- baixíssimo coeficiente de permeabilidade;
- transporte mais fácil para regiões de difícil acesso;
- os sistemas de barreira com geomembranas podem aceitar consideráveis deformações;
- interessantes em regiões com escassez de materiais naturais apropriados ou em locais de difícil acesso;
- a tecnologia avança a cada dia, já se dispondo de características e funções diversas em um mesmo produto, tais como geomembranas que permitem a localização de vazamentos por meio de monitoramento remoto e geotêxteis com propriedades eletrocinéticas (ver Caps. 1 e 2).

Por sua vez, as desvantagens do emprego de geomembranas são:

- dependendo das características locais e da disponibilidade de materiais naturais, assim como para obras de menor porte, o custo da utilização de geomembranas pode ser proibitivo;
- é fundamental um bom controle de qualidade na instalação para a minimização de danos – equipes especializadas são necessárias para a instalação, o controle e a fiscalização;
- no Brasil, na presente data, ainda há limitações quanto a normas de instalação, requisitos e controle de qualidade – não raro, procedimentos utilizados em outros países são empregados;
- embora venha crescendo acentuadamente nos últimos anos, a disponibilidade de diferentes produtos geossintéticos no Brasil ainda é menor que a observada em países desenvolvidos.

5.2.1 Sistemas de barreira com geossintéticos

Os sistemas de barreira visam evitar ou minimizar a contaminação do terreno subjacente à área de disposição dos resíduos. Os tipos mais comuns de resíduos são:

- lixo doméstico;
- resíduos industriais;
- resíduos perigosos (tóxicos, altamente poluentes etc.);
- resíduos muito perigosos (componentes ou materiais radioativos, lixo hospitalar etc.).

Quanto ao grau de periculosidade, têm-se, em ordem crescente (Koerner, 1990):

- entulho;
- cinzas de usinas termoelétricas;
- resíduos de incineradores tratados;
- resíduos não tóxicos não tratados;
- lixo municipal;
- lixo biológico (hospitalar);
- lixo tóxico;
- lixo muito tóxico;
- lixo radioativo (baixo nível, nível médio e alto nível de radioatividade).

A NBR 10004 (ABNT, 2004) define os tipos e a periculosidade de resíduos no Brasil.

No passado, somente camadas de argila eram utilizadas como barreiras. Tipicamente, os coeficientes de permeabilidade de argilas compactadas podem atingir valores entre 10^{-6} cm/s e 10^{-9} cm/s. Algumas limitações do uso de camadas de argila em barreiras são:

- as camadas, com espessuras usuais entre 0,6 m e 2 m, ocupam considerável volume da área de disposição;
- pode ocorrer *piping* em camadas de argila submetidas a altas concentrações de chorumes/solventes orgânicos (metanol, ácido acético etc.);
- exposição solar ou recalques diferenciais podem provocar trincas na camada de argila, o que facilita a passagem de poluentes;
- dependendo do tipo de argila, suas partículas podem ser atacadas pelos efluentes do resíduo;
- o coeficiente de permeabilidade da argila pode aumentar em até mil vezes, dependendo do tipo de fluido (efeito da viscosidade).

Também no passado, a utilização de geomembranas ou camadas de argila como barreiras era vista como uma espécie de competição entre esses materiais. Nos dias de hoje, é consenso que, em grande parte dos projetos de barreiras, a solução mais apropriada é aquela que combina os dois materiais (barreira composta), valendo-se das vantagens de cada um deles.

Características de barreiras com geossintéticos

A Fig. 5.13 apresenta seções transversais típicas de sistemas de barreiras no fundo de áreas de disposição de resíduos sem e com a utilização de geossintéticos. O tipo de barreira a ser empregada dependerá do tipo e da periculosidade do resíduo, da disponibilidade de materiais, dos custos e de condicionantes geotécnico-geológicos locais. Outros tipos de geossintético não presentes na figura podem também ser adotados, como geotêxteis para a proteção de geomembrana e geocompostos argilosos.

O fechamento apropriado da área de disposição de resíduos também é importante, e o número de camadas de solos e geossintéticos dependerá do tipo de resíduo, entre outros aspectos. A Fig. 5.14 esquematiza um aterro sanitário, mostrando a complexidade geométrica e de camadas de materiais, bem como a possível utilização de diferentes tipos de geossintético.

Resíduos podem gerar gases, e, por isso, sistemas de drenagem de gases devem ser previstos sob a geomembrana na cobertura para evitar seu soerguimento. O mesmo pode ocorrer com geomembranas de fundo, caso a área de disposição esteja sobre um material com possibilidade de geração de gases (solos orgânicos, por exemplo), conforme esquematizado na Fig. 5.15. Na cobertura, é possível adotar sistemas como o mostrado na Fig. 5.16 para o escape de gases, quando estes podem ser liberados para a atmosfera.

Com relação às coberturas de resíduos perigosos, a United States Environmental Protection Agency (Usepa) recomenda:

- camada de argila ($k \leq 10^{-7}$ cm/s) com espessura mínima de 60 cm;
- geomembrana com espessura mínima de 0,5 mm sobre a camada de argila;
- acomodação adequada sob e sobre a geomembrana;
- camada drenante sobre a geomembrana com permeabilidade superior a 10^{-2} cm/s e rampa final (após recalques e subsidência) de 2%;
- cobertura de solo acrescida de vegetação em camada com espessura mínima de 60 cm;
- sistema para drenagem de gases.

Koerner (1990) apresenta as seguintes recomendações para a espessura de camadas de solo com vegetação em coberturas, em função do tipo de resíduo:

- *lixo municipal*: 30 cm a 60 cm;
- *resíduo industrial*: 45 cm a 90 cm;

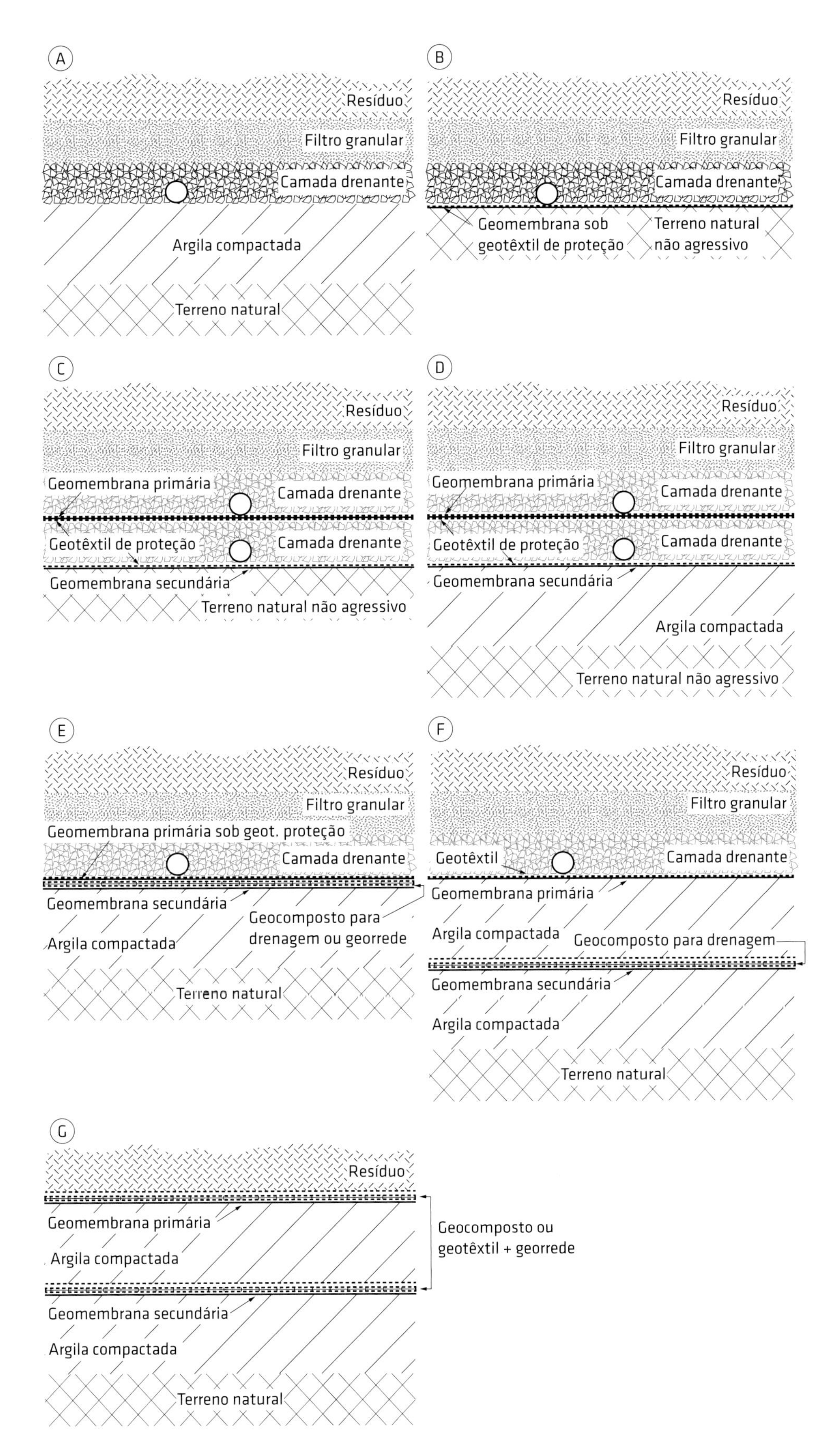

Fig. 5.13 Algumas seções típicas de barreiras de fundo de áreas de disposição: (A) sistema sem geossintéticos; (B) com uma camada de geomembrana; (C, D) com duas camadas de geomembrana; (E, F) com dreno sintético; (G) com filtro e dreno sintéticos

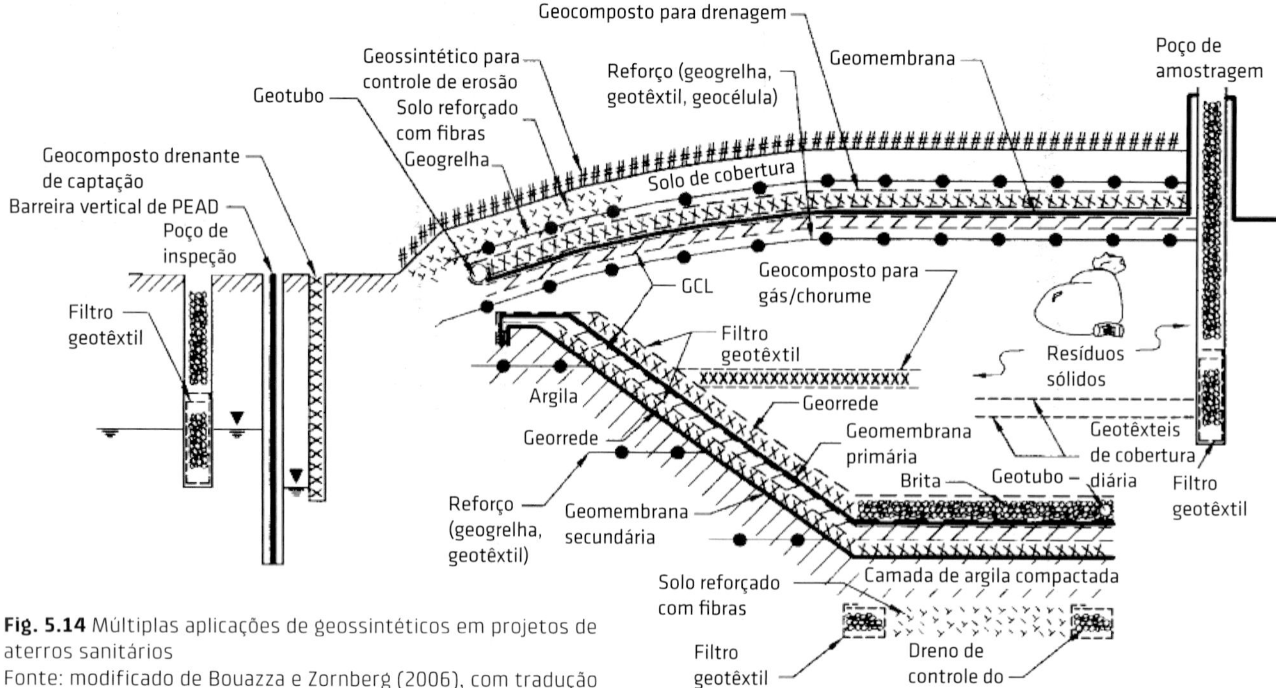

Fig. 5.14 Múltiplas aplicações de geossintéticos em projetos de aterros sanitários
Fonte: modificado de Bouazza e Zornberg (2006), com tradução de Marianna J. A. Mendes.

- *resíduos perigosos*: 75 cm a 120 cm;
- *resíduos com baixa radioatividade*: 120 cm a 150 cm.

Deve-se avaliar a possibilidade de atrito negativo em tubos verticais dentro do resíduo, bem como a resistência química dos tubos ao lixiviado. As regiões em que tubos atravessem geossintéticos (geomembranas, principalmente) devem ser tratadas com cuidado, para evitar vazamentos.

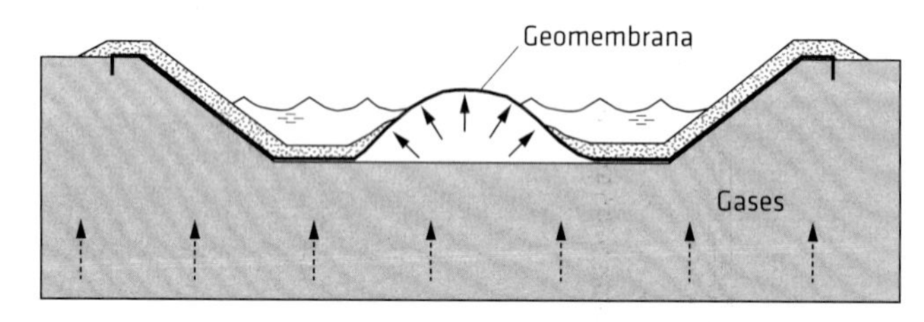

Fig. 5.15 Geomembrana inflada por ação de gases vindos do solo de fundação

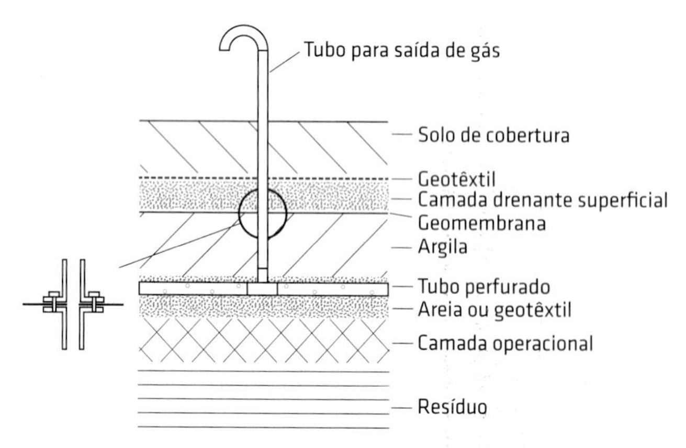

Fig. 5.16 Sistema para escape de gases na cobertura
Fonte: modificado de Koerner (1998).

Devido a sua alta resistência à maioria das substâncias químicas, em geral, as geomembranas de polietileno de alta densidade (PEAD) têm sido preferidas em obras de disposição de resíduos. Entretanto, atenção deve ser dada aos seguintes aspectos dessas geomembranas:

- são um material de trabalhabilidade mais difícil;
- se lisas, possuem menor aderência aos solos;
- têm elevado coeficiente de expansão térmica, o que favorece a formação de rugas;
- são sensíveis a trincas por tensão (*stress cracking*).

Um projeto apropriado pode evitar ou diminuir os inconvenientes listados.

Confinamento de resíduos em alguns países

Koerner e Koerner (1999) coletaram recomendações e prescrições de normas para barreiras de áreas de confinamento de resíduos em diferentes países. A Fig. 5.17 apresenta a seção esquemática de uma área de disposição de resíduos com suas diferentes camadas de materiais no fundo e na cobertura. As grandezas relevantes são o tipo de camada (solo ou geossintético), sua espessura (t) e seu coeficiente de permeabilidade (k). A Tab. 5.1 exibe dados coletados em diferentes países, os quais evidenciam o rigor com o qual é tratado o confinamento de resíduos em países mais desenvolvidos e as importantes funções desempenhadas pelos geossintéticos nesse tipo de obra.

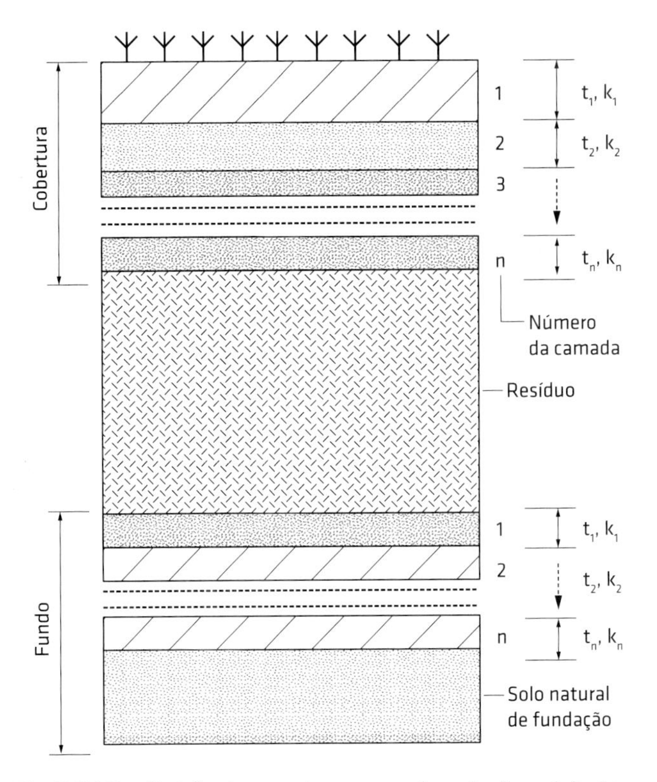

Fig. 5.17 Distribuição de camadas em uma área de disposição de resíduos

Alguns dados dessa tabela podem levar a crer que não é dada a devida importância à cobertura, em função do número e dos tipos de camadas utilizadas. Entretanto, é necessário considerar que, na maioria das vezes, após a execução da cobertura, a área de disposição é isolada do acesso público.

5.2.2 Solicitações em geomembranas em barreiras

Nas obras de disposição de resíduos, os geossintéticos podem ser submetidos a esforços mecânicos por diferentes causas, tais como:

- esforços de tração em taludes;
- recalques ou afundamentos localizados na base da área de disposição;
- espalhamento e compactação de camadas de solo sobre o geossintético;
- ação do vento;
- rasgo ou perfuração por elementos contundentes;
- sismicidade.

Tab. 5.1 CARACTERÍSTICAS DE BARREIRAS EM ALGUNS PAÍSES

País – tipo de resíduo	Região[1]	Camada número i[1]	Material[1]	Função[1]	t_i (mm)[1]	k_i (m/s)[1]
Canadá, província de Ontario – resíduos perigosos	Cobertura	1	Solo de topo	Cobertura vegetal	≥ 150	-
		2	Solo de topo ou compactado	Cobertura	≥ 600	-
		3	Camada drenante	Drenagem de gases	-	-
	Fundo	1	Camada drenante (brita)	Drenagem de fundo	300	-
		2	Geomembrana de PEAD	Barreira	1,5	-
		3	Argila compactada	Barreira	≥ 750	$\leq 10^{-9}$
		4	Camada drenante (brita)	Vazamento	300	-
		5	Argila compactada	Barreira	≥ 750	$\leq 10^{-7}$
Canadá, província de Ontario – resíduos municipais	Cobertura	1	Solo de topo	Cobertura vegetal	≥ 150	-
		2	Solo de topo ou compactado	Cobertura	≥ 600	-
		3	Camada drenante	Drenagem de gases	-	-
	Fundo	1	Camada drenante (brita)	Drenagem de fundo	≥ 500	-
		2	Geomembrana de PEAD	Barreira	1,5	-
		3	Argila compactada	Barreira	≥ 750	$\leq 10^{-9}$
Canadá, província de Quebec – resíduos municipais	Cobertura	1	Solo de topo	Cobertura vegetal	≥ 150	-
		2	Solo de proteção	Cobertura	≥ 450	-
		3	Camada impermeável (argila ou geomembrana ≥ 1,5 mm)	Barreira	≥ 450 (se argila)	-
		4	Camada drenante	Drenagem de gases	≥ 300	$\geq 10^{-5}$
	Fundo	1	Camada drenante	Drenagem de fundo	≥ 500	$\geq 10^{-4}$
		2	Geomembrana	Barreira	-	-
		3	Camada drenante	Detecção de vazamentos	≥ 300	$\geq 10^{-4}$
		4	Geomembrana	Barreira	-	-
		5	Argila compactada	Barreira	≥ 600	$\leq 10^{-9}$
		6	Solo impermeável	Barreira	≥ 6.000	$\leq 10^{-8}$

Tab. 5.1 (continuação)

País – tipo de resíduo	Região[1]	Camada número i[1]	Material[1]	Função[1]	t_i (mm)[1]	k_i (m/s)[1]
China, cidade de Hong Kong – resíduos municipais	Cobertura	1	Solo de topo	Cobertura vegetal	-	-
		2	Solo de cobertura	Cobertura	-	-
		3	Camada drenante	Drenagem	-	-
		4	Geomembrana	Barreira	-	-
		5	Camada drenante	Drenagem de gases	-	-
	Fundo	1	Camada drenante	Drenagem de fundo	-	-
		2	Geomembrana de PEAD	Barreira	-	-
		3	Mistura solo-bentonita	Barreira	-	$\leq 10^{-9}$
Dinamarca – resíduos municipais	Cobertura	1	Solo de topo	Cobertura vegetal	$\geq$ 1.700	-
		2	Camada drenante	Cobertura	$\geq$ 300	-
		3	Geomembrana (não obrigatória)	Barreira	-	-
		4	Argila compactada	Barreira	$\geq$ 500	$\leq 10^{-10}$
		5	Areia grossa	Drenagem de gases	$\geq$ 500	-
	Fundo	1	Camada drenante – areia ou brita	Drenagem de fundo	$\geq$ 300	$\leq 10^{-9}$
		2	Geotêxtil com elevado valor de M_A[2] ou mistura de areia e brita com mais de 300 mm de espessura	Drenagem de fundo/ proteção	$\geq$ 300	-
		3	Geomembrana	Barreira	-	$\leq 10^{-7}$
		4	Camada drenante – areia ou brita	Detecção de vazamentos	-	-
		5	Geotêxtil com M_A[2] elevado ou mistura de areia e brita com mais de 300 mm de espessura	Drenagem de fundo	$\geq$ 300	-
		6	Mistura de areia e brita com grãos arredondados $\leq$ 25 mm	Solo de base	$\geq$ 100	-
França – resíduos perigosos	Cobertura	1	Solo de topo	Cobertura	$\geq$ 300	-
		2	Camada drenante	Drenagem	$\geq$ 300	$\geq 10^{-4}$
		3	Geomembrana	Barreira	-	-
		4	Argila compactada	Barreira	$\geq$ 1.000	$\leq 10^{-9}$
	Fundo	1	Camada drenante	Drenagem de fundo	$\geq$ 500	$\geq 10^{-4}$
		2	Geomembrana	Barreira	-	-
		3	Formação geológica	Barreira	$\geq$ 5.000	$\leq 10^{-9}$
França – resíduos municipais	Cobertura	1	Solo de topo	Cobertura	-	-
		2	Camada drenante	Drenagem	-	-
		3	Solo compactado	Barreira	-	-
		4	Camada drenante	Drenagem de gases	-	-
	Fundo	1	Camada drenante	Drenagem de fundo	$\geq$ 1.000	$\geq 10^{-4}$
		2	Geomembrana	Barreira	-	-
		3	Formação geológica	Barreira	$\geq$ 5.000	$\leq 10^{-9}$
		4	Solo de fundação	Barreira	-	$\leq 10^{-6}$
Alemanha – resíduos perigosos	Cobertura	1	Solo de topo	Cobertura	$\geq$ 1.000	-
		2	Camada drenante – grãos com aproximadamente 1 mm	Drenagem	$\geq$ 300	$\geq 10^{-3}$
		3	Camada de proteção (opcional)	Proteção	-	-
		4	Geomembrana de PEAD	Barreira	-	-
		5	Argila compactada	Barreira	$\geq$ 500	-
		6	Camada de solo	Separação	$\geq$ 500	-
		7	Camada drenante	Drenagem de gases	$\geq$ 300	-

Tab. 5.1 (continuação)

País – tipo de resíduo	Região[1]	Camada número i[1]	Material[1]	Função[1]	t_i (mm)[1]	k_i (m/s)[1]
Alemanha – resíduos perigosos	Fundo	1	Camada drenante (grãos com 16-32 mm)	Drenagem de fundo	≥ 300	$\geq 10^{-3}$
		2	Geotêxtil não tecido com M_A[2] ≥ 1.000 g/m²	Drenagem/proteção	-	-
		3	Geomembrana de PEAD	Barreira	≥ 2,5	-
		4	Argila compactada	Barreira	≥ 1.500	$\leq 5 \times 10^{-10}$
		5	Solo de fundação (nível d'água a mais de 1 m abaixo do fundo)	Barreira	≥ 3.000	$\leq 10^{-7}$
Alemanha – resíduos municipais	Cobertura	1	Solo de topo	Cobertura	≥ 1.000	-
		2	Camada drenante	Drenagem	≥ 300	$\geq 10^{-3}$
		3	Camada de proteção (opcional)	Proteção	-	-
		4	Geomembrana de PEAD	Barreira	-	-
		5	Argila compactada	Barreira	≥ 500	$\leq 5 \times 10^{-9}$
		6	Areia	Drenagem	≥ 500	-
		7	Camada drenante	Drenagem de gases	≥ 300	-
	Fundo	1	Camada drenante	Drenagem de fundo	≥ 300	$\geq 10^{-3}$
		2	Geotêxtil não tecido com M_A[2] ≥ 2.000 g/m²	Drenagem/proteção	-	-
		3	Geomembrana de PEAD	Barreira	≥ 2,5	-
		4	Argila compactada	Barreira	≥ 750	$\leq 5 \times 10^{-10}$
		5	Solo de fundação (nível d'água a mais de 1 m abaixo do fundo)	Barreira	Menos rigor do que para resíduo perigoso	$\leq 10^{-7}$
Estados Unidos – resíduos perigosos	Cobertura	1	Solo de topo	Cobertura	≥ 600	-
		2	Camada de proteção	Proteção	-	-
		3	Camada drenante	Drenagem	≥ 300	$\geq 10^{-4}$
		4	Geomembrana	Barreira	≥ 0,75 mm ou, se PEAD, ≥ 1,5 mm	-
		5	Argila compactada	Barreira	-	$\leq 10^{-9}$
	Fundo	1	Camada de filtro	Filtração	-	-
		2	Camada drenante	Drenagem de fundo	≥ 300	$\geq 10^{-4}$
		3	Geomembrana	Barreira	≥ 0,75 mm ou, se PEAD, ≥ 1,5 mm	-
		4	Camada drenante	Detecção de vazamentos	≥ 300	$\geq 10^{-4}$
		5	Geomembrana	Barreira	≥ 0,75 mm ou, se PEAD, ≥ 1,5 mm	-
		6	Argila compactada	Barreira	≥ 600	$\leq 10^{-9}$
Estados Unidos – resíduos municipais	Cobertura	1	Solo de topo	Cobertura	≥ 150	-
		2	Cobertura de solo	Minimização de infiltração	Variável	-
		3	Camada drenante	Drenagem	≥ 300	$\geq 10^{-4}$
		4	Geomembrana	Barreira	≥ 0,5	-
		5	Argila compactada	Barreira	Variável	$\leq 10^{-7}$
		6	Camada drenante	Drenagem de gases	-	-
	Fundo	1	Camada de filtro	Filtração	-	-
		2	Camada drenante	Drenagem de fundo	≥ 300	$\geq 10^{-4}$

Tab. 5.1 (continuação)

País – tipo de resíduo	Região[1]	Camada número i[1]	Material[1]	Função[1]	t_i (mm)[1]	k_i (m/s)[1]
Estados Unidos – resíduos municipais	Fundo	3	Geomembrana	Barreira	≥ 0,75 mm ou, se PEAD, ≥ 1,5 mm	-
		4	Argila compactada	Barreira	≥ 600	$\leq 10^{-9}$

Notas: (1) ver Fig. 5.17; i = número da camada, conforme esquematizado na Fig. 5.17; t_i = espessura da camada i; k_i = coeficiente de permeabilidade da camada i; (2) M_A = massa por unidade de área.
Fonte: Koerner e Koerner (1999).

Camadas de geossintéticos podem ser tracionadas pela ação do peso do material de cobertura, como visto na seção 5.1.2. No caso de áreas de disposição de resíduos, por vezes a camada sobre ou sob a geomembrana pode ser outro tipo de geossintético, como um geotêxtil para proteção, um geocomposto para drenagem ou um geocomposto argiloso sob a geomembrana. Assim, não só a aderência entre solos e geossintéticos pode ser importante, mas também a aderência entre diferentes tipos de geossintético. Valores indicativos de aderência entre solos e geossintéticos e entre diferentes tipos de geossintético são apresentados no Cap. 3. Deve-se ter em mente que a geomembrana tem função de barreira e não deve ser tracionada, pois tais esforços favorecem danos e auxiliam o desenvolvimento de trincamentos sob tensão (*stress cracking*). Por essas razões, os limites para deformações de tração em geomembranas podem ser bastante rigorosos, dependendo do tipo de geomembrana e da aplicação. Por exemplo, são recomendadas deformações locais máximas de 0,25% em contatos grão-geomembrana para evitar trincamentos sob tensão em geomembranas de PEAD (Gallagher; Darbyshire; Warwick, 1999; Zanziger, 1999). Isso enfatiza a importância de utilizar uma camada (por exemplo, geotêxtil ou geocomposto argiloso, GCL) para proteger a geomembrana contra deformações localizadas excessivas e danos que possam ser causados por grãos de maiores diâmetros, pedras ou elementos contundentes.

Os recalques ou afundamentos localizados também podem provocar o tracionamento da geomembrana. Áreas com depósitos de solos moles (argilas e siltes) podem ser interessantes para a disposição de resíduos devido à baixa permeabilidade do solo de fundação. Entretanto, os recalques da massa de resíduos sobre tais solos podem ser elevados, provocando trincas em camadas de solos compactados e tensões em geomembranas. Camadas de argilas compactadas são muito sensíveis a trincamentos causados por recalques diferenciais. A Fig. 5.18 e a Tab. 5.2 mostram alguns dados sobre deformações de tração máximas em argilas compactadas. Observa-se a tendência de argilas mais plásticas suportarem deformações de tração maiores, mas, em grande parte dos dados apresentados, as deformações máximas para trincamento são inferiores a 1%. Sem dúvida, a maior deformabilidade de geomembranas é benéfica, por ainda poder manter a função de barreira para deformações bem superiores às máximas suportadas por argilas compactas, mas com as ressalvas apresentadas anteriormente. Ensaios realizados em GCLs mostraram também que esses materiais podem suportar deformações de 10% a 15% sem apresentar aumentos significativos na condutividade hidráulica (LaGatta, 1992).

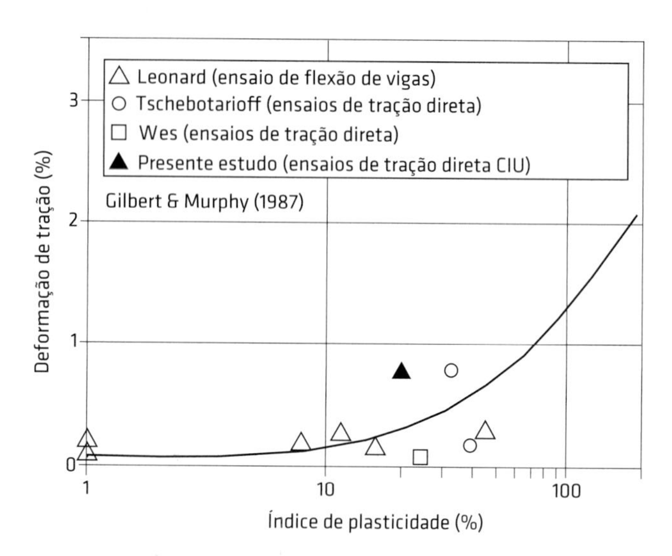

Fig. 5.18 Deformações de tração máximas em argilas compactadas
Fonte: Gilbert e Murphy (1987).

É importante ressaltar que, na dúvida sobre a ocorrência de algum dano à geomembrana que possa comprometer sua função de barreira, o trecho danificado deve ser substituído ou devidamente reparado. Isso é particularmente importante no caso de disposição de resíduos perigosos.

Solicitações e condições de estabilidade em taludes

Em regiões de taludes, deve-se analisar a estabilidade do solo de cobertura sobre o sistema de barreira. Em análises preliminares, a hipótese de talude infinito pode ser empregada (Eq. 5.6), mas nem sempre é satisfatória. O fator de segurança contra o deslizamento da cobertura pode ser aumentado utilizando-se uma espessura maior dessa camada junto à base do talude, como esquemati-

Tab. 5.2 DEFORMAÇÕES DE TRAÇÃO MÁXIMAS NA RUPTURA EM ARGILAS COMPACTADAS

Referência	Tipo de solo	Umidade (%)	Índice de plasticidade (%)	Máxima deformação de tração (%)
Tschebotarioff et al. (1953)	Solo argiloso natural	19,9	7	0,8
	Bentonita	101	487	3,4
	Ilita	31,5	34	0,84
	Caulinita	37,6	38	0,16
Leonards e Narin (1963)	Portland Dam	16,3	8	0,17
	Rector Creek Dam	19,8	16	0,16
	Woodcrest Dam	10,2	Não plástico	0,18
	Shell Oil Dam	11,2	Não plástico	0,07
	Willard Test Dam Bem.	16,4	11	0,20
Ajaz e Parry (1975)	Gault Clay	19-31	39	0,1-1,7
	Balderhead Clay	10-18	14	0,1-1,6
Scherbeck et al. (1991)	Argila	-	32	1,3-2,8
Scherbeck e Jessberger (1993)	Caulim	21-30	16	2,8-4,8
	Argila A	16-29	31	1,5-4,1
	Argila B	19-33	49	1,6-3,6
	Argila C	18-26	32	1,4-4,4

Fonte: modificado de LaGatta et al. (1997).

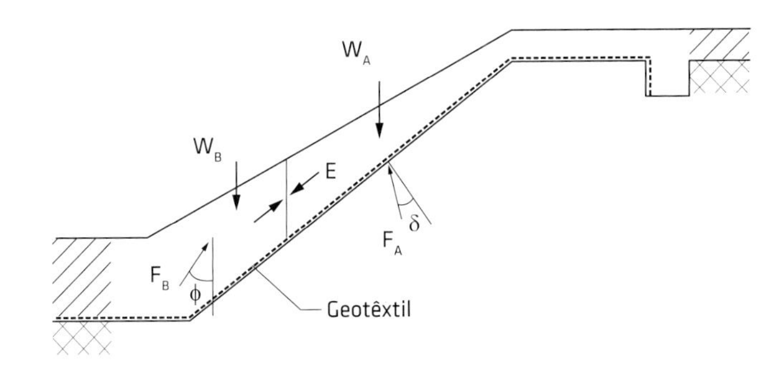

Fig. 5.19 Geometrias mais complexas da cobertura

zado na Fig. 5.19. Nesse caso, métodos mais sofisticados de análise de estabilidade de taludes podem ser adotados para o cálculo do fator de segurança contra o deslizamento da cobertura.

Koerner e Hwu (1991) apresentaram uma solução para a análise da estabilidade de solos de cobertura sobre uma camada de geomembrana com e sem camada de reforço, conforme esquematizado na Fig. 5.20. Como visto na seção 5.1.2, no caso do talude sem camada de reforço na cobertura (Fig. 5.20), o fator de segurança contra o deslizamento do solo de cobertura sobre a geomembrana pode ser calculado por (Eq. 5.7):

$$FS = \frac{-B \pm \sqrt{B^2 - 4AC}}{2A}$$

com (Eqs. 5.8 a 5.10)

$$A = 0{,}5\gamma L t \sin^2 2\beta$$

$$B = -[\gamma L t \cos^2\beta \tan\phi_{sg-s} \sin 2\beta + a_s L \cos\beta \sin 2\beta + \\ + \gamma L t \sin^2\beta \tan\phi \sin 2\beta + 2ct\cos\beta + \gamma t^2 \tan\phi]$$

$$C = (\gamma L t \cos\beta \tan\phi_{sg-s} + a_s t)(\tan\phi \sin\beta \sin 2\beta)$$

em que γ é o peso específico do solo de cobertura; L, o comprimento da base da cunha ativa (Fig. 5.20); t, a espessura do solo de cobertura; β, a inclinação do talude com a horizontal; $\phi_{sg\text{-}s}$, o ângulo de atrito na interface solo de cobertura-geomembrana; a_s, a adesão na interface solo de cobertura-geomembrana; ϕ, o ângulo de atrito do solo de cobertura; e c, a coesão do solo de cobertura.

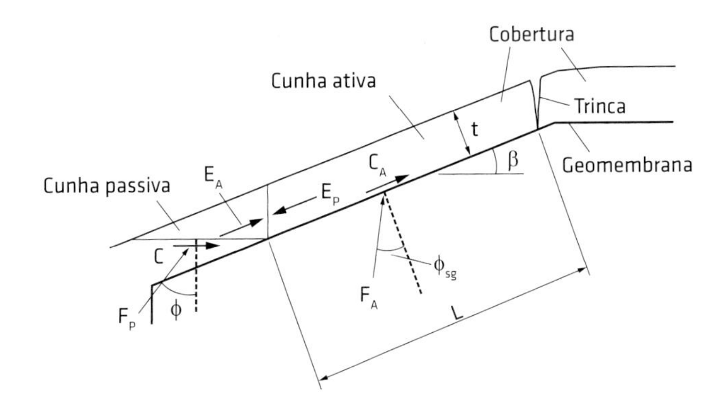

Fig. 5.20 Abordagem de Koerner e Hwu para a estabilidade do solo de cobertura
Fonte: modificado de Koerner e Hwu (1991).

Verificada a condição de não deslizamento do solo de cobertura sobre a geomembrana, deve-se avaliar se ela será tracionada. Caso a aderência entre a geomembrana e o solo subjacente seja menor que aquela entre a geomembrana e o solo de cobertura, ela será tracionada. Nesse caso, Koerner e Hwu (1991) apresentam a seguinte expressão para o cálculo da força de tração mobilizada na geomembrana:

$$T = [(a_s - a_i) + \gamma t \cos\beta(\tan\phi_{sg-s} - \tan\phi_{sg-i})]L \quad (5.15)$$

em que T é a força de tração mobilizada na geomembrana; a_S, a adesão entre o solo de cobertura e a geomembrana; a_i, a adesão entre o solo de fundação e a geomembrana; $\phi_{sg\text{-}s}$, o ângulo de atrito entre o solo de cobertura e a geomembrana; e $\phi_{sg\text{-}i}$, o ângulo de atrito entre o solo de fundação e a geomembrana.

Long (1995) apresentou uma solução para o cálculo da força de tração em uma geomembrana sobre um talude desprezando a resistência do solo no pé da cobertura. Do estudo do equilíbrio dos blocos de solo na Fig. 5.21, tem-se:

$$T = W\sin\beta - W\cos\beta\tan\phi_{sg-i} \quad (5.16)$$

O peso W pode ser o peso total da cobertura (W_A+ W_B) ou o peso truncado (W_A). Ao desenvolver a equação anterior para o caso truncado (desprezando-se W_B), obtém-se:

$$\frac{H}{t} = \frac{T}{\gamma t^2(1 - \frac{\tan\phi_{sg-i}}{\tan\beta})} + \frac{1}{2\cos\beta} \quad (5.17)$$

Por sua vez, considerando as duas cunhas de solo (A e B):

$$\frac{H}{t} = \frac{T}{\gamma t^2(1 - \frac{\tan\phi_{sg-i}}{\tan\beta})} \quad (5.18)$$

Para o caso de fluxo d'água no solo de cobertura paralelo ao talude, a equação anterior se transforma em:

$$\frac{H}{t} = \frac{T}{\gamma t^2[1 - \frac{\tan\varphi_{sg-i}}{\tan\beta}(1 - \Gamma\lambda)]} \quad (5.19)$$

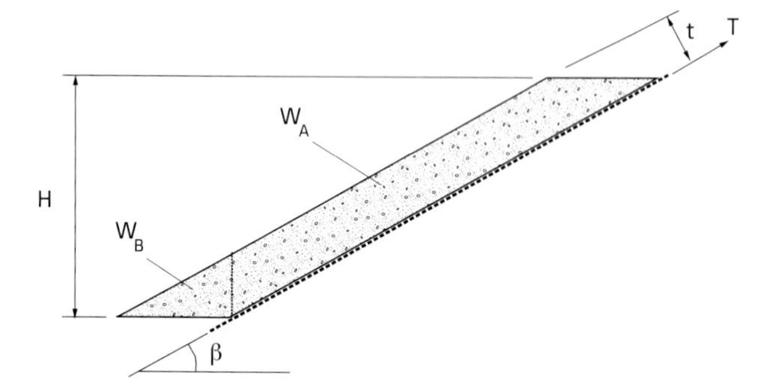

Fig. 5.21 Cálculo da força no geossintético por Long (1995)

com

$$\Gamma = \frac{\gamma_a}{\gamma} \quad (5.20)$$

e

$$\lambda = \frac{t_a}{t} \quad (5.21)$$

em que γ_a é o peso específico da água; γ, o peso específico do solo de cobertura (correspondente ao peso específico saturado se $\lambda = 1$); e t_a, a espessura da lâmina d'água no talude.

Uma camada de reforço geossintético (geotêxtil ou geogrelha) pode ser inserida no solo de cobertura de forma a aumentar sua estabilidade, como esquematizado na Fig. 5.22. A presença da camada de reforço no solo de cobertura pode também reduzir significativamente os esforços transferidos para a geomembrana instalada sobre a superfície do talude (Palmeira; Lima Júnior; Mello, 2002; Mello; Lima Júnior; Palmeira, 2003; Palmeira; Viana, 2003).

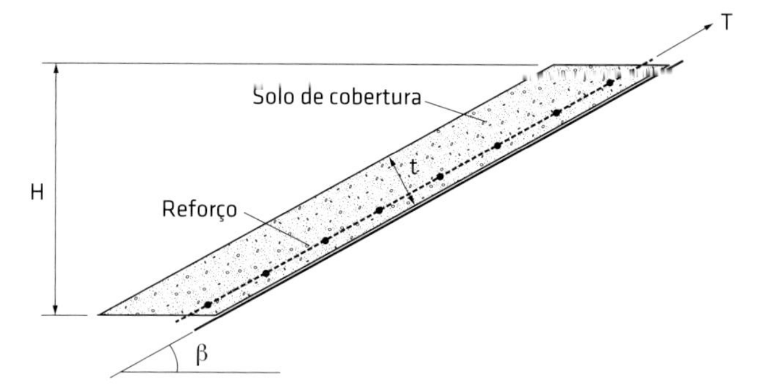

Fig. 5.22 Camada de reforço para aumentar a estabilidade do solo de cobertura

No caso de se utilizar reforço no solo de cobertura (Fig. 5.22), a força de tração mobilizada no reforço pode ser calculada por (Koerner; Hwu, 1991):

$$T = \frac{\gamma L t \sin(\beta - \phi_{sg-i})}{\cos\phi_{sg-i}} - a_i L - \frac{\cos\phi\left[\frac{ct}{\sin\beta} + \frac{\gamma t^2}{\sin 2\beta}\tan\phi\right]}{\cos(\phi + \beta)} \quad (5.22)$$

em que T é a força de tração requerida no reforço geossintético; c, a coesão do solo de cobertura; e ϕ, o ângulo de atrito do solo de cobertura.

A resistência à tração do reforço, após a aplicação dos fatores de redução e segurança pertinentes, deve ser superior ou igual ao valor de T. Deve-se garantir também que o solo de cobertura não deslize sobre a camada de reforço.

Solução semelhante à de Koerner e Hwu (1991) para solos de cobertura não coesivos foi apresentada por Giroud e Beech (1989).

Exemplo 5.3

No talude de uma área de disposição, pretende-se utilizar uma geomembrana como barreira subjacente a uma camada de geotêxtil não tecido para proteção, como esquematizado na Fig. 5.23. O ângulo de atrito entre o solo de cobertura e o geotêxtil é igual a 27°, entre a geomembrana e o geotêxtil é igual a 24° e entre a geomembrana e o solo subjacente (solo B) é igual a 26°. Os parâmetros relevantes para o solo de cobertura são $\gamma = 18$ kN/m³, $c' = 0$ e $\phi' = 32°$. Para essa situação, pede-se calcular:

- o fator de segurança contra o deslizamento do solo de cobertura;
- a força de tração no geotêxtil;
- o fator de segurança para a ancoragem dos geossintéticos.

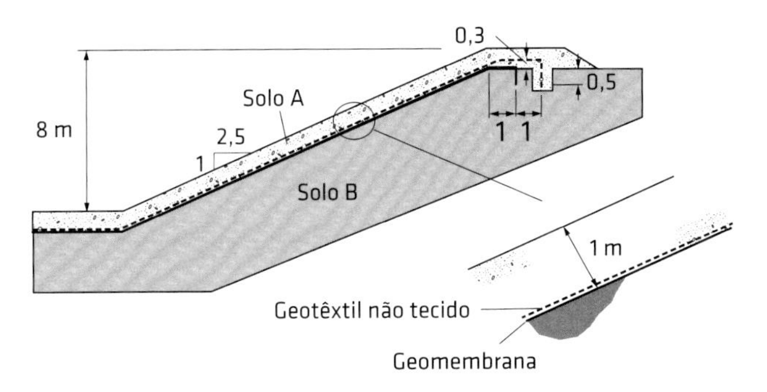

Fig. 5.23 Geomembrana como barreira subjacente a uma camada de geotêxtil não tecido para proteção

Resolução

Fator de segurança contra o deslizamento do solo de cobertura

Para talude 1:2,5 $\Rightarrow$ $\beta = 21{,}8°$ e $L = 8 \times 2{,}5 = 20{,}0$ m

Segundo Koerner e Hwu (1991) (Eq. 5.7):

$$FS = \frac{-B \pm \sqrt{B^2 - 4AC}}{2A}$$

com (Eqs. 5.8 a 5.10)

$$A = 0{,}5\gamma Lt\sin^2 2\beta = 0{,}5 \times 18 \times 20 \times 1 \times \sin^2 2 \times 21{,}8 = 85{,}60$$

$$B = -[\gamma Lt\cos^2\beta\tan\phi_{sg-s}\sin 2\beta + a_s L\cos\beta\sin 2\beta + \\ +\gamma Lt\sin^2\beta\tan\phi\sin 2\beta + 2ct\cos\beta + \gamma t^2\tan\phi]$$

$$B = -[18 \times 20 \times 1 \times \cos^2 21{,}8°\tan 27°\sin 2 \times 21{,}8° + \\ +0 \times 20 \times \cos 21{,}8°\sin 2 \times 21{,}8° + \\ +18 \times 20 \times 1 \times \sin^2 21{,}8°\tan 32°\sin 2 \times 21{,}8° + \\ +2 \times 0 \times 1 \times \cos 21{,}8° + 18 \times 1^2 \times \tan 32°]$$

$$B = -141{,}69$$

$$C = (\gamma Lt\cos\beta\tan\phi_{sg-s} + a_s t)(\tan\phi\sin\beta\sin 2\beta)$$

$$C = (18 \times 20 \times 1 \times \cos 21{,}8°\tan 27° + 0 \times 1) \\ (\tan 32°\sin 21{,}8°\sin 2 \times 21{,}8°) = 27{,}26$$

Então:

$$FS = \frac{-B \pm \sqrt{B^2 - 4AC}}{2A} = \\ \frac{-(-141{,}69) + \sqrt{(141{,}69)^2 - 4 \times 85{,}60 \times 27{,}26}}{2 \times 85{,}60}$$

$$FS = 1{,}43$$

Admitindo a condição de talude infinito, tem-se (Eq. 5.6):

$$FS = \frac{\tan\phi_{sg-s}}{\tan\beta} = \frac{\tan 27°}{\tan 21{,}8°} = 1{,}27$$

Força de tração no geotêxtil

A equação a seguir pode ser adaptada para o cálculo da força de tração no geotêxtil fazendo-se a_i igual à adesão entre geotêxtil e geomembrana (admitida nula) e ϕ_{sg-i} igual ao ângulo de atrito entre geotêxtil e geomembrana. Assim (Eq. 5.15):

$$T = [(a_s - a_i) + \gamma t\cos\beta(\tan\phi_{sg-s} - \tan\phi_{sg-i})]L$$

$$T = [(0 - 0) + 18 \times 1 \times \cos 21{,}8° \times (\tan 27° - \tan 24°)] \times 20$$

$$T = 21{,}5 \text{ kN/m}$$

Na especificação do geotêxtil, após a aplicação dos fatores de redução e segurança apropriados, a resistência à tração de dimensionamento do geotêxtil deve ser superior ou igual a 21,5 kN/m.

Notar que não se considerou a influência do fluxo de água no solo de cobertura, paralelo ao talude. Caso esse fluxo ocorra na situação mais desfavorável (toda a espessura do solo de cobertura tomada pelo fluxo), a força de tração no geotêxtil pode ser obtida por Long (1995) (Eq. 5.19):

$$\frac{H}{t} = \frac{T}{\gamma t^2[1 - \frac{\tan\phi_{sg-i}}{\tan\beta}(1 - \Gamma\lambda)]}$$

em que, admitindo-se $\gamma_a \cong 10$ kN/m³ e $\gamma = \gamma_{sat} = 20$ kN/m³, têm-se (Eqs. 5.20 e 5.21):

$$\Gamma = \frac{\gamma_a}{\gamma_{sat}} = \frac{10}{20} = 0{,}5$$

e

$$\lambda = \frac{t_a}{t} = 1$$

Então:

$$\frac{8}{1} = \frac{T}{20 \times 1^2[1 - \frac{\tan 24°}{\tan 21{,}8°}(1 - 0{,}5 \times 1)]}$$

$$T = 70{,}9 \text{ kN/m}$$

Caso o geotêxtil não tenha capacidade de drenar de forma apropriada a água infiltrada, de modo a evitar a ação instabilizadora da força de percolação, será necessário um geotêxtil com resistência à tração significativamente superior ao da situação sem fluxo ou a utilização de uma camada de reforço no solo de cobertura.

Por raciocínio análogo, utilizando-se a primeira equação apresentada nesta solução, pode-se verificar que a força de tração na geomembrana seria nula (o ângulo de atrito entre geomembrana e solo subjacente seria maior que o ângulo de atrito entre geotêxtil e geomembrana).

Verificação das condições de ancoragem

O comprimento do trecho de ancoragem da geomembrana seria somente o necessário para requisitos operacionais, uma vez que a força de tração nessa camada é nula. No caso do geotêxtil, de acordo com o apresentado na seção 5.1.2, tem-se (Eq. 5.11):

$$T_d \cos\beta = F_{as} + F_{ai} + F_{bd} + F_{be}$$

em que T_d é a força de tração de dimensionamento no geotêxtil e as demais forças são forças de atrito em interfaces, como mostrado na Fig. 5.12.

Admita-se que se utilize um geotêxtil com resistência à tração de dimensionamento igual a 21,5 kN/m (não consideração do fluxo de água no solo de cobertura) após terem sido aplicados os fatores de redução apropriados à sua resistência à tração.

Pela Eq. 5.12, admitindo-se $L \cong 2$ m:

$$\Delta\sigma = \frac{2T_d \sin\beta}{L} = \frac{2 \times 21{,}5 \times \sin 21{,}8°}{2} = 7{,}98 \text{ kPa}$$

Das Eqs. 5.13 e 5.14, têm-se:

$$F_{as} = (a_s + \gamma d \tan\phi_{sg-s})L =$$
$$(0 + 18 \times 0{,}7 \times \tan 27°) \times 2 = 12{,}84 \text{ kN/m}$$

$$F_{ai} = [a_i + (\gamma d + 0{,}5\Delta\sigma)\tan\phi_{sg-i}]L =$$
$$[0 + (18 \times 0{,}7 + 0{,}5 \times 7{,}98)\tan 27°] \times 2 = 16{,}91 \text{ kN/m}$$

Os valores de F_{bd} e F_{be} podem ser obtidos por:

$$k_a = \tan^2(45° - \phi/2) = \tan^2(45° - 32°/2) = 0{,}31$$

$$k_p = 1/k_a = 1/0{,}31 = 3{,}23$$

$$F_{bd} = \frac{(0{,}7 \times 18 \times 0{,}31 + 1{,}5 \times 18 \times 0{,}31)}{2} \times$$
$$\times \tan 27° \times 0{,}8 = 2{,}50 \text{ kN/m}$$

$$F_{be} = \frac{(0{,}7 \times 18 \times 3{,}23 + 1{,}5 \times 18 \times 3{,}23)}{2} \times$$
$$\times \tan 27° \times 0{,}8 = 26{,}07 \text{ kN/m}$$

Com base na Eq. 5.11, o fator de segurança contra o arrancamento do geotêxtil no trecho de ancoragem pode ser definido por:

$$FS = \frac{F_{as} + F_{ai} + F_{bd} + F_{be}}{T_d \cos\beta} = \frac{12{,}84 + 16{,}91 + 2{,}5 + 26{,}07}{27{,}5 \times \cos 21{,}8°}$$

$$FS = 2{,}3$$

Solicitação por recalque uniforme

Koerner (1990) apresenta uma solução para a estimativa da espessura mínima de uma geomembrana que suporte as tensões causadas pelo mecanismo de deformação apresentado na Fig. 5.24, em que um trecho com grande largura sofre um recalque uniforme (Δ).

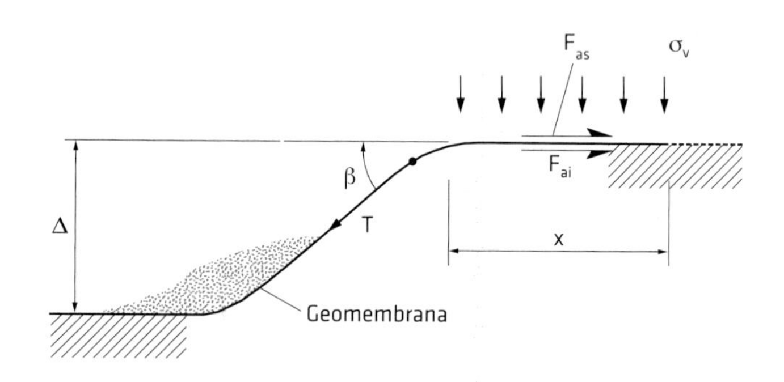

Fig. 5.24 Solicitação por recalque uniforme em uma área
Fonte: Koerner (1990).

Do equilíbrio na direção horizontal, obtém-se:

$$T \cos\beta = \sigma_{adm} t_G \cos\beta = F_{as} + F_{ai} = \sigma_v(\tan\phi_{sg-s} + \tan\phi_{sg-i})x \quad \textbf{(5.23)}$$

ou

$$t_G = \frac{\sigma_v x}{\cos\beta\,\sigma_{adm}}(\tan\phi_{sg-s} + \tan\phi_{sg-i}) \quad \textbf{(5.24)}$$

em que F_{as} e F_{ai} são os esforços de atrito acima e abaixo da geomembrana, respectivamente; T, a força de tração causada pelo recalque; x, o comprimento da geomembrana solicitada ao arrancamento; σ_{adm}, a tensão admissível na geomembrana; $\phi_{sg\text{-}s}$ e $\phi_{sg\text{-}i}$, os ângulos de atrito de interface sobre e sob a geomembrana, respectivamente; e t_G, a espessura requerida da geomembrana.

Koerner (1990) sugere os seguintes valores típicos, ou recomendações, para as variáveis na Eq. 5.24 em análises preliminares:

- σ_v = 15 kPa a 150 kPa;
- β = 0 a 45°;
- x = estimado a partir de ensaios de arrancamento, igual a 1,5 cm a 20 cm e dependente do nível de deformações na geomembrana e do recalque Δ;
- σ_{adm} = obtido a partir de ensaios de tração, igual a 2,5 MPa a 20 MPa;
- $\phi_{sg\text{-}s}$ = 0, se houver líquido sobre a geomembrana, e a ser obtido por ensaios de interface, se houver solo ou outro geossintético sobre a geomembrana;
- $\phi_{sg\text{-}i}$ = determinado por meio de ensaios de atrito de interface (10° a 40°, em geral).

Notar que, de modo que não se favoreça o trincamento sob tensão ou danos de curto ou longo prazo à geomembrana, o valor de σ_{adm} pode ter que ser muito inferior à tensão de ruptura da geomembrana e inferior aos valores sugeridos por Koerner (1990). O valor de x na Eq. 5.24 é de difícil determinação, e, por isso, ensaios de arrancamento podem ser necessários para sua definição.

Solicitação por afundamento localizado em forma de taça

Um mecanismo de afundamento localizado da geomembrana no solo subjacente e em forma de taça está esquematizado na Fig. 5.25. Nesse caso, a Usepa (1991) fornece a seguinte expressão para a tensão mobilizada na geomembrana:

$$\sigma_{mob} = \frac{2R^2\gamma h\Delta}{3t_G(\Delta^2 + R^2)} \quad \textbf{(5.25)}$$

em que σ_{mob} é a tensão mobilizada na geomembrana; Δ, o afundamento máximo; R, o raio do trecho afetado na superfície; γ, o peso específico do solo de cobertura sobre a geomembrana; h, a espessura do solo de cobertura sobre a geomembrana; e t_G, a espessura da geomembrana.

Igualando-se a tensão mobilizada à tensão admissível na geomembrana, pode-se estimar a espessura mínima requerida para a geomembrana resistir a esse tipo de solicitação por meio de:

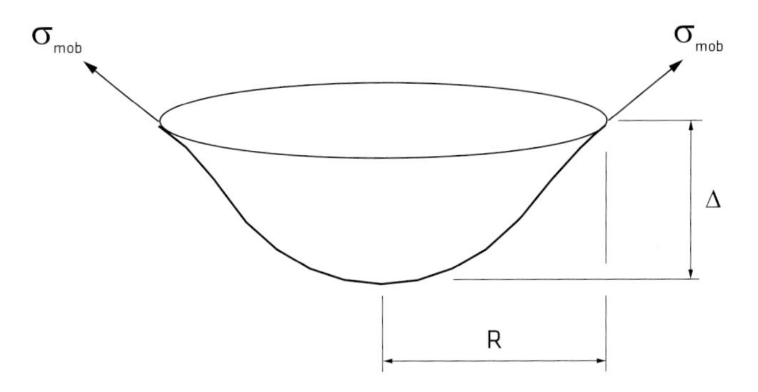

Fig. 5.25 Afundamento superficial localizado em forma de taça
Fonte: Usepa (1991).

$$t_G = \frac{2R^2\gamma h\Delta}{3\sigma_{adm}(\Delta^2 + R^2)} \quad \textbf{(5.26)}$$

Solicitação por recalques ao longo de grandes áreas

Giroud (1995) apresenta uma abordagem conservativa para a estimativa da deformação na geomembrana em função do recalque máximo no centro de uma área carregada, como esquematizado na Fig. 5.26. A forma da distribuição da bacia de recalques é admitida como parabólica ou circular. Nesse caso, a deformação esperada (admitida como uniforme ao longo do comprimento da geomembrana) é dada por:

$$\varepsilon \approx \frac{8}{3}\left(\frac{\Delta}{b}\right)^2 \quad \textbf{(5.27)}$$

A equação é conservadora e resulta de aproximações de soluções que consideram a deformada da geomembrana com forma parabólica ou circular (Giroud, 1995). As previsões por essa equação são mais precisas para valores pequenos de Δ/b. Para valores de Δ/b menores que 0,2, a diferença entre a solução simplificada (Eq. 5.27) e as soluções que lhe deram origem é inferior a 10%. Para Δ/b igual a 0,5, a Eq. 5.27 superestima a deformação da geomembrana em 39% em relação à solução em que a deformada desta é admitida como tendo forma parabólica.

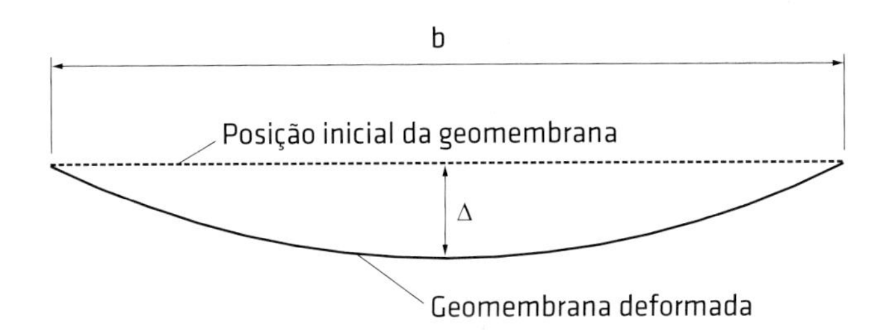

Fig. 5.26 Solução de Giroud (1995)

Solicitações por outros mecanismos de recalque

Tensões podem também ser provocadas em geomembranas durante o lançamento, o espalhamento e a compactação do solo sobrejacente, causadas por afundamentos superficiais no material de cobertura em decorrência do tráfego de veículos (caminhões, veículos sobre esteiras etc.). No caso de subleitos moles saturados, as deformações esperadas na geomembrana podem ser estimadas pela metodologia apresentada por Palmeira (1998b) para deformações em geossintéticos em obras de estradas não pavimentadas, exposta na seção 7.1.6.

Solicitação de perfuração em geomembranas durante a construção e sob condições de serviço

A camada de geomembrana pode também ser perfurada durante o lançamento e a compactação do solo de cobertura, devido a irregularidades do terreno subjacente e/ou à presença de elementos contundentes. Por essa razão, é recomendada sua proteção com camada de geotêxtil, sobre e sob a geomembrana. Uma camada de GCL pode também ser utilizada como camada de proteção sob a geomembrana, com a vantagem de evitar ou minimizar vazamentos através de danos.

Para a escolha do geotêxtil a ser usado como camada de proteção, Holtz, Christopher e Berg (1997) sugerem o seguinte procedimento:

- Determina-se a maior tensão vertical a que estará submetida a camada de geomembrana, durante a construção da obra ou ao longo de sua vida útil.
- Em função da máxima tensão vertical e da dimensão dos grãos de solo em contato com a geomembrana, estima-se a força média de perfuração (P') do grão no contato com a geomembrana pelo gráfico da Fig. 5.27.
- Aplicam-se fatores de segurança ao valor de P' para a determinação do valor da força perfurante de projeto (P'_P) por:

$$P'_P = F_{LP} F_{TR} P' \quad (5.28)$$

em que P'_P é a carga de perfuração de projeto; F_{LP}, o fator de segurança para condição de longo prazo (em geral > 10); e F_{TR}, o fator de segurança para o tipo de resíduo (> 2 para resíduos perigosos e > 1 para aplicação em coberturas de áreas de disposição).

- Utilizam-se gráficos obtidos em ensaios de perfuração com diferentes solos e produtos geossintéticos em contato para a escolha da espessura da geomembrana e/ou da massa por unidade de área do geotêxtil de proteção, em função das características dos materiais ensaiados. A Fig. 5.28 mostra um gráfico para determinar a massa por unidade de área de um geotêxtil não tecido agulhado, com filamentos contínuos de polipropileno, para a proteção de geomembranas de PEAD.

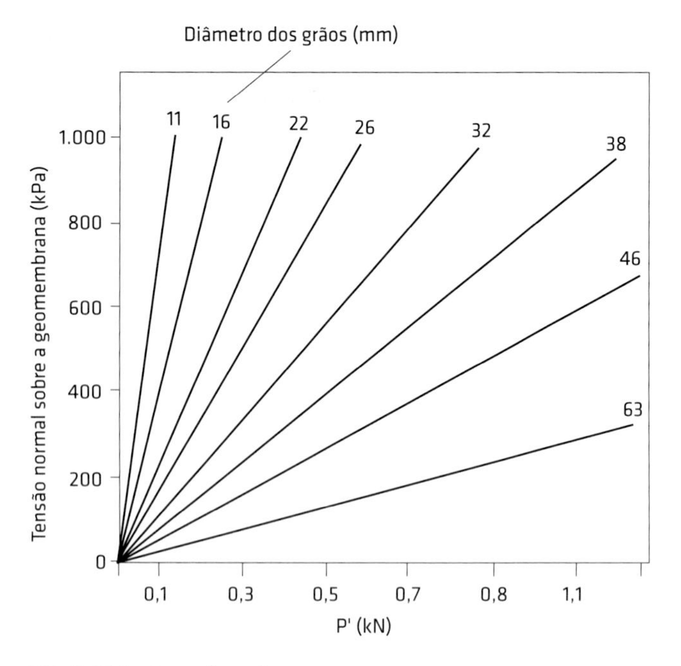

Fig. 5.27 Carga perfurante
Fonte: Holtz, Christopher e Berg (1997).

Narejo, Koerner e Wilson-Fahmy (1996) apresentaram uma solução para o cálculo da tensão vertical admissível sobre uma geomembrana protegida por um geotêxtil, de modo a evitar a perfuração causada por uma protuberância (uma pedra, por exemplo). Os estudos desses autores se

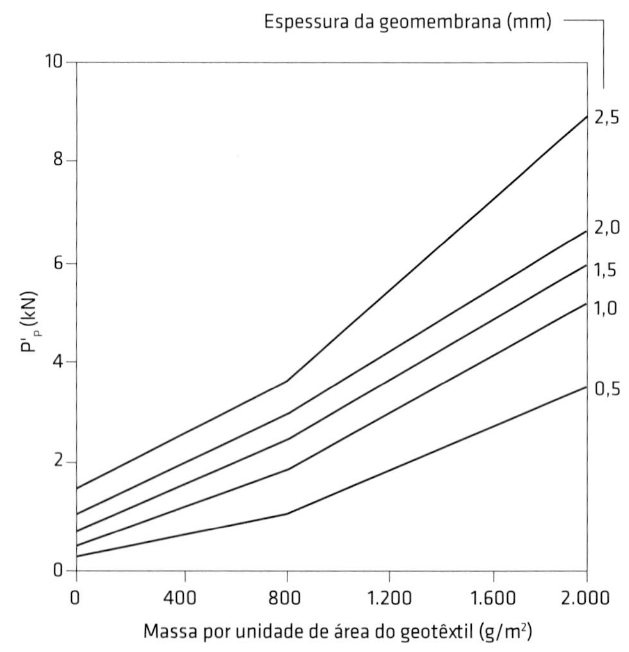

Fig. 5.28 Gráfico para a seleção do geotêxtil não tecido (PP) para a proteção da geomembrana de PEAD
Fonte: Werner, Pühringer e Frobel (1990).

basearam em resultados de ensaios de perfuração em que uma geomembrana de PEAD com 1,5 mm de espessura era pressionada contra a ponta de um cone truncado, como esquematizado na Fig. 5.29. Nessas condições, o valor da tensão vertical admissível (em kPa) é dado por:

$$p'_{adm} = 450\frac{M_A}{H^2}\left(\frac{1}{MF_S MF_{PD} MF_A}\right)\left(\frac{1}{FS_{CR} FS_{CBD}}\right) \quad (5.29)$$

em que M_A é a massa por unidade de área do geotêxtil de proteção (g/m^2); H, a altura da protuberância cônica (mm); MF_S, o fator de modificação para levar em conta a forma da protuberância; MF_{PD}, o fator de modificação para levar em conta a distribuição de protuberâncias; MF_A, o fator de modificação para levar em conta o arqueamento do material granular em contato; FS_{CR}, o fator de segurança parcial contra a fluência; e FS_{CBD}, o fator de segurança parcial contra mecanismos de degradação química e biológica.

O fator de segurança global contra a perfuração da geomembrana é dado por:

$$FS = \frac{p'_{adm}}{p'_{req}} \quad (5.30)$$

em que p'_{req} é a pressão vertical requerida.

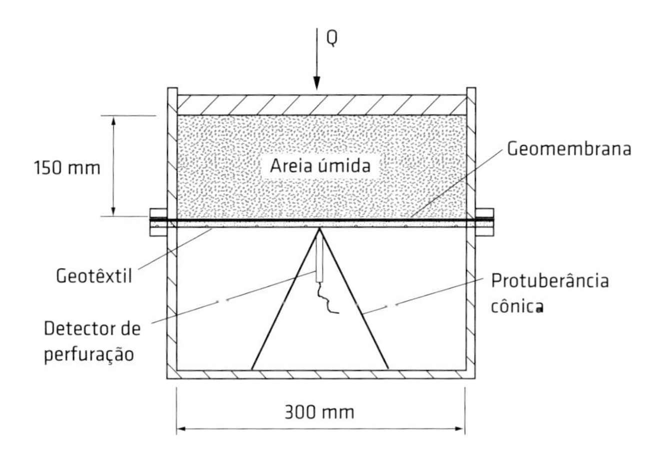

Fig. 5.29 Esquema do ensaio de perfuração
Fonte: modificado de Narejo, Koerner e Wilson-Fahmy (1996).

As Tabs. 5.3 a 5.6 mostram os valores sugeridos por Narejo, Koerner e Wilson-Fahmy (1996) para os componentes que aparecem na Eq. 5.29. Os valores de FS_{CBD} variam tipicamente entre 1,0 e 2,0, com valor médio de 1,5 (Narejo; Koerner; Wilson-Fahmy, 1996; Koerner, 1998). Ensaios e estudos adicionais sobre a perfuração de geomembranas com e sem a proteção de geotêxtil são apresentados em Koerner, Wilson-Fahmy e Narejo (1996) e Wilson-Fahmy, Narejo e Koerner (1996).

Tab. 5.3 FATOR DE MODIFICAÇÃO PARA A FORMA DA PROTUBERÂNCIA

Forma da protuberância (pedra)	MF_S
Angular	1,00
Subarredondada	0,50
Arredondada	0,25

Fonte: modificado de Narejo, Koerner e Wilson-Fahmy (1996).

Tab. 5.4 FATOR DE MODIFICAÇÃO PARA A DISTRIBUIÇÃO DE PROTUBERÂNCIAS

Distribuição de protuberâncias	MF_{PD}
Protuberâncias isoladas	1,00
Protuberâncias agrupadas	0,50

Fonte: modificado de Narejo, Koerner e Wilson-Fahmy (1996).

Tab. 5.5 FATOR DE MODIFICAÇÃO PARA O ARQUEAMENTO DO SOLO

Efeito do arqueamento	MF_A
Nenhum	1,00
Moderado	0,75
Máximo	0,50

Nota: valores menores que a unidade devem ser utilizados somente quando o arqueamento do solo é factível.
Fonte: modificado de Narejo, Koerner e Wilson-Fahmy (1996).

Solicitações provocadas por vento

O vento pode provocar o deslocamento ou a suspensão de painéis de geomembranas devido à geração de forças nas extremidades dos painéis ou à ocorrência de sucção. A Fig. 5.30 apresenta a variação de pressão típica em uma área coberta com geomembrana. Nessa figura, Δp_R é a pressão de referência e corresponde ao aumento de pressão, em relação à pressão atmosférica, no ponto de pressão máxima no caso de fluxo de ar ao redor de um cilindro, como esquematizado na Fig. 5.31.

Giroud, Pelte e Bathurst (1995) apresentam a seguinte expressão para o cálculo da pressão de referência:

$$\Delta p_R = \rho_o\left(\frac{V^2}{2}\right)e^{-\rho_o g z / p_o} \quad (5.31)$$

em que Δp_R é a pressão de referência; ρ_o, a massa específica do ar ao nível do mar (= 1,29 kg/m^3); V, a velocidade do vento; g, a aceleração da gravidade; z, a altitude da região considerada em relação ao nível do mar; e p_o, a pressão atmosférica ao nível do mar (= 101,3 kPa).

Para cálculos rotineiros, tem-se, ao nível do mar:

$$\Delta p_R = 0{,}050V^2 \quad (5.32)$$

com Δp_R em Pa e V em km/h.

Tab. 5.6 FATOR DE SEGURANÇA PARCIAL CONTRA A FLUÊNCIA

Massa por unidade de área do geotêxtil (M_A) (g/m²)	Fator de segurança parcial contra a fluência (FS_{CR})			
	Altura da protuberância (mm)			
	38	25	12	6
Sem geotêxtil	Não recomendado	Não recomendado	Não recomendado	>> 1,5
270	Não recomendado	Não recomendado	> 1,5	1,5
550	Não recomendado	1,5	1,3	1,2
1.100	1,3	1,2	1,1	1,0
> 1.100	~1,2	~1,1	~1,0	1,0

Fonte: modificado de Narejo, Koerner e Wilson-Fahmy (1996).

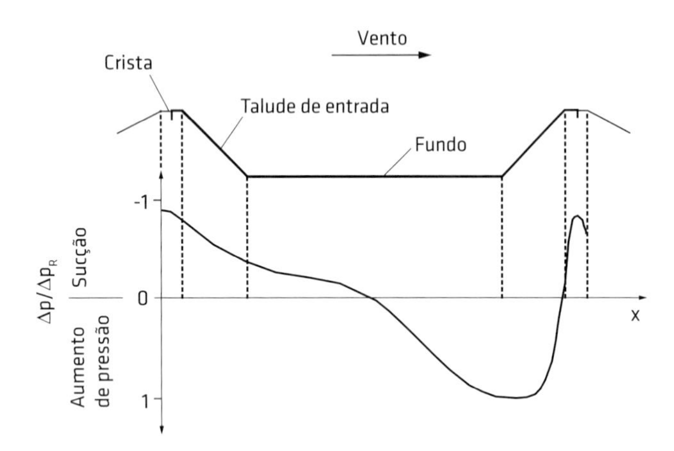

Fig. 5.30 Pressão de ar sobre a geomembrana
Fonte: modificado de Giroud, Pelte e Bathurst (1995).

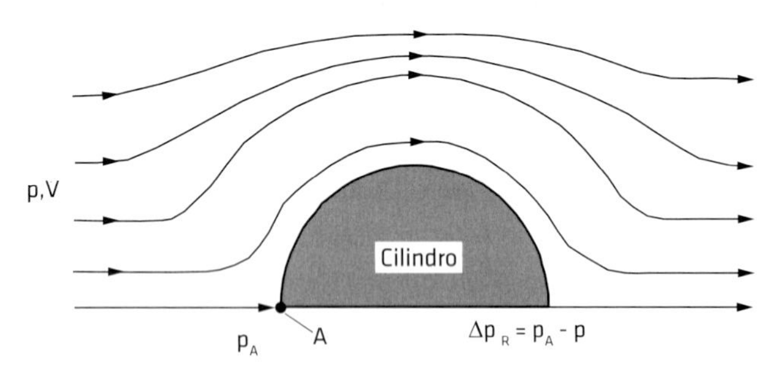

Fig. 5.31 Fluxo de ar ao redor de um cilindro
Fonte: modificado de Giroud, Pelte e Bathurst (1995).

E, a uma altitude z acima do nível do mar:

$$\Delta p_R = 0{,}050V^2 e^{-(1{,}25\times10^{-4})z} \quad \textbf{(5.33)}$$

com Δp_R em Pa, V em km/h e z em m.

A geomembrana pode ser suspensa em regiões onde o vento provoca sucção ($\Delta p < 0$, Fig. 5.30). Nesse caso, é possível definir o fator de sucção por:

$$\lambda = \frac{S}{\Delta p_R} \quad \textbf{(5.34)}$$

em que S é a sucção mobilizada.

Giroud, Pelte e Bathurst (1995) sugerem um valor médio de λ igual a 0,45 para o talude de entrada do vento (variação entre 0,45 e 0,75), que é o talude em situação mais crítica (Fig. 5.30). Para o fundo da área de disposição ou reservatório, λ tipicamente varia entre 0,2 e 0,4. Para situações em que golfadas de vento podem ocorrer, é possível que λ seja maior. Assim, Giroud, Pelte e Bathurst (1995) propõem os seguintes valores para projeto:

- $\lambda = 1$, se somente a crista do talude é considerada;
- $\lambda = 0{,}7$, se todo o talude é considerado;
- $\lambda = 0{,}4$, para o fundo da área de disposição;
- valores de λ variáveis, segundo a Fig. 5.32, para situações em que são previstas bermas para prevenir o levantamento da geomembrana.

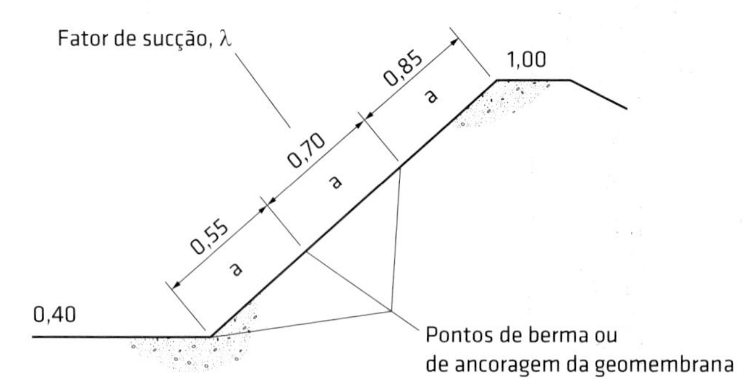

Fig. 5.32 Parcelamento do valor de λ ao longo do talude

Para que a geomembrana não seja suspensa pelo vento, seu peso por unidade de área deve ser superior à sucção. Assim:

$$\frac{W}{A} = M_A g = \rho_{GM} t_{GM} g \geq S \quad \textbf{(5.35)}$$

em que W é o peso da geomembrana com área A em planta; M_A, a massa por unidade de área da geomembrana; g, a aceleração da gravidade; ρ_{GM}, a massa específica do material da geomembrana; t_{GM}, a espessura da geomembrana; e S, a sucção.

Combinando-se as equações anteriores, obtém-se:

$$M_A \geq \lambda \frac{\rho_o V^2}{2g} e^{-\rho_o g z / p_o} \quad \textbf{(5.36)}$$

em que M_A é a massa por unidade de área mínima que a geomembrana deve ter para não ser suspensa pelo vento.

Assim, ao nível do mar, tem-se:

$$M_A \geq 0{,}005085\lambda V^2 \quad \textbf{(5.37)}$$

com M_A em kg/m² e V em km/h.

E, a uma altitude z acima do nível do mar:

$$M_A \geq 0{,}005085\lambda V^2 e^{-(1{,}25\times10^{-4})\,z} \quad \textbf{(5.38)}$$

com M_A em kg/m², V em km/h e z em m.

A suspensão da camada de geomembrana pode também ser evitada com uma camada temporária de cobertura. Nesse caso, para não haver a suspensão da geomembrana, deve-se ter:

$$\rho_P g D_{req} + M_A g \geq S \quad \textbf{(5.39)}$$

em que ρ_P é a massa específica do material de cobertura sobre a geomembrana e D_{req} é a espessura requerida para o material de cobertura.

Combinando-se as equações anteriores, obtém-se:

$$D_{req} \geq \frac{1}{\rho_P}\left(-M_A + \lambda\frac{\rho_o V^2}{2g} e^{-\rho_o gz/p_o}\right) \quad \textbf{(5.40)}$$

No que se refere a tensões e deformações mobilizadas na geomembrana, Giroud, Pelte e Bathurst (1995) apresentam o desenvolvimento a seguir para a estimativa das cargas de tração e deformações mobilizadas em uma geomembrana suspensa pelo vento.

Conforme apresentado na Fig. 5.33, a sucção efetiva atuante sobre a geomembrana é dada por:

$$S_e = S - M_A g \quad \textbf{(5.41)}$$

em que S_e é a sucção efetiva e S é a sucção total.

Combinando-se as equações já apresentadas, tem-se:

$$S_e = \lambda\rho_o(V^2/2)e^{-\rho_o gz/p_o} - M_A g \quad \textbf{(5.42)}$$

Da análise do equilíbrio da geomembrana sob as condições apresentadas na Fig. 5.33, obtém-se:

$$\varepsilon = \frac{2T}{S_e L}\sin^{-1}\left(\frac{S_e L}{2T}\right) - 1 \quad \textbf{(5.43)}$$

em que ε é a deformação na geomembrana; T, a carga de tração na geomembrana; e L, o comprimento inicial do trecho suspenso (Fig. 5.33).

A relação entre carga de tração e deformação apresentada na Eq. 5.43 é denominada relação carga-deformação para a geomembrana sob condições de suspensão. A deformação e a carga na geomembrana suspensa são obtidas plotando-se, em um mesmo gráfico, os valores dados pela Eq. 5.42 e a relação carga-deformação da geomembrana obtida em um ensaio de tração. Nesse procedimento, utiliza-se a carga normalizada por $S_e L$, conforme esquematizado na Fig. 5.34. O ponto de interseção entre as duas curvas fornece os valores de ε e T procurados.

O deslocamento ou a suspensão de painéis de geomembrana na obra, além de poderem provocar danos à geomembrana, atrasam a execução e aumentam seus custos. Algumas recomendações para evitar a suspensão de painéis de geomembrana são (Giroud; Pelte; Bathurst, 1995):

- Cobertura com camada protetora de solo.

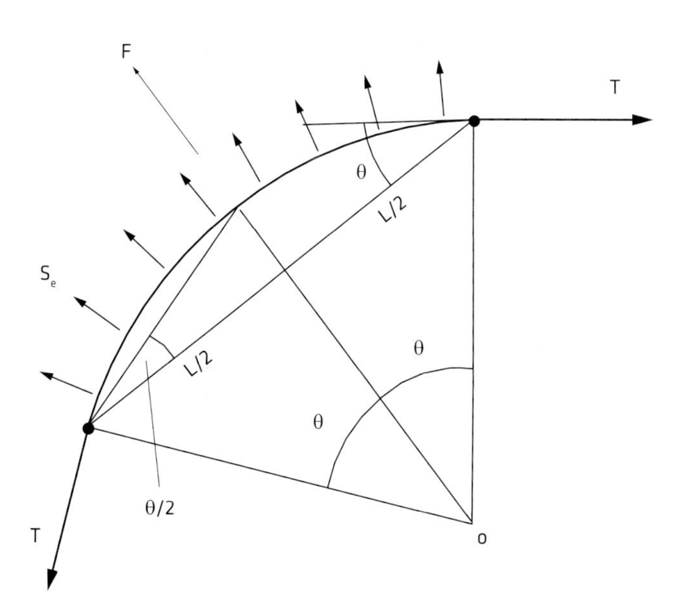

Fig. 5.33 Equilíbrio da geomembrana suspensa

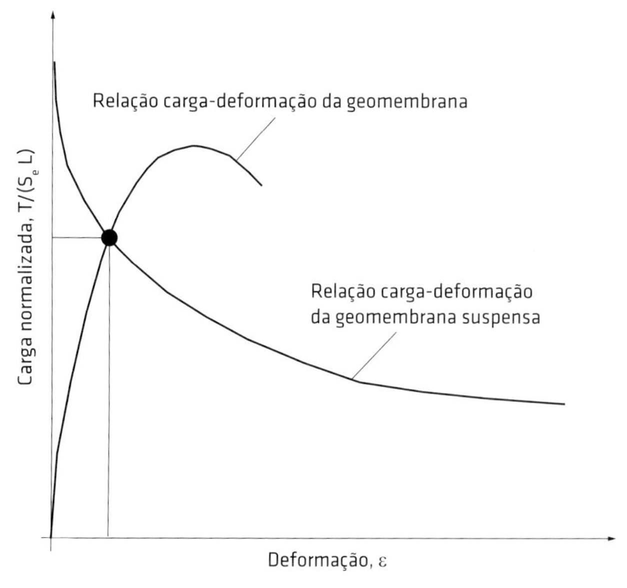

Fig. 5.34 Compatibilidade entre cargas e deformações na geomembrana

- Cobertura com camada de líquido (em geral com espessuras entre 100 mm e 300 mm).
- Utilização de sacos de areia, como mostrado na Fig. 5.35. Tal procedimento só é efetivo para ventos com velocidades muito baixas e é recomendado durante a construção, nas bordas de painéis de geomembranas a serem soldados.
- Ventosas na crista de taludes. Podem ser usados tubos conectados a sistemas drenantes (drenos em tiras, por exemplo) sob a geomembrana para reduzir a pressão de ar abaixo dela durante ventanias.
- Aplicação de vácuo sob a geomembrana.
- Bermas ou pontos de ancoragem no talude. Nesse caso, Giroud, Pelte e Bathurst (1995) sugerem a distribuição desses pontos de fixação e respectivos valores de fatores de sucção em cada trecho, como esquematizado na Fig. 5.36. O espaçamento entre pontos de ancoragem é menor próximo à crista do talude por ser essa a região mais crítica.

Fig. 5.35 Utilização de sacos de areia contra a ação de ventos

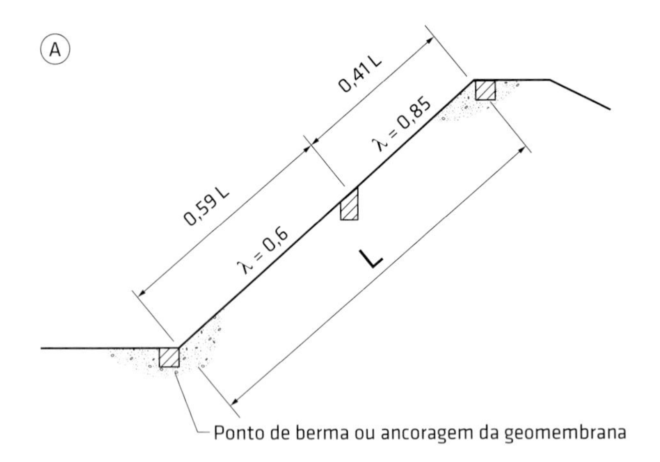

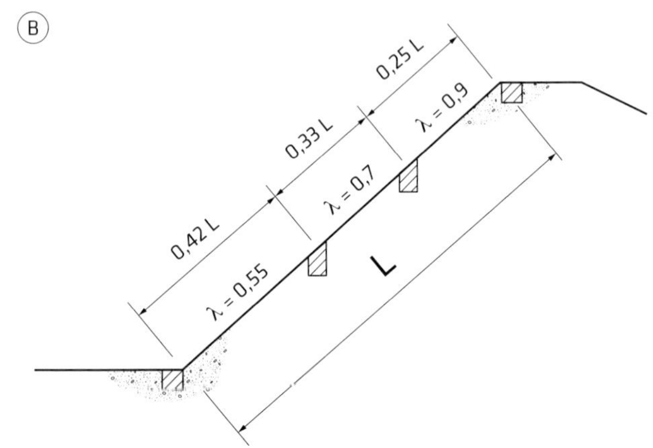

Fig. 5.36 Localização de pontos de ancoragem de geomembranas em taludes: (A) três pontos de ancoragem e (B) quatro pontos de ancoragem
Fonte: modificado de Giroud, Pelte e Bathurst (1995).

Para o dimensionamento de bermas para evitar a suspensão de geomembranas sob a ação de ventos, Giroud, Gleason e Zornberg (1999) analisam o equilíbrio da berma conforme apresentado na Fig. 5.37. O peso da berma (*W*) ou o esforço de ancoragem devem satisfazer às seguintes condições de equilíbrio:

Peso mínimo da berma para evitar seu deslizamento talude abaixo

$$W_{min\text{-}ab} = \frac{T_d \cos(\theta_d - \beta_d - \phi_{sg\text{-}i} + \beta_a) - T_u \cos(\theta_u + \beta_u + \phi_{sg\text{-}i} - \beta_a)}{\sin(\phi_{sg\text{-}i} - \beta_a)} \quad \textbf{(5.44)}$$

em que $W_{min\text{-}ab}$ é o peso mínimo da berma para evitar seu deslizamento talude abaixo; T_d, a carga de tração na geomembrana no trecho de talude abaixo da berma; T_u, a carga na geomembrana no trecho de talude acima da berma; θ_d e θ_u, os ângulos entre as forças T_d e T_u e os taludes acima e abaixo da berma, respectivamente; β_d, a inclinação do trecho inferior do talude com a horizontal; β_u, a inclinação do trecho superior do talude com a horizontal; β_a, a inclinação da base da berma com a horizontal (positivo, conforme esquematizado na Fig. 5.37); e $\phi_{sg\text{-}i}$, o ângulo de atrito de interface entre a geomembrana e o solo subjacente.

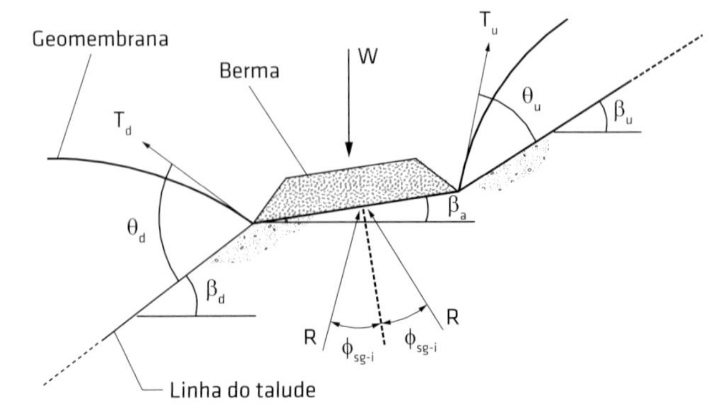

Fig. 5.37 Análise do equilíbrio da berma de ancoragem
Fonte: modificado de Giroud, Pelte e Bathurst (1995).

Peso mínimo da berma para evitar seu deslizamento talude acima

$$W_{min\text{-}ac} = \frac{-T_d \cos(\theta_d - \beta_d + \phi_{sg-i} + \beta_a) + T_u \cos(\theta_u + \beta_u - \phi_{sg-i} - \beta_a)}{\sin(\phi_{sg-i} + \beta_a)} \quad (5.45)$$

em que $W_{min\text{-}ac}$ é o peso mínimo da berma para evitar seu deslizamento talude acima.

Peso mínimo da berma para evitar sua suspensão

$$W_{min\text{-}susp} = T_d \sin(\theta_d - \beta_d) + T_u \sin(\theta_u + \beta_u) \quad (5.46)$$

em que $W_{min\text{-}susp}$ é o peso mínimo da berma para evitar sua suspensão.

Nas Eqs. 5.44 a 5.46, os valores de θ_d e θ_u podem ser obtidos por meio da solução da seguinte equação para cada trecho de talude adjacente à berma (Giroud; Pelte; Bathurst, 1995):

$$\frac{\theta}{\sin\theta} = 1 + \varepsilon \quad (5.47)$$

em que ε é a deformação na geomembrana no trecho considerado, obtida pela Eq. 5.43.

Com o peso da berma que satisfaça às três condições de equilíbrio apresentadas e com o peso específico do material da berma, pode-se estabelecer sua seção transversal.

5.2.3 Soldas em geomembranas e controle de qualidade de execução e instalação

A solda é uma das formas para solidarizar painéis individuais de geomembranas. No caso de geotêxteis, tal solidarização é efetuada por costuras, estando disponíveis máquinas especiais de costura e linhas de alta resistência. A Fig. 5.38 esquematiza costuras típicas de geotêxteis.

Em geomembranas, as soldas são efetuadas para manter a estanqueidade e a resistência da manta nas junções. A Fig. 5.39 mostra soldas típicas de geomembranas.

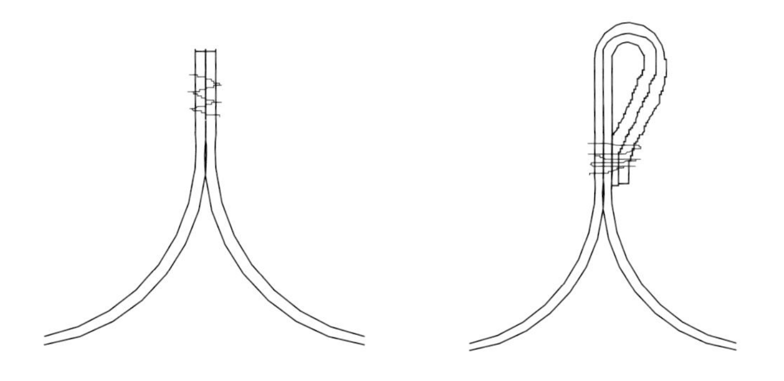

Fig. 5.38 Costuras típicas de painéis de geotêxteis

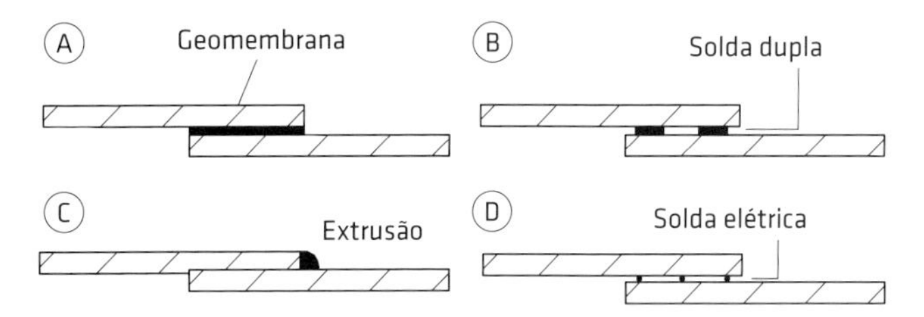

Fig. 5.39 Soldas típicas de painéis de geomembranas

Os seguintes fatores podem complicar a soldagem de painéis de geomembranas no campo:

- não uniformidade das superfícies a serem soldadas;
- não conformidade da geomembrana com a superfície do terreno;
- geomembranas com baixo coeficiente de atrito entre faces;
- impurezas trazidas pelo vento para as faces a serem soldadas;
- umidade;
- congelamento;
- aberturas na geomembrana para a passagem de tubos, conexões etc. (ver Koerner, 1998, por exemplo, para detalhes desses tipos de situação);
- mudança de posição dos painéis pela ação do vento;
- variações bruscas de temperatura ambiente durante a execução da solda;
- condições ambientais para a execução do serviço;
- expansão ou contração dos painéis durante os trabalhos.

Os tipos mais comuns de processo de soldagem de geomembranas são (Koerner, 1998):

- *Solventes*: o solvente é espalhado com pincel nas faces a serem coladas e pressão (e às vezes calor) é aplicada para a junção. Parte das faces é dissolvida pelo solvente, propiciando a colagem. A quantidade certa de solvente deve ser utilizada para garantir uma boa solda. Esse processo é usado principalmente para materiais termoplásticos.
- *Solventes adesivos*: semelhante à aplicação de colas. A maioria dos termoplásticos pode ser soldada dessa maneira.
- *Adesivos de contato*: o adesivo é aplicado com pincel ou rolo e então se espera atingir um determinado grau de cura por um certo tempo. A seguir, o contato entre as faces é realizado e pressão é aplicada para ajudar a colagem.
- *Fitas e adesivos vulcanizados*: podem ser empregados para materiais termofixados muito densos (butil e EPDM). Uma fita não curada ou um adesivo contendo o polímero-base da geomembrana e agentes quími-

cos que propiciem ligações transversais é aplicado nas faces a serem coladas sob pressão e calor.

- *Métodos térmicos*: utilizam calor para fundir as faces a serem soldadas. Isso pode ser feito por meio de equipamentos que apliquem ar quente ou que forcem a passagem das faces a serem soldadas sobre cunhas aquecidas. Pressão também é aplicada para melhorar a soldagem. Existem equipamentos capazes de formar linhas de solda paralelas, deixando um vazio entre elas (Fig. 5.39B), o que permite ensaios posteriores com a injeção de ar comprimido nesse vazio para detectar vazamentos, como será visto posteriormente. Outras formas de solda por fusão são:
  - ◊ *Soldagem dielétrica*: é usada em fábricas de geomembranas, sendo a fusão provocada por corrente elétrica.
  - ◊ *Soldagem com ultrassom*: a fusão é provocada por ondas de ultrassom (40 kHz).
  - ◊ *Soldagem elétrica*: um fio elétrico é instalado entre as geomembranas a serem soldadas. A posterior passagem de corrente (10 a 25 ampères, a 36 V) provoca a fusão local das faces a serem unidas.
  - ◊ *Soldagem por extrusão*: semelhante a soldagens utilizadas em metais (Fig. 5.39C).
- *Fitas adesivas*: fitas adesivas de face dupla são usadas para a colagem das extremidades dos painéis.

As máquinas de soldagem por fusão no campo podem provocar a fusão das extremidades dos painéis de geomembrana com o emprego de ar quente ou de cunha quente. A Fig. 5.40 esquematiza os processos de soldagem com tais equipamentos, ao passo que a Fig. 5.41 apresenta imagens de alguns equipamentos e de processos de soldagem no campo.

As velocidades típicas de soldagem de painéis de geomembrana são exibidas na Tab. 5.7. Note-se que o processo de soldagem por máquinas com cunha quente é um dos mais rápidos, sendo essa uma das razões para sua utilização frequente no campo.

Tab. 5.7 VELOCIDADES TÍPICAS DE SOLDAGEM DE GEOMEMBRANAS

Tipo de solda	Velocidade (m/h)
Solvente	60
Solvente encorpado	45
Adesivo	45
Ar quente	15
Cunha quente	90
Ultrassom	90
Extrusão linear	30
Extrusão plana	15

Fonte: modificado de Usepa (1991).

Ensaios destrutivos em soldas de geomembranas

No controle de qualidade das soldas, amostras são retiradas dos painéis e ensaiadas à tração, conforme apresentado no Cap. 3. Reparos apropriados devem ser efetuados nas regiões onde foram retiradas as amostras. A quantidade típica de amostras para ensaio é de seis por quilômetro, coletadas aleatoriamente, ou uma amostra a cada 150 m de solda (Metracon, 1988). O tamanho da amostra depende do controle de qualidade, mas deve permitir, no mínimo, a preparação de dez espécimes de 3 cm para a execução de cinco ensaios de tração (cisalhamento) e cinco ensaios de descascamento (ver Cap. 3).

Os critérios típicos para a recusa ou a aceitação da solda são (Koerner, 1998):

- a ruptura no ensaio de tração não deve ocorrer na solda;
- a resistência mínima no ensaio de tração que causa a ruptura por cisalhamento da solda deve ser de 70% a 90% da resistência da geomembrana (sem solda);
- a resistência mínima no ensaio de tração que provoca a ruptura por descascamento deve ser de 50% a 70% da resistência da geomembrana.

Ensaios não destrutivos em soldas de geomembranas

Os ensaios destrutivos não fornecem dados sobre vazamentos nas soldas e ainda obrigam a execução de reparos

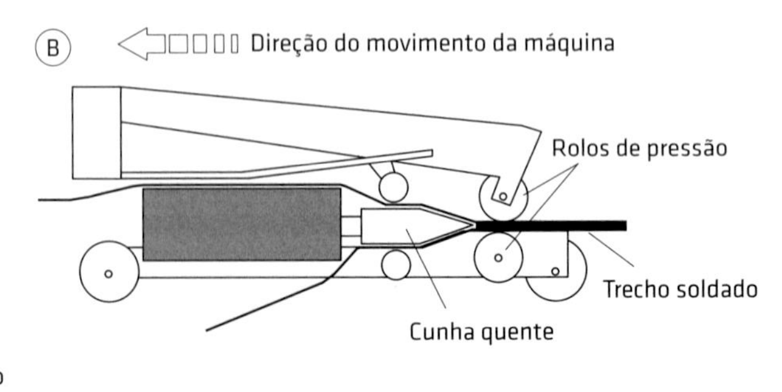

Fig. 5.40 Máquinas de soldagem por fusão comumente utilizadas: (A) com ar quente e (B) com cunha quente

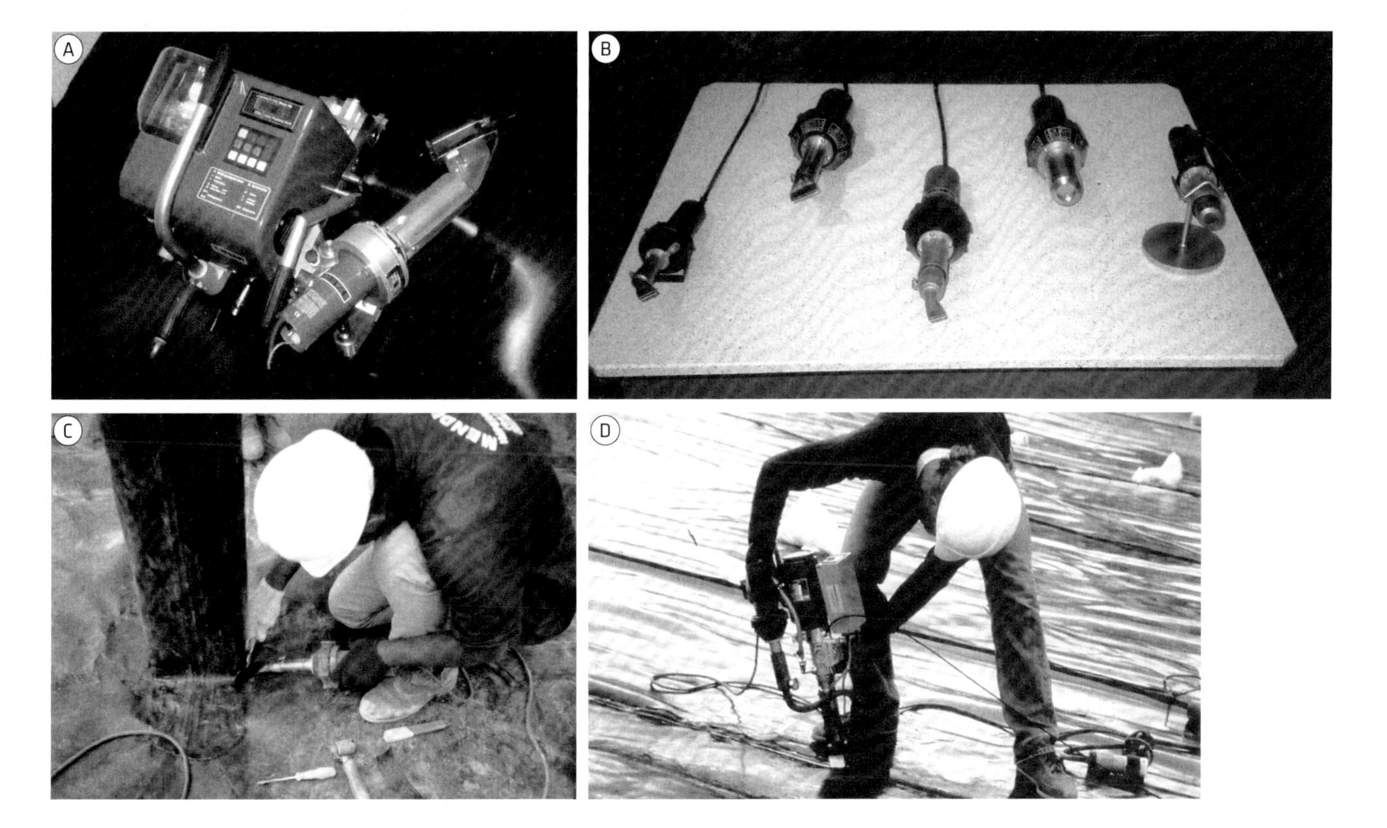

Fig. 5.41 Alguns equipamentos e processos de soldagem de geomembranas: (A) máquina de soldagem por fusão; (B) soldadores por fusão manuais; (C) soldagem manual local; (D) soldagem por extrusão

bem feitos na região de retirada de amostras. Em contraste, os ensaios não destrutivos podem fornecer informações sobre a possibilidade de vazamento sem provocar danos à geomembrana, ou provocando danos mínimos, em função da qualidade de execução do ensaio. Os ensaios não destrutivos mais comuns são:

- *Jato de ar*: ar é jateado de encontro à solda (pressão típica de 350 kPa) através de um orifício de pequeno diâmetro, como mostrado na Fig. 5.42. É mais apropriado para geomembranas finas e flexíveis (espessuras menores que 1 mm) e só funciona se o defeito se localiza na extremidade do trecho soldado ou a atinge. O ensaio é expedito e a qualidade do resultado obtido depende do operador, razão pela qual deve ser executado por profissional especializado.
- *Ensaio de tensão pontual*: um equipamento semelhante a uma chave de fenda é utilizado para detectar regiões de junções deficientes na extremidade da região soldada. A qualidade do resultado também depende fundamentalmente do operador.
- *Injeção de ar comprimido em soldas duplas*: ar comprimido (175 kPa a 210 kPa de pressão) é injetado entre as soldas para testá-las contra vazamentos em trechos com comprimento variando de 30 m a 60 m (Pohl, 1992), como esquematizado na Fig. 5.43. A pressão é mantida por, pelo menos, 5 min. Se quedas de pressão ocorrerem, a distância de ensaio é reduzida para localizar o ponto de vazamento, outro método de detecção de vazamentos é empregado ou toda a região da solda recebe uma nova capa de geomembrana soldada nas extremidades. Segundo Beech (1993), a solda no trecho ensaiado deve ser rejeitada se:
  - ◊ a queda de pressão de ar exceder 23 kPa (≅ 3 psi) para geomembranas com espessuras superiores ou iguais a 1,5 mm;
  - ◊ a queda de pressão de ar exceder 31 kPa (≅ 4 psi) para geomembranas com espessuras menores que 1,5 mm;
  - ◊ não se conseguir a estabilização de pressão.
- *Caixa de vácuo*: uma caixa com 1 m de comprimento e com o topo transparente é colocada sobre o trecho soldado da geomembrana e em seu interior é aplicado vácuo (34 kPa), como apresentado na Fig. 5.44. Uma substância espumante previamente colocada

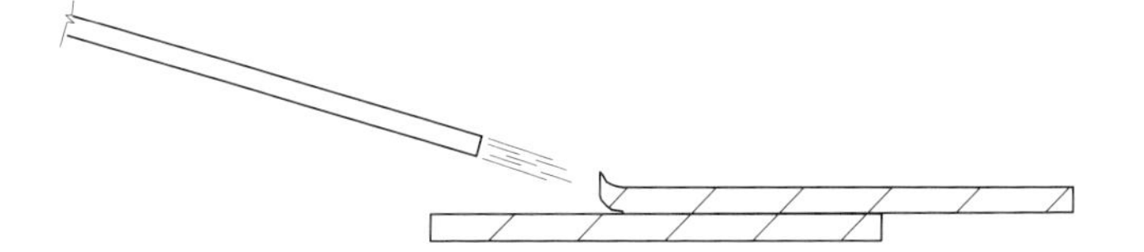

Fig. 5.42 Ensaio com jato de ar

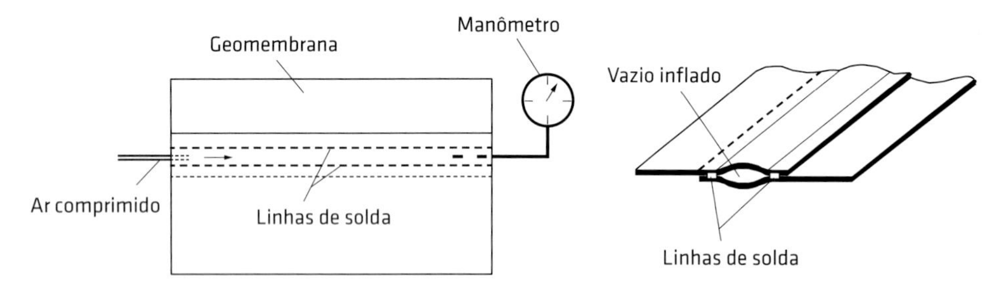

Fig. 5.43 Ensaio com injeção de ar comprimido em solda dupla

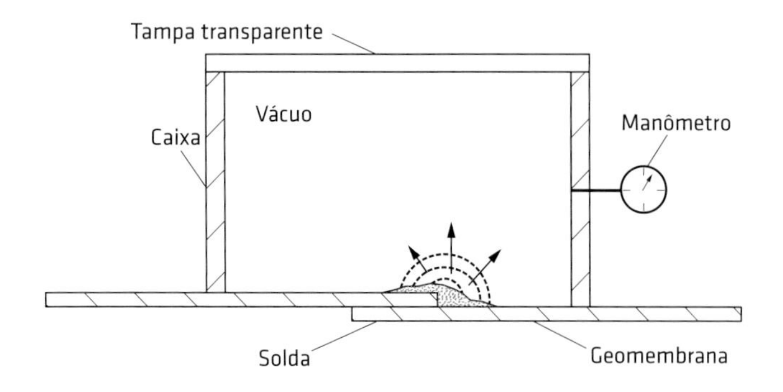

Fig. 5.44 Ensaio com caixa de vácuo

sobre a solda tende a borbulhar em pontos de passagem de ar. Deve-se observar a formação ou não de bolhas por, pelo menos, 15 s sob vácuo (Beech, 1993). O ensaio é lento, de difícil vedação ao longo das bordas, e, por provocar deformações na membrana, deve ser usado somente para geomembranas com espessuras maiores que 0,75 mm (Koerner, 1998). É difícil realizá-lo em taludes por ser necessária a aplicação de peso (geralmente o de um dos operadores) sobre a caixa para garantir a vedação lateral.

- *Fagulha elétrica*: visa detectar trechos mal soldados por meio de fagulhas provocadas quando uma corrente elétrica sob alta voltagem (15 kV a 30 kV) se estabelece, em decorrência da falta de isolamento elétrico provido pela geomembrana em relação ao solo, no caso de furos ou cortes na geomembrana.
- *Método do fio elétrico*: um fio metálico é inicialmente instalado na região a ser soldada (por sobreposição). Um eletrodo é conectado a uma das extremidades do fio e deslocado em zigue-zague ao longo da extensão da solda. Deficiências de solda provocam o disparo de um alarme na unidade do equipamento. Embora recomendado por empresas de instalação de geomembranas, o ensaio tem mostrado resultados conflitantes em relação aos obtidos em ensaios com caixa de vácuo (Koerner, 1998).
- *Teste da corrente elétrica*: um trecho soldado é submerso em água (≅ 15 cm) e uma diferença de voltagem é aplicada às extremidades. Eletrodos são instalados para captar a corrente gerada. No caso de haver deficiências na solda, ocorrem perdas de correntes, que são detectadas com o auxílio dos eletrodos.
- *Métodos ultrassônicos*: utilizam ultrassom para observar a reflexão de ondas em trechos soldados e como tais reflexões são afetadas por anomalias. Podem ser empregados para qualquer tipo de solda, sendo mais recomendados para geomembranas semicristalinas, inclusive PEAD, mas não se aplicam a geomembranas reforçadas (com telas internas).

Existem também sistemas para a detecção de defeitos e vazamentos em geomembranas no campo que trabalham à base de passagem de corrente elétrica (Peggs; Pearson, 1989; Peggs, 1990, 1993, por exemplo), sendo conhecidos como técnicas geoelétricas. A Fig. 5.45 esquematiza um desses procedimentos. Nesse caso, antes da disposição do material a ser confinado, pode-se instalar uma pequena lâmina d'água na área de disposição (em geral, para áreas pequenas). Com uma fonte de corrente elétrica e eletrodos para a medição de voltagem, é possível detectar com grande precisão os locais com danos, conforme mostrado na Fig. 5.45A. Caso haja dano, ocorre a passagem de corrente elétrica, pois a geomembrana íntegra é isolante. Nesse caso, um sistema de alarme, sonoro ou visual, avisa sobre a presença do dano. Ferreira e Beck (2014) apresentam exemplos de detecção de danos em geomembranas por métodos geoelétricos. Sistemas de detecção de danos via instalação de sensores sob a geomembrana podem também ser utilizados.

Uma alternativa também simples para áreas de disposição maiores é o umedecimento da geomembrana, por um operador, provocado pela passagem de um sistema de molhagem, que resulta em poças localizadas (Fig. 5.45B; Rollin et al., 1999). Também conhecida como método da poça, essa técnica permite a detecção de danos com áreas iguais ou superiores a 1 mm^2 (ASTM D7002), e a velocidade de cobertura típica em planta é de 5.000 m^2/dia/operador, dependendo das condições locais (Forget; Rollin; Jacquelin, 2005). Outro sistema similar emprega eletrodos instalados sob a geomembrana, e, antes do enchimento da região, ou mesmo com o solo de cobertura já instalado, procede-se à verificação da presença de furos de modo semelhan-

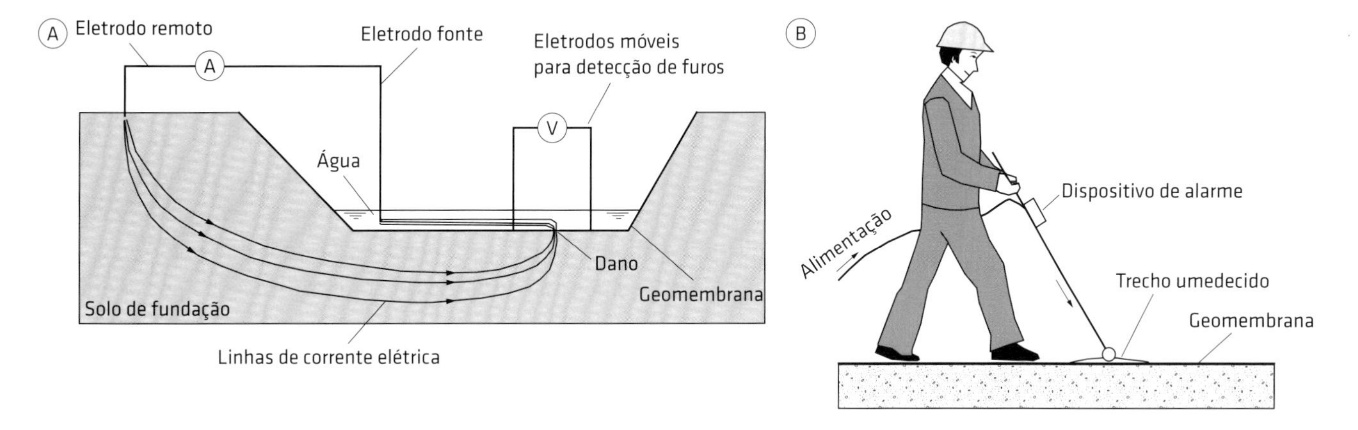

Fig. 5.45 Sistemas de detecção de danos em geomembranas: (A) utilização de lâmina d'água e (B) detecção por formação de poça
Fonte: (A) modificado de Laine (1991).

te ao mencionado anteriormente. A voltagem utilizada nessas técnicas é pequena e, portanto, não oferece riscos aos trabalhadores no local. O método dipolar permite a detecção de danos com áreas superiores ou iguais a 6 mm^2 em geomembranas já cobertas (ASTM D7007) e utiliza um princípio semelhante aos descritos anteriormente.

Atualmente, já estão disponíveis membranas ditas "inteligentes", que incorporam sensores de fibra ótica e permitem a localização de regiões muito deformadas ou danificadas por um sistema de monitoramento remoto (Borns, 1997; Hix, 1998). Tais membranas foram inicialmente desenvolvidas pela Sandia National Laboratories (EUA) para aplicações militares e espaciais. Entretanto, no momento, os fabricantes estão estendendo sua utilização de forma a atender a necessidades de preservação ambiental (Borns, 1997). É de se esperar que, em um futuro próximo, o emprego de geomembranas inteligentes seja cada vez mais comum em obras de barreiras. Outras técnicas de detecção de danos e vazamentos em geomembranas são apresentadas por Hix (1998).

5.2.4 Rugas e dobras em geomembranas

Rugas em geomembranas podem ser provocadas por espalhamento inadequado de material sobre a geomembrana ou expansão térmica dos painéis. A presença de rugas pode ocasionar:

- dificuldades na solda de painéis – rugas nas bordas de painéis devem ser cortadas, e remendos devem ser cuidadosamente executados no local (Pohl, 1992);
- dificuldades para a instalação adequada de solos de cobertura ou camadas de drenagem sobre a geomembrana;
- quando dobradas pela ação de sobrecargas, as rugas criam regiões de elevadas tensões nas dobras (Fig. 5.46) que podem dificultar o fluxo de líquidos em camadas drenantes ou favorecer o fissuramento da geomembrana.

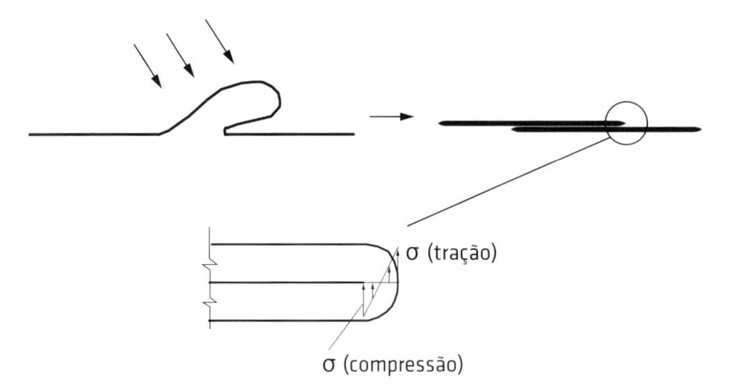

Fig. 5.46 Rugas e dobras em geomembranas

Pohl (1992) sugere os seguintes procedimentos para minimizar ou evitar a formação de rugas:

- evitar a instalação de geomembranas em períodos do dia com elevadas temperaturas;
- para evitar as rugas nas bordas da geomembrana, evitar soldar painéis que tenham sido lançados sob temperaturas muito diferentes e com intervalo pequeno de tempo entre instalações (por exemplo, evitar que um painel instalado à tarde, sob sol, seja soldado a outro que esteja sendo instalado à noite);
- equipamentos para espalhamento e colocação de solo não devem trafegar diretamente sobre a geomembrana;
- a camada de drenagem ou cobertura deve ser instalada em períodos do dia em que a temperatura não seja elevada;
- equipamentos de construção leves devem ser utilizados para colocar a primeira camada de solo sobre a geomembrana;
- o lançamento de material em taludes deve começar de baixo para cima;
- é sempre preferível que o lançamento da primeira camada de solo sobre a geomembrana seja feito na vertical, em vez do espalhamento lateral do solo sobre a geomembrana.

5.2.5 Perfurações e vazamentos em geomembranas

Giroud e Bonaparte (1989) sugerem que, mesmo sob controle de qualidade de construção intenso, é razoável que se espere algo em torno de três a cinco perfurações ou defeitos na geomembrana por hectare instalado. A Tab. 5.8 apresenta as estimativas fornecidas por esses autores da intensidade de vazamentos em barreiras com geomembranas.

A vazão capaz de passar através de um furo em uma geomembrana pode ser calculada pela expressão (Usepa, 1991):

$$Q = 3a^{0,75}h^{0,75}k^{0,5} \quad (5.48)$$

em que Q é a vazão através do furo em condições de fluxo permanente (m^3/s); a, a área do furo (m^2); h, a altura do chorume sobre o furo (m); e k, o coeficiente de permeabilidade do solo subjacente à geomembrana (m/s).

Rollin et al. (1999) investigaram 11 obras reais de disposição de resíduos e observaram que cerca de 55% dos defeitos encontrados nos sistemas de barreira com geomembranas estavam localizados em soldas, 25% dos danos eram furos e cerca de 24% dos danos foram causados por instrumentos cortantes utilizados por operários para cortar painéis de geomembranas, geotêxteis etc. Os autores constataram uma média de dois vazamentos por hectare nas obras investigadas. Segundo eles, de modo geral, uma instalação com dois pequenos defeitos por hectare é considerada de boa qualidade, com três defeitos por hectare é considerada aceitável e com mais de quatro defeitos por hectare é considerada inaceitável.

A Tab. 5.9 mostra os valores mínimos recomendados para algumas propriedades de geomembranas de forma

Tab. 5.8 ESTIMATIVAS DE VAZAMENTOS EM BARREIRAS

Tipo de barreira	Mecanismo de vazamento	Taxa de vazamento[6] (L/hectare/dia) para uma altura h (m) de líquido sobre a geomembrana igual a:				
		0,003	**0,03**	**0,3**	**3**	**30**
Só geomembrana[1]	Fluxo[4]	0,0001	0,01	1	100	300
	Furo pequeno	100	300	1.000	3.000	10.000
	Furo grande[5]	3.000	10.000	30.000	100.000	300.000
Barreira composta[2]	Fluxo	0,0001	0,01	1	100	300
	Furo pequeno	0,02	0,15	1	9	75
	Furo grande[5]	0,02	0,2	1,5	11	85
Barreira composta[3]	Fluxo	0,0001	0,01	1	100	300
	Furo pequeno	0,1	0,8	6	50	400
	Furo grande[5]	0,1	1	7	60	500

Notas: (1) geomembrana sozinha entre meios infinitamente permeáveis e de espessuras infinitas (vazamentos bem menores seriam observados caso a geomembrana estivesse entre camadas de areia, por exemplo); (2) boas condições de campo; (3) más condições de campo; (4) percolação através da geomembrana; (5) furo com 1 cm^2 de área; (6) os cálculos foram efetuados para as seguintes condições: frequência de um furo para cada 4.000 m^2 de área, para barreiras compostas, camadas de solo com 0,9 m de espessura e permeabilidade de 10^{-7} cm/s e geomembranas de PEAD com espessura de 1 mm.
Fonte: modificado de Giroud e Bonaparte (1989).

Tab. 5.9 VALORES MÍNIMOS RECOMENDADOS PARA ALGUMAS PROPRIEDADES DE GEOMEMBRANAS PARA SUA SOBREVIVÊNCIA À INSTALAÇÃO

Propriedade e método de ensaio (ASTM)	Grau requerido de sobrevivência à instalação			
	Baixo[1]	**Médio**	**Alto**	**Muito alto**
Espessura (D1593) (mm)	0,63	0,75	0,88	1,00
Tração (D882) (tira de 25 mm) (kN/m)	7,0	9,0	11	13
Rasgamento (D1004 Die C) (N)	33	45	67	90
Perfuração (D4833) (N)	110	140	170	200
Impacto (D3998 mod.) (J)	10	12	15	20

Notas: (1) baixo: refere-se a instalação manual cuidadosa sobre subleito bem graduado e muito uniforme com cargas estáticas leves, situação típica em barreiras para vapores sob lajes de pisos de construções; médio: refere-se a instalação manual ou mecanizada sobre subleito trabalhado mecanicamente com cargas médias, situação típica em canais; alto: refere-se a instalação manual ou mecanizada sobre subleito regularizado mecanicamente com textura pobre e altas cargas, situação típica em aterros sanitários; muito alto: refere-se a instalação manual ou mecanizada sobre subleito trabalhado mecanicamente com textura muito pobre e com cargas altas, situação típica em colchões drenantes de lixiviados e coberturas de reservatórios.
Fonte: Koerner (1998).

a sobreviverem às condições de instalação. Por sua vez, a Fig. 5.47 apresenta sistemas de detecção de vazamentos sob barreiras.

Outra possibilidade de passagem de contaminante pela geomembrana é por difusão (transporte molecular entre regiões com diferentes concentrações). Resultados obtidos por Lord, Koerner e Swan (1988) em ensaios de difusão em diferentes geomembranas, substâncias e tempos de exposição estão sumariados na Tab. 5.10.

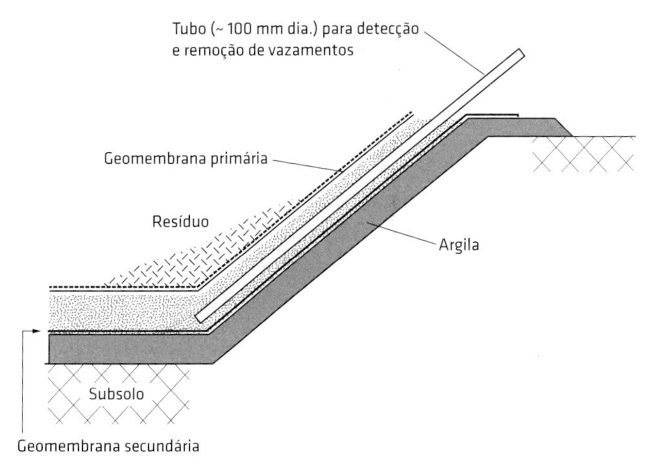

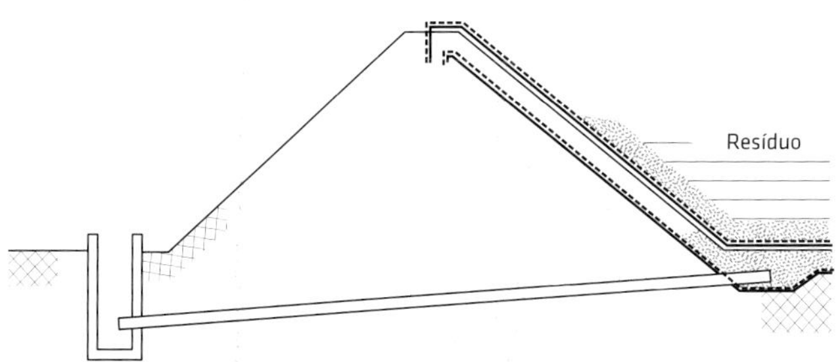

Fig. 5.47 Sistemas de detecção de vazamentos
Fonte: modificado de Koerner (1998).

5.2.6 Sistemas de drenagem em áreas de disposição de resíduos sólidos domésticos

Os sistemas de drenagem e filtros de áreas de disposição de resíduos sólidos domésticos, sejam eles granulares ou sintéticos, são submetidos a condições bastante severas de fluxo. O efluente desses resíduos (chorume) tipicamente contém elevados teores de matéria orgânica e sólidos em suspensão, que podem favorecer ou acelerar os mecanismos de colmatação física e biológica dos filtros. Além disso, dependendo da composição dos resíduos, reações químicas podem também favorecer a colmatação química dos filtros.

Operações de retrolavagem podem ser previstas em sistemas drenantes sintéticos (geocompostos para drenagem ou drenos com filtros geotêxteis), como esquematizado na Fig. 5.48, já que estes, ao contrário dos drenos puramente granulares, podem suportar maiores pressões internas do

Tab. 5.10 COEFICIENTES DE DIFUSÃO DE GEOMEMBRANAS

Geomembrana	Substância	Tempo de exposição (meses)	Coeficiente de difusão (m^2/s)
PVC	H_2SO_4	6	$1,28 \times 10^{-10}$
	NaOH	6	$1,10 \times 10^{-10}$
	Fenol	6	$0,63 \times 10^{-10}$
	Xileno	3	$0,13 \times 10^{-10}$
	Água	15	$1,0 \times 10^{-10}$
EPDM	H_2SO_4	6	$2,00 \times 10^{-10}$ (1)
	NaOH	6	$1,75 \times 10^{-10}$
	Fenol	6	$1,68 \times 10^{-10}$
	Xileno	3	$1,69 \times 10^{-10}$
	Água	15	$3,0 \times 10^{-10}$
CPE	H_2SO_4	15	$6,0 \times 10^{-11}$
	NaOH	15	$5,5 \times 10^{-11}$
	Fenol	15	$8,3 \times 10^{-11}$
	Água	15	$6,0 \times 10^{-11}$
PEAD	H_2SO_4	15	$1,7 \times 10^{-12}$
	NaOH	15	$1,7 \times 10^{-12}$
	Fenol	15	$1,8 \times 10^{-12}$
	Água	15	$1,6 \times 10^{-12}$

Notas: para observar a variação do coeficiente de difusão com o tempo, consultar o trabalho original; (1) valor crescente ao final do tempo de observação.
Fonte: Lord, Koerner e Swan (1988).

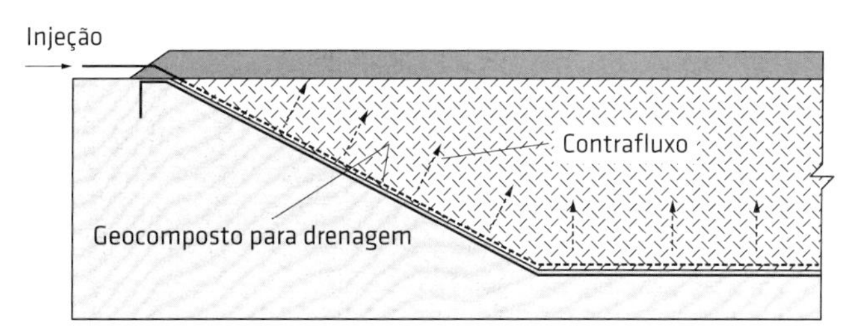

Fig. 5.48 Esquema de sistema de retrolavagem de drenos

fluido. No caso de drenos granulares, pressões internas elevadas podem provocar sua ruptura hidráulica, o que pode resultar em piora em seu desempenho. Remigio (2006) e Palmeira et al. (2008) mostraram que, nos estágios iniciais de colmatação biológica, a retrolavagem pode ser eficiente na limpeza do filtro geotêxtil com valores pequenos de pressão hidrostática (até 15 kPa). Entretanto, é de se esperar que os mecanismos de colmatação seguintes sejam cada vez mais intensos, requerendo pressões crescentes com o tempo para a lavagem do filtro.

Quanto ao sistema de drenagem de aterros sanitários, entre outros requisitos, deve-se ter (Koerner, 1998):

- a altura do nível de chorume no sistema principal de coleta deve ser inferior a 30 cm;
- o sistema primário de coleta de chorume e o sistema de detecção de vazamentos devem possuir uma camada drenante granular com no mínimo 30 cm de

espessura, quimicamente resistente ao chorume e com permeabilidade superior a 10^{-2} cm/s, ou material sintético equivalente (georrede, por exemplo);

- a declividade mínima do sistema drenante deve ser de 2%;
- o sistema de drenagem principal deve ser protegido superiormente por camada drenante granular ou geotêxtil para evitar colmatação;
- tubos perfurados quimicamente resistentes ao chorume e mecanicamente resistentes às sobrecargas devem ser previstos no sistema de drenagem para possibilitar a descarga do sistema.

Quanto ao escape de lixiviados, devem ser previstas declividades no fundo do sistema de disposição de resíduos de modo que ocorra o fluxo de lixiviados em direção ao sistema de coleta e escape. O acúmulo de lixiviados em pontos localizados pode potencializar vazamentos e favorecer a difusão através da barreira.

As reações químicas e as atividades biológicas em resíduos sólidos são bastante complexas, e a atividade de bactérias que podem provocar a colmatação de filtros depende de vários fatores, tais como composição do resíduo, umidade, disponibilidade de oxigênio, condições climáticas etc. O monitoramento do desempenho de sistemas de drenagem com filtros geotêxteis em células experimentais de resíduos sólidos no aterro controlado do Jóquei Clube (DF), por até seis anos, mostrou bom desempenho desses filtros (Junqueira, 2000; Silva, 2004; Junqueira; Silva; Palmeira, 2006).

Há ainda um grande debate sobre a utilização de filtro geotêxtil reduzir ou não a vida útil do sistema drenante devido à elevada possibilidade de colmatação biológica. Os que defendem a não utilização de filtro geotêxtil argumentam que o contato direto entre o resíduo e o material de granulometria graúda (brita, por exemplo) aumentaria a capacidade de descarga do sistema. Entretanto, a falta de filtro permite a passagem de sólidos, que, em pouco tempo, podem colmatar a camada granular e os tubos de drenagem (Fleming; Rowe; Cullimore, 1999; Rowe; Armstrong; Cullimore, 2000b; Fleming; Rowe, 2004; Rowe; Yu, 2010).

Giroud, Zornberg e Zhao (2000) recomendam que fatores de redução apropriados sejam utilizados no dimensionamento de sistemas de coleta de chorume em aterros sanitários. Segundo esses autores, a transmissividade equivalente requerida de um geocomposto para drenagem seria dada por:

$$\theta_{LP} = \frac{\theta_{lab}}{FR_{CI} FR_{II} FR_{FL} FR_{IT} FR_{DQ} FR_{CP} FR_{CQ} FR_{CB}} \quad (5.49)$$

em que θ_{LP} é a transmissividade equivalente de longo prazo sob as condições de utilização no campo; θ_{lab}, a transmissividade obtida em ensaio de laboratório; FR_{CI}, o fator de redução para compressão imediata do geocomposto; FR_{II}, o fator de redução para intrusão imediata do filtro geotêxtil nos vazios do núcleo drenante (geoespaçador ou georrede) do geocomposto; FR_{FL}, o fator de redução para compressão por fluência do núcleo do geocomposto; FR_{IT}, o fator de redução para intrusão tardia do geotêxtil nos vazios do material drenante em decorrência de fluência do geotêxtil; FR_{DQ}, o fator de redução para degradação química do geocomposto; FR_{CP}, o fator de redução para colmatação por partículas que migrarem para os vazios do núcleo do geocomposto; FR_{CQ}, o fator de redução para colmatação química do núcleo do geocomposto; e FR_{CB}, o fator de redução para colmatação biológica do núcleo do geocomposto.

A Tab. 5.11 apresenta faixas de valores para alguns fatores de redução a serem empregados na Eq. 5.49.

Tubulações e sistemas drenantes são necessários para a coleta e a remoção de chorume em áreas de disposição de resíduos (Fig. 5.49). O espaçamento entre as tubulações de coleta de chorume (L) pode ser calculado por meio de (Rowe; Quigley; Booker, 1997; Usepa, 1994):

$$h_{max} = \frac{L}{2}[\sqrt{\tan^2 \alpha + c} - \tan\alpha] \quad (5.50)$$

em que h_{max} é a altura máxima do chorume (m) (Fig. 5.49);

Tab. 5.11 VALORES INDICATIVOS SUGERIDOS PARA FATORES DE REDUÇÃO PARA CAPACIDADE DE DESCARGA DE GEORREDES E GEOCOMPOSTOS COM NÚCLEO DE GEORREDE

Aplicação	Tensão normal	Liquido	FR_{IT}	FR_{FL}	FR_{CQ}	FR_{CB}
Camada de drenagem em camada de cobertura de aterros	Baixa	Água	1 a 1,2	1,1 a 1,4	1 a 1,2	1,2 a 1,5
Camada de coleta de chorume em aterros	Alta	Chorume	1 a 1,2	1,4 a 2	1,5 a 2	1,5 a 2
Camada de coleta ou detecção de vazamentos em aterros	Alta	Chorume	1 a 1,2	1,4 a 2	1,5 a 2	1,5 a 2
Camada de coleta e detecção de vazamentos em lagoa de chorume	Alta	Chorume	1 a 1,2	1,4 a 2	1,5 a 2	1,5 a 2

Fonte: Giroud, Zornberg e Zhao (2000).

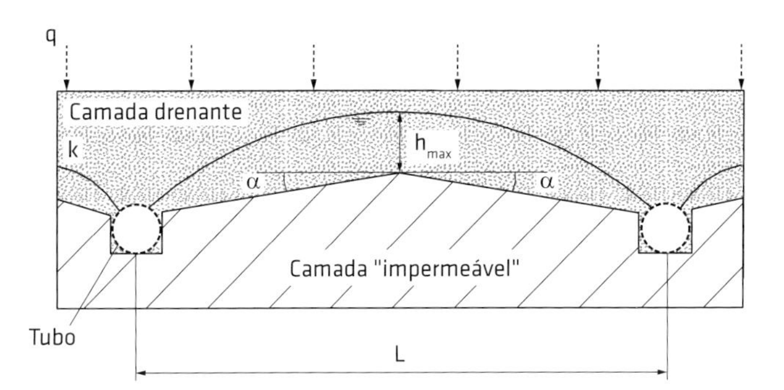

Fig. 5.49 Sistema de coleta de chorume

L, o espaçamento entre tubos (m); α, a declividade do terreno; e $c = q/k$, sendo q a parcela da infiltração coletada pelos drenos (vazão por unidade de área, m/s) e k o coeficiente de permeabilidade da camada drenante (m/s) ou do resíduo, na ausência desta.

A maioria das normas internacionais exige que h_{max} seja menor que 30 cm.

Giroud, Zornberg e Zhao (2000) apresentam soluções para o cálculo da espessura máxima de líquido em camadas de coleta de efluentes em taludes, como esquematizado na Fig. 5.50. Os autores alertam que as soluções apresentadas não são válidas para taludes verticais (β = 90°) e admitem que a camada de coleta de líquidos se apoie sobre uma camada impermeável. Uma expressão aproximada para o cálculo da espessura máxima de líquido sobre o talude é dada por:

$$t_{max} = \frac{\sqrt{\tan^2\beta + 4q_h / k} - \tan\beta}{2\cos\beta}\left\{1 - 0{,}12\exp\left[-\left[\log\left(\frac{8(q_h / k)}{5\tan^2\beta}\right)^{5/8}\right]^2\right]\right\}L \quad \textbf{(5.51)}$$

com

$$q_h = \frac{Q}{A_h} \quad \textbf{(5.52)}$$

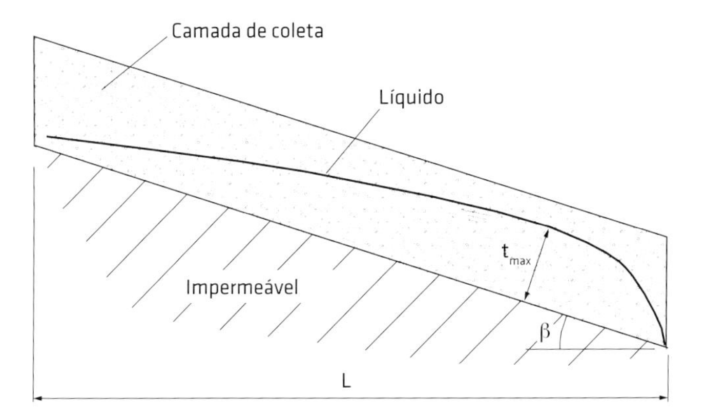

Fig. 5.50 Altura de líquido em sistema de coleta
Fonte: modificado de Giroud, Zornberg e Zhao (2000).

em que t_{max} é a espessura máxima de líquido (Fig. 5.50); β, a inclinação do talude com a horizontal; k, o coeficiente de permeabilidade do sistema de coleta de líquido; q_h, a taxa de alimentação de líquido (admitida uniforme) por unidade de área horizontal (A_h); Q, a vazão de alimentação do sistema; e L, a projeção horizontal do sistema de coleta (Fig. 5.50).

Se a alimentação do sistema tiver origem na água da chuva, o valor de q_h poderá ser calculado em função da intensidade da chuva.

No caso de o sistema de coleta de fluxo consistir de um geocomposto para drenagem, o valor de k na Eq. 5.51 pode ser obtido em função da transmissividade do geocomposto. Tanto o valor da transmissividade quanto o valor de k dependem do valor do gradiente hidráulico e devem ser obtidos em ensaios sob as condições esperadas no campo. Os fatores de redução convenientes devem ser aplicados ao valor da transmissividade do geocomposto para drenagem, e somente a espessura do núcleo drenante (geospaçador ou georrede) deve ser considerada nos cálculos (despreza-se a contribuição de filtros geotêxteis). Para aterros sanitários, a altura de chorume dentro do núcleo drenante do geocomposto deve ser inferior à sua espessura (Giroud; Zornberg; Zhao, 2000).

Outras soluções para o cálculo de t_{max} e discussões sobre diferentes métodos de cálculo são apresentadas por Giroud, Zornberg e Zhao (2000).

Outro aspecto de fundamental importância é a drenagem de gases que porventura se acumulem sob a geomembrana no fundo de áreas de disposição de resíduos. Isso pode acontecer em instalações de geomembranas sobre solos orgânicos, por exemplo. Devido à sua baixa permeabilidade, a geomembrana retém os gases, o que pode provocar sua expansão, como esquematizado na Fig. 5.51. A Fig. 5.52 ilustra uma situação real desse fenômeno, com a geomembrana emergindo na superfície.

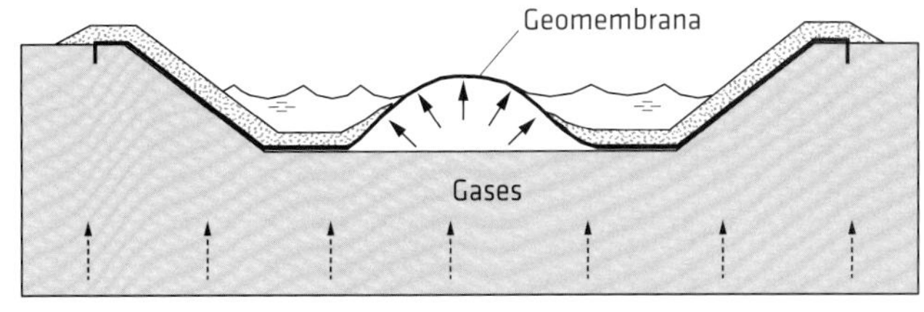

Fig. 5.51 Expansão de geomembrana por ausência de sistema de drenagem de gases

Exemplo 5.4

Calcular a altura máxima de chorume em um sistema de coleta com projeção horizontal de 25 m e inclinação de

Fig. 5.52 Expansão de geomembrana por acúmulo de gases
Foto: cortesia do engenheiro Laerte Maroni.

2%. A vazão de alimentação do sistema é de 0,12 m³/dia. Avaliar a possibilidade de utilizar um geocomposto para drenagem com núcleo com espessura e transmissividade obtidas para as condições esperadas no campo e iguais a 10 mm e 0,0035 m²/s, respectivamente.

Resolução

Segundo a Eq. 5.52, a taxa de alimentação de líquido é dada por:

$$q_h = \frac{Q}{A_h} = \frac{0{,}120\ \text{m}^3/\text{dia}}{1\ \text{m}^2} = 1{,}39 \times 10^{-6}\ \text{m/s}$$

O coeficiente de permeabilidade equivalente do geocomposto é dado por:

$$k = \frac{\theta}{t_G} = \frac{0{,}0035}{0{,}01} = 0{,}35\ \text{m/s}$$

em que θ é a transmissividade do geocomposto e t_G é a espessura de seu núcleo drenante sob as condições de utilização.

Pela Eq. 5.51, tem-se:

$$t_{max} = \frac{\sqrt{\tan^2\beta + 4q_h/k} - \tan\beta}{2\cos\beta}\left\{1 - 0{,}12\exp\left[-\left[\log\left(\frac{8(q_h/k)}{5\tan^2\beta}\right)^{5/8}\right]^2\right]\right\}L =$$

$$\frac{\sqrt{0{,}02^2 + 4 \times 1{,}39 \times 10^{-6}/0{,}35} - 0{,}02}{2\cos(\tan^{-1} 0{,}02)}$$

$$\left\{1 - 0{,}12\exp\left[-\left[\log\left[\frac{8(1{,}39 \times 10^{-6}/0{,}35)}{5 \times 0{,}02^2}\right]^{5/8}\right]^2\right]\right\} \times 25$$

$$t_{max} = 0{,}00475\ \text{m} = 4{,}75\ \text{mm} < 10\ \text{mm}\ (= t_G) \rightarrow \text{OK}$$

GEOSSINTÉTICOS EM OBRAS HIDRÁULICAS

6

Geossintéticos podem ser utilizados em diferentes obras hidráulicas, tais como canais, barragens, reservatórios e túneis hidráulicos, com diferentes funções. Em alguns casos, as hipóteses e os critérios de dimensionamento são iguais ou similares aos já apresentados em capítulos anteriores. Neste capítulo, são abordados os principais usos de geossintéticos em obras hidráulicas.

6.1 Geossintéticos em canais e reservatórios

Geomembranas e geocompostos argilosos (GCLs) podem ser utilizados como barreiras contra a perda de água por infiltração no terreno em canais e reservatórios construídos para diferentes finalidades. Esses materiais podem também ser combinados a camadas de revestimento de asfalto, concreto pré-moldado, concreto projetado ou moldado *in situ*. Geocélulas podem também ser preenchidas com concreto para o revestimento de canais. De forma similar ao observado em obras de disposição de resíduos, geotêxteis podem ser usados sobre e sob a geomembrana como camadas de proteção ou para aumentar a aderência entre camadas em taludes. As Figs. 6.1 e 6.2 apresentam algumas aplicações de geossintéticos em canais e em reservatórios.

Assim como em obras de disposição de resíduos, ancoragens das camadas de geossintético são necessárias, seja durante a obra, seja para combater efeitos do vento, seja para fixar as camadas junto às cristas dos taludes do canal ou reservatório. Nesse contexto, análises de estabilidade do sistema de cobertura devem ser conduzidas de forma semelhante ao apresentado no Cap. 5.

Outro aspecto importante é a possibilidade de alguns tipos de geossintético flutuarem, dependendo dos polímeros constituintes. Geossintéticos manufaturados com polímeros menos densos que os líquidos que precisarão reter tenderão a flutuar caso não haja sobrecargas que os forcem a submergir. Entretanto, esse aspecto pode ser utilizado favoravelmente quando do emprego de geomem-

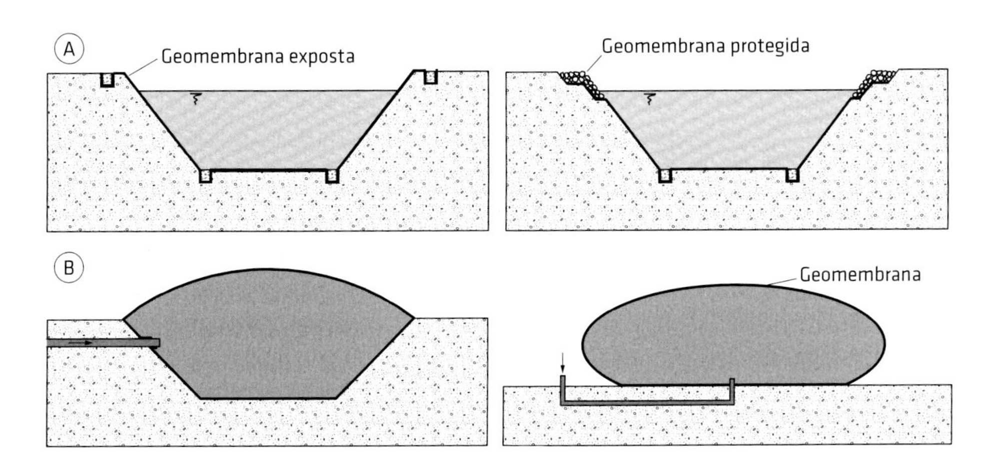

Fig. 6.1 Algumas aplicações de geossintéticos em (A) canais e reservatórios e (B) reservatórios infláveis

Fig. 6.2 Exemplos de utilização de geossintéticos em canais
Fotos: cortesia de (A) Sansuy, (B, D) Geo Soluções e (C) Engepol.

branas em coberturas flutuantes de reservatórios para minimizar perdas de líquidos por evaporação (Fig. 6.1).

Geomembranas com espessuras superiores a 0,5 mm são geralmente utilizadas em canais. No entanto, espessuras maiores e proteção mais rigorosa da geomembrana podem ser necessárias (ver Caps. 3 e 5). Por exemplo, em regiões onde haja a possibilidade de queda de animais em canais ou reservatórios, pode ser necessária a instalação de camada protetora (concreto, por exemplo) sobre a geomembrana para evitar danos provocados por cascos ou garras, ou ainda o cercamento da obra.

Na cobertura de geomembranas em canais com o uso de concreto, a aderência entre o concreto fresco e a geomembrana é de fundamental importância para a estabilidade inicial da cobertura. A Fig. 6.3 mostra alguns dados de aderência entre concreto fresco e diferentes tipos de geomembrana em função da consistência do concreto, expressa por resultados de ensaios de abatimento de cone. Os resultados da figura foram obtidos por meio de ensaios em plano inclinado de grandes dimensões (Cap. 3) e mostram que a inclinação máxima suportada pela cobertura depende não só da consistência do concreto, mas também das características da superfície da geomembrana. O concreto fresco exibiu maior aderência com geomembranas

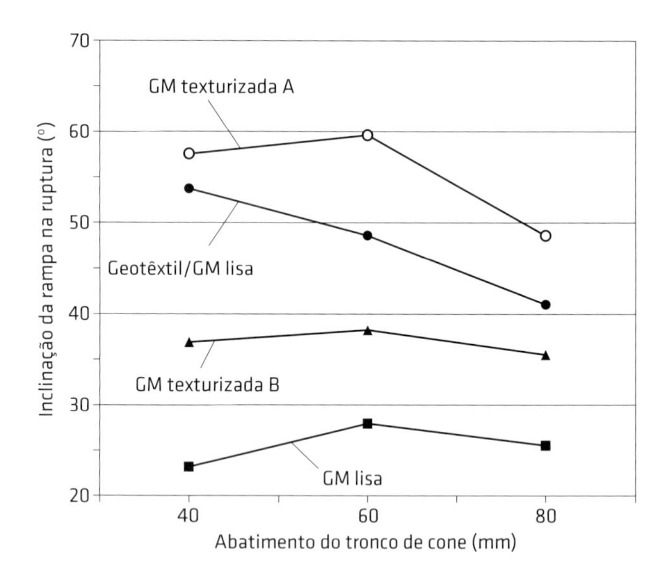

Fig. 6.3 Aderência entre concreto fresco e alguns geossintéticos – resultados de ensaios em plano inclinado
Fonte: Viana (2007).

com faces rugosas ou com geotêxtil não tecido (geocompostos de geomembrana lisa + geotêxtil com a face do geotêxtil em contato com o concreto). Nota-se também que o tipo de textura da geomembrana pode influenciar de forma significativa a aderência. Geocélulas também podem ser utilizadas como forma de confinar o concreto e evitar seu deslizamento sobre a geomembrana.

As teorias hidráulicas aplicáveis a canais devem ser adotadas, particularmente com relação a velocidades-limite de fluxo, dependendo do material de revestimento. As forças de arraste provocadas pela água podem erodir o material sobrejacente às geomembranas ou atuar diretamente nelas, no caso de ausência de materiais de cobertura. Tais forças provocam tensões nas geomembranas, solicitando também regiões de soldas de painéis. Na maioria das situações, é necessária a cobertura das geomembranas com camadas de solo (com espessuras típicas de 300 mm a 600 mm) para imobilizá-las, combater a erosão, dissipar forças de arraste e protegê-las contra agentes deletérios, como vento, radiação ultravioleta, ozônio, vandalismo, atividades de operação do canal etc. Montez e Marini (1990) apresentam um caso histórico sobre a utilização de camadas de geotêxtil e cobertura com gabiões para proteger uma camada de geomembrana de PVC com 0,8 mm de espessura em um canal. Os mesmos autores descrevem também o emprego de geotêxtil não tecido e concreto lançado para a proteção de uma geomembrana com 1 mm de espessura em um canal de irrigação. Abramento e Vickert (2006), por sua vez, relatam o caso histórico de um canal em Itiquira, onde uma geomembrana de PEAD com 1 mm de espessura foi usada sem material de cobertura.

As geomembranas de PVC são as mais comumente adotadas em canais para o transporte de água. Entretanto, regiões com elevadas temperaturas ou nas quais haja o transporte de líquidos mais agressivos podem requerer geomembranas mais resistentes a ataques químicos, variações de temperatura e intempéries.

Geomembranas podem também ser empregadas em obras de recuperação de canais ou reservatórios revestidos por concreto deteriorado ou trincado. A Fig. 6.4 apresenta uma situação no Distrito Federal em que deformações do solo subjacente ao reservatório provocaram trincas no revestimento de concreto a ponto de inviabilizar sua utilização. O reservatório foi recuperado com a instalação de uma geomembrana sobre o revestimento de concreto.

Geotêxteis não tecidos podem ser usados para drenar a água que infiltra entre blocos ou trincas de revestimentos de concreto sobrejacentes a camadas de geomembrana. No caso do emprego de concreto fresco (colocado sobre o geotêxtil ou o concreto projetado), deve-se ter em mente a redução da transmissividade do geotêxtil em decorrência da intrusão da calda do concreto fresco. Nessas aplicações, são geralmente recomendados geotêxteis mais espessos, com massa por unidade de área superior a 400 g/m^2. Camadas drenantes (material granular, geotêxteis ou geocompostos para drenagem) podem ser necessárias sob a barreira para evitar o acúmulo de líquidos ou gases sob a geomembrana e seu soerguimento, no caso de terrenos susceptíveis à geração de gases, vazamentos pela geomembrana ou elevações do nível freático.

Cazzuffi et al. (2010) descrevem a utilização de geossintéticos como barreira e para drenagem no reservatório de Les Arcs, na França, construído em 2008 e com capacidade de 400.000 m^3. Nesse caso, foram usadas geomembranas de PVC, de polietileno de muito baixa densidade e geocompostos para drenagem. O risco de erosão interna no terreno e restrições no cronograma da obra devidas a condicionantes climáticos foram determinantes para a escolha da solução com geossintéticos. Tal solução envolveu o emprego de um sistema duplo com geomembranas e geocompostos para drenagem, como esquematizado na Fig. 6.5. Outros exemplos de obras de canais e reservatórios com diferentes tipos de geossintético são apresentados em Poulain et al. (2012).

Fig. 6.4 Recuperação de um reservatório no Distrito Federal com a utilização de geomembrana: (A) instalação da geomembrana e (B) enchimento do reservatório

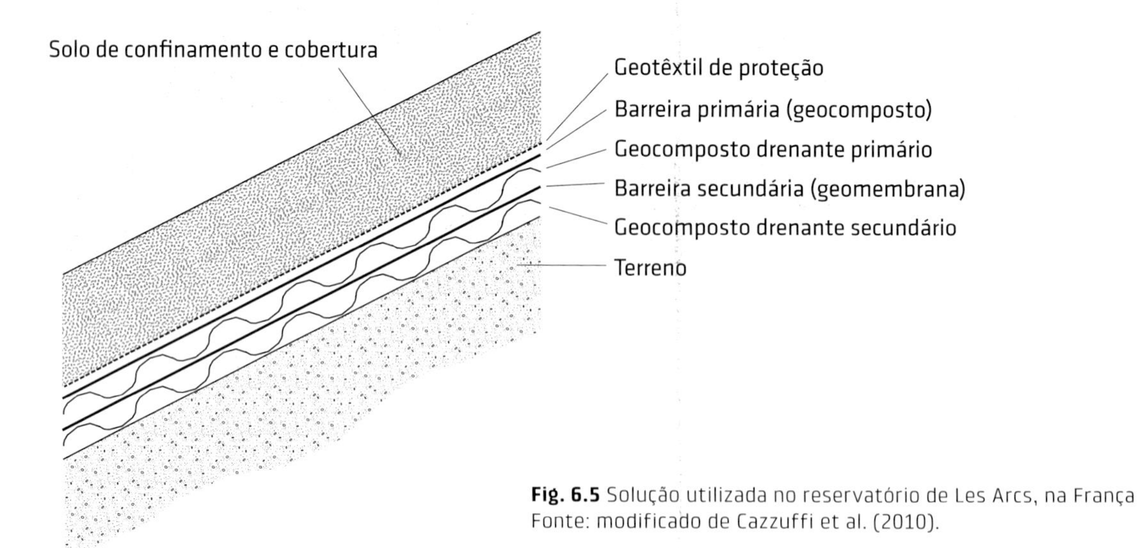

Fig. 6.5 Solução utilizada no reservatório de Les Arcs, na França
Fonte: modificado de Cazzuffi et al. (2010).

6.2 Geossintéticos em barragens

Geossintéticos podem ser utilizados em diferentes partes de barragens de terra, enrocamento e concreto, com diferentes funções. A Fig. 6.6 esquematiza algumas de suas aplicações em barragens. Geossintéticos adicionais podem ser necessários, como geotêxteis para a proteção de camadas de geomembrana. Exemplos de barragens em que foram utilizadas geomembranas são mostrados na Fig. 6.7. Cazzuffi et al. (2010) apresentam e discutem diversas aplicações de barreira geossintética em barragens. Já Fourie et al. (2010) apresentam e discutem a utilização de diferentes tipos de geossintético em mineração, enquanto Palmeira, Beirigo e Gardoni (2009) descrevem o desempenho de filtros geotêxteis em três barragens de rejeitos de mineração no Estado de Minas Gerais.

Dávila-Cardona (2013) compilou uma série de informações sobre barragens antigas descritas em Cazzuffi et al. (2010), cujas principais características estão sumariadas na Tab. 6.1. Pode-se observar barragens com mais de 50 anos de idade e com a instalação de geomembranas sob diversas condições. A Tab. 6.2 apresenta tipos de barragem e tipos de aplicação e função de geossintéticos para algumas barragens com até 45 anos de idade. É possível notar aplicações como barreira, filtro, dreno, restauração de barragens antigas e reforço.

Cazzuffi et al. (2010) reportam que, até o ano de 2010, mais de 260 grandes barragens tinham sido construídas ou reparadas com sistemas de barreira com geomembrana. Nessas obras, em 69% dos casos as aplicações se deram em barragens de terra, 18% em barragens de concreto ou alvenaria e 13% em barragens de concreto compactado a rolo. A predominância foi da utilização de geomembranas de PVC (≅ 65% dos casos), seguidas de geomembranas de PE (≅ 15%), geomembranas betuminosas (≅ 10%) e outros tipos de geomembrana (≅ 10%). Segundo os mesmos auto-

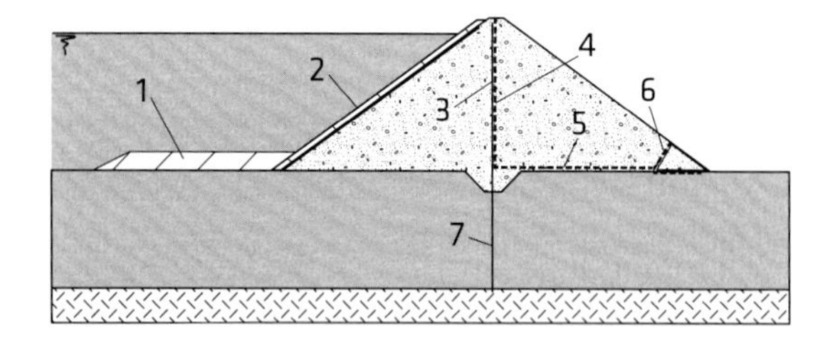

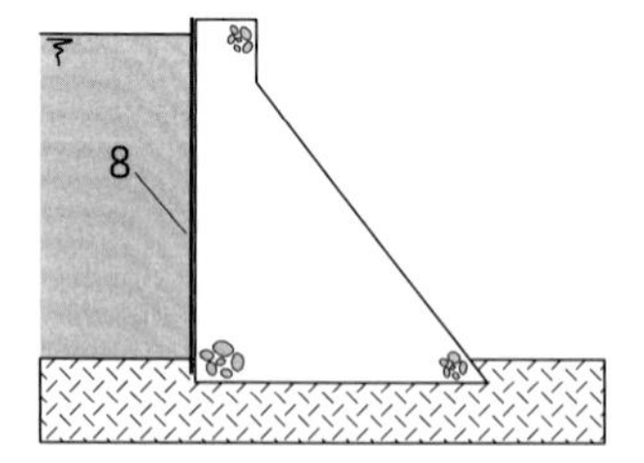

1. Geomembrana sob colchão de argila a montante da barragem.
2. Geomembrana sob capa de concreto em barragens de enrocamento com face de concreto.
3. Geomembrana como barreira em núcleo de barragem de terra.
4. Geocomposto para drenagem ou filtro geotêxtil em dreno chaminé.
5. Geocomposto em colchão drenante ou filtro geotêxtil em colchão de areia.
6. Geotêxtil como filtro em dreno de pé.
7. Geomembrana como barreira contra fluxo pela fundação.
8. Geomembrana como vedação na face de montante de barragens de concreto (restauração de barragens trincadas).

Obs.: as aplicações acima não são necessariamente simultâneas, dependendo do tipo e geometria da barragem considerada.

Fig. 6.6 Algumas aplicações de geossintéticos em barragens

Fig. 6.7 Exemplos de utilização de geomembranas em barragens: (A) barragem de Chambon, na França; (B) barragem Filiatrinos Hardfill, na Grécia; (C) barragem Nam Ou, no Laos
Fotos: cortesia de Carpi Tech.

Tab. 6.1 PRIMEIROS USOS DE GEOMEMBRANA EM BARRAGENS DE TERRA E ENROCAMENTO

Barragem	Ano	Altura (m)	Comprimento (m)	Tipo de membrana	Condições
Contrada Sabetta (Itália)	1959	32,5	155		Coberta
Dobsina (Eslováquia)	1960	10	204	Polisobutileno, 2,0 mm	Coberta
Miel (França)	1968	15	130	Borracha de butilo, 1,0 mm	Coberta
Odiel (Espanha)	1970	41	Desconhecido	CPE	Dentro da barragem
Obecnice (República Checa)	1971	16	370	PVC, 0,9 mm	Coberta
Wenholthausen (Alemanha)	1971	17	100	PVC	Coberta
Neris (França)	1972	18	100	Borracha de butilo, 1,5 mm	Coberta
Bitburg (Alemanha)	1972	13	95	PVC	Coberta
Landstein (República Checa)	1973	26,5	376	PVC, 1,1 mm	Coberta
Banegon (França)	1973	17	Desconhecido	Betuminosa, 4,0 mm	Exposta
Herbes Blanches (França)	1975	13	85	Borracha de butilo, 1,0 mm	Exposta
Twrdosin (Eslováquia)	1977	16	307	PVC, 0,9 mm	Coberta
L'Ospedale (França)	1978	26	135	Betuminosa, 4,8 mm	Coberta
Avoriaz (França)	1979	11	135	Betuminosa, 4,0 mm	Exposta
Gorghiglio (Itália)	1979	12	125	PVC, 2,0 mm	Exposta nas encostas, coberta no fundo
Mas d'Armand (França)	1981	21	403	Betuminosa, 4,8 mm	Coberta
Kyiche (República Checa)	1983	17,5	1.660	Polimérica feita *in situ*	Coberta
Trnavka (República Checa)	1983	21	165	Polimérica feita *in situ*	Coberta
Codole (França)	1983	28	460	PVC, 1,9 mm, ligada a um geotêxtil agulhado não tecido, 400 g/m²	Coberta
La Lande (França)	1983	17	80	Betuminosa, 4,8 mm	Coberta
Rouffiac (França)	1983	12,5	157	Betuminosa, 4,0 mm	Coberta na parte superior, exposta à água na parte inferior

Fonte: Dávila-Cardona (2013).

res, geomembranas de PVC têm sido usadas em todos os tipos de barragem (terra, enrocamento etc.), enquanto geomembranas de PE e betuminosas têm sido empregadas essencialmente em barragens de terra. Na maioria dos casos, foram adotados sistemas de drenagem sob a geomembrana.

Quanto a obras de barragens, a durabilidade dos materiais que as constituem é de fundamental importância. Nesse aspecto, há que se considerar que a durabilidade é importante não somente para os geossintéticos, mas também para os demais materiais de construção empregados. Cazzuffi et al. (2010) comentam que, em barragens

Tab. 6.2 UTILIZAÇÃO DE GEOSSINTÉTICOS EM ALGUMAS BARRAGENS

Barragem	Ano	Altura (m)	Comprimento (m)	Tipo de geossintético[1]	Região de instalação	Função	Referência
Valcros (França)	1970	17	135	GT	Talude montante e dreno de pé	Proteção/filtro	Giroud e Gross (1993)
Opesdale (França)	1978	25	135	GT e GM	Talude montante	Barreira/proteção	Tisserand e Gourc (1993)
Codole (França)	1983	28	460	GT e GM	Talude montante	Barreira/proteção	Tisserand e Gourc (1993)
Bockhartsee (Áustria)	1982	31	239,5	GCD	Núcleo	Redução de atrito entre enrocamento e núcleo de concreto	Henzinger e Werner (1993)
Lago Nero (Itália)	1979	40	146	GM	Face montante	Barreira de restauração de barragem antiga	Cazzuffi, Monari e Scuero (1993)
Tucurui (Brasil)	1984	103	8.530	GT	Fundação	Evitar *piping* por canalículos na fundação	Aguiar (1993)
Canales (Espanha)	1986	158	~375	GG	Crista da barragem	Reforço para evitar trincas	Uriel e Rodrigues (1993)
La Parade (França)	1987	10	Desconhecido	GCD	Dreno vertical	Drenagem	Navassartian, Gourc e Brochier (1993)
Formitz (Alemanha)	1978	33	800	GT	Núcleo	Camada autosselante contra vazamento	List (1993a)
Schöstädt (Alemanha)	1986	22	350	GT	Talude montante, núcleo e poços de alívio	Filtro	List (1993a)
Frauenau (Alemanha)	1981	84	640	GT	Núcleo e colchões drenantes	Filtro	List (1993b)
Yangdacheng (China)	1980	17	2.250	GT	Pé de jusante	Filtro	Wei (1993)
Pontal do Prata (Brasil)	2012	18	762	GCD	Colchão drenante	Filtro/drenagem	Volkmer e Dias (2012)

Notas: (1) GT = geotêxtil, GM = geomembrana, GCD = geocomposto para drenagem, GG = geogrelha.
Fonte: modificado de Raymond e Giroud (1993).

de concreto restauradas com geomembranas, o concreto havia se deteriorado a um nível crítico após cerca de 40 a 60 anos e, em alguns casos extremos, após 15 a 20 anos. No caso da utilização de geomembrana, o quesito durabilidade se torna mais importante ainda se ela ficar exposta. A Tab. 6.3 lista dados referentes à idade de aplicações bem-sucedidas em barragens para diferentes tipos de geomembrana.

Colmanetti (2006) comenta que as aplicações de geomembrana como barreira em barragens aproximadamente triplicaram entre 1960 e 2005. Com relação a seu uso na restauração de barragens danificadas (Fig. 6.7), até 2005 a Itália respondia por aproximadamente 45% das aplicações, seguida da França (26%) e de Portugal (16%). A tecnologia avançada hoje permite até reparos da face montante de barragens de concreto trincadas com trabalho submerso, sem a necessidade de esvaziamento do reservatório. A Fig. 6.8 mostra um reparo submerso na face montante da barragem de Platanovryssi, na Grécia, executada em concreto compactado a rolo, com 95 m de altura. O reparo

Tab. 6.3 IDADE DE EXPERIÊNCIAS BEM-SUCEDIDAS EM GRANDES BARRAGENS COM VÁRIOS TIPOS DE GEOMEMBRANA

Tipo de geomembrana	Barragem mais antiga	Idade (até 2010)
Elastomérica	1959	51
PE	1963	47
PVC	1973	37
Betuminosa	1978	32
PEAD	1978	32

Fonte: Cazzuffi et al. (2010).

extinguiu um vazamento através de uma trinca com 20 m de comprimento e 25 mm de largura. Mais detalhes sobre essa e outras obras de reparo de barragens são fornecidos por Cazzuffi et al. (2010).

Davies, James e Legge (2012) mostram exemplos de utilização de filtros geotêxteis e geomembranas em barragens sul-africanas construídas há cerca de 35 anos, com excelentes desempenhos. Considerações sobre o projeto

Fig. 6.8 Reparo submerso com geomembrana na barragem de Platanovryssi, na Grécia
Fotos: cortesia de Carpi Tech.

e os aspectos construtivos são também apresentadas por esses autores.

Volkmer e Dias (2012) descrevem a utilização de geocompostos para drenagem na PCH Pontal do Prata, em Goiás, com 18 m de altura e 762 m de comprimento. O uso de geocompostos drenantes permitiu a redução da camada de areia do sistema de drenagem da barragem. A Fig. 6.9 mostra sua instalação no campo.

Outras aplicações de geossintéticos podem ocorrer em barragens para controle de cheias, barragens para proteção contra *tsunamis* e barragens para proteção contra variações de maré. Nesses casos, os geossintéticos podem ser usados não só como elementos de barreira contra fluxo, elementos de drenagem ou filtros, mas também como elementos de reforço para a redução da seção transversal da barragem. Esta última aplicação pode ser particularmente interessante em regiões com escassez de material apropriado para a construção de barragens. Um exemplo clássico desse tipo de utilização de geossintéticos é a barragem de Maraval, na França, construída em 1976, onde o talude jusante tradicional foi substituído por massa de solo reforçado, como esquematizado na Fig. 6.10. Outros exemplos de utilização de geossintéticos como reforço e proteção de taludes jusantes de barragens são as barragens de Davis Creek (EUA) e Moochalabra (Austrália). Tubos geotêxteis podem também ser empregados em obras hidráulicas de proteção costeiras e em obras para o controle de cheias (tubos revestidos por geomembranas), entre outras, como será visto adiante neste capítulo.

Fig. 6.9 Instalação de geocompostos drenantes na PCH Pontal do Prata
Foto: cortesia de M. Volkmer.

Greenwood (2012), em palestra no Institute of Civil Engineers (ICE), em Londres, Inglaterra, apresentou uma engenhosa solução para o controle de cheias de pequeno porte envolvendo a utilização de geomembrana. Trata-se de um sistema de comporta flutuante instalado ao longo da margem do rio sujeito a cheias, conforme exibido na Fig. 6.11. Quando da cheia, um sistema de boias junto à geomembrana faz com que a comporta se erga simultaneamente ao nível d'água do rio, evitando o avanço da água para as áreas vizinhas. Em épocas de seca, a comporta se mantém fechada, rente ao chão, podendo servir

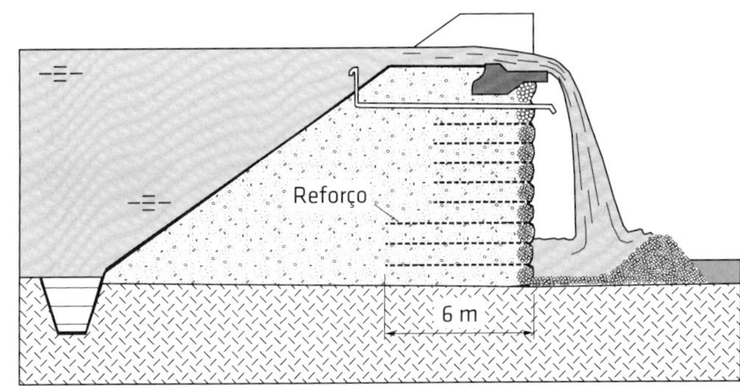

Fig. 6.10 Barragem de Maraval, na França

como caminho para pedestres ao longo das margens de rios, por exemplo.

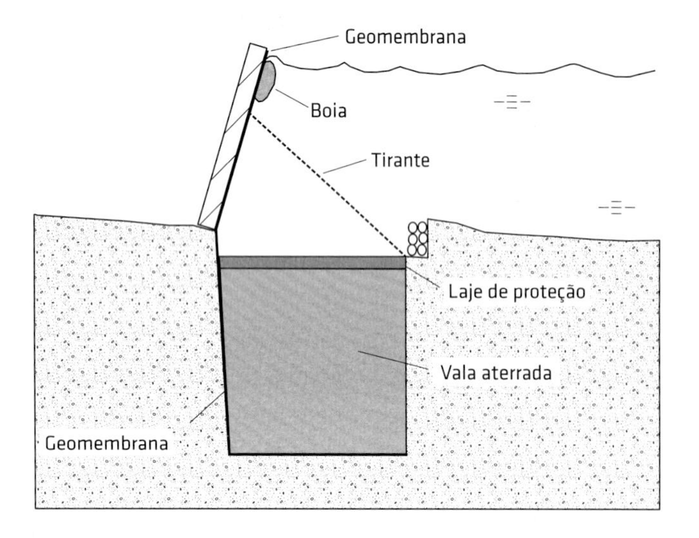

Fig. 6.11 Sistema simples de proteção contra cheias
Fonte: modificado de Greenwood (2012).

6.3 Outras aplicações hidráulicas

Geofôrmas e tubos geotêxteis também podem ser utilizados em aplicações hidráulicas, tais como proteção costeira para evitar ou reduzir o potencial erosivo do impacto de ondas, como molhes e diques, e até mesmo para alterar a geração de ondas com o objetivo de melhorar esportes aquáticos como o surfe. Ao mesmo tempo, podem ser empregados para fomentar a vida marinha, criando *habitat* visando ao retorno de espécimes marinhas que abandonaram a região ou favorecendo sua sobrevivência ou expansão. A utilização de geofôrmas e tubos geotêxteis em diferentes aplicações hidráulicas é apresentada e discutida em Lawson (2008) e ilustrada na Fig. 6.12.

6.3.1 Tubos geotêxteis

Tubos geotêxteis são comumente preenchidos hidraulicamente com areia, embora argamassa e concreto também possam ser utilizados, dependendo da finalidade do tubo. A Fig. 6.13 esquematiza seu preenchimento típico, que pode ocorrer de modo emerso ou submerso. Por sua natureza drenante, o geotêxtil permite a passagem da água usada no bombeamento. Em aplicações costeiras, a areia é preferida em virtude de sua abundância no local da obra, de suas boas características mecânicas e das menores deformações do tubo após seu enchimento. Diâmetros típicos de tubos geotêxteis variam de 1 m a 6 m. Cabe notar que uma das aplicações pioneiras desses tubos em nível mundial se deu no Brasil, na execução de um dique de contenção. Tal aplicação é descrita em Bogossian et al. (1982).

Também é possível utilizar os tubos geotêxteis em aplicações em mineração e em aplicações sanitárias, para o deságue (redução de umidade) de lamas, rejeitos e lodos de esgoto, por exemplo. A drenagem do fluido intersticial desses materiais e a capacidade de retenção do geotêxtil podem permitir uma considerável redução de umidade, com repercussão favorável nos custos de transporte e descarte ou armazenamento dos sólidos drenados remanescentes.

Esses tubos devem ser tratados como estruturas de gravidade, e considerações de estabilidade de estruturas de contenção desse tipo são aplicáveis a eles (Lawson, 2008).

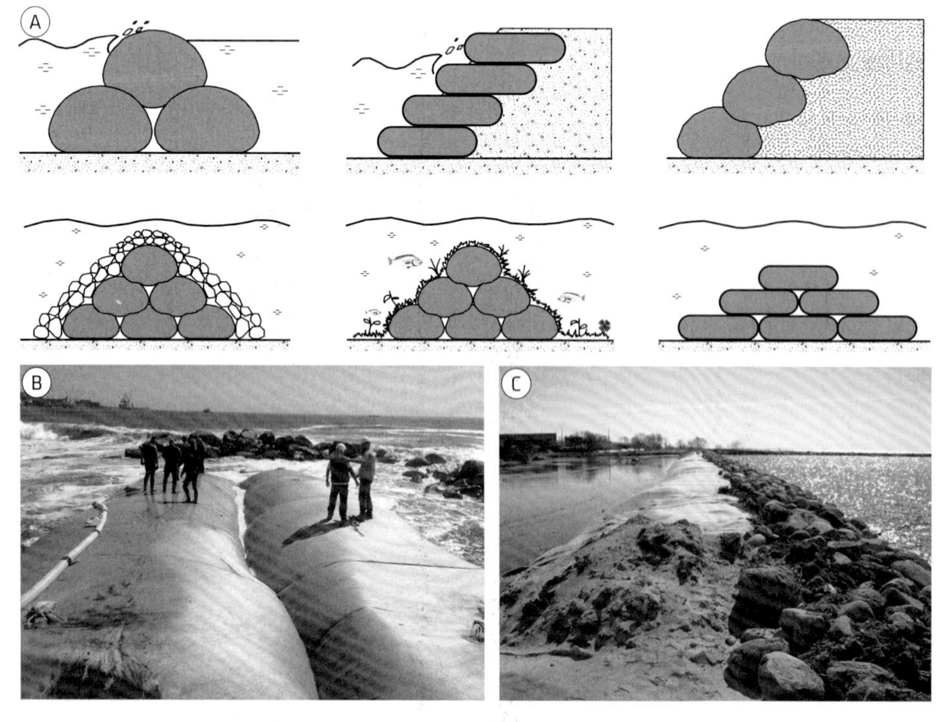

Fig. 6.12 (A) Aplicações e arranjos de tubos geotêxteis e geofôrmas e (B, C) exemplos de tubos geotêxteis em aplicações hidráulicas
Fotos: cortesia de Huesker.

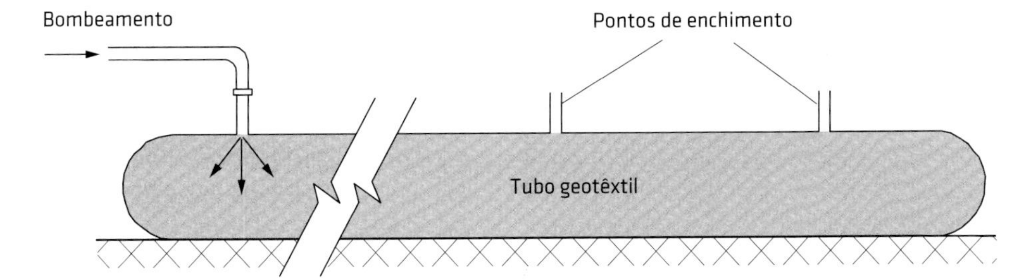

Fig. 6.13 Esquema de preenchimento de um tubo geotêxtil

Na análise da estabilidade externa de um tubo geotêxtil, deve-se verificar (Lawson, 2008):

- deslizamento ao longo da base;
- rotação ao redor do pé do tubo;
- capacidade de carga do solo subjacente;
- estabilidade global (caso mais de um tubo esteja sendo utilizado como contenção de maciço);
- erosão junto à base do tubo;
- recalques do solo de fundação.

Para a análise das condições de estabilidade externa, devem ser determinadas as solicitações a que estará submetido o tubo geotêxtil, dependendo de sua finalidade. Por sua vez, a análise da estabilidade interna do tubo implica as seguintes verificações:

- ruptura do geotêxtil envolvente;
- perda de capacidade de retenção do geotêxtil (passagem do material de enchimento através do geotêxtil);
- deformações do material de enchimento (redução da altura útil do tubo).

A Fig. 6.14 esquematiza a seção transversal típica de um tubo geotêxtil isolado e suas dimensões relevantes. Várias soluções numéricas estão disponíveis para determinar a forma final do tubo, as forças e as deformações no geotêxtil (Liu; Silvester, 1977; Silvester, 1986; Leshchinsky et al., 1996; Cantré, 2002; Palmerton, 2002; Cantré; Saathoff, 2010, por exemplo). Tais soluções geralmente têm que adotar algumas hipóteses simplificadoras, sendo comum a não consideração do atrito entre o geotêxtil e o material de enchimento, por exemplo.

Sugestões de Lawson (2008)

O Quadro 6.1 apresenta relações aproximadas entre dimensões relevantes para o projeto de tubos geotêxteis com enchimento de material arenoso. As relações exibidas nessa tabela são válidas para tubos geotêxteis com deformações ≤ 15%, baixa susceptibilidade a fluência não confinada do geotêxtil e tubos que são cheios até sua capacidade máxima com material arenoso. Além disso, assume-se que o material de fundação sob o tubo é rígido e com superfície horizontal.

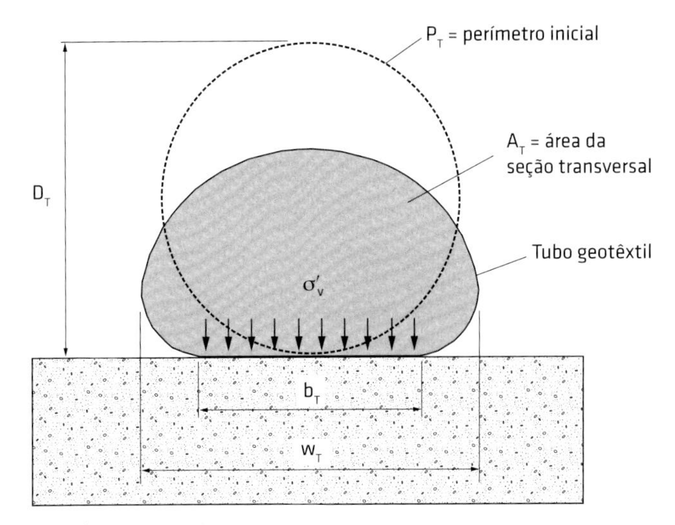

Fig. 6.14 Dimensões relevantes de um tubo geotêxtil

Um aspecto fundamental no dimensionamento de tubos geotêxteis é a determinação da força de tração máxima mobilizada no geotêxtil. A força máxima atua no ponto de maior curvatura do geotêxtil deformado, o que ocorre nas laterais do tubo. Lawson (2008), utilizando o procedimento numérico proposto por Palmerton (2002), apresenta o gráfico da Fig. 6.15A para a estimativa da força de tração tangencial máxima (T_{tmax}) devida à deformação do tubo geotêxtil para as condições indicadas na figura e peso específico do material de enchimento (γ) igual a 20 kN/m^3. Para $H_T \approx 0{,}55D_T$ (Quadro 6.1) e diâmetros teóricos (D_T, Fig. 6.14) iguais a 3 m, 4 m e 5 m, as forças de tração máximas seriam aproximadamente iguais a 18 kN/m, 32 kN/m e 49 kN/m, respectivamente. A Fig. 6.15B exibe uma solução para o confinamento de lama a ser desaguada com o uso de tubo geotêxtil, também utilizando a solução proposta por Palmerton (2002), para um peso específico da lama igual a 11 kN/m^3.

As forças de tração mobilizadas axialmente (ao longo do comprimento do tubo) dependem da pressão de enchimento empregada e da altura do tubo. Lawson (2008), também baseado na solução de Palmerton (2002), apresenta a equação a seguir como uma boa correlação para a estimativa da força máxima axial:

$$T_{amax} = 0{,}63T_{tmax} \quad \textbf{(6.1)}$$

Quadro 6.1 RELAÇÕES APROXIMADAS ENTRE PARÂMETROS RELEVANTES DE TUBOS GEOTÊXTEIS

Parâmetro[1]	Em função do diâmetro teórico do tubo – D_T[1]	Em função do perímetro inicial do tubo – P_T[1]
Altura máxima para o tubo cheio (H_T)	$H_T \approx 0{,}55D_T$	$H_T \approx 0{,}18P_T$
Largura do tubo cheio (W_T)	$W_T \approx 1{,}5D_T$	$W_T \approx 0{,}5P_T$
Largura de contato na base (b_T)	$b_T \approx D_T$	$b_T \approx 0{,}3P_T$
Área da seção transversal do tubo cheio (A_T)	$A_T \approx 0{,}6D_T^2$	$A_T \approx 0{,}06P_T^2$
Tensão vertical média na base do tubo (σ'_v)	$\sigma'_v \approx 0{,}7\gamma D_T$ [2]	$\sigma'_v \approx 0{,}22\gamma P_T$

Notas: relações válidas para tubos geotêxteis com deformações ≤ 15%, baixa susceptibilidade a fluência não confinada do geotêxtil e tubos que são cheios até sua capacidade máxima com material arenoso; (1) ver Fig. 6.14; (2) γ = peso específico total do material de enchimento do tubo geotêxtil.
Fonte: Lawson (2008).

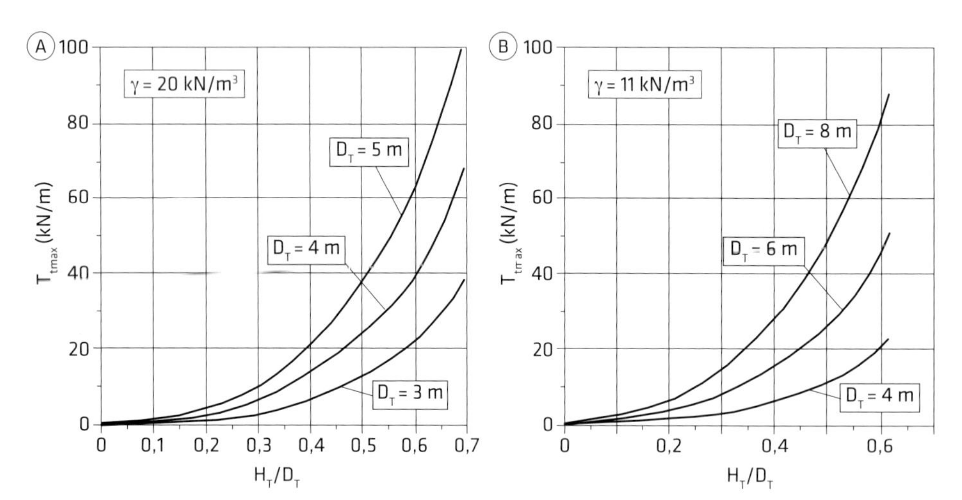

Fig. 6.15 Forças de tração circunferencial máximas com base na solução de Palmerton (2002): (A) material de enchimento com γ = 20 kN/m³ e (B) material de enchimento (lama) com γ = 11 kN/m³
Fonte: modificado de Lawson (2008).

em que T_{amax} é a força axial máxima e T_{tmax} é a força circunferencial máxima.

Fatores de redução apropriados devem ser empregados na especificação do geotêxtil a ser utilizado.

Abordagem de Leshchinsky et al. (1996)

Leshchinsky et al. (1996) apresentam uma solução analítica para o cálculo da forma de tubos geotêxteis e da força de tração mobilizada no geotêxtil no caso de tubos preenchidos com material em estado inicial de lama. A hipótese de deformada do tubo após seu preenchimento com pressão de injeção p_o e assentamento é exibida na Fig. 6.16. Nessa abordagem, consideram-se condições de deformação plana e despreza-se o peso do geotêxtil e o atrito entre o geotêxtil e o material de enchimento, o que implica que a força de tração tangencial (T) no geotêxtil é constante ao longo do perímetro do tubo. Desprezam-se também perdas iniciais de pressão de enchimento por drenagem durante o enchimento do tubo geotêxtil.

Leshchinsky et al. (1996) chegaram à seguinte equação diferencial não linear para a determinação da forma do tubo geotêxtil:

$$Ty'' - \left(p_o + \gamma x\right)\left[1 + \left(y'\right)^2\right]^{\frac{3}{2}} = 0 \qquad \textbf{(6.2)}$$

em que T é a força de tração tangencial no geotêxtil; x e y, as coordenadas do ponto do tubo (Fig. 6.16 – notar que x varia entre 0 e H_T, sendo H_T a altura final do tubo); p_o, a pressão de injeção utilizada no enchimento do tubo; e γ, o peso específico do material de enchimento.

Para solucionar essa equação, admite-se que o valor de γ é conhecido e deve-se arbitrar o valor de T, H_T ou p_o. Com γ conhecido e um desses três valores arbitrados, os outros dois parâmetros de projeto são determinados como parte da solução das equações matemáticas que regem o problema. Admite-se também a condição de fronteira da tangente ao tubo na origem (O, Fig. 6.16) dos eixos coordenados ser horizontal, o que resulta em:

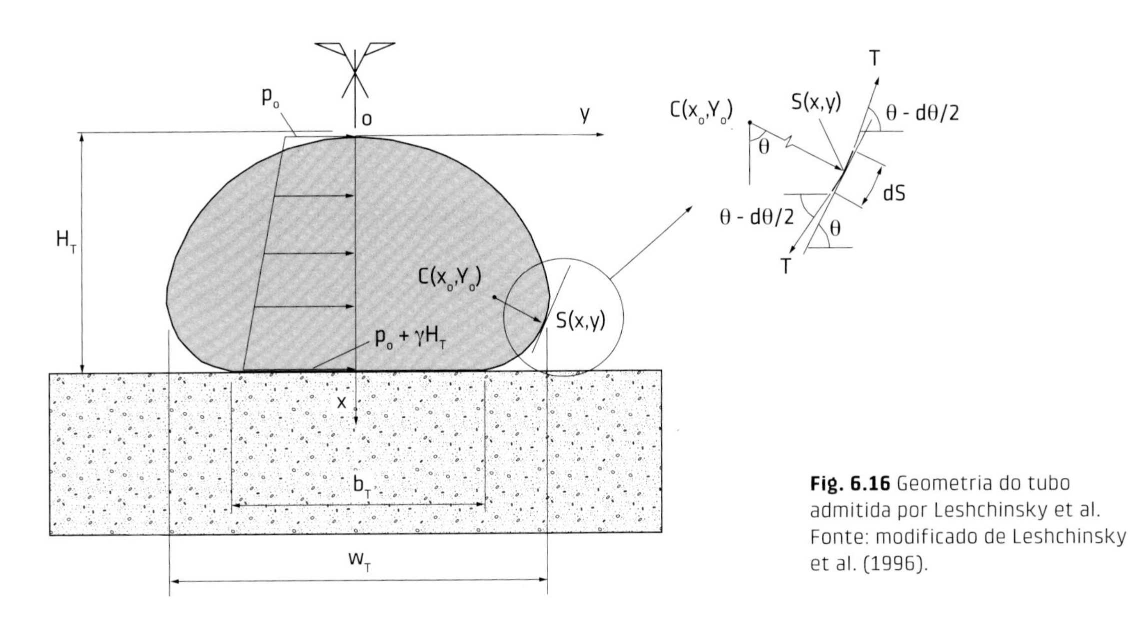

Fig. 6.16 Geometria do tubo admitida por Leshchinsky et al.
Fonte: modificado de Leshchinsky et al. (1996).

$$\frac{1}{y'(0)} = 0 \qquad (6.3)$$

A largura do tubo na base (b_T, Fig. 6.16) e seu perímetro (L) são dados por:

$$b_T = \frac{2\gamma}{p_o + \gamma H_T} \int_0^{H_T} y(x)dx \qquad (6.4)$$

e

$$L = \frac{2\gamma}{p_o + \gamma H_T} \int_0^{H_T} y(x)dx + 2\int_0^{H_T} \left[1 + (y')^2\right]^{1/2} dx \qquad (6.5)$$

A força de tração axial (T_a, normal ao plano do desenho da Fig. 6.16) é dada por:

$$T_a = \frac{2}{L} \int_0^{H_T} (p_o + \gamma x) y(x) dx \qquad (6.6)$$

em que T_a é a força axial no geotêxtil.

Segundo a abordagem de Leshchinsky et al. (1996), para um tubo não submerso com perímetro igual a 9 m, material de enchimento granular com peso específico 20% superior ao da água e pressões de enchimento do tubo entre 10 kPa e 100 kPa, a força axial varia entre 0,53 e 0,66 vez a força tangencial.

Tanto a largura do tubo na base quanto o perímetro do tubo podem ser prescritos pelo projetista, sendo mais comum na prática prescrever o valor do perímetro.

A solução das Eqs. 6.2 a 6.6 permite determinar a forma deformada do tubo e as forças de tração mobilizadas no geotêxtil. A Fig. 6.17 apresenta resultados de altura do tubo e forças de tração mobilizadas para um tubo com perímetro igual a 9 m.

Leshchinsky et al. (1996) mostram também uma solução para a condição de pressão de enchimento do tubo praticamente nula. Nesse caso, o trecho superior do tubo tenderia a se tornar horizontal e o tubo se assemelharia

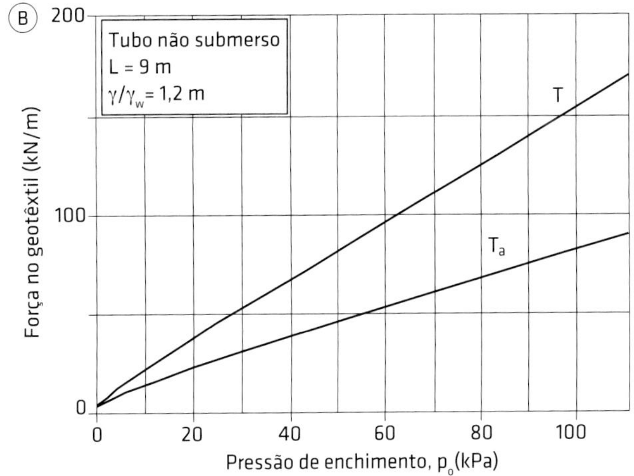

Fig. 6.17 Altura e forças de tração no tubo geotêxtil – tubo com L = 9 m, não submerso e com γ/γ_w = 1,2: (A) altura do tubo e (B) forças de tração mobilizadas no geotêxtil
Fonte: modificado de Leshchinsky et al. (1996).

a um geocolchão. A Fig. 6.18 apresenta uma solução para o cálculo da altura mínima do tubo (H_{Tmin}) para preenchimento com pressão praticamente nula para tubos emersos e submersos em função do perímetro (L) do tubo e para materiais de enchimento com peso específico (γ) variando entre 1,1 e 1,5 vez o peso específico da água (γ_w). Na figura, é indicada também a altura teórica máxima que o tubo poderia atingir, caso fosse totalmente inflado. Nesse caso, sua altura máxima seria igual ao diâmetro do círculo com perímetro igual a L. Nota-se que, para tubos emersos, a diferença entre previsões de altura mínima é praticamente desprezível para $1{,}1 \leq \gamma/\gamma_w \leq 1{,}5$.

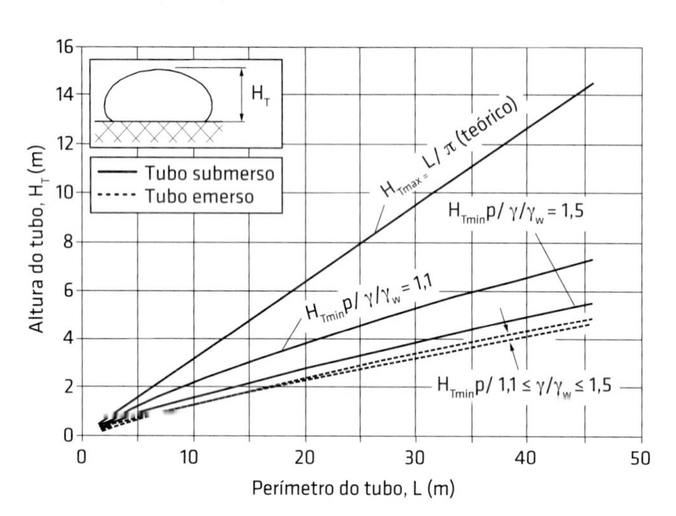

Fig. 6.18 Altura do tubo para pressão de enchimento nula
Fonte: modificado de Leshchinsky et al. (1996).

Os resultados obtidos pela abordagem de Leshchinsky et al. (1996) compararam bem com resultados experimentais e previsões de esforços de tração no geotêxtil apresentadas por Liu (1981) e Silvester (1986).

Dependendo do tipo de material de enchimento, seu adensamento com o tempo pode provocar variações significativas na altura do tubo. Considerando o material de enchimento inicialmente saturado e o adensamento unidimensional, Leshchinsky et al. (1996) apresentam a seguinte equação para a estimativa da variação da altura do tubo geotêxtil decorrente do adensamento do material de enchimento:

$$\frac{\Delta H_T}{H_T} = \frac{G_s(w_o - w_f)}{1 + w_o G_s} \tag{6.7}$$

com

$$w_o = \frac{G_s - \dfrac{\gamma_o}{\gamma_w}}{G_s\left(\dfrac{\gamma_o}{\gamma_w} - 1\right)} \tag{6.8}$$

e

$$w_f = \frac{G_s - \dfrac{\gamma_f}{\gamma_w}}{G_s\left(\dfrac{\gamma_f}{\gamma_w} - 1\right)} \tag{6.9}$$

em que ΔH_T é a variação de altura do tubo; H_T, a altura inicial do tubo; G_s, a densidade real dos grãos do material de enchimento; w_o e w_f, as umidades inicial e final do material de enchimento (lama no estado inicial); γ_o e γ_f, os pesos específicos inicial e final do material de enchimento; e γ_w, o peso específico da água.

Abordagem de Silvester (1986)

Liu e Silvester (1977) e Silvester (1986) apresentaram resultados de solução matemática para tubos geotêxteis preenchidos com areia ou argamassa (densidades de 2,0) sob condições submersas. Baseado nessa solução, Silvester

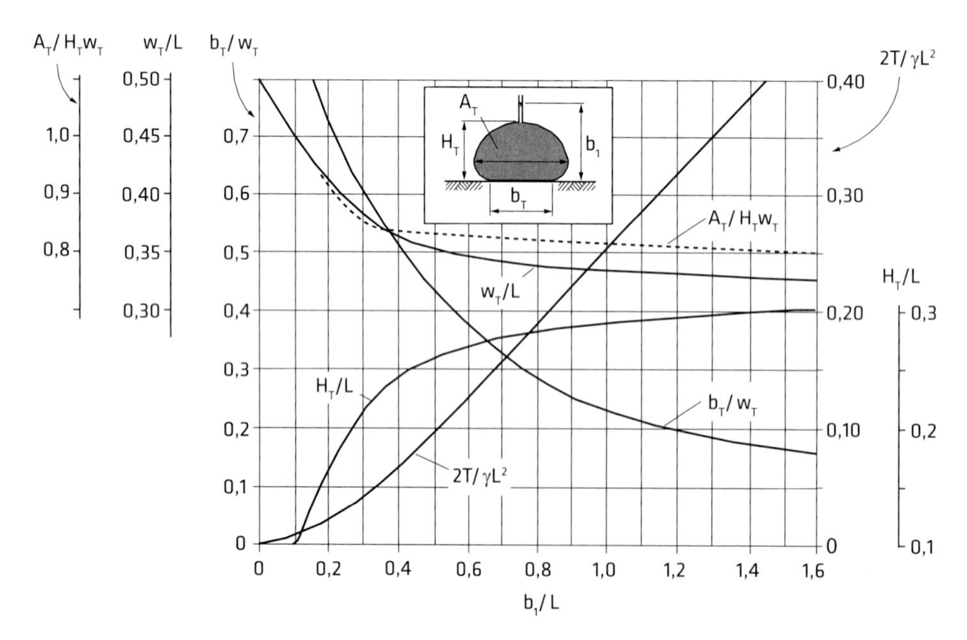

Fig. 6.19 Gráfico de dimensionamento de tubos submersos, com $\gamma \cong 20$ kN/m³
Fonte: modificado de Silvester (1986).

(1986) apresentou o gráfico da Fig. 6.19, em que diferentes grandezas relevantes da geometria final do tubo e a carga de tração no geotêxtil podem ser obtidas em função da razão entre a altura piezométrica (b_1) dentro do tubo e seu perímetro (L). O valor de b_1 pode ser obtido em função da pressão de injeção utilizada no enchimento do tubo.

Abordagem de Guo et al. (2014)

Guo et al. (2014) apresentam solução aproximada com base em ajustes de valores obtidos por solução mais rigorosa (Guo; Chu; Yan, 2011). As equações foram obtidas com base no modelo de Chapman-Richard e, embora não seja afirmado claramente no trabalho, parecem ter sido desenvolvidas para valores de peso específico do solo dentro do tubo entre 10 kN/m³ e 14 kN/m³ e perímetro do tubo entre 5 m e 20 m. As comparações entre as previsões pelas equações de ajuste e os resultados obtidos pela solução mais rigorosa apresentaram valores de r^2 superiores a 0,999. Foram também obtidas boas comparações com previsões por outras soluções na literatura. A Fig. 6.20 apresenta as condições geométricas admitidas para o desenvolvimento das equações de ajuste. Nesse caso, as referidas equações são:

$$H_T = 0{,}318L\left(1 - e^{-\frac{2{,}114p_o}{\gamma L}}\right)^{0{,}188} \quad \textbf{(6.10)}$$

$$A_T = 0{,}08L^2\left(1 - e^{-\frac{6{,}504p_o}{\gamma L}}\right)^{0{,}134} \quad \textbf{(6.11)}$$

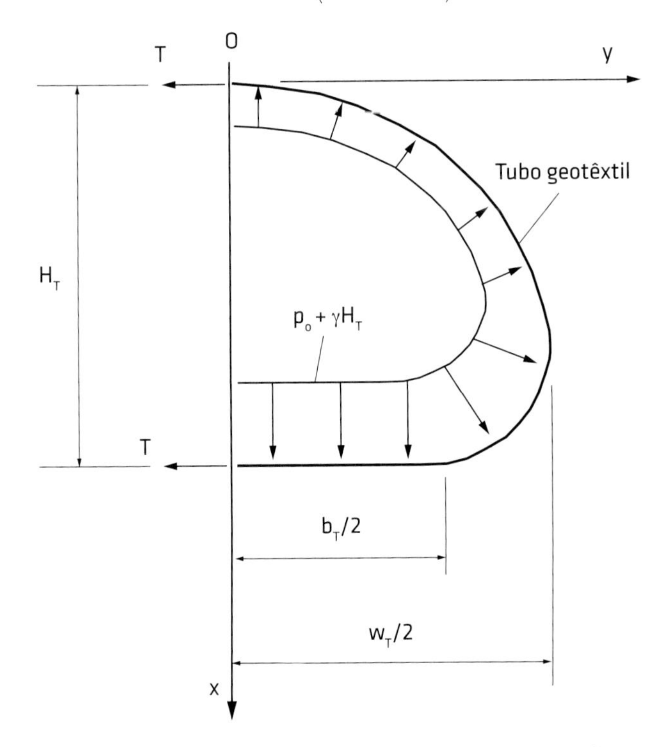

Fig. 6.20 Condições da abordagem simplificada de Guo et al. (2014)

$$W_T = 0{,}5L - 0{,}1817L\left(1 - e^{-\frac{2{,}138p_o}{\gamma L}}\right)^{0{,}204} \quad \textbf{(6.12)}$$

$$b_T = 0{,}5L - 0{,}5L\left(1 - e^{-\frac{0{,}937p_o}{\gamma L}}\right)^{0{,}242} \quad \textbf{(6.13)}$$

$$T = 0{,}159\,p_oL\left(1 - e^{-\frac{2{,}114p_o}{\gamma L}}\right)^{0{,}188} + 0{,}025\gamma L^2\left(1 - e^{-\frac{2{,}114p_o}{\gamma L}}\right)^{0{,}376} \quad \textbf{(6.14)}$$

Considerações adicionais

O geotêxtil formador do tubo deve atender a critérios de filtro e ser protegido de forma apropriada para manter suas condições de serviço. O Quadro 6.2 apresenta requisitos para o geotêxtil em função do tipo de regime de fluxo. Proteção adicionais podem ser requeridas, dependendo das condições locais, materiais empregados e vida útil, por exemplo. Proteções para os tubos geotêxteis podem compreender utilização de coberturas de enrocamento, gabiões ou blocos de concreto, por exemplo. Quando tubos geotêxteis são utilizados para desaguar lodos de esgoto, resíduos ou rejeitos saturados, outros requisitos para filtro podem ser necessários (ver Cap. 3).

Tubos geotêxteis e geofôrmas podem ser utilizados empilhados uns sobre os outros (Fig. 6.12). Nesse caso, a determinação dos esforços no geotêxtil é mais complexa. Cantré (2002) faz uma análise por elementos finitos de tubos geotêxteis empilhados. Plaut e Filtz (2008) mostram relações para a estimativa de esforços de tração adicionais nos tubos geotêxteis inferiores devidos a empilhamento.

Exemplo 6.1

Determinar as características geométricas e a força de tração esperadas para um tubo geotêxtil com 9 m de perímetro a ser preenchido com material com peso específico igual a 12 kN/m³ ($\gamma/\gamma_w \cong 1{,}2$) e pressão de injeção igual a 60 kPa.

Resolução

Pela abordagem de Leshchinsky et al. (1996), para γ/γ_w = 1,2, a Fig. 6.17 fornece H_T = 2,6 m e T = 95 kN/m.

Pela abordagem de Guo et al. (2014) (Eqs. 6.10 a 6.14):

$$H_T = 0{,}318L\left(1 - e^{-\frac{2{,}114p_o}{\gamma L}}\right)^{0{,}188}$$

$$H_T = 0{,}318 \times 9 \times \left(1 - e^{-\frac{2{,}114\times 60}{12\times 9}}\right)^{0{,}188} = 2{,}67\ \text{m}$$

$$A_T = 0{,}08L^2\left(1 - e^{-\frac{6{,}504p_o}{\gamma L}}\right)^{0{,}134}$$

Quadro 6.2 PROPRIEDADES HIDRÁULICAS E REQUISITOS DE PROTEÇÃO PARA TUBOS DE GEOTÊXTIL EM FUNÇÃO DO TIPO DE REGIME HIDRÁULICO

Regime hidráulico	Período de exposição ao regime hidráulico	
	Regime intermitente (dias – não meses ou anos)	Regime contínuo
Água parada ou movendo--se lentamente	Proteção dispensável. $AOS \leq 0{,}5$ mm $q_{n,100} \geq 10$ L/m²s	Proteção dispensável. $AOS \leq 0{,}5$ mm $q_{n,100} \geq 10$ L/m²s
Correnteza com < 1,5 m/s	Proteção dispensável. $AOS \leq D_{85}$ $q_{n,100} \geq 10$ L/m²s	Proteção dispensável. $AOS \leq D_{85}$ $q_{n,100} \geq 30$ L/m²s
Correnteza com ≥ 1,5 m/s	Proteção dispensável, mas mudanças na forma podem ocorrer após eventos repetidos. $AOS \leq D_{85}$ $q_{n,100} \geq 30$ L/m²s	Proteção requerida e algumas mudanças na forma podem ocorrer. $AOS \leq D_{50}$ $q_{n,100} \geq 30$ L/m²s
Ondas com < 1,5 m	Proteção dispensável. $AOS \leq D_{50}$ $q_{n,100} \geq 30$ L/m²s	Proteção dispensável, mas mudanças na forma podem ocorrer ao longo do tempo. $AOS \leq D_{50}$ $q_{n,100} \geq 30$ L/m²s
Ondas com ≥ 1,5 m	Proteção dispensável, mas consideráveis mudanças de forma podem ocorrer após eventos repetidos. $AOS \leq D_{50}$ $q_{n,100} \geq 30$ L/m²s	Proteção requerida e mudanças na forma podem ocorrer. $AOS \leq D_{50}$ $q_{n,100} \geq 30$ L/m²s

Notas: AOS = tamanho das aberturas aparentes do geotêxtil (*geotextile apparent opening size*, ver Cap. 3), $q_{n,100}$ = capacidade de vazão através do geotêxtil sob carga hidráulica constante de 100 mm, D_{50} e D_{85} = diâmetro dos grãos do material de enchimento correspondentes a 50% e 85% passando, respectivamente.
Fonte: Lawson (2000).

$$A_T = 0{,}08 \times 9^2 \times \left(1 - e^{-\frac{6{,}504 \times 60}{12 \times 9}}\right)^{0{,}134} = 6{,}46 \text{ m}^2$$

$$W_T = 0{,}5L - 0{,}1817L\left(1 - e^{-\frac{2{,}138 p_o}{\gamma L}}\right)^{0{,}204}$$

$$W_T = 0{,}5 \times 9 - 0{,}1817 \times 9 \times \left(1 - e^{-\frac{2{,}138 \times 60}{12 \times 9}}\right)^{0{,}204} = 2{,}98 \text{ m}$$

$$b_T = 0{,}5L - 0{,}5L\left(1 - e^{-\frac{0{,}937 p_o}{\gamma L}}\right)^{0{,}242}$$

$$b_T = 0{,}5 \times 9 - 0{,}5 \times 9 \times \left(1 - e^{-\frac{0{,}937 \times 60}{12 \times 9}}\right)^{0{,}242} = 0{,}88 \text{ m}$$

$$T = 0{,}159 p_o L\left(1 - e^{-\frac{2{,}114 p_o}{\gamma L}}\right)^{0{,}188} + 0{,}025\gamma L^2\left(1 - e^{-\frac{2{,}114 p_o}{\gamma L}}\right)^{0{,}376}$$

$$T = 0{,}159 \times 60 \times 9 \times \left(1 - e^{-\frac{2{,}114 \times 60}{12 \times 9}}\right)^{0{,}188} +$$

$$+ 0{,}025 \times 12 \times 9^2 \times \left(1 - e^{-\frac{2{,}114 \times 60}{12 \times 9}}\right)^{0{,}376} = 101{,}2 \text{ kN/m}$$

Assim, para o caso analisado, a previsão por Leshchinsky et al. (1996) forneceu uma altura do tubo cerca de 2,7% menor que a prevista por Guo et al. (2014) e força de tração no geotêxtil cerca de 6% menor.

6.3.2 Geofôrmas (*geosynthetic mattress*)

Geofôrmas, ou colchões de geotêxtil, assemelham-se a tubos geotêxteis, mas se caracterizam por um trecho horizontal na região superior, como mostrado na Fig. 6.21. Podem ser utilizadas em obras hidráulicas e também para o desaguamento e a secagem de lodos, por exemplo.

Considerando-se as condições exibidas na Fig. 6.22, Guo et al. (2013) apresentam a solução descrita a seguir, baseada nas seguintes hipóteses:

- o colchão é suficientemente longo de forma a prevalecerem condições de deformação plana;
- o invólucro geotêxtil é fino e seu peso, desprezível;
- a deformação do geotêxtil não é considerada;
- atrito entre o geotêxtil e o material de enchimento e atrito entre o colchão e o solo de fundação são desprezados (força de tração constante no geotêxtil);
- o colchão é inflado com um só tipo de material e não há a aplicação de pressão de água externa.

Fig. 6.21 Exemplo de geofôrma
Foto: cortesia de Huesker.

Para as condições da Fig. 6.22, as equações que fornecem a forma final do colchão são:

$$\text{Para } x = 0, y = 0 \quad \textbf{(6.15)}$$

Para

$$x \neq 0,\ y = H\left[\sqrt{1-\frac{x^2}{H^2}} - 0{,}5\ln\left(\frac{H}{x}+\sqrt{\frac{H^2}{x^2}-1}\right) + 0{,}5\left(\frac{1}{K}-\sqrt{2}+\ln\left(\sqrt{2}+1\right)\right)\right] \quad \textbf{(6.16)}$$

com

$$K = H/B \quad \textbf{(6.17)}$$

em que x e y são as coordenadas do ponto do colchão; H, a altura do colchão; B, a largura total do colchão; e b, a largura da base do colchão.

O valor do comprimento (y_o, Fig. 6.22) do trecho horizontal na parte superior do colchão é dado por:

$$y_o = H\left(\frac{1}{2K} - 3{,}0669\right) \quad \textbf{(6.18)}$$

A largura da base (b) do colchão em contato com o terreno de fundação é dada por:

$$b = H\left[\frac{1}{K} - \left(\sqrt{2} - \ln\left(\sqrt{2}+1\right)\right)\right] \quad \textbf{(6.19)}$$

A área da seção transversal (A) e o perímetro (L) do colchão são obtidos por:

$$A = H^2\left[\frac{1}{K} - \left(\sqrt{2} - \ln\left(\sqrt{2}+1\right)\right)\right] \quad \textbf{(6.20)}$$

$$L = 2H\left[\frac{1}{K} + 1 - \left(\sqrt{2} - \ln\left(\sqrt{2}+1\right)\right)\right] \quad \textbf{(6.21)}$$

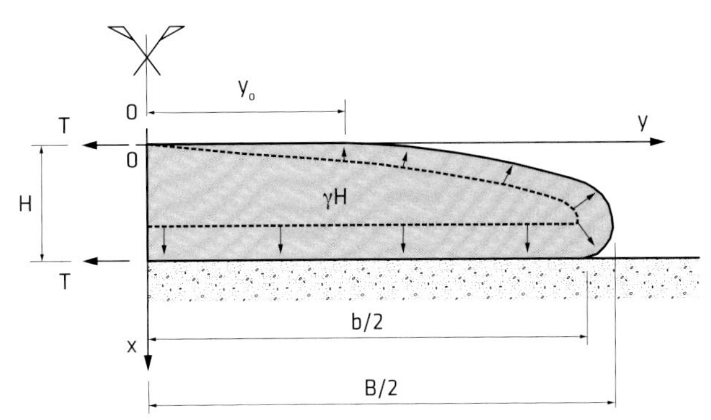

Fig. 6.22 Condições geométricas admitidas por Guo et al. (2013)

A força de tração no geotêxtil do colchão pode ser calculada por:

$$T = \frac{1}{4}\gamma H^2 \quad \textbf{(6.22)}$$

em que T é a força de tração no geotêxtil e γ é o peso específico do material de enchimento.

Parte III

GEOSSINTÉTICOS EM REFORÇO DE SOLOS

GEOSSINTÉTICOS EM REFORÇO DE OBRAS VIÁRIAS

7

Geossintéticos podem ser utilizados como elementos de reforço em diferentes tipos de obra viária, tais como estradas não pavimentadas, pavimentos rodoviários e estradas em aterros sobre solos com baixa capacidade de suporte. Nas seções a seguir, são apresentadas aplicações desses materiais visando reforçar e melhorar o desempenho dessas obras.

7.1 Estradas não pavimentadas e plataformas de serviço

7.1.1 Mecanismos de reforço

Em todos os países, as estradas não pavimentadas representam uma parcela significativa da malha viária (tipicamente, mais de 70%). Por esse tipo de estrada são transportados bens importantes para a economia dos países, como os produzidos pelas indústrias agropecuária, mineral e florestal. Além disso, essas vias permitem o transporte de pessoas para o acesso a hospitais e escolas, bem como para o patrulhamento e a segurança em regiões no interior dos países ou ao longo de suas fronteiras. Assim, a interrupção do tráfego nesse tipo de via, particularmente em épocas chuvosas, pode provocar prejuízos econômicos e sociais importantes. A Fig. 7.1 apresenta um problema típico em estradas não pavimentadas sem reforço construídas sobre solos moles. O afundamento provocado pelas rodas de um veículo pesado resulta em interrupção da via, uma vez que o veículo deve ser primeiro descarregado antes de ser desatolado.

Fig. 7.1 Situações típicas em estradas não pavimentadas sobre solos moles
Fotos: Palmeira (1981).

Há que se fazer uma distinção entre aplicações de geossintéticos em estradas não pavimentadas e em plataformas de serviço. Nas estradas não pavimentadas, ocorre o fluxo canalizado de veículos, predominantemente sobre as mesmas trilhas de rodas. Por sua vez, as plataformas de serviço são utilizadas temporariamente para a operação e as manobras de equipamentos lentos (movidos sobre esteiras, por exemplo), não havendo necessariamente uma definição clara da rota seguida pelos veículos e com influência menos significativa de carregamento repetido pela ação do tráfego.

O uso de geossintéticos como elemento de reforço em estradas não pavimentadas pode trazer os seguintes benefícios:

- provê uma fronteira rugosa entre o aterro e a fundação, provocando um aumento na capacidade de carga do conjunto;
- reduz as deformações laterais do material de aterro;
- diminui as deformações superficiais da estrada e do solo de fundação, melhorando as condições de trafegabilidade;
- se o reforço também funcionar como filtro (geotêxtil, por exemplo), promove a separação entre os materiais, reduzindo ou evitando a impregnação do aterro pelos finos do solo de fundação;
- se o reforço for drenante ou associado a um geotêxtil, acelera os recalques por adensamento e o ganho de resistência;
- permite a construção da via com maior rapidez;
- facilita uma futura obra de pavimentação, reduzindo manutenções posteriores no pavimento.

Como consequência dos benefícios listados, o emprego de reforço geossintético aumenta a vida útil da estrada, bem como o tempo entre manutenções periódicas.

A Fig. 7.2 esquematiza o mecanismo de transferência de tensões e cargas em uma estrada não pavimentada reforçada. No caso sem reforço, as tensões cisalhantes na interface aterro-solo de fundação provocadas pelo carregamento superficial são transferidas para o solo de fundação em direção às bordas do trecho carregado. No caso reforçado, o elemento de reforço absorve parte dessas tensões, sendo mobilizado à tração, o que reduz a parcela transferida ao solo de fundação. No caso de reforço rígido, sob condições ideais, as tensões seriam todas absorvidas pelo elemento de reforço, não havendo transferência para a superfície do solo de fundação (Houlsby; Jewell, 1990). A redução das tensões cisalhantes na superfície do solo mole aumenta a capacidade de carga do solo de fundação ($\sigma_r > \sigma_{sr}$, Fig. 7.2).

Uma boa interação entre o material de aterro e o elemento de reforço também promove um confinamento lateral do aterro, diminuindo as deformações laterais e aumentando a capacidade de carga da estrada. Isso é mais evidente em aterros de materiais granulares graúdos (brita, pedras etc.) reforçados com geogrelha. Nesse caso, a correta especificação da geogrelha resulta em um aterro menos deformável lateralmente que no caso de utilização de um geotêxtil, por exemplo. A Fig. 7.3 exemplifica o melhor desempenho da geogrelha em um estudo em modelo de grandes dimensões de uma estrada não pavimentada sobre subleito com CBR igual a 8%, submetida a carregamento repetido (frequência de 1 Hz), em termos de

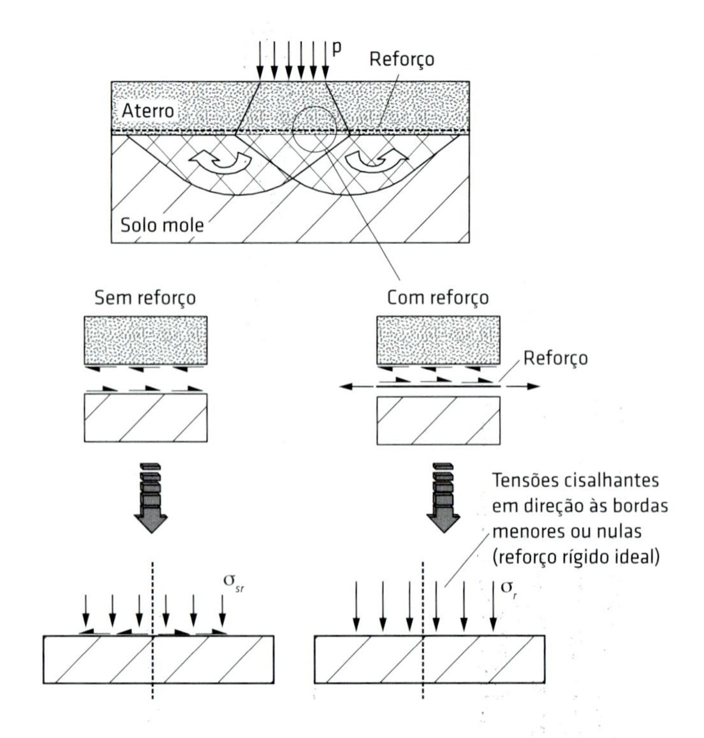

Fig. 7.2 Transferência de tensões em estradas com e sem reforço

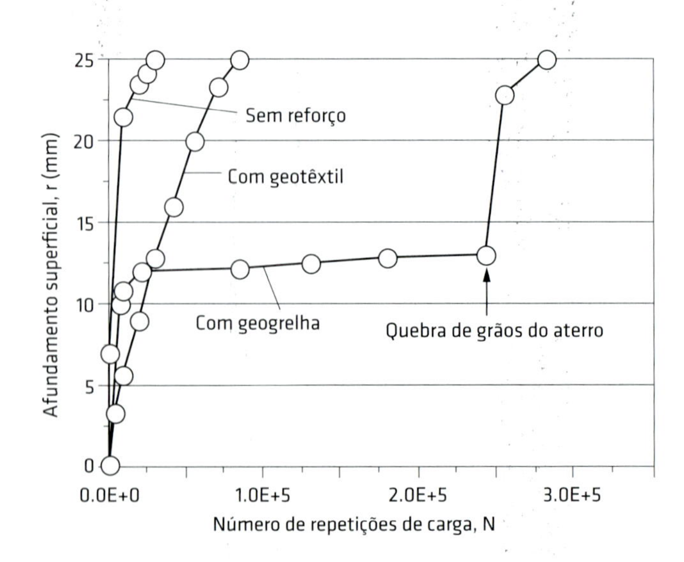

Fig. 7.3 Desempenho de estradas com e sem reforço em modelos de grandes dimensões
Fonte: Palmeira e Antunes (2010).

deslocamento superficial *versus* número de repetições de carga. Pode-se notar o melhor desempenho das estradas reforçadas com geogrelha e com geotêxtil em relação à situação sem reforço. A utilização de reforço aumentou em 2,8 e 9,2 vezes o número de ciclos de carga necessários para o afundamento (trilha de rodas) superficial limite ser atingido nos casos com geotêxtil e com geogrelha, respectivamente. Nota-se também o melhor desempenho da estrada reforçada com geogrelha em relação à situação com geotêxtil com rigidez à tração semelhante. A aceleração dos recalques superficiais no caso da estrada reforçada com geogrelha com cerca de 243.000 repetições de carga se deu devido à quebra dos grãos do material de aterro.

Outro aspecto benéfico da presença do reforço é o desenvolvimento do efeito membrana, à medida que a estrada se deforma verticalmente. A Fig. 7.4 esquematiza esse efeito, que é relevante em estradas não pavimentadas onde rodeiras ou trilhas de rodas mais profundas podem ser toleradas. Nesses casos, a presença do reforço confina o material do subleito, diminuindo sua ascensão nas laterais da área carregada. Sob a área carregada pelas rodas, são mobilizadas forças de tração no reforço cujas componentes verticais dificultam o deslocamento vertical descendente da região carregada do aterro.

A presença do reforço também provoca uma distribuição de tensões verticais ao longo da massa de aterro mais favorável. Resultados de várias pesquisas têm comprovado que o ângulo de espraiamento (θ na Fig. 7.4) das tensões na região mais carregada do aterro pode ser substancialmente maior na estrada reforçada em relação à situação sem reforço (Love, 1984; Palmeira; Cunha, 1993; Palmeira; Antunes, 2010; Góngora, 2015; Palmeira; Góngora, 2016). Isso aumenta a área de distribuição das tensões na interface com o subleito, reduzindo as tensões verticais transferidas a ele. Palmeira e Antunes (2010) observaram reduções de tensões de 79% no subleito de modelos em verdadeira grandeza de estradas reforçadas e aumentos de até 90% no ângulo de espraiamento do carregamento. As condições mais favoráveis de tensões no subleito fazem com que seu mecanismo de ruptura típico em uma estrada reforçada sobre solo mole seja do tipo ruptura generalizada (Fig. 7.4), em que uma maior massa do solo de fundação é solicitada. No caso sem reforço, o mecanismo de ruptura típico do solo mole ocorre em uma região mais restrita, associado à punção do material de aterro.

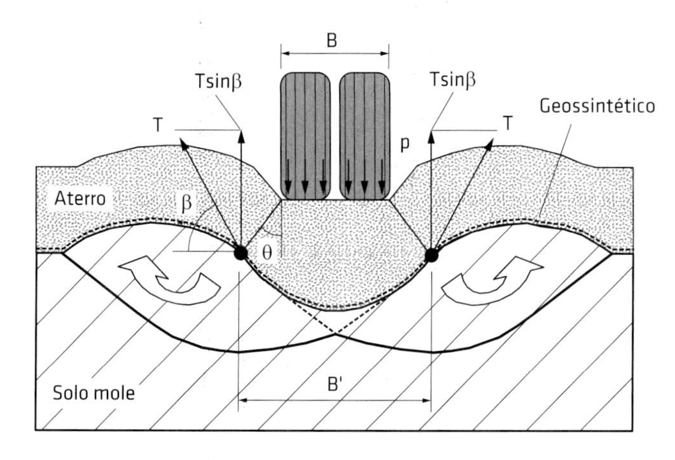

Fig. 7.4 Efeito membrana

Um aspecto ainda pouco valorizado da utilização de reforço em estradas não pavimentadas diz respeito aos benefícios trazidos em redução do número de manutenções periódicas e melhor comportamento de estradas reforçadas após manutenções. Esses benefícios podem ter uma repercussão econômica importante, mas ainda não são considerados quando da análise de custos sobre o emprego ou não de reforço. Ensaios em modelos em verdadeira grandeza têm quantificado esses benefícios. A Fig. 7.5 mostra resultados de *traffic benefit ratio* (TBR) para estradas sem e com reforço no primeiro carregamento e após manutenções superficiais (preenchimento do afundamento superficial na estrada e nivelamento). O valor de TBR é definido como a razão entre o número de repetições de carga necessários para atingir um determinado afundamento superficial nas situações com e sem reforço. Pode-se notar que, para atingir o afundamento máximo permitido, tanto no primeiro estágio de carregamento quanto após manutenções, foi necessário um número muito maior de repetições de carga nos casos reforçados. As consequências desse aumento são um espaçamento temporal mais elevado entre manutenções periódicas e

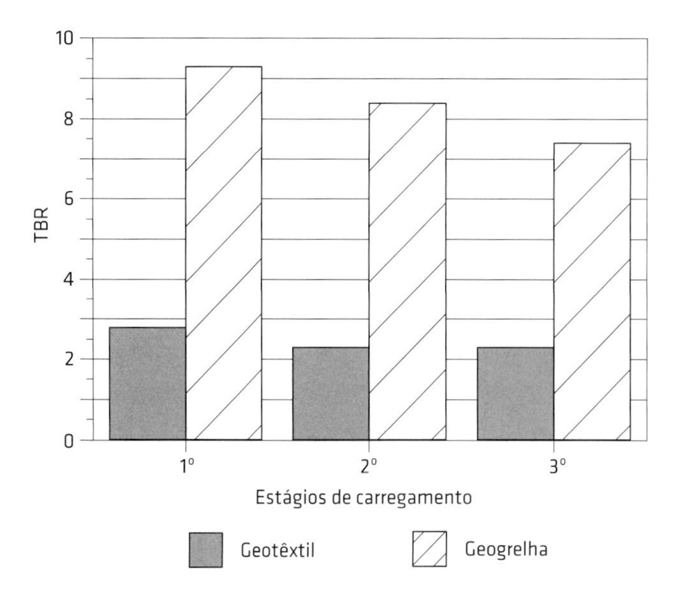

Fig. 7.5 Influência da presença do reforço no primeiro carregamento e após manutenções superficiais da via
Fonte: modificado de Palmeira e Antunes (2010).

um menor consumo de material de aterro durante manutenções. Esses aspectos têm repercussões favoráveis no custo operacional da via.

7.1.2 Dimensionamento de estradas não pavimentadas

Método de Giroud e Noiray

Giroud e Noiray (1981) apresentaram um método de dimensionamento de estradas não pavimentadas com e sem reforço sobre solos moles. Esse método admite material de aterro competente (índice de suporte Califórnia superior a 80%) e as contribuições do elemento de reforço no aumento da capacidade de carga do conjunto com a consideração do efeito membrana. A aplicabilidade do método seria maior em estradas reforçadas com geotêxtil.

Do equilíbrio ao longo da direção vertical do prisma de aterro sob o carregamento das rodas do veículo (Fig. 7.6), obtém-se que:

$$p = \frac{B}{B'}\sigma + \frac{2T\sin\beta}{B} \quad (7.1)$$

em que p é a pressão transferida pelos pneus na superfície do aterro (geralmente assumida como a pressão de calibragem dos pneus); B, a largura da área carregada pelos pneus; B', a largura da área carregada na interface aterro-solo mole para o ângulo de espraiamento (θ, Fig. 7.6A) assumido ($B' = B + 2h \tan\theta$, em que h é a espessura do aterro); σ, a capacidade de carga do solo de fundação; T, a força de tração mobilizada no reforço; e β, a inclinação da força de tração no reforço com a horizontal (Fig. 7.6B).

Segundo Giroud e Noiray (1981), as dimensões da área carregada pelo pneu do veículo são dadas pelas equações a seguir.

Para caminhões normais:

$$B = \sqrt{\frac{P}{p_c}} \quad (7.2)$$

$$L = \frac{B}{1,41} \quad (7.3)$$

Para caminhões fora de estrada:

$$B = \sqrt{\frac{P\sqrt{2}}{p_c}} \quad (7.4)$$

$$L = \frac{B}{2} \quad (7.5)$$

em que B e L são as dimensões das áreas carregadas pelos pneus; P, a carga por eixo do caminhão; e p_c, a pressão de calibragem dos pneus.

A capacidade de carga do solo de fundação é dada por:

$$\sigma = N_c S_u + \gamma h \quad (7.6)$$

em que N_c é o fator de capacidade de carga; S_u, a resistência não drenada do solo de fundação; γ, o peso específico do material de aterro; e h, a espessura do aterro.

Giroud e Noiray (1981) assumem que a ruptura do solo de fundação no caso sem reforço é iminente assim que a máxima tensão cisalhante nesse solo atinge o valor de sua resistência não drenada (S_u), o que ocorre quando a tensão na superfície do terreno é igual a πS_u. Já para o caso reforçado, é assumido que toda a capacidade de carga do solo de fundação será mobilizada. Assim, para o aterro sem reforço, tem-se:

$$N_c = \pi \quad (7.7)$$

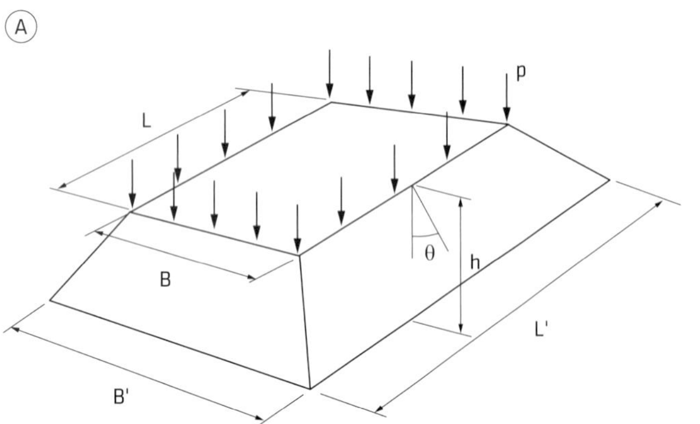

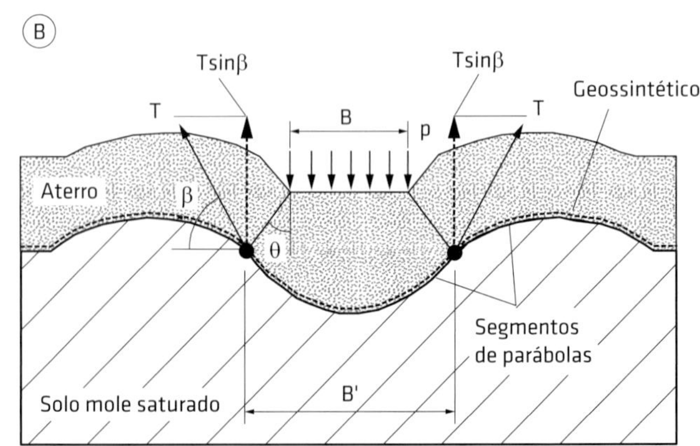

Fig. 7.6 Equilíbrio vertical do prisma de aterro carregado superficialmente: (A) espraiamento de tensões e (B) equilíbrio do trecho sob a roda

E, para o aterro reforçado:

$$N_c = \pi + 2 \quad (7.8)$$

Para a situação sem reforço, Giroud e Noiray (1981) estenderam a aplicabilidade de uma expressão obtida por Webster e Alford (1978), resultando em:

$$h_o = \frac{1{,}6193\log(N) + 6{,}3964\log(P) - 3{,}7892r - 11{,}8887}{S_u^{0{,}63}} \quad (7.9)$$

em que h_o é a espessura do aterro sem reforço; N, o número de passagens do eixo do veículo; P, a carga sobre o eixo; r, o afundamento superficial sob os pneus; e S_u, a resistência não drenada do subleito.

Em substituição ao uso do índice de suporte Califórnia do solo mole, os autores propuseram a seguinte correlação, com CBR em % e S_u em kPa:

$$S_u \cong 30CBR \quad (7.10)$$

Para a consideração do efeito membrana nos cálculos, Giroud e Noiray (1981) admitiram a deformada do reforço como uma série de parábolas. Tal forma deformada foi então obtida admitindo-se também que não há variação de volume do solo mole saturado de fundação (carregamento não drenado). Assim, com essas considerações e levando em conta o equilíbrio ao longo da direção vertical do prisma de aterro sob o carregamento do veículo (Fig. 7.6B), Giroud e Noiray (1981) obtiveram a seguinte expressão para a situação de carregamento estático (sem consideração do tráfego de veículos):

$$\frac{pBL}{(B + 2h_{re}\tan\theta)(L + 2h_{re}\tan\theta)} = (\pi + 2)S_u + \gamma h_{re} + \frac{J\varepsilon}{a\sqrt{1 + (\frac{a}{2s})^2}} \quad (7.11)$$

em que h_{re} é a espessura do aterro para o caso reforçado e sob carregamento estático; θ, o ângulo de espraiamento do carregamento das rodas do veículo; J, a rigidez à tração do reforço; e a e s, as dimensões dos trechos em parábola para o ajuste da deformada do reforço.

Uma análise estática semelhante para a situação sem reforço resulta em uma espessura de aterro (h_{oe}) que pode ser obtida pela equação a seguir, desenvolvida a partir do equilíbrio ao longo da direção vertical (Fig. 7.6B):

$$pBL + \gamma h_{oe}B'L' = \sigma B'L' = (N_c S_u + \gamma h_{oe})B'L' \quad (7.12)$$

Desenvolvendo-se essa equação e com $N_c = \pi$ (caso sem reforço), obtém-se:

$$p = \frac{\pi(B + 2h_{oe}\tan\theta)(L + 2h_{oe}\tan\theta)}{BL}S_u \Rightarrow h_{oe} \quad (7.13)$$

em que h_{oe} é a espessura do aterro para o caso sem reforço e sob carregamento estático.

Giroud e Noiray (1981) admitem um ângulo de espraiamento (θ) igual a 31° ($\tan\theta = 0{,}6$) nas situações com e sem reforço. Trata-se de uma abordagem conservadora, uma vez que, como comentado anteriormente, observam-se valores de θ maiores em estradas reforçadas.

A espessura do aterro no caso reforçado na situação estática pode ser obtida resolvendo-se a Eq. 7.11 iterativamente. A espessura do aterro reforçado considerando o tráfego de veículos é dada por:

$$h_r = h_o - \Delta h \quad (7.14)$$

com

$$\Delta h = h_{oe} - h_{re} \quad (7.15)$$

De acordo com a Eq. 7.15, Giroud e Noiray (1981) admitem que a redução na espessura do aterro em decorrência da presença do reforço é a mesma sob condições de carregamento estático (sem tráfego) e dinâmico (com tráfego), o que também é conservador, como será mostrado adiante.

A Fig. 7.7 apresenta gráficos que permitem a obtenção da espessura do aterro sem reforço e de Δh (Eq. 7.15) para afundamentos na superfície (r) iguais a 0,15 m e 0,3 m. Esses gráficos foram desenvolvidos para o tráfego de caminhões de estrada com eixo simples com carga (P) igual a 80 kN e pressão de calibragem (p_c) de pneus igual a 480 kPa. Entretanto, para espessuras de aterro superiores a 0,15 m e valores de S_u inferiores a 50 kPa, a pressão de calibragem dos pneus tem influência desprezível nos resultados obtidos (Holtz; Sivakugan, 1987). O gráfico da Fig. 7.7B também fornece as deformações (ε) de tração esperadas no reforço ao final da vida útil da estrada (r = 0,3 m) para diferentes valores de rigidez à tração (J) do reforço.

Exemplo 7.1

Determinar as espessuras de uma estrada não pavimentada construída com aterro competente nas condições com e sem reforço para um afundamento de trilha de rodas igual a 0,3 m a dez mil passagens de caminhão com carga por eixo (simples) de 80 kN e pressão de calibragem de 560 kPa. A resistência não drenada do solo de subleito é igual a 20 kPa. Pretende-se utilizar um reforço com rigidez à tração igual a 300 kN/m.

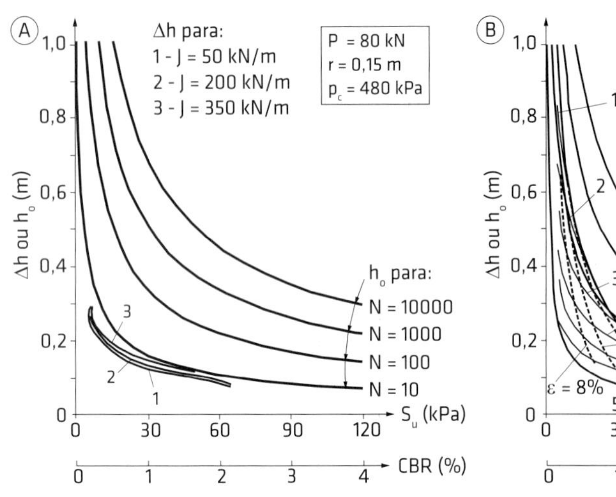

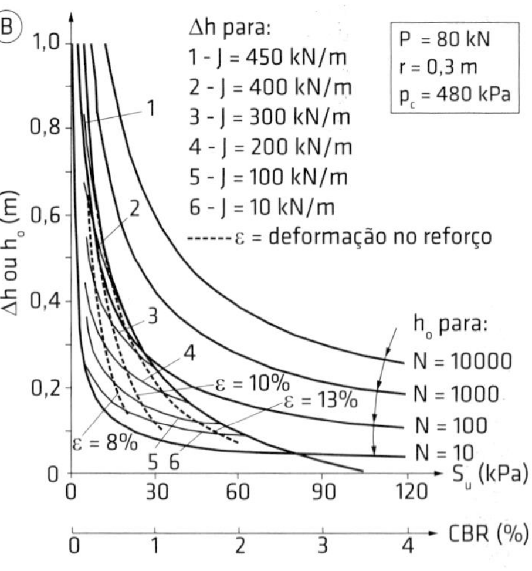

Fig. 7.7 Gráficos para a obtenção da espessura de aterros com e sem reforço e de Δh: (A) trilha de rodas com profundidade de 0,15 m e (B) trilha de rodas com profundidade de 0,3 m
Fonte: modificado de (A) Holtz e Sivakugan (1987) e (B) Giroud e Noiray (1981).

Resolução

Adotando-se um reforço com J = 300 kN/m (curva nº 3 da Fig. 7.7B), para S_u = 20 kPa e N = 10.000, obtêm-se:

- espessura do aterro na estrada sem reforço: h_o = 0,81 m;
- redução de espessura em virtude do reforço: Δh = 0,32 m.

Então, a espessura da estrada com reforço é:

$$h_r = 0{,}81 - 0{,}32 \Rightarrow h_r = 0{,}49 \text{ m}$$

Para S_u = 20 kPa e J = 300 kN, o ponto sob a curva nº 3 está localizado entre as curvas de deformações no reforço iguais a 10% e 13%. Interpolando-se entre essas curvas, obtém-se a deformação (ε) prevista no reforço de aproximadamente 11,5%.

Método de Oxford

Esse método foi desenvolvido com base em resultados de várias pesquisas e estudos feitos na Universidade de Oxford (Houlsby; Jewell, 1990; Jewell, 1996) e é aplicável a situações em que as profundidades de trilhas de rodas na estrada são pequenas. Houlsby e Jewell (1990) sugerem que nessas condições as deformações no reforço são inferiores a 3% e, por isso, desprezam a contribuição do efeito membrana, fazendo com que o reforço tenha elevada rigidez à tração. A Fig. 7.8 apresenta as forças e tensões atuantes no prisma de aterro sob o carregamento nas condições sem e com reforço. O método admite que a pressão na superfície da estrada se distribui em uma área circular com raio R e que ocorrem mobilizações de empuxos ativo e passivo no trecho do prisma cujo equilíbrio é estudado (metade do trapézio de aterro, devido à simetria), conforme mostrado na Fig. 7.8A.

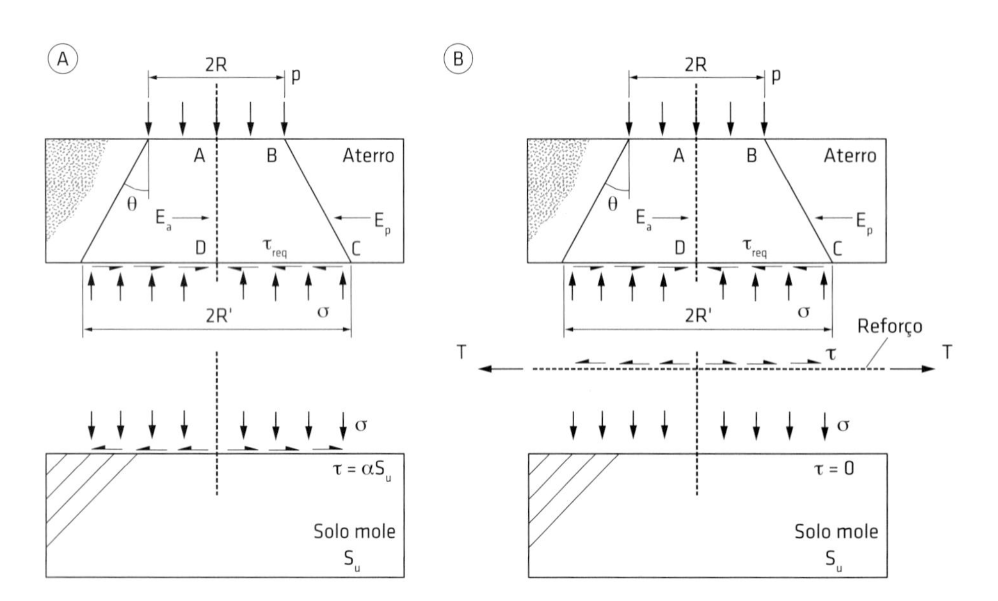

Fig. 7.8 Condições de equilíbrio no aterro: (A) sem reforço e (B) com reforço

Para o caso sem reforço e sob condições estáticas (sem efeito do tráfego), do equilíbrio de forças na direção horizontal, considerando elementos de área infinitesimais no prisma de aterro ABCD (Fig. 7.8A) ao longo da espessura do aterro, obtém-se, para a tensão na base do prisma requerida para o equilíbrio na direção horizontal:

$$\tau_{req} = (K_a - K_p)(\frac{R+2R'}{3R'^2})\gamma h^2 + \frac{2K_a}{\tan\theta} p(\frac{R}{R'})^2 \ln(\frac{R'}{R}) \quad (7.16)$$

em que τ_{req} é a tensão cisalhante requerida na base do prisma de aterro (interface aterro-fundação) para o equilíbrio ao longo da horizontal; K_a, o coeficiente de empuxo ativo; K_p, o coeficiente de empuxo passivo; R, o raio da área carregada na superfície do aterro; R', o raio da área carregada na interface aterro-fundação; γ, o peso específico do material de aterro; h, a altura da estrada; e p, a pressão na superfície (contato pneu-estrada).

No desenvolvimento da Eq. 7.16, leva-se em conta a resistência passiva do aterro para o equilíbrio do prisma ABCD da Fig. 7.8A. Como deslocamentos maiores são necessários para mobilizar as tensões passivas do que para mobilizar as tensões ativas, pode-se utilizar um valor de coeficiente de empuxo passivo minorado ($2K_p/3$ ou $0{,}5K_p$) nessa equação.

A mesma tensão τ_{req} da Eq. 7.16 é transferida integralmente para a superfície do solo mole de fundação no caso sem reforço, podendo ser expressa como uma parcela (α, com $0 \leq \alpha \leq 1$) da resistência não drenada (S_u) desse solo. Assim:

$$\tau = \alpha S_u = \tau_{req} \quad (7.17)$$

A capacidade de carga do solo mole de fundação é dada por:

$$\sigma = N_c S_u + \gamma h \quad (7.18)$$

em que N_c é o coeficiente de capacidade de carga e S_u é a resistência não drenada do solo de fundação.

Por equilíbrio na direção vertical, tem-se:

$$\sigma = N_c S_u + \gamma h \quad (7.19)$$

Como comentado anteriormente, a capacidade de carga do solo de fundação é influenciada pela presença da tensão cisalhante em sua superfície e, assim, depende do valor de α. Não se dispõe ainda de uma expressão para a determinação direta do coeficiente de capacidade de carga (N_c) em função de α para condições axissimétricas de carregamento. A Tab. 7.1 apresenta valores desse coeficiente em função de α obtidos utilizando-se o método das características.

A solução iterativa das Eqs. 7.16 a 7.19, arbitrando-se valores de α e obtendo-se N_c pela Tab. 7.1, permite determinar o valor da pressão p na superfície suportada pela estrada sem reforço sob condições estáticas (sem influência do tráfego).

Uma solução gráfica para o problema pode ser conseguida em função da comparação entre valores de α requeridos e disponíveis. Nesse caso, a variação de α requerido na superfície (dividindo-se τ_{req} por S_u na Eq. 7.16) com $p(R/R')^2$ é representada pela linha XY na Fig. 7.9. Na mesma figura é apresentada a variação de N_c com α (Tab. 7.1), representada pelo trecho curvo BC. A interseção (ponto Z) da linha XY com a curva BC fornece o valor de α procurado, que, multiplicado por S_u, pode substituir τ_{req} na Eq. 7.16 para a determinação de p.

Quando a resistência passiva (E_p, Fig. 7.8) equilibra totalmente o esforço ativo (E_a), não há mobilização de tensão cisalhante na interface, resultando em um valor de N_c igual a 5,69 (para $\alpha = 0$, Tab. 7.1). Pode também ocorrer deslizamento na interface aterro-fundação, quando $\alpha = 1$, e, nesse caso, a linha XY intercepta o trecho AB na Fig. 7.9.

Tab. 7.1 VALORES DE N_c EM FUNÇÃO DE α

α	N_c
0	5,69
0,1	5,59
0,2	5,48
0,3	5,35
0,4	5,21
0,5	5,05
0,6	4,86
0,7	4,64
0,8	4,37
0,9	4,00
1	≤ 3,07

Fonte: Houlsby e Jewell (1990) e Jewell (1996).

O esforço de tração máximo no reforço pode ser obtido por:

$$T = \tau_r R' = 5{,}69 S_u \frac{2R'K_a}{\tan\theta} \log_e\left(\frac{R'}{R}\right) + (K_a - K_p)\left(\frac{R+2R'}{3R'}\right)\gamma h^2 \quad (7.20)$$

em que T é a carga de tração no reforço e τ_r é a tensão cisalhante atuante sobre o reforço.

A capacidade de carga do material de aterro deve também ser verificada, no caso da possibilidade de rup-

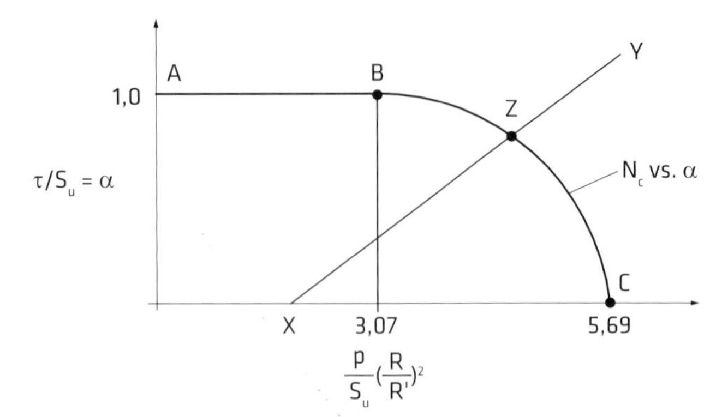

Fig. 7.9 Solução gráfica

tura dentro dele. Nesse caso, Jewell (1996) sugere usar a equação desenvolvida por Vesic (1975) para a capacidade de carga de sapatas circulares, levando-se em conta o efeito benéfico do afundamento do carregamento como sobrecarga lateral. Nessas condições, tem-se:

$$q_{at} = 0,6N_\gamma R\gamma + (1+\tan\phi)N_q\delta_v\gamma \tag{7.21}$$

em que q_{at} é a capacidade de carga do aterro; N_γ e N_q, os fatores de capacidade de carga (função de ϕ; Vesic, 1975); γ, o peso específico do aterro; ϕ, o ângulo de atrito do aterro; e δ_v, o afundamento do carregamento (trilha de rodas).

Segundo Jewell (1996), a influência do tráfego pode ser levada em conta com base na equação empírica desenvolvida por De Groot et al. (1986) para a equivalência entre cargas estáticas e cargas repetidas em estradas reforçadas, dada por:

$$P_s = P_N N^{0,16} \tag{7.22}$$

em que P_s é a carga do eixo equivalente que, aplicada estaticamente, provocaria o mesmo dano que a carga por eixo real (P_N) repetida N vezes.

Jewell (1996) reescreveu essa equação como:

$$\frac{(p/S_u)_N}{(p/S_u)_s} = \left(\frac{5}{N}\right)^{\exp} \tag{7.23}$$

em que $(p/S_u)_s$ é a tensão superficial normalizada que, aplicada estaticamente, provocaria o mesmo dano que a pressão $(p/S_u)_N$ repetida N vezes, e com:

$$0,16 \le \exp \le 0,30 \tag{7.24}$$

Esse autor sugere $\exp \approx 0,30$ para estradas sem reforço e $\exp \approx 0,2$ para estradas reforçadas. Entretanto, análises numéricas conduzidas por Nuñez (2015), com base em resultados de experimentos reportados por Fannin (1986), Antunes (2008) e Góngora (2011), indicaram que o valor de exp depende significativamente da magnitude do afundamento superficial considerado, da geometria do problema e do tipo e das propriedades do solo de subleito. Resultados obtidos por Antunes (2008) em ensaios realizados com carregamentos monotônicos e cíclicos, para uma profundidade de trilha de rodas de 25 mm e solo de subleito com *CBR* igual a 8%, levaram a valores de exp iguais a 0,05 e 0,08 para ensaios com e sem reforço, respectivamente.

A Eq. 7.23 permite obter o valor de p estático equivalente a ser utilizado nas equações anteriores para estimar a altura da estrada considerando-se o efeito do tráfego.

Das Eqs. 7.19, 7.23 e 7.24, obtém-se, para a altura da estrada reforçada (Jewell, 1996):

$$\frac{h_r}{R} = \frac{1}{\tan\theta}\left(\sqrt{\frac{(p/S_u)_N}{5,69f_N}} - 1\right) \tag{7.25}$$

sendo

$$f_N = \left(\frac{5}{N}\right)^{\exp} \tag{7.26}$$

Quanto à pressão de contato entre pneu e estrada, Jewell (1996) sugere que se adote um valor igual a 90% da pressão de calibragem dos pneus e as seguintes equações para o cálculo do raio da área de contato entre pneu e estrada.

Para veículos com eixo simples e uma roda em cada extremidade do eixo:

$$R = \sqrt{\frac{P}{2\pi p_c}} \tag{7.27}$$

Para veículos com eixo simples e duas rodas em cada extremidade do eixo (raio da área equivalente para cada par de pneus):

$$R = \sqrt{\frac{P}{\sqrt{2}\pi p_c}} \tag{7.28}$$

em que R é o raio da área de contato pneu-estrada; P, a carga por eixo; e p_c, a pressão de calibragem dos pneus.

Exemplo 7.2

Calcular quantas passadas de um caminhão com eixo simples e rodas duplas, com carga por eixo de 80 kN e pressão de calibragem dos pneus de 560 kPa, seriam resistidas por estradas, com e sem reforço, com espessura de 0,5 m. O solo de fundação tem resistência não drenada de 60 kPa e o material de aterro tem peso específico de 20 kN/m³, ângulo de atrito de 40° e coesão nula. Admita-se um ângulo de espraiamento (θ) do carregamento igual a 35°.

Resolução

Situação sem reforço

O raio da área de contato pneu-estrada é dado por (Eq. 7.28):

$$R = \sqrt{\frac{P}{\sqrt{2}\pi p_c}} = \sqrt{\frac{80}{\sqrt{2}\times\pi\times 560}} = 0{,}18 \text{ m}$$

Admitindo-se um ângulo de espraiamento do carregamento na superfície igual a 35°, tem-se:

$$R' = R + h\tan\theta = 0{,}18 + 0{,}5\times\tan 35° = 0{,}53 \text{ m}$$

Os coeficientes de empuxo ativo e passivo (assumindo-se total mobilização da resistência passiva) são obtidos por:

$$K_a = \tan^2(45° - 40°/2) = 0{,}22$$

$$K_p = \tan^2(45° + 40°/2) = 4{,}60$$

Da Eq. 7.16, tem-se:

$$\tau_{req} = (K_a - K_p)\left(\frac{R+2R'}{3R'^2}\right)\gamma h^2 + \frac{2K_a p}{\tan\theta}\left(\frac{R}{R'}\right)^2 \ln\left(\frac{R'}{R}\right)$$

$$\tau_{req} = (0{,}22 - 4{,}6)\left(\frac{0{,}18 + 2\times 0{,}53}{3\times 0{,}53^2}\right)\times 20\times 0{,}5^2 +$$

$$+\frac{2\times 0{,}22p}{\tan 35°}\left(\frac{0{,}18}{0{,}53}\right)^2 \ln\left(\frac{0{,}53}{0{,}18}\right) = -32{,}22 + 0{,}078p$$

Então:

$$\frac{\tau_{req}}{S_u} = \alpha = \frac{-32{,}22 + 0{,}078p}{60} = -0{,}54 + 0{,}0013p$$

Da Eq. 7.19, tem-se:

$$p\left(\frac{R}{R'}\right)^2 = N_c S_u \Rightarrow p\left(\frac{0{,}18}{0{,}53}\right)^2 = 60N_c$$

$$N_c = 0{,}0019p$$

Calculando-se os valores de N_c e de τ_{req}/S_u para diferentes valores de p e com os dados da Tab. 7.1, pode-se traçar o gráfico da Fig. 7.10.

Desse gráfico, obtêm-se $N_c = 2{,}3$ e $\alpha = 1$, então:

$$p = \left(\frac{0{,}53}{0{,}18}\right)^2 \times 60\times 2{,}3 = 1.196 \text{ kPa}$$

Pela Eq. 7.23, tem-se, com exp = 0,3 para o caso sem reforço:

$$\frac{(p/S_u)_N}{(p/S_u)_s} = \left(\frac{5}{N}\right)^{\exp} = \frac{560/60}{1.196/60} = \left(\frac{5}{N}\right)^{0,3} \Rightarrow N\,(\text{sem reforço}) = 63$$

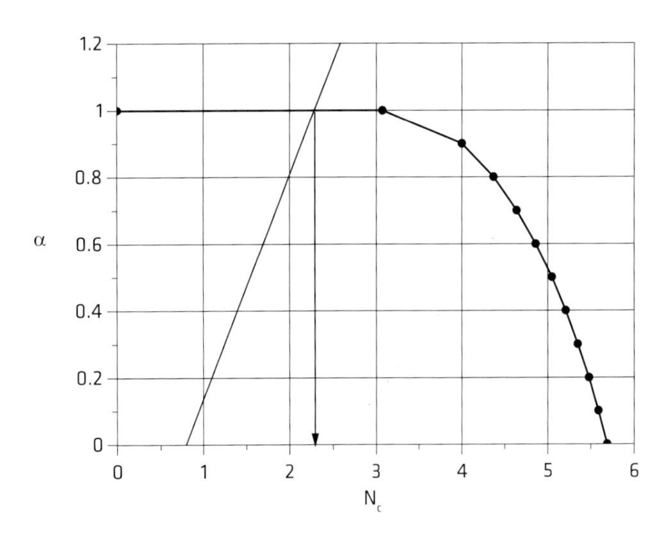

Fig. 7.10 Solução gráfica para α e N_c

Assim, a estrada sem reforço resistiria a 63 passadas do veículo.

Situação com reforço

Para a situação com reforço, pela Eq. 7.25 tem-se:

$$\frac{h_r}{R} = \frac{1}{\tan\theta}\left(\sqrt{\frac{(p/S_u)_N}{5{,}69f_N}} - 1\right)$$

$$\frac{0{,}5}{0{,}18} = \frac{1}{\tan 35^o}\left(\sqrt{\frac{560/60}{5{,}69f_N}} - 1\right) \Rightarrow f_N = 0{,}19$$

Pela Eq. 7.26, admitindo-se conservadoramente exp = 0,3 também para o caso reforçado:

$$f_N = \left(\frac{5}{N}\right)^{\exp} = 0{,}19 = \left(\frac{5}{N}\right)^{0,3} \Rightarrow N = 1.268$$

No caso com reforço, a estrada resistiria a 1.268 passadas, cerca de 20 vezes mais do que no caso sem reforço.

A força mobilizada no reforço seria dada por (Eq. 7.20):

$$T = \tau_r R' = 5{,}69S_u\frac{2R'K_a}{\tan\theta}\log_e\left(\frac{R'}{R}\right) + (K_a - K_p)\left(\frac{R+2R'}{3R'}\right)\gamma h^2$$

$$T = 5{,}69\times 60\times\frac{2\times 0{,}53\times 0{,}22}{\tan 35^o}\times\log_e\left(\frac{0{,}53}{0{,}18}\right) +$$

$$+(0{,}22 - 4{,}6)\times\left(\frac{0{,}18 + 2\times 0{,}53}{3\times 0{,}53}\right)\times 20\times 0{,}5^2$$

$$T = 105{,}71 \text{ kN/m}$$

Note-se que, no caso de projetos para elevado número de passadas (N) ou baixa resistência do solo mole, a espessura requerida para a estrada pode ser bastante elevada, invalidando o mecanismo de ruptura admitido no desenvolvimento do método, uma vez que a ruptura pode se desenvolver somente dentro da camada de aterro. Nesse caso, é mais indicado obter a altura de aterro para um valor menor de N e proceder a manutenções periódicas quando necessárias. Como será visto adiante neste capítulo, após manutenção superficial, as estradas não pavimentadas reforçadas também podem resistir a um número de passadas significativamente maior que o resistido pelas estradas sem reforço.

Método de Giroud e Han (2004a, 2004b)

Giroud e Han (2004a, 2004b) apresentaram um método para o dimensionamento de estradas não pavimentadas reforçadas com geogrelhas sobre subleitos saturados, sob condições não drenadas. Nessa abordagem, os autores enfatizam a importância do módulo de estabilidade da abertura da grelha (j ou *ASM* – *aperture stability modulus*) como parâmetro relevante para o confinamento local dos grãos de aterro nas aberturas da grelha e desprezam o efeito membrana. O módulo de estabilidade da abertura é obtido em um ensaio específico (Kinney, 2000; Góngora, 2011) em que um esforço de torção é aplicado em um nó da grelha (interseção entre membros longitudinal e transversal), medindo-se a rotação provocada nele. De forma geral, as geogrelhas mais rígidas à tração, ou mais espessas, tendem a apresentar valores elevados de j. O método de Giroud e Han (2004a, 2004b) possui algumas semelhanças com o de Giroud e Noiray (1981) e com outro método para reforço de estradas não pavimentadas com geogrelha apresentado por Giroud, Ah-Line e Bonaparte (1985). Na nova versão do método, admite-se simetria axial em relação ao carregamento, e as espessuras de aterro com e sem reforço são obtidas pela resolução iterativa de equações.

Pela equação geral do método de Giroud e Han (2004a), a espessura da camada de aterro pode ser obtida por:

$$h = \frac{1 + k\log N}{\tan\alpha_0\left[1 + 0{,}204(R_E - 1)\right]}\left[\sqrt{\frac{P/(\pi R)^2}{(r/f_s)\left[1 - \xi\exp\left(-\omega\left(\frac{R}{h}\right)^n\right)\right]N_c S_u}} - 1\right]R \quad \textbf{(7.29)}$$

com

$$R_E = \min\left(\frac{E_{at}}{E_{sl}};5{,}0\right) = \min\left(\frac{3{,}48CBR_{at}^{0{,}3}}{CBR_{sl}};5{,}0\right) \quad \textbf{(7.30)}$$

e

$$k = (0{,}96 - 1{,}46j^2)\left(\frac{R}{h}\right)^{1{,}5} \quad \textbf{(7.31)}$$

em que h é a espessura do aterro compactado (m); k, uma constante que depende da espessura do aterro e do reforço; N, o número de passagens de eixos-padrão; α_o, o ângulo inicial de espraiamento de tensões dentro do aterro (= 38,5°); P, a carga sobre a roda (kN); R, o raio da área de contato equivalente entre pneu e aterro (m); r, a profundidade da trilha de rodas (m); f_s, a profundidade da trilha de rodas de referência (m, igual a 0,075 m para valores de 0,05 m < r < 0,1 m); N_c, o fator de capacidade de carga (= 5,71 para estradas reforçadas com geogrelha); S_u, a resistência não drenada do subleito (kPa); ξ, ω e n, constantes calibradas pelos autores (ξ = 0,9, ω = 1,0 e n = 2,0); E_{at}, o módulo de resiliência do material de aterro; E_{sl}, o módulo de resiliência do subleito; CBR_{at} e CBR_{sl}, os índices de suporte Califórnia do aterro e do subleito, respectivamente; e j, o módulo de estabilidade da abertura da geogrelha (mN/°).

A Eq. 7.29 deve ser resolvida iterativamente e é válida também para o caso sem reforço obtendo-se k para $j = 0$ na Eq. 7.31.

Giroud e Han (2004b) apresentam o gráfico da Fig. 7.11A para o dimensionamento de estradas sem reforço em função do *CBR* do subleito e do número de passagens de caminhão (N) com carga por eixo de 80 kN, para afundamentos máximos da roda (r) de 50 mm e 75 mm e para aterro com índice de suporte Califórnia (CBR_{at}) igual a 15. Para a obtenção da altura de aterro em função de sua resistência não drenada (S_u), pode-se usar a correlação entre S_u e *CBR* apresentada por Giroud e Noiray (1981) (Eq. 7.10). A Fig. 7.11B mostra o gráfico para o dimensionamento de estradas reforçadas no caso da utilização de geogrelha com módulo de estabilidade da abertura (j ou *ASM*) igual a 0,3 mN/°.

Apesar da abrangência do método, resultados de estudos reportados na literatura têm mostrado pouca ou nenhuma correlação entre o valor do módulo de estabilidade da abertura da geogrelha (j) e o desempenho de estradas reforçadas (Sprague, 2001; Tang, 2011; Tang; Chehab; Palomino, 2008; Góngora; Palmeira, 2012; Cuelho; Perkins; Morris, 2014; Palmeira; Góngora, 2016; Cuelho; Perkins, 2017). Assim, o emprego do método proposto por Giroud e Han (2004a), em sua versão original, deve ainda ser visto com reservas.

Cuelho e Perkins (2017) recalibraram a equação original de Giroud e Han (2004a) com base em ensaios em trechos experimentais sob as seguintes condições (valores médios): h = 0,276 m, R_E = 4,8, CBR_{at} = 20, CBR_{sl} = 1,79, P = 37,63 kN, R = 0,139 m, N_c = 5,71, S_u = 62,7 kPa e f_s = 75 mm. Com os resultados obtidos, eles recalibraram o valor de k (Eq. 7.31) em função da rigidez das junções (ou nós)

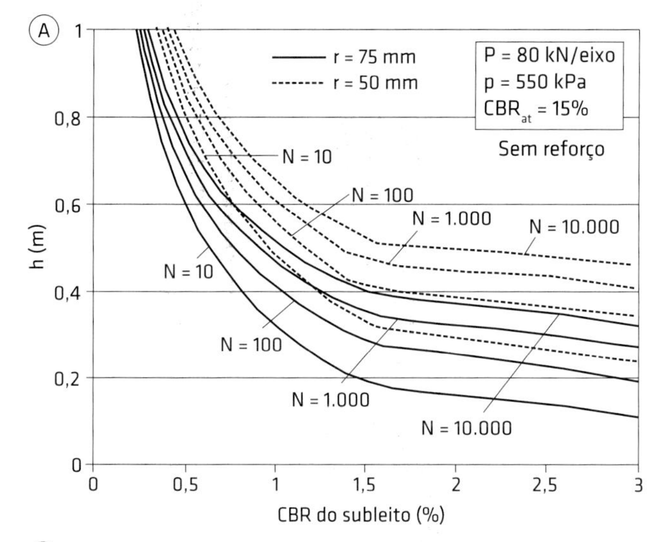

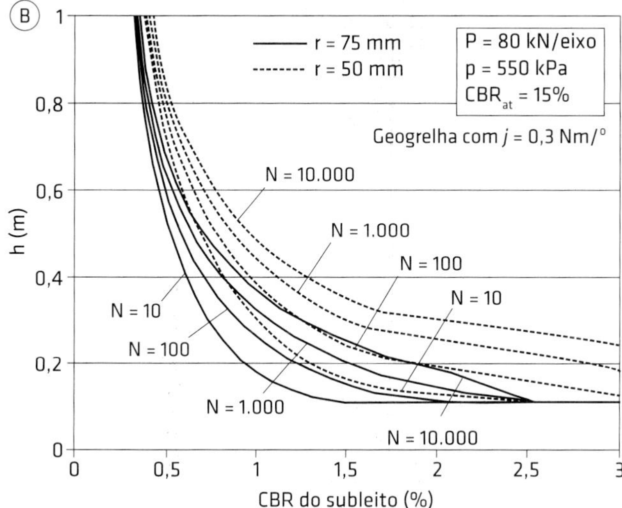

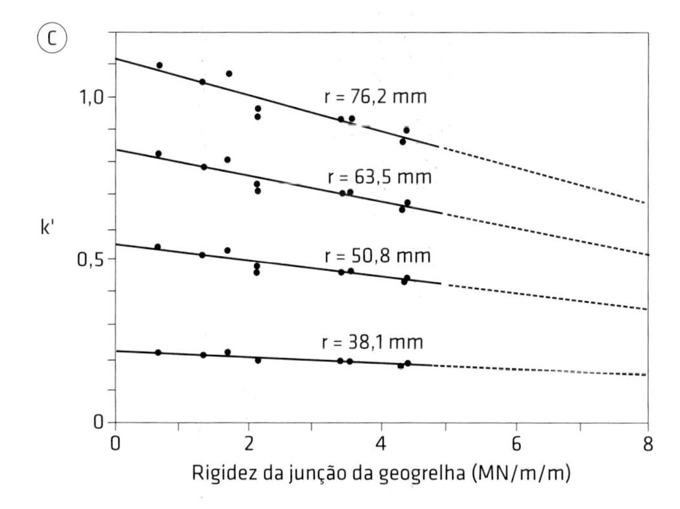

Fig. 7.11 Gráficos de dimensionamento pelo método de Giroud e Han (2004b): (A) sem reforço; (B) reforçado com geogrelha com j = 0,3 mN/°; (C) valor de k' recalibrado por Cuelho e Perkins (2017)
Fonte: modificado de (A, B) Giroud e Han (2004b) e (C) Cuelho e Perkins (2017).

da geogrelha, que pode ser obtido por ensaio específico (ASTM D7737 – ASTM, 2011). Para tais condições, a equação original de Giroud e Han (2004a) foi reescrita como:

$$h = \frac{1{,}26\left[1 + k'\left(\frac{R}{h}\right)^{1{,}5}\right]\log N}{1 + 0{,}204(R_E - 1)}\left[\sqrt{\frac{P/(\pi R^2)}{(r/f_s)\left[1 - 0{,}9\exp\left(-\left(\frac{R}{h}\right)^2\right)\right]N_c S_u}} - 1\right]R \quad (7.32)$$

O valor de k' na Eq. 7.32 pode ser obtido na Fig. 7.11C em função da profundidade da trilha de rodas (r) e da rigidez do nó da geogrelha (Cuelho; Perkins, 2017).

Embora com potencial, as propostas de Giroud e Han (2004a, 2004b) e Cuelho e Perkins (2017) ainda devem ser vistas com reservas devido ao limitado número de dados disponíveis. Certamente, melhorias e refinamentos dessas propostas deverão ocorrer com o acúmulo de mais experiências e resultados de desempenhos de obras reais.

7.1.3 Influência do reforço nas manutenções superficiais

A presença de reforço pode também trazer benefícios ao reduzir as manutenções periódicas da via ou aumentar o intervalo entre elas (Cunha, 1990; Palmeira; Cunha, 1993; Palmeira; Antunes, 2010; Góngora; Palmeira, 2012, 2016), como mostrado na Fig. 7.5. À medida que o afundamento do subleito aumenta, também aumenta a influência do efeito membrana, potencializando a contribuição do reforço para reduzir ou desacelerar esse afundamento, com a consequente influência nos intervalos entre manutenções da estrada.

A Fig. 7.12 esquematiza uma manutenção localizada de afundamento superficial de um aterro sob condições de deformação plana. A massa de aterro ABCD preenche o afundamento superficial, e a massa DCFE é uma parte do aterro original rompida.

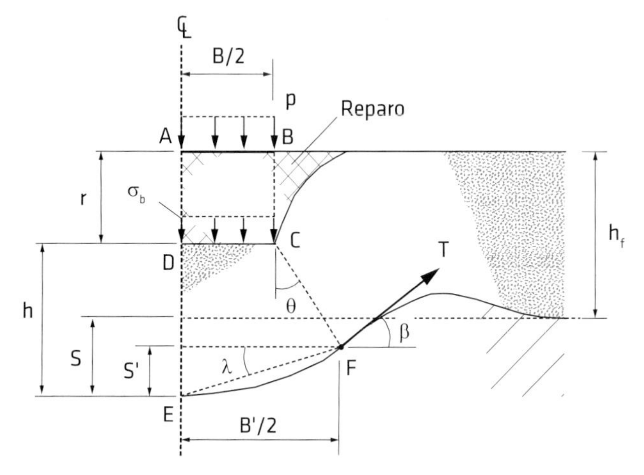

Fig. 7.12 Mecânica da manutenção superficial
Fonte: modificado de Palmeira (1998b).

Para as condições dessa figura, Palmeira (1998b) apresenta a equação a seguir para estimar a pressão superficial (p) suportada por um aterro em condições de deformação plana e carregamento estático:

$$p = \sigma_b e^{2K_{ap}\frac{r}{B}\tan\phi'} + \frac{2c' - \gamma B}{2K_{ap}\tan\phi'}\left(e^{2K_{ap}\frac{r}{B}\tan\phi'} - 1\right) \quad \textbf{(7.33)}$$

com

$$\sigma_b = \frac{B'}{B}\sigma + \frac{B'}{B}S_u\tan\lambda - 2\frac{W}{B} + 2\frac{T\sin\beta}{B} \quad \textbf{(7.34)}$$

$$\sigma = N_c S_u + \gamma h_f + \gamma_s(S - S') \quad \textbf{(7.35)}$$

$$N_c = \pi + 2 - 2\lambda \quad \textbf{(7.36)}$$

Para o caso sem reforço (λ em radianos):

$$\frac{\lambda}{\pi} = 0{,}247 + 0{,}236\log_{10}\frac{S}{B} \quad \textbf{(7.37)}$$

Para o caso reforçado (λ em radianos):

$$\frac{\lambda}{\pi} = 0{,}156 + 0{,}133\log_{10}\frac{S}{B} \quad \textbf{(7.38)}$$

$$T = J\varepsilon \quad \textbf{(7.39)}$$

$$\varepsilon = 0{,}5\sqrt{1 + 3{,}5\tan^2\lambda} + \frac{0{,}27}{\tan\lambda}\ln(1{,}87\tan\lambda + \sqrt{1 - 3{,}5\tan^2\lambda}) - 1 \quad \textbf{(7.40)}$$

e

$$\frac{\beta}{\pi} = 0{,}237 + 0{,}191\log_{10}\frac{S}{B} \quad \textbf{(7.41)}$$

em que p é a pressão resistida na superfície após manutenção (condições de deformação plana); K_{ap}, o coeficiente de empuxo ativo do solo de restauração na superfície; r, o afundamento superficial; c', a coesão do solo de restauração na superfície; ϕ', o ângulo de atrito do solo de restauração; σ_b, a tensão sobre o prisma de aterro já rompido (Fig. 7.12); N_c, o fator de capacidade de carga (Houlsby; Wroth, 1983; Palmeira; Cunha, 1993); σ, a capacidade de carga do solo de fundação; γ, o peso específico do aterro; h_f, a altura inicial do aterro (Fig. 7.12); γ_s, o peso específico do solo de fundação; S, o afundamento da superfície do solo de fundação; S', como mostrado na Fig. 7.12 (pode-se admitir conservadoramente $S' = S$ na Eq. 7.35); S_u, a resistência não drenada do solo de fundação; λ, o ângulo da base do prisma rompido com a horizontal (Fig. 7.12); W, o peso do bloco DCFE na Fig. 7.12; T, a força de tração no reforço; ε, a deformação no reforço (ε calculado com λ obtido pela Eq. 7.38); J, a rigidez à tração do reforço; e β, a inclinação da força no reforço (se presente) com a horizontal (Fig. 7.12).

Nas Eqs. 7.37, 7.38 e 7.41, pode-se admitir $S = r$ para aterros rígidos ou $\beta = \lambda$ conservadoramente.

Para uma série de manutenções superficiais, como esquematizado na Fig. 7.13, o valor da pressão máxima na superfície pode ser estimado pela Eq. 7.33, substituindo-se σ_b por:

$$\sigma_a = \sigma_b e^{2K_{acv}\frac{r_o}{B}\tan\phi'_{cv}} + \frac{2c'_{cv} - \gamma B}{2K_{acv}\tan\phi'_{cv}}\left(e^{2K_{acv}\frac{r_o}{B}\tan\phi'_{cv}}\right) - 1 \quad \textbf{(7.42)}$$

em que σ_b é obtida pela Eq. 7.34; K_{acv}, o coeficiente de empuxo ativo obtido para condições de cisalhamento a volume constante (para $\phi' = \phi'_{cv}$); r_o, a profundidade reparada previamente (Fig. 7.13); r, a profundidade do novo afundamento a ser reparado; ϕ'_{cv}, o ângulo de atrito do material de aterro a volume constante; c'_{cv}, a coesão do aterro a volume constante (tipicamente $c'_{cv} \cong 0$); e γ, o peso específico do aterro.

Note-se que sucessivos reparos na superfície em estradas não pavimentadas (fluxo canalizado) aumentam a espessura do aterro, favorecendo a ruptura dentro da camada de aterro, com pouca ou nenhuma contribuição benéfica da camada de reforço. Assim, a capacidade de carga do aterro deve ser também avaliada no caso de manutenções da via.

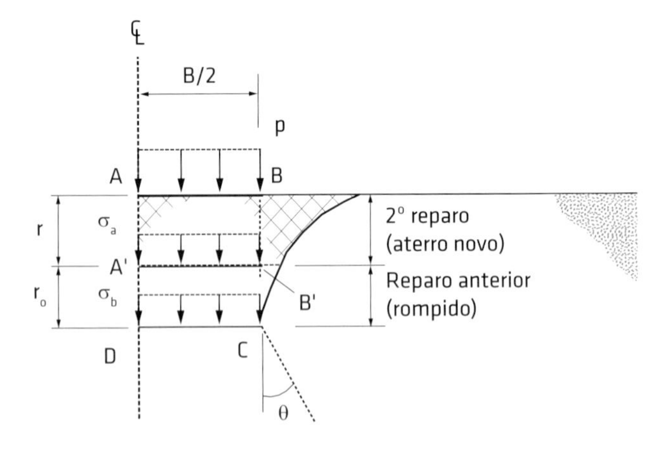

Fig. 7.13 Sucessivas manutenções superficiais
Fonte: modificado de Palmeira (1998b).

7.1.4 Condições de ancoragem do reforço

Uma ancoragem apropriada das extremidades do reforço deve ser garantida de forma a evitar seu arrancamento. A Fig. 7.14 apresenta resultados de uma pesquisa pioneira do Instituto de Pesquisas Rodoviárias (IPR/DNIT) em que foram instrumentadas seções de uma estrada de acesso reforçadas com geotêxtil sobre a argila muito mole da Baixada Fluminense (RJ) (Palmeira, 1981; Ramalho-Ortigão; Palmeira, 1982). Utilizou-se um material de aterro não recomendado pare esse tipo de obra (66% dos grãos passando na peneira número 200), mas disponível a baixo custo, e diversas configurações de instalação e condições de ancoragem do reforço foram investigadas. Pode-se observar que, apesar do aterro de menor qualidade, a presença de reforço reduziu o consumo de aterro em relação à seção sem reforço de referência, além de diminuir também a ocorrência de rupturas localizadas da argila mole saturada de subleito. A Fig. 7.14 mostra que a seção com reforço com menor ancoragem foi a com pior resultado entre as seções reforçadas.

A Fig. 7.15 exibe o esquema de arrancamento do reforço em uma estrada não pavimentada sobre solo mole saturado, de onde é possível deduzir que o comprimento mínimo de ancoragem do reforço pode ser calculado por:

$$L_{anc} = \frac{FS\ T}{(\tau_a + \tau_f)} \tag{7.43}$$

com

$$\tau_f = \alpha S_u \tag{7.44}$$

e

$$\tau_a = \frac{W_{at}}{L_{anc}} \tan\delta_{at-r} \tag{7.45}$$

em que L_{anc} é o comprimento de ancoragem do reforço; FS, o fator de segurança (≥ 1,5); T, a força de tração no reforço; τ_a, a tensão cisalhante na interface aterro-reforço; τ_f, a tensão cisalhante na interface solo mole-reforço; α, o fator de mobilização de resistência não drenada na interface solo mole-reforço, que depende das condições de aderência entre solo de fundação e reforço ($0 < \alpha \leq 1$); W_{at}, o peso de aterro acima do comprimento L_{anc}; e δ_{at-r}, o ângulo de atrito entre material de aterro e reforço.

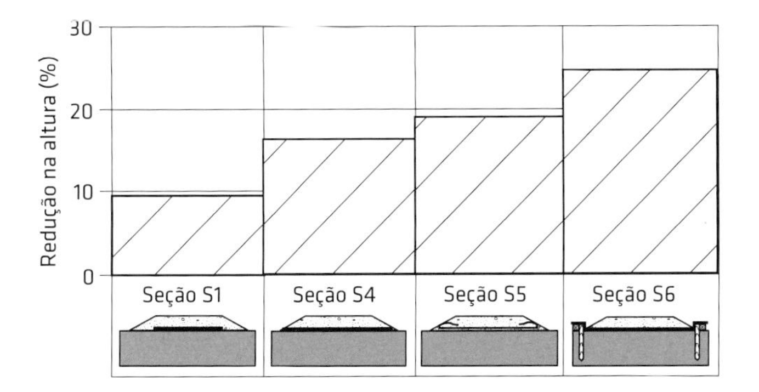

Fig. 7.14 Redução percentual de altura de aterro decorrente da presença de reforço para diferentes configurações
Fonte: Palmeira (1981).

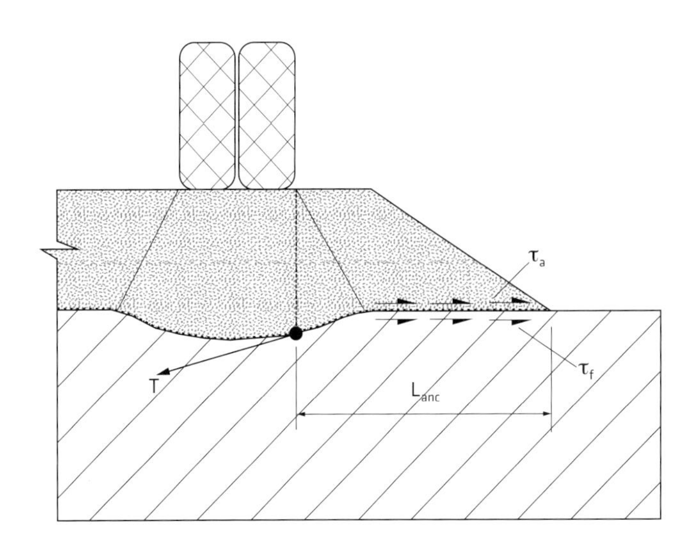

Fig. 7.15 Ancoragem da extremidade do reforço

Alternativas para o aumento da capacidade de ancoragem das extremidades da camada de reforço são mostradas na Fig. 7.16. A alternativa B é de difícil implementação no caso de subleitos muito fracos. As alternativas D e E podem ser interessantes em áreas de exploração florestal, sendo a última bastante eficiente (ver resultados da Fig. 7.14), mas obviamente de execução mais trabalhosa e onerosa.

7.1.5 Plataformas de serviço

Método de Jewell (1996)

Jewell (1996) apresenta uma metodologia para o dimensionamento de plataformas de serviço sobre solos moles saturados sob condições de deformação plana, que possui várias similaridades com o dimensionamento de estradas de acesso pelo método de Oxford. A Fig. 7.17 exibe um esquema do carregamento sobre o prisma de aterro considerado e a distribuição de tensões nos materiais no caso de plataformas de serviço.

Do equilíbrio na direção horizontal do prisma de aterro ABCD na Fig. 7.17A obtém-se, para a tensão cisalhante requerida para o equilíbrio, o valor dado por:

$$\tau_{req} = p\frac{B}{B'}\frac{K_a}{\tan\theta}\ln\left(\frac{B'}{B}\right) + (K_a - K_p)\frac{\gamma h^2}{B'} \tag{7.46}$$

em que τ_{req} é a tensão cisalhante requerida para o equilíbrio do prisma de aterro ABCD (Fig. 7.17A); p, a pressão na superfície do aterro; B, a largura da faixa carregada na superfície do terreno; B', a largura da faixa de carregamento na superfície do subleito após espraiamento sob ângulo θ; e K_a e K_p, os coeficientes de empuxo ativo e passivo para o material de aterro, respectivamente.

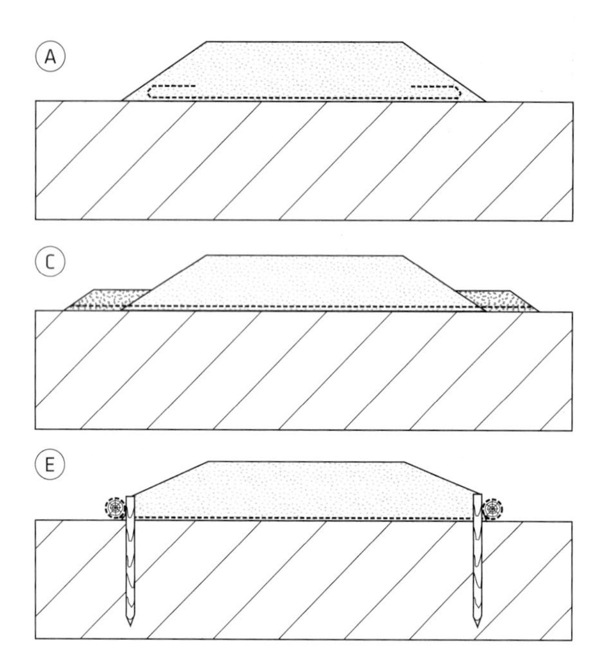

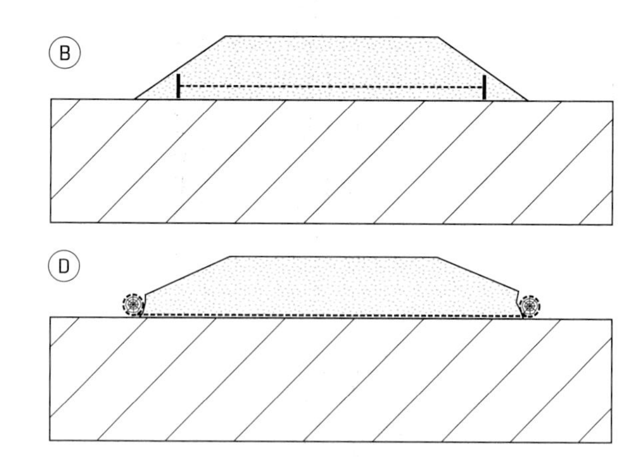

Fig. 7.16 Alternativas para o aumento da ancoragem do reforço: (A) dobra das extremidades; (B) extremidades com placas de ancoragem; (C) bermas laterais; (D) ancoragem com troncos; (E) ancoragem com troncos e estacas

Por equilíbrio na direção vertical, tem-se:

$$\sigma = p\frac{B}{B'} + \gamma h = N_c S_u + \gamma h \qquad \textbf{(7.47)}$$

em que σ é a tensão vertical na interface aterro-fundação e N_c e o fator de capacidade de carga para o solo mole de fundação.

A solução da teoria da plasticidade (Houlsby; Wroth, 1983; Milligan et al., 1989) mostra que, para as condições admitidas:

$$N_c = 1 + \frac{\pi}{2} + \cos^{-1}\alpha + \sqrt{1-\alpha^2} \qquad \textbf{(7.48)}$$

com $\alpha = \tau/S_u$, sendo τ a tensão cisalhante na superfície do solo mole de fundação.

A resolução iterativa das Eqs. 7.46 a 7.48 permite obter a espessura do aterro para a situação sem reforço. Pode-se também resolver o problema graficamente, como no caso de estradas de acesso dimensionadas pelo método de Oxford. A Fig. 7.18 apresenta a resolução gráfica, em que o valor de α a ser utilizado na Eq. 7.48 para a obtenção de N_c é conseguido a partir do ponto de interseção entre a linha XY (Eq. 7.46) e o trecho BC (Eq. 7.48). A interseção da linha XY com o trecho AB indica deslizamento lateral do aterro ao longo da interface com o solo mole de fundação.

Para o caso reforçado, tem-se $\alpha = 0$, o que implica $N_c = \pi + 2$, segundo a Eq. 7.48. Assim, no caso reforçado, a pressão p_r suportada pelo aterro é calculada por:

$$p_r = (\pi + 2)S_u\left(1 + \frac{h\tan\theta}{0{,}5B}\right) \qquad \textbf{(7.49)}$$

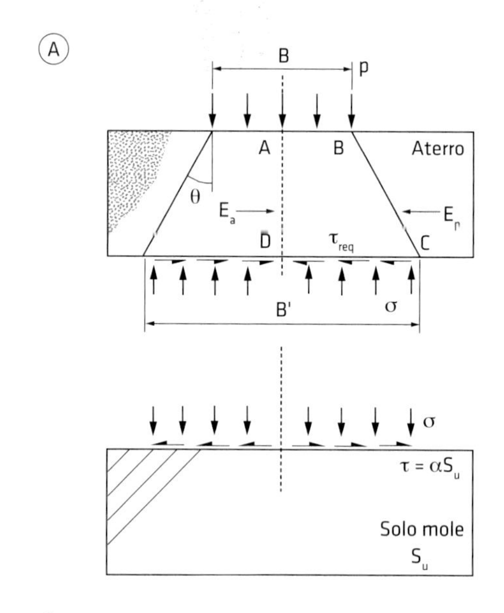

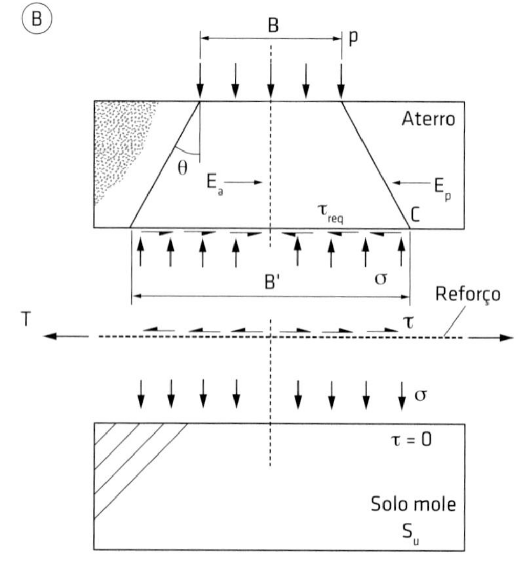

Fig. 7.17 Carregamentos em plataformas de serviço (A) sem reforço e (B) com reforço

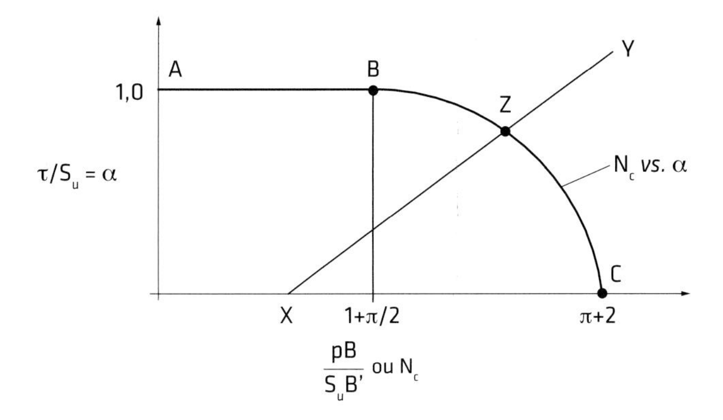

Fig. 7.18 Resolução gráfica para a determinação de α

A força no reforço é dada por:

$$T = \tau_r \frac{B'}{2} = p_r \frac{B}{2}\left(\frac{k_a}{\tan\theta}\right)\ln\left(\frac{B'}{B}\right) + (K_a - K_p)\frac{\gamma h^2}{2} \quad \textbf{(7.50)}$$

em que T é a força de tração no reforço e τ_r é a tensão cisalhante atuante sobre o reforço.

Como no caso de estradas de acesso, deve também ser verificada a capacidade de carga do aterro da estrada.

7.1.6 Deformações no reforço durante a execução de estradas não pavimentadas

Parte significativa da deformação final da camada de reforço pode ser mobilizada ainda durante a construção, em virtude do tráfego de veículos pesados sobre baixas espessuras de aterro. Palmeira (1998b) aborda as deformações em estradas não pavimentadas sobre solos moles saturados durante a construção, particularmente devido ao tráfego de veículos de esteira. Segundo essa abordagem, é possível estimar pela equação a seguir a espessura mínima de um aterro (com fator de segurança unitário) sem reforço que resistiria à pressão transferida pela esteira de um equipamento de terraplenagem:

$$h_o = \frac{0,5B}{\tan\theta}\left(\frac{p}{N_c S_{uo}} - 1\right) \quad \textbf{(7.51)}$$

em que S_{uo} é a resistência não drenada na superfície do solo mole saturado de fundação; N_c, dado pela Eq. 7.48; e B, a largura da esteira. Os demais símbolos são os mesmos utilizados na seção anterior.

A Eq. 7.51 é um tanto conservadora, uma vez que desconsidera o crescimento da resistência não drenada com a profundidade. Entretanto, grandes afundamentos da esteira são esperados caso se utilize uma espessura de aterro menor que a dada por essa equação.

Se o veículo de esteira trafegar sobre uma espessura menor que a dada pela equação no caso reforçado, haverá um afundamento do aterro dentro do solo mole até que esse afundamento atinja uma profundidade em que o equilíbrio vertical seja obtido, como esquematizado na Fig. 7.19. Nessa situação, o recalque da superfície do subleito pode ser estimado por:

$$S = \frac{0,5pB - T\sin\beta}{\rho N_{ci}(0,5B + h\tan\theta)} - \left(\frac{S_{uo}}{\rho} + B\right) \quad \textbf{(7.52)}$$

em que S é o recalque máximo na superfície do subleito; T, o esforço de tração mobilizado no reforço; β, a inclinação de T com a horizontal; e N_{ci}, o fator de capacidade de carga para base inclinada (λ na Fig. 7.19).

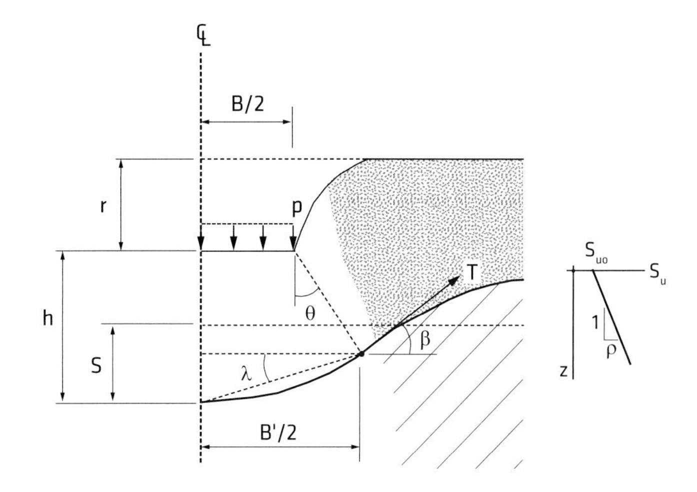

Fig. 7.19 Geometria do problema para o caso reforçado

Para a forma trapezoidal do bloco de aterro que afunda no solo mole, e admitindo-se que não haja tensão cisalhante na interface reforço-solo mole, tem-se (Houlsby; Wroth, 1983; Palmeira; Cunha, 1993):

$$N_{ci} = \pi + 2 - 2\lambda \quad \textbf{(7.53)}$$

Com base em ensaios em modelos, Palmeira e Cunha (1993) apresentaram as seguintes expressões empíricas para a obtenção dos valores de β e λ e para a deformação esperada no reforço ε para a condição $h/B \leq 0,7$:

$$\frac{\beta}{\pi} = 0,237 + 0,191\log_{10}\frac{S}{B} \quad \textbf{(7.54)}$$

$$\frac{\lambda}{\pi} = 0,156 + 0,133\log_{10}\frac{S}{B} \quad \textbf{(7.55)}$$

$$\varepsilon = 0,5\sqrt{1 + 3,5\tan^2\lambda} + \frac{0,27}{\tan\lambda}\ln(1,87\tan\lambda + \sqrt{1 - 3,5\tan^2\lambda}) - 1 \quad \textbf{(7.56)}$$

Admitindo-se uma razão k entre as espessuras da

plataforma com e sem reforço ($k = h/h_o$, com h_o dado pela Eq. 7.51) e um comportamento elástico linear do reforço, ao combinar as Eqs. 7.51 e 7.52 obtém-se:

$$\frac{S}{B} = \frac{\dfrac{p}{S_{uo}} - 2\sin\beta\,\dfrac{J}{S_{uo}B}\,\varepsilon}{N_{ci}\,\dfrac{\rho B}{S_{uo}}\left[1 + k\left(\dfrac{1}{\pi + 2}\,\dfrac{p}{S_{uo}}\right) - 1\right]} - \left(\frac{S_{uo}}{\rho B} + 1\right) \quad \textbf{(7.57)}$$

em que J é a rigidez à tração do reforço.

A resolução iterativa das Eqs. 7.53 a 7.57 permite obter o valor de S ou o valor da deformação esperada no reforço para um valor de S estabelecido. Note-se que, mesmo com a presença do reforço, o afundamento S pode ser bastante elevado (até maior que a espessura h), dependendo do valor de k utilizado. A Fig. 7.20 apresenta gráficos para a estimativa da deformação no reforço para $k = 0{,}5$.

7.2 Geossintéticos em pavimentação

Os geossintéticos também podem ser utilizados em vias pavimentadas nas funções de reforço, separação, drenagem e barreira. A Fig. 7.21 esquematiza alguns benefícios da utilização de geossintéticos em pavimentos. Em obras de recapeamento, a presença da camada de geossintético abaixo da nova capa asfáltica pode evitar ou minimizar a reflexão de trincas da camada antiga inferior (Fig. 7.21A). Geotêxteis não tecidos impregnados com asfalto podem funcionar como barreiras contra a entrada de água e o bombeamento de finos do material de base (Fig. 7.21B). O uso de reforço geossintético sob a capa asfáltica pode levar à redução de sua espessura (Fig. 7.21C) ou ao aumento de sua vida útil. Na base do pavimento, a presença de reforço geossintético também pode levar à redução de sua espessura ou ao aumento da vida útil do pavimento (Fig. 7.21D).

Ensaios de laboratório e de campo e observações de obras reais têm mostrado que, quando bem empregado, o reforço geossintético pode aumentar consideravelmente o número de cargas repetidas suportado pelo pavimento. Esse aumento é geralmente quantificado pela taxa de benefício de tráfego (*traffic benefit ratio*) ou eficiência do reforço, definida por:

$$TBR = \frac{N_r}{N_{sr}} \quad \textbf{(7.58)}$$

em que TBR é a taxa de benefício de tráfego; N_r, o número de repetições de carga sobre o pavimento reforçado para um dado afundamento superficial; e N_{sr}, o número de repetições de carga sobre o pavimento sem reforço para o mesmo afundamento superficial.

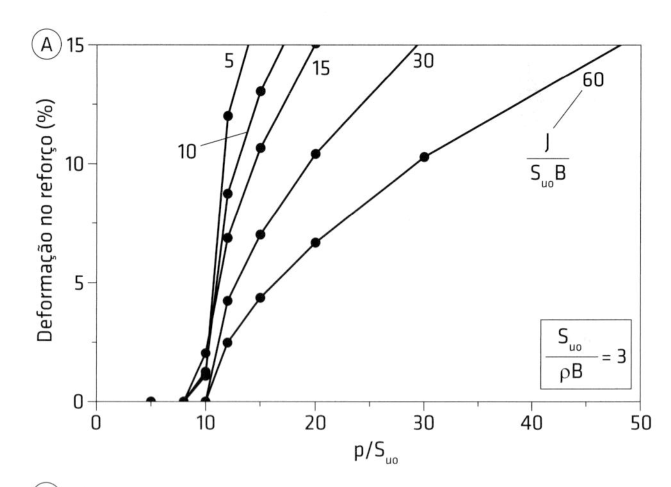

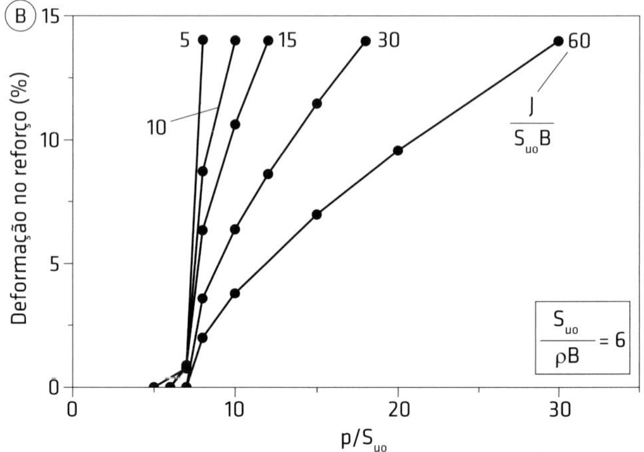

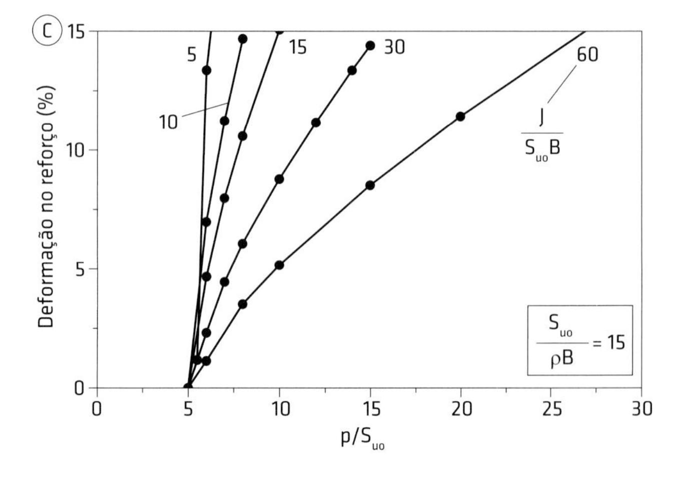

Fig. 7.20 Deformação no reforço para $k = 0{,}5$: (A) $S_{uo}/\rho B = 3$; (B) $S_{uo}/\rho B = 6$; (C) $S_{uo}/\rho B = 15$
Fonte: Palmeira (1998b).

Valores de TBR entre 2 e 16 são encontrados na literatura (Koerner, 1998; Palmeira; Antunes, 2010). A Fig. 7.22 mostra resultados de ensaios em pavimentos sob carga repetida em termos de afundamento superficial *versus* número de repetições de carga. O solo de subleito tinha CBR igual a 3%, e ensaios sob condições sem reforço, com reforço no meio do pavimento e com reforço na base foram realizados. Os resultados mostram um significativo aumento no número de repetições de carga no pavimento reforçado, particularmente para o caso com reforço na base.

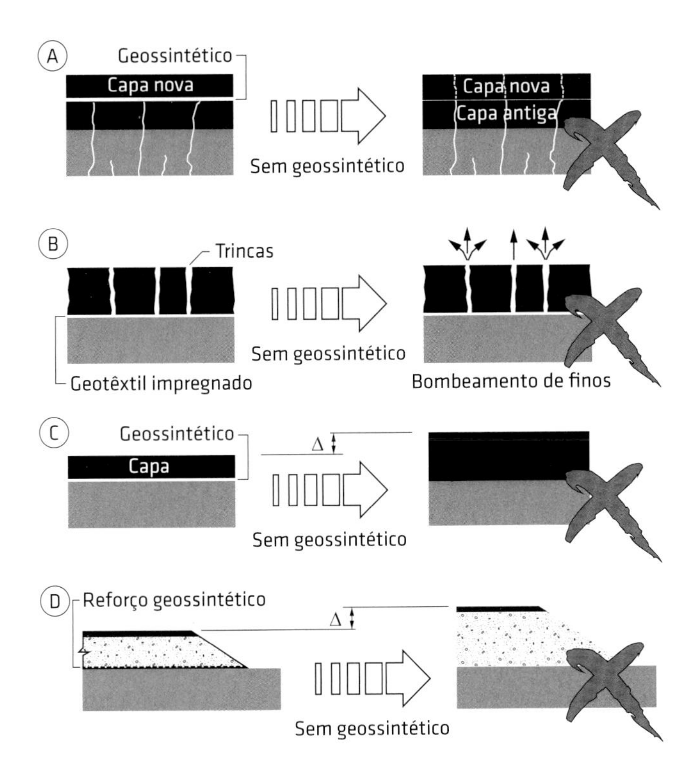

Fig. 7.21 Alguns possíveis benefícios de geossintéticos em pavimentos: (A) redirecionamento ou redução de reflexão de trincas; (B) evitação de bombeamento de finos através de trincas; (C) redução da espessura de capas asfálticas; (D) reforço de base
Fonte: Palmeira (2005).

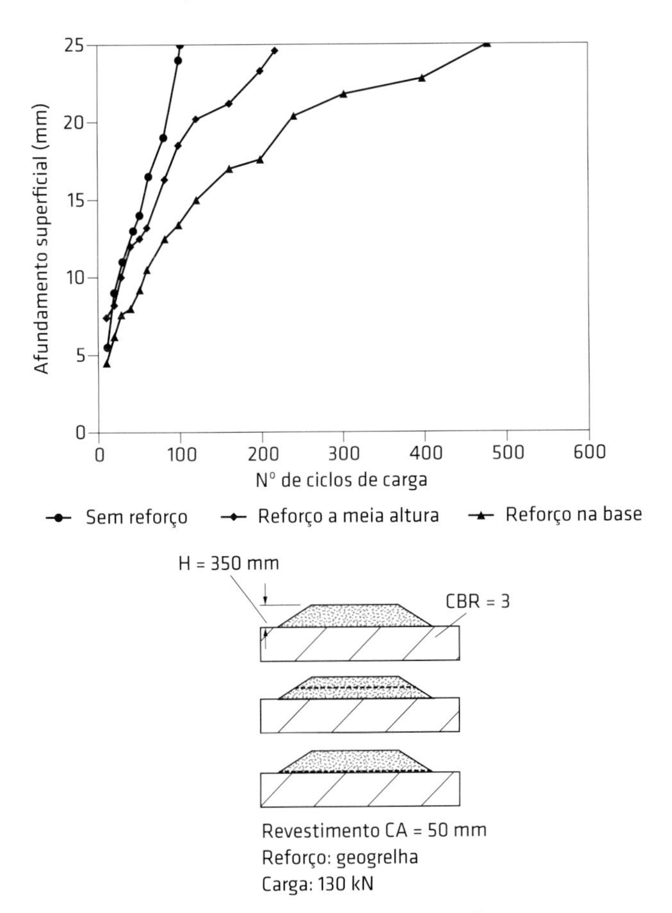

Fig. 7.22 Ensaios em pavimentos com e sem reforço
Fonte: modificado de Webster (1993).

As Figs. 7.23 e 7.24 apresentam resultados de ensaios em laboratório simulando pavimentos com e sem reforço realizados por Cancelli et al. (1996) e Perkins, Ismeik e Fogelsong (1999). Os resultados também mostram um significativo aumento no número de repetições de carga dos pavimentos reforçados. Perkins e Ismeik (1997a, 1997b) listam vários casos semelhantes do benefício da utilização de geossintéticos em reforço de pavimentos.

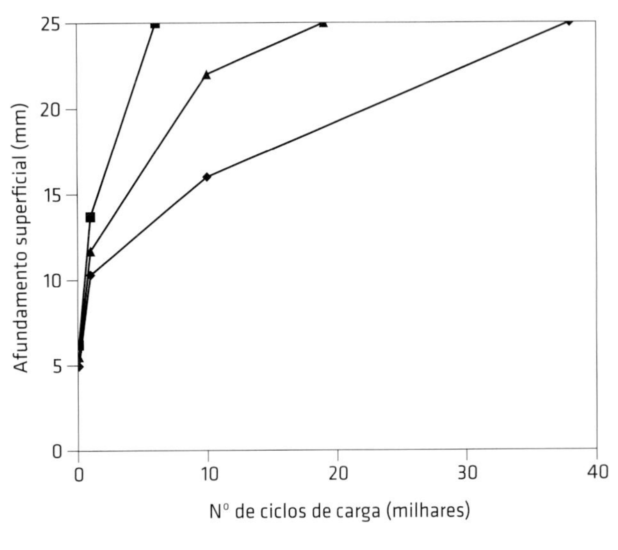

Fig. 7.23 Afundamento superficial *versus* número de ciclos de carga em ensaios em pavimentos com e sem reforço
Fonte: modificado de Cancelli et al. (1996).

No caso de recapeamento com o uso de geotêxteis não tecidos impregnados (Fig. 7.21B), a camada de geotêxtil deve ser instalada (preferencialmente por forma mecânica – Fig. 7.25) após o devido tratamento e imprimação da superfície da capa asfáltica antiga. Deve-se garantir a impregnação correta do geotêxtil, pois o excesso de emulsão pode comprometer a aderência entre camadas e o funcionamento do sistema. No campo, a impregnação é conseguida como mostrado na Fig. 7.26.

As contribuições da presença do reforço na base de pavimentos são bastante semelhantes àquelas em estradas não pavimentadas, quais sejam:

- restrição à movimentação lateral do material de base;
- aumento da capacidade de carga do conjunto;
- se associado a camada drenante, dissipação de poropressões;
- na base do pavimento, a camada drenante pode também funcionar como barreira capilar.

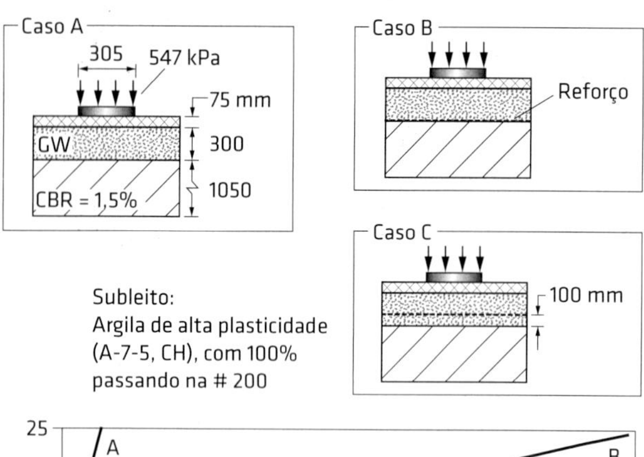

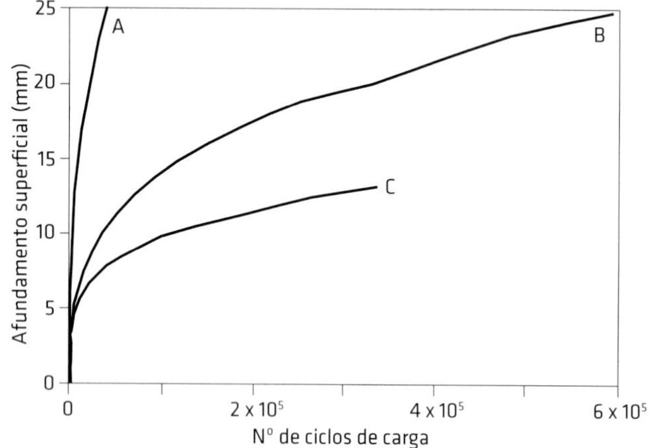

Fig. 7.24 Ensaios em pavimentos com carga repetida
Fonte: modificado de Perkins, Ismeik e Fogelsong (1999).

Fig. 7.25 Instalação mecânica de geotêxtil não tecido
Foto: cortesia de Amoco.

O efeito membrana provocado pelo reforço, que pode ser considerado em estradas não pavimentadas, é desprezado em estradas pavimentadas, devido às restrições mais severas de deformações nessas estradas.

7.2.1 Dimensionamento de pavimentos com geossintéticos

Reforço de bases de pavimentos

Embora vários estudos e observações de obras reais comprovem os benefícios da utilização de geossintéticos

Fig. 7.26 Impregnação de geotêxtil não tecido
Foto: cortesia de Bidim.

em pavimentos, esse tipo de aplicação ainda necessita de mais pesquisas para melhorar a acurácia de métodos de dimensionamento. Por isso, os métodos disponíveis tendem a ser conservadores. Em parte, a dificuldade em dimensionar um pavimento com geossintético se origina da própria complexidade desse tipo de estrutura geotécnica. O dimensionamento de pavimentos convencionais (sem geossintéticos) ainda é, por si só, complexo, com a adoção ainda rotineira de métodos total ou parcialmente empíricos.

Tipicamente, a utilização de geossintético como reforço na base de pavimentos é vantajosa para subleitos com valores de CBR inferiores a 8%. Geogrelhas são mais eficientes como elementos de reforço e devem ter rigidez à tração elevada (tipicamente, superior a 600 kN/m). A presença da geogrelha também favorece uma melhor compactação da base do pavimento. As contribuições trazidas pela presença do reforço basicamente são as mesmas que as observadas em estradas não pavimentadas, embora haja maior rigor quanto à limitação de deformações nos pavimentos.

Como no caso de pavimentos convencionais, algumas metodologias para o dimensionamento de pavimentos reforçados foram desenvolvidas para alguns produtos geossintéticos específicos, com base em resultados de experimentos de grande porte em laboratório ou no campo. Sendo assim, a validade desses resultados se restringe às condições presentes nos experimentos e para o produto geossintético em questão. Por exemplo, esse é o caso do gráfico da Fig. 7.27, que apresenta a espessura equivalente da camada de base reforçada com uma geogrelha específica em função da espessura da base sem reforço, para uma profundidade de trilha de rodas máxima de 20 mm. Segundo tal resultado, obtido com base em ensaios em pistas experimentais e conceitos da AASHTO (1986b), economias substanciais poderiam ser alcançadas com a adoção da referida geogrelha como reforço.

Webster (1993) desenvolveu um gráfico similar ao da Fig. 7.27 a partir de pistas experimentais com capas de concreto asfáltico com 50 mm de espessura construídas sobre subleitos com valores de CBR inferiores a 8%. A Fig. 7.28 mostra o gráfico proposto por esse autor.

Perkins (2001) apresenta uma abordagem baseada em um método desenvolvido inicialmente para pavimentos sem reforço pela AASHTO (1993) e para subleitos com CBR > 1%. Segundo a AASHTO (1993), o número de cargas equivalentes ao eixo padrão (82 kN) pode ser obtido por:

$$\log W_{18-U} = Z_R S_o + 9{,}36\log(SN+1) - 0{,}2 + \frac{\log\left(\frac{\Delta PSI}{4{,}2-1{,}5}\right)}{0{,}4+\frac{1.094}{(SN+1)^{5{,}19}}} + 2{,}32\log(M_s) - 8{,}07 \quad \textbf{(7.59)}$$

em que W_{18-U} é o número de repetições de carga equivalente ao eixo padrão com 82 kN; Z_R, o desvio padrão normal

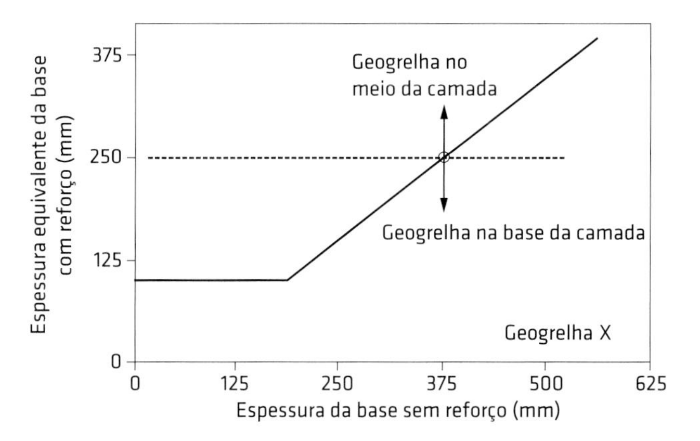

Fig. 7.27 Cálculo de espessura de base reforçada com produto geossintético específico
Fonte: modificado de Carroll, Walls e Haas (1987).

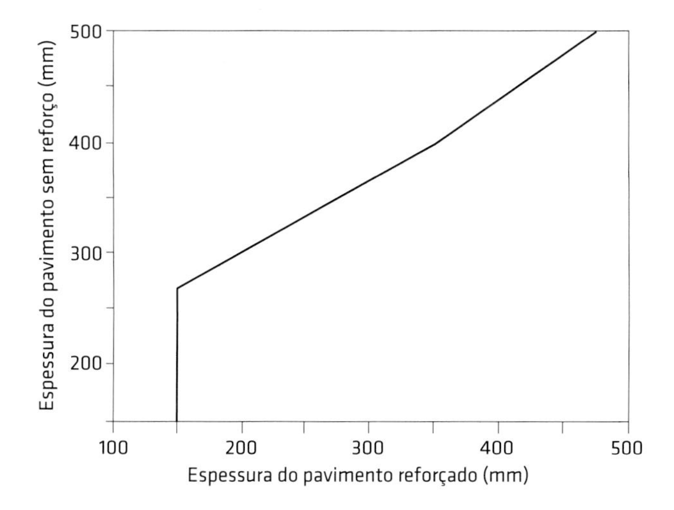

Fig. 7.28 Espessura equivalente de pavimento reforçado
Fonte: modificado de Webster (1993).

associado à probabilidade de o projeto durar o número de anos especificado (para 95% de confiabilidade, $Z_R = -1{,}645$, e para 90% de confiabilidade, $Z_R = -1{,}282$; AASHTO, 1993); S_o, o erro padrão combinado considerando incertezas relativas a materiais, intensidade de tráfego e processo executivo ($0{,}44 \leq S_o \leq 0{,}49$, sendo usualmente adotado como 0,49); SN, o número estrutural do pavimento; ΔPSI, a variação do índice de serventia (PSI) do pavimento ao longo de sua vida útil (tipicamente $1{,}8 \leq \Delta\text{PSI} \leq 2{,}2$; para pavimentos flexíveis, o valor de PSI logo após a construção é geralmente considerado igual a 4,2); e M_s, o módulo de resiliência do subleito (em libras por polegada quadrada, psi, sendo 1 psi ≅ 6,89 kPa).

O número estrutural do pavimento é definido como:

$$SN = a_1 D_1 + a_2 D_2 m_2 + a_3 D_3 m_3 \quad \textbf{(7.60)}$$

em que a_i é o coeficiente estrutural da camada i; D_i, a espessura da camada i (em polegadas); e m_i, o coeficiente de drenagem do material da camada i.

Na falta de resultados de ensaios, e para análises preliminares, a correlação a seguir permite estimar o módulo de resiliência do subleito em função do valor de CBR, tendo-se em mente as limitações de acurácia desse tipo de correlação.

$$M_s = 1.500CBR \quad \textbf{(7.61)}$$

com M_s em psi e CBR em %.

Para um pavimento com duas camadas (capa asfáltica e base):

$$SN = a_1 D_1 + a_2 D_2 m_2 \quad \textbf{(7.62)}$$

Em uma abordagem simplificada, Perkins (2001) sugere valores de a_1, a_2 e m_2 iguais a 0,4, 0,14 e 1, respectivamente. Para tais condições, o número estrutural do pavimento sem reforço com duas camadas é dado por:

$$SN_u = 0{,}4D_1 + 0{,}14D_2 \quad \textbf{(7.63)}$$

em que SN_u é o número estrutural do pavimento sem reforço com duas camadas e D_1 e D_2 são dados em polegadas (1 polegada ≅ 2,54 cm).

As Eqs. 7.59 a 7.62 permitem o dimensionamento do pavimento sem reforço. No caso reforçado, o valor do número de repetições de carga equivalente ao eixo padrão é dado por:

$$W_{18-R} = W_{18-U} TBR \quad \textbf{(7.64)}$$

em que W_{18-R} é o número de repetições de carga equivalente ao eixo padrão para o pavimento reforçado e *TBR* é a taxa de benefício de tráfego.

O valor de W_{18-R} obtido por essa equação deve então ser utilizado na Eq. 7.59 para determinar o número estrutural do pavimento reforçado (SN_R), por processo iterativo, com todos os demais parâmetros da Eq. 7.59 iguais aos admitidos para o pavimento sem reforço. Com o valor de SN_R, pode-se determinar o valor do coeficiente a_2 equivalente da base reforçada (a_{2-R}), por meio da Eq. 7.62, com os demais parâmetros dessa equação iguais aos do pavimento sem reforço. O valor de a_{2-R} deve então ser novamente utilizado na Eq. 7.62 para a determinação da espessura da base reforçada (D_{2-R}) que resulte no mesmo valor de *SN* obtido para o pavimento sem reforço (SN_u). Assim, a espessura da base reforçada pode ser obtida por:

$$D_{2-R} = \frac{SN_U - a_1 D_1}{a_{2-R} m_2} \quad \textbf{(7.65)}$$

em que D_{2-R} é a espessura da camada de base reforçada e SN_u é o número estrutural do pavimento sem reforço.

Exemplo 7.3

Pré-dimensionar um pavimento com base reforçada admitindo-se tráfego de projeto (W_{18-U}) igual a 2.600.000 e módulo de resiliência igual a 6.500 psi em que será utilizado um reforço com rigidez à tração suficiente para garantir um valor de *TBR* igual a 2,5. O pavimento terá um revestimento em concreto asfáltico usinado a quente, com 10 cm de espessura, e com propriedades apropriadas para esse tipo de aplicação.

Resolução

Ao seguir a metodologia apresentada em Perkins (2001) e adotar uma confiabilidade de 95% (Z_R = –1,645), um erro padrão combinado S_o igual a 0,49 e uma variação do índice de serventia do pavimento ΔPSI igual a 2,0, tem-se (Eq. 7.59):

$$\log 2.600.000 = -1,645 \times 0,49 + 9,36 \log(SN+1) - 0,2 + \frac{\log\left(\frac{2,0}{4,2-1,5}\right)}{0,4 + \frac{1094}{(SN+1)^{5,19}}} + 2,32 \log(6.500) - 8,07$$

Da solução dessa equação, obtém-se $SN = SN_u$ = 4,42. Ao adotar m_2 igual a 1, pela Eq. 7.62 chega-se a:

$4,42 = 0,4 \times 10/2,54 + 0,14\, D_2 \Rightarrow D_2 = 20,3$ polegadas, ou $D_2 \cong 52$ cm para o pavimento sem reforço

Para o pavimento reforçado, pela Eq. 7.64 tem-se:

$$W_{18-R} = 2.600.000 \times 2,5 = 6.500.000$$

Ao utilizar o valor de W_{18-R} = 6.500.000 na Eq. 7.59, obtém-se SN_R = 5,04. Para esse valor de número estrutural, o valor do coeficiente a_R equivalente, com o uso da Eq. 7.62, é dado por:

$$5,04 = 0,4 \times 10 / 2,54 + a_{2-R} - 20,3 \Rightarrow a_{2-R} = 0,17$$

Pela Eq. 7.65, o valor da espessura da base reforçada é dado por:

$$D_{2-R} = \frac{4,42 - 0,4 \times 10 / 2,54}{0,17} \Rightarrow D_{2-R} = 16,7 \text{ polegadas, ou } D_{2-R} \cong 42 \text{ cm}$$

Assim, o emprego de reforço implicaria uma redução de aproximadamente 6 cm (≅ 19%) de espessura da camada de base. O passo seguinte seria verificar se os custos adicionais da utilização do reforço justificariam economicamente sua adoção. Note-se que outros possíveis benefícios de seu emprego não foram considerados nos cálculos.

Geossintéticos para o combate à reflexão de trincas

Reforço geossintético pode ser usado em capas de asfalto novas instaladas sobre capas antigas trincadas em serviços de recapeamento. O problema de desenvolvimento de trincas é bastante complexo e ainda objeto de muitas pesquisas em diversas partes do mundo. O objetivo principal da maioria dessas pesquisas é encontrar elementos para desenvolver metodologias de projeto mais acuradas e com menos empirismo. Quanto à utilização de geossintéticos, inúmeros experimentos de campo e de laboratório têm mostrado sua efetividade para reduzir ou retardar o mecanismo de reflexão de trincas (Pinto; Preussler; Rodrigues, 1991; Montestruque, 2002; Fritzen, 2005; Bülher, 2007; Khodaii; Shahab; Fereidoon, 2008; Hosseini; Darban; Fakhri, 2009; Virgili et al., 2009; Perkins et al., 2010; Barraza et al., 2011; Obando, 2012).

A Fig. 7.29 mostra ensaios em laboratório para avaliar os benefícios trazidos por reforço geossintético na redução de reflexão de trincas em capas asfálticas deterioradas e em capas novas em obras de recapeamento, em função do número de repetições de carga (*N*). As imagens indicam que o desempenho da capa asfáltica nova reforçada com geogrelha é bem superior ao daquela sem reforço, tendo resistido a cerca de 15 vezes mais repetições de carga.

Fig. 7.29 Resultados de ensaios em recapeamentos: (A) capa sem reforço, com N = 250, N = 350 e, no final do ensaio, N = 400; (B) capa reforçada com geogrelha, com N = 600 e, no final do ensaio, N = 6.100
Fotos: Obando (2012).

As trincas em capas novas de asfalto em obras de recapeamento podem surgir pela ação de solicitações decorrentes do tráfego e/ou solicitações decorrentes da variação de temperatura, conforme esquematizado na Fig. 7.30.

Molenaar e Nods (1996) sugerem o uso da equação a seguir para avaliar a propagação de trincas com base na Lei de Paris (Paris; Erdogen, 1963):

$$\frac{dc}{dN} = AK^n \tag{7.66}$$

em que c é o comprimento da trinca; N, o número de ciclos de carga; dc/dN, a taxa de propagação da trinca por ciclo de carga; K, o fator de intensidade de tensão, que é uma medida da energia necessária para o material trincar; e A e n, constantes obtidas experimentalmente que dependem das características de fratura do material betuminoso.

Os valores de dc/dN são muito sensíveis aos valores de A e n, segundo Elseifi e Al-Qadi (2003). Esses autores recomendam realizar ensaios de carregamento repetido em vigas asfálticas para a obtenção dos valores de A e n. Lytton (1989) apresentou estudos com ensaios em vigas asfálticas e análises por elementos finitos para estimar valores de A, K e n. Programas desenvolvidos especificamente para a análise de propagação de trincas podem ser utilizados para obter o valor do fator de intensidade de tensão (K) (Sanders, 2001; Zhou et al., 2008).

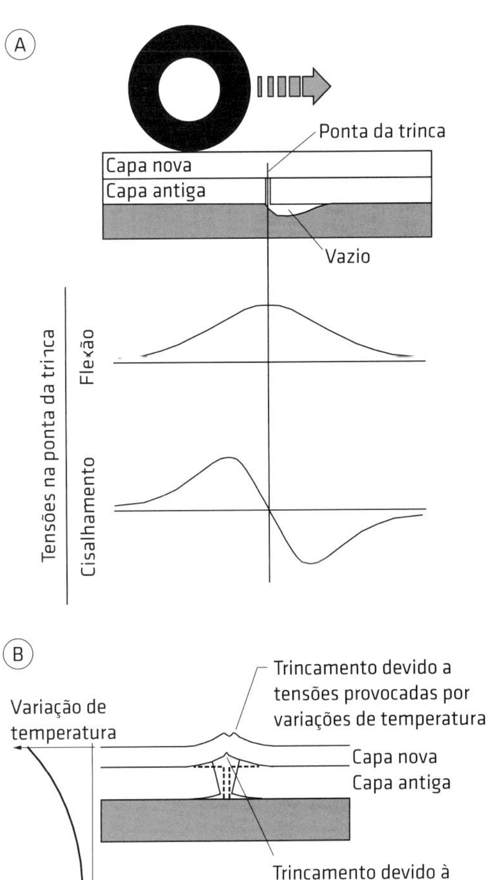

Fig. 7.30 Trincas em capas asfálticas: (A) tensões devidas à flexão e ao cisalhamento e (B) tensões devidas à variação de temperatura
Fonte: modificado de Lytton (1989).

Para análises preliminares, resultados de ensaios em misturas asfálticas misturadas a quente (sem reforço), segundo a prática americana, levaram à seguinte expressão empírica para estimar o valor de A em função de componentes da mistura (Lytton et al., 1993; Elseifi; Al-Qadi, 2003):

$$\log A = -2{,}605104 + 0{,}184408AV - 4{,}704209\log AC - 0{,}00000066E_m \quad (7.67)$$

em que AV é a percentagem de vazios de ar na mistura (%); AC, o teor de asfalto (%); e E_m, o módulo de resiliência da mistura (psi).

Também para análises preliminares, três níveis de características de fratura do recapeamento foram estabelecidos com base em resultados de ensaios de fluência convencionais realizados em três tipos de mistura asfáltica a quente sem reforço. Segundo esses estudos, foram obtidos os seguintes valores típicos (Jacobs; Hopman; Molenaar, 1996; Mobasher; Mamlouk; Lin, 1997; Elseifi; Al-Qadi, 2003):

- *tipo de mistura I* (rica em ligante): n = 3,40 e A = 1,37 × 10^{-6};
- *tipo de mistura II*: n = 3,85 e A = 1,67 × 10^{-6};
- *tipo de mistura III* (alto teor de vazios de ar): n = 4,50 e A = 2,33 × 10^{-6}.

De forma geral, levando em conta os três possíveis mecanismos de trincamento (flexão, cisalhamento e variação de temperatura) atuando simultaneamente, a Eq. 7.66 pode ser reescrita como (Zhou et al., 2008):

$$\Delta c = k_1 A K^n_{flexão} \Delta N + k_2 A K^n_{cis} \Delta N + k_3 A K^n_{térmico} \quad (7.68)$$

em que Δc é o incremento diário do comprimento da trinca; ΔN, o número diário de repetições de carga; A e n, as propriedades de fratura da mistura asfáltica; $K_{flexão}$, K_{cis} e $K_{térmico}$, os fatores de intensidade de tensão para flexão, cisalhamento e variação de temperatura, respectivamente; e k_1, k_2 e k_3, constantes de calibração.

A presença do reforço geossintético reduz os valores de A e K na Eq. 7.66. Estimativas de valores da razão entre a constante A no caso reforçado (A_r) e a mesma constante no caso sem reforço (A_{sr}) para análises preliminares são apresentadas na Tab. 7.2.

Com os valores de dc/dN (Eq. 7.66 ou 7.68), da espessura da capa asfáltica e da intensidade de tráfego por unidade de tempo (número de ciclos de carga por unidade de tempo), pode-se estimar quanto tempo (ou número de ciclos de carga) será necessário para o trincamento de toda a espessura da capa asfáltica.

Tab. 7.2 VALORES INDICATIVOS DE A_r/A_{sr} PARA ANÁLISES PRELIMINARES

Tipo de geossintético	A_r/A_{sr} (1)	Referência
Geotêxtil não tecido	0,5	Koerner (1998)
Geogrelha de polipropileno	0,35	Koerner (1998)
Geogrelha de poliéster	0,5	Molenaar e Nods (1996)
Geogrelha de fibra de vidro	0,25	Koerner (1998)

Nota: (1) A_r = valor de A na Eq. 7.61 para o caso reforçado e A_{sr} = valor de A para o caso sem reforço.

Geotêxteis também podem ser utilizados para reduzir a reflexão de trincas, e, no caso de geotêxteis não tecidos impregnados com emulsão asfáltica, cria-se uma barreira contra o bombeamento de finos (Fig. 7.21B). Ogurtsova et al. (1991) apresentam exemplos desse tipo de aplicação em obras rodoviárias no Estado do Paraná e em outras partes do mundo. A Fig. 7.31 exibe trechos experimentais executados na DF-003, próximo a Brasília (DF), com e sem geotêxtil não tecido impregnado, seis anos após o serviço de recapeamento. Pode-se observar que o trecho com geotêxtil praticamente não apresentou danos significativos, em contraste com o trecho sem geotêxtil. Informações adicionais sobre esses experimentos podem ser encontradas em Lopes (1992).

Como no caso da utilização de geogrelha descrito anteriormente, a aderência do geotêxtil ao asfalto é de fundamental importância. No caso de não tecidos, a quantidade de emulsão a ser adicionada ao geotêxtil é também muito importante e depende das características do geotêxtil e das condições da superfície de instalação. Button et al. (1982) apresentam a seguinte equação para estimar a quantidade de selante:

$$Q_d = 0{,}36 + Q_s + Q_c \quad (7.69)$$

em que Q_d é a quantidade de selante de projeto (L/m²); Q_s, a quantidade de selante para a saturação do geotêxtil (L/m² – tipicamente de 0,2 L/m² a 1,5 L/m²); e Q_c, a correção em função das condições da superfície.

A Tab. 7.3 mostra valores típicos de Q_c a serem utilizados na Eq. 7.69, em função das condições da superfície de instalação da camada de geotêxtil. Devido às incertezas no campo em relação à correta execução da impregnação do geotêxtil, em projetos de maior vulto recomenda-se executar seções-teste no início da obra sob as condições locais, antes de executar o serviço definitivo.

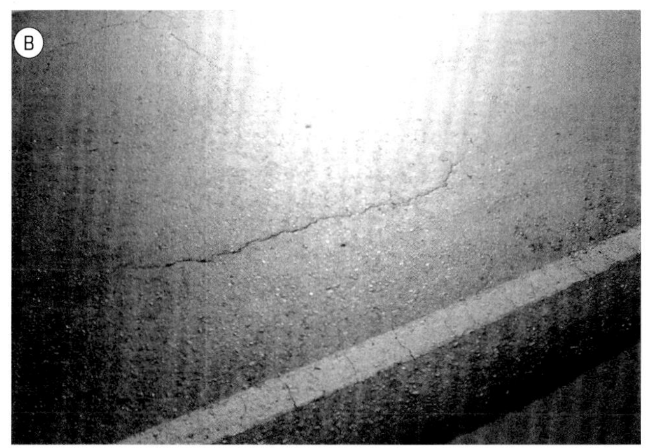

Fig. 7.31 Estado da superfície de trechos experimentais de recapeamento na DF-003: (A) trecho sem geotêxtil e (B) trecho com geotêxtil

Tab. 7.3 FAIXA DE VALORES DE Q_c

Condição da superfície	Q_c (L/m²)
Muito lisa	−0,09 a 0,09
Lisa, não porosa	0,09 a 0,23
Pouco porosa, levemente oxidada	0,23 a 0,36
Pouco porosa, oxidada	0,36 a 0,50
Em mau estado, porosa e oxidada	0,50 a 0,59

Fonte: Button et al. (1982).

Exemplo 7.4

Um serviço de recapeamento envolverá a instalação de uma nova capa asfáltica com espessura de 10 cm sobre uma capa antiga com elevado grau de trincamento. O número esperado de ciclos de carga devido ao tráfego é de 80.000 ciclos/ano. Para as condições do pavimento, ensaios de laboratório em vigas de concreto asfáltico, com e sem reforço, e estudos numéricos levaram a valores de $K_{flexão}$ = 8,5 N/mm^{0,5}, n = 4 e A_{sr} = 3,5 × 10^{-8}. Pretende-se utilizar na nova capa uma geogrelha de poliéster com alta rigidez à tração e alta aderência ao asfalto. Estimar o ganho em número de repetições de carga considerando somente o mecanismo de trincamento por flexão.

Resolução

Pela Eq. 7.66, a taxa de propagação da trinca é dada por:

$$\frac{dc}{dN} = AK^n = 3{,}5 \times 10^{-8} \times 8{,}5^4 = 1{,}83 \times 10^{-4} \text{ mm/ciclo}$$

Assim, o número de ciclos para o trincamento total da nova capa no caso sem reforço será:

$$N_{sr} = \frac{100}{1{,}83 \times 10^{-4}} = 546.448 \text{ ciclos}$$

O tempo para atingir o trincamento total no caso sem reforço será:

$$T_{sr} = \frac{546.448}{80.000} = 6{,}8 \text{ anos}$$

Para o caso com reforço, admitindo-se $A_r = 0{,}5A_{sr}$ para a geogrelha de poliéster (Molenaar; Nods, 1996), tem-se:

$$\frac{dc}{dN} = AK^n = 0{,}5 \times 3{,}5 \times 10^{-8} \times 8{,}5^4 = 9{,}14 \times 10^{-5} \text{ mm/ciclo}$$

O número estimado de ciclos de carga no caso reforçado será:

$$N_{sr} = \frac{100}{9{,}14 \times 10^{-5}} = 1.094.092 \text{ ciclos}$$

Assim, o tempo estimado para o trincamento total da capa reforçada será:

$$T_r = \frac{1.094.092}{80.000} = 13{,}7 \text{ anos}$$

Os resultados obtidos deveriam ser considerados estimativas preliminares. Devido à complexidade do problema e à não consideração de outros mecanismos de degradação do pavimento, trechos experimentais no local da obra são recomendados antes de sua execução, para verificar os benefícios da presença do reforço sob condições mais realistas.

7.3 Geotêxteis em separação

Geotêxteis também podem ser utilizados em pavimentação para separar o material nobre do pavimento do material de baixa qualidade de subleito. Tais aplicações são indicadas quando se tem CBR do subleito inferior a 4%. A redução da impregnação da base do pavimento preserva por mais tempo suas características mecânicas, aumentando sua vida útil. A Fig. 7.32 esquematiza essa função do geotêxtil.

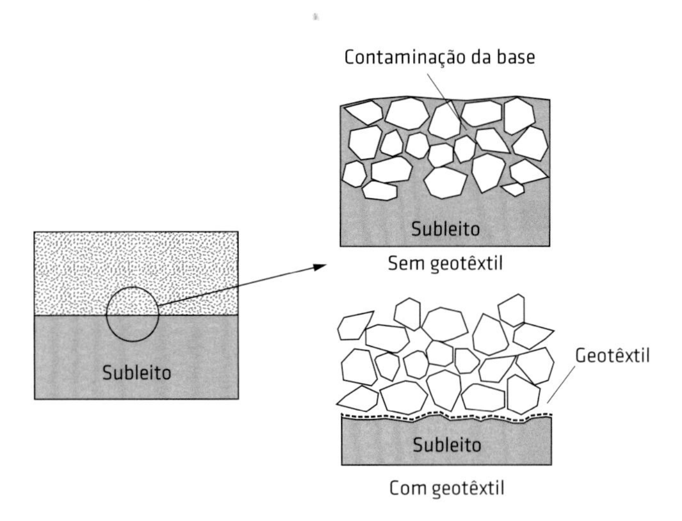

Fig. 7.32 Geotêxteis em separação de materiais

Os seguintes requisitos são necessários para o perfeito funcionamento de um geotêxtil como elemento de separação de materiais:

- capacidade de reter os finos provenientes do subleito;
- capacidade de sobreviver aos esforços de instalação, construção e operação da via (capacidade de sobrevivência).

Para avaliar a capacidade de retenção de finos do subleito, os critérios apresentados no Cap. 4 podem ser utilizados (Christopher; Holtz, 1985, por exemplo). Nesse tipo de aplicação, condições dinâmicas de fluxo devem ser adotadas. Para verificar a capacidade de sobrevivência, devem ser avaliadas suas resistências a estouro, puncionamento (perfuração), impacto e tração, particularmente tração localizada.

7.3.1 Sobrevivência do geotêxtil

Resistência à tração localizada

A Fig. 7.33 esquematiza a solicitação de tração localizada a que a camada de geotêxtil pode ser submetida por grãos vizinhos. Nesse caso, para avaliar a resistência à tração localizada, Giroud (1984) propõe a seguinte expressão:

$$T_{req} = p' d_v^2 f(\varepsilon) \quad (7.70)$$

com

$$f(\varepsilon) = \frac{1}{4}\left(\frac{2y}{b} + \frac{b}{2y}\right) \quad (7.71)$$

em que T_{req} é a resistência à tração localizada requerida do geotêxtil; p', a tensão vertical sobre o geotêxtil; d_v, o

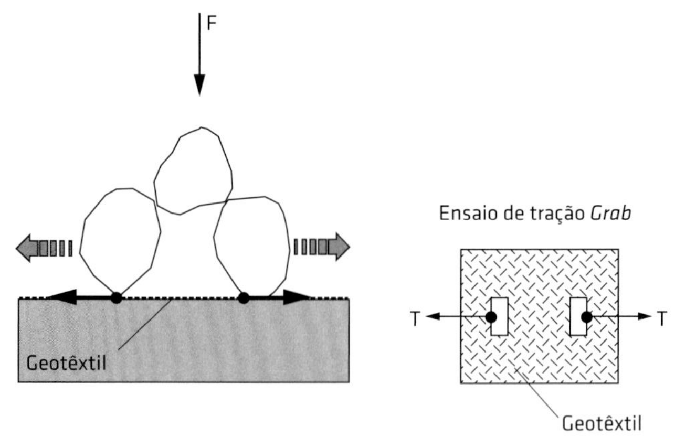

Fig. 7.33 Tração localizada no geotêxtil
Fonte: modificado de Palmeira (2000).

diâmetro do vazio entre os grãos; $f(\varepsilon)$, a função deformação do geotêxtil; b, a largura do vazio entre os grãos; e y, a penetração do geotêxtil no vazio entre os grãos.

O diâmetro do vazio entre os grãos (d_v) depende das dimensões e da forma dos grãos e da densidade do solo. Na falta de informações mais acuradas, pode-se admitir que d_v seja da ordem de um terço do diâmetro médio dos grãos do material de aterro (Koerner, 1998).

A pressão p' pode ser estimada pela equação:

$$p' = \frac{p_c A_c}{A_b} + \gamma h \quad (7.72)$$

em que p_c é a pressão de contato entre o pneu do veículo e a superfície da via; A_c, a área de contato pneu-superfície; A_b, a área ao longo da qual se distribui o acréscimo de pressão vertical na interface aterro-geotêxtil; γ, o peso específico do aterro; e h, a altura do aterro.

Caso o espraiamento dos acréscimos de tensão vertical ao longo da espessura do aterro seja admitido com forma trapezoidal, e as áreas A_c e A_b com forma retangular, obtém-se:

$$A_c = BL \quad (7.73)$$

e

$$A_b = (B + 2h\tan\theta)(L + 2h\tan\theta) \quad (7.74)$$

em que B e L são as dimensões das áreas carregadas pelos pneus e θ é o ângulo de espraiamento do carregamento ao longo da espessura do aterro.

No caso de estradas não pavimentadas, os valores de B e L podem ser estimados pelas equações propostas por Giroud e Noiray (1981) (Eqs. 7.2 a 7.5).

O ensaio de tração localizada (*grab tensile test*, ASTM D4632) pode ser utilizado como uma aproximação para a solicitação no geotêxtil, conforme apresentado na Fig. 7.33 (Koerner, 1998).

Assim, na especificação do geotêxtil a utilizar, deve-se atender à condição:

$$T_{adm} = \frac{T_e}{FR_{TL}} \geq FS_{TL} T_{req} \quad (7.75)$$

em que T_{adm} é a resistência à tração localizada admissível do geotêxtil; T_e, a resistência à tração localizada obtida no ensaio tipo *grab*; FR_{TL}, o fator de redução para o valor de tração localizada obtido no ensaio ($FR_{TL} \geq 2{,}5$); e FS_{TL}, o fator de segurança contra a ruptura por tração localizada do geotêxtil ($FS_{TL} \geq 2$).

Resistência ao estouro

A solicitação ao estouro do geotêxtil pode ocorrer quando este é pressionado, de baixo para cima, para o interior do vazio entre elementos do aterro, como mostrado na Fig. 7.34. Tal mecanismo é relevante para aterros com elementos graúdos (pedras ou blocos de rocha).

Giroud (1984) sugere a seguinte expressão para obter o fator de segurança contra o estouro do geotêxtil:

$$FS_{est} = \frac{p_e d_e}{FR_G p' d_v} \quad (7.76)$$

em que FS_{est} é o fator de segurança contra o estouro do geotêxtil; p_e, a pressão que rompe o geotêxtil no ensaio de estouro; d_e, o diâmetro do trecho do corpo de prova submetido ao estouro no ensaio (d_e = 30 mm no ensaio de estouro segundo a norma ASTM D3786); FR_G, o fator de redução global a ser aplicado na resistência à tração do geotêxtil; p', a tensão normal ao nível do geotêxtil; e d_v, o diâmetro do vazio (Fig. 7.34).

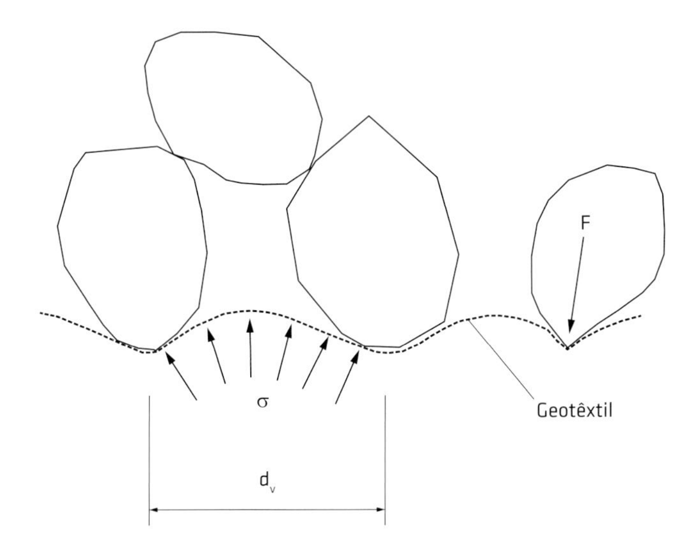

Fig. 7.34 Geotêxtil submetido a estouro
Fonte: modificado de Palmeira (2000).

O valor de FR_G é resultado do produto de diversos fatores de redução pertinentes às condições do problema, como já apresentado anteriormente. Koerner (1998) recomenda que o fator de redução para a fluência seja adotado como igual a 1 nesse tipo de aplicação. Recomenda-se também que o valor de FR_G não seja inferior a 1,5.

Puncionamento do geotêxtil

Pontas de grãos de materiais de aterro graúdos podem provocar perfurações na camada de geotêxtil, como esquematizado na Fig. 7.35.

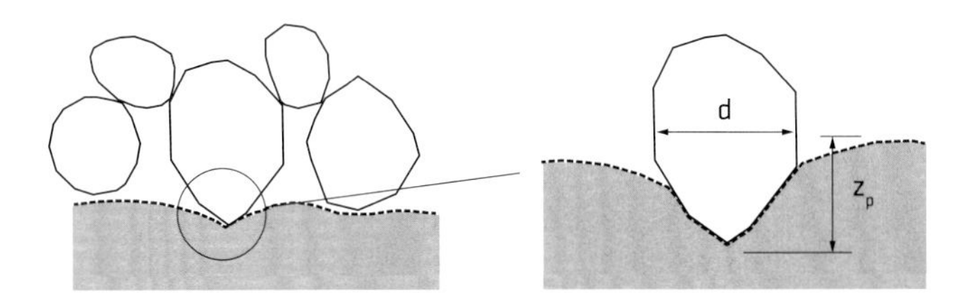

Fig. 7.35 Mecanismo de puncionamento do geotêxtil
Fonte: modificado de Palmeira (2000).

Segundo Koerner (1998), a força vertical de puncionamento a ser resistida pelo geotêxtil pode ser estimada por:

$$F_{req} = p' d_{50}^2 S_1 S_2 S_3 \quad (7.77)$$

em que F_{req} é a força de puncionamento que deve ser suportada pelo geotêxtil; d_{50}, o diâmetro médio dos grãos; S_1, o fator de penetração (= z_p/d, em que z_p é a penetração da ponta do grão e d é o diâmetro do grão penetrante – Fig. 7.35); S_2, o fator de escala para a equivalência geométrica entre condições de ensaio de laboratório e condições no campo ($S_2 = d_{ensaio}/d_{50}$, em que d_{ensaio} é o diâmetro do elemento perfurante no ensaio de laboratório, igual a 50 mm no ensaio NBR ISO 12236); e S_3, o fator de forma para ajustar as formas do elemento perfurante no ensaio e no campo.

O valor de S_3 na Eq. 7.77 é função da relação entre a área plana de projeção vertical do grão e a área plana do menor círculo circunscrito ao grão. Koerner (1998) sugere os valores apresentados na Tab. 7.4.

Tab. 7.4 VALORES SUGERIDOS PARA S_3

Tamanho e forma dos grãos	S_3
Areias com grãos arredondados	0,2
Pedregulhos com grãos relativamente arredondados	0,3
Rocha britada	0,6
Elementos de rocha oriundos de desmonte	0,7

Fonte: modificado de Koerner (1998).

A resistência ao puncionamento admissível do geotêxtil é dada por:

$$F_{adm} = \frac{F_{pe}}{FR_{perf}} \geq FS_{perf} F_{req} \quad (7.78)$$

em que F_{adm} é a resistência ao puncionamento admissível do geotêxtil; F_{pe}, a resistência ao puncionamento localizada obtida em ensaio de laboratório; FR_{perf}, o fator de redução a ser aplicado na resistência obtida no ensaio ($FR_{perf} \geq 2$); e FS_{perf}, o fator de segurança contra o puncionamento do geotêxtil ($FS_{perf} \geq 2$).

Resistência ao impacto

O lançamento ou a queda de objetos contundentes ou elementos de granulometria graúda pode provocar danos importantes à camada de geotêxtil. A energia transferida pelo elemento em queda ao geotêxtil pode ser estimada por (Koerner, 1998):

$$E_i = \frac{13{,}35 \times 10^{-6} d_o^3 h}{f_i} \quad (7.79)$$

em que E_i é a energia transferida pelo impacto do objeto no geotêxtil (J); d_o, o diâmetro do objeto (mm); h, a altura de queda (m); e f_i, o fator de correção em função da rigidez da base sobre a qual o geotêxtil está instalado.

Para bases rígidas, f_i é igual a 1, e, para bases compressíveis, esse valor pode ser obtido a partir do gráfico da Fig. 7.36 em função da resistência não drenada ou do CBR do solo subjacente ao geotêxtil.

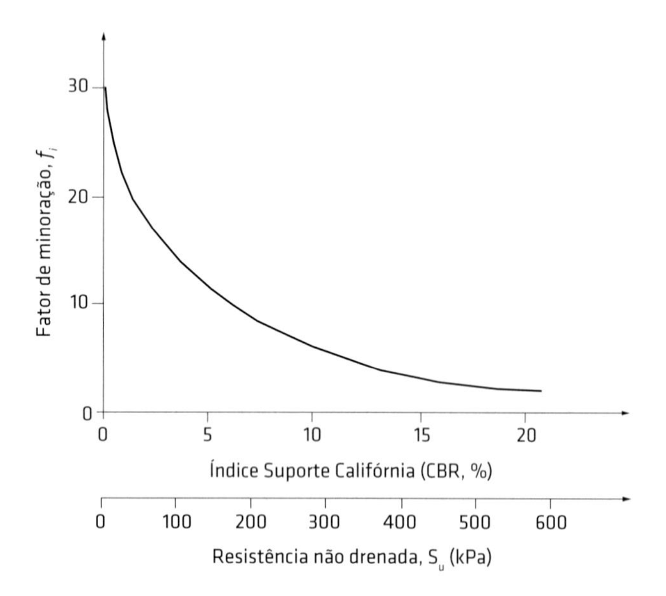

Fig. 7.36 Fator de minoração para energia de impacto
Fonte: modificado de Koerner (1998).

O valor de E_i obtido pela Eq. 7.79 deve ser comparado com o resultado de um ensaio de impacto em geotêxteis (ASTM D256, por exemplo – Koerner, 1998). Assim, deve-se ter:

$$E_{adm} = \frac{E_e}{FR_{imp}} \geq FS_{imp} E_i \quad (7.80)$$

em que E_{adm} é a energia de impacto admissível; E_e, a energia de impacto que danifica o geotêxtil obtida em ensaio de laboratório (ver Cap. 3); FR_{imp}, o fator de redução a ser aplicado à resistência ao impacto obtida em laboratório ($FR_{imp} \geq 2{,}5$); e FS_{imp}, o fator de segurança contra a ruptura por impacto ($FS_{imp} \geq 2$).

Exemplo 7.5

Especificar um geotêxtil não tecido a ser utilizado como elemento separador em uma estrada não pavimentada com 0,6 m de altura, cujo material de aterro é constituído de elementos de rocha britada, angulares, com diâmetro dos grãos correspondente a 50% passando (d_{50}) igual a 105 mm e diâmetro máximo (d_{max}) igual a 210 mm. O peso específico do material de aterro é de 22 kN/m³. O solo de subleito tem nível d'água freático aflorante, CBR igual a 4%, d_{85} igual a 0,2 mm, d_{50} igual a 0,105 mm e coeficiente de uniformidade (CU) igual a 23. Os veículos que trafegarão sobre a estrada terão carga por eixo igual a 80 kN e pressão de calibragem dos pneus igual a 560 kPa.

Resolução

Requisito para a retenção de finos

Para situações de carregamento cíclico e condições dinâmicas (Eq. 4.7):

$$O_{95} < 0{,}5 d_{85} \Rightarrow O_{95} < 0{,}5 \times 0{,}2 \Rightarrow O_{95} < 0{,}1 \text{ mm}$$

Requisito para a resistência à tração localizada

A tensão vertical sobre o geotêxtil (p') para caminhões normais é dada por (Eqs. 7.2 e 7.3) (Giroud; Noiray, 1981):

$$B = \sqrt{\frac{P}{p_c}} = \sqrt{\frac{80}{560}} = 0{,}38 \text{ m}$$

$$L = \frac{B}{1{,}41} = \frac{0{,}38}{1{,}41} = 0{,}27 \text{ m}$$

Desse modo, a área de contato pneu-estrada será:

$$A_c = 0{,}38 \times 0{,}27 = 0{,}10 \text{ m}^2$$

Adotando-se um ângulo de espraiamento (θ) do carregamento do pneu ao longo do aterro igual a 31° ($\tan\theta = 0{,}6$), tem-se, para a área carregada (A_b) sobre o geotêxtil:

$$A_b = (B + 2h\tan\theta)(L + 2h\tan\theta) =$$
$$= (0,38 + 2 \times 0,6 \times 0,6)(0,27 + 2 \times 0,6 \times 0,6) = 1,09 \text{ m}^2$$

Assim (Eq. 7.72):

$$p' = \frac{p_c A_c}{A_b} + \gamma h = \frac{560 \times 0,10}{1,09} + 22 \times 0,6 = 64,6 \text{ kPa}$$

Segundo Giroud (1984) e admitindo-se y/b = 0,4 na Eq. 7.71, tem-se:

$$f(\varepsilon) = \frac{1}{4}\left(\frac{2y}{b} + \frac{b}{2y}\right) = \frac{1}{4}\left(2 \times 0,4 + \frac{1}{2 \times 0,4}\right) = 0,51$$

Então (Eq. 7.70):

$$T_{req} = p' d_v^2 f(\varepsilon) = 64,6 \times 0,0305^2 \times 0,51 = 0,031 \text{ kN}$$

Adotando-se FR_{TL} = 2,8 e FS_{TL} = 2,2, chega-se a (Eq. 7.75):

$$T_{adm} = \frac{T_e}{FR_{TL}} \geq FS_{TL} T_{req} \Rightarrow T_e \geq 2,8 \times 2,2 \times 0,031 \Rightarrow T_e \geq 0,19 \text{ kN}$$

Desse modo, o geotêxtil a ser utilizado deve ter resistência à tração no ensaio tipo *grab* superior ou igual a 0,19 kN.

Requisito para a resistência ao estouro

O fator de segurança contra o estouro do geotêxtil é dado por (Eq. 7.76):

$$FS_{est} = \frac{p_e d_e}{FR_G p' d_v}$$

Utilizando-se o resultado do ensaio de resistência ao estouro da ASTM (ASTM D3786), tem-se d_e = 0,030 m, e adotando-se FS_{est} = 2,1, FR_G = 1,5 e d_v = $d_{50}/3$ = 0,105/3 = 0,035 m, obtém-se (Eq. 7.76):

$$2,1 = \frac{p_e \times 0,03}{1,5 \times 64,6 \times 0,035} \Rightarrow p_e = 237 \text{ kPa}$$

Assim, a resistência ao estouro obtida no ensaio ASTM D3786 deve ser superior ou igual a 237 kPa.

Requisito para a resistência ao puncionamento

A força de puncionamento a ser suportada pelo geotêxtil é dada por (Eq. 7.77):

$$F_{req} = p' d_{50}^2 S_1 S_2 S_3$$

Para rocha britada, S_3 = 0,6, e, como $S_2 = d_{ensaio}/d_{50}$ = 50/105 = 0,48 e adotando-se S_1 = 0,4, tem-se:

$$F_{req} = 64,6 \times 0,105^2 \times 0,4 \times 0,48 \times 0,6 = 0,082 \text{ kN}$$

A resistência ao puncionamento admissível é dada por (Eq. 7.78):

$$F_{adm} = \frac{F_{pe}}{FR_{perf}} \geq FS_{perf} F_{req}$$

Adotando-se $FR_{perf} = FS_{perf}$ = 2,2, tem-se:

$$F_{pe} \geq 2,2 \times 2,2 \times 0,082 \Rightarrow F_{pe} \geq 0,40 \text{ kN}$$

Assim, a resistência do geotêxtil no ensaio de puncionamento deve ser superior ou igual a 0,40 kN.

Requisito para a resistência ao impacto

A energia transferida pelo elemento em queda ao geotêxtil é dada por (Eq. 7.79) (Koerner, 1998):

$$E_i = \frac{13,35 \times 10^{-6} d_o^3 h}{f_i}$$

Para um CBR do subleito igual a 4%, da Fig. 7.36 obtém-se f_i = 13. Admitindo-se que d_o seja igual ao maior diâmetro dos grãos do aterro (d_{max} = 210 mm) e que a altura de queda (h) seja de 1,2 m, tem-se:

$$E_i = \frac{13,35 \times 10^{-6} d_o^3 h}{f_i} = \frac{13,35 \times 10^{-6} \times 210^3 \times 1,2}{13} = 11,4 \text{ J}$$

A energia de impacto admissível é dada por (Eq. 7.80):

$$E_{adm} = \frac{E_e}{FR_{imp}} \geq FS_{imp} E_i$$

Admitindo-se FR_{imp} = 3 e FS_{imp} = 2,2, chega-se a:

$$E_e \geq 3 \times 2,2 \times 11,4 \Rightarrow E_e \geq 50 \text{ J}$$

No ensaio, o geotêxtil deve suportar uma energia de impacto superior ou igual a 50 J.

Sendo assim, os requisitos de propriedades do geotêxtil são:

- *abertura de filtração*: O_{95} < 0,1 mm;
- *resistência à tração localizada* (ASTM D4632): ≥ 0,19 kN;
- *resistência ao estouro* (ASTM D3786): ≥ 237 kPa;
- *resistência ao puncionamento* (NBR ISO 12236): ≥ 0,40 kN;
- *resistência ao impacto* (ASTM A370/ASTM D256): ≥ 50 J.

GEOSSINTÉTICOS EM ATERROS SOBRE SOLOS MOLES

8

Aterros sobre solos de baixa capacidade de suporte podem ter suas condições de estabilidade melhoradas com a utilização de geossintéticos. Nessas obras, tais materiais podem funcionar como reforço ou como meio drenante para a aceleração de recalques por adensamento, no caso de solos moles saturados, como esquematizado na Fig. 8.1. Como reforço, a presença do geossintético pode aumentar o fator de segurança da obra, permitindo também a construção de um aterro com maior altura, mais rapidamente e/ou com taludes mais íngremes que na situação não reforçada. A presença do reforço também promove uma distribuição de tensões mais favorável no solo mole, uma vez que parte das tensões cisalhantes em sua superfície é absorvida pelo reforço. A presença de geossintéticos drenantes (camada de geocomposto drenante na base do aterro ou como drenos verticais) também auxilia a construção mais rápida do aterro, devido ao ganho de resistência do solo de fundação pela aceleração do processo de adensamento.

A utilização de reforço geossintético pode aumentar significativamente o fator de segurança da obra, sendo particularmente atrativa para razões baixas entre a espessura de solo mole e a largura da base do aterro (tipicamente, inferior a 0,7). Para solos moles mais espessos, a contribuição da presença do reforço é pequena, uma vez que, nesse caso, restringe-se à mobilização de uma tensão cisalhante estabilizadora na interface com o solo de fundação, que geralmente aumenta pouco o fator de segurança global da obra.

Um aspecto importante a considerar é que o uso de uma camada de reforço não significa que um aterro com qualquer altura possa ser construído. Há limitações na altura máxima capaz de ser obtida com o emprego de reforço. Isso se deve ao fato de que o nível de deforma-

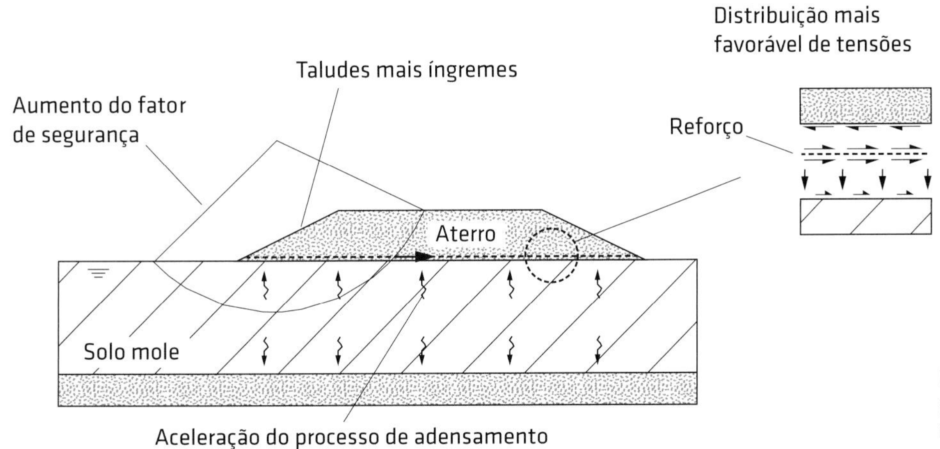

Fig. 8.1 Contribuições de geossintéticos em obras de aterros sobre solos moles

ções necessário para provocar a ruptura do conjunto aterro-fundação não é exatamente aquele que permitirá a mobilização da máxima força (resistência à tração) no reforço (Rowe; Soderman, 1985; Hinchberger; Rowe, 2003, por exemplo). Além disso, aterros altos ou muito reforçados em sua base tendem a provocar um mecanismo de ruptura caracterizado pela expulsão lateral do solo mole. A adição de mais aterro simplesmente realçaria essa expulsão, com o consequente afundamento do aterro no solo de fundação. Assim sendo, a altura de um aterro reforçado não pode ser maior que a altura que tal aterro seria capaz de atingir se as características do elemento de reforço conferissem uma rigidez muito elevada em sua base (Rowe; Mylleville, 1993).

A Fig. 8.2 apresenta mecanismos típicos de instabilidade de um aterro reforçado sobre solo mole. Na Fig. 8.2A, a ruptura ocorre dentro do material de aterro, o que é uma possibilidade remota em obras desse tipo, uma vez que tipicamente o aterro é compactado e o solo mole é o material mais fraco, condicionando a ruptura do conjunto. A

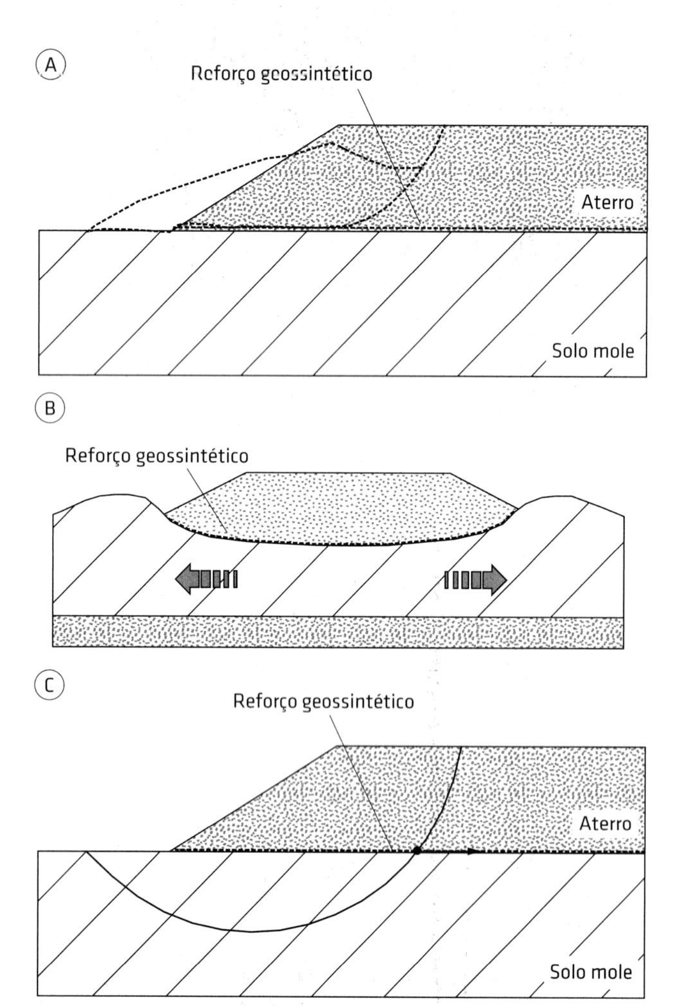

Fig. 8.2 Mecanismos de instabilidade de aterros reforçados sobre solos moles: (A) ruptura no material de aterro; (B) expulsão do solo mole de fundação; (C) ruptura generalizada

Fig. 8.2B esquematiza um processo em que o solo mole de fundação é expulso lateralmente devido à sobrecarga do aterro, comum em situações de camadas de solos moles pouco espessas. Na Fig. 8.2C, observa-se uma instabilidade global da obra, com uma superfície de ruptura bem definida interceptando o aterro, o reforço e a fundação.

8.1 Aspectos a serem considerados nas análises

A prática rotineira de análise de estabilidade de aterros sobre solos moles faz uso de métodos de equilíbrio-limite. Casos mais complexos geralmente requerem ferramentas mais poderosas, como o método dos elementos finitos. Os métodos de equilíbrio-limite são úteis para o cálculo de fatores de segurança em análises preliminares, e comumente são utilizados os métodos de Fellenius e Bishop modificado nos casos em que superfícies de deslizamento circulares são aceitáveis.

Nos métodos de equilíbrio-limite, a contribuição do reforço advém da mobilização de força de tração estabilizadora na interseção entre a superfície de ruptura e o reforço (Fig. 8.2C). Como tais métodos não consideram deformações nos materiais, as resistências-limite são consideradas na análise e, nesse caso, a força de tração mobilizada no reforço é geralmente considerada igual à sua resistência à tração, que, na verdade, só pode ser mobilizada a deformações superiores às de ruptura dos solos do sistema. Essa não consideração de deformações nos materiais pode resultar em imprecisão no cálculo dos fatores de segurança, particularmente em situações de solos moles sensíveis, aterros rígidos e reforços cujas propriedades de tração sejam mais influenciadas pela velocidade de carregamento. Dependendo da magnitude da resistência à tração do reforço, sua utilização em métodos de análise de estabilidade que consideram razões entre momentos resistentes e instabilizantes no cálculo do fator de segurança (Fellenius e Bishop, por exemplo) pode provocar um abaixamento do centro do círculo crítico para o aterro reforçado (cota do centro do círculo inferior à cota da plataforma do aterro), resultando em uma superfície de deslizamento irreal. Sendo assim, métodos de equilíbrio-limite são recomendados apenas para análises preliminares, e a acurácia e a consistência de seus resultados devem ser analisadas criteriosamente pelo projetista.

Outro aspecto a ser considerado em métodos de equilíbrio-limite diz respeito à orientação da força no reforço. Embora a camada de reforço seja incialmente instalada na horizontal, alguns autores, como Low et al. (1990), Sabhahit, Basudhar e Madhav (1994) e Kaniraj (1996), admitem também em seus métodos de análise a possibilidade de alteração da inclinação da força no reforço com a horizontal devido à deformação dos materiais próximo à ruptura do conjunto. Nesses casos, geralmente se admite que a força mobilizada no reforço seja tangente à superfície de ruptura ou inclinada de certo ângulo com a horizontal. Há que se considerar que tal abordagem não é compatível com a hipótese de materiais indeformáveis em análises por equilíbrio-limite, o que torna arbitrário o estabelecimento do valor da inclinação da força no reforço com a horizontal. Ensaios de cisalhamento direto de grande porte em areia densa com o reforço interceptando o plano de cisalhamento mostraram que, na ruptura (resistência de pico), foi desprezível a contribuição da variação de inclinação da camada de reforço em relação à sua posição inicial (Palmeira; Milligan, 1989a). Assim, é de se esperar que, quando do aparecimento dos primeiros sinais de instabilidade (trincas superficiais) em aterros compactados sobre solos moles, a contribuição da variação de inclinação do reforço seja desprezível, só se tornando mais relevante para grandes deformações. No presente estágio do conhecimento, a consideração de força horizontal no reforço em análises por equilíbrio-limite é mais recomendada, e a conveniência da adoção dessa hipótese foi verificada em retroanálises de aterros reforçados levados à ruptura (Palmeira; Pereira; Silva, 1998) e em análises-limite (Michalowski, 1998).

As propriedades do material de reforço a ser especificado são de fundamental importância para o sucesso da aplicação. Geralmente, reforços geossintéticos com elevada resistência e rigidez à tração são necessários em obras de estabilização de aterros sobre solos moles. Assim, geotêxteis tecidos, geogrelhas e geocomposto para reforço são usualmente os materiais especificados como reforço. Geotêxteis não tecidos podem ser utilizados, mas em obras de pequeno porte, onde a resistência à tração exigida seja pequena e a deformabilidade do sistema não seja relevante. Geocélulas também podem ser usadas na base de aterros sobre solos moles. Nesse caso, além de reforço, a camada de geocélula pode funcionar como uma placa, aumentando a rigidez da base do aterro e favorecendo a redução de recalques diferenciais.

O polímero constituinte do reforço também pode afetar a mobilização de forças de tração, em função de sua dependência à taxa de deformação imposta. Essa taxa de deformação depende da velocidade de construção do aterro. Assim, para reforços sensíveis à taxa de deformação, deve-se conhecer bem a relação força-deformação-tempo desses reforços para que se possam utilizar valores de resistência e rigidez à tração apropriados nas análises.

No caso do emprego de solos de aterros coesivos (situação comum no Brasil), os resultados obtidos por métodos de análise de estabilidade de taludes convencionais podem ser influenciados pela forma como a coesão do aterro é levada em conta na análise. Valores elevados de coesão ou de inclinações de bases de fatias (método das fatias) com a horizontal dentro do aterro podem provocar forças normais negativas nas bases dessas fatias, comprometendo os valores de fatores de segurança obtidos. Discussões sobre os modos de tratar tais problemas foram apresentadas por Whitman e Bailey (1967), Chirapuntu e Duncan (1975) e Palmeira e Almeida (1980), por exemplo. Quando se espera que o solo coesivo de aterro trinque ao longo de toda a sua espessura, é prudente que o aterro seja considerado na análise somente como sobrecarga sobre o solo de fundação, sem contribuir com resistência contra a ruptura do conjunto. No caso de grandes deformações do conjunto, é mais apropriada a utilização de parâmetros de resistência dos materiais obtidos a grandes deformações.

O emprego de métodos convencionais de análise de estabilidade de taludes consiste em procurar a superfície crítica para a qual o fator de segurança é mínimo para uma dada resistência à tração do reforço. Uma forma mais prática é estabelecer um fator de segurança mínimo admissível para o problema e determinar qual deve ser a força de tração mobilizada no reforço para garantir o fator de segurança desejado. É importante frisar que as superfícies críticas (com menores fatores de segurança) não são necessariamente as mesmas nas situações com e sem reforço.

Formas diferentes de definição dos fatores de segurança, e a maneira como a contribuição do reforço é levada conta em métodos de análise de estabilidade de taludes correntes, podem também influenciar os valores dos fatores de segurança obtidos. Em métodos como Fellenius e Bishop modificado, por exemplo, o fator de segurança global é definido como a razão entre momentos (em relação ao centro da superfície circular) resistentes e mobilizadores do deslizamento. Nesses casos, a contribuição da força de tração em um reforço pode ser considerada de duas formas. Na primeira, simplesmente somando o momento dessa força em relação ao centro do círculo aos momentos resistentes. A outra forma consiste na decomposição da força no reforço em componentes normal e tangencial na base da fatia atravessada por ela e na inclusão dessas componentes no equilíbrio da fatia. Nesse último caso, haverá um aumento da parcela de resistência por atrito na base da fatia devido ao aumento da força normal, e o consequente aumento do momento resistente da força cisalhante atuante na base da fatia.

Essas duas formas de considerar a contribuição do reforço podem levar a valores diferentes de fatores de segurança (Palmeira; Pereira; Silva, 1998). Em vista do exposto, na utilização de programas computacionais para a análise de estabilidade de taludes, é importante compreender de modo claro como o programa leva em conta a contribuição do reforço e identificar possíveis limitações nas análises.

8.2 Altura máxima de um aterro reforçado

Como comentado anteriormente, a altura que um aterro reforçado pode atingir não é ilimitada. Na Fig. 8.3 é apresentada a concepção proposta por Rowe e Mylleville (1993) para um aterro com reforço extremamente rígido sobre solo mole com resistência não drenada aumentando linearmente com a profundidade. Nesse caso, a base do aterro se comportaria como uma fundação corrida rígida. Nessa figura, é apresentada a sapata equivalente com largura b do aterro reforçado ideal, para o qual a base reforçada é perfeitamente rígida.

A capacidade de carga de uma fundação rígida, equivalente ao aterro extremamente reforçado na base, pode ser obtida por:

$$q_u = S_{uo}N_c + q_s \tag{8.1}$$

em que q_u é a capacidade de carga do solo de fundação sob condições não drenadas; S_{uo}, a resistência não drenada do solo de fundação na superfície do terreno; N_c, o fator de capacidade de carga; e q_s, a sobrecarga superficial devida ao trecho de aterro além do limite da sapata equivalente.

O valor de N_c pode ser obtido pelo gráfico da Fig. 8.4 em função da largura da sapata rígida equivalente, dada por:

$$b = B + 2n\left(H - h\right) \tag{8.2}$$

com

$$h = \left(\pi + 2\right)S_{uo}/\gamma \tag{8.3}$$

em que b é a largura da sapata equivalente; B, a largura da plataforma do aterro real; n, a cotangente da inclinação dos taludes do aterro; h, a espessura de aterro na borda da sapata equivalente; e γ, o peso específico do solo do aterro.

O valor da sobrecarga q_s a ser utilizado na Eq. 8.1 pode ser obtido por:

$$q_s = \frac{nh^2}{2x}, \text{ se } x > nh \tag{8.4}$$

ou

$$q_s = \frac{\left(2nh - x\right)\gamma h}{2nh}, \text{ se } x \leq nh \tag{8.5}$$

em que x é a distância da borda da sapata à extremidade da zona de ruptura (Fig. 8.3).

O valor de x é dado por:

$$x = \min\,(d, D) \tag{8.6}$$

em que d é a profundidade da zona de ruptura, que pode ser obtida pela Fig. 8.5, e D é a espessura do solo de fundação.

A pressão média aplicada pelo aterro sobre a sapata equivalente é dada por:

$$q_a = \gamma\left[BH + n\left(H^2 - h^2\right)\right]/b \tag{8.7}$$

Na ruptura, deve-se ter $q_u = q_a$. Assim, a altura máxima que um aterro reforçado pode atingir é obtida iterativamente por meio das Eqs. 8.1 a 8.7. Arbitra-se um valor de H e determinam-se q_u e q_a pelas Eqs. 8.1 e 8.7, respectivamente. Se q_u for maior que q_a, deve-se aumentar o valor de H na iteração seguinte. Caso contrário, esse valor deve ser diminuído na iteração seguinte. O limite de altura do aterro reforçado ideal deve ser considerado quando da

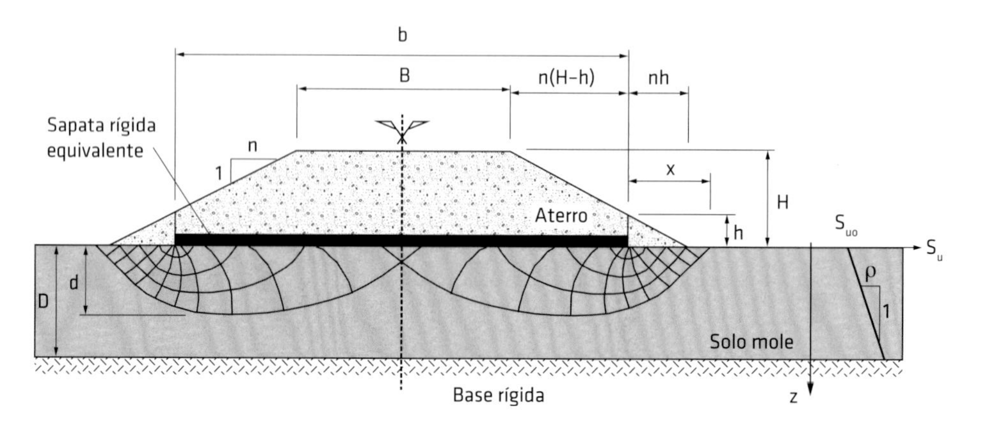

Fig. 8.3 Sapata rígida equivalente ao aterro reforçado ideal
Fonte: modificado de Rowe e Mylleville (1993).

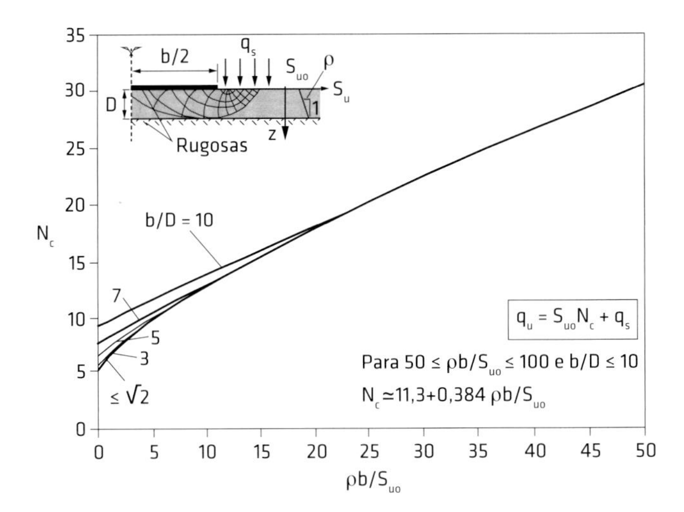

Fig. 8.4 Fator de capacidade de carga para sapata rígida sobre solo com resistência crescendo linearmente com a profundidade
Fonte: modificado de Rowe e Soderman (1987).

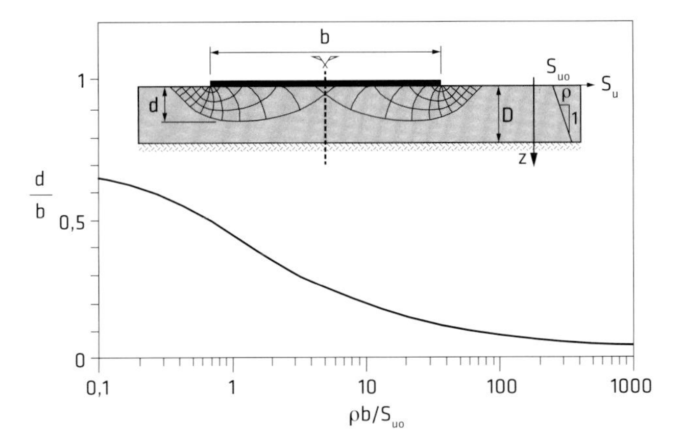

Fig. 8.5 Influência da não homogeneidade na profundidade da zona de ruptura sob uma sapata rugosa rígida
Fonte: Rowe e Soderman (1987).

utilização de métodos de equilíbrio-limite para o dimensionamento de aterros reforçados sobre solos moles.

Exemplo 8.1

Calcular a altura máxima do aterro reforçado ideal segundo a metodologia de Rowe e Soderman (1987) para o caso de um aterro sobre solo mole saturado com 8 m de espessura, resistência não drenada na superfície (S_{uo}) igual a 13 kPa e taxa de crescimento da resistência não drenada com a profundidade (ρ) igual a 1,95 kPa/m. Adotar um fator de segurança para a resistência igual a 1,3. O peso específico do material do aterro é igual a 20 kN/m³, sua plataforma tem largura (B) de 18 m e os taludes possuem inclinação de 1:2 (n = 2).

Resolução

Como comentado anteriormente, a resolução do problema é iterativa, devendo-se variar o valor da altura de aterro (H) até obter $q_u = q_a$ (Eqs. 8.1 e 8.7). A seguir serão apresentados somente os cálculos para o valor de H = 7 m, para o qual se obtém convergência.

Para um fator de segurança igual a 1,3, têm-se:

$$S_{uod} = \frac{S_{uo}}{FS} = \frac{13}{1,3} = 10 \text{ kPa}$$

$$\rho_d = \frac{\rho}{FS} = \frac{1,95}{1,3} = 1,5 \text{ kPa/m}$$

Assim, pelas Eqs. 8.2 e 8.3:

$$h = \frac{(\pi + 2)S_{uo}}{\gamma} = \frac{(\pi + 2) \times 10}{20} = 2,57 \text{ m}$$

$$b = B + 2n(H - h) = 18 + 2 \times 2 \times (7 - 2,57) = 35,72 \text{ m}$$

Para $\rho b/S_{uo}$ = 1,5 × 35,72/10 = 5,36 e b/D = 35,72/8 = 4,47, têm-se, pelos gráficos das Figs. 8.4 e 8.5:

$$N_c = 10,1$$

e

$$d/b = 0,24 \Rightarrow d = 0,24 \times 35,72 = 8,57 \text{ m}$$

Como d é maior que a espessura D (= 8 m) do solo mole, tem-se x = 8 m (Eq. 8.6). Como $x > nh$ (nh = 2 × 2,57 = 5,14), então, pela Eq. 8.4:

$$q_s = \frac{n\gamma h^2}{2x} = \frac{2 \times 20 \times 2,57^2}{2 \times 8} = 16,51 \text{ kPa}$$

Pela Eq. 8.1:

$$q_u = S_{uo}N_c + q_s = 10 \times 10,1 + 16,51 = 117,5 \text{ kPa}$$

E pela Eq. 8.7:

$$q_a = \frac{\gamma\left[BH + n\left(H^2 - h^2\right)\right]}{b} = \frac{20 \times \left[18 \times 7 + 2 \times \left(7^2 - 2,57^2\right)\right]}{35,72} = 118,0 \text{ kPa}$$

Como $q_u \cong q_a$, a altura máxima do aterro reforçado é H = 7 m.

8.3 Análises de estabilidade de aterros sobre solos moles por métodos de equilíbrio-limite

Os métodos de equilíbrio-limite podem ser ferramentas bastante úteis no dimensionamento de obras geotécnicas. No caso de aterros reforçados sobre solos moles, a estabilidade do conjunto é condicionada pela intensidade da força de tração mobilizada no reforço, que é função de sua deformação. Como métodos de equilíbrio-limite admitem os materiais como indeformáveis, não é possível determinar a força mobilizada no reforço. Por essa razão, como será visto adiante, as abordagens utilizando somente métodos de equilíbrio-limite, sem a consideração de deformações no reforço, devem ser empregadas apenas em análises preliminares ou situações em que o colapso da obra não resulte em consequências relevantes.

8.3.1 Verificação da expulsão do solo mole

Uma abordagem tradicionalmente utilizada na análise da possibilidade de expulsão lateral do solo mole analisa as forças atuantes no bloco de solo mole sob o talude do aterro, como esquematizado na Fig. 8.6. Trata-se de uma abordagem mais rudimentar que a apresentada na Fig. 8.3.

Para as condições da Fig. 8.6, o fator de segurança contra a expulsão do solo mole é obtido pela razão entre as forças que resistem à expulsão e as forças que provocam a expulsão:

$$F_e = \frac{P_P + R_B + R_T}{P_A} \quad \textbf{(8.8)}$$

em que F_e é o fator de segurança contra a expulsão do solo mole; P_P, o empuxo passivo atuante sobre o bloco; R_B, a força de aderência na base do bloco; R_T, a força de aderência no topo do bloco; e P_A, o empuxo ativo atuante sobre o bloco.

Os empuxos ativo e passivo podem ser calculados por teorias de empuxos de terra, sendo a de Rankine comumente utilizada nesses casos. As forças de aderência no topo e na base do bloco são expressas em função da resistência não drenada do solo mole nessas regiões. No caso de o reforço estar instalado na interface aterro-fundação, a força de aderência a considerar é aquela entre o solo mole e a camada de reforço. Admitem-se condições não drenadas de cisalhamento, mas, dependendo das características do elemento de reforço, há a possibilidade de drenagem parcial na região do reforço.

8.3.2 Ruptura generalizada do aterro

Método de Low et al. (1990)

Com base no processamento de um programa computacional de análise de estabilidade de taludes, Low et al. (1990) desenvolveram equações matemáticas e gráficos para a análise da estabilidade de aterros, com e sem reforço, sobre solos moles. Superfícies de deslizamento circulares foram admitidas nas análises, e o reforço foi instalado sobre o solo mole de fundação. As condições geométricas admitidas pelo método são apresentadas na Fig. 8.7.

Para uma dada profundidade (z, Fig. 8.7) de tangência dos círculos, a força de tração requerida no reforço para obter um fator de segurança (F_R), arbitrado pelo projetista, para a superfície crítica entre todas a superfícies circulares tangentes à horizontal naquela profundidade é dada por:

$$T = \left(1 - \frac{F_o}{F_r}\right)\frac{\gamma H^2}{I_R} \quad \textbf{(8.9)}$$

em que F_o é o fator de segurança mínimo para todas as superfícies circulares tangentes na profundidade z para o caso sem reforço; γ, o peso específico do material de aterro; H, a altura de aterro; e I_R, o número de estabilidade que pode ser obtido na Fig. 8.8, em função da profundidade de cálculo (z) e da inclinação do talude do aterro (n).

O cálculo pela Eq. 8.9 deve ser repetido para diferentes profundidades, de forma a obter o maior valor da força de tração, entre todas as calculadas, bem como a profundidade crítica.

O valor do fator de segurança mínimo (F_o) para todas as superfícies tangentes na profundidade z para o caso sem reforço, necessário na Eq. 8.9, pode ser obtido por (Low, 1989):

$$F_o = N_1 \frac{S_{ueq}}{\gamma H} + N_2 \left(\frac{c}{\gamma H} + \lambda \tan\varphi\right) \quad \textbf{(8.10)}$$

em que N_1, N_2 e λ são números de estabilidade que podem ser obtidos na Fig. 8.9, em função da inclinação do talude

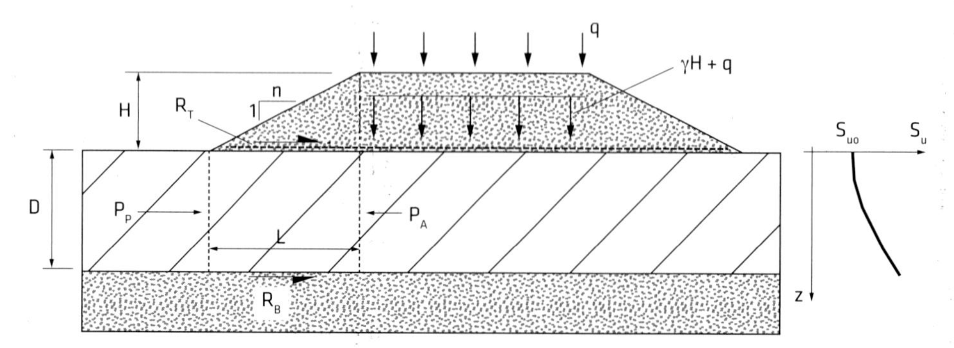

Fig. 8.6 Verificação da expulsão do solo mole

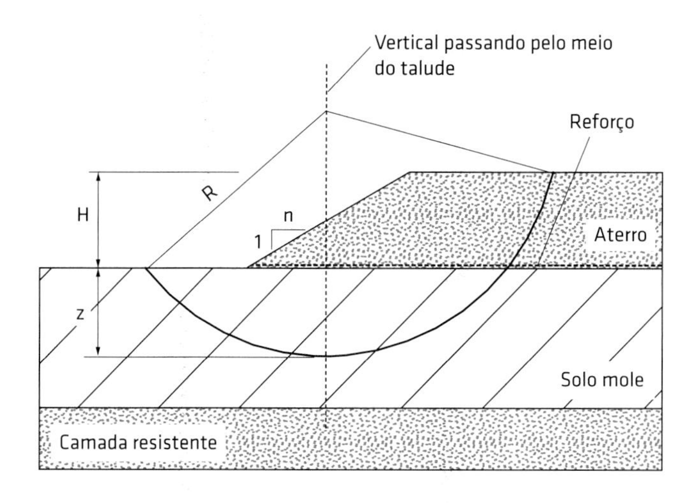

Fig. 8.7 Configuração geométrica admitida no método de Low et al. (1990)
Fonte: Low et al. (1990).

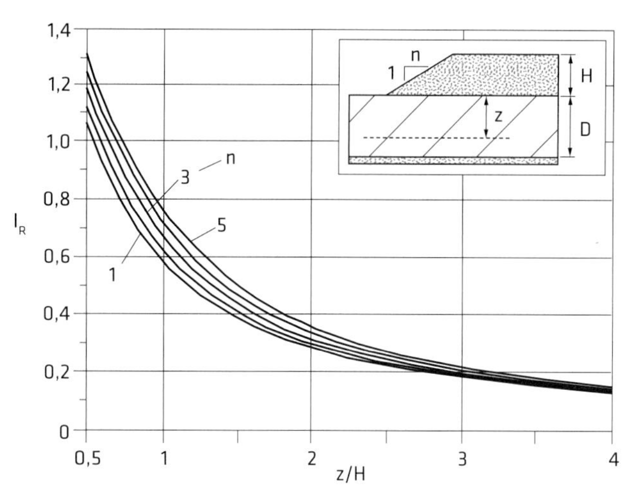

Fig. 8.8 Número de estabilidade para aterros com reforço – método de Low et al. (1990)
Fonte: Low et al. (1990).

(n), da altura do aterro (H) e da profundidade de cálculo (z); S_{ueq}, a resistência não drenada equivalente do solo de fundação ao longo da profundidade z; γ, o peso específico do material de aterro; c, a coesão do material de aterro; e ϕ, seu ângulo de atrito.

Uma das particularidades do método de Low et al. (1990) é que ele admite diferentes formas de variação da resistência não drenada do solo mole com a profundidade. O valor de S_{ueq} a utilizar na Eq. 8.10 é função dessa forma de variação. Para uma variação de resistência não drenada com a profundidade como a apresentada na Fig. 8.10, o valor de S_{ueq} pode ser obtido por:

$$S_{ueq} = 0{,}35S'_{uo} + 0{,}65S_{uz} + 0{,}35\left(\frac{z_c}{z}\right)^{1,1}\Delta S'_{uo},\ \text{se}\ z > z_c \quad \textbf{(8.11a)}$$

$$S_{ueq} = 0{,}35(S'_{uo} + \Delta S'_{uo}) + 0{,}65S_{uz},\ \text{se}\ z \le z_c \quad \textbf{(8.11b)}$$

em que S'_{uo}, S_{uz}, $\Delta S'_{uo}$ e z_c são definidos na Fig. 8.10 e z é a profundidade de tangência dos círculos.

Ambas as equações podem ser utilizadas para S_u linearmente crescente com a profundidade (nesse caso, admite-se $\Delta S'_{uo} = 0$) e para S_u constante com a profundidade (nesse caso, $\Delta S'_{uo} = z_c = 0$ e $S_{uo} = S_{uz} = S_u$). Note-se que, para S_u variando com a profundidade, o valor de S_{ueq} deve ser obtido para cada profundidade de cálculo, para uso na Eq. 8.10. Outras formas de variação da resistência não drenada com a profundidade são apresentadas em Low (1989).

Os métodos de Low (1989) e Low et al. (1990) para aterros sem reforço e reforçados também fornecem os raios dos círculos críticos em cada caso. No caso sem reforço, o raio do círculo crítico é dado por:

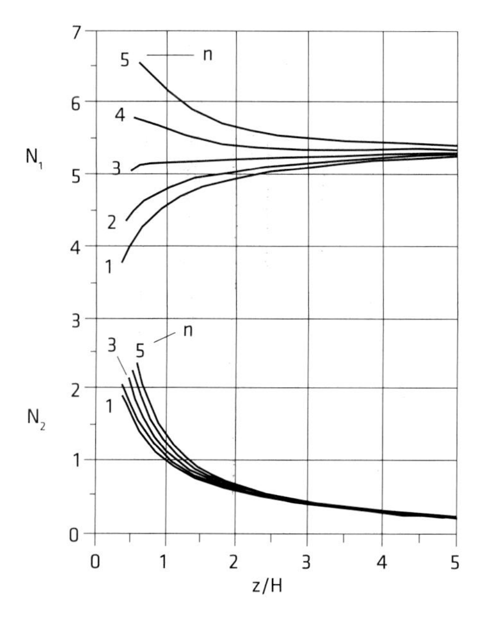

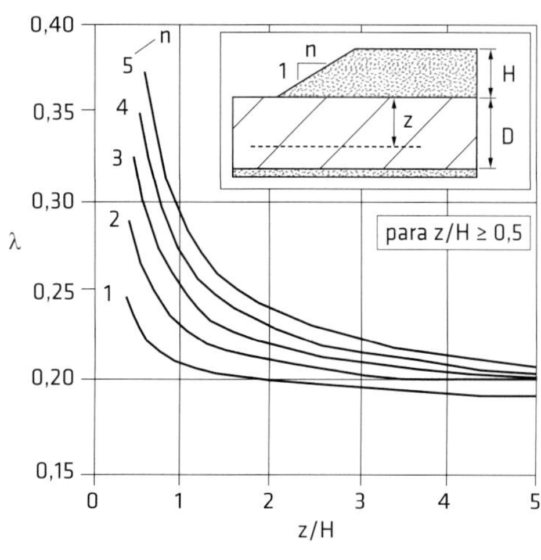

Fig. 8.9 Números de estabilidade para aterros sem reforço
Fonte: Low (1989).

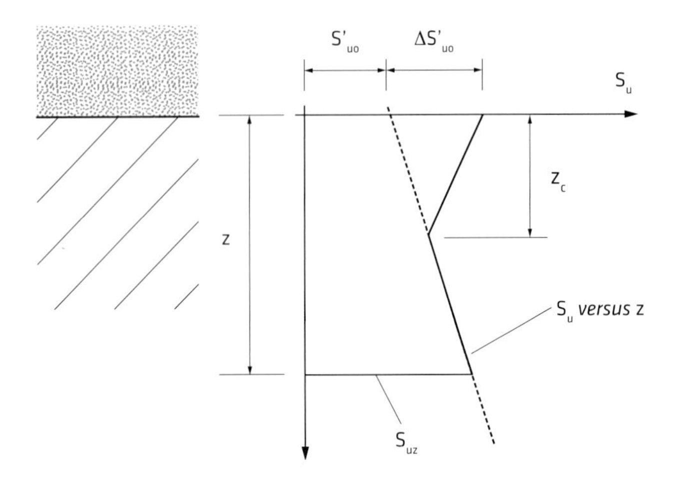

Fig. 8.10 Variação da resistência não drenada de um solo mole com a profundidade
Fonte: Low (1989).

$$R_o = \left[0{,}1303\frac{n^2+1}{\left(\frac{z}{H}+0{,}5\right)}+1{,}5638\left(\frac{z}{H}+0{,}5\right)\right]H \geq z+H \tag{8.12}$$

em que Ro é o raio do círculo tangente à horizontal na profundidade z, para a qual F_o (Eq. 8.10) é mínimo (círculo crítico para a profundidade z).

No caso reforçado, tem-se:

$$R = \frac{3{,}128\left(a-\frac{z}{H}\frac{T}{\gamma H^2}\right)}{\left(\frac{z}{H}+0{,}5-\frac{T}{\gamma H^2}\right)}H \geq z+H \tag{8.13}$$

com

$$a = \frac{1}{2}\left(\frac{z}{H}+0{,}5\right)^2+\frac{(n^2+1)}{24} \tag{8.14}$$

em que R é o raio do círculo crítico no caso reforçado para os círculos tangentes à profundidade z e T é a força de tração requerida nessa profundidade.

Exemplo 8.2

Considerar um aterro com 4,0 m de altura e talude com inclinação com a horizontal igual a 1:2 (V:H) a ser construído sobre uma camada de argila mole saturada com 8 m de espessura e resistência não drenada crescendo linearmente com a profundidade. O material a ser utilizado como aterro tem peso específico igual a 20 kN/m^3, coesão nula e ângulo de atrito igual a 33°. A resistência não drenada na superfície do solo mole (S_{uo}) é igual a 10 kPa e a taxa de crescimento com a profundidade (ρ) é igual a 1,5 kPa/m. Para essas condições, pelo método de Low et al. (1990), estimar o valor da força de tração em uma camada de reforço instalada na base do aterro de modo que o aterro reforçado tenha fator de segurança igual a 1,4.

Resolução

Inicialmente, deve-se verificar se a altura de projeto do aterro não é maior que a altura máxima do aterro reforçado ideal, como proposto por Rowe e Soderman (1987) (seção 8.2). No Exemplo 8.1, obteve-se, para as mesmas condições geométricas do presente exercício, S_{uo} = 10 kPa e ρ = 1,5 kPa/m, uma altura máxima do aterro reforçado ideal igual a 7 m. Assim, a altura proposta de 4 m é inferior à máxima possível no caso reforçado. Uma estimativa da altura máxima mais expedita pela Eq. 8.8 (expulsão do solo mole) resulta em 5,3 m, valor mais conservador, mas ainda assim superior à altura proposta para o aterro.

A seguir, deve-se calcular o fator de segurança para a situação sem reforço, com várias linhas horizontais de tangência dos círculos distribuídas ao longo da profundidade do solo mole de fundação. Adotando-se, para esse exercício, um espaçamento de 1 m entre as linhas de tangência, o valor de F_o mínimo para cada profundidade pode ser obtido por (Eq. 8.10):

$$F_o = N_1\frac{S_{ueq}}{\gamma H}+N_2\left(\frac{c}{\gamma H}+\lambda\ \tan\phi\right)$$

$$= N_1\frac{S_{ueq}}{20\times 4}+N_2\left(\frac{0}{20\times 4}+\lambda\ \tan 33^\circ\right)$$

$$F_o = N_1\frac{S_{ueq}}{80}+0{,}649N_2\lambda$$

Para $\Delta S'_{uo}=0$, tanto a Eq. 8.11a quanto a Eq. 8.11b resultam em:

$$S_{ueq} = 0{,}35S'_{uo}+0{,}65S_{uz} = 0{,}35\times 10+0{,}65S_{uz}$$

$$S_{ueq} = 3{,}5+0{,}65S_{uz}$$

com

$$S_{uz} = 10+1{,}5z$$

O valor da força de tração requerida no reforço para cada profundidade de tangência pode ser obtido por (Eq. 8.9):

$$T = \left(1-\frac{F_o}{F_r}\right)\frac{\gamma H^2}{I_R} = \left(1-\frac{F_o}{1{,}4}\right)\times\frac{20\times 4^2}{I_R} = \left(1-\frac{F_o}{1{,}4}\right)\times\frac{320}{I_R}$$

Obtendo-se os valores de N_1, N_2 e λ da Fig. 8.9, calculando-se o valor de S_{ueq} pela Eq. 8.11 e substituindo-se esses valores na Eq. 8.10, pode ser calculado o valor de F_o para cada profundidade de tangência. Com F_o calculado e obtendo-se o valor de I_R pela Fig. 8.8, é possível determinar a força de tração requerida no reforço para cada profundidade por meio da Eq. 8.9. Os resultados desses cálculos são apresentados na Tab. 8.1, em que se observa

Tab. 8.1 EXEMPLO DE CÁLCULO POR LOW ET AL. (1990)

z (m)	S_{uz} (kPa)	S_{ueq} (kPa)	$S_{ueq}/\gamma H$	z/H	N_1	N_2	λ	F_o	I_R	T (kN/m)
2	13,00	11,95	0,15	0,50	4,43	1,76	0,27	0,97	1,11	88,5
3	14,50	12,93	0,16	0,75	4,62	1,38	0,24	0,96	0,80	124,4
4	16,00	13,90	0,17	1,00	4,77	1,04	0,23	0,98	0,62	153,3
5	17,50	14,88	0,19	1,25	4,90	0,90	0,22	1,04	0,50	164,2
6	19,00	15,85	0,20	1,50	4,97	0,70	0,22	1,08	0,41	176,6
7	20,50	16,83	0,21	1,75	5,00	0,60	0,21	1,13	0,34	178,5
8	22,00	17,80	0,22	2,00	5,03	0,53	0,21	1,19	0,30	161,6

que o fator de segurança mínimo estimado para o aterro sem reforço é igual a 0,96, com o círculo crítico, nesse caso, tangente à linha horizontal na profundidade de 3 m. A força máxima requerida no reforço é igual a 178,5 kN/m, na profundidade crítica de 7 m.

O raio do círculo crítico no caso sem reforço pode ser obtido por (Eq. 8.12):

$$R_o = \left[0{,}1303\frac{n^2+1}{\left(\frac{z}{H}+0{,}5\right)} + 1{,}5638\left(\frac{z}{H}+0{,}5\right)\right]$$

$$H = \left[0{,}1303\frac{2^2+1}{\left(\frac{3}{4}+0{,}5\right)} + 1{,}5638\left(\frac{3}{4}+0{,}5\right)\right]\times 4$$

ou R_o = 9,90 m $\geq z + H$ (= 3 + 4 = 7 m) $\Rightarrow$ OK.

No caso reforçado, o raio do círculo crítico é dado por (Eqs. 8.14 e 8.13):

$$a = \frac{1}{2}\left(\frac{z}{H}+0{,}5\right)^2 + \frac{(n^2+1)}{24} = \frac{1}{2}\left(\frac{7}{4}+0{,}5\right)^2 + \frac{(2^2+1)}{24} = 2{,}74$$

$$R = \frac{3{,}128\left(a-\frac{z}{H}\frac{T}{\gamma H^2}\right)}{\left(\frac{z}{H}+0{,}5-\frac{T}{\gamma H^2}\right)} \quad H = \frac{3{,}128\left(2{,}74-\frac{7}{4}\times\frac{178{,}5}{20\times 4^2}\right)}{\left(\frac{7}{4}+0{,}5-\frac{178{,}5}{20\times 4^2}\right)}\times 4$$

ou R = 13,04 m $\geq z + H$ (= 7 + 4 = 11 m) $\Rightarrow$ OK.

Fatores de redução apropriados devem ser aplicados na especificação do reforço a ser utilizado. Para determinar a rigidez à tração do reforço, deve-se considerar a deformação de compatibilidade esperada para o reforço, como proposto por Hinchberger e Rowe (2003), conforme será visto na seção 8.3.3.

Método de Kaniraj (1994)

Kaniraj (1994) apresentou um método de análise semelhante ao de Low et al. (1990), mas que permite considerar a presença de berma de equilíbrio no aterro, parte superficial do aterro trincada (aterros coesivos) e a instalação do reforço a uma certa distância acima da base do aterro. A Fig. 8.11 apresenta as características geométricas do problema analisado por Kaniraj (1994).

Para o caso sem reforço, as coordenadas do círculo crítico (menor fator de segurança) para todas as superfícies circulares tangentes à linha horizontal na profundidade z são dadas por:

$$\frac{X_o}{H} = \frac{n}{2} - k_1 k_2 + \frac{W_X}{\gamma H^2} \qquad \textbf{(8.15)}$$

$$\frac{Y_o}{H} = 1{,}564\ \alpha_1 \qquad \textbf{(8.16)}$$

em que X_o e Y_o são as coordenadas do círculo crítico para a profundidade z no caso sem reforço; k_1, a razão entre a altura da berma e a altura do aterro; k_2, a razão entre a largura da plataforma da berma e a altura do aterro; e W_X, o peso de solo mole (por unidade de comprimento) devido à escavação para a execução da vala de drenagem ($W_X = 0$, caso não haja vala de drenagem).

Notar que a vala de drenagem deve estar localizada dentro da massa deslizante e que a origem dos eixos coordenados está localizada na interseção entre a linha vertical passando pelo pé do aterro principal (ponto E na Fig. 8.11) e a horizontal, na profundidade z.

O valor de α_1 da equação anterior é dado por:

$$\alpha_1 = \frac{\alpha_1'}{\frac{z}{H}+\beta-\frac{\beta^2}{2}} \qquad \textbf{(8.17)}$$

com

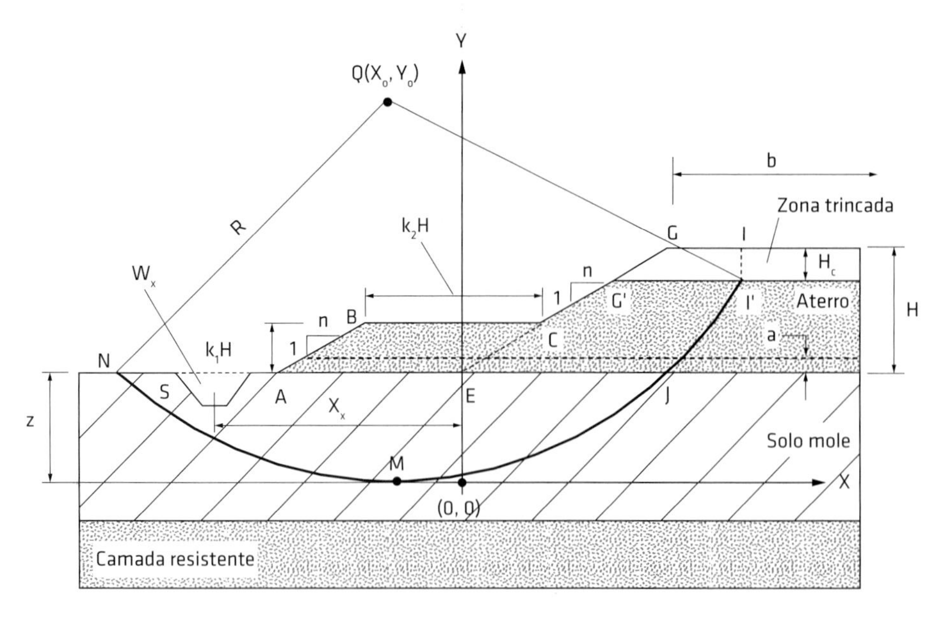

Fig. 8.11 Configuração geométrica admitida no método de Kaniraj (1994)

$$\alpha_1^{'} = \beta^2\left(1 - \frac{2}{3}\beta - \frac{z}{H}\right) + 2\beta\frac{z}{H} + \left(\frac{z}{H}\right)^2 + \frac{n^2}{12} + \\ + \mu - \frac{W_X}{\gamma H^2}\left[\frac{W_X}{\gamma H^2} + n + 2\left(\frac{X_X}{H} - k_1 k_2\right)\right] \quad \textbf{(8.18)}$$

$$\mu = k_1 k_2 (n + k_2)(1 - k_1) \quad \textbf{(8.19)}$$

$$\beta = 1 - \frac{H_c}{H} \quad \textbf{(8.20)}$$

em que μ é o fator de berma do aterro ($\mu = 0$ para aterros sem berma) e β é a razão entre a altura não trincada do aterro e sua altura total (Fig. 8.11).

Para o caso sem reforço, o fator de segurança mínimo para todos os círculos tangentes à horizontal na profundidade z é dado por:

$$F_o = S_f N_1 + S_e N_2 \quad \textbf{(8.21)}$$

com

$$S_f = \frac{S_u}{\gamma H} \quad \textbf{(8.22)}$$

$$S_e = \frac{c}{\gamma H} + \lambda \ \tan\phi \quad \textbf{(8.23)}$$

$$\lambda = 0{,}19 + \frac{0{,}02n}{z/H}, \text{ se } z/H \geq 0{,}5 \quad \textbf{(8.24)}$$

em que S_f e S_e são parâmetros de resistência normalizados do solo mole e do material de aterro, respectivamente; S_u, a resistência não drenada do solo mole; c, a coesão do aterro; ϕ, o ângulo de atrito do aterro; e N'_1 e N'_2, números de estabilidade dados por:

$$N_1 = 5{,}55\alpha_1^{0{,}47}\ \frac{\left(\frac{z}{H}\right)^{0{,}53}}{\frac{z}{H} + \beta - \frac{\beta^2}{2}} \quad \textbf{(8.25)}$$

$$N_2 = mN_1 \quad \textbf{(8.26)}$$

com

$$m = 0{,}5\left[\left(1 + \frac{\beta}{z/H}\right)^{0{,}53} - 1\right] \quad \textbf{(8.27)}$$

Para o caso com reforço, Kaniraj (1994) apresentou soluções para diferentes inclinações da força no reforço em relação à horizontal. Para a força no reforço horizontal, a abscissa (X_o, Fig. 8.11) do centro do círculo crítico para todos os círculos tangentes na profundidade z também é obtida pela Eq. 8.15, enquanto a ordenada é obtida por:

$$\left(\frac{Y_o}{H}\right)^{1{,}47} - 3{,}128\left(\frac{z+a}{H}\right)\left(\frac{Y_o}{H}\right)^{0{,}47} - 2{,}128\left(\frac{F_2}{F_1}\right) = 0 \quad \textbf{(8.28)}$$

com

$$F_1 = A_1 S_f + B_1 S_e \quad \textbf{(8.29)}$$

$$F_2 = F_2^{'} - F_r\frac{z+a}{H}\left(\frac{z}{H} + \beta - \frac{\beta^2}{2}\right) \quad \textbf{(8.30)}$$

$$A_1 = 3{,}06\left(\frac{z}{H}\right)^{0{,}53} \quad \textbf{(8.31)}$$

$$B_1 = 1{,}53\left[\left(\frac{z}{H} + \beta\right)^{0{,}53} - \left(\frac{z}{H}\right)^{0{,}53}\right] \quad \textbf{(8.32)}$$

$$F_2' = F_r\left[\frac{1}{2}\left(\frac{z}{H}\right)^2 + \frac{\beta^2}{2} - \frac{\beta^3}{3} + \frac{n^2}{24} + \beta\,\frac{z}{H} - \frac{\beta^2}{2}\frac{z}{H} + \right.$$
$$\left. + \frac{\mu}{2} - \frac{W_X}{\gamma H^2}\left(\frac{X_X}{H} + \frac{n}{2} - k_1 k_2 + \frac{1}{2}\frac{W_X}{\gamma H^2}\right)\right] \quad \textbf{(8.33)}$$

em que a é a altura de instalação da camada de reforço acima da base do aterro (Fig. 8.11) e F_r é o fator de segurança estabelecido para o aterro reforçado.

A força de tração requerida no reforço para se ter um fator de segurança F_r para o círculo crítico tangente à horizontal na profundidade z é dada por:

$$T = \frac{\alpha_2}{L_a/H}\gamma H^2 \quad \textbf{(8.34)}$$

com

$$\alpha_2 = F_r\left(\frac{z}{H} + \beta - \frac{\beta^2}{2}\right)\frac{Y_o}{H} - F_2' - F_1\left(\frac{Y_o}{H}\right)^{1,47} \quad \textbf{(8.35)}$$

$$\frac{L_a}{H} = \frac{Y_o}{H} - \frac{z + a}{H} \quad \textbf{(8.36)}$$

Caso se considere a força de tração no reforço tangente ao círculo na interseção com a camada de reforço, o valor de X_o também é dado pela Eq. 8.15 e Y_o é dado por:

$$\frac{Y_o}{H} = 1{,}672\left(\frac{F_2'}{F_1}\right)^{0,68} \quad \textbf{(8.37)}$$

Para a força no reforço tangente à superfície de ruptura, a força requerida no reforço também é dada pela Eq. 8.34, mas com L_a obtido por:

$$L_a = Y_o \quad \textbf{(8.38)}$$

Como nos métodos de Low (1989) e Low et al. (1990), o cálculo deve ser repetido para diferentes profundidades a fim de determinar as profundidades críticas, para as quais o fator de segurança é mínimo no caso sem reforço e a força de tração requerida é máxima no caso reforçado.

Para cada profundidade de cálculo, devem ser verificadas as condições geométricas apresentadas na Fig. 8.11 para a utilização do método. Essas condições são:

- *Primeira condição:* o centro do círculo deve ter cota igual ou superior à da base da zona trincada do aterro. Assim:

$$\frac{Y_o}{H} \geq \beta + \frac{z}{H} \quad \textbf{(8.39)}$$

- *Segunda condição:* tanto a berma como o canal de drenagem, se existentes, devem estar compreendidos pela massa deslizante definida pela superfície circular de deslizamento e pelos contornos do problema (como na Fig. 8.11). Assim:

$$\frac{Y_o}{H} \geq 0{,}5\left[\frac{z}{H} + \frac{\left(\frac{n}{2} - k_1 k_2 + \frac{W_X}{\gamma H^2} + \frac{X_s}{H}\right)^2}{\frac{z}{H}}\right] \quad \textbf{(8.40)}$$

em que X_s é a distância, ao longo da horizontal, entre a extremidade do canal e o eixo Y (distância entre os pontos S e E na Fig. 8.11).

- *Terceira condição:* a extremidade da superfície de deslizamento (ponto I' na Fig. 8.11) deve se situar sobre a plataforma do aterro ou abaixo dela. Assim:

$$nH \leq X_{I'} \leq nH + b \quad \textbf{(8.41)}$$

ou

$$\frac{Y_o}{H} \leq \frac{1}{2}\left[\frac{\left(\frac{n}{2} + k_1 k_2 - \frac{W_X}{\gamma H^2}\right)^2}{\beta + \frac{z}{H}} + \beta + \frac{z}{H}\right] \quad \textbf{(8.42)}$$

e

$$\frac{Y_o}{H} \leq \frac{1}{2}\left[\frac{\left(\frac{n}{2} + k_1 k_2 - \frac{W_X}{\gamma H^2} + \frac{b}{H}\right)^2}{\beta + \frac{z}{H}} + \beta + \frac{z}{H}\right] \quad \textbf{(8.43)}$$

em que $X_{I'}$ é a abscissa do ponto I' e b é a largura da plataforma do aterro (Fig. 8.11).

8.3.3 Conceito de deformação de compatibilidade: abordagens de Rowe e Soderman (1985) e Hinchberger e Rowe (2003)

Como comentado anteriormente, uma limitação muito importante dos métodos de equilíbrio-limite é a impossibilidade de considerar deformações no maciço. Por isso, a ruptura ou a perda de serviciabilidade do aterro pode ocorrer antes que a máxima resistência à tração do reforço possa ser mobilizada. Essa mobilização de força pode ser obtida por métodos mais sofisticados, como o método dos elementos finitos. Um exemplo da influência da deformação do sistema em sua estabilidade é apresentado na Fig. 8.12, cujos resultados foram obtidos por análises por elementos finitos. Nessa figura, a altura útil (ou líquida) do aterro é definida como a altura de aterro acima do nível original do terreno de fundação (espessura total do aterro menos seu recalque). Pode-se observar que a ruptura do aterro ocorreu para uma deformação de tração mobilizada no reforço de 5,1%, o que pode ser bem menor que sua deformação máxima de ruptura por tração.

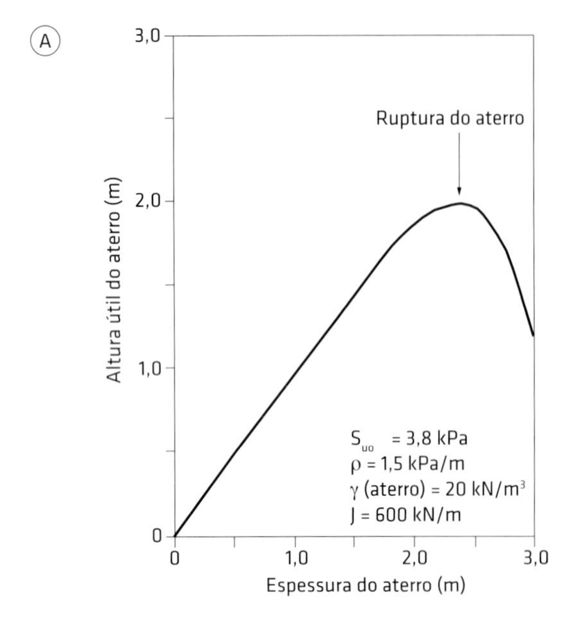

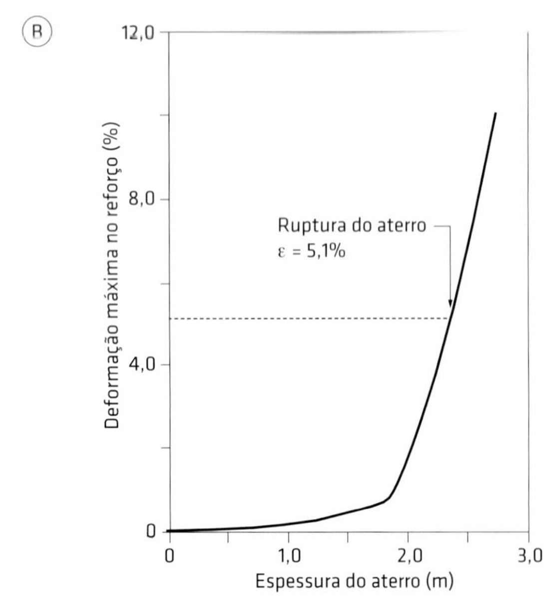

Fig. 8.12 Máxima altura útil do aterro e deformação de compatibilidade admissível do reforço: (A) altura útil *versus* espessura do aterro e (B) deformação *versus* espessura do aterro
Fonte: modificado de Hinchberger e Rowe (2003).

Rowe e Soderman (1985) apresentaram uma solução para determinar a deformação esperada no reforço utilizando um programa de elementos finitos. Desse modo, a análise por método de equilíbrio-limite deve utilizar como força de tração mobilizada no reforço o valor de sua rigidez à tração multiplicado pela deformação esperada, e não a resistência à tração (última) do reforço. Nas análises feitas por esses autores, foram admitidas as condições apresentadas na Fig. 8.13, para as faixas de variação de parâmetros relevantes nesse tipo de análise apresentadas na Tab. 8.2. Eles consideram que a ruptura de um aterro reforçado ocorre quando a resistência ao cisalhamento do solo é totalmente mobilizada ao longo da superfície de ruptura ou se: (a) o reforço romper, (b) a interface solo-reforço romper ou (c) a deformação máxima no reforço atingir a deformação de compatibilidade admissível. As condições (a) e (b) seriam típicas de reforços com elevada resistência e rigidez à tração. Já a condição (c) seria típica de reforços menos rígidos e depósitos de solo mole mais espessos.

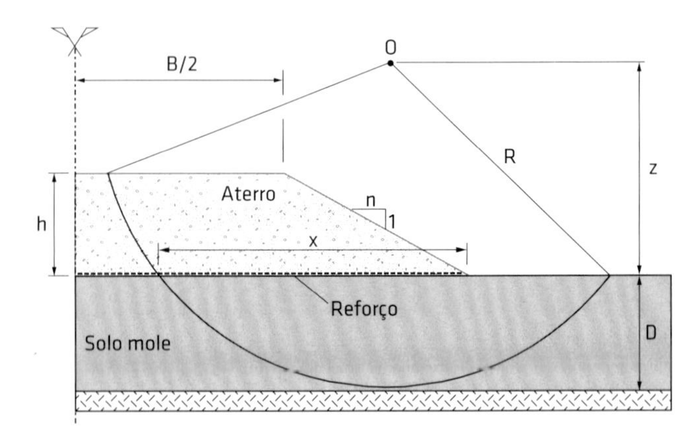

Fig. 8.13 Configuração geométrica admitida nas análises de Rowe e Soderman (1985)

Baseados em análises por elementos finitos, Rowe e Soderman (1985) obtiveram a deformação de compatibilidade admissível (ε_a) em função do seguinte parâmetro adimensional:

$$\Omega = (\gamma_a H_c / S_u)(S_u / E_u)(D / B)_e^2 \quad \textbf{(8.44)}$$

em que γ_a é o peso específico do solo de aterro; H_c, a altura crítica (de ruptura) do aterro sem reforço; S_u, a resistência não drenada do solo de fundação; E_u, o módulo de Young do solo de fundação sob condições não drenadas; e $(D/B)_e$, a razão efetiva entre a espessura do solo mole (D) e a largura da plataforma do aterro (B), que pode assumir os seguintes valores em função da razão D/B:

Para $D/B < 0{,}2 \Rightarrow (D/B)_e = 0{,}2$ **(8.45)**

Para $0{,}2 \leq D/B \leq 0{,}42 \Rightarrow (D/B)_e = D/B$ **(8.46)**

Para $0{,}42 < D/B \leq 0{,}84 \Rightarrow (D/B)_e = 0{,}84 - D/B$ **(8.47)**

Para $0{,}84 < D/B \Rightarrow (D/B)_e = 0$ **(8.48)**

Os autores observaram que, para relações $D/B > 0{,}84$, a presença do reforço não influencia a estabilidade do aterro no caso de mecanismos de ruptura profundos, embora possa melhorar as condições de estabilidade local em suas bordas.

Tab. 8.2 FAIXAS DE VALORES DE ALGUNS PARÂMETROS ADMITIDAS NAS ANÁLISES DE ROWE E SODERMAN (1985)

Dimensões geométricas admitidas	Faixa de valores analisados
D (m)	3 a 15
B (m)	10 a 30
n	2 e 4
D/B	0,11 a 0,73
Propriedades do aterro nas análises por elementos finitos	**Faixa de valores analisados**
c' (kPa)	0
ϕ' (°)	32
ν'	0,35
E' (kPa)	$= 1.000\sigma_3^{0,5}$, com σ_3 em kPa
Propriedades do solo mole nas análises por elementos finitos	**Faixa de valores analisados**
S_u (kPa)	3,85 a 15
ϕ_u (kPa)	0
ν_u	0,48
K_o	0,5
G_s	2,7
e_o	2,5 a 12,9
γ	11 a 14,6
E_u	500 a 5.000
Propriedade do reforço	**Faixa de valores analisados**
J (kN/m)	0 a 2.000

Notas: D = espessura do solo mole de fundação; B = largura da plataforma do aterro; n = inclinação dos taludes do aterro (Fig. 8.13); c' = coesão do solo de aterro; ϕ' = ângulo de atrito do solo de aterro; ν' = coeficiente de Poisson do solo de aterro em termos de tensões efetivas; E' = módulo de Young do material de aterro; S_u = resistência não drenada (constante com a profundidade) do solo mole; ϕ_u = ângulo de atrito do solo mole em termos de tensões totais; ν_u = coeficiente de Poisson do solo mole em termos de tensões totais; K_o = coeficiente de empuxo no repouso do solo mole; G_s = densidade real das partículas do solo mole; e_o = índice de vazios inicial do solo mole; γ = peso específico saturado do solo mole; E_u = módulo de Young do solo mole sob condições não drenadas; e J = rigidez à tração do reforço.

O valor da deformação de compatibilidade admissível pode ser obtido por meio do gráfico da Fig. 8.14 em função de Ω e da inclinação dos taludes do aterro (n = 2 ou n = 4, Fig. 8.13).

Admitindo-se que o método de análise de estabilidade de taludes de Bishop para superfícies de deslizamento circulares seja aplicável, Rowe e Soderman (1985) sugerem que o fator de segurança do aterro reforçado seja então calculado pela seguinte expressão:

$$F_r = \frac{\left(\sum M_o\right) + M_T}{\sum M_a} \quad \textbf{(8.49)}$$

em que F_r é o fator de segurança do aterro reforçado; ΣM_o, o somatório dos momentos resistentes ao deslizamento (como no caso sem reforço); ΣM_a, o somatório dos momentos que auxiliam o deslizamento; e M_T, o momento estabilizante da força T no reforço, com:

$$M_T = T(R + z)/2, \text{ se } D/B \le 0{,}42 \quad \textbf{(8.50)}$$

ou

$$M_T = Tz, \text{ se } D/B > 0{,}42 \quad \textbf{(8.51)}$$

em que R é o raio do círculo e z é a distância vertical do centro do círculo à camada de reforço (Fig. 8.13).

Os autores argumentam que a utilização do braço de alavanca da força no reforço igual a z (caso da Eq. 8.51) é conservadora para todos os valores de D/B, mas conservadora demais para $D/B \le 0{,}42$. Por isso, recomendam o emprego da Eq. 8.50 caso $D/B \le 0{,}42$.

A força T a ser usada no cálculo de M_T pelas Eqs. 8.50 ou 8.51 deve ser o menor entre os seguintes valores:

- resistência à tração de dimensionamento do reforço, considerando-se os fatores de redução pertinentes; ou
- a máxima força de aderência (T_b) que pode ser desenvolvida entre o solo mole de fundação e o reforço ($T_b = \alpha S_u x$, com $0 < \alpha \le 1$ e x = distância entre o ponto de interseção entre o reforço e a superfície de ruptura e a borda do aterro, com $x \le B/2 + nh$, Fig. 8.13) – nesse caso, admite-se que o solo mole possa escoar sob a base do aterro reforçado; ou
- força de tração mobilizada, calculada como a deformação de compatibilidade admissível (ε_a, Fig. 8.14) multiplicada pela rigidez à tração secante do reforço (J) para uma deformação igual a ε_a.

Hinchberger e Rowe (2003) apresentaram uma solução para determinar a deformação de compatibilidade no reforço no caso de solo mole com resistência não drenada crescendo linearmente com a profundidade. Também por análises por elementos finitos, esses autores concluíram que, para valores de rigidez à tração do reforço (J) abaixo

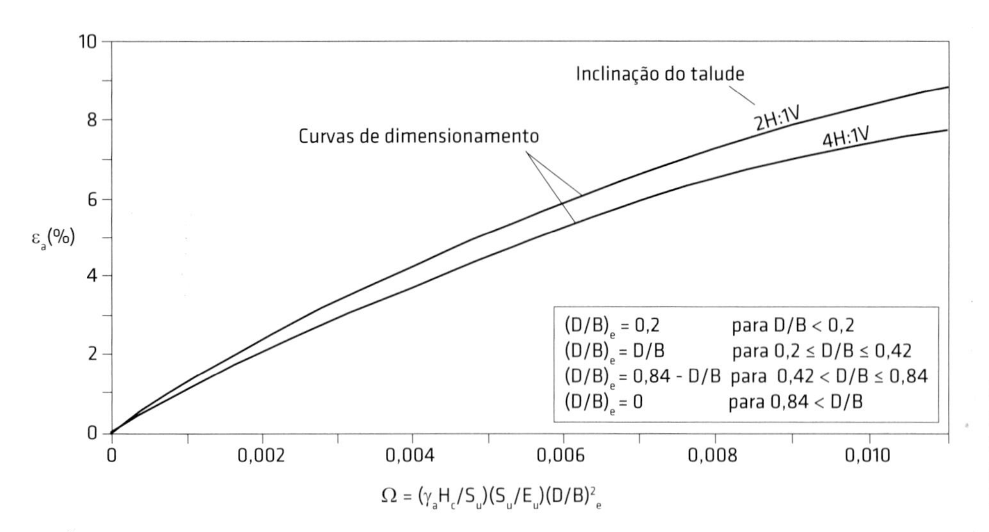

Fig. 8.14 Deformação de compatibilidade admissível no reforço *versus* parâmetro adimensional Ω
Fonte: Rowe e Soderman (1985).

de certo valor crítico (J_{crit}), a deformação no reforço na ruptura do aterro, determinada usando a máxima altura útil de aterro, foi praticamente constante. Essa deformação foi por eles denominada deformação crítica (ε_o). Assim, de forma análoga ao caso abordado por Rowe e Soderman (1985), no método de equilíbrio-limite a força de tração a ser utilizada na análise de estabilidade deve ser igual àquela obtida em função da deformação mobilizada (deformação de compatibilidade), e não necessariamente a força máxima de tração a que o reforço pode resistir. Ou, alternativamente, pode-se determinar a força de tração necessária no reforço para estabilizar o aterro para um determinado fator de segurança e obter a rigidez à tração necessária para o reforço dividindo-se aquela força pela deformação de compatibilidade (para reforços com relação carga-deformação linear).

Hinchberger e Rowe (2003) observaram que análises por equilíbrio-limite utilizando a força de tração mobilizada para a deformação ε_o superestimaram o efeito estabilizante do reforço para casos em que $J > J_{crit}$. Para tais situações, eles propõem o emprego de um fator de correção α_r na determinação da rigidez à tração do reforço, que pode ser obtido na Tab. 8.3.

Tab. 8.3 FATOR DE CORREÇÃO PARA A RIGIDEZ DO REFORÇO (α_r) – SOLO DE FUNDAÇÃO COM RESISTÊNCIA CRESCENDO LINEARMENTE COM A PROFUNDIDADE

Valor de $(H - H_{sr})/(H_{rmax} - H_{sr})$	Fator de correção (α_r)
≤ 0,7	1,00
0,8	1,15
0,9	1,4
1,0	2,0

Notas: H = espessura total de projeto do aterro; H_{sr} = altura de colapso do aterro no caso sem reforço; H_{rmax} = altura máxima possível para um aterro reforçado, admitindo-se o conceito de placa rugosa rígida sobre o solo de fundação, de acordo com Rowe e Soderman (1987).
Fonte: Hinchberger e Rowe (2003).

Com base em análises por elementos finitos de aterros sobre solos moles com resistência não drenada aumentando linearmente com a profundidade, Hinchberger e Rowe (2003) obtiveram o gráfico apresentado na Fig. 8.15 para a determinação da deformação de compatibilidade (ε_a) em função da altura de ruptura do aterro sem reforço (H_{sr}) e da taxa de aumento da resistência não drenada com a profundidade (ρ).

Em razão do exposto, a abordagem de Hinchberger e Rowe (2003) para o dimensionamento de aterros reforçados utilizando a deformação de compatibilidade consiste nos seguintes passos:

1. Aplica-se um fator de segurança parcial (F_p) em S_{uo} (resistência não drenada na superfície do terreno) e em ρ para efeito de dimensionamento, obtendo-se $S_{uo}^* = S_{uo}/F_p$ e $\rho^* = \rho/F_p$.
2. Com o emprego de método de equilíbrio-limite (superfície circular, se aplicável), determina-se a altura de ruptura do aterro sem reforço (H_{sr}) para S_{uo}^* e ρ^*.

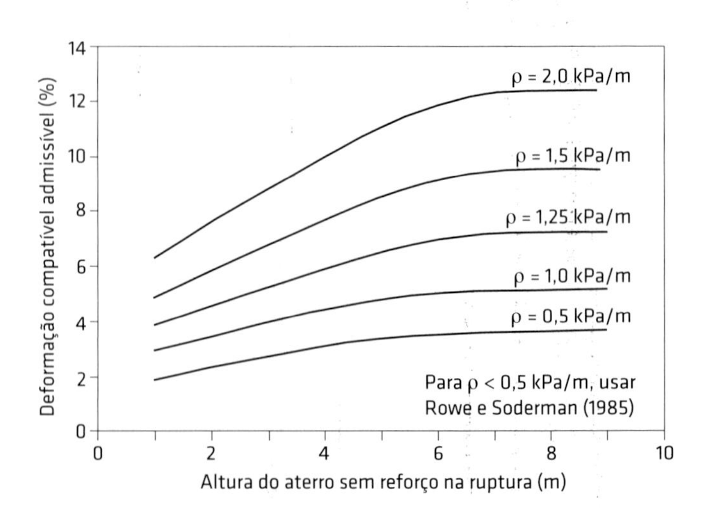

Fig. 8.15 Gráfico para a obtenção da deformação de compatibilidade do reforço
Fonte: Hinchberger e Rowe (2003).

3. Determina-se a maior altura possível (H_{rmax}) para o aterro reforçado (com o uso de S_{uo}* e ρ*) admitindo-se o conceito de placa rígida sobre o solo de fundação (Fig. 8.3). Se H_{rmax} for maior que a altura de projeto do aterro (H), então a altura de projeto poderá ser atingida com a utilização de reforço geossintético.
4. Para a altura H_{sr} do aterro sem reforço e ρ*, determina-se a deformação de compatibilidade (ε_a) pelo gráfico da Fig. 8.15. Não é necessário aplicar fator de segurança a essa deformação, uma vez que o fator de segurança parcial (F_p) já foi aplicado à resistência do solo de fundação.
5. Com o emprego de método de equilíbrio-limite, determina-se a força de tração requerida no reforço (T_r) para a altura de projeto do aterro (H).
6. A rigidez à tração mínima do reforço (J_{min}) será dada por:

$$J_{min} = \alpha_r \frac{T_r}{\varepsilon_a} \quad \textbf{(8.52)}$$

com α_r obtido na Tab. 8.3.
7. Um reforço com $J \geq J_{min}$ e deformação na ruptura maior que ε_a deve ser especificado.

A deformação de compatibilidade no reforço para a obtenção acurada da força de tração mobilizada só pode ser conseguida com o emprego de análises numéricas mais sofisticadas, como o método dos elementos finitos. Assim, análises por equilíbrio-limite seriam recomendadas somente para estudos preliminares ou em situações em que a ruptura do aterro não implicasse prejuízos ou danos relevantes. No caso não recomendado de utilização de métodos de equilíbrio-limite para obras de maior porte, a deformação admissível no reforço deve ser baixa (tipicamente, inferior a 3%), uma vez que tais métodos não permitem obter a deformação de compatibilidade.

Exemplo 8.3

Pretende-se construir um aterro com 4,0 m de altura e talude com inclinação com a horizontal igual a 1:2 (V:H) sobre uma camada de argila mole saturada com 8 m de espessura e resistência não drenada crescendo linearmente com a profundidade. O material a ser utilizado como aterro tem peso específico igual a 20 kN/m³, coesão nula e ângulo de atrito igual a 33°. A resistência não drenada na superfície do solo mole (S_{uo}) é igual a 13 kPa e a taxa de crescimento com a profundidade (ρ) é igual a 1,95 kPa/m. Adotando-se um fator de segurança parcial de 1,3 para os parâmetros de resistência do solo de fundação, estimar o valor da rigidez à tração mínima requerida para o reforço pelo critério de deformação de compatibilidade de Hinchberger e Rowe (2003).

Resolução

Para um fator de segurança parcial (F_p) de 1,3 para a resistência do solo de fundação, têm-se:

$$S_{uo}^* = \frac{S_{uo}}{F_p} = \frac{13}{1{,}3} = 10 \text{ kPa}$$

$$\rho^* = \frac{\rho}{F_p} = \frac{1{,}95}{1{,}3} = 1{,}5 \text{ kPa/m}$$

No Exemplo 8.1, para as mesmas condições geométricas e de resistência do solo de fundação, obteve-se uma altura máxima do aterro reforçado ideal igual a 7 m por Rowe e Soderman (1987) (seção 8.2). Assim, é possível a construção do aterro com a altura proposta de 4 m.

Com o emprego da abordagem de Low (1989) para a estimativa da altura máxima sem reforço (H_{sr}) variando-se o valor da altura de aterro e utilizando-se as Eqs. 8.10 e 8.11 e a Fig. 8.9, obtém-se H_{sr} igual a 3,85 m. Os resultados desses cálculos são apresentados na Tab. 8.4, em que se observa um fator de segurança unitário (para S_{uo}* e ρ*) na profundidade de tangência de círculos igual a 3 m.

Tab. 8.4 RESULTADOS POR LOW (1989) PARA H_{sr} = 3,85 M

z (m)	S_{uz} (kPa)	S_{ueq} (kPa)	$S_{ueq}/\gamma H$	z/H	N_1	N_2	λ	F_o
2	13,00	11,95	0,16	0,52	4,55	1,74	0,27	1,01
3	14,50	12,93	0,17	0,78	4,75	1,30	0,24	1,00
4	16,00	13,90	0,18	1,04	4,86	1,04	0,23	1,03
5	17,50	14,88	0,19	1,30	4,94	0,87	0,22	1,08
6	19,00	15,85	0,21	1,56	5,01	0,75	0,22	1,14
7	20,50	16,83	0,22	1,82	5,05	0,66	0,21	1,20
8	22,00	17,80	0,23	2,08	5,09	0,59	0,21	1,26

Para H_{sr} = 3,85 m e ρ* = 1,5, do gráfico da Fig. 8.15, obtém-se ε_a = 7,6% para a deformação de compatibilidade esperada no reforço.

Adotando-se o método de Low et al. (1990) para a estimativa da força no reforço (T_r) para a altura de aterro proposta (H = 4 m), obtém-se T_r = 178,5 kN/m. Esses cálculos (para $S_{uo} = S_{uo}$* = 10 kPa e ρ = ρ* = 1,5 kPa/m) já foram realizados no Exemplo 8.2 e os resultados obtidos estão apresentados na Tab. 8.1.

Para a determinação de α_r na Tab. 8.3, tem-se:

$$\frac{H - H_{sr}}{H_{max} - H_{sr}} = \frac{4 - 3{,}85}{7 - 3{,}85} = 0{,}05 \Rightarrow \alpha_r\left(\text{Tab. } 8.3\right) = 1{,}0$$

Assim, a rigidez à tração requerida para o reforço é dada pela Eq. 8.52:

$$J_{min} = \alpha_r \frac{T_r}{\varepsilon_a} = 1 \times \frac{178{,}5}{0{,}076} \Rightarrow J_{min} \cong 2.350 \text{ kN/m}$$

O reforço a ser especificado deve ter $J \geq 2.350$ kN/m e deformação na ruptura superior a 7,6%. Notar que nesses cálculos já está embutido um fator de segurança de 1,3 nos parâmetros de resistência do solo mole.

8.3.4 Especificação do reforço

Vários aspectos devem ser considerados na especificação do elemento de reforço, como características do aterro, limites de deformações, requisitos para a operação do aterro e consequências de uma ruptura. Os principais aspectos relativos ao reforço a serem levados em conta são a resistência e a rigidez à tração, a aderência entre o reforço e os solos, as características de fluência, a resistência a danos mecânicos e a durabilidade. O comportamento à fluência e a durabilidade podem não ser relevantes se o período em que o reforço for necessário para manter a obra estável for curto. Isso pode ocorrer quando o acréscimo de resistência do solo de fundação devido ao processo de adensamento se tornar suficiente para manter a estabilidade do aterro. Caso contrário, o reforço pode ser necessário durante toda a vida útil do aterro, o que torna mais importantes as considerações relativas a seu comportamento à fluência e sua durabilidade.

Com relação à resistência à tração, a força de dimensionamento deve atender à seguinte condição:

$$T_d = \frac{T_{ref}}{FR_{Gl}} \geq T \tag{8.53}$$

em que T_d é a resistência de dimensionamento à tração do reforço; T_{ref}, a resistência de referência do reforço (ver Cap. 3) para a qual se garante que ele não romperá por fluência antes do final da vida útil da obra; FR_{Gl}, o fator de redução global para a resistência à tração do reforço; e T, o esforço de tração requerido para a estabilidade do aterro, calculado por um dos métodos apresentados anteriormente, por exemplo.

O valor de FR_{Gl} é obtido por:

$$FR_{Gl} = FR_{mat} FR_{dm} FR_{amb} \tag{8.54}$$

em que FR_{mat} é o fator de redução para levar em conta incertezas em relação ao material de reforço (nível de extrapolação de resultados de ensaios, por exemplo); FR_{dm}, o fator de redução para levar em conta danos mecânicos; e F_{amb}, o fator de redução para levar em conta a agressividade do ambiente em que o reforço está enterrado (danos químicos, biológicos etc.).

No Cap. 3 são apresentadas sugestões de valores para esses fatores de redução.

Caso haja limites para as deformações do aterro, o problema se torna mais complexo, e a análise geralmente requer o uso de ferramentas de projeto mais sofisticadas, como programas computacionais utilizando o método de elementos finitos, por exemplo. Uma forma indireta de tentar reduzir as deformações do aterro é impor uma deformação-limite pequena no reforço (por exemplo, de 1% a 4%). Nesse caso, a rigidez à tração requerida para o reforço seria dada pela razão entre sua resistência à tração e a deformação-limite estabelecida, para uma relação carga-deformação do reforço linear e obedecendo-se ao conceito de deformação de compatibilidade do reforço (Rowe; Soderman, 1985; Hinchberger; Rowe, 2003). Entretanto, esse procedimento pode somente garantir baixa deformação no reforço, e, ainda assim, a repercussão sobre a obra como um todo tem que ser verificada com ferramentas de análise mais sofisticadas.

Antes da instalação do reforço, devem ser retirados do terreno elementos contundentes que possam danificá-lo (tocos, raízes, pedras etc.). Especial atenção deve ser dada às emendas de painéis de reforço, uma vez que a resistência das emendas não pode ser inferior à resistência de tração de dimensionamento do reforço. No caso de transpasse de extremidades de painéis de reforço, é necessário também garantir que a aderência entre as superfícies em contato no transpasse gere uma força de atrito superior ou igual à resistência à tração de dimensionamento do reforço. Os comprimentos de transpasse não devem ser inferiores a 0,5 m em construções com bom controle de qualidade na execução. Devem ser evitadas emendas e transpasses paralelos ao eixo longitudinal do aterro. Mais informações sobre processos executivos de aterros reforçados sobre solos moles são apresentadas na seção 8.6.

8.3.5 Condições de ancoragem do reforço

A força necessária no reforço para a estabilização do aterro só será mobilizada caso suas extremidades sejam convenientemente ancoradas. Assim, faz-se necessária a verificação das condições de ancoragem à direita e à esquerda do ponto de interseção da superfície crítica com a camada de reforço, como esquematizado na Fig. 8.16.

O fator de segurança para as extremidades da camada de reforço pode ser calculado por:

$$F_{anc} = \frac{L_{anc}(\alpha S_{uo} + a_{sr}) + W_{at} \tan\delta_{sr}}{T} \tag{8.55}$$

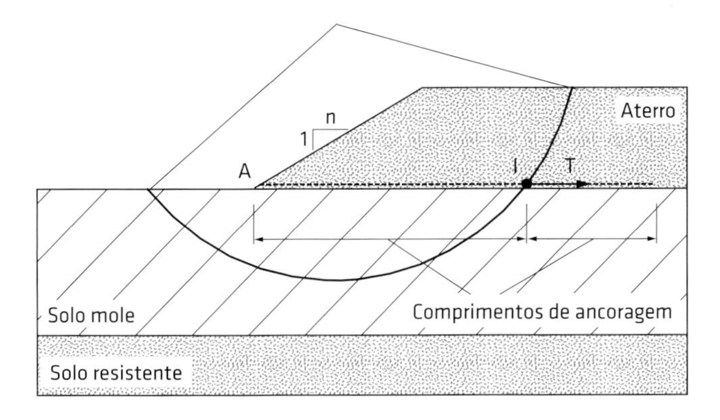

Fig. 8.16 Verificação da ancoragem do reforço

em que F_{anc} é o fator de segurança contra a ruptura por ancoragem; L_{anc}, o comprimento de ancoragem considerado (Fig. 8.16); α, a razão entre a tensão cisalhante mobilizada na interface reforço-solo mole e a resistência não drenada do solo mole em sua superfície (S_{uo}), caso o reforço esteja em contato direto com o solo mole; a_{sr}, a adesão entre o aterro e o reforço; W_{at}, o peso do material de aterro sobre o trecho de ancoragem considerado; δ_{sr}, o ângulo de atrito entre o aterro e o reforço; e T, a força de tração requerida no reforço.

Caso a camada de reforço esteja embutida no aterro (por exemplo, sobre um colchão drenante), a Eq. 8.55 deve ser convenientemente adaptada para as condições de aderência nas faces superior e inferior da camada de reforço.

8.3.6 Considerações complementares

Deve-se ter em mente que as distintas hipóteses assumidas em métodos de equilíbrio-limite para análises de estabilidade de taludes tendem a fornecer resultados diferentes para fatores de segurança e para a força de tração requerida no reforço. Isso é particularmente relevante no caso de materiais de aterro coesivos. Por exemplo, a Fig. 8.17 apresenta a variação da força de tração requerida em um reforço geossintético com a coesão do material de aterro para ter-se um fator de segurança global igual a 1,3 em um aterro com 3 m de altura construído sobre solo mole com resistência não drenada constante com a profundidade e para as condições geométricas esquematizadas na figura. Note-se que, para aterros não coesivos, as diferenças entre os valores obtidos para a força no reforço são relativamente pequenas, com exceção da previsão pelo método de Fellenius, reconhecidamente conservador. Entretanto, para coesões maiores que zero, as diferenças podem ser significativas, dependendo do método de análise utilizado. Os desvios entre os resultados são consequência dos diferentes modos de considerar a contribuição da coesão do aterro nos métodos de análise. Por exemplo, se o aterro coesivo é considerado trincado ou não trincado – caso do método de Jewell (1987) na Fig. 8.17. Assim, o projetista deve estar atento a esses tipos de variação e suas implicações na segurança da obra.

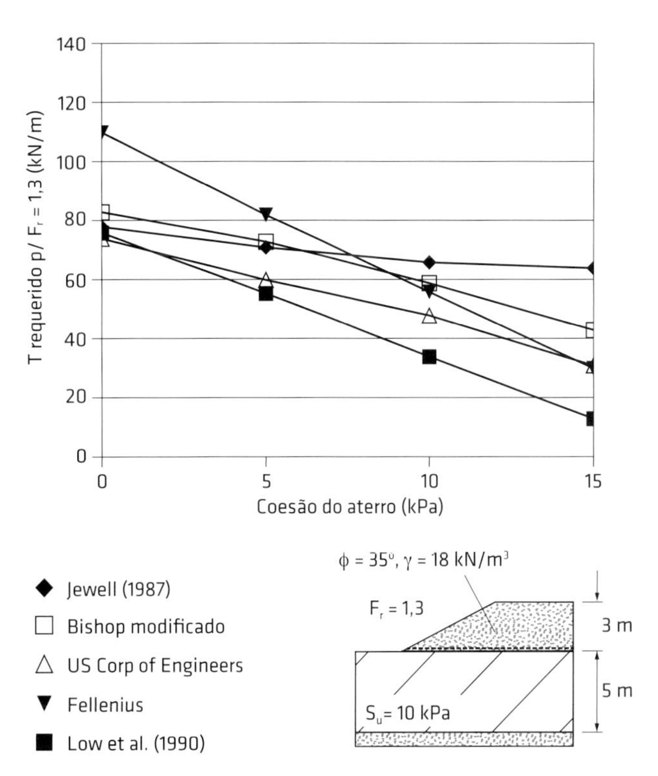

Fig. 8.17 Comparação de previsões por diferentes métodos para aterros coesivos
Fonte: Silva (1996).

Palmeira, Pereira e Silva (1998) observaram que métodos de equilíbrio-limite para a análise de estabilidade de aterros reforçados podem ser ferramentas úteis, mas cuidados devem ser tomados em situações de argilas muito plásticas, sensíveis ou com relações tensão-deformação-tempo mais complexas. Esses autores recomendam que não se adotem valores de fatores de segurança inferiores a 1,3 em aterros reforçados.

Comumente, a camada de reforço é instalada na base do aterro, sobre o solo de fundação. Essa posição maximiza a contribuição do reforço para a estabilidade do aterro contra um processo de ruptura generalizada. Por vezes, o reforço tem que ser instalado a certa altura acima da superfície do solo mole (Fig. 8.18A), como é o caso quando da presença de um colchão drenante na base do aterro que trabalhará de forma associada a drenos verticais. Em outras situações, pode ser necessária, ou mais economicamente interessante, a utilização de mais camadas de reforço com menor resistência, em contraposição a uma única camada mais resistente, conforme esquematizado na Fig. 8.18B. Nessas situações, há que se notar que, no

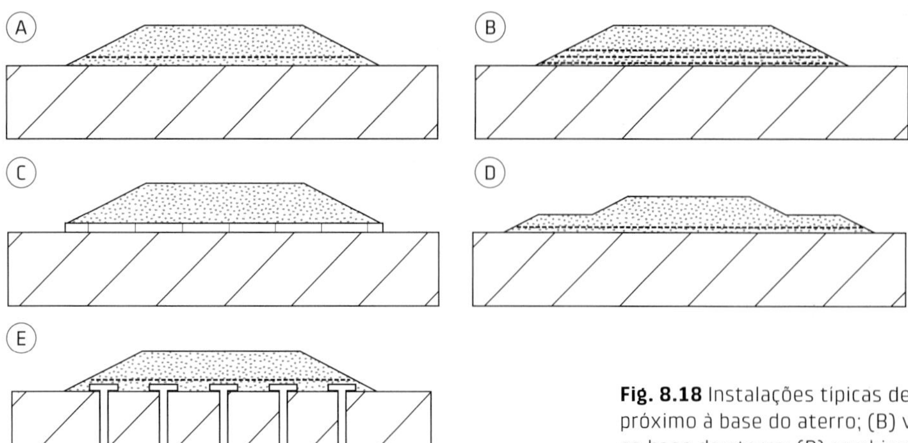

Fig. 8.18 Instalações típicas de camadas de reforço: (A) reforço próximo à base do aterro; (B) várias camadas de reforço; (C) geocélula na base do aterro; (D) combinação bermas-reforço; (E) aterros sobre colunas ou estacas

caso de análises de estabilidade com métodos de equilíbrio-limite, a presença de várias camadas altera a posição do ponto de atuação da resultante das forças de tração nos reforços, e isso deve ser considerado nos cálculos. Assim, é mais interessante que as camadas se concentrem na parte do aterro mais próxima à interface com o solo mole. Geocélulas podem também ser empregadas na base do aterro, atuando como reforço e reduzindo recalques diferenciais (Fig. 8.18C). Combinações de reforço com bermas de equilíbrio (Fig. 8.18D) também podem ser adotadas como forma de reduzir a força necessária na camada de reforço para garantir a estabilidade do aterro. Entretanto, tal combinação é rara, pois aumenta desnecessariamente o volume de aterro, requer mais tempo para a construção e necessita de mais espaço lateral para a execução das bermas. A camada de geossintético pode também ser usada em combinação com estacas ou colunas granulares no solo de fundação, como mostrado na Fig. 8.18E. Nesse caso, as colunas ou estacas também contribuem para manter a estabilidade da obra, e o objetivo principal típico da utilização desses elementos é a redução dos recalques do aterro, como será visto na próxima seção.

8.4 Aterros sobre estacas e colunas granulares

A utilização de estacas ou colunas granulares sob o aterro pode ser necessária quando se tem que reduzir os recalques e a movimentação lateral do solo mole de fundação. O arqueamento do solo de aterro entre as estacas, ou capitéis, reduz de forma substancial as tensões transferidas para o solo de fundação. A adoção de camada de reforço geossintético reduz ainda mais as tensões que atingem a fundação e promove uma melhor distribuição de carga entre as estacas, ou colunas granulares. A redução das tensões transferidas ao solo de fundação ocorre devido à contribuição do efeito membrana, como exibido na Fig. 8.19A. Outra utilização de camadas de reforço visa à formação de uma plataforma de transferência de cargas

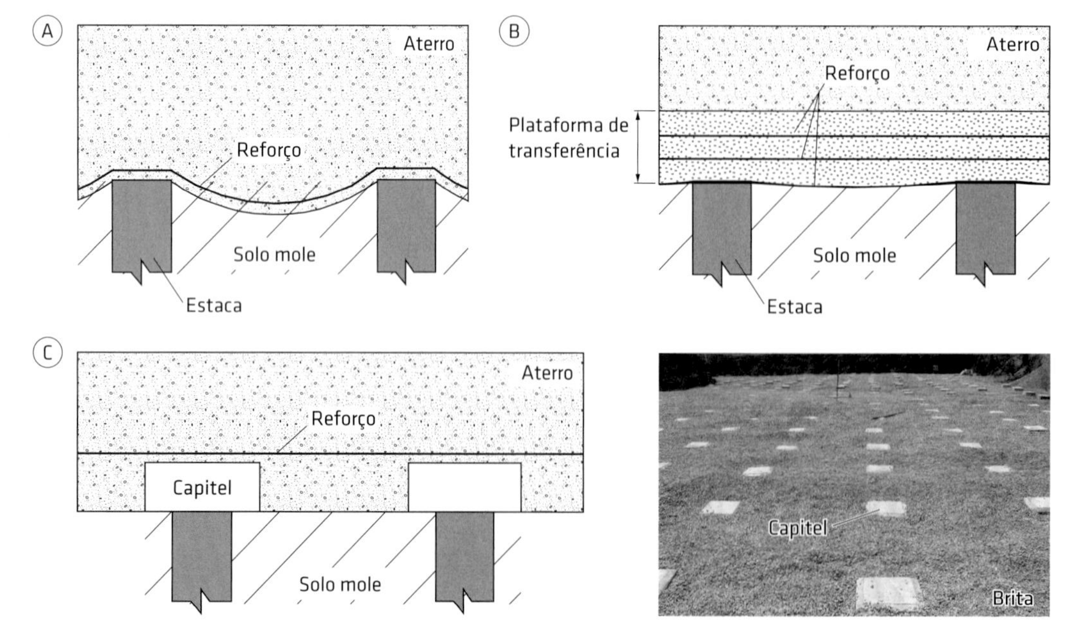

Fig. 8.19 Arranjos das camadas de reforço: (A) camada única – membrana; (B) plataforma de transferência; (C) utilização de capitéis

para as estacas, como esquematizado na Fig. 8.19B. Nesse caso, mais de uma camada de reforço é necessária, e os reforços aumentam a rigidez da massa de solo na região em que estão instalados, como se formassem uma placa com maior rigidez. O uso de capitéis sobre as estacas ou colunas (Fig. 8.19C) é bastante comum, pois reduz de forma mais eficiente e econômica o vão livre entre as estacas.

8.4.1 Aterros sobre estacas e colunas granulares

Para o dimensionamento de um aterro sobre colunas com a utilização de camada de geossintético funcionando como membrana (Fig. 8.19A), é necessário inicialmente calcular as tensões a serem transferidas para as colunas e para a fundação. Esse mecanismo de transferência é complexo, e diversas soluções para o problema podem ser encontradas na literatura. Devido às simplificações adotadas nas análises, a acurácia das soluções existentes ainda está sujeita a debates (Russel; Pierpoint, 1997; Love; Milligan, 2003, por exemplo). Com base em estudos de arqueamento de solos realizados por Terzaghi (1943), Russel e Pierpoint (1997) apresentaram a seguinte equação para a tensão vertical sobre a cabeça da estaca (ou capitel) no caso sem reforço:

$$\frac{p_r}{\gamma H} = \frac{(s^2 - a^2)}{4HaK\tan\phi}\left(1 - e^{\frac{-4aHK\tan\phi}{(s^2-a^2)}}\right) \quad (8.56)$$

em que p_r é a tensão vertical ao nível da cabeça da estaca, coluna ou capitel; s, o espaçamento entre estaca (distância entre centros de estacas); γ, o peso específico do material de aterro; H, a altura do aterro; K, o coeficiente de empuxo; a, a largura do capitel (quadrado em planta); e ϕ, o ângulo de atrito do material de aterro.

Hewlett e Randolph (1988) estudaram o mecanismo de arqueamento do material de aterro sobre estacas em um domo hemisférico de areia entre os capitéis. Com base em resultados de ensaios em modelos em areia e no uso da teoria da plasticidade, esses autores propuseram as equações a seguir para as tensões verticais.

Pressão sobre o reforço na condição de ruptura na coroa do domo de solo arqueado:

$$\frac{p_r}{\gamma H} = \left(1 - \frac{a}{s}\right)^{2(K_p-1)}\left[1 - \frac{s}{\sqrt{2}H}\left(\frac{2K_p - 2}{2K_p - 3}\right)\right] + \frac{s-a}{\sqrt{2}H}\left(\frac{2K_p - 2}{2K_p - 3}\right) \quad (8.57)$$

Pressão sobre o reforço na condição de ruptura do arco no capitel:

$$\frac{p_r}{\gamma H} = \frac{1}{\left(\frac{2K_p}{K_p+1}\right)\left[\left(1-\frac{a}{s}\right)^{(1-K_p)} - \left(1-\frac{a}{s}\right)\left(1+\frac{a}{s}K_p\right)\right] + 1 - \frac{a^2}{s^2}} \quad (8.58)$$

com

$$K_p = \frac{1+\sin\phi}{1-\sin\phi} \quad (8.59)$$

No caso reforçado, o valor da tensão vertical sobre a camada de reforço no trecho entre as estacas, ou os capitéis, deve ser o maior entre os valores obtidos pelas Eqs. 8.57 e 8.58.

O valor da tensão vertical (p_r) é utilizado no cálculo da força de tração mobilizada no reforço geossintético trabalhando como membrana. Para isso, os métodos britânico e alemão são os mais populares e são descritos nas próximas seções.

Método britânico (BS8006 – BS, 2010)

Inicialmente, deve-se calcular o espaçamento necessário entre estacas, ou colunas, dado por:

$$s = \sqrt{\frac{Q_{adm}}{\gamma H + q}} \quad (8.60)$$

em que s é o espaçamento entre estacas (arranjo quadrado em planta); Q_{adm}, a carga admissível na estaca; γ, o peso específico do material de aterro; H, a altura de aterro acima da camada de reforço; e q, a sobrecarga na superfície do aterro.

A Fig. 8.20 esquematiza as condições geométricas admitidas pelo método. Nessa fase, para efeito de cálculo, admite-se que a camada de reforço seja instalada diretamente sobre o capitel. Entretanto, na execução da obra, isso deve ser evitado para reduzir a possibilidade de dano ao geossintético, como será discutido adiante. O método também admite uma malha quadrada para a distribuição das estacas em planta e despreza a contribuição do solo de fundação. Desprezar a contribuição desse solo resulta

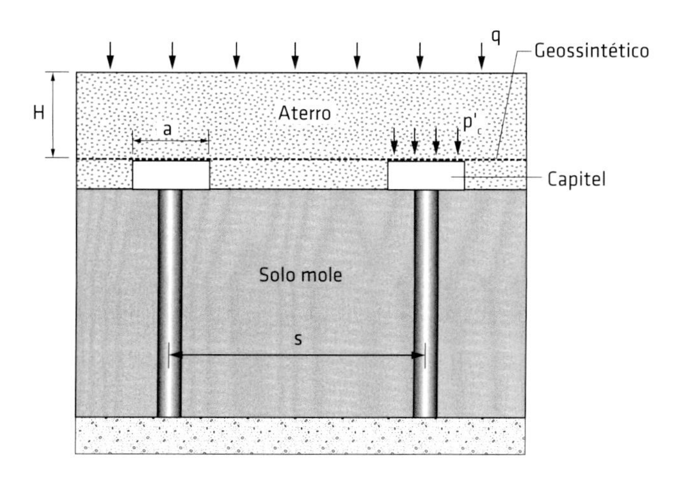

Fig. 8.20 Configuração geométrica admitida no método britânico
Fonte: modificado de BS (2010).

em uma abordagem mais conservadora; entretanto, com o tempo, essa contribuição pode realmente desaparecer devido ao adensamento da camada mole em decorrência de acréscimos de tensões ou flutuação do nível d'água freático.

A tensão vertical atuante sobre o capitel é obtida por:

$$\frac{p_c'}{\gamma H+q}=\left(\frac{C_c a}{H}\right)^2 \quad \textbf{(8.61)}$$

em que p'_c é a tensão vertical sobre o capitel; a, a largura do capitel (no caso de capitel circular, a é igual ao lado do quadrado com área em planta igual à do capitel circular – BS, 2010); e C_c, o coeficiente de arqueamento do solo, que pode ser obtido pelas expressões a seguir.

Para estacas rígidas resistindo na ponta:

$$C_c=1{,}95\frac{H}{a}-0{,}18 \quad \textbf{(8.62)}$$

Para estacas resistindo por atrito lateral e outros tipos de estaca ou coluna:

$$C_c=1{,}50\frac{H}{a}-0{,}07 \quad \textbf{(8.63)}$$

A seguinte condição deve ser atendida para garantir que o mecanismo de arqueamento ocorra no interior do material de aterro:

$$H\geq 0{,}7(s-a) \quad \textbf{(8.64)}$$

A forma deformada da membrana de geossintético é esquematizada na Fig. 8.21. Para as condições apresentadas na figura, segundo o método britânico, a força distribuída (w_T) atuante sobre o reforço no trecho entre capitéis é dada por:

$$w_T=\frac{1{,}4s\gamma(s-a)}{s^2-a^2}\left[s^2-a^2\frac{p_c'}{\gamma H+q}\right] \quad \textbf{(8.65)}$$

se $H < 1{,}4\ (s - a)$ (arqueamento total)

ou

$$w_T=\frac{s(\gamma H+q)}{s^2-a^2}\left[s^2-a^2\frac{p_c'}{\gamma H+q}\right] \quad \textbf{(8.66)}$$

se $0{,}7(s - a) \leq H \leq 1{,}4\ (s - a)$ (arqueamento parcial).

Geogrelhas biaxiais devem ser preferencialmente utilizadas em aterros sobre estacas ou colunas. Entretanto, quando geogrelhas uniaxiais são empregadas, as direções com maior rigidez e resistência à tração devem ser orientadas paralela e transversalmente ao eixo do aterro, de forma alternada. Assim, se duas geogrelhas uniaxiais forem empregadas, a camada inferior, com sua direção

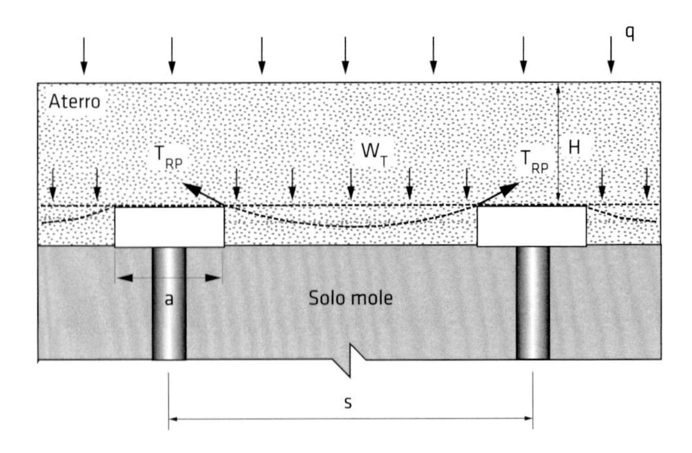

Fig. 8.21 Forma deformada do geossintético
Fonte: modificado de BS (2010).

de maior rigidez instalada na direção transversal do aterro, estará submetida a uma tensão vertical maior que a camada superior, com direção de maior rigidez instalada na direção longitudinal (Love; Milligan, 2003). Desse modo, no caso de utilização de duas geogrelhas uniaxiais sobre malha quadrada de estacas com capitéis também quadrados em planta, Love e Milligan (2003) sugerem que o valor de w_T seja obtido por:

$$w_T=p_r s \text{ ao longo da direção transversal} \quad \textbf{(8.67)}$$

e

$$w_T=p_r a \text{ ao longo da direção longitudinal} \quad \textbf{(8.68)}$$

O método britânico também admite a possibilidade de calcular w_T pelo método de Hewlett e Randolph (1988). Nesse caso, o cálculo é feito em função de eficiências (razões entre carga transmitida à estaca e peso do aterro sobre a estaca) nas condições de ruptura na coroa do arco ou no capitel. A eficiência caso a condição crítica ocorra na coroa pode ser determinada por:

$$E_{coroa}=1-\left[1-\left(\frac{a}{s}\right)^2\right](A-AB+C) \quad \textbf{(8.69)}$$

No caso de a condição crítica ocorrer no capitel, tem-se:

$$E_{cap}=\frac{\beta}{1+\beta} \quad \textbf{(8.70)}$$

com

$$A=\left[1-\left(\frac{a}{s}\right)\right]^{2(K_p-1)} \quad \textbf{(8.71)}$$

$$B=\frac{s}{\sqrt{2}H}\left(\frac{2K_p-2}{2K_p-3}\right) \quad \textbf{(8.72)}$$

$$C = \frac{s-a}{\sqrt{2}H}\left(\frac{2K_p - 2}{2K_p - 3}\right) \quad \textbf{(8.73)}$$

$$\beta = \frac{2K_p}{(K_p+1)\left(1+\frac{a}{s}\right)}\left[\left(1-\frac{a}{s}\right)^{-K_p} - \left(1+K_p\frac{a}{s}\right)\right] \quad \textbf{(8.74)}$$

em que K_p é o coeficiente de empuxo passivo do material de aterro (Eq. 8.59).

Nesse caso, o valor de w_T é dado por:

$$w_T = \frac{s(\gamma H + q)}{s^2 - a^2}(1 - E_{min})s^2 \quad \textbf{(8.75)}$$

em que E_{min} é o menor valor entre E_{coroa} e E_{cap}.

Independentemente da teoria de arqueamento utilizada, do arranjo das estacas e da geometria do aterro, o método britânico estabelece também que o reforço deve carregar, pelo menos, 15% do peso do aterro (BS, 2010), o que resulta em um valor mínimo para w_T, dado por:

$$w_{T\,min} = 0{,}15s(\gamma H + q) \quad \textbf{(8.76)}$$

em que w_{Tmin} é a força mínima distribuída sobre o reforço.

O método britânico incorpora fatores de majoração ou minoração de parâmetros geotécnicos do solo e sobrecargas.

Com o valor de w_T, a força de tração e a deformação mobilizadas no reforço podem ser obtidas por (BS, 2010):

$$T_{RP} = \frac{w_T(s-a)}{2a}\sqrt{1+\frac{(s-a)^2}{16d^2}} \quad \textbf{(8.77)}$$

e

$$\varepsilon = \frac{8d^2}{3(s-a)^2} \quad \textbf{(8.78)}$$

em que T_{RP} é a força de tração no reforço; d, a deflexão máxima do reforço; e ε, a deformação de tração no reforço.

Combinando-se as Eqs. 8.76 e 8.77, obtém-se:

$$T_{RP} = \frac{w_T(s-a)}{2a}\sqrt{1+\frac{1}{6\varepsilon}} \quad \textbf{(8.79)}$$

Assumindo-se um comportamento elástico-linear do reforço:

$$T_{RP} = J\varepsilon \quad \textbf{(8.80)}$$

em que J é a rigidez à tração do reforço.

As Eqs. 8.79 e 8.80 podem ser resolvidas iterativamente para a obtenção da força e da deformação no reforço. BS (2010) recomenda uma deformação de tração máxima de 6% e uma deformação adicional por fluência inferior a 1%. Valores menores de deformação máxima podem ser necessários para evitar recalques diferenciais na superfície do aterro. Lawson (1995), por exemplo, recomenda deformações no reforço inferiores ou iguais a 3%. O valor de T_{RP} deve ser inferior ou igual à resistência à tração de dimensionamento do reforço, com a consideração dos fatores de redução apropriados.

A força de tração mobilizada no reforço na região do talude do aterro deve ser aumentada para equilibrar o empuxo ativo na região, como esquematizado na Fig. 8.22. Nessas condições, deve-se ter:

$$T_d \geq T_{RP} + \Delta T_{RL} \text{ ao longo da direção transversal} \quad \textbf{(8.81)}$$

$$T_d \geq T_{RP} \text{ ao longo da direção longitudinal} \quad \textbf{(8.82)}$$

com

$$\Delta T_{RL} = E_A \quad \textbf{(8.83)}$$

em que T_d é a resistência à tração de dimensionamento do reforço; ΔT_{RL}, o incremento de força de tração no reforço; e E_A, o empuxo ativo no aterro.

Love e Milligan (2003) comentam que, como o método britânico é baseado na teoria de dutos sob condições bidimensionais, ele não atende às reais condições tridimensionais observadas na base de aterros sobre estacas. Comentam também que o método não satisfaz as condições de equilíbrio na direção vertical nem considera, de forma acurada, o mecanismo de arqueamento. Entretanto, o método é muito popular em diversas partes do mundo por sua simplicidade em relação a outros disponíveis.

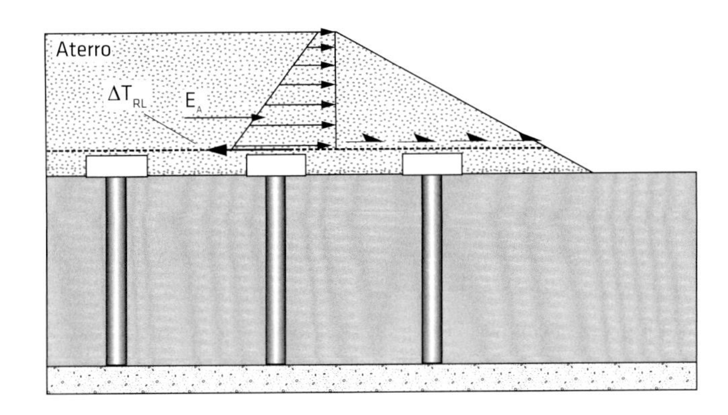

Fig. 8.22 Influência do empuxo ativo no canto do aterro

Método alemão (EBGEO, 2011)

As distribuições possíveis de estacas sob o aterro segundo o método alemão são apresentadas na Fig. 8.23 (Kempfert et al., 2004; EBGEO, 2011). O arranjo das estacas em planta pode ter forma triangular ou retangular (Fig. 8.23A,B). Os elementos de suporte junto à base do aterro podem ser as cabeças das estacas (Fig. 8.23A,B), os capitéis ou elementos lineares em forma de laje (Fig. 8.23C). Notar as diferentes definições de s no método da BS 8006 (Fig. 8.20) e no método alemão (Fig. 8.23A). O diâmetro equivalente do elemento de suporte (casos da Fig. 8.23A,B) pode ser calculado em função da área A_s do elemento de suporte por:

$$d = d_{Ers} = \sqrt{\frac{4A_s}{\pi}} \quad (8.84)$$

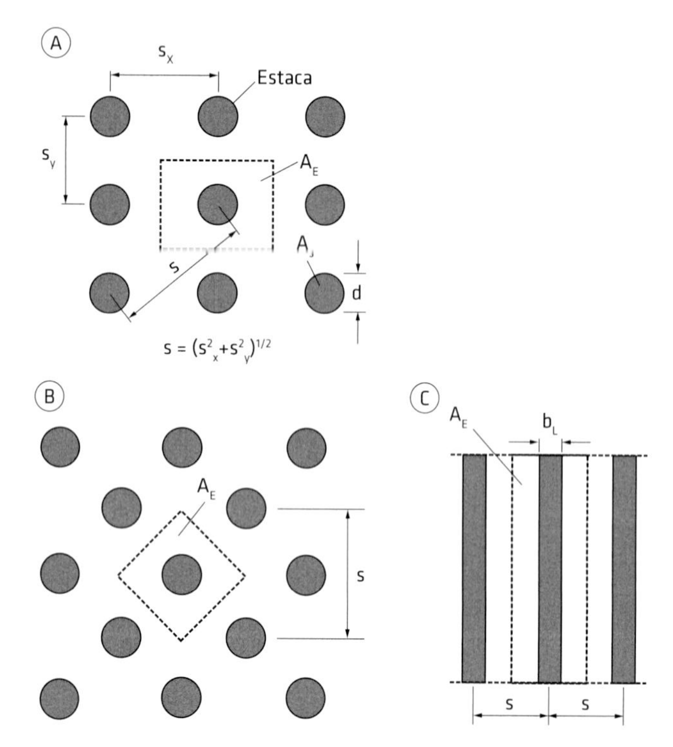

Fig. 8.23 Arranjos possíveis das estacas em planta: (A) arranjo retangular; (B) arranjo triangular; (C) suporte em linha
Fonte: modificado de EBGEO (2011).

em que d_{Ers} é o diâmetro equivalente da área de suporte e A_s é igual a a^2 no caso de capitéis quadrados, onde a é a largura do capitel.

A prática alemã para aterros sobre estacas admite a região do aterro sujeita a arqueamento como mostrado na Fig. 8.24 (Zaeske, 2001; Zaeske; Kempfert, 2002; Raithel; Kirchner; Kempfert, 2008).

Da análise do equilíbrio nessa região, obtém-se a seguinte equação para a determinação da tensão vertical na superfície do solo mole (Kempfert et al., 2004):

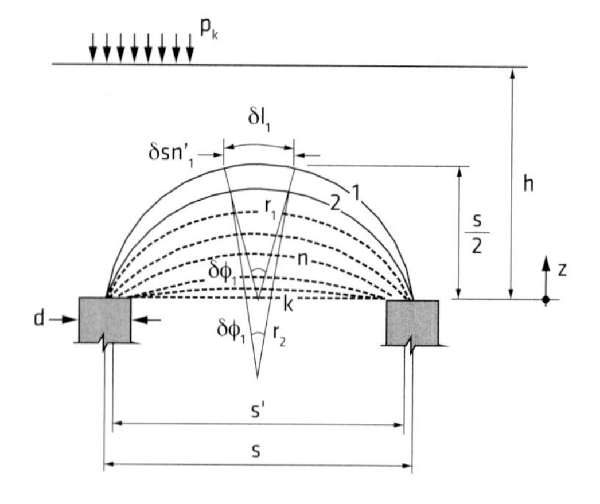

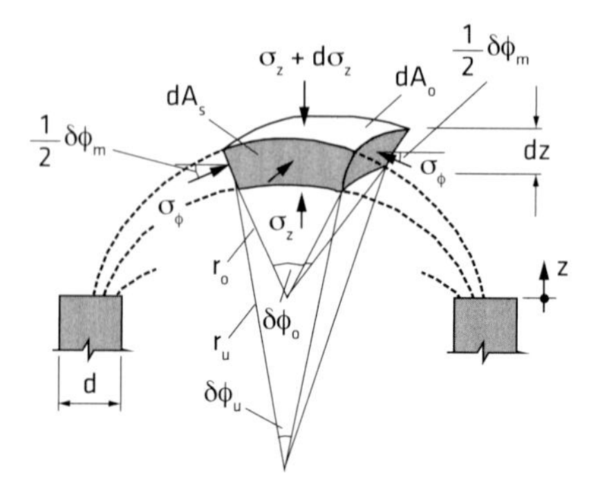

Fig. 8.24 Arqueamento no material do aterro
Fonte: modificado de Zaeske (2001).

$$\sigma_{zo,k} = \lambda_1^{\chi}\left(\gamma_k + \frac{p_k}{h}\right)\left\{h\left(\lambda_1 + h^2\lambda_2\right)^{-\chi} + h_g\left[\left(\lambda_1 + \frac{h_g^2\lambda_2}{4}\right)^{-\chi} - (\lambda_1 + h_g^2\lambda_2)^{-\chi}\right]\right\} \quad (8.85)$$

com

$$\chi = \frac{d(K_{crit} - 1)}{\lambda_2 s} \quad (8.86)$$

$$K_{crit} = \tan^2(45^\circ + \phi_k'/2) \quad (8.87)$$

$$\lambda_1 = \frac{1}{8}(s-d)^2 \quad (8.88)$$

$$\lambda_2 = \frac{s^2 + 2ds - d^2}{2s^2} \quad (8.89)$$

em que $\sigma_{zo,k}$ é a tensão vertical sobre a camada de reforço; p_k, o valor característico da sobrecarga na superfície do aterro; h, a altura do aterro; d, o diâmetro da estaca; ϕ_k, o valor característico do ângulo de atrito do solo de aterro; γ_k, o valor característico do peso específico do material de aterro; e h_g, a altura do arco, dada por:

$$h_g = s/2, \text{ se } h \geq s/2 \quad \textbf{(8.90)}$$

ou

$$h_g = h, \text{ se } h < s/2 \quad \textbf{(8.91)}$$

A Fig. 8.25 apresenta a variação de tensão vertical sobre a superfície do solo mole entre estacas em função de h/s para o caso particular de aterro não coesivo com ângulo de atrito igual a 30°.

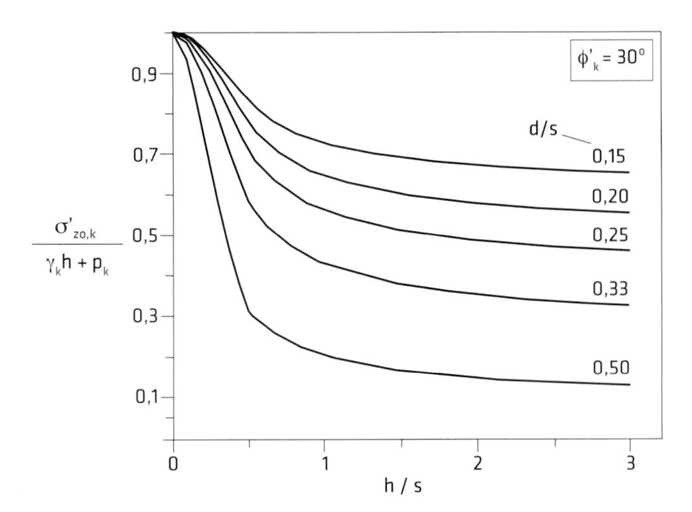

Fig. 8.25 Tensão vertical sobre solo mole entre estacas para um aterro não coesivo com ângulo de atrito igual a 30°
Fonte: Kempfert et al. (2004).

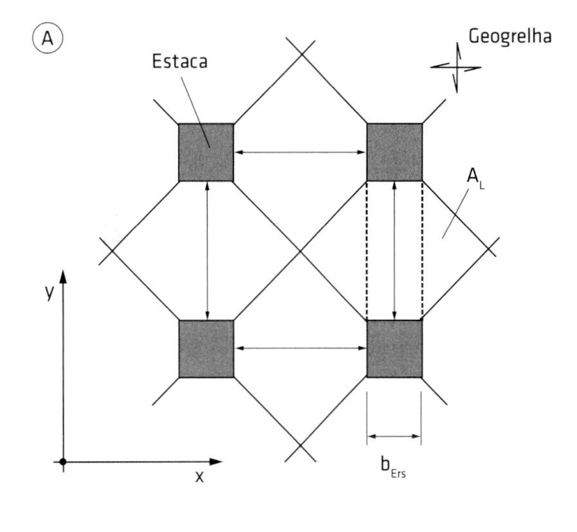

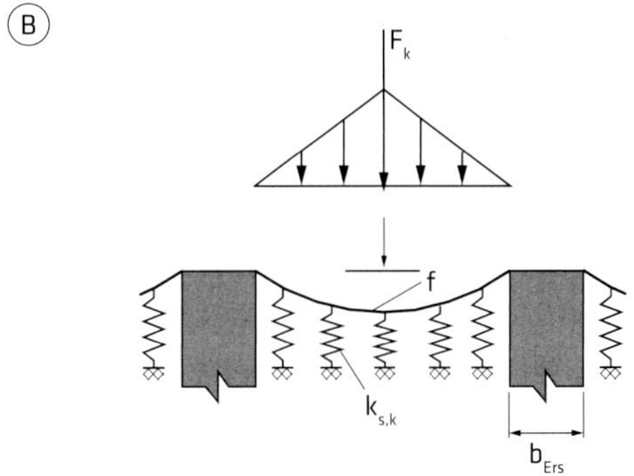

Fig. 8.26 (A) Transferência de carga entre estacas e (B) modelo bidimensional de interação
Fonte: Zaeske (2001).

Zaeske (2001) utilizou a teoria de membranas elásticas para prever as cargas na camada de reforço. A deformação máxima no reforço ocorre na faixa ligando duas estacas vizinhas. Assim, a carga máxima no reforço atua no trecho com largura b_{Ers}, como mostrado na Fig. 8.26A, e é calculada com base em uma análise de equilíbrio de forças nos materiais do sistema, conforme esquematizado na Fig. 8.26B. No caso de utilização de uma geogrelha bidimensional como reforço, as cargas devem ser calculadas nas direções x e y (Fig. 8.26A). A reação do solo de fundação pode ser estimada admitindo-se molas com um dado valor característico de módulo de reação do subleito ($k_{s,k}$).

O valor do esforço de tração no reforço em cada direção (x ou y) depende do arranjo em planta das estacas. Para um arranjo retangular (Fig. 8.27), os valores das forças no reforço em cada direção podem ser obtidos por (Empfehlung, 2003):

$$F_{x,k} = A_{Lx}\sigma_{zo,k} \quad \textbf{(8.92)}$$

e

$$F_{y,k} = A_{Ly}\sigma_{zo,k} \quad \textbf{(8.93)}$$

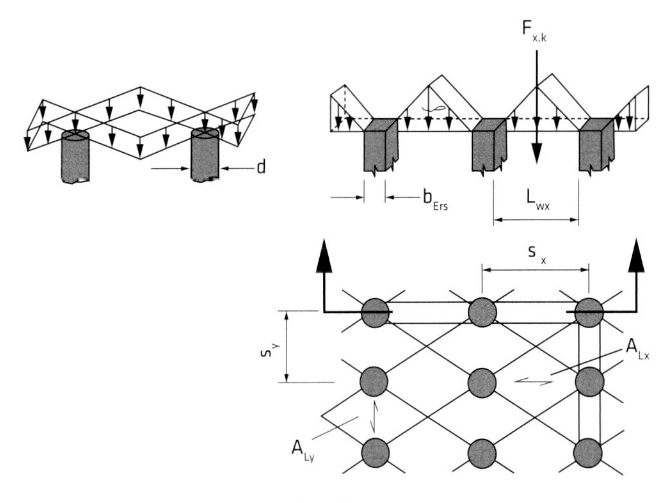

Fig. 8.27 Cálculo das forças $F_{x,k}$ e $F_{y,k}$ para arranjo retangular de estacas
Fonte: modificado de Kempfert at al. (2004).

com

$$A_{Lx} = \frac{1}{2}(s_x s_y) - \frac{d^2}{2}\tan^{-1}\left(\frac{s_y}{s_x}\right)\frac{\pi}{180^\circ} \quad \textbf{(8.94)}$$

$$A_{Ly} = \frac{1}{2}(s_x s_y) - \frac{d^2}{2}\tan^{-1}\left(\frac{s_x}{s_y}\right)\frac{\pi}{180^\circ} \quad \textbf{(8.95)}$$

em que s_x é o espaçamento entre estacas na direção x; s_y, o espaçamento entre estacas na direção y; e A_{Lx} e A_{Ly}, as áreas carregadas em planta que contribuem para o cálculo das forças verticais sobre as faixas nas direções x e y, respectivamente.

Notar que, nas Eqs. 8.94 e 8.95, o valor de $\tan^{-1}(s_y/s_x)$ deve ser expresso em graus.

Com o valor da força vertical F_k em cada direção (x e y), pode-se estimar a deformação no reforço em cada direção por meio do gráfico da Fig. 8.28, em que $k_{s,k}$ é o modulo de reação do subleito, L_w é o vão livre entre elementos de suporte ($L_{wx} = s_x - b_{Ers}$ e $L_{wy} = s_y - b_{Ers}$, Fig. 8.27), J_k é a rigidez à tração do reforço na direção considerada e b_{Ers} é a largura de suporte, que é igual à largura da cabeça de estacas com seção transversal quadrada. Notar que, nessa figura, f é a flecha esperada no centro do vão entre trechos de suporte da carga vertical (Fig. 8.26B). No caso de estacas cilíndricas com diâmetro d, o valor de b_{Ers} é dado por:

$$b_{Ers} = \frac{1}{2} d \sqrt{\pi} \tag{8.96}$$

A força no reforço na direção considerada é calculada por:

$$T = \varepsilon_k J_k \tag{8.97}$$

em que ε_k é a deformação de tração no reforço na direção considerada.

O valor de $k_{s,k}$ é de difícil obtenção, e o emprego de molas em substituição ao solo de subleito é uma abordagem bastante simplificada e, por isso, sujeita a críticas. EBGEO (2011) apresenta comentários e sugestões para a estimativa de $k_{s,k}$. Uma abordagem mais conservadora da deformação no reforço pode ser obtida desprezando-se a contribuição do solo de subleito, fazendo-se $k_{s,k}$ igual a zero na utilização do gráfico da Fig. 8.28.

A mesma consideração relativa ao aumento da força no reforço devido à ação do empuxo ativo nas regiões de taludes do aterro se aplica (Eqs. 8.81 a 8.83).

Algumas observações devem ser feitas no caso de arranjo triangular em planta das estacas. Caso o arranjo triangular seja equivalente a um arranjo quadrado girado de 45° (Fig. 8.23B), os cálculos podem ser realizados de forma semelhante aos de um arranjo quadrado em planta, que seria um caso particular da situação mostrada na Fig. 8.23A (para $s_x = s_y$). Nesse caso, é importante notar que as forças nos reforços também estariam reorientadas em 45° e que, na instalação do reforço na obra, as direções principais de resistência e rigidez devem obedecer a tal orientação. Kempfert et al. (2004) apresentam abordagem de projeto para outras configurações triangulares.

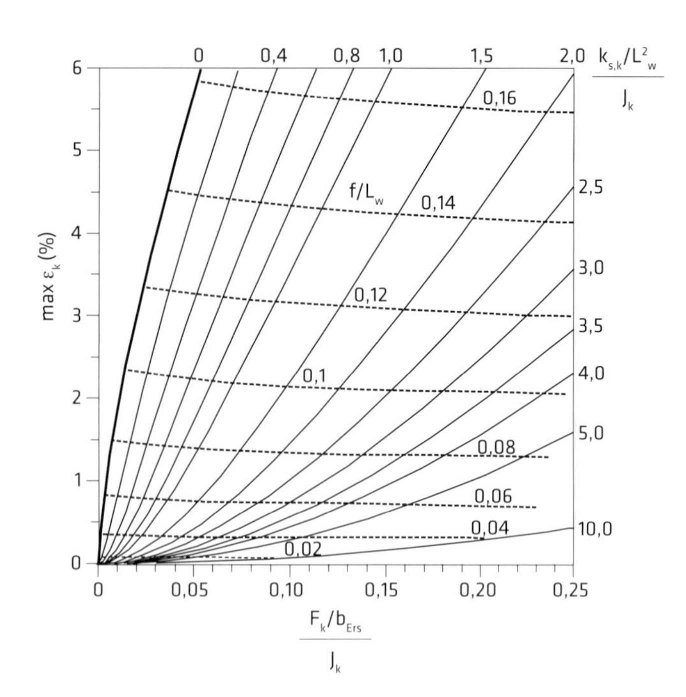

Fig. 8.28 Deformação de tração máxima no reforço
Fonte: EBGEO (2011).

As seguintes condições devem ser observadas com relação a distância de centro a centro das estacas (s), diâmetro das estacas (d) e largura dos capitéis (Kempfert et al., 2004):

- no caso de cargas estáticas: $(s - d) \leq 3$ m ou $(s - b_L) \leq 3$ m (Fig. 8.23);
- no caso de elevadas cargas móveis: $(s - d) \leq 2,5$ m ou $(s - b_L) \leq 2,5$ m;
- $d/s \geq 0,15$ ou $b_L/s \geq 0,15$;
- $(s - d) \leq 1,4\,(h - z)$;
- a razão entre os valores de módulo de reação das estacas e do solo mole circundante ($k_{s,p}/k_{s,w}$) deve ser maior que 100, de forma a garantir mobilização total de arqueamento no aterro, como admitido na teoria – segundo Kempfert et al. (2004), os sistemas convencionais de estacas atendem a tal condição.

De acordo com EBGEO (2011), a espessura de material granular acima do capitel deve ser maior ou igual a $s - d$, e a altura total do aterro acima dos capitéis (H, em que H = altura de material granular mais o restante do aterro), para cargas predominantemente estáticas, deve ser maior ou igual a $0,8(s - d)$. Para cargas variáveis, os dados disponíveis indicam que o efeito negativo dessas cargas é desprezível para relações $H/(s - d) \geq 2$ (EBGEO, 2011).

Quanto à camada de reforço (Fig. 8.29), as seguintes condições devem ser atendidas (Kempfert et al., 2004):

- quanto mais próxima a camada de reforço estiver das cabeças das estacas (ou capitéis), melhores serão as condições para atingir a máxima eficiência do reforço – entretanto, recomenda-se a adoção de uma distância segura entre a camada de reforço inferior e as cabeças das estacas (ou capitéis) para evitar danos ao reforço por abrasão ou cortes ao longo das bordas das estacas ou capitéis;

- no máximo, duas camadas de reforço;
- $z \leq 0{,}15$ m para uma camada única de reforço;
- $z \leq 0{,}3$ m para duas camadas de reforço;
- para duas camadas de reforço, o espaçamento entre elas deve ser de 0,15 m a 0,30 m;
- o valor de resistência à tração de dimensionamento deve ser superior ou igual a 30 kN/m e a deformação de tração máxima na ruptura deve ser inferior ou igual a 12%;
- a sobreposição de extremidades de camadas de reforço é geralmente permitida, mas deve ocorrer apenas imediatamente acima das estacas (ou capitéis) e só na direção secundária de solicitação, e o comprimento de sobreposição não deve ser menor que *d*.

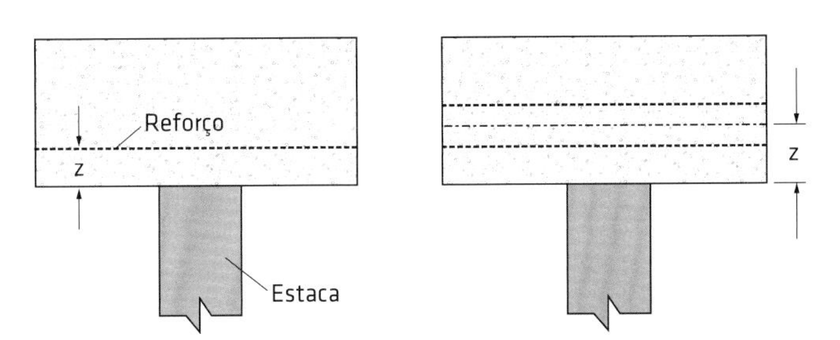

Fig. 8.29 Posição da camada de reforço (*z*)

Segundo Kempfert et al. (2004), devem ser utilizados solos de aterro não coesivos com ângulos de atrito superiores a 30°. O emprego de materiais de aterros com baixos valores de coesão é permitido, mas não preferível (Kempfert et al., 2004).

Método de Zhuang, Wang e Liu (2014)

Zhuang, Wang e Liu (2014) apresentaram um método simplificado para aterros reforçados estaqueados admitindo as seguintes hipóteses: material de aterro homogêneo, isotrópico e sem coesão; solo mole homogêneo, isotrópico e com resposta linear para cada camada; reforço homogêneo e isotrópico; solos de aterro e fundação que se deformam apenas verticalmente; estacas rígidas; não aderência entre solo mole e estaca; razão entre altura do aterro e espaçamento entre estacas (centro a centro) maior que 0,5; e arranjo em malha quadrada das estacas em planta.

A análise utiliza a teoria de arqueamento de Hewlett e Randolph (1988) (Eqs. 8.57 e 8.58) para o cálculo das tensões verticais sobre a camada de reforço nas condições de ruptura na coroa do arco e no capitel. Admite-se que a deformada do reforço é uma parábola e que a contribuição do reforço é expressa por uma tensão vertical (σ_r) contrária ao deslocamento descendente do solo sob o arco dada por:

$$\sigma_r = \frac{64J}{3L}\left(\frac{\delta}{L}\right)^3 \tag{8.98}$$

em que σ_r é a contribuição do reforço; J, a rigidez à tração do reforço; δ, o recalque na superfície do solo mole; e L, o valor intermediário de vão entre capitéis, dado por:

$$L = (s-a)(1+\sqrt{2})/2 \tag{8.99}$$

em que s é o espaçamento entre estacas.

A força de tração e a deformação mobilizadas no reforço são dadas por:

$$T = \frac{\sigma_r L^2}{8\delta} \tag{8.100}$$

$$\varepsilon = \frac{8\delta^2}{3L^2} \tag{8.101}$$

Tem-se também:

$$T = J\varepsilon \tag{8.102}$$

Combinando-se as Eqs. 8.100 a 8.102, tem-se:

$$\sigma_r = \frac{64J}{3L}\left(\frac{\delta}{L}\right)^3 \tag{8.103}$$

Do equilíbrio ao longo da vertical na região entre capitéis, obtém-se:

$$\sigma_r + \sigma_s - \sigma_G = 0 \tag{8.104}$$

em que σ_r é a contribuição do reforço; σ_s, a tensão de reação do solo de fundação; e σ_G, o maior entre os valores de p_r obtidos pelas Eqs. 8.57 e 8.58.

Admitindo-se condições oedométricas de deformação do solo mole entre estacas e que os recalques (δ) do reforço e do solo mole são iguais, tem-se:

$$\sigma_s = E_o \frac{\delta}{h_s} \tag{8.105}$$

em que E_o é o módulo oedométrico do solo mole de fundação e h_s é a espessura total do solo de fundação.

Para um solo de fundação consistindo de n subcamadas, o valor equivalente de E_o pode ser obtido por:

$$E_o = \frac{h_s}{h_1 / E_{o1} + h_2 / E_{o2} + ... + h_n / E_{on}} \quad \textbf{(8.106)}$$

em que h_i é a espessura da subcamada i (i de 1 a n) e E_{oi} é o módulo oedométrico da subcamada i.

Substituindo-se as Eqs. 8.103 e 8.105 na Eq. 8.104, obtém-se:

$$\frac{64J}{3L^4}\delta^3 + E_o \frac{\delta}{h_s} - \sigma_G = 0 \quad \textbf{(8.107)}$$

Com a determinação do valor de δ pela Eq. 8.107, é possível definir σ_r (Eq. 8.103), T (Eq. 8.100 ou 8.102) e ε (Eq. 8.101). Quando se despreza a contribuição do solo de fundação ($\sigma_s = 0$, abordagem conservadora), faz-se $E_o = 0$ na Eq. 8.107. Nesse caso, da Eq. 8.104 tem-se $\sigma_r = \sigma_G$, e da Eq. 8.107 obtém-se:

$$\delta = \left(\frac{3L^4\sigma_G}{64J}\right)^{1/3} \quad \textbf{(8.108)}$$

Van Eekelen, Bezuijen e Van Tol (2013) apresentaram outro método de análise de aterros reforçados sobre estacas, mas sofisticado e trabalhoso quanto aos cálculos.

Exemplo 8.4

Um aterro com 3 m de altura será construído sobre uma camada de argila mole. O solo de aterro é não coesivo, com peso específico igual a 18 kN/m³ e ângulo de atrito igual a 35°. O aterro será construído sobre estacas de concreto com pontas em camada resistente, distribuição quadrada em planta e espaçamento de 2,0 m. Capitéis quadrados com 0,8 m de largura serão utilizados entre as estacas. Uma geogrelha biaxial com rigidez à tração igual a 1.500 kN/m será usada no aterro, já considerando deformações por fluência para a vida útil da obra. Para essas condições, calcular a força de tração mobilizada no reforço e o recalque da base do aterro entre capitéis na região central do aterro. Desprezar a contribuição do solo de fundação.

Resolução

Método britânico

Verificação do vão entre capitéis:

$$H \geq 0{,}7(s-a) \Rightarrow 3 \geq 0{,}7 \times (2-0{,}8) = 0{,}84 \text{ m} \Rightarrow \text{OK}$$

Para estacas rígidas resistindo na ponta (Eq. 8.62):

$$C_c = 1{,}95\frac{H}{a} - 0{,}18 = 1{,}95 \times \frac{3{,}0}{0{,}8} - 0{,}18 = 7{,}13$$

A tensão vertical sobre o capitel é dada por (Eq. 8.61):

$$\frac{p_c'}{\gamma H + q} = \left(\frac{C_c a}{H}\right)^2 \Rightarrow \frac{p_c'}{18 \times 3 + 0} = \left(\frac{7{,}13 \times 0{,}8}{3{,}0}\right)^2 \Rightarrow p_c = 195{,}35 \text{ kPa}$$

Como $H > 1{,}4\ (s - a)$ (arqueamento total), tem-se (Eq. 8.65):

$$w_T = \frac{1{,}4s\gamma(s-a)}{s^2 - a^2}\left[s^2 - a^2\frac{p_c'}{\gamma H + q}\right] = \frac{1{,}4 \times 2{,}0 \times 18 \times (2{,}0 - 0{,}8)}{2{,}0^2 - 0{,}8^2} \times$$
$$\times \left[2{,}0^2 - 0{,}8^2\frac{195{,}35}{18 \times 3{,}0 + 0}\right] \Rightarrow w_T = 30{,}33 \text{ kN/m}$$

Verificação do valor de w_{Tmin} (Eq. 8.76):

$$w_{Tmin} = 0{,}15s(\gamma H + q) = 0{,}15 \times 2 \times (18 \times 3 + 0)$$
$$= 16{,}20 \text{ kPa} < w_T = 30{,}33 \text{ kN/m}$$

Força e deformação de tração no reforço (Eqs. 8.80 e 8.79):

$$T_{RP} = J\varepsilon = 1.500\varepsilon$$

$$T_{RP} = \frac{w_T(s-a)}{2a}\sqrt{1 + \frac{1}{6\varepsilon}} = \frac{30{,}33 \times (2{,}0 - 0{,}8)}{2 \times 0{,}8}\sqrt{1 + \frac{1}{6\varepsilon}}$$
$$= 22{,}75 \times \sqrt{1 + \frac{1}{6T_{RP} / 1.500}}$$

$$T_{RP} = 22{,}75 \times \sqrt{1 + \frac{250}{T_{RP}}} \Rightarrow T_{RP} = 54{,}0 \text{ kN/m}$$

Assim:

$$T_{RP} = 1.500\varepsilon \Rightarrow \varepsilon = 54{,}0 / 1.500 \Rightarrow \varepsilon = 0{,}036\ (=3{,}6\%)$$

E, pela Eq. 8.78:

$$\varepsilon = \frac{8d^2}{3(s-a)^2} \Rightarrow 0{,}036 = \frac{8 \times d^2}{3 \times (2{,}0 - 0{,}8)^2} \Rightarrow d = 0{,}14 \text{ m}$$

Método alemão

$$A_s = a^2 = 0{,}8^2 \Rightarrow A_s = 0{,}64 \text{ m}^2$$

Diâmetro equivalente do suporte (Eq. 8.84):

$$d = d_{Ers} = \sqrt{\frac{4A_s}{\pi}} = \sqrt{\frac{4 \times 0{,}64}{\pi}} \Rightarrow d = 0{,}90 \text{ m}$$

Para malha quadrada:

$$s = s_x\sqrt{2} = 2{,}0 \times \sqrt{2} \Rightarrow s = 2{,}83 \text{ m}$$

Coeficiente de empuxo passivo (Eq. 8.87):

$$K_{crit} = \tan^2(45^o + \phi'_k/2) = \tan^2(45^o + 35^o/2) \Rightarrow K_{crit} = 3{,}690$$

Tensão vertical sobre o solo mole (Eqs. 8.88, 8.89 e 8.86):

$$\lambda_1 = \frac{1}{8}(s-d)^2 = \frac{1}{8}(2{,}83-0{,}9)^2 \Rightarrow \lambda_1 = 0{,}466$$

$$\lambda_2 = \frac{s^2+2ds-d^2}{2s^2} = \frac{2{,}83^2+2\times0{,}9\times2{,}83-0{,}9^2}{2\times2{,}83^2} \Rightarrow \lambda_2 = 0{,}767$$

$$\chi = \frac{d(K_{crit}-1)}{\lambda_2 s} = \frac{0{,}9\times(3{,}69-1)}{0{,}767\times2{,}83} \Rightarrow \chi = 1{,}115$$

Como $h \geq s/2$ (= 1,415) $\Rightarrow h_g = s/2 = 2{,}83/2 = 1{,}415$, então (Eq. 8.85):

$$\sigma_{zo,k} = \lambda_1^{\chi}\left(\gamma_k + \frac{p_k}{h}\right)\left\{h\left(\lambda_1 + h_g^2\lambda_2\right)^{-\chi} + h_g\left[\left(\lambda_1 + \frac{h_g^2\lambda_2}{4}\right)^{-\chi} - (\lambda_1 + h_g^2\lambda_2)^{-\chi}\right]\right\}$$

$$\sigma_{zo,k} = 0{,}466^{1{,}115}\times\left(18+\frac{0}{3{,}0}\right)\times\left\{3{,}0\times\left(0{,}466+1{,}415^2\times0{,}767\right)^{-1{,}115} + 1{,}415\times\left[\left(0{,}466+\frac{1{,}415^2\times0{,}767}{4}\right)^{-1{,}115} - (0{,}466+1{,}415^2\times0{,}767)^{-1{,}115}\right]\right\}$$

$$\sigma_{zo,k} = 18{,}65 \text{ kPa}$$

Força sobre o reforço (Eqs. 8.94 e 8.92):

$$A_{Lx} = A_{Ly} = \frac{1}{2}(s_x s_y) - \frac{d^2}{2}\tan^{-1}\left(\frac{s_y}{s_x}\right)\frac{\pi}{180^o} = \frac{1}{2}\times(2{,}0\times2{,}0) - \frac{0{,}9^2}{2}\times\tan^{-1}\left(\frac{2{,}0}{2{,}0}\right)\times\frac{\pi}{180^o}$$

$$A_{Lx} = A_{Ly} = 1{,}68 \text{ m}^2$$

$$F_{x,k} = A_{Lx}\sigma_{zo,k} = 1{,}68\times18{,}65 \Rightarrow F_{x,k} = 31{,}33 \text{ kN}$$

Deformação no reforço (Eq. 8.96):

$$b_{Ers} = \frac{1}{2}d\sqrt{\pi} = \frac{1}{2}\times0{,}9\sqrt{\pi} \Rightarrow b_{Ers} = 0{,}798 \text{ m}$$

$$\frac{F_k / b_{Ers}}{J_k} = \frac{31{,}33/0{,}798}{1.500} = 0{,}026$$

Da Fig. 8.28, desprezando-se a contribuição do solo de fundação, têm-se $\varepsilon_k = 3{,}5\%$ e $f/L_w = 0{,}122$, então (Eq. 8.97):

$$T = \varepsilon_k J_k = 0{,}035\times1.500 \Rightarrow T = 52{,}5\ kN/m$$

$$L_w = s_x - b_{Ers} = 2{,}0 - 0{,}798 \Rightarrow L_w = 1{,}20 \text{ m}$$

$$f/L_w = 0{,}122 \Rightarrow f = 0{,}15 \text{ m}$$

Método de Zhuang, Wang e Liu (2014)

Por Hewlett e Randolph (1988), para a condição de ruptura na coroa (fazendo-se $p_r = \sigma_G$), tem-se (Eq. 8.57):

$$\frac{\sigma_G}{\gamma H} = \left(1-\frac{a}{s}\right)^{2(K_p-1)}\left[1-\frac{s}{\sqrt{2}H}\left(\frac{2K_p-2}{2K_p-3}\right)\right] + \frac{s-a}{\sqrt{2}H}\left(\frac{2K_p-2}{2K_p-3}\right)$$

$$\frac{\sigma_G}{18\times3} = \left(1-\frac{0{,}8}{2}\right)^{2\times(3{,}69-1)}\left[1-\frac{2}{\sqrt{2}\times3}\left(\frac{2\times3{,}69-2}{2\times3{,}69-3}\right)\right] + \frac{2-0{,}8}{\sqrt{2}\times3}\left(\frac{2\times3{,}69-2}{2\times3{,}69-3}\right)$$

$$\sigma_G = 20{,}22 \text{ kPa}$$

Para a condição de ruptura do arco no capitel, a pressão sobre o reforço é dada por (Eq. 8.58):

$$\frac{\sigma_G}{\gamma H} = \frac{1}{\left(\frac{2K_p}{K_p+1}\right)\left[\left(1-\frac{a}{s}\right)^{(1-K_p)} - \left(1-\frac{a}{s}\right)\left(1+\frac{a}{s}K_p\right)\right] + \left(1-\frac{a^2}{s^2}\right)}$$

$$\frac{\sigma_G}{18\times3} = \frac{1}{\left(\frac{2\times3{,}69}{3{,}69+1}\right)\left[\left(1-\frac{0{,}8}{2}\right)^{(1-3{,}69)} - \left(1-\frac{0{,}8}{2}\right)\left(1+\frac{0{,}8}{2}\times3{,}69\right)\right] + \left(1-\frac{0{,}8^2}{2^2}\right)}$$

$$\sigma_G = 11{,}44 \text{ kPa}$$

Assim, a condição mais crítica é na coroa (σ_G = 20,22 kPa).

Vão intermediário entre capitéis (Eq. 8.99):

$$L = (s-a)(1+\sqrt{2})/2 = (2-0{,}8)\times(1+\sqrt{2})/2 \Rightarrow L = 1{,}45 \text{ m}$$

Cálculo do recalque entre capitéis (Eq. 8.107):

$$\frac{64J}{3L^4}\delta^3 + E_o\frac{\delta}{h_s} - \sigma_G = 0$$

Desprezando-se a contribuição do solo de fundação (E_o =0), tem-se:

$$\frac{64J}{3L^4}\delta^3 = \sigma_G \Rightarrow \frac{64\times1.500}{3\times1{,}45^4}\delta^3 = 20{,}22 \Rightarrow \delta = 0{,}14 \text{ m}$$

Deformação no reforço (Eq. 8.101):

$$\varepsilon = \frac{8\delta^2}{3L^2} = \frac{8\times0{,}14^2}{3\times1{,}45^2} \Rightarrow \varepsilon = 0{,}025\ (= 2{,}5\%)$$

Então, pela Eq. 8.102:

$$T = J\varepsilon = 1.500 \times 0{,}025 \Rightarrow T = 37{,}5 \text{ kN/m}$$

Um resumo dos resultados é exibido na Tab. 8.5. Observa-se que os métodos britânico e alemão foram os que previram maiores esforços de tração no reforço e que os recalques entre capitéis foram semelhantes para os três métodos. Essa tabela apresenta também os resultados obtidos pelo método de Van Eekelen, Bezuijen e Van Tol (2013), que é mais sofisticado e com um maior número de equações a serem resolvidas. Os resultados por esse método foram obtidos por um programa disponibilizado pela Profª. S. van Eekelen, e a força de tração prevista no reforço é próxima à obtida pelo método de Zhuang, Wang e Liu (2014).

Notar que, em um caso real, também devem ser considerados os acréscimos de força no reforço junto aos taludes do aterro (Eqs. 8.81 a 8.83) e fatores de redução apropriados na especificação do reforço.

Tab. 8.5 RESUMO DOS RESULTADOS

Método	T (kN/m)	δ (m)
Britânico	54,0	0,14
Alemão	52,5	0,15
Zhuang, Wang e Liu (2014)	37,5	0,14
Van Eekelen, Bezuijen e Van Tol (2013)	40,5	0,10

8.4.2 Plataformas de transferência de carga

Plataformas de transferência de carga são constituídas de camadas de solo granular reforçadas com múltiplas camadas horizontais de reforço geossintético. A combinação de solo com elevada resistência e módulo de deformação com elementos de reforço resistentes à tração forma um material composto que se comporta como uma placa com certa rigidez. Assim, a plataforma tende a uniformizar os recalques do aterro e a melhorar a transferência de carga para estacas ou colunas granulares subjacentes.

Essas plataformas podem ser executadas com múltiplas camadas (tipicamente, mais de duas) de reforço geossintético (usualmente, geogrelhas). Entretanto, podem também ser executadas com geocélulas com elevadas alturas. Tais geocélulas podem ser montadas no campo com faixas de geogrelhas posicionadas verticalmente e fixadas entre si formando células, como esquematizado na Fig. 8.30. Posteriormente, tais células são preenchidas com solo com boas propriedades mecânicas.

Com base na teoria de vigas, Collin, Han e Huang (2005) apresentaram uma metodologia de projeto de plataformas de transferência fundamentada nas seguintes hipóteses:

- a espessura da plataforma (h, Fig. 8.31) é maior que a metade do vão livre ($= s - d$) entre estacas (ou colunas);
- deve-se utilizar pelo menos três camadas de reforço para criar a plataforma de transferência;
- a distância mínima entre camadas de reforço é de 0,15 m;
- deve-se empregar material de aterro selecionado (material granular bem graduado) na plataforma de transferência;
- a função primária do reforço é prover confinamento lateral do solo da plataforma para facilitar o arqueamento do solo dentro da espessura da plataforma de transferência;
- a função secundária do reforço é suportar a cunha de solo abaixo do arco;
- a carga vertical do aterro acima da plataforma é transferida para as estacas ou colunas abaixo dela;
- a deformação inicial nos reforços é limitada a 5%.

A carga suportada por uma estaca ou coluna sob a plataforma de transferência é dada por:

$$Q = \pi \frac{D_e^2}{2} (\gamma H + q) \tag{8.109}$$

com

$$D_e = 1{,}05s \text{ para arranjo triangular de estacas ou colunas} \tag{8.110}$$

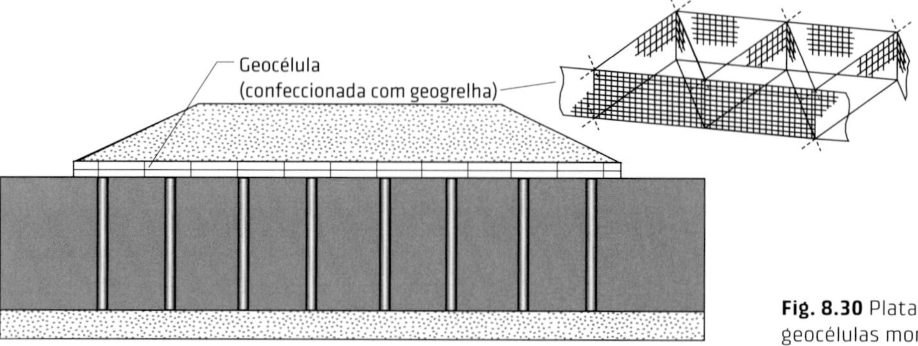

Fig. 8.30 Plataforma de transferência com geocélulas montadas com geogrelhas

ou

$$D_e = 1{,}13s \text{ para arranjo quadrado de estacas ou colunas} \quad \textbf{(8.111)}$$

em que Q é a carga na estaca (ou coluna); D_e, o diâmetro da área de influência da estaca; γ, o peso específico do material de aterro; H, a altura do aterro; q, a sobrecarga sobre o aterro; e s, o espaçamento entre estacas.

A carga de tração mobilizada em cada camada de reforço depende do espaçamento entre estacas e do arranjo das estacas em planta (triangular ou quadrado). Se o solo mole de fundação tem resistência suficiente para suportar a primeira camada de aterro, a camada inferior de reforço deve ser instalada de 0,15 m a 0,25 m acima da superfície do solo mole. Cada camada de reforço recebe a carga do aterro da plataforma dentro da cunha sob a região que sofre arqueamento. O peso de aterro atribuído a cada camada de reforço é aquele do material entre camadas de reforço, como esquematizado na Fig. 8.31.

A tensão vertical sobre uma dada camada i de reforço é calculada por:

$$p_{Ti} = \frac{A_i + A_{i+1}}{2A_i}\gamma h_i \quad \textbf{(8.112)}$$

com

$$A_i = L_i^2 \text{ para arranjo quadrado de estacas} \quad \textbf{(8.113)}$$

ou

$$A_i = \frac{\sqrt{3}}{4}L_i^2 \text{ para arranjo triangular de estacas} \quad \textbf{(8.114)}$$

em que p_{Ti} é a tensão vertical sobre a camada de reforço i; A_i, a área de solo considerada para a camada de reforço i; L_i, o comprimento da base da área carregada; e h_i, a espessura de solo entre camadas de reforço (Fig. 8.31).

A teoria de membranas tensionadas (Giroud et al., 1990a) foi utilizada por Collin, Han e Huang (2005) para obter a carga de tração no reforço, dada por:

$$T_{rpi} = \frac{p_{Ti}\Omega D_i}{2} \quad \textbf{(8.115)}$$

com

$$D_i = 1{,}41L_i \text{ para arranjo quadrado de estacas} \quad \textbf{(8.116)}$$

ou

$$D_i = 0{,}867L_i \text{ para arranjo triangular de estacas} \quad \textbf{(8.117)}$$

em que T_{rpi} é a carga de tração na camada de reforço; D_i, o vão de dimensionamento para a membrana tracionada; e Ω, o coeficiente adimensional que depende da deformação no reforço, como apresentado na Tab. 8.6.

A camada de geogrelha catenária é dimensionada para suportar a carga da pirâmide de solo sob a região arqueada (Fig. 8.31). A carga vertical sobre essa camada é dada por (Collin; Han; Huang, 2005):

$$p_{TC} = \frac{\gamma h_p}{3} \text{ para arranjo quadrado ou triangular de estacas} \quad \textbf{(8.118)}$$

Tab. 8.6 VALORES DE Ω

Deformação no reforço (%)	Ω
1	2,07
2	1,47
3	1,23
4	1,08
5	0,97

Fonte: Collin, Han e Huang (2005).

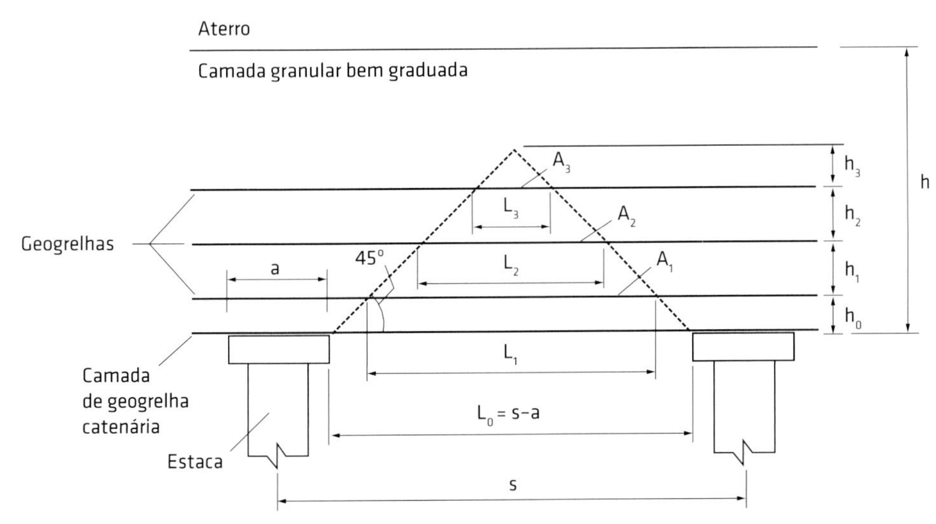

Fig. 8.31 Geossintéticos em plataformas de transferência de carga
Fonte: modificado de Collin, Han e Huang (2005).

em que p_{TC} é a tensão vertical sobre a camada de reforço catenária e h_p é a altura da pirâmide de solo na região arqueada.

A carga de tração na camada de geogrelha catenária é dada por:

$$T_{rpC} = \frac{p_{TC} \Omega D}{2} \tag{8.119}$$

em que D é o vão de dimensionamento para a camada de geogrelha catenária.

8.4.3 Colunas granulares encamisadas com geossintéticos

A utilização de colunas granulares pode ser interessante no caso de aterros sobre solos finos saturados muito moles (tipicamente, $S_u < 15$ kPa). Entretanto, as colunas granulares convencionais tendem a apresentar embarrigamento junto ao topo devido ao baixo confinamento lateral proporcionado pelo solo mole, como esquematizado na Fig. 8.32. Esse mecanismo de deformação diminui a eficiência das colunas na redução dos recalques do aterro. O uso de uma camisa de geossintético envolvendo a coluna granular minimiza o embarrigamento causado pelo baixo nível de confinamento. Araújo (2009) e Araújo, Palmeira e Cunha (2009) mostraram também a viabilidade da utilização de colunas granulares encamisadas com geossintéticos em solos não saturados colapsíveis.

A Fig. 8.33 apresenta a vista de uma coluna granular encamisada com geotêxtil tecido. Por se tratar de elemento com elevada permeabilidade, a coluna também auxilia na dissipação de acréscimos de poropressões no solo mole saturado advindos de sua instalação e da construção do aterro. A coluna é executada com o emprego de um tubo de aço cravado no solo mole. De forma semelhante à instalação tradicional de drenos verticais de areia, o processo de cravação do tubo pode ser com ponta fechada (método de deslocamento) ou ponta aberta (posterior escavação do solo mole de dentro do tubo). A instalação da camisa

Fig. 8.33 Vista de uma coluna granular encamisada com geotêxtil tecido
Foto: Araújo (2009).

pode também ser conseguida com esta envelopando um tubo com vibrador profundo. No caso do método de deslocamento com o uso de tubo com ponta fechada, o tubo dispõe de um sistema que permite a abertura de sua ponta para que posteriormente ele seja sacado, mantendo a camisa na posição de instalação prevista. Após a instalação do tubo (e a retirada do solo mole, no caso de tubos com ponta aberta), a camisa de geossintético é instalada (sem emendas), o preenchimento da camisa com material granular (areia, tipicamente) é feito e o tubo de aço é sacado. O Quadro 8.1 lista características dos processos executivos de colunas granulares encamisadas. Por sua vez, no Quadro 8.2 apresentam-se requisitos e características típicas dos materiais nesse tipo de aplicação.

Deve-se notar que o diâmetro do furo executado no terreno não coincidirá com o diâmetro da camisa de geossintético. Assim, uma certa expansão inicial da camisa será necessária até ela efetivamente começar a ser tracionada ao longo de sua circunferência. Essa expansão é denominada alargamento de ativação da camisa (EBGEO, 2011).

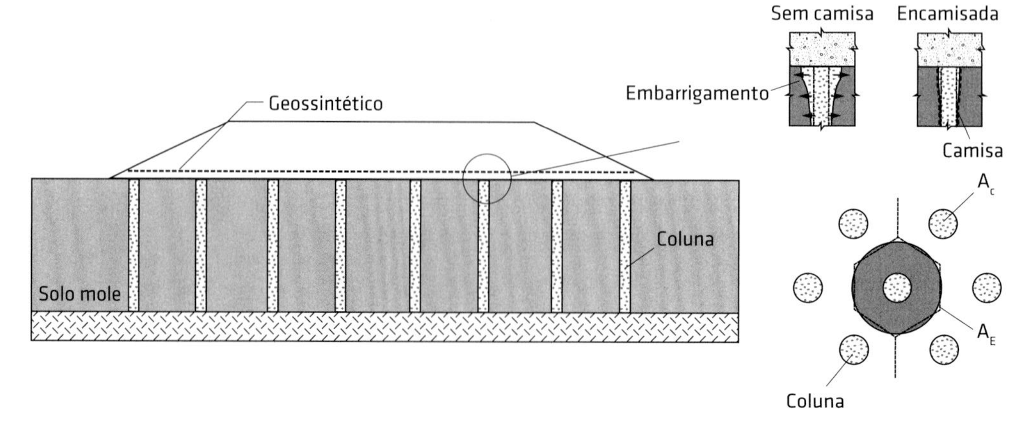

Fig. 8.32 Colunas granulares encamisadas com geossintéticos

Quadro 8.1 PROCESSOS EXECUTIVOS DE COLUNAS GRANULARES ENCAMISADAS

Característica	Método por escavação	Método por deslocamento	
		Com tubo de aço	Com vibrador profundo
Diâmetro final da coluna	> 1,5 m	Geralmente até 0,8 m	Geralmente até 0,6 m
Remoção e disposição do solo	Sim	Não	Não
Tempo requerido para a execução da coluna	Maior	Menor	Menor
Execução com resistências à penetração muito altas[1]	Possível	Geralmente impossível	Geralmente impossível
Vibrações e excesso de poropressões como resultado da execução	Pequenos	Altos[2]	Altos[2]
Constrição da coluna durante a execução	Não	Geralmente sim[2]	Geralmente não[2]
Deslocamentos horizontais e verticais devido à execução da coluna	Não	Sim[2]	Sim[2]
Pré-carregamento do solo mole durante a instalação	Não	Sim[2]	Sim[2]
Efeitos sobre a camisa de geossintético durante a instalação	Baixos	Baixos	Geralmente altos
Exame da camada de solo/extremidade profunda da coluna	Possível visualmente	Por meio de parâmetros de equipamento	Por meio de parâmetros de equipamento

Notas: (1) por exemplo, na existência de camadas arenosas densas no solo de fundação; (2) dependente da rigidez do solo e do espaçamento entre colunas.
Fonte: EBGEO (2011).

Quadro 8.2 REQUISITOS E VALORES TÍPICOS PARA APLICAÇÕES DE COLUNAS GRANULARES ENCAMISADAS

Solo	Requisitos/características[1]
Coluna	• $3 \text{ m} < l_c < 20 \text{ m}$ • $0{,}5 \text{ m} < D_c < 1{,}5 \text{ m}$ • $a_s = 0{,}1$ • Módulo de deformação da coluna dez vezes maior que o do solo mole

Camisa de geossintético	• Geotêxtil, geogrelha ou geocomposto
	• Rigidez à tração radial (ao longo da circunferência) ≥ 700 kN/m
	• Resistência à tração de projeto a curto prazo:
	  • Axial: ≥ 60 kN/m
	  • Radial (ao longo da circunferência): ≥ 80 kN/m
	• Resistência à tração de projeto a longo prazo:
	  • Axial: ≥ 20 kN/m
	  • Radial (ao longo da circunferência): ≥ 30 kN/m
	• Permeabilidade elevada

Material de enchimento da coluna	• Granular (areia ou brita) • $\phi' > 30°$ • $k > 10^{-5}$ m/s, mas pelo menos duas ordens de grandeza mais permeável que o solo mole • Compacidade após a execução pelo menos fofa a medianamente compacta
Solo mole de fundação	• $0{,}5 \text{ MPa} < E_{oed,100} < 3{,}0 \text{ MPa}$ • $3 \text{ kPa} < S_u < 30 \text{ kPa}$
Solo de apoio da ponta da coluna	• $E_{oed,100} > 5$ MPa (e pelo menos $> 10E_{oed,100}$ do solo mole) • $\phi' > 30°$

Notas: (1) l_c = comprimento da coluna; D_c = diâmetro da coluna; a_s = razão entre a área da seção transversal da coluna e a área de influência da coluna; ϕ' = ângulo de atrito; k = coeficiente de permeabilidade, $E_{oed,100}$ = módulo oedométrico de referência a uma tensão de 100 kPa; S_u = resistência não drenada.
Fonte: EBGEO (2011).

No caso de aterros altos, geralmente o alargamento de ativação é atingido durante a construção e é recomendado que não exceda cerca de 3% do diâmetro da coluna. EBGEO (2011) estabelece também que a razão entre áreas (a_s) para colunas granulares encamisadas deve ser igual a 0,1.

A camada horizontal de geossintético no corpo do aterro auxilia a estabilidade global e melhora a distribuição de cargas para as colunas. Essa camada pode ser colocada sobre as colunas ou até 0,3 m acima delas. Dependendo da rigidez relativa entre o solo mole e a coluna granular, a camada horizontal de geossintético no corpo do aterro pode ser tracionada de forma semelhante ao caso de aterros sobre estacas rígidas. Nesse caso, tal camada deve ser dimensionada como abordado na seção 8.4.1. Uma camada granular de cobertura deve ser utilizada sobre as colunas com espessura igual ao espaço entre colunas e não inferior a 1 m (EBGEO, 2011).

Abordagem de Van Impe e Silence (1986)

Van Impe e Silence (1986) apresentaram uma abordagem simples, mas conservadora, para a estimativa da carga de tração na camisa de geossintético envolvendo a coluna granular. O conservadorismo resulta da não consideração do efeito de confinamento provido pelo solo mole circundante. Nessa abordagem, a força de tração mobilizada na camisa deve equilibrar a tensão horizontal efetiva desenvolvida no interior da coluna (Fig. 8.34), dada por:

$$\sigma'_h = (\sigma'_v + \gamma'_c z)\tan^2(45^o - \phi_c / 2) \qquad \textbf{(8.120)}$$

em que σ'_h é a tensão horizontal efetiva no interior da coluna; σ'_v, a pressão vertical efetiva no topo da coluna; γ'_c, o peso específico submerso da coluna; z, a profundidade considerada; e ϕ_c, o ângulo de atrito do material da coluna.

A tensão vertical é obtida dividindo-se a sobrecarga total sobre o topo da coluna pela área em planta sob sua responsabilidade.

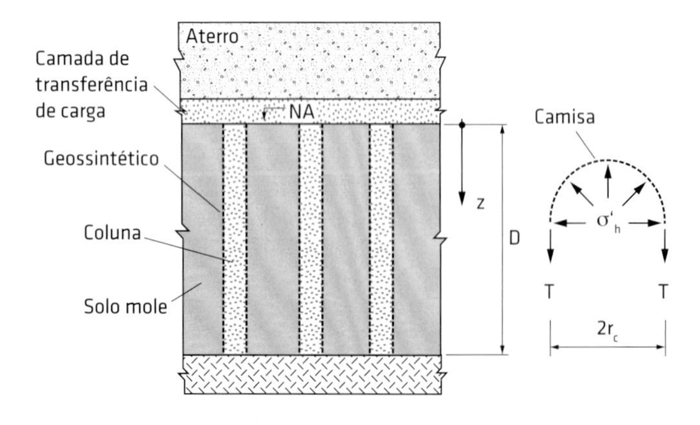

Fig. 8.34 Abordagem de Van Impe e Silence (1986)

Pela Eq. 8.120, a tensão horizontal máxima ocorrerá na ponta da coluna. Pelo equilíbrio de forças horizontais na coluna nesse ponto, obtém-se:

$$T = r_c(\sigma'_v + \gamma'_c D)\tan^2(45^o - \phi_c / 2) \qquad \textbf{(8.121)}$$

em que T é a força de tração máxima mobilizada na camisa; r_c, o raio da coluna granular; e D, o comprimento da coluna (Fig. 8.34).

Deve-se notar que, sob condições mais realistas, no caso de uma camada de solo mole sem a presença de crosta resistente superficial, a tensão máxima na camisa ocorrerá no topo, e não na base da coluna, diferentemente do obtido pela abordagem de Van Impe e Silence (1986). Segundo o método dos autores, a variação de raio da coluna e seu recalque podem ser estimados por:

$$\Delta r_c = \frac{T}{J} r_c \qquad \textbf{(8.122)}$$

e

$$s_c = \frac{T}{J} D \qquad \textbf{(8.123)}$$

em que r_c é a variação do raio da coluna; J, a rigidez à tração da camisa; r_c, o valor inicial do raio da coluna; e s_c, o recalque sofrido pela coluna.

Abordagem de Raithel e Kempfert (2000)

Raithel e Kempfert (2000) apresentaram um método de dimensionamento de colunas granulares encamisadas sujeitas a carregamento axissimétrico. Essa abordagem admite que as colunas se deformam sob volume constante e que os recalques do topo da coluna e do solo mole envolvente são iguais. A Fig. 8.35 apresenta a configuração admitida por esses autores.

Raithel e Kempfert (2000) apresentam o desenvolvimento descrito a seguir a partir do equilíbrio de um segmento horizontal da coluna.

A eficiência da coluna é definida como a razão entre a carga vertical absorvida por ela e a carga total sobre a área sob sua responsabilidade. Assim:

$$E = \frac{Q_c}{Q_E} = \frac{\Delta\sigma_{v,c} A_c}{\Delta\sigma_o A_E} = a_E \frac{\Delta\sigma_{v,c}}{\Delta\sigma_o} \qquad \textbf{(8.124)}$$

em que E é a eficiência da coluna; Q_c, a carga vertical absorvida pela coluna; Q_E, a carga vertical sobre a área sob responsabilidade da coluna (Fig. 8.35); $\Delta\sigma_{v,c}$, a pressão vertical sobre a coluna; $\Delta\sigma_o$, a pressão devida ao aterro; A_c, a área da seção transversal da coluna; A_E, a área em planta sob responsabilidade da coluna; e a_E, a razão entre A_c e A_E.

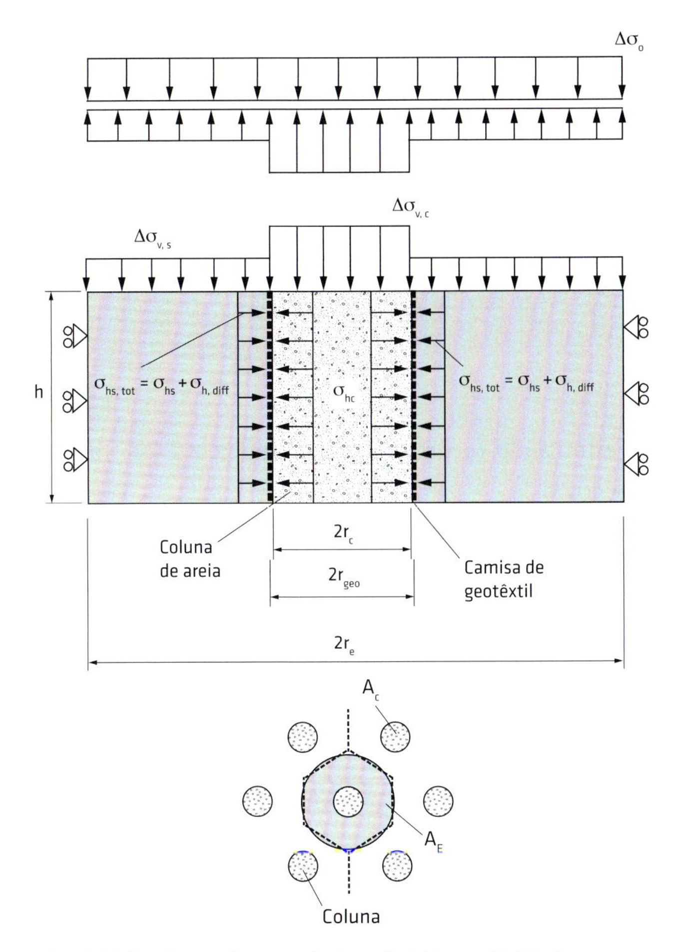

Fig. 8.35 Configuração geométrica admitida por Raithel e Kempfert (2000)

Arbitrando-se um valor para E, determinam-se as tensões atuantes sobre a coluna e sobre o solo mole por:

$$\Delta\sigma_0 A_E = \Delta\sigma_{v,c} A_c + \Delta\sigma_{v,s}(A_E - A_c) \quad \textbf{(8.125)}$$

ou

$$\Delta\sigma_0 = \Delta\sigma_{v,c} a_E + \Delta\sigma_{v,s}(1 - a_E) \quad \textbf{(8.126)}$$

com

$$a_E = \frac{A_c}{A_E} \quad \textbf{(8.127)}$$

em que $\Delta\sigma_{v,s}$ é a pressão sobre o solo mole.

A partir do equilíbrio vertical da coluna, Raithel e Kempfert (2000) chegaram às seguintes equações:

$$\frac{\Delta\sigma_{v,s}}{E_{oed,s}} - \frac{2}{E^*}\frac{\nu_s}{1-\nu_s}\left[K_{a,c}\left(\frac{1}{a_E}\Delta\sigma_o - \frac{1-a_E}{a_E}\Delta\sigma_{v,s} + \sigma_{v,o,c}\right) - K_{o,s}\Delta\sigma_{v,s} - K^*_{o,s}\sigma_{v,o,s} + \frac{(r_{geo}-r_c)J}{r^2_{geo}} - \frac{\Delta r_c J}{r^2_{geo}}\right]h = \left[1 - \frac{r_c^2}{(r_c+\Delta r_c)^2}\right]h \quad \textbf{(8.128)}$$

com

$$\Delta r_c = \frac{K_{a,c}\left(\frac{1}{a_E}\Delta\sigma_o - \frac{1-a_E}{a_E}\Delta\sigma_{v,s} + \sigma_{v,o,c}\right) - K_{o,s}\Delta\sigma_{v,s} - K^*_{o,s}\sigma_{v,o,s} + \frac{(r_{geo}-r_c)J}{r^2_{geo}}}{\frac{E^*}{(1/a_E - 1)r_c} + \frac{J}{r^2_{geo}}} \quad \textbf{(8.129)}$$

$$E^* = \left(\frac{1}{1-\nu_s} + \frac{1}{1+\nu_s}\frac{1}{a_E}\right)\frac{(1+\nu_s)(1-2\nu_s)}{(1-\nu_s)}E_{oed,s} \quad \textbf{(8.130)}$$

em que ν_s é o coeficiente de Poisson do solo mole; $E_{oed,s}$, o módulo oedométrico do solo mole; $K_{a,c}$, o coeficiente de empuxo ativo do solo da coluna; $\sigma_{v,o,c}$, a tensão vertical total inicial na coluna a meia altura do segmento de coluna considerado; $K_{o,s}$, o coeficiente de empuxo no repouso no solo mole (= 1 – senϕ', onde ϕ' é o ângulo de atrito do solo mole); $K_{o,s}^*$, o coeficiente de empuxo no repouso aumentado no caso de execução da coluna pelo método de deslocamento (no método por escavação, $K_{o,s}^* = K_{o,s}$); $\sigma_{v,o,s}$, a tensão vertical total inicial no solo mole a meia altura do segmento considerado; r_{geo}, o raio da camisa de geotêxtil; r_c, o raio da coluna granular; J, a rigidez à tração do geotêxtil; Δr_c, a variação do raio da coluna; e h, a altura do segmento considerado.

Raithel e Kempfert (2000) e EBGEO (2011) recomendam utilizar $a_E = 0{,}1$ (Eq. 8.127). Note-se que o raio da camisa de geotêxtil (r_{geo}) dificilmente coincidirá com o raio da coluna granular (r_c), e tal fato pode ser considerado nos cálculos.

A solução do problema é iterativa, de acordo com os seguintes passos:

1. arbitra-se um valor para a eficiência da coluna (E, Eq. 8.124);
2. calculam-se os valores de $\Delta\sigma_{v,c}$ e $\Delta\sigma_{v,s}$ pelas Eqs. 8.124 e 8.126, respectivamente;
3. caso o valor de E arbitrado seja correto, será obtida a igualdade entre as parcelas à direita e à esquerda do sinal de igual na Eq. 8.128; caso contrário, um novo valor de E deve ser arbitrado, e os cálculos devem ser repetidos até a convergência.

Devido à natureza tediosa dos cálculos, recomenda-se que sejam programados em uma planilha eletrônica, por exemplo.

Uma vez alcançada a convergência, a carga de tração na camisa de geotêxtil pode ser obtida por:

$$T = J\frac{\Delta r_{geo}}{r_{geo}} = J\frac{\Delta r_c - (r_{geo} - r_c)}{r_{geo}} \quad \textbf{(8.131)}$$

O recalque (coluna e solo) correspondente ao segmento considerado é dado por:

$$s_c = \left(1 - \frac{r_c^2}{(r_c + \Delta r_c)^2}\right) h \quad \textbf{(8.132)}$$

em que s_c é o recalque do segmento considerado.

O recalque total do sistema será a soma dos recalques de todos os segmentos calculados. EBGEO (2011) recomenda que, para os cálculos, o valor de h seja inferior ou igual a 1 m.

De acordo com a prática alemã (EBGEO, 2011), o módulo oedométrico do solo mole pode ser estimado em função do nível de tensões pela expressão:

$$E_{oed,s} = E_{oed,s,ref} \left(\frac{p^* + c_s' / \tan\phi}{p_{ref}} \right)^m \quad \textbf{(8.133)}$$

com

$$p^* = \frac{p_2 - p_1}{\ln(p_2 / p_1)} \quad \textbf{(8.134)}$$

em que $E_{oed,s}$ é o módulo oedométrico do solo mole; $E_{oed,s,ref}$, o módulo oedométrico do solo mole para uma pressão de referência p_{ref}; c'_s, a coesão do solo de fundação; ϕ, o ângulo de atrito do solo de fundação; p_1, a pressão no solo mole a meia altura do segmento considerado antes da sobrecarga $\Delta\sigma_{v,s}$; e p_2, a pressão no solo mole a meia altura do segmento considerado após a sobrecarga $\Delta\sigma_{v,s}$.

Para solos normalmente adensados, coesivos e orgânicos, o expoente m é aproximadamente igual a 1 (EBGEO, 2011).

Exemplo 8.5

Calcular a eficiência da coluna granular encamisada e a força de tração na camisa de geotêxtil para colunas sob um aterro com 5 m de altura a ser construído sobre uma camada de solo mole com 8 m de espessura. O peso específico do aterro é igual a 18 kN/m³. A coluna granular tem diâmetro de 1,2 m, sendo preenchida com uma areia com peso específico saturado igual a 18 kN/m³ e ângulo de atrito igual a 34°. Admitir o raio da camisa de geotêxtil igual ao raio da coluna (ausência de alargamento de ativação da camisa). O solo de fundação possui peso específico saturado de 15 kN/m³, ângulo de atrito de 14°, coesão de 12 kPa e coeficiente de Poisson de 0,4. O módulo oedométrico do solo de fundação para uma pressão de referência de 100 kPa é igual a 700 kPa. Admitir que o processo executivo da coluna será o de deslocamento, resultando em $K_{o,s}^* = 1$. Admitir também $a_E = 0{,}1$ e geotêxtil da camisa com rigidez à tração igual a 2.000 kN/m.

Resolução

Como o processo é iterativo, a seguir serão apresentados somente os cálculos relativos à iteração que leva à convergência. Como sugerido por EBGEO (2011), a espessura do segmento considerado será igual a 1,0 m, e somente o cálculo para o segmento superior, ao topo da camada de solo mole, é apresentado a seguir.

A pressão devida ao aterro é obtida por:

$$\Delta\sigma_o = 5 \times 18 = 90 \text{ kPa}$$

Admitindo-se uma eficiência de 0,64 (64%), tem-se (Eq. 8.124):

$$0{,}64 = 0{,}1 \frac{\Delta\sigma_{v,c}}{90}$$

$$\Delta\sigma_{v,c} = 576{,}0 \text{ kPa}$$

Da Eq. 8.126:

$$\Delta\sigma_o = \Delta\sigma_{v,c} a_E + \Delta\sigma_{v,s}(1 - a_E) \Rightarrow 90 = 576{,}0 \times 0{,}1 + \Delta\sigma_{v,s}(1 - 0{,}1)$$

$$\Delta\sigma_{v,s} = 36{,}0 \text{ kPa}$$

No centro do segmento superior, têm-se:

$$\sigma_{v,o,s} = 0{,}5 \times 1{,}0 \times 15 = 7{,}5 \text{ kPa}$$

$$\sigma_{v,o,c} = 0{,}5 \times 1{,}0 \times 18 = 9{,}0 \text{ kPa}$$

$$p_1 = 0{,}5 \times 1{,}0 \times 15 = 7{,}5 \text{ kPa}$$

$$p_2 = p_1 + \Delta\sigma_{v,s} = 7{,}5 + 36{,}0 = 43{,}5 \text{ kPa}$$

Então (Eq. 8.134):

$$p^* = \frac{p_2 - p_1}{\ln(p_2 / p_1)} = \frac{43{,}5 - 7{,}5}{\ln(43{,}5 / 7{,}5)} = 20{,}48 \text{ kPa}$$

Assim, o módulo oedométrico do solo de fundação a meia altura do segmento é dado por (Eq. 8.133):

$$E_{oed,s} = E_{oed,s,ref} \left(\frac{p^* + c_s' / \tan\phi}{p_{ref}} \right)^m$$

$$= 700 \times \left(\frac{20{,}48 + 12 / \tan 14^o}{100} \right)^1 = 480{,}26 \text{ kPa}$$

Os coeficientes de empuxo dos solos são dados por:

$$K_{a,c} = \tan^2(45^o - \phi / 2) = \tan^2(45^o - 34^o / 2) = 0{,}283$$

$$K_{o,s} = 1 - \sin\phi = 1 - \sin 14^o = 0{,}758$$

$$K_{o,s}^* = 1$$

O valor de E^* é obtido por (Eq. 8.130):

$$E^* = \left(\frac{1}{1-\nu_s} + \frac{1}{1+\nu_s} \frac{1}{a_E} \right) \frac{(1+\nu_s)(1-2\nu_s)}{(1-\nu_s)} E_{oed,s}$$

$$E^* = \left(\frac{1}{1-0,4} + \frac{1}{1+0,4} \times \frac{1}{0,1} \right) \times$$

$$\times \frac{(1+0,4) \times (1-2 \times 0,4)}{(1-0,4)} \times 480,26 = 1.974,41 \text{ kPa}$$

O aumento do raio da coluna é dado por (Eq. 8.129):

$$\Delta r_c = \frac{K_{a,c}(\frac{1}{a_E}\Delta\sigma_o - \frac{1-a_E}{a_E}\Delta\sigma_{v,s} + \sigma_{v,o,c}) - K_{o,s}\Delta\sigma_{v,s} - K^*_{o,s}\sigma_{v,o,s} + \frac{(r_{geo} - r_c)J}{r^2_{geo}}}{\frac{E^*}{(1/a_E - 1)r_c} + \frac{J}{r^2_{geo}}}$$

$$\Delta r_c = \frac{0,283 \times (\frac{1}{0,1} \times 90 - \frac{1-0,1}{0,1} \times 36,0 + 9,0) - 0,758 \times 36,0 - 1 \times 7,5 + \frac{(0,6-0,6) \times 2.000}{0,6^2}}{\frac{1.974,41}{(1/0,1-1) \times 0,6} + \frac{2.000}{0,6^2}}$$

$$\Delta r_c = 0,0221 \text{ m}$$

Substituindo-se os valores encontrados na Eq. 8.128, tem-se:

$$\frac{\Delta\sigma_{v,s}}{E_{oed,s}} - \frac{2}{E^*} \frac{\nu_s}{1-\nu_s} \left[K_{a,c} \left(\frac{1}{a_E} \Delta\sigma_o - \frac{1-a_E}{a_E} \Delta\sigma_{v,s} + \sigma_{v,o,c} \right) - \right.$$

$$\left. -K_{o,s}\Delta\sigma_{v,s} - K^*_{o,s}\sigma_{v,o,s} + \frac{(r_{geo} - r_c)J}{r^2_{geo}} - \frac{\Delta r_c J}{r^2_{geo}} \right] h =$$

$$= \left[1 - \frac{r_c^2}{(r_c + \Delta r_c)^2} \right] h$$

$$\frac{36,0}{480,26} - \frac{2}{1.974,45} \times \frac{0,4}{1-0,4} \left[0,283 \times \left(\frac{1}{0,1} \times 90 - \frac{1-0,1}{0,1} \times 36 + 9,0 \right) - \right.$$

$$\left. -0,758 \times 36,0 - 1 \times 7,5 + \frac{(0,6-0,6) \times 2.000}{0,6^2} - \frac{0,0221 \times 2.000}{0,6^2} \right] \times 1 =$$

$$= \left[1 - \frac{0,6^2}{(0,6+0,0221)^2} \right] \times 1$$

ou

$$0,0700 \approx 0,0697 \Rightarrow \text{OK}$$

A igualdade da equação é satisfeita partindo-se de $E = 0,64$.

A força de tração mobilizada na camisa é obtida por (Eq. 8.131):

$$T = J \frac{\Delta r_c - (r_{geo} - r_c)}{r_{geo}} = 2.000 \times \frac{0,0221 - (0,6 - 0,6)}{0,6}$$

$$T = 73,7 \text{ kN/m}$$

A contribuição do segmento superficial para o recalque total é igual a (Eq. 8.132):

$$s_c = \left(1 - \frac{r_c^2}{(r_c + \Delta r_c)^2} \right) h = \left(1 - \frac{0,6^2}{(0,6+0,0221)^2} \right) \times 1$$

$$s_c = 0,070 \text{ m}$$

A repetição desses cálculos para outros segmentos ao longo da camada resulta em um recalque total do aterro com colunas igual a 0,37 m, enquanto o recalque total do aterro sem colunas, para as propriedades assumidas para o solo mole, seria igual a 1,03 m. Assim, para as condições analisadas, colunas granulares encamisadas poderiam reduzir os recalques do aterro em aproximadamente 64%.

Para efeito de comparação, para a mesma tensão vertical no topo da coluna ($\Delta\sigma_{v,c}$ = 576 kPa), a solução de Van Impe e Silence (1986) fornece o seguinte valor de carga de tração na camisa (Eq. 8.121):

$$T = r_c(\sigma'_v + \gamma'_c D)\tan^2(45^o - \phi_c / 2)$$
$$= 0,6 \times (576 + 8 \times 8)\tan^2(45^o - 34^o / 2) = 108,6 \text{ kN/m}$$

Nesse caso, a força de tração prevista por Van Impe e Silence (1986) foi 47% maior que a prevista por Raithel e Kempfert (2000). O valor previsto por Van Impe e Silence (1986) seria maior ainda caso se obtivesse a tensão vertical no topo da coluna como igual a todo o peso de aterro acima da coluna dividido por sua área de influência em planta, como sugerido por Van Impe (1989). Os valores de variação de raio da coluna e recalque da coluna por Van Impe e Silence (1986) são (Eqs. 8.122 e 8.123):

$$\Delta r_c = \frac{T}{J} r_c = \frac{108,6}{2.000} \times 0,6 = 0,033 \text{ m}$$

e

$$s_c = \frac{T}{J} D = \frac{108,6}{2.000} \times 8 = 0,43 \text{ m}$$

Os valores de Δr_c e s_c obtidos por esses autores são também significativamente maiores que os encontrados por Raithel e Kempfert (2000).

8.5 Aceleração de recalques por adensamento com geossintéticos

Geossintéticos podem ser utilizados eficientemente como colchões drenantes ou drenos verticais visando à aceleração de recalques por adensamento e a ganhos de resistência de solos moles saturados. Algumas vantagens da adoção desses materiais em relação aos tradicionais sistemas drenantes com materiais granulares são as seguintes:

- os drenos geossintéticos podem ser substancialmente mais econômicos que os de materiais naturais em regiões onde estes são escassos ou sua exploração é limitada por regulamentações ambientais;
- os drenos geossintéticos são manufaturados para ter propriedades específicas, com repetibilidade e com controle de qualidade rigoroso;

- são fáceis de transportar para regiões remotas;
- são fáceis de instalar e geralmente requerem somente equipamentos de construção simples e leves;
- a instalação é consideravelmente mais rápida em relação às soluções tradicionais com materiais granulares, reduzindo custos e tempo de construção;
- o processo de instalação é mais limpo que o de drenos naturais, o que, por exemplo, evita ou minimiza a contaminação de colchões drenantes durante a instalação de drenos verticais.

8.5.1 Colchão drenante geossintético

Uma forma simples para acelerar recalques por adensamento de aterros sobre solos moles saturados e aumentar a resistência ao cisalhamento de tais solos consiste na utilização de um colchão drenante sobre o solo mole de fundação. O emprego desse colchão, em geral, não é suficiente para acelerar os recalques em níveis satisfatórios a curto prazo. Entretanto, com certeza auxilia na redução do tempo para que um determinado valor de recalque seja atingido. Um geocomposto para drenagem pode ser usado como colchão drenante sobre o solo mole em substituição a camadas naturais granulares.

No caso de colchões drenantes formados por geotêxteis ou geocompostos drenantes, é de fundamental importância avaliar a capacidade de fluxo ao longo do plano, por meio de sua transmissividade (no caso de geotêxteis) ou capacidade de descarga (no caso de geocompostos). Giroud (1981) apresentou a seguinte equação para avaliar a transmissividade requerida para o colchão drenante:

$$\theta_{req} = k_p t_{GT} = \frac{B^2 k_s}{(c_v t_c)^{0,5}} \quad (8.135)$$

em que θ_{req} é a transmissividade requerida do colchão geossintético; k_p, o coeficiente de permeabilidade ao longo do plano do colchão; t_{GT}, a espessura do colchão; B, a largura da base do aterro (Fig. 8.36); k_s, o coeficiente de permeabilidade do solo de fundação; c_v, o coeficiente de adensamento do solo de fundação; e t_c, o tempo para a construção do aterro.

Deve-se atentar para o fato de que a transmissividade do produto a ser especificado deve ser maior ou igual ao valor dado pela Eq. 8.135, levando-se em conta os fatores de redução relevantes para o problema. Além disso, é necessário também considerar o valor da transmissividade do produto sob a tensão vertical esperada no campo. Sob tais condições, camadas de geotêxteis geralmente são pouco eficientes nessas aplicações devido aos baixos valores de transmissividade, particularmente sob tensões de compressão elevadas.

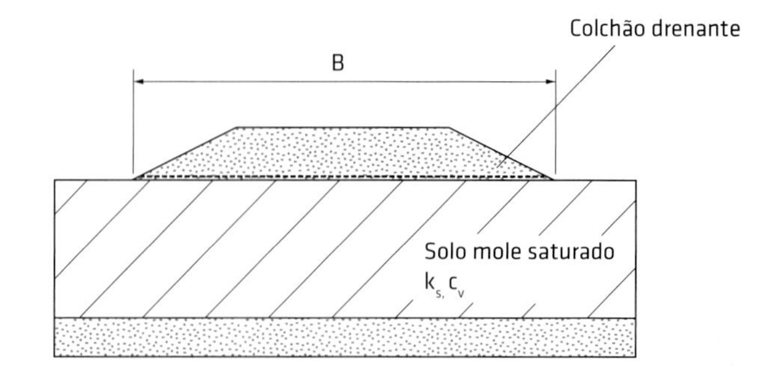

Fig. 8.36 Colchão drenante geossintético na base de aterro sobre solo mole

8.5.2 Geocompostos drenantes verticais – drenos verticais

A utilização de drenos verticais combinados a um colchão drenante é uma solução muito mais eficiente para a aceleração de recalques do que o colchão somente. Vários métodos de projeto de sistemas de drenos verticais estão disponíveis na literatura, e Magnan (1983) apresenta um estudo detalhado sobre tais métodos.

Os geocompostos drenantes usados como drenos verticais podem ter seções transversais circulares ou retangulares (drenos em tiras), sendo entregues em rolos. Basicamente, consistem de um geoespaçador envolto em filtro geotêxtil não tecido. O elemento filtrante deve atender aos critérios de filtro em relação ao solo em contato. A Fig. 8.37 apresenta geocompostos drenantes típicos para drenagem radial.

O processo executivo consiste em deslocar uma extremidade do geocomposto através do solo mole, geralmente até atingir a camada drenante em profundidade. Para a instalação do dreno, é prática comum a utilização de uma camisa metálica (mandril) para proteger o dreno contra danos por abrasão com os solos em contato durante a cravação, como esquematizado na Fig. 8.38. Ponteiras devem ser usadas na extremidade da camisa para facilitar sua cravação (ver figura) e permitir que a extremidade do dreno permaneça no local especificado durante a extração da camisa metálica.

A percentagem de adensamento por fluxo horizontal (radial) a ser atingida em um dado tempo t quando se têm, simultaneamente, drenagens vertical e radial pode ser obtida por (Carrillo, 1942):

$$U_r = \frac{U_{vr} - U_v}{1 - U_v} \quad (8.136)$$

em que U_r é a percentagem de adensamento devida à contribuição dos drenos verticais (drenagem radial); U_{vr}, a percentagem de adensamento total a ser atingida para o solo mole no tempo t devida às drenagens vertical e radial; e U_v, a percentagem de adensamento no tempo t devida

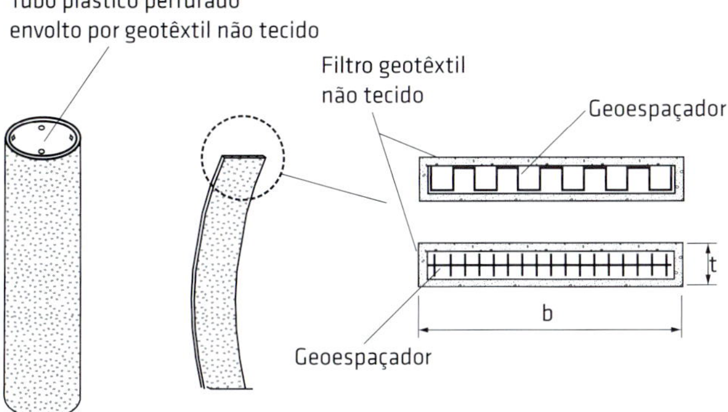

Fig. 8.37 Drenos verticais geossintéticos típicos
Fonte: Palmeira (1996).

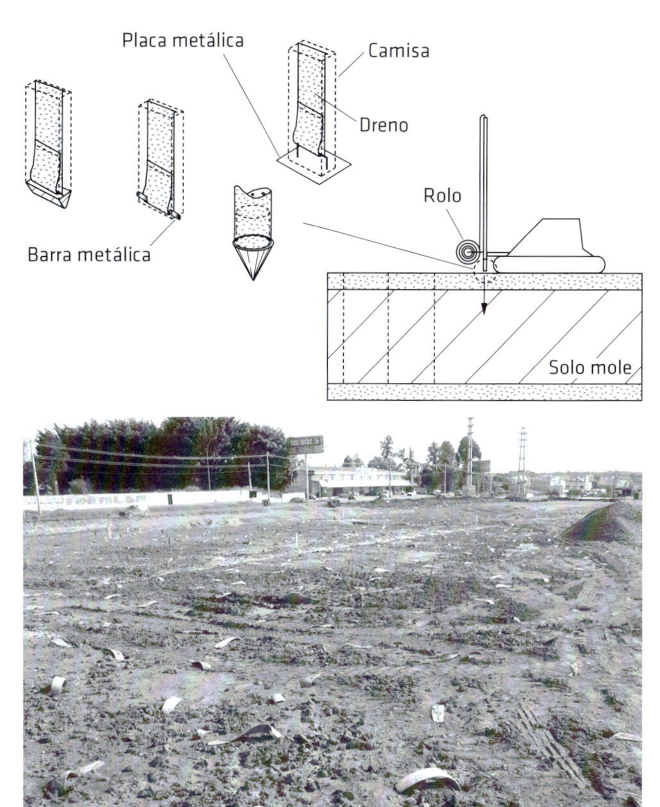

Fig. 8.38 Instalação de drenos verticais geossintéticos
Fonte: Palmeira (1996).

somente à drenagem vertical (para colchões drenantes no topo e na base).

Comumente, o valor de U_v é estimado utilizando-se a teoria de adensamento unidimensional de Terzaghi (1943), quando efeitos tridimensionais podem ser desprezados. Como em geral U_v é pequeno, é comum desprezar tal valor em situações mais complexas, em que a teoria de Terzaghi tenha aplicação limitada. Caso o valor de U_v seja levado em conta, ele pode ser obtido em função do fator tempo, dado por:

$$T_v = \frac{c_v t}{H_d^2} \tag{8.137}$$

em que T_v é o fator tempo; C_v, o coeficiente de adensamento do solo mole; t, o tempo para atingir U_v; e H_d, o caminho de drenagem mais longo a ser seguido por uma partícula de água ao longo da direção vertical.

A relação entre U_v e T_v é apresentada na Fig. 8.39.

No projeto de drenos verticais, inicialmente, deve-se estabelecer a percentagem de adensamento total (U_{vr})

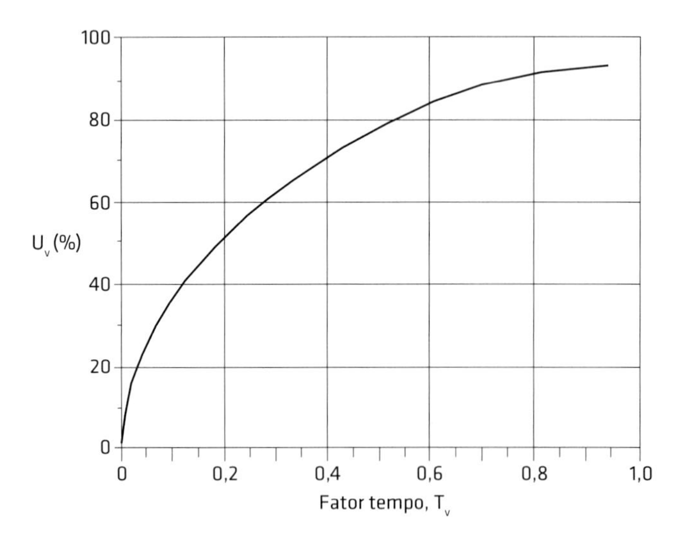

Fig. 8.39 Coeficiente de adensamento médio *versus* fator tempo para drenagem ao longo da vertical

desejada em um tempo t. Obtido o valor de U_v no tempo t (Eq. 8.137 e Fig. 8.39), o valor de U_r no mesmo tempo é calculado pela Eq. 8.136. Conhecido o valor de U_r, o sistema de drenos verticais pode ser dimensionado, e, para isso, existem alguns métodos na literatura (Barron, 1948; Hansbo, 1979, por exemplo).

Segundo Barron (1948), sem a consideração do amolgamento do solo mole, tem-se:

$$U_r = 1 - e^{\left(-\frac{8c_h t}{D^2 f(n)}\right)} \quad \textbf{(8.138)}$$

com

$$f(n) = \frac{n^2}{n^2 - 1}\ln(n) - 0{,}75 \quad \textbf{(8.139)}$$

e

$$n = \frac{D}{d_w} \quad \textbf{(8.140)}$$

em que U_r é a percentagem de adensamento radial no tempo t; c_h, o coeficiente de adensamento horizontal do solo mole; D, o diâmetro do cilindro de solo a ser drenado ao redor do dreno vertical; t, o tempo para a ocorrência de U_r; e d_w, o diâmetro do dreno.

O amolgamento do solo mole ao redor do dreno pode ser levado em conta como apresentado em US NAVFAC (1971) ou Magnan (1983).

Hansbo (1979) apresentou uma solução para o dimensionamento de drenos verticais que permite considerar a capacidade de descarga do dreno e o amolgamento do solo mole causado durante sua instalação. Segundo essa solução, o valor da percentagem de adensamento radial de um depósito de solo mole saturado (Fig. 8.40) é dado por:

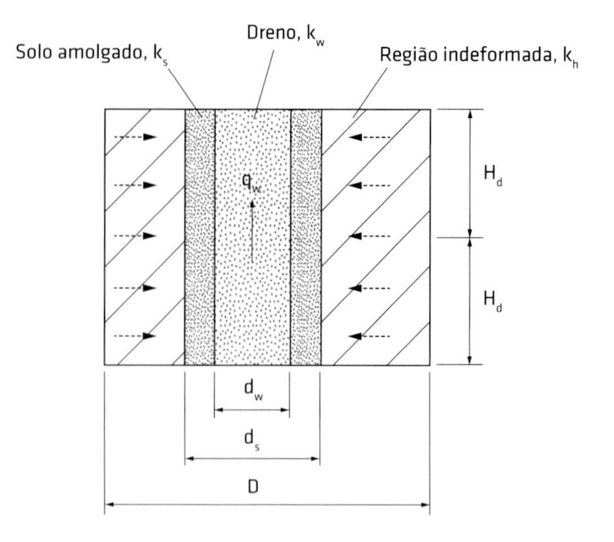

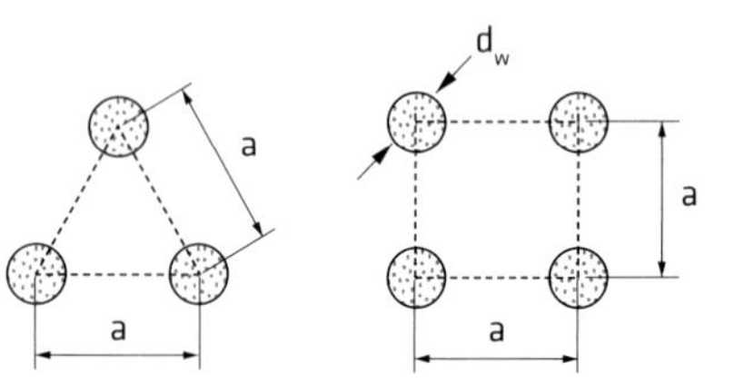

Fig. 8.40 Características geométricas e de solos de um dreno vertical e arranjos em planta

$$U_r = 1 - e^{\left(-\frac{8c_h t}{D^2 \mu}\right)} \quad \textbf{(8.141)}$$

com (Magnan, 1983):

$$\mu = \ln\left(\frac{D}{d_s}\right) + \frac{k_h}{k_s}\ln\left(\frac{d_s}{d_w}\right) - 0{,}75 + \frac{2\pi H_d^2 k_h}{3q_w}\left[1 - \frac{k_h/k_s - 1}{(k_h/k_s)(D/d_s)^2}\right] \quad \textbf{(8.142)}$$

em que d_s é o diâmetro da região amolgada ao redor do dreno devido à sua instalação; k_h, o coeficiente de permeabilidade horizontal do solo mole no estado indeformado; k_s, o coeficiente de permeabilidade da zona amolgada ao redor do dreno; e q_w, a capacidade de descarga do dreno.

Para utilizar a solução de Hansbo (1979), deve-se atender à condição:

$$n = D/d_w > 5 \quad \textbf{(8.143)}$$

Essa condição é comumente atendida para geocompostos drenantes típicos usados em sistemas de drenos verticais.

O valor de μ obtido pela Eq. 8.142 é o valor médio ao longo da espessura da camada de solo mole (Magnan, 1983). A capacidade de descarga do dreno (q_w) deve ser a obtida sob o mesmo nível de tensões esperado no campo. Para valores elevados de capacidade de descarga do dreno, a Eq. 8.125 pode ser simplificada para:

$$\mu = \ln\left(\frac{D}{d_s}\right) + \frac{k_h}{k_s}\ln\left(\frac{d_s}{d_w}\right) - 0{,}75 \quad \textbf{(8.144)}$$

Hansbo (1979) sugere que o valor de d_s/d_w varia tipicamente entre 1,5 e 3, dependendo do tipo de dreno e das condições de instalação. Quando uma camisa é utilizada para a instalação do dreno (situação predominante), d_s/d_m varia tipicamente entre 2,5 e 3 (FHWA, 1986), sendo d_m o diâmetro do círculo com área igual à área da seção transversal da camisa ou da ponta de cravação (usar a maior entre as duas). Van Impe (1989) sugere $k_s \approx k_h/5$ para estimativas preliminares, quando valores acurados de coeficientes de permeabilidade não estão disponíveis.

A capacidade de descarga do dreno (q_w) depende de seu coeficiente de permeabilidade, dimensões, gradiente hidráulico e nível de tensões. Na falta de resultados de ensaios, Hansbo (1979) recomenda valores de q_w inferiores a 500 m³/ano. Holtz et al. (1989) sugerem um valor mínimo de q_w entre 100 m³/ano e 150 m³/ano. Hansbo, Jamiolkowski e Kok (1981) e Van Impe (1989) sugerem um valor de gradiente hidráulico unitário ao longo do dreno, com capacidade de descarga nessas condições dada por $A_w k_w$, em que A_w é a área da seção transversal do dreno e k_w é seu coeficiente de permeabilidade.

Geocompostos drenantes em forma de tiras ou tubos geralmente possuem elevados valores de capacidade de descarga para níveis de tensões típicos em camadas de solos moles saturados. Entretanto, não se pode descartar algum nível de colmatação do elemento filtrante do dreno, o que pode provocar redução da capacidade de descarga. Compressões do dreno e danos durante a instalação também podem reduzir os valores de q_w. Holtz (1987) recomenda uma resistência à tração mínima do dreno de 5 kN/m e uma deformação de tração máxima entre 2% e 10%.

As Eqs. 8.138 a 8.144 foram inicialmente desenvolvidas para drenos verticais cilíndricos. Contudo, Hansbo (1979) observou que drenos em forma de tira se comportam de forma similar a drenos cilíndricos com igual perímetro. Assim, no caso de drenos em tira, o valor de d_w nas equações deve ser substituído pelo diâmetro equivalente do dreno em tira, dado por:

$$d_{eq} = \frac{2(b+t)}{\pi} \quad \textbf{(8.145)}$$

em que d_{eq} é o diâmetro equivalente do dreno em tira; b, a largura do dreno em planta; e t, sua espessura (Fig. 8.37).

Determinado o valor de D por solução iterativa das Eqs. 8.141 e 8.142, o valor do espaçamento entre drenos pode ser calculado por:

$$a = \frac{D}{1{,}13} \text{ para drenos com arranjo quadrado em planta} \quad \textbf{(8.146)}$$

ou

$$a = \frac{D}{1{,}05} \text{ para arranjo triangular em planta} \quad \textbf{(8.147)}$$

Recentes avanços na tecnologia de geossintéticos permitiram o desenvolvimento de drenos eletrocinéticos (EKG) (Jones et al., 2006). Tais materiais poliméricos possibilitam a passagem de corrente elétrica, o que viabiliza, de forma mais econômica e prática, a utilização do fenômeno de eletrosmose para o adensamento de solos moles saturados. A Fig. 8.41 mostra esquematicamente o princípio de funcionamento do sistema. Os EKG podem também ser usados para melhoria e estabilização de solos fracos, redução de umidade de lodos de esgoto e descontaminação de terrenos.

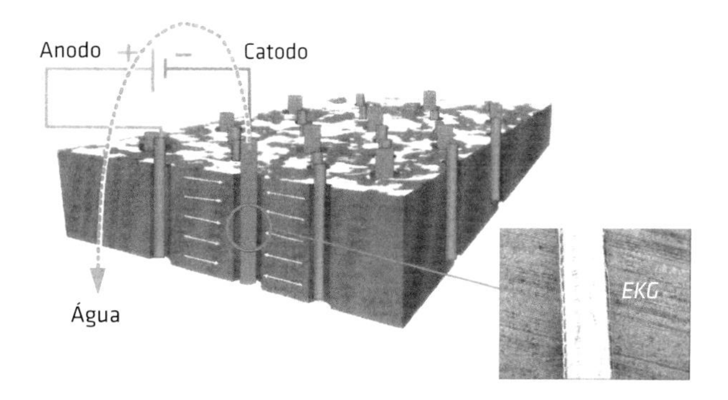

Fig. 8.41 Geossintético eletrocinético (EKG)
Fonte: modificado de Jones et al. (2006).

8.6 Aspectos construtivos relevantes

A execução de aterros reforçados deve seguir procedimentos cuidadosos e criteriosos. Por ser de fácil instalação no campo, por vezes aspectos construtivos relevantes que podem influenciar o desempenho da obra são negligenciados. Assim, os seguintes procedimentos devem ser seguidos (Holtz; Christopher; Berg, 1997):

- *Preparo do subleito*
  - ◊ Árvores, tocos, troncos, raízes, pedras e demais elementos contundentes que possam danificar o reforço devem ser removidos antes de sua instalação. Vegetação rasteira, mato ou grama que não representem risco à integridade do reforço não precisam ser retirados.
  - ◊ A execução de uma camada de aterro como plataforma de serviço para a instalação do reforço pode

ser necessária em áreas com superfícies muito onduladas ou com muitos tocos ou árvores caídas.

- *Instalação do geossintético*
  - ◊ O elemento de reforço deve ser instalado com sua direção mais resistente orientada na direção no aterro que deve ser reforçada, geralmente normal a seu eixo. É necessário tomar cuidado em regiões onde as direções transversal e longitudinal devam ser estabilizadas, como nas extremidades de aterros ou em regiões de encontros de pontes. Esse fato é particularmente importante quando reforços uniaxiais são utilizados.
  - ◊ O reforço deve ser desenrolado com cuidado na direção normal ao eixo do aterro, obedecidas as considerações feitas no item anterior. Nenhuma emenda deve ser realizada na direção paralela ao eixo do aterro ou em direção perpendicular à direção mais solicitada.
  - ◊ Painéis de geotêxteis devem ser costurados quando necessário, e os pontos da costura devem ser inspecionados. Painéis de geogrelhas podem ser unidos por grampos, cabos, tubos etc.
  - ◊ Dobras, rugas e ondulações devem ser manualmente removidas. Pesos (sacos de areia, pneus usados etc.) ou pinos podem ser necessários durante a execução para evitar o levantamento do reforço por ventos.
  - ◊ Profissionais qualificados devem examinar o reforço para a detecção de danos, como furos, cortes ou esgarçamentos, antes da cobertura com aterro. Caso necessário, reparos devem ser feitos de forma apropriada.
  - ◊ Deve-se evitar a instalação de reforços em contato direto com capitéis ou cabeças de estacas, como comentado na seção 8.4.1. É necessário evitar o tráfego de veículos sobre aterros de baixa altura acima dos capitéis durante a construção. Tráfego de veículos repetitivo e com direções aleatórias durante a execução da obra pode provocar danos ao reforço por abrasão e cortes no reforço ao longo do perímetro ou nos cantos do capitel. A utilização de capitéis com bordas chanfradas, topos convexos ou camada de geotêxtil protetor entre o reforço e o capitel pode ajudar, mas pode não ser suficiente.

No caso de drenos verticais geossintéticos, é necessário evitar o uso de camisas de cravação de drenos com seções transversais maiores que o necessário para reduzir o amolgamento do solo mole. Aplicam-se os mesmos cuidados vistos no Cap. 4 relativos a camadas de filtro ou camadas drenantes com geossintéticos em colchões na base de aterros.

- *Sequência construtiva*
  - ◊ Para subleitos muito fracos (CBR ≤ 1), com a formação de ondas de solo mole durante a execução, a construção do aterro deve ser feita das extremidades para o interior e seguindo a sequência de execução das camadas exibida na Fig. 8.42.
  - ◊ Para subleitos mais resistentes (CBR > 1), o aterro deve ser lançado com sua parte central avançada em relação às extremidades, para favorecer o estiramento do reforço, como esquematizado na Fig. 8.43.
  - ◊ Os tipos de veículo e equipamento de construção (caminhões, rolos de compactação etc.) e a altura das pilhas de aterro a serem espalhadas devem ser tais que não provoquem deformações excessivas na obra.

- *Monitoramento da obra*

Dependendo do porte e das características da obra, os seguintes instrumentos podem ser necessários:

  - ◊ piezômetros para a medição de poropressões no solo de fundação;

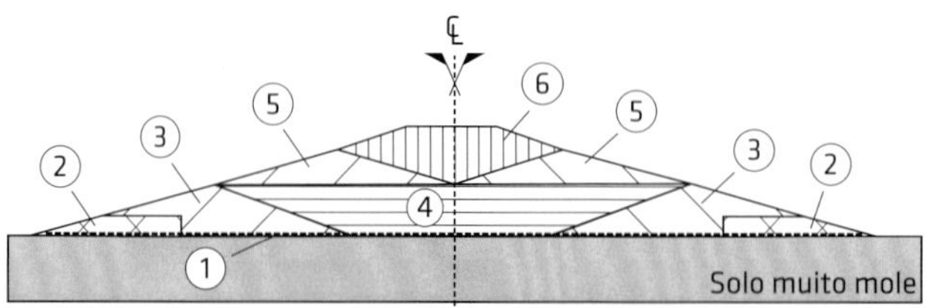

Sequência:
1. Instalar geossintético em painéis contínuos solidarizando-os uns aos outros
2. Estrada de acesso
3. Construir seções externas para ancorar o reforço
4. Construir seções internas para acomodar o reforço
5. Construir seções internas para tracionar o reforço
6. Construir seção central final

Fig. 8.42 Sequência construtiva sobre solos muito moles (CBR ≤ 1)
Fonte: modificado de Holtz, Christopher e Berg (1997).

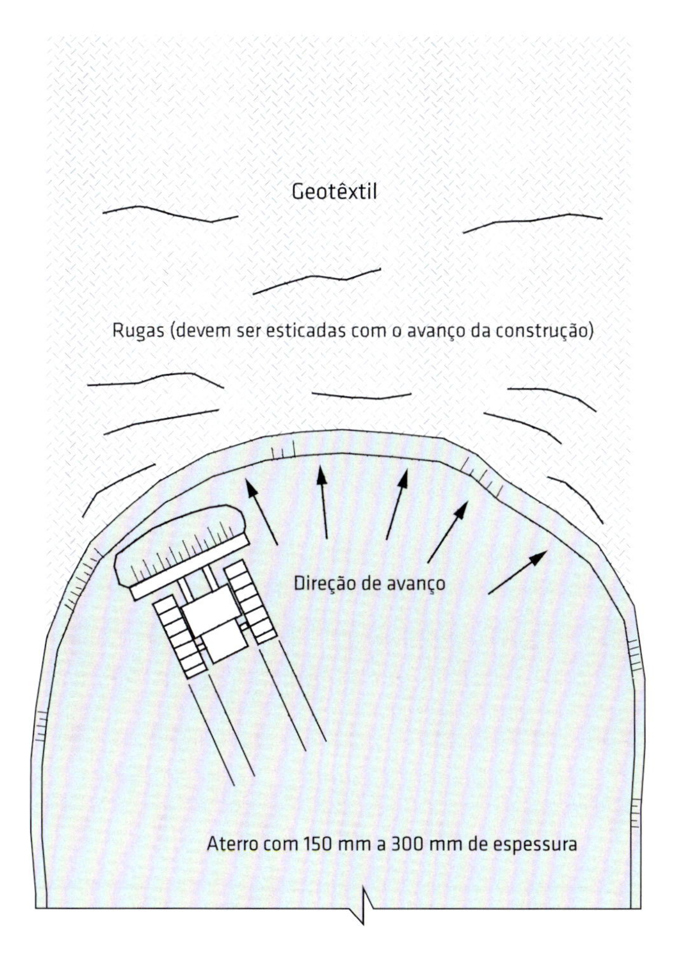

Fig. 8.43 Sequência construtiva sobre solos moderados (CBR > 1)
Fonte: modificado de Holtz, Christopher e Berg (1997).

- ◊ placas de recalque ou perfilômetros de recalques ao longo da base do aterro;
- ◊ inclinômetros nos pés do aterro para a medição de deslocamentos horizontais do solo de fundação.

Situações especiais, como a presença de construções vizinhas (prédios, pontes etc.), podem requerer cuidados e instrumentos adicionais (Macedo; Palmeira; Araújo, 2009).

8.7 Comentários finais

O projeto de aterros sobre solos moles com geossintéticos requer um conhecimento acurado das propriedades dos materiais envolvidos. No caso de aterros reforçados, embora as análises por equilíbrio-limite sejam rotineiras e simples de executar, são necessários dados de boa qualidade do comportamento carga-deformação-tempo do reforço geossintético, bem como dos parâmetros de resistência dos solos, obtidos por ensaios de laboratório ou campo segundo normas e procedimentos confiáveis. Fatores de redução apropriados devem ser utilizados na definição da resistência de projeto do reforço, para levar em conta efeitos deletérios a seu desempenho. No caso de drenos verticais, é de fundamental importância uma determinação realista dos coeficientes de permeabilidade e de adensamento horizontal do solo de fundação.

Em se tratando de subleitos fracos, mesmo com a realização de ensaios de boa qualidade, algumas incertezas podem persistir quanto a valores de parâmetros relevantes para o projeto. Em ensaios para determinar a resistência não drenada de solos moles, dispersões elevadas são comuns e podem requerer ferramentas estatísticas para a definição de valores de projeto. Geometrias mais complexas do problema ou heterogeneidades no solo de fundação podem favorecer mecanismos de ruptura para os quais superfícies de deslizamento não circulares seriam indicadas. Como em outras situações em Geotecnia, o fator de segurança da obra depende de suas características e das consequências de um colapso. Assim, em face das incertezas inerentes a esse tipo de projeto, mesmo em situações mais simples, recomenda-se que o fator de segurança de aterros sobre solos moles não seja inferior a 1,3.

Os métodos de equilíbrio-limite utilizados para o projeto de aterros estaqueados ou sobre colunas granulares ainda são soluções simplificadas e aproximadas para o problema. Desse modo, em projetos mais importantes ou em situações críticas ou severas, é recomendável empregar soluções mais sofisticadas e instrumentação geotécnica apropriada para o monitoramento da obra. A construção e o monitoramento de um aterro experimental antes da execução de uma obra de grande porte podem ser muito úteis para melhorar tanto o projeto quanto os processos executivos, reduzindo os custos nesse tipo de aplicação de geossintéticos.

CONTENÇÕES E TALUDES ÍNGREMES REFORÇADOS COM GEOSSINTÉTICOS

9

A utilização de geossintéticos como reforço em estruturas de contenção e em taludes íngremes é uma das aplicações mais comuns desses materiais. Os primeiros muros de arrimo em solo reforçado com geossintéticos datam de aproximadamente quase cinco décadas (Allen; Bathurst, 2003). De fato, a técnica de reforço de solos pela inclusão de materiais é muito antiga. Ainda hoje encontram-se vestígios ou obras em bom estado construídas séculos atrás, como os *ziggurats*, na antiga Mesopotâmia, partes da Grande Muralha da China e estradas para templos incas (Palmeira, 1992). Nessas obras, eram incluídas mantas de raízes, galhos ou misturas de solo com lã animal, como no caso das estradas incas. Hoje em dia, tais tipos de reforço teriam aplicações muito limitadas por serem perecíveis. Nesse contexto, os materiais modernos industrializados, como os geossintéticos, podem suprir as propriedades mecânicas necessárias, com durabilidade compatível com a vida útil da obra.

A Fig. 9.1 esquematiza seções transversais de muros e taludes íngremes reforçados. A combinação de um material de aterro com boas propriedades mecânicas e de inclusão com resistência e rigidez à tração compatíveis garantem a estabilidade da obra.

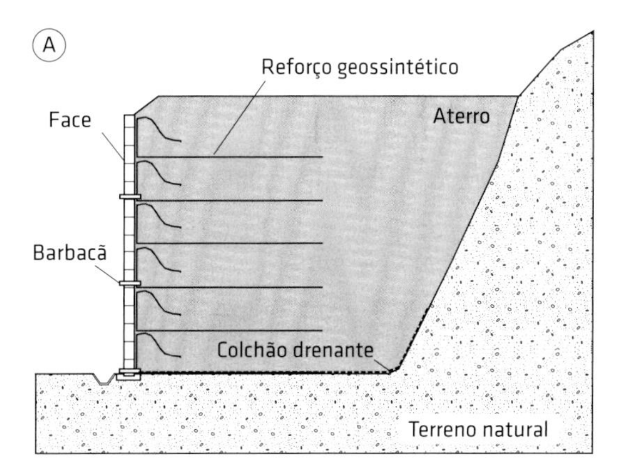

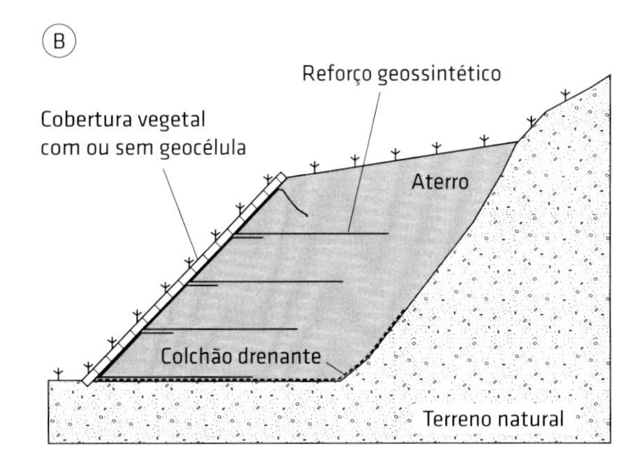

Fig. 9.1 Seções típicas de (A) muro e (B) talude íngreme reforçados com geossintéticos

Conceitualmente, e sob vários aspectos ligados à sua estabilidade, os muros podem também ser considerados taludes reforçados. No entanto, algumas diferenças de ordem técnica, construtiva ou histórica fazem com que haja uma distinção no projeto de cada uma dessas aplicações, por exemplo:

- Os muros reforçados são estruturas com faces verticais, ou próximas à vertical, destinadas a conter massa vizinha, como em muros de gravidade convencionais. Embora taludes íngremes possam também ter essa função, em geral o motivo para a instalação de reforços no talude é manter sua própria estabilidade.

- Alguns métodos de projeto de muros de arrimo não necessariamente se aplicam aos taludes íngremes, ou se aplicam dentro de certos limites. Por exemplo, teorias de cálculo de tensões horizontais e empuxos de terra sobre muros podem não se aplicar a taludes íngremes devido às inclinações das faces dos taludes. As superfícies de ruptura dentro da massa reforçada podem ser bastante diferentes em muros (geralmente admitidas como planas em teorias de empuxo convencionais) e em taludes íngremes (superfícies críticas tipicamente curvas).
- Quanto a aspectos construtivos, as faces nos muros reforçados geralmente são executadas com a utilização de placas de concreto, blocos pré-moldados ou alvenaria. Nos taludes íngremes, é comum usar cobertura vegetal na face. Também por razões construtivas, os espaçamentos entre reforços têm limites mais rigorosos em muros (tipicamente, inferiores a 1 m) que em taludes íngremes. O mesmo se aplica a restrições aos deslocamentos máximos admissíveis nas faces de muros reforçados.

9.1 Aspectos construtivos

9.1.1 Métodos executivos

A simplicidade e a rapidez da execução de muros e taludes íngremes reforçados são duas das principais vantagens dessas soluções em relação às convencionais. O processo executivo consiste em lançamento e compactação do aterro e instalação das camadas de reforço nas posições estabelecidas no projeto.

Há que se distinguir dois tipos de condição de fixação da extremidade da camada de reforço junto à face, que são o envelopamento e a ancoragem. Nesse último caso, a extremidade do reforço é fixada, ou ancorada, em faces de concreto ou entre blocos.

No processo conhecido como envelopamento, as extremidades dos reforços junto à face são dobradas, como mostrado na Fig. 9.2. Durante a elevação da estrutura, o suporte da face do aterro pode ser conseguido com o uso de fôrmas móveis (em forma de L, geralmente de madeira) ou deslizantes, conforme esquematizado nas Figs. 9.2 a 9.5. As pranchas deslizantes são adotadas em estruturas de baixa altura. Muros construídos com o emprego dessas técnicas são também chamados de muros envelopados.

Grelhas metálicas em forma de L podem também ser usadas para a execução da face de taludes de aterros reforçados. Nesse caso, a fôrma é mantida na estrutura e deve-se utilizar uma camada de geotêxtil para evitar a

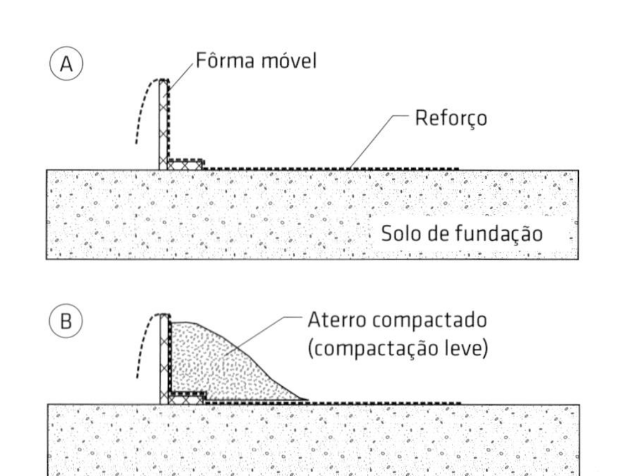

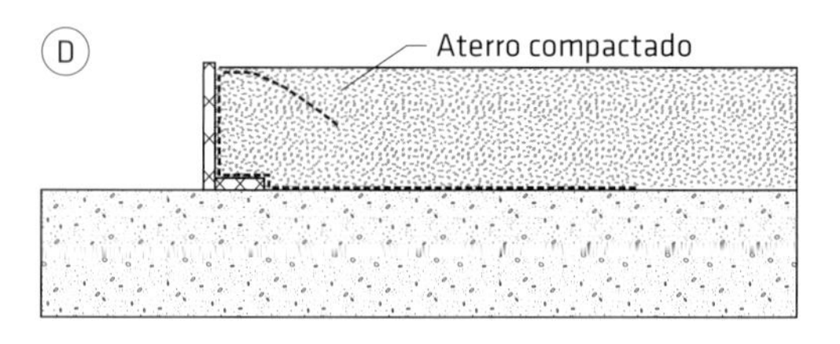

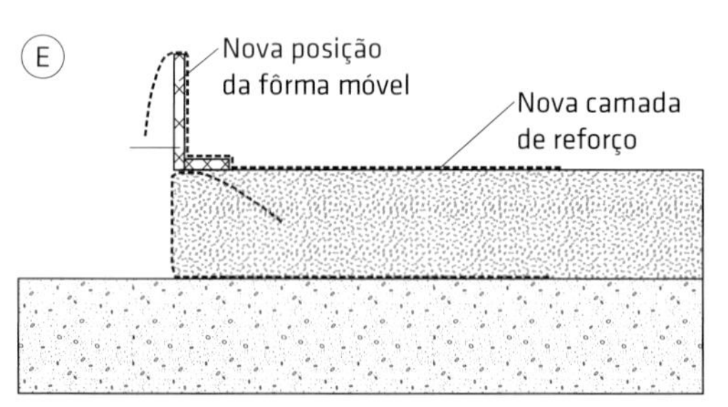

Fig. 9.2 Execução da massa reforçada com fôrma móvel: (A) instalação da fôrma e da primeira camada de reforço; (B) colocação de aterro junto à face; (C) dobramento da extremidade do reforço; (D) espalhamento e compactação do restante da camada de aterro; (E) reposicionamento da fôrma e instalação da segunda camada de reforço; (F) muro durante a execução
Foto: Carvalho, Pedrosa e Wolle (1986).

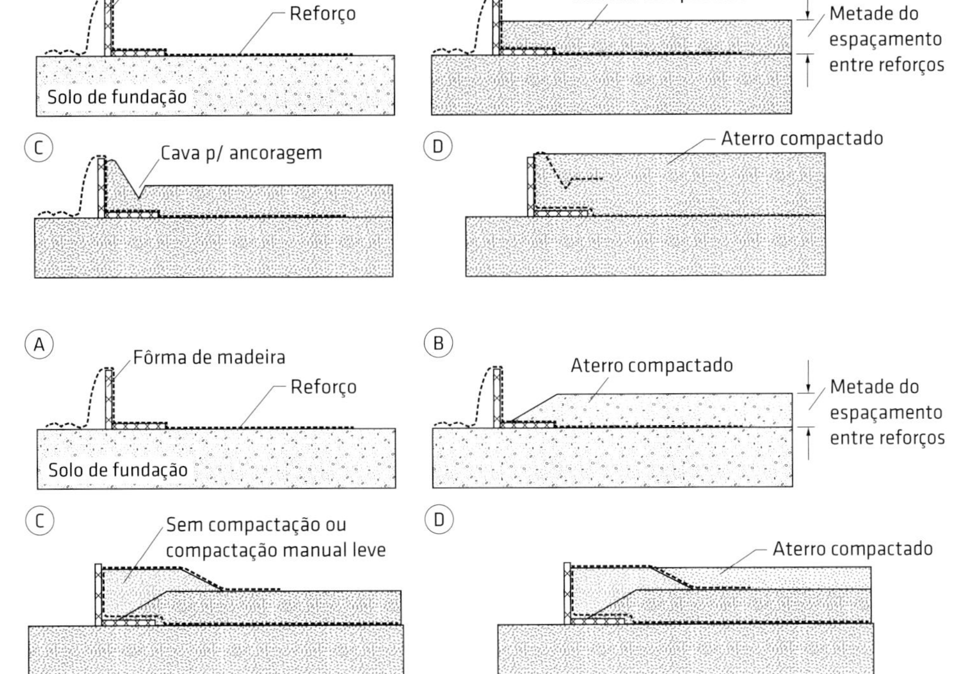

Fig. 9.3 Utilização de fôrma móvel – método do U. S. Forest Service: (A) posicionamento da fôrma e instalação da primeira camada de reforço; (B) espalhamento e compactação do aterro; (C) execução de cava para a ancoragem do reforço; (D) dobra do reforço e lançamento e compactação do resto da camada

Fig. 9.4 Utilização de fôrma móvel – método europeu: (A) posicionamento da fôrma de madeira e da primeira camada de reforço; (B) espalhamento e compactação de material de aterro; (C) instalação de aterro (camada drenante) junto à face e dobramento do reforço; (D) instalação e compactação do restante da camada de aterro

passagem de solo de aterro através da camada de reforço (se geogrelha) e através das aberturas da grelha metálica. Tal processo executivo se aplica particularmente em situações em que a face do muro será revestida de vegetação (face verde). Geomantas podem ser adotadas para a implantação da vegetação na face. A Fig. 9.6 esquematiza esse processo executivo.

Peças pré-moldadas de concreto (Fig. 9.7A), placas ou blocos podem também servir como fôrma e para o acabamento final da face. No caso de placas pré-moldadas (Fig. 9.7B), é comum que um pedaço do elemento de reforço (geogrelha) já venha engastado na placa para a posterior fixação ao restante da camada de reforço. Nesse tipo de solução, é fundamental que sejam garantidas as condições para a manutenção do prumo da face vertical. De forma geral, mas particularmente nas soluções com peças, blocos e placas pré-moldadas, deve-se utilizar compactação leve próximo à face (tipicamente, até 1,5 m a 2 m de distância da face) para evitar que tensões horizontais induzidas pela compactação provoquem desalinhamentos

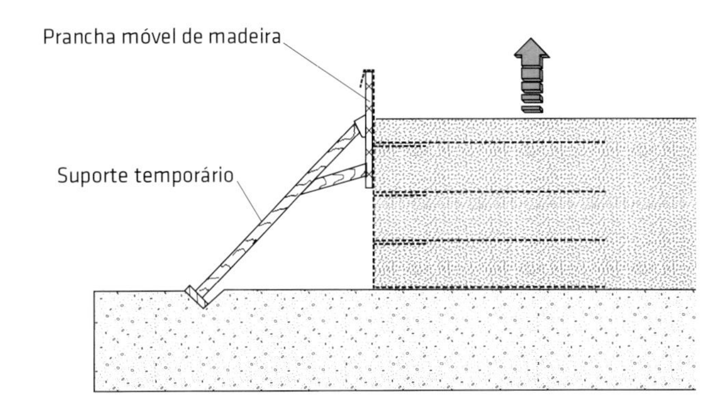

Fig. 9.5 Utilização de fôrma deslizante

Fig. 9.6 Utilização de fôrmas de grelhas metálicas – Balão do Torto (Brasília): (A) execução; (B) detalhe da face após a construção; (C) vista geral 12 anos após a conclusão da obra

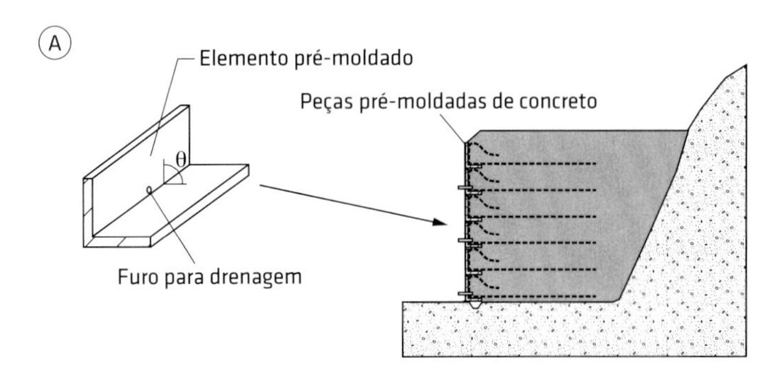

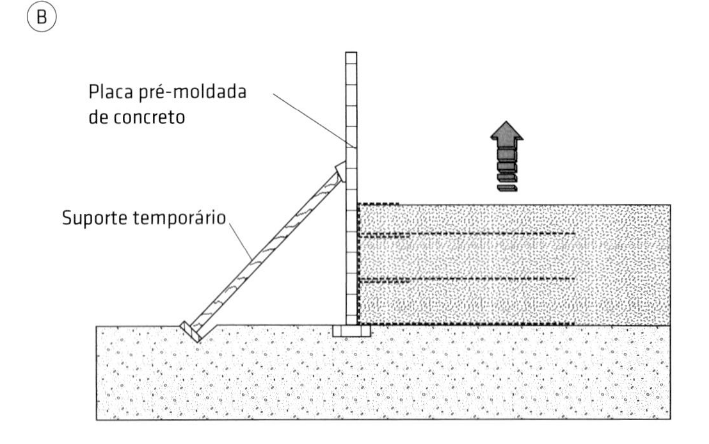

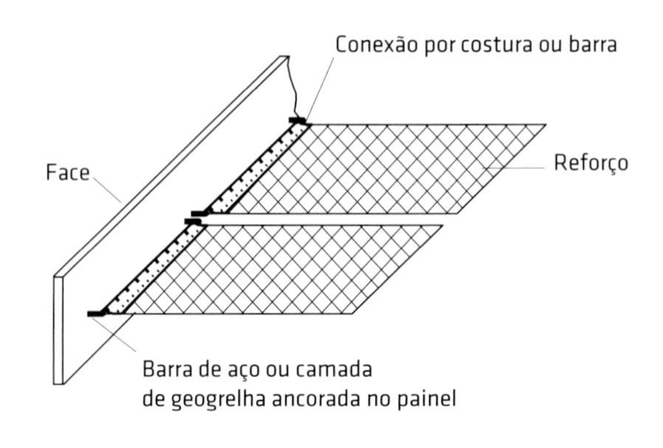

Fig. 9.7 (A) Peça pré-moldada de concreto armado e (B) face em placas pré-moldadas

entre elementos de face, desaprumo e sobrecargas nas conexões dos reforços com a face. A execução da face com inclinação um pouco menor que a pretendida, estimada em função dos deslocamentos horizontais esperados, pode reduzir efeitos estéticos deletérios provocados por deslocamentos relativos entre peças e perdas de prumo. Tais aspectos são particularmente mais importantes quando solos com razoáveis teores de finos são utilizados como aterro.

Os muros segmentais são executados com blocos pré-moldados que se encaixam e permitem a fixação da extremidade da camada de reforço à face, sendo uma solução muito popular na América do Norte. Os blocos podem ter formas e texturas variadas, permitindo diversidade estética. A Fig. 9.8 esquematiza o processo executivo e exibe tipos de bloco e exemplos desse tipo de solução.

Outras opções de face incluem a utilização de sacos preenchidos com solo ou solo-cimento, gabiões, alvenaria e concreto projetado. No caso do uso de concreto projetado, deve-se empregar malha ou tela de aço para a manutenção da capa de concreto na posição correta. Além disso, deve-se atentar para o fato de que o concreto projetado pode impregnar camadas de geotêxtil, obstruindo-as. Tal fato deve ser considerado e evitado, caso o geotêxtil tenha função drenante ou filtrante. Além disso, o contato prolongado de concreto fresco (elevado pH) pode acelerar a degradação de alguns tipos de polímero, como pode ser o caso de reforços de poliéster não protegidos. A Fig. 9.9 apresenta outros tipos possíveis de face de muros reforçados.

A união entre painéis individuais de reforço depende do tipo de elemento de reforço utilizado. No caso de geotêxteis, podem ser realizadas emendas por costuras ou sobreposição. As emendas não devem ser executadas paralelamente à face da estrutura, pois podem constituir pontos de fraqueza. O comprimento mínimo usualmente recomendado na sobreposição de camadas de reforço é de 0,3 m. No caso de geogrelha, a união pode ser feita por sobreposição de extremidades de painéis na direção normal à face da estrutura. A ligação entre painéis pode também ser realizada por engates, braçadeiras ou barra (metálica ou polimérica) entrelaçando extremidades de painéis. A Fig. 9.10 apresenta uniões típicas de painéis de reforço em muros e taludes íngremes reforçados.

Nos trechos em que há a sobreposição de painéis de reforço, deve-se atentar para que o processo de espalhamento do aterro não levante ou desloque as bordas dos painéis. Assim, nesses trechos, o espalhamento do aterro deve ser feito como esquematizado na Fig. 9.11. Em algumas situações particulares, quando devidamente projetadas, as sobreposições ou emendas podem não ser necessárias.

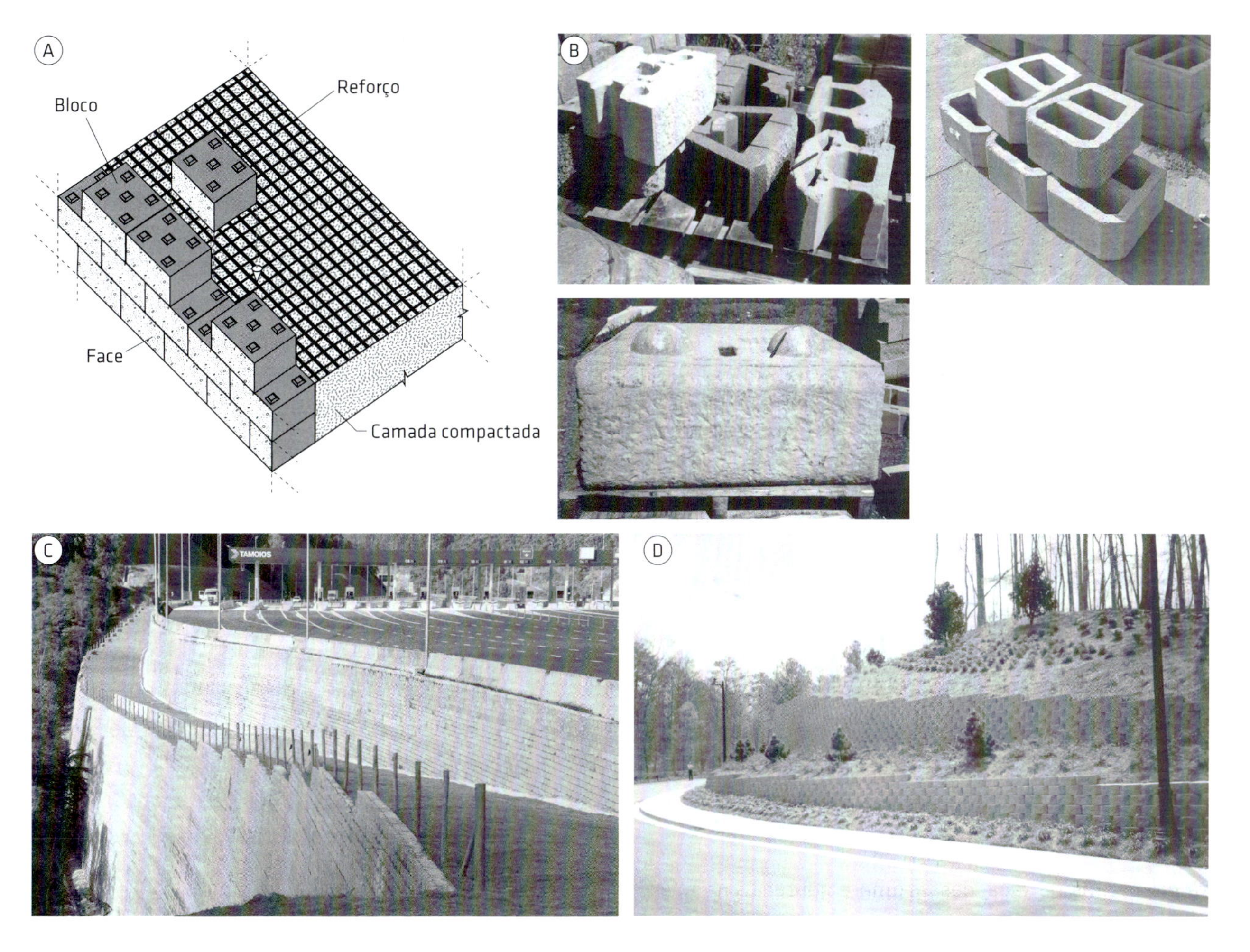

Fig. 9.8 Muros segmentais: (A) processo executivo; (B) alguns tipos de bloco; (C, D) exemplos de muros segmentais
Fotos: cortesia de (B) Terrae (imagem superior direita) e (C) Terrae/Huesker.

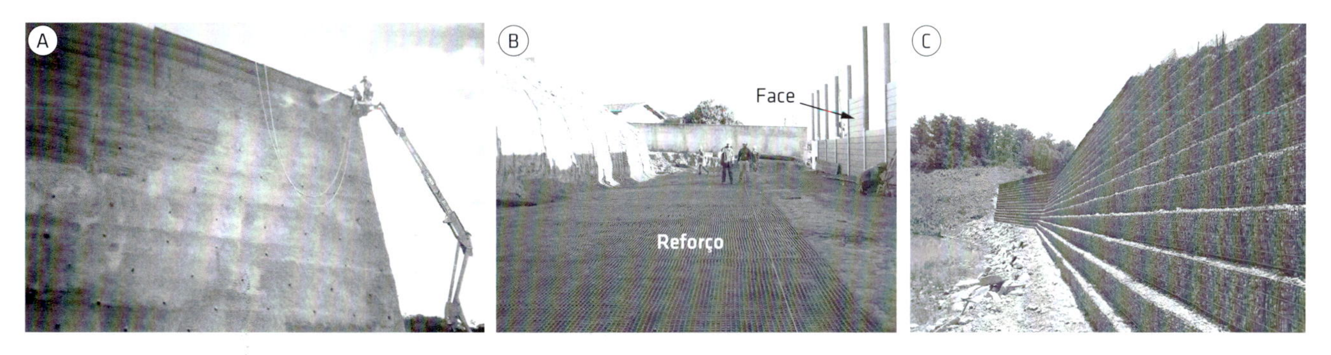

Fig. 9.9 Outros tipos de face de muros reforçados: (A) concreto projetado; (B) placas pré-moldadas; (C) gabiões
Fotos: cortesia de (A) Huesker, (B) Enertex e (C) Geo Soluções.

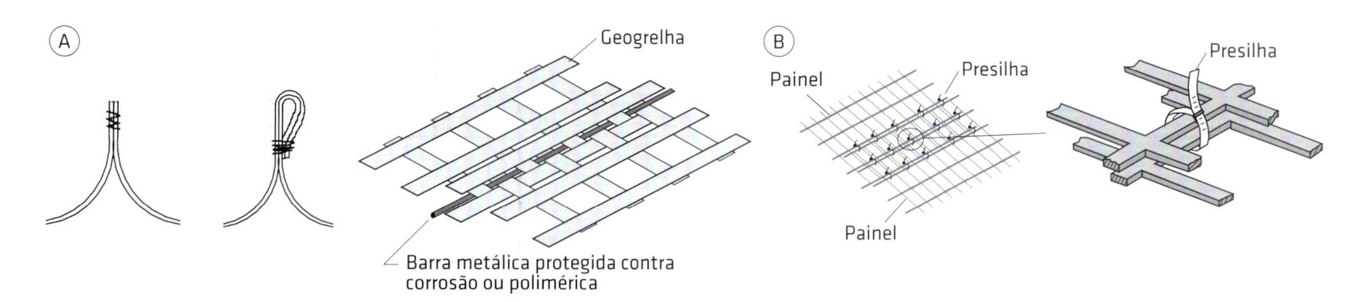

Fig. 9.10 União de painéis de reforço: (A) costuras típicas em geotêxteis e (B) união de painéis de geogrelha

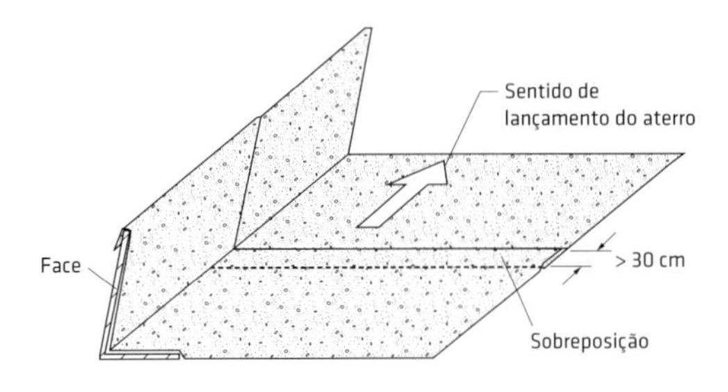

Fig. 9.11 Espalhamento do aterro em regiões de sobreposição

Antes da execução da estrutura, o terreno de fundação deve ser regularizado. No caso de o reforço da base da estrutura estar em contato com o solo de fundação, devem ser retirados previamente os elementos que possam danificar o reforço, como tocos, raízes e pedras. Como consequência disso e em razão de vantagens adicionais, é recomendável que a base da estrutura seja embutida no solo de fundação. A profundidade de embutimento depende de vários fatores, como (BS, 2010):

- escavação da superfície do solo de fundação para limpeza, remoção de vegetação, tocos, pedras etc.;
- pressão imposta pela estrutura ao solo de fundação;
- profundidade de congelamento em regiões de climas frios;
- risco de *piping* caso a água se acumule atrás da face da estrutura em muros costeiros;
- risco de exposição do pé da estrutura a escavações futuras;
- risco de erosão, particularmente em estruturas costeiras.

A Tab. 9.1 apresenta sugestões de valores mínimos da profundidade de embutimento (D_m) da base do muro e do fator de embutimento (f_e) em função da altura do muro (H, dado em metros) e da inclinação (β_s) da superfície do terreno próximo ao muro. BS (2010) recomenda um embutimento mínimo de 0,45 m.

9.1.2 Material de aterro

Um aspecto importante durante a construção diz respeito à natureza, ao lançamento e à compactação do material de aterro. Devem ser evitados materiais de aterro e processos executivos que provoquem danos ou degradem os elementos de reforço. Infelizmente, não é raro observar o tráfego de veículos pesados e de equipamentos de construção diretamente sobre os elementos de reforço. Na fase de projeto, o tipo e a natureza do material de aterro, bem como cuidados construtivos, devem ser especificados, e fatores de redução apropriados devem ser aplicados às propriedades relevantes do reforço.

Materiais de aterro granulares altamente drenantes são os mais recomendados para a construção de muros e aterros íngremes reforçados. Especificações em alguns países estabelecem limites para a quantidade de finos (material passante na peneira #200) no material de aterro variando de 5% a 15% em massa. Solos mais finos e abundantes na região da obra podem ser opções mais interessantes do ponto de vista econômico. Entretanto, devem ser tomados cuidados especiais quando da utilização de solos finos, particularmente na zona reforçada da estrutura. Alguns aspectos negativos relacionados ao uso de solos finos de aterro, em especial os mais plásticos, são poropressões elevadas durante a construção, dificuldade de compactação, baixa aderência entre solo e reforço, baixa capacidade drenante e deformações elevadas de longo prazo. Zornberg e Mitchell (1992, 1994) e Mitchell e Zornberg (1995) apresentaram uma revisão abrangente sobre o emprego de solos finos em estruturas em solo reforçado. Deformações excessivas e mesmo rupturas de muros reforçados construídos com solos finos são reportadas em Tatsuoka e Yamauchi (1986), Koerner e Soong (2001), Scarborough (2005), Yoo e Jung (2006) e Koerner e Koerner (2013). Na maioria dos casos, os insucessos foram devidos à drenagem e à qualidade de compactação insatisfatórias. Entretanto, podem ser encontrados na literatura bons desempenhos de muros reforçados construídos com

Tab. 9.1 VALORES MÍNIMOS DE PROFUNDIDADE DE EMBUTIMENTO E DE FATOR DE EMBUTIMENTO EM FUNÇÃO DA ALTURA DO MURO E DA INCLINAÇÃO DA SUPERFÍCIE DO TERRENO PRÓXIMO AO MURO

Inclinação junto ao pé (β_s)	Tipo	D_m (1) (m)	f_e (2) (m^3/kN)
0	Muros	$H/20$	$1{,}35 \times 10^{-3}$
0	Encontros de ponte	$H/10$	$1{,}35 \times 10^{-3}$
18° (cotβ = 3/1)	Muros	$H/10$	$2{,}7 \times 10^{-3}$
27° (cotβ = 2/1)	Muros	$H/7$	$4{,}0 \times 10^{-3}$
34° (cotβ = 3/2)	Muros	$H/5$	$5{,}9 \times 10^{-3}$

Notas: (1) $D_m \geq 0{,}45$ m; (2) $f_e = D_m/q_r$, sendo D_m dado em metros e q_r igual à capacidade de carga do terreno de fundação e dado em kPa.
Fonte: modificado de BS (2010).

resíduos de construção e demolição (Santos, 2011; Santos; Palmeira; Bathurst, 2013) e com solos finos tropicais com baixa plasticidade (Carvalho; Pedrosa; Wolle, 1986; Ehrlich, 1995; Zornberg; Christopher; Mitchell, 1995; Reccius, 1999, por exemplo).

9.1.3 Sistemas de drenagem

Os sistemas de drenagem são componentes de fundamental importância para a estabilidade e o bom desempenho de muros e taludes íngremes reforçados com geossintéticos. Koerner e Koerner (2013) fizeram um levantamento de 171 muros reforçados que apresentaram problemas de estabilidade ou deformações elevadas em diferentes partes do mundo. Em 98% dos casos, o mau desempenho ou a instabilidade foram provocados por dimensionamento impróprio da estrutura, e em nenhum dos casos analisados houve problema devido a deficiências do reforço geossintético. Os referidos autores observaram também que, em 60% dos casos, os problemas foram causados por sistemas de drenagem interna e externa deficientes. Cabe notar que, em 61% das obras que apresentaram problemas, o solo no trecho reforçado era fino (aterros siltosos ou argilosos).

A Fig. 9.12 apresenta configurações típicas de sistemas de drenagem em muros e taludes íngremes reforçados construídos com aterros com capacidade drenante satisfatória. Os sistemas drenantes devem ter elemento de filtro (sintético ou granular) para o solo de aterro em contato.

Maior atenção deve ser dedicada a sistemas de drenagem em estruturas com zonas reforçadas contendo solos finos. Nesses casos, Koerner e Koerner (2013) recomendam camadas drenantes envolvendo o trecho reforçado e geomembrana no topo da estrutura, como esquematizado na Fig. 9.13 para um muro segmental.

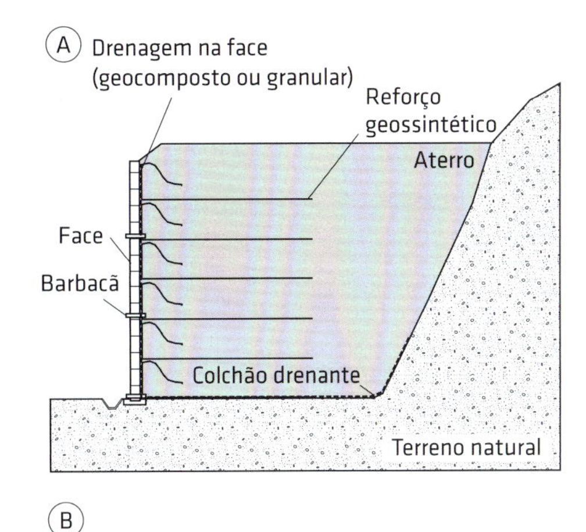

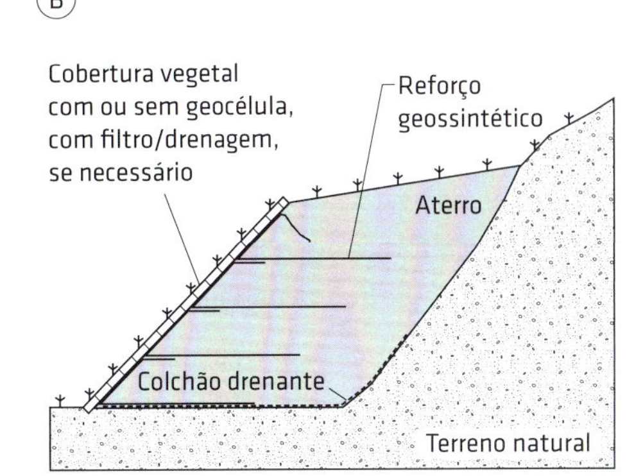

Fig. 9.12 Sistemas drenantes típicos em estruturas com aterros com boa capacidade drenante: (A) muro e (B) talude íngreme

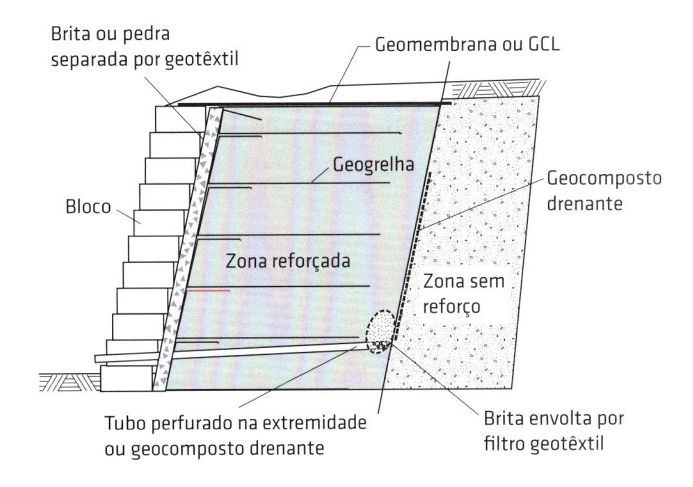

Fig. 9.13 Drenagem para aterros com solos finos em muros segmentais
Fonte: modificado de Koerner e Koerner (2013).

9.2 Dimensionamento de muros reforçados

9.2.1 Condições de estabilidade

Em vários aspectos, as condições de estabilidade requeridas para um muro reforçado com geossintético são semelhantes às de um muro de gravidade convencional. Basicamente, para os muros reforçados, as condições de estabilidade a serem atendidas são:

- estabilidade externa;
- estabilidade global;
- estabilidade interna.

A Fig. 9.14 esquematiza as condições de estabilidade a serem verificadas. Em métodos de equilíbrio-limite, a massa reforçada é considerada como se fosse rígida, de forma semelhante a um muro de gravidade convencional. Na análise de estabilidade externa, verificam-se as possibilidades de a massa reforçada deslizar ao longo de sua base, girar em torno de seu pé (tombamento) e causar instabilidade no solo de fundação (capacidade de carga ou recalques excessivos) (Fig. 9.14A-C). A avaliação da estabilidade global visa verificar outras possibilidades de mecanismos de ruptura não tratados pelas análises anteriores (Fig. 9.14D). Nesse tipo de avaliação, são empregados programas computacionais para a análise de

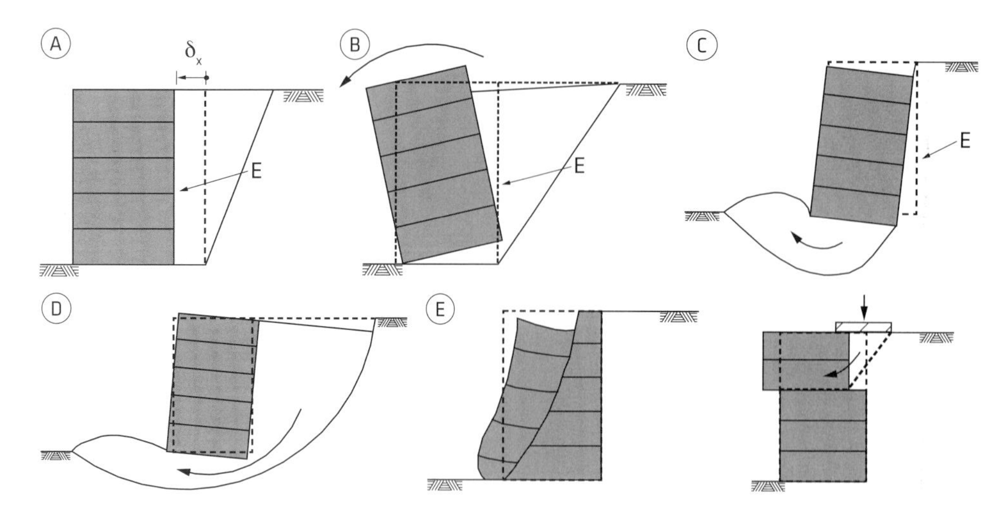

Fig. 9.14 Condições de estabilidade em muros reforçados com geossintéticos: (A) deslizamento ao longo da base; (B) tombamento; (C) capacidade de carga do solo de fundação; (D) estabilidade global; (E) estabilidade interna

estabilidade de taludes. Na análise de estabilidade interna, são estabelecidos o(s) espaçamento(s) entre reforços e os comprimentos dos reforços de modo a evitar mecanismos de ruptura como os mostrados na Fig. 9.14E.

9.2.2 Análise de estabilidade externa

Verificação de deslizamento ao longo da base do muro

O fator de segurança contra o deslizamento ao longo da base é calculado de modo semelhante ao de estruturas de arrimo convencionais. Assim, é definido por:

$$FS_d = \frac{\sum \text{Forças resistentes ao deslizamento}}{\sum \text{Forças mobilizadoras do deslizamento}} \quad (9.1)$$

Para a situação típica apresentada na Fig. 9.15, tem-se:

$$FS_d = \frac{(W + Q + E\sin\alpha)\tan\delta_b}{E\cos\alpha} \quad (9.2)$$

em que FS_d é o fator de segurança contra o deslizamento ao longo da base do muro (o valor tipicamente adotado é superior ou igual a 1,5) com largura igual a B; W, o peso da massa reforçada; Q, a resultante da sobrecarga (vertical) na superfície do muro; E, o empuxo ativo atuante na face interna do maciço reforçado; α, a inclinação do empuxo com a horizontal; e δ_b, o ângulo de atrito entre a base do muro e o solo de fundação.

As forças W e Q na Eq. 9.2 dependem do valor da largura (B) da massa reforçada. Assim, estabelecendo-se um fator de segurança (em geral, superior ou igual a 1,5), é possível determinar o valor de B que satisfaça à segurança contra o deslizamento com o fator de segurança estabelecido.

O ângulo de atrito (δ_b) entre a base do muro e o solo de fundação depende das condições de apoio do muro. É comum que a primeira camada de reforço esteja em contato direto com o solo de fundação ou com a camada de regularização, e, neste caso, o ângulo de atrito a considerar é aquele entre o reforço e o solo subjacente ($\delta_b = \phi_{sr}$, em que ϕ_{sr} é o ângulo de atrito entre o solo subjacente e o reforço), obtido por ensaios de aderência apropriados. No Cap. 3 são apresentados os ensaios pertinentes e valores típicos de ϕ_{sr} para análises preliminares.

O empuxo ativo pode ser calculado por diferentes métodos, e seu valor influencia diretamente as condições de estabilidade. Nesse caso, por sua simplicidade e quando aplicável, é comum a utilização do método de Rankine em análises preliminares. Tipos diferentes de solo podem ser usados na massa reforçada e no restante da massa arrimada, dependendo das características e requisitos do projeto e da relevância dos ganhos econômicos e ambientais associados ao emprego de solos diferentes naquelas regiões.

Verificação da estabilidade contra o tombamento

Como em estruturas de arrimo convencionais, a análise de estabilidade contra o tombamento visa avaliar a possibilidade de a massa reforçada girar como corpo rígido ao redor do ponto O da Fig. 9.15. Nesse caso, o fator de segurança contra o tombamento é dado por:

$$FS_t = \frac{\sum \text{Momentos em relação ao ponto } O \text{ de forças contrárias ao tombamento}}{\sum \text{Momentos em relação ao ponto } O \text{ de forças favoráveis ao tombamento}} \quad (9.3)$$

Para as condições da Fig. 9.15, tem-se:

$$FS_t = \frac{(Wx_W + Qx_Q)}{Ed_E} \quad (9.4)$$

em que FS_t é o fator de segurança contra o tombamento (tipicamente, superior ou igual a 1,5) e x_W, x_Q e d_E são os braços de alavanca das forças W, Q e E em relação ao ponto O, respectivamente, como mostrado na Fig. 9.15.

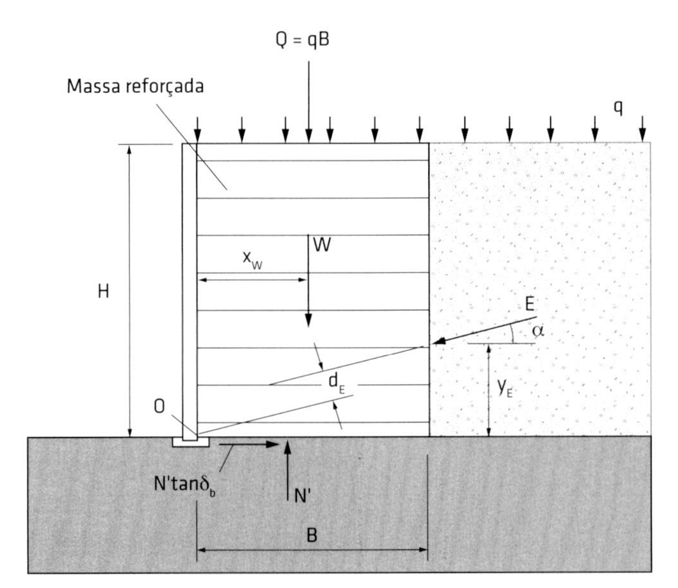

Fig. 9.15 Forças atuantes sobre o muro

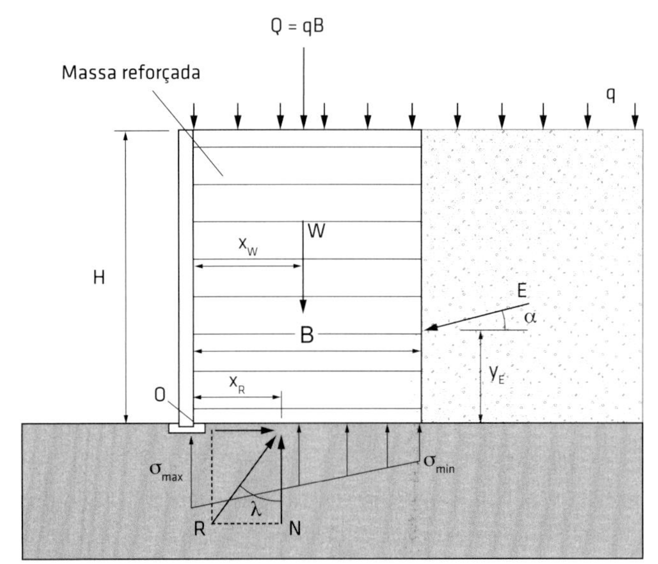

Fig. 9.16 Forças e tensões na base do muro

Arbitrado o fator de segurança contra o tombamento, pode-se determinar a largura B da massa reforçada que atende a esse fator de segurança, uma vez que as forças W e Q podem ser expressas em função de B.

Nesse estágio da análise de estabilidade externa, deve-se adotar o maior entre os valores de B obtidos pelas Eqs. 9.2 e 9.4 de modo a satisfazer simultaneamente às condições de estabilidade contra o deslizamento e contra o tombamento.

Verificação da capacidade de carga do solo de fundação

Para a verificação da capacidade de carga do solo de fundação, é necessário primeiro calcular as forças e tensões atuantes na base da estrutura. Na maioria das situações práticas, a resultante de forças na base do muro será excêntrica em relação ao centro da base, e, como em estruturas de arrimo de gravidade convencionais, comumente se admite uma distribuição de tensões no contato base-fundação com forma trapezoidal. Assim, para as condições da Fig. 9.16, podem ser obtidas as tensões máxima e mínima da distribuição trapezoidal de tensões verticais na base do muro por:

$$\sigma_{min} = \frac{2N}{B}\left(\frac{3x_R}{B} - 1\right) \qquad (9.5)$$

e

$$\sigma_{max} = \frac{2N}{B}\left(2 - \frac{3x_R}{B}\right) \qquad (9.6)$$

Sendo:

$$N = W + Q + E\sin\alpha \qquad (9.7)$$

$$\lambda = \tan^{-1}\left(\frac{E\cos\alpha}{W + Q + E\sin\alpha}\right) \qquad (9.8)$$

$$R = \frac{E\cos\alpha}{\sin\lambda} \qquad (9.9)$$

$$x_R = \frac{Wx_W + Qx_Q - Ed_E}{R\cos\lambda} \qquad (9.10)$$

$$e = \frac{B}{2} - x_R \qquad (9.11)$$

em que σ_{min} e σ_{max} são as tensões mínima e máxima na base do muro; R, a resultante das forças atuantes na base do muro; x_R, a distância do ponto de aplicação de R ao ponto O; λ, a inclinação de R com a vertical; e e, a excentricidade de R na base do muro.

Para que não ocorram tensões de tração ($\sigma_{vmin} < 0$) na base do muro, o valor da excentricidade (e) deve ser menor que $B/6$. Prescrições de norma de fundações específica devem ser atendidas quando a tensão máxima obtida for superior ao valor da tensão admissível do solo de fundação.

Tem sido prática comum o uso da solução de Meyerhof (1953) para a avaliação da capacidade de carga de terrenos de fundação sob carregamento excêntrico. Nesse caso, deve-se primeiro calcular a largura equivalente da base do muro, dada por:

$$B' = B - 2e \qquad (9.12)$$

Assim, a tensão normal equivalente (σ_{eqv}) distribuída ao longo de B' é obtida por:

$$\sigma_{eqv} = \frac{N}{B' \times 1{,}0} \quad \textbf{(9.13)}$$

Para muros longos, a base do muro se assemelha a uma sapata corrida. Nesse caso, a capacidade de carga do solo de fundação pode ser calculada por (Terzaghi; Peck, 1967):

$$q_{max} = c'N_c + q_sN_q + 0{,}5\gamma_f B'N_\gamma \quad \textbf{(9.14)}$$

em que q_{max} é a capacidade de carga do solo de fundação; c', a coesão do solo de fundação; q_s, a sobrecarga ao nível da base da estrutura caso esta esteja parcialmente enterrada; γ_f, o peso específico do solo de fundação; e N_c, N_q e N_γ, fatores de capacidade de carga obtidos a partir do ângulo de atrito do solo de fundação (Terzaghi; Peck, 1967).

Assim, o fator de segurança contra a ruptura do solo de fundação pode ser obtido por:

$$FS_f = \frac{q_{max}}{\sigma_{eqv}} \quad \textbf{(9.15)}$$

em que FS_f é o fator de segurança contra a ruptura do solo de fundação, comumente se exigindo $FS_f \geq 3$.

Note-se que não foram considerados os efeitos instabilizantes causados por poropressões nas análises de estabilidade externa apresentadas, uma vez que se admite que o muro possuirá sistema drenante eficiente. Caso sejam previstas poropressões, sua influência deve ser considerada nas análises de estabilidade. O mesmo se aplica a outros tipos de carregamento, como no caso dos provocados por abalos sísmicos. Os efeitos de acréscimos de tensões e empuxos adicionais provocados por carregamentos localizados também devem ser levados em conta nas análises de estabilidade externa.

Análise de estabilidade global

Na análise de estabilidade global, procura-se identificar possíveis mecanismos de ruptura não considerados nas análises de estabilidade externa e interna. A Fig. 9.17 exemplifica tais mecanismos. Nesses casos, devem ser empregados métodos de análise de estabilidade de taludes, com o uso de programas computacionais. O método a ser adotado dependerá das condições geométricas do terreno, das propriedades dos solos, das heterogeneidades, das condições de fluxo e dos tipos de carregamento. Em situações rotineiras em que superfícies de deslizamento circulares se apliquem, é comum a utilização do método de Bishop modificado.

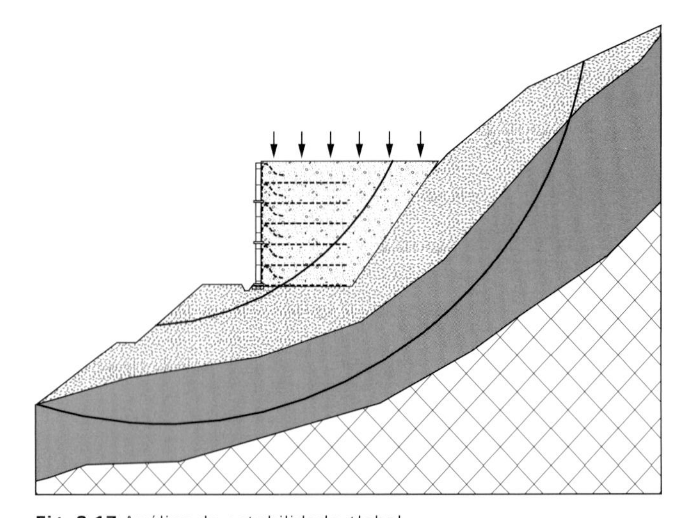

Fig. 9.17 Análise de estabilidade global

9.2.3 Análise de estabilidade interna

Determinação do espaçamento entre reforços

Na análise de estabilidade interna, calculam-se o espaçamento entre reforços e o comprimento dos reforços de modo a evitar mecanismos de ruptura no interior da massa reforçada (Fig. 9.14E). A abordagem convencional admite que cada camada de reforço seja responsável por equilibrar parte do diagrama de tensões horizontais, como mostrado na Fig. 9.18.

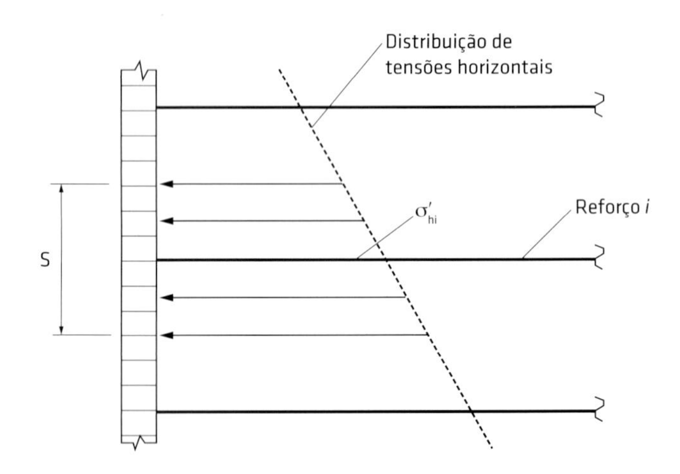

Fig. 9.18 Condição de equilíbrio no maciço reforçado

A força de tração necessária no reforço *i* para equilibrar a parcela do diagrama de tensões horizontais ativas sob sua responsabilidade é dada por:

$$T_i = S\sigma'_{hi} \quad \textbf{(9.16)}$$

em que T_i é o esforço necessário na camada de reforço *i*; S, o espaçamento entre reforços; e σ'_{hi}, a tensão efetiva horizontal atuante no nível do reforço *i*.

A tensão horizontal depende do método utilizado, da contribuição de sobrecargas sobre o terrapleno e de tensões induzidas pela compactação do aterro. Para solos não coesivos, tem-se:

$$T_i = S(K_a \sigma'_{vi} + \Delta\sigma_h) \tag{9.17}$$

em que K_a é o coeficiente de empuxo ativo utilizado nos cálculos de tensões ativas; σ'_{vi}, a tensão vertical efetiva na profundidade (z) do reforço; e $\Delta\sigma_h$, o acréscimo de tensão horizontal médio ao longo do comprimento S devido a sobrecargas localizadas e efeito da compactação, por exemplo.

O valor de K_a depende do método de cálculo de empuxos utilizado, e, para métodos tradicionais de estados-limite, têm-se:

- *Método de Rankine (terrapleno com superfície horizontal)*

$$K_a = \tan^2(45^\circ - \phi'/2) \tag{9.18}$$

- *Método de Coulomb (terrapleno com superfície inclinada em relação à horizontal)*

$$K_a = \frac{\cos^2(\phi' + \theta)}{\cos^2(\theta)\cos(\theta - \delta)\left[1 + \sqrt{\dfrac{\sin(\phi' + \delta)\sin(\phi' - \beta)}{\cos(\theta - \delta)\cos(\theta + \beta)}}\right]^2} \tag{9.19}$$

em que ϕ' é o ângulo de atrito do solo da massa reforçada; β, a inclinação do terrapleno com a horizontal; δ, o ângulo de atrito entre o solo e o paramento do muro; e θ, a inclinação da face do muro em relação à vertical.

Uma solução aproximada da equação de Coulomb (Eq. 9.19) é apresentada por AASHTO (2002) para o cálculo de K_a. Nessa solução, admite-se que o terrapleno possui superfície horizontal e que o ângulo de atrito entre o muro e o solo é igual à inclinação da face interna do muro com a vertical (empuxo ativo horizontal). Para essas condições, tem-se:

$$K_a = \frac{\cos^2(\phi' + \theta)}{\cos^2\theta\left(1 + \dfrac{\sin\phi}{\cos\theta}\right)^2} \tag{9.20}$$

O método da AASHTO (2002) não leva em conta a coesão do solo. Para compensar tal limitação, Bathurst et al. (2008) recomendam a utilização de um ângulo de atrito equivalente sob condições de deformação plana, cuja estimativa é abordada na seção 9.2.6 e na Fig. 9.25.

Em que pese um grande número de evidências na literatura mostrando que os métodos de Rankine e Coulomb são conservadores para o cálculo de esforços de tração nos reforços (Allen; Bathurst, 2003), eles ainda são muito usados em projetos de muros reforçados devido à simplicidade e à rapidez dos cálculos.

O uso de aterros coesivos não é permitido em alguns países, particularmente no caso de solos finos plásticos. Se esses solos forem adotados em aterros, deve-se atentar para as considerações apresentadas na seção 9.1.2. No caso de solos finos, caso se utilize a teoria de empuxo de Rankine (Fig. 9.15), o esforço de tração no reforço é dado por:

$$T_i = \left[k_a(\gamma z + q) - 2c'\sqrt{K_a} + \Delta\sigma_h\right]S \tag{9.21}$$

em que z é a profundidade da camada de reforço e q é a sobrecarga uniformemente distribuída na superfície do terrapleno.

Após o cálculo de T_i, deve-se ter $T_i \leq T_d$ em todas as camadas de reforço, sendo T_d a resistência à tração de dimensionamento do reforço. Para $T_i = T_d$, pela Eq. 9.21 tem-se:

$$S = \frac{T_d}{k_a(\gamma_1 z + q) - 2c'\sqrt{K_a} + \Delta\sigma_h} \tag{9.22}$$

O valor de T_d é obtido por:

$$T_d = \frac{T_{ref}}{FR_m FR_{dm} FR_{amb}} \tag{9.23}$$

em que T_{ref} é o esforço de tração de referência do reforço abaixo do qual não ocorrerá ruptura por fluência do reforço ao longo da vida útil da obra; FR_m, o fator de redução contra incertezas quanto ao material de reforço; FR_{dm}, o fator de redução contra danos mecânicos; e FR_{amb}, o fator de redução contra a degradação do reforço por agressividade do ambiente (ataque biológico, químico etc.).

A resistência à tração de dimensionamento do reforço (T_d) garante que o reforço não romperá por fluência ao longo da vida útil da obra e deve levar em conta efeitos deletérios devidos a danos mecânicos e degradação. Recomenda-se que o produto $FR_m FR_{dm} FR_{amb}$ não seja inferior a 1,5. Valores típicos de fatores de redução a serem empregados são apresentados no Cap. 3.

Tensões horizontais adicionais podem advir da compactação do aterro. Essas tensões podem aumentar a força de tração mobilizada no reforço e provocar deslocamentos indesejáveis da face da estrutura. Para evitar efeitos deletérios relevantes decorrentes da compactação, devem-se utilizar equipamentos de compactação leves ou compactação manual próximo à face do muro, tipicamente para distâncias de 1,5 m a 2,0 m da face. Jewell (1996) sugere que se adote um valor de tensão horizontal constante entre 10 kPa e 30 kPa, dependendo do equipamento de compactação, para levar em conta o efeito da compactação em aterros não coesivos. Esse valor de tensão constante deve ser admitido como se distribuindo desde a superfície do terrapleno até a profundidade a partir da qual a tensão induzida pela compactação se torna menor que a tensão horizontal efetiva devido ao peso do solo. A partir dessa profundidade, as tensões induzidas pela compactação não teriam mais influência no dimensionamento. Ehrlich e Mitchell (1994) apresentam um método de dimensionamento de muros reforçados sob condições de serviço em que as tensões induzidas pela compactação são levadas em conta, como será visto adiante neste capítulo.

A distribuição das camadas de reforço ao longo da altura do muro pode ser feita com espaçamento constante ou variável, como se depreende das Eqs. 9.16 e 9.22. Sob esse aspecto, as seguintes considerações devem ser feitas:

- No caso de se utilizar espaçamento constante entre reforços ao longo de toda a altura do muro, ele deve ser obtido para a situação mais crítica. Nas condições da Fig. 9.15, a condição mais crítica ocorre na base do muro ($z = H$ na Eq. 9.22, caso se empregue o método de Rankine).
- No caso de se utilizar espaçamento variável ao longo da altura do muro, o valor de S depende da profundidade da camada de reforço (Eq. 9.22, por exemplo). Por facilidade construtiva, é comum adotar espaçamentos entre reforços múltiplos da espessura final da camada de solo compactado que atendam às condições de equilíbrio interno. Nesse caso, a massa reforçada é composta de regiões com diferentes valores de espaçamento, mas, em cada região, o espaçamento é constante e múltiplo da espessura da camada de solo compactado.

As vantagens e as desvantagens da utilização de espaçamento entre reforços constante ou variável são as seguintes:

- *Espaçamento constante*
  - ◊ maior consumo de reforço devido ao maior número de camadas de reforço;
  - ◊ execução mais simples, já que o espaçamento é o mesmo ao longo de toda a altura da estrutura;
  - ◊ estrutura menos deformável em relação à situação com espaçamento variável, em virtude do maior número de camadas de reforço presentes.
- *Espaçamento variável*
  - ◊ menor consumo de reforço devido à otimização do espaçamento necessário para manter o equilíbrio interno;
  - ◊ a execução exige maior controle devido à variação no valor do espaçamento;
  - ◊ estrutura mais deformável que aquela com espaçamento uniforme, em virtude do menor número de camadas de reforço.

Em geral, em situações como a apresentada na Fig. 9.15, o uso de espaçamento variável entre reforços só apresenta benefícios econômicos relevantes para muros mais altos ($H > 8$ m) e em que a deformabilidade da massa reforçada não seja um fator importante para a estética ou o desempenho da estrutura.

Por facilidade construtiva e para evitar deslocamentos horizontais elevados da face da estrutura (particularmente em muros envelopados), o espaçamento entre reforços não deve ser superior a 1 m. Espaçamentos maiores podem requerer a utilização de camadas de reforço secundárias intermediárias para a estabilização da região da face do muro. Casos de espaçamentos maiores que 1 m têm sido reportados na literatura para muros com faces em placas de concreto pré-moldado (Allen; Bathurst, 2003) (Fig. 9.7B).

9.2.4 Carregamentos localizados na massa reforçada

Efeitos de carregamentos localizados sobre o terrapleno também influenciam as condições de estabilidade interna. Para análises preliminares no caso de carregamentos em faixa, como esquematizado na Fig. 9.19, Jewell (1996) apresenta os diagramas de acréscimos de tensões horizontais decorrentes das componentes vertical e horizontal da carga Q (Fig. 9.19), como mostrado na Fig. 9.20. Nesses casos, as tensões horizontais provocadas pelo carregamento devem também ser levadas em conta no cálculo dos esforços de tração nos reforços e no espaçamento entre reforços.

Deve-se atentar para as deformações na massa reforçada causadas pelos acréscimos de tensões decorrentes de carregamentos localizados, particularmente na face da estrutura. Por vezes, sapatas corridas de pequenas pontes ou viadutos são apoiadas diretamente sobre a massa reforçada (Tatsuoka et al., 2008). Não se dispõe ainda de métodos simples para calcular as deformações no maciço e os deslocamentos na face nesses casos. Assim, caso sejam relevantes, métodos computacionais mais sofisticados (elementos finitos, por exemplo) devem ser empregados.

Nas análises de estabilidade externa e interna apresentadas anteriormente, não foram consideradas as influências de poropressões no maciço, o que também ocorrerá em outras verificações e cálculos a seguir neste capítulo.

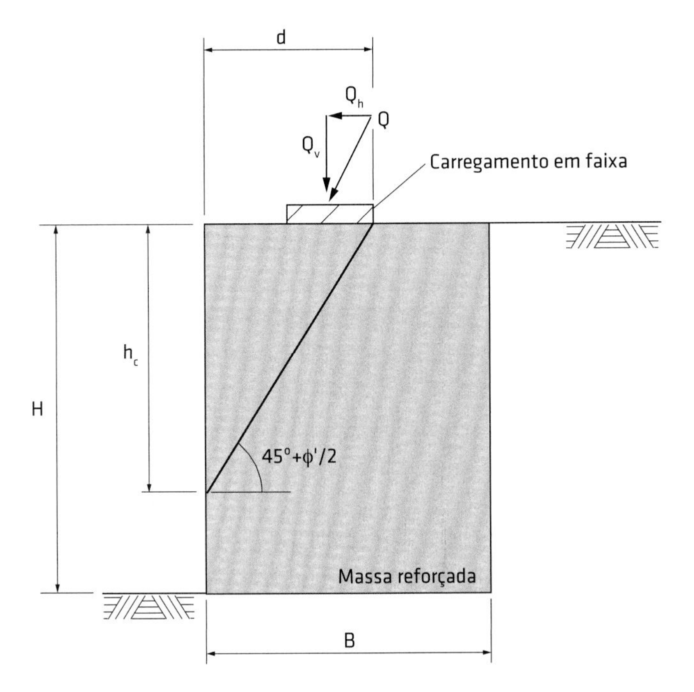

Fig. 9.19 Carregamento em faixa sobre a massa reforçada

Assim, as equações apresentadas se aplicam somente a estruturas com sistemas de drenagem eficientes, capazes de garantir poropressões nulas ou desprezíveis.

9.2.5 Influência da sismicidade

Tensões adicionais relevantes podem surgir em regiões sujeitas a abalos sísmicos ou sob condições de vibrações induzidas (explosões ou carregamentos dinâmicos próximos, por exemplo). Bathurst e Alfaro (1996) apresentaram uma metodologia para o cálculo de empuxos e tensões horizontais decorrentes de abalos sísmicos com base nas abordagens de Mononobe-Okabe (Okabe, 1924; Mononobe, 1929) e Seed e Whitman (1970). A Fig. 9.21 mostra o mecanismo de ruptura admitido e as forças adicionais provocadas pelo sismo. Tais forças podem ser quantificadas em função dos coeficientes de sismicidade (k_h e k_v), definidos como razões entre as componentes horizontal e vertical da aceleração provocada pelo sismo e a aceleração da gravidade.

Segundo o método de Mononobe-Okabe, o coeficiente de empuxo pode ser calculado por:

$$K_{AE} = \frac{\cos^2(\phi + \omega - \theta) / \cos\theta \cos^2\omega \cos(\delta - \omega + \theta)}{\left[1 + \sqrt{\dfrac{\sin(\phi + \delta)\sin(\phi - \beta - \theta)}{\cos(\delta - \omega + \theta)\cos(\omega + \beta)}}\right]^2} \quad \textbf{(9.24)}$$

com

$$\theta = \tan^{-1}\left(\frac{k_h}{1 \pm k_v}\right) \quad \textbf{(9.25)}$$

em que K_{AE} é o coeficiente de empuxo horizontal; ϕ, o ângulo de atrito do solo; ω, a inclinação da face do maciço com a vertical (Fig. 9.21); δ, o ângulo de atrito na face; β, a inclinação do terrapleno com a horizontal; e k_h e k_v, os coeficientes de sismicidade horizontal e vertical, respectivamente.

A inclinação do plano de ruptura (α_{AE}, Fig. 9.21) é dada por:

$$\alpha_{AE} = \phi - \theta + \tan^{-1}\left[\frac{-A + D}{F}\right] \quad \textbf{(9.26)}$$

com

$$A = \tan(\phi - \theta - \beta) \quad \textbf{(9.27)}$$

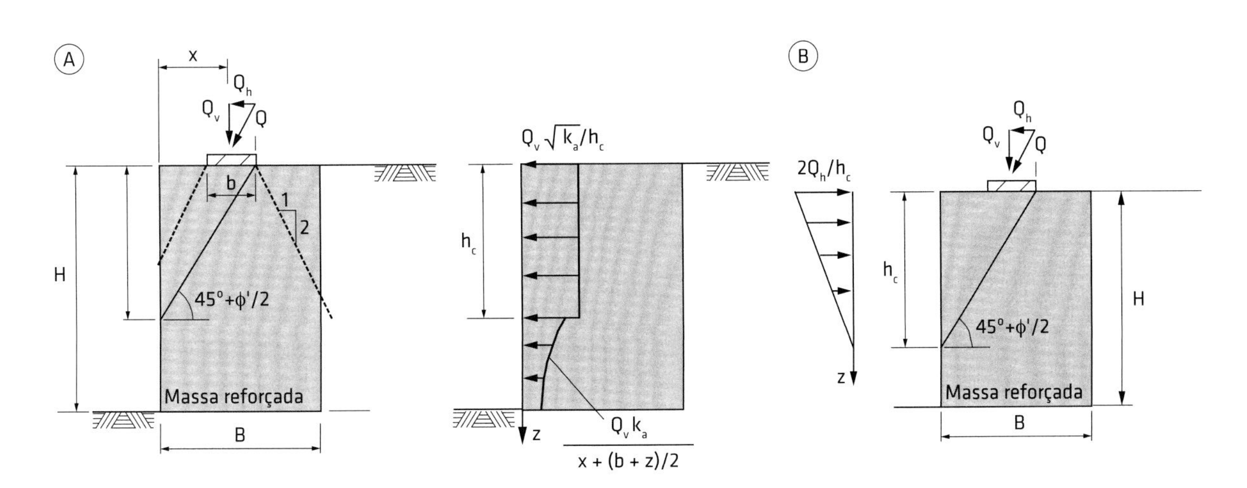

Fig. 9.20 Acréscimos de tensões horizontais decorrentes de carregamento em faixa: (A) efeito da componente vertical e (B) efeito da componente horizontal
Fonte: modificado de Jewell (1996).

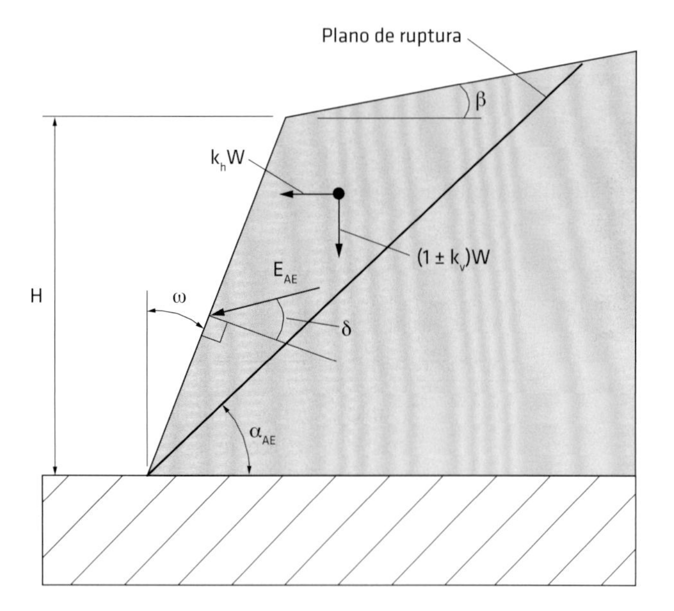

Fig. 9.21 Mecanismo de ruptura por efeito de sismicidade
Fonte: Bathurst e Alfaro (1996).

$$B = 1/\tan(\phi - \theta + \omega) \quad (9.28)$$

$$C = \tan(\delta + \theta - \omega) \quad (9.29)$$

$$D = \sqrt{A(A + B)(BC + 1)} \quad (9.30)$$

$$F = 1 + [C(A + B)] \quad (9.31)$$

A Fig. 9.22 apresenta os diagramas de tensões devidos às situações estática e dinâmica (efeito do sismo), bem como os respectivos empuxos. O valor do acréscimo de coeficiente de empuxo devido ao efeito do sismo é dado por:

$$\Delta K_{din} = (1 \pm k_v)K_{AE} - K_A \quad (9.32)$$

com (ver Eq. 9.18)

$$K_A = \tan^2\left(45^\circ - \frac{\phi}{2}\right)$$

Muros reforçados têm apresentado desempenhos significativamente melhores que estruturas de contenção convencionais em regiões sísmicas (Palmeira et al., 2008). A principal razão para esses desempenhos é a maior flexibilidade de muros reforçados em relação às soluções rígidas de contenção tradicionais, o que leva aqueles a tolerar maiores deslocamentos horizontais e recalques diferenciais. A Fig. 9.23 mostra o estado final de um muro de arrimo de gravidade convencional e de um muro reforçado com geossintético próximo após o terremoto na cidade de Kobe, no Japão, em 1996. O muro convencional apresentou colapso total, enquanto no muro reforçado se observaram apenas deslocamentos relativos entre painéis pré-moldados da face. De modo geral, o desempenho de estruturas reforçadas foi muito superior ao de estruturas convencionais durante o terremoto em Kobe.

9.2.6 Esforços de tração nos reforços sob condições de serviço

Observações em muros reforçados instrumentados têm mostrado que os esforços de tração nos reforços sob condições de serviço podem ser bem inferiores aos obtidos por métodos convencionais de dimensionamento baseados em condições de estado-limite.

Método de Ehrlich e Mitchell (1994)

Ehrlich e Mitchell (1994) apresentaram um método para o cálculo de esforços nos reforços que leva em conta a influência das tensões provocadas pela compactação do solo e a extensibilidade relativa entre solo e reforço. A extensibilidade relativa entre solo e reforço é expressa por:

$$\beta = \frac{\left(\frac{\sigma'_{zc}}{p_a}\right)^n}{S_i} \quad (9.33)$$

com

$$S_i = \frac{E_r A_r}{\kappa p_a S_v S_h} \quad (9.34)$$

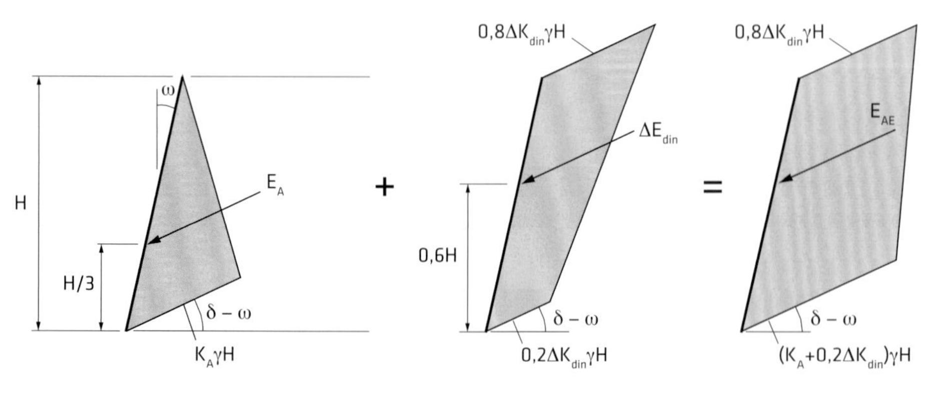

Fig. 9.22 Distribuições de tensões e empuxos
Fonte: modificado de Seed e Whitman (1970).

Fig. 9.23 Desempenhos de (A) muro convencional de gravidade, rompido após o terremoto em Kobe, no Japão, em 1996, e (B, C) muro reforçado com geossintético antes e depois do mesmo evento
Fotos: cortesia do Prof. Fumio Tatsuoka.

Ou, no caso de geossintéticos planos, como geotêxteis e geogrelhas:

$$S_i = \frac{J}{\kappa p_a S_v} \tag{9.35}$$

em que β é a extensibilidade relativa entre solo e reforço; σ'_{zc}, a tensão vertical (maior valor entre a tensão vertical efetiva devida ao peso de solo, σ'_z, e a tensão vertical induzida pela compactação, $\sigma'_{zc,i}$); p_a, a pressão atmosférica; n, o expoente do modelo de Duncan et al. (1980), que depende do tipo de solo; S_i, o índice de rigidez relativa entre solo e reforço, sendo $0{,}5 \le S_i \le 3{,}2$ para reforços metálicos, $0{,}03 \le S_i \le 0{,}12$ para plásticos e $0{,}003 \le S_i \le 0{,}012$ para geotêxteis, segundo Ehrlich e Mitchell (1994); E_r, o módulo de deformação do reforço; A_r, a área da seção transversal do reforço; J, a rigidez à tração do reforço; κ, o módulo para carregamento do modelo de Duncan et al. (1980), que depende do tipo de solo; e S_h e S_v, os espaçamentos horizontal e vertical entre reforços, respectivamente ($S_h = 1$ no caso de reforços contínuos do tipo mantas de geossintéticos).

A Tab. 9.2 apresenta parâmetros conservativos para o solo de aterro, bem como valores de n e κ, para análises preliminares.

A Eq. 9.34 pode ser utilizada para muros reforçados por tiras (geotiras), a exemplo de muros do tipo terra armada. A Eq. 9.35 é usada para muros reforçados com reforços planos, como geotêxteis e geogrelhas.

A influência do processo de compactação depende do tipo de equipamento adotado. No caso de um rolo vibratório, a tensão vertical máxima induzida pelo equipa-

Tab. 9.2 VALORES CONSERVATIVOS DE PARÂMETROS DE SOLOS PARA ANÁLISES PRELIMINARES

Classificação unificada	Grau de compactação AASHTO	γ_m (kN/m³)	ϕ_o (°)	Δφ (°)	c (kPa)	κ	n	R_f
GW, GP	105	24	42	9	0	600	0,4	0,7
SW, SP	100	23	39	7	0	450	0,4	0,7
	95	22	36	5	0	300	0,4	0,7
	90	21	33	3	0	200	0,4	0,7
SM	100	21	36	8	0	600	0,25	0,7
	95	20	34	6	0	450	0,25	0,7
	90	19	32	4	0	300	0,25	0,7
	85	18	30	2	0	150	0,25	0,7
SM-SC	100	21	33	0	24	400	0,6	0,7
	95	20	33	0	19	200	0,6	0,7
	90	19	33	0	14	150	0,6	0,7
	85	18	33	0	10	100	0,6	0,7
CL	100	21	30	0	19	150	0,45	0,7
	95	20	30	0	14	120	0,45	0,7
	90	19	30	0	10	90	0,45	0,7
	85	18	30	0	5	60	0,45	0,7

Fonte: Duncan et al. (1980) e Dantas e Ehrlich (2000).

mento de compactação pode ser estimada por (Ehrlich; Mitchell, 1994):

$$\sigma'_{zc,i} = (1-\nu_o)(1+K_a)\sqrt{\frac{1}{2}\gamma'\frac{QN_\gamma}{L}} \quad \textbf{(9.36)}$$

com

$$\nu_o = \frac{K_o}{1+K_o} \quad \textbf{(9.37)}$$

e

$$K_o = 1 - \sin\phi' \quad \textbf{(9.38)}$$

em que $\sigma'_{zc,i}$ é a tensão vertical máxima induzida pelo rolo vibratório; γ', o peso específico efetivo do solo compactado; Q, a carga estática equivalente do compactador; L, o comprimento do rolo; N_γ, o coeficiente de capacidade de carga do solo; ν_o, o coeficiente de Poisson no repouso; e K_o, o coeficiente de empuxo no repouso (Jaky, 1944).

No caso de placa vibratória, $\sigma'_{zc,i}$ é dada por:

$$\sigma'_{zc,i} = \frac{Q}{B_p L_p} \quad \textbf{(9.39)}$$

em que B_p e L_p são a largura e o comprimento da placa, respectivamente.

Para as condições da Fig. 9.15, segundo Meyerhof (1953), a tensão vertical sobre o reforço devida ao peso de terra sobrejacente pode ser calculada por (Palmeira, 2004b):

$$\sigma'_z = \frac{3(\gamma' z + q)}{3 - k_a\left(\frac{3q+\gamma' z}{q+\gamma' z}\right)\left(\frac{z}{B}\right)^2} \quad \textbf{(9.40)}$$

em que σ'_z é a tensão vertical sobre o reforço na profundidade z; q, a sobrecarga uniformemente distribuída na superfície do terrapleno; e B, o comprimento do reforço.

A compactação do solo influencia profundidades menores que $\sigma'_{zc,i}/\gamma'$. Para um elemento de solo a uma profundidade maior que $\sigma'_{zc,i}/\gamma'$, a maior tensão vertical sofrida pelo elemento é a decorrente do peso de solo sobrejacente.

O esforço (T) de tração no reforço pode ser determinado a partir da Fig. 9.24 em função do ângulo de atrito do solo (ϕ'), da tensão vertical na profundidade do reforço (σ'_z), de σ'_{zc}, de β e dos espaçamentos horizontal e vertical entre reforços. O valor de T é obtido admitindo-se inicialmente um valor razoável da largura da massa reforçada – Ehrlich e Mitchell (1994) sugerem $B = 0{,}8H$, ou calculada de forma a satisfazer às condições de estabilidade externa. Em seguida, o valor de σ'_z é obtido pela Eq. 9.40, e o valor de $\sigma'_{zc,i}$, pela Eq. 9.36 ou 9.39, dependendo do equipamento de compactação utilizado. O valor de σ'_{zc} a ser usado é igual a $\sigma'_{zc,i}$ se $\sigma'_z < \sigma'_{zc,i}$ e igual a σ'_z se $\sigma'_z > \sigma'_{zc,i}$. No caso de reforço em tira, o processo de determinação de T é iterativo, já que S_i depende de A_r (Eq. 9.34). Um valor de S_i inicial é arbitrado em função das características do reforço, e o valor de β é calculado pela Eq. 9.33. A força de tração T na camada de reforço é obtida por meio da Fig. 9.24. A seguir, calcula-se o novo valor de S_i pela Eq. 9.34 e compara-se esse valor com o admitido anteriormente. O processo é repetido até ser obtida uma convergência satisfatória para o valor de S_i.

No caso de geossintéticos em forma de manta (geotêxteis e geogrelhas), usualmente se pode escolher a rigidez à tração do reforço (J) *a priori*. Nesse caso, o valor de S_i (Eq. 9.35) é conhecido e a solução do problema deixa de ser iterativa, obtendo-se o valor de T para cada reforço pela Fig. 9.24.

Dantas e Ehrlich (1999, 2000) apresentaram soluções com considerações semelhantes para o caso de taludes íngremes reforçados, incluindo a possibilidade de solos de aterro coesivos.

Método K-Stiffness

Allen et al. (2003) desenvolveram um método empírico para a determinação das forças nos reforços em muros reforçados com geossintéticos sob condições de serviço. Posteriormente, o método foi refinado por Bathurst et al. (2008) com base em resultados de diversos muros instrumentados. No método, o esforço de tração em uma camada de reforço é obtido por:

$$T_{max\,i} = \frac{1}{2}K\gamma(H+\Delta H)S_{vi}D_{tmax}\Phi_g\Phi_{local}\Phi_{fs}\Phi_{fb}\Phi_c \quad \textbf{(9.41)}$$

em que $T_{max\,i}$ é a força de tração máxima em um reforço i; K, o coeficiente de empuxo lateral; γ, o peso específico do solo; H, a altura do muro; ΔH, o acréscimo de altura do muro para levar em conta uma sobrecarga uniformemente distribuída sobre o terrapleno ($\Delta H = q/\gamma$); S_{vi}, o espaçamento entre reforços; D_{tmax}, o fator de distribuição de carga dependente da posição da camada de reforço; Φ_g, o fator de influência para levar em conta a rigidez global do reforço; Φ_{local}, o fator de influência para levar em conta a rigidez local do reforço; Φ_{fs}, o fator de influência para levar em conta a rigidez da face do muro; Φ_{fb}, o fator de influência para levar em conta a inclinação da face do muro; e Φ_c, o fator de influência para levar em conta a coesão do solo.

O coeficiente de empuxo (K) nessa equação é um valor de referência, e os autores adotaram K igual ao coeficiente de empuxo no repouso (K_o), estimado pela equação de Jaky (1944):

$$K = K_o = 1 - \sin\phi_{ps} \quad \textbf{(9.42)}$$

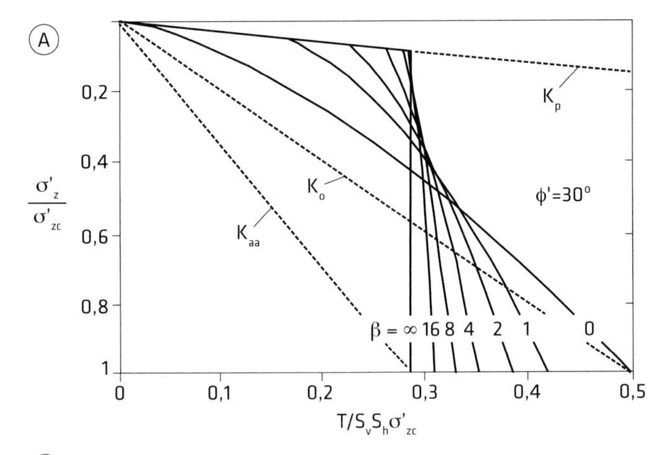

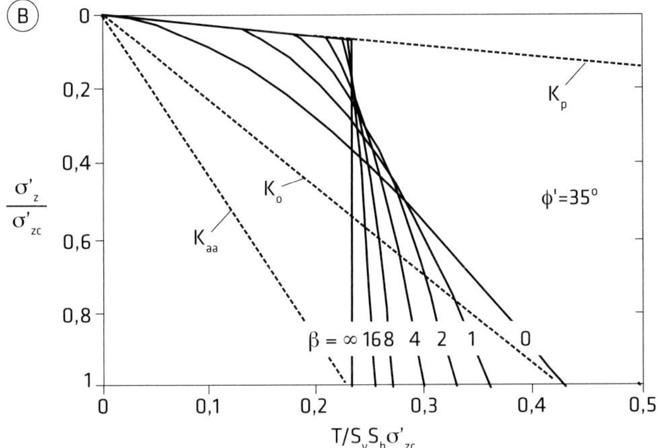

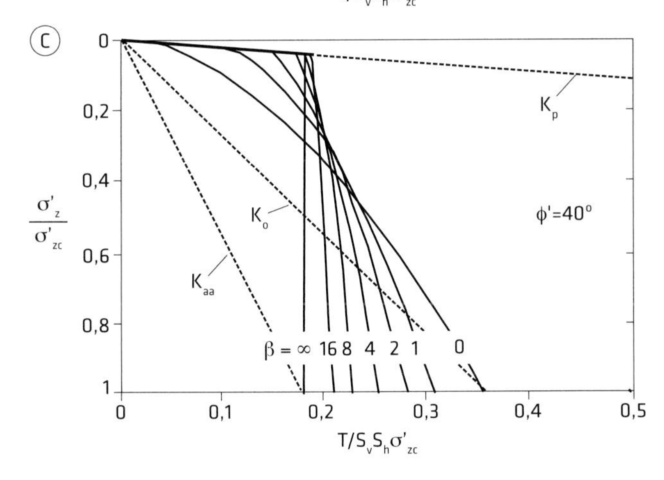

Fig. 9.24 Cálculo de esforços de tração no reforço: (A) $\phi' = 30°$; (B) $\phi' = 35°$; (C) $\phi' = 40°$
Fonte: modificado de Ehrlich e Mitchell (1994).

em que ϕ_{ps} é o ângulo de atrito de pico do solo sob condições de deformação plana, obtido como esquematizado na Fig. 9.25.

Nessa figura, a envoltória 1 é a envoltória de resistência do solo obtida em ensaios triaxiais ou de cisalhamento direto. A envoltória 2 é a envoltória equivalente que forneceria a mesma resistência ao cisalhamento (ponto A) para a tensão vertical máxima atuante na base do muro. A envoltória 3 é a envoltória equivalente que Bathurst et al. (2008) sugerem que seja utilizada no método da AASHTO para compensar o fato de tal método não levar em conta a coesão do solo. A envoltória 4 é a que os autores recomendam que seja usada no método *K-Stiffness*. Os ângulos de atrito equivalentes (ϕ_{tx-sec} ou ϕ_{ds-sec}) devem ser majorados para se obter o ângulo de atrito sob condições de deformação plana (ϕ_{ps}) segundo as relações a seguir.

Para ensaios triaxiais (Lade; Lee, 1976):

$$\phi_{ps} = 1{,}5\phi_{tx-sec} - 17° \text{ (em graus)} \quad \textbf{(9.43)}$$

com

$$\phi_{ps} = \phi_{tx-sec} \text{ se } \phi_{tx-sec} \leq 32° \quad \textbf{(9.44)}$$

em que ϕ_{ps} é o ângulo de atrito sob condições de deformação plana e ϕ_{tx-sec} é o ângulo de atrito secante equivalente para ensaios triaxiais (Fig. 9.25).

Para ensaios de cisalhamento direto (Bolton, 1986):

$$\phi_{ps} = \tan^{-1}(1{,}2\tan\phi_{ds-sec}) \quad \textbf{(9.45)}$$

em que ϕ_{ds-sec} é o ângulo de atrito secante equivalente a partir de resultados de ensaios de cisalhamento direto.

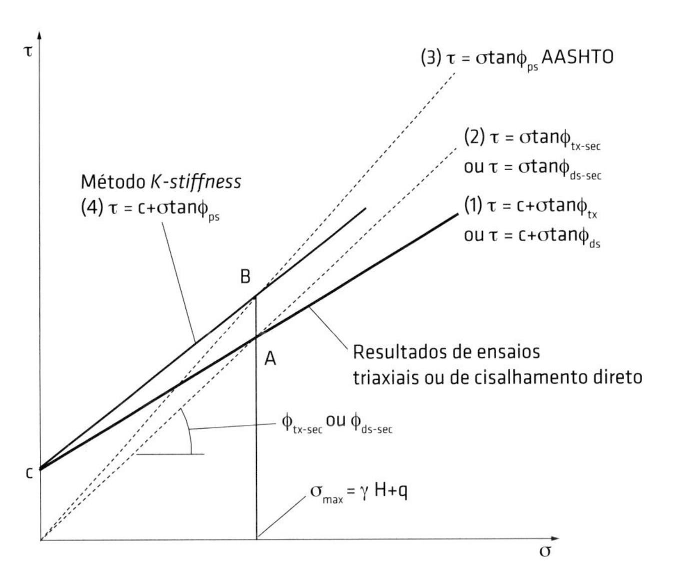

Fig. 9.25 Determinação de ângulo de atrito sob deformação plana
Fonte: modificado de Bathurst et al. (2008).

O fator de distribuição de carga é dado por:

$$D_{tmax} = \frac{T_{max}}{T_{mxmx}} \quad \textbf{(9.46)}$$

em que T_{mxmx} é a maior força de tração de todos os reforços. Essa força pode ser obtida fazendo-se $D_{tmax} = 1$ na Eq. 9.41.

Admite-se a variação de D_{tmax} ao longo da altura do muro como mostrado na Fig. 9.26. Bathurst et al. (2008)

apresentaram resultados de 32 muros instrumentados e bem documentados que se situam sobre a envoltória dessa figura ou em seu interior.

O fator de influência para levar em conta a rigidez global do reforço pode ser obtido pela seguinte equação:

$$\Phi_g = \alpha \left(\frac{R_{global}}{p_a} \right)^{\beta} \quad \textbf{(9.47)}$$

com

$$R_{global} = \frac{J_{med}}{H / n} = \frac{\sum_{i=1}^{n} J_i}{H} \quad \textbf{(9.48)}$$

em que $\alpha = \beta = 0{,}25$; R_{global} é a rigidez global; p_a, a pressão atmosférica ($\cong$ 101 kPa); J_{med}, a rigidez à tração média dos reforços; H, a altura do muro; n, o número de camadas de reforço; e J_i, a rigidez secante do reforço i a 2% de deformação.

Para levar em conta a rigidez local do reforço, tem-se:

$$\Phi_{local} = \left(\frac{R_{local}}{R_{global}} \right)^{a} \quad \textbf{(9.49)}$$

com

$$R_{local} = \left(\frac{J}{S} \right)_i \quad \textbf{(9.50)}$$

em que a é igual a 1 para muros reforçados com geossintéticos; R_{local}, a rigidez local do reforço; e J e S, a rigidez à tração e o espaçamento entre reforços para o reforço i, respectivamente.

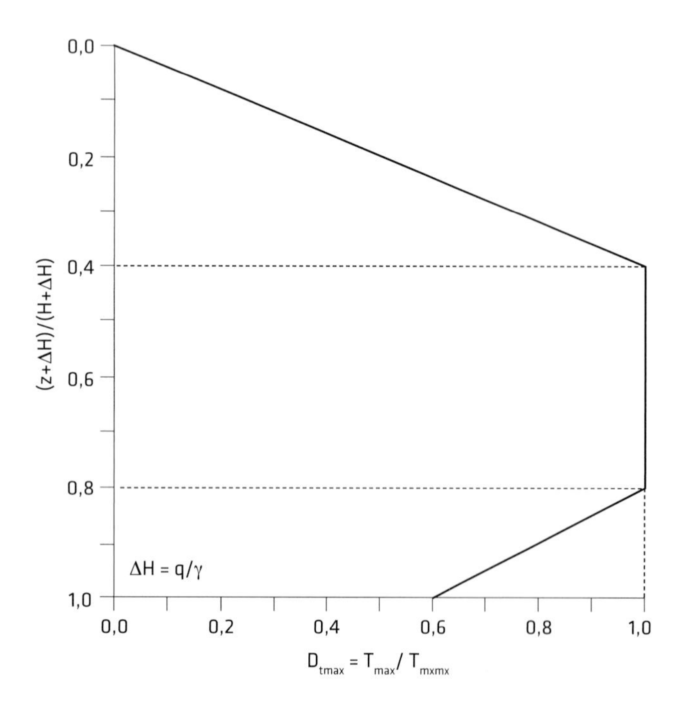

Fig. 9.26 Distribuição de forças de tração máximas normalizadas ao longo da altura equivalente do muro
Fonte: modificado de Bathurst et al. (2008).

O fator que permite considerar a influência da inclinação da face do muro é dado por:

$$\Phi_{fb} = \left(\frac{K_{abh}}{K_{avh}} \right)^{d} \quad \textbf{(9.51)}$$

em que d é igual a 0,5; K_{abh}, o componente horizontal do coeficiente de empuxo ativo levando em conta a inclinação da face do muro; e K_{avh}, o componente horizontal do coeficiente de empuxo ativo assumindo-se que a face do muro é vertical.

O fator de influência que leva em conta a rigidez da face do muro é obtido por:

$$\Phi_{fs} = \eta (F_f)^{\kappa} \quad \textbf{(9.52)}$$

com

$$F_f = \frac{1{,}5 H^3 p_a}{E b^3 (h_{eff} / H)} \quad \textbf{(9.53)}$$

em que F_f é o parâmetro de rigidez da face; E, o módulo de elasticidade da viga elástica equivalente representando a face do muro; b, a espessura da face; $\eta = 0{,}69$; $\kappa = 0{,}11$; e h_{eff}, a altura equivalente de uma face sem juntas que seja 100% eficiente em transmitir momentos ao longo de seu comprimento.

No caso de face com blocos modulares, $h_{eff} = 2b$, sendo b a largura (distância entre as faces externa e interna) do bloco. No caso de faces com painéis pré-moldados, $h_{eff} = H$ para um painel com altura igual à do muro ou h_{eff} = altura do painel. No caso de muros com faces em sacos de areia, $h_{eff} = S$. Entretanto, caso a face em saco seja envelopada pelo reforço, $h_{eff} = H$.

Bathurst, Allen e Walters (2005) sugerem as seguintes faixas de valores para Φ_{fs}:

- Φ_{fs} = 0,35 a 0,5 para muros com paredes rígidas (placas pré-moldadas de concreto, por exemplo, Fig. 9.7);
- Φ_{fs} = 0,5 a 0,7 para muros com faces com peças incrementais de concreto (muros segmentais, por exemplo, Fig. 9.8);
- Φ_{fs} = 0,7 a 1,0 para outros tipos de face (faces flexíveis, faces envelopadas, faces com grelhas metálicas ou gabiões).

No caso de utilização de solos coesivos, o fator de influência para a coesão é dado por:

$$\Phi_c = 1 - \lambda \frac{c}{\gamma H} \quad \textbf{(9.54)}$$

em que $\lambda = 6{,}5$ para $c/\gamma H \leq 0{,}153$. Para valores de $c/\gamma H$ superiores a 0,153, o muro não precisa de reforços para sua estabilidade interna, mas pode precisar deles para a estabilidade da face.

No uso do método *K-Stiffness*, deve-se atentar para os seguintes aspectos (Bathurst et al., 2008; Bathurst, 2013):

- O valor de ϕ_{ps} (ângulo de atrito de pico do solo obtido sob condições de deformação plana) deve ser estimado com base nos valores obtidos em ensaios triaxiais ou de cisalhamento direto da forma apresentada em Bathurst et al. (2008) (Eqs. 9.43 a 9.45).
- Os autores enfatizam que o método não é recomendado para muros que não atendam às condições e requisitos do banco de dados utilizado para o desenvolvimento do método (ver Bathurst et al., 2008).
- Os coeficientes da Eq. 9.41 foram obtidos de forma a retroanalisar as forças máximas nos reforços em termos médios. Isso significa que, em algumas situações, o método poderá prever forças maiores ou menores que as reais (Bathurst, 2013). Bathurst et al. (2008) reportam valores de coeficientes de variação inferiores a 25% em comparações entre previsões e medições em obras reais.

9.2.7 Verificação da ancoragem do reforço

Outra verificação fundamental do ponto de vista de estabilidade interna da massa reforçada diz respeito às condições de ancoragem das camadas de reforço. Tais condições devem ser verificadas para o trecho de reforço além da superfície de ruptura e junto à face.

Ancoragem além da superfície crítica

A ancoragem dos reforços deve ser eficiente para evitar que eles sejam arrancados quando submetidos aos esforços de tração previstos. Partindo-se do pressuposto de que as condições de fixação do reforço junto à face são satisfatórias (ver adiante), o comprimento de ancoragem do reforço a considerar é o trecho que se estende além da superfície de ruptura, dentro da zona passiva do maciço. Assim, o comprimento de ancoragem de cada reforço dependerá da forma admitida para a superfície de ruptura, que depende do método de análise utilizado. A Fig. 9.27 esquematiza a verificação das condições de ancoragem no caso de utilização do método de Rankine para o cálculo de empuxos.

Pela relação entre forças que mobilizam e que resistem ao arrancamento do reforço, pode-se determinar o comprimento mínimo de ancoragem requerido para uma dada camada de reforço por:

- *Sem a influência de sobrecarga na superfície*

$$l_{ar} = \frac{FS_a T}{2(a_{sr} + \gamma z \tan\phi_{sr})} \quad (9.55)$$

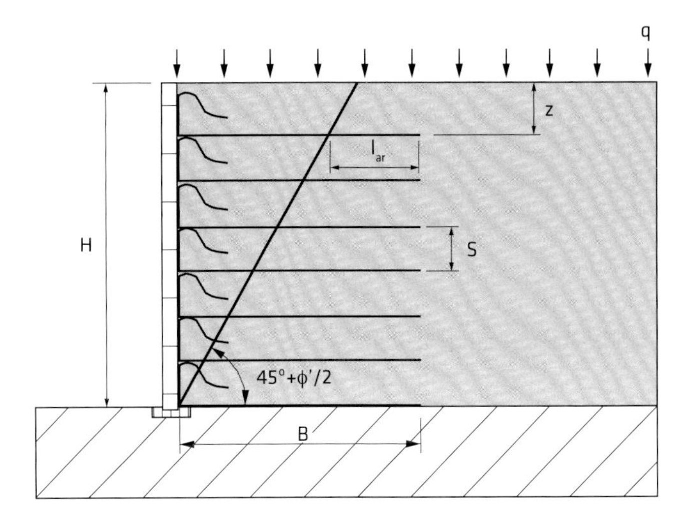

Fig. 9.27 Verificação das condições de ancoragem do reforço

em que l_{ar} é o comprimento de ancoragem requerido para o reforço (Fig. 9.27); FS_a, o fator de segurança contra o arrancamento do reforço (tipicamente, superior ou igual a 1,5); a_{sr}, a adesão entre o solo e o reforço; z, a profundidade da camada de reforço; ϕ_{sr}, o ângulo de atrito entre o solo e o reforço; e T, a força de tração mobilizada no reforço para a situação sem sobrecarga, obtida a partir do diagrama de tensões horizontais para a parcela desse diagrama sob responsabilidade do reforço considerado.

- *Com a influência de sobrecarga na superfície*

$$l_{ar} = \frac{FS_a T}{2\left[a_{sr} + (\gamma z + \Delta\sigma_v)\tan\phi_{sr}\right]} \quad (9.56)$$

em que $\Delta\sigma_v$ é o acréscimo de tensão vertical médio no trecho de ancoragem (para as condições da Fig. 9.27, $\Delta\sigma_v = q$) e T é a força no reforço considerando-se a atuação da sobrecarga superficial.

A situação sem sobrecarga na superfície pode ser mais crítica que aquela com sobrecarga nos casos de reforços pouco profundos no topo da estrutura.

No caso de reforços em tira (geotiras), a largura da tira deve ser considerada nas Eqs. 9.55 e 9.56. Embora possa parecer que a situação com sobrecarga é a mais crítica, dependendo da profundidade do reforço e do espaçamento entre reforços (particularmente para os reforços mais superficiais), a situação sem a presença de sobrecarga pode ser a mais desfavorável quanto à ancoragem do reforço.

O comprimento de ancoragem mínimo deve ser verificado para todas as camadas de reforço. Desse modo, o comprimento total do reforço pode ser comparado com o comprimento (B) obtido a partir das condições de estabilidade externa. Em função dessa comparação, o comprimento dos reforços pode ter que ser aumentado, caso as condições de ancoragem assim o exijam. Para condições similares às da Fig. 9.27, geralmente as camadas de reforço sob condições mais críticas de arrancamento são as mais superficiais, particularmente a primeira. Isso decorre do fato de que, embora estejam submetidas a forças de tração menores, os níveis de confinamento pelo solo também são menores devido às pequenas profundidades. Entretanto, sobrecargas localizadas no terrapleno ou abaixo dele aumentam a possibilidade de camadas mais profundas serem submetidas a condições mais críticas de arrancamento.

As Eqs. 9.55 e 9.56 mostram que diferentes comprimentos de ancoragem, além da superfície crítica, podem ser utilizados. Embora existam obras executadas e abordagens que considerem a utilização de comprimentos de reforço variáveis ao longo da altura da estrutura (Knutson, 1990; Rimoldi et al., 2008; BS, 2010), tal procedimento não é usual. As desvantagens da redução do comprimento dos reforços com a profundidade são maiores deslocamentos horizontais da face da estrutura e menor segurança quanto à estabilidade global.

Ancoragem junto à face

Outro aspecto a ser considerado diz respeito à ancoragem da extremidade do reforço junto à face do muro. A falha na ancoragem nesse trecho pode levar a instabilidades locais ou de maior repercussão. No caso de muros com face envelopada (Fig. 9.2), o comprimento do trecho a ser dobrado depende do tipo de ancoragem desse trecho. Na Fig. 9.28 são apresentadas algumas formas usuais de ancoragem do trecho dobrado. Na Fig. 9.28A, o trecho é simplesmente dobrado sobre a massa de solo junto à face (Fig. 9.2), sendo a seguir enterrado pelo restante da camada de solo compactado. Na Fig. 9.28B, um trecho do reforço se acomoda em uma cava executada no solo antes de seu completo enterramento.

Para muros sob as condições da Fig. 9.27, as situações mais críticas ocorrem nas camadas de reforço mais superficiais, particularmente na mais próxima à superfície e sem sobrecarga na superfície do terrapleno. Na Fig. 9.28C é apresentada uma abordagem simplificada para as tensões atuantes sobre o trecho dobrado.

Do equilíbrio da cunha de solo ABC (Fig. 8.24C), admitindo-se o estado ativo de Rankine e solo não coesivo, obtém-se, para a camada de reforço mais próxima à superfície:

$$l_o = \sqrt{\frac{FS_{af}\sigma'_{hm}z_1}{\gamma \sin\theta \tan\phi_{sr}\left[2-(2-k_a)\sin^2\theta\right]}} \geq 1{,}0 \text{ m} \quad \textbf{(9.57)}$$

em que l_o é o comprimento de ancoragem do reforço junto à face; FS_{af}, o fator de segurança contra o arrancamento do reforço junto à face (tipicamente, superior ou igual a 1,5); σ'_{hm}, a tensão horizontal média ao longo da profundidade z_1 (Fig. 9.28C); z_1, a profundidade da camada; k_a, o coeficiente de empuxo ativo por Rankine; θ, a inclinação do trecho de ancoragem com a horizontal (Fig. 9.28C); γ, o peso específico do solo; e ϕ_{sr}, o ângulo de atrito de interface entre o solo e o reforço.

Por simplicidade construtiva, o comprimento de ancoragem junto à face não deve ser inferior a 1 m.

No caso de camadas de reforço mais profundas ($i > 1$), com extremidades dobradas como mostrado na Fig. 9.28A, e admitindo-se que a tensão normal atuante no trecho dobrado seja igual à tensão vertical média entre camadas de reforço, obtém-se:

$$l_o = \frac{F_{af}\sigma'_{hm}S}{2\gamma(z_i - 0{,}5\,S)\cos^2\theta\tan\delta_{sr}} \geq 1 \text{ m} \quad \textbf{(9.58)}$$

em que S é o espaçamento entre camadas de reforço.

No caso de ancoragem com cava (Fig. 9.28B), desprezando-se o efeito da vala, obtém-se (Palmeira, 2004b):

$$l_o = F_{af}\frac{\sigma'_{ha}}{\sigma'_v}\frac{S}{(\tan\phi_{srs} + \tan\phi_{sri})} \geq 1 \text{ m} \quad \textbf{(9.59)}$$

em que σ'_{ha} é a tensão horizontal ao nível do trecho de ancoragem; σ'_v, a tensão vertical sobre o comprimento de ancoragem do reforço; e ϕ_{srs} e ϕ_{sri}, os ângulos de atrito de interface acima e abaixo do reforço, respectivamente.

O valor da tensão horizontal (σ'_{hm} ou σ'_{ha}) nessas equa-

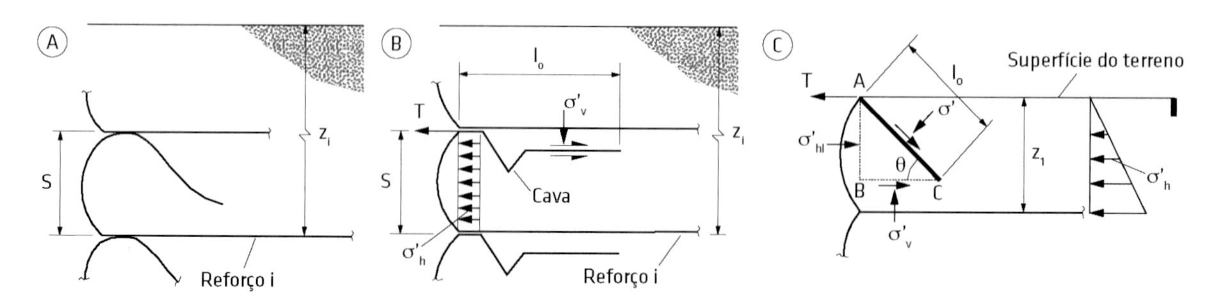

Fig. 9.28 Algumas formas de ancoragem do reforço junto à face em muros envelopados: (A) extremidade dobrada; (B) ancoragem com cava; (C) abordagem simplificada de cálculo para a primeira camada de reforço

ções deve ser o maior valor entre a tensão horizontal devida a peso próprio (e sobrecargas, se presentes) e a tensão induzida pela compactação.

Nos muros segmentais (Fig. 9.8), a extremidade do reforço junto à face é engastada entre fileiras de blocos pré-moldados. Nesse caso, deve-se garantir que o engaste seja suficiente para resistir à força de tração esperada no reforço junto à face com a margem de segurança apropriada. A avaliação da resistência por ancoragem do reforço entre os blocos pode ser conseguida com ensaios de arrancamento. Para o cálculo da força mobilizada no reforço junto à face, a prática norte-americana tem sido calculá-la a partir da distribuição de tensões horizontais obtidas utilizando-se o coeficiente de empuxo dado pela Eq. 9.20 (Bathurst et al., 2008). Deve-se atentar para as condições de apoio da face sobre o solo de fundação, para evitar recalques que possam sobrecarregar as camadas de reforço nos pontos de fixação à face. No caso de faces com placas longas pré-moldadas (Fig. 9.7B), deve-se também garantir a resistência do trecho de reforço engastado nas placas, bem como nas emendas entre o restante do comprimento do reforço e os trechos engastados.

9.2.8 Deslocamentos horizontais da face do muro

A avaliação dos deslocamentos horizontais da face de muros reforçados ainda é uma tarefa complexa, devido aos diversos fatores que podem influenciá-los. Os deslocamentos ao longo da face dependem da deformabilidade da massa reforçada, do tipo e rigidez da face e das características do solo de fundação. Soluções numéricas mais complexas podem ser utilizadas para as estimativas de deslocamentos nas faces de muros reforçados com geossintéticos. Entretanto, a acurácia do valor estimado dependerá da formulação utilizada, dos modelos constitutivos e da qualidade dos dados de entrada, por exemplo. Observações em estruturas reais têm mostrado deslocamentos horizontais nas faces de muros reforçados variando entre 0,3% e 3% da altura do muro, mas tipicamente inferiores a 1,2% da altura do muro.

Abordagem da FHWA (1990)

Para estimativas preliminares, a FHWA (1990) apresenta as seguintes equações para o deslocamento horizontal máximo em muros com até 6 m de altura:

$$\delta_{hmax} = \delta_R \frac{H}{75}, \text{ para reforços extensíveis} \quad \textbf{(9.60)}$$

e

$$\delta_{hmax} = \delta_R \frac{H}{250}, \text{ para reforços rígidos} \quad \textbf{(9.61)}$$

em que δ_{hmax} é o deslocamento horizontal máximo na face do muro e δ_R é dado pelo gráfico da Fig. 9.29, em função da razão entre a largura da massa reforçada (B) e a altura do muro (H).

O valor de δ_R deve ser majorado em 25% para cada 20 kPa de sobrecarga sobre o terrapleno (FHWA, 1990). Desse modo, para muros com alturas inferiores a 6 m, dependendo da rigidez à tração do reforço, o deslocamento horizontal máximo esperado seria tal que:

$$\delta_R \frac{H}{250}\left(1+0{,}25\frac{q}{20}\right) \le \delta_{hmax} \le \delta_R \frac{H}{75}\left(1+0{,}25\frac{q}{20}\right) \quad \textbf{(9.62)}$$

em que q é a sobrecarga uniformemente distribuída sobre a superfície ($q \ge 20$ kPa).

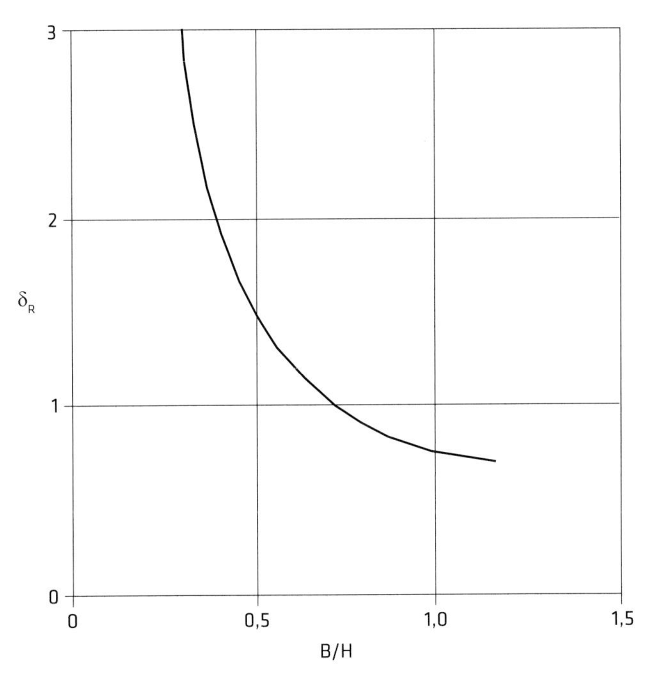

Fig. 9.29 Gráfico para a obtenção de δ_R
Fonte: FHWA (1990).

Abordagem de Jewell e Milligan (1989)

Jewell e Milligan (1989) desenvolveram uma metodologia para a estimativa de deslocamentos horizontais em muros reforçados construídos com aterros não coesivos e assentes sobre fundação rígida. Os autores apresentam soluções para espaçamentos uniformes (cargas de tração variando entre reforços) e variáveis (cargas aproximadamente constantes nos reforços) entre reforços ao longo da altura do muro. A Fig. 9.30 mostra os gráficos desenvolvidos por eles. Para a utilização desses gráficos, são necessários os seguintes valores:

$$T_{base} = K_a S(\gamma_1 H + q) \quad (9.63)$$

$$T_r = \frac{E}{n} \quad (9.64)$$

$$E = K_a \frac{\gamma H + 2q}{2} H \quad (9.65)$$

em que T_{base} é a força de tração mobilizada no reforço na base do muro para a condição de espaçamento uniforme entre reforços; T_r, a força constante nos reforços no caso de espaçamentos variáveis entre reforços que garantam tal condição; E, o empuxo ativo a ser resistido pelos reforços; e n, o número de camadas de reforço.

O uso desses gráficos também requer o conhecimento do ângulo de dilatância do solo (Ψ), obtido em ensaios especiais. Em análises preliminares, na falta de resultados de ensaios, pode-se estimar o valor de Ψ de areias limpas pela relação de Bolton (1986) para condições de deformação plana:

$$\psi \cong 1{,}25(\phi'_p - \phi'_{cv}) \quad (9.66)$$

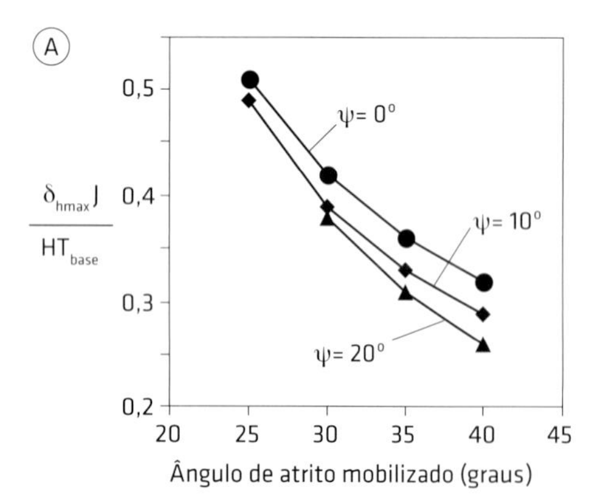

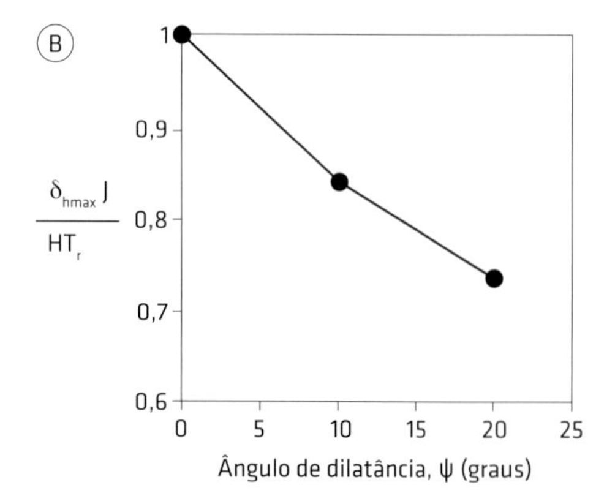

Fig. 9.30 Cálculos de deslocamentos na face: (A) espaçamento uniforme e (B) espaçamento variável, sendo J a rigidez à tração do reforço
Fonte: modificado de Jewell e Milligan (1989).

em que Ψ é o ângulo de dilatância da areia; ϕ'_p, o ângulo de atrito de pico da areia obtido sob condições de deformação plana; e ϕ'_{cv}, o ângulo de atrito da areia a volume constante.

O método prevê deslocamentos horizontais maiores caso se adote $\Psi = 0$.

Influência do solo de fundação

A deformabilidade do solo de fundação pode também provocar deslocamentos na face do muro reforçado. Solos de fundação compressíveis tendem a causar rotações da face do muro. Isso tem sido observado em análises numéricas e em obras reais (Jones; Edwards, 1980; Fahel, 1998; Araújo, 1999; Araújo; Palmeira, 1999; Santos, 2011; Damians et al., 2013; Santos; Palmeira; Bathurst, 2013). A Fig. 9.31A esquematiza a rotação da face, enquanto a Fig. 9.31B apresenta um exemplo dessa rotação, com o desalinhamento dos elementos pré-moldados da face em um muro assente sobre solo compressível.

A solução elástica para estimativas de recalques e deslocamentos horizontais de fundações corridas submetidas a carregamento excêntrico desenvolvida por Milovic, Touzot e Tournier (1970) pode ser utilizada em avaliações preliminares. Deve-se atentar para o fato de que, no caso de muros, essa solução não leva em conta a contribuição do reaterro contido pelo muro, cuja tensão sobre a superfície do solo de fundação pode provocar rotações da face no sentido horário (Fig. 9.31A). Essa abordagem admite que a massa reforçada se desloca somente sob a ação de forças atuantes sobre ela e tende a fornecer valores conservativos para os deslocamentos no topo do muro. A solução de Milovic, Touzot e Tournier (1970) seria mais acurada no caso de situações com pouco volume de reaterro atrás da massa reforçada (por exemplo, Fig. 9.1A) assente sobre solo de fundação menos compressível. A Fig. 9.32 esquematiza o problema abordado por Milovic, Touzot e Tournier (1970) para fundações corridas. Para as condições das Figs. 9.32 e 9.16 e admitindo-se que a massa reforçada gire e translade como um bloco rígido, têm-se:

$$\delta_{xe} = u_{OT} \frac{R \sin\lambda}{E_f} \quad (9.67)$$

$$\omega_e = \tan^{-1}\left(2\frac{R e \cos\lambda}{E_f B^2}\omega_{CM}\right) \quad (9.68)$$

com

$$\lambda = \tan^{-1}\left(\frac{E \cos\alpha}{N}\right) \quad (9.69)$$

em que δ_{xe} é o deslocamento horizontal da base do muro;

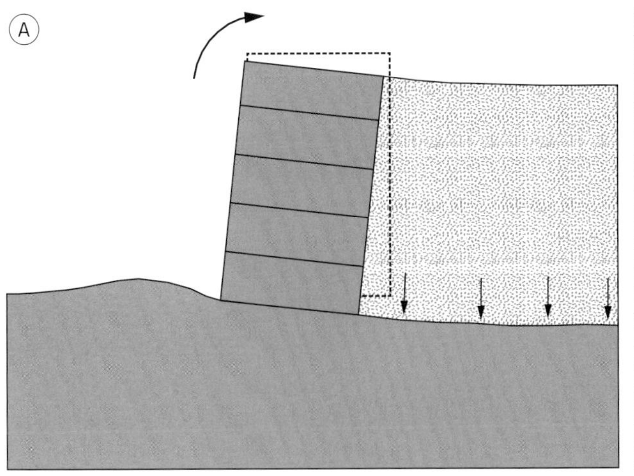

Fig. 9.31 (A) Rotação da face por compressão do solo de fundação e (B) rotação e desalinhamento da face de um muro sobre solo compressível
Foto: Fahel (1998).

λ, a inclinação da resultante de forças (R) na base do muro com a vertical; N, a força normal na base do muro; E, o empuxo ativo atuante sobre o muro; α, a inclinação do empuxo ativo com a horizontal; E_f, o módulo de Young do solo de fundação; ω_e, a rotação da base do muro; e, a excentricidade da resultante de forças na base; B, a largura da base do muro; e u_{OT} e ω_{CM}, coeficientes apresentados na Tab. 9.3 em função do coeficiente de Poisson (ν_f) do solo de fundação e de sua espessura (D) normalizada pela largura da base do muro.

O deslocamento horizontal (δ_{he}) no topo do muro decorrente da compressão e da rotação elásticas do solo de fundação sob a base do muro, para as condições da Fig. 9.32, é dado por:

$$\delta_{he} = \delta_{xe} + H\sin\omega_e \tag{9.70}$$

Uma prática conservadora seria estimar o deslocamento horizontal total da face do muro somando-se o valor obtido pelo método de Jewell e Milligan (1989) ou

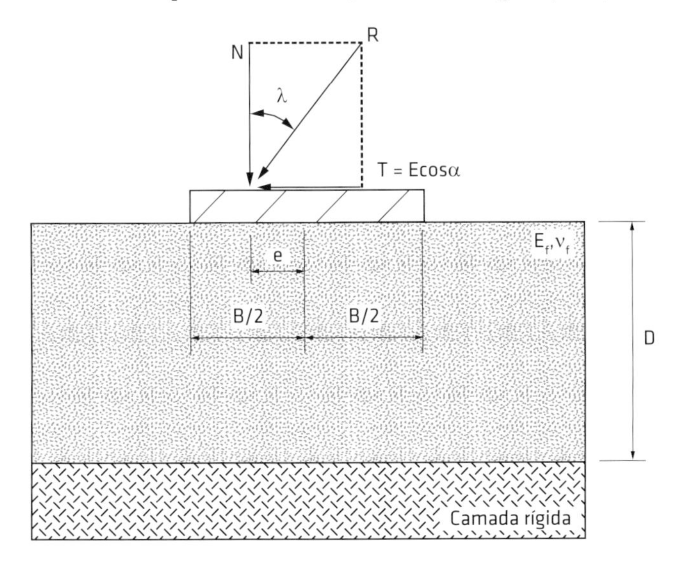

Fig. 9.32 Estimativa de deslocamentos e rotações na base do muro

Tab. 9.3 VALORES DE u_{OT} E ω_{CM}

D/B	ν_f = 0,005		ν_f = 0,30		ν_f = 0,45	
	u_{OT}	ω_{CM}	u_{OT}	ω_{CM}	u_{OT}	ω_{CM}
1,0	1,235	2,819	1,461	2,770	1,491	2,244
2,0	1,616	2,927	1,853	3,013	1,889	2,609
3,0	1,978	3,125	2,233	3,190	2,225	2,749

Fonte: Milovic, Touzot e Tournier (1970).

pelo método da FHWA (1990) (para $H < 6$ m) com o valor obtido pela Eq. 9.70. O deslocamento horizontal da face a retirará do prumo. Caso seja importante a verticalidade da face, o muro pode ser executado com uma ligeira inclinação com a vertical, determinada em função do deslocamento horizontal máximo esperado, visando compensar tal deslocamento. No caso de muros com face envelopada, deslocamentos adicionais na face podem advir de embarrigamentos do reforço (Fig. 9.2). Nesses casos, se existir espaço à frente do muro, a face (alvenaria ou peças pré-moldadas, por exemplo) pode ser executada verticalmente, mesmo que deslocamentos horizontais tenham ocorrido na massa reforçada.

Caso a compressibilidade do solo de fundação sob o reaterro seja relevante, ou este seja extenso na direção normal à face, o muro pode tender a girar e apresentar deslocamentos horizontais maiores próximos a seu pé (Fig. 9.31A). Nesses casos, devem ser empregadas simulações numéricas com ferramentas mais sofisticadas para as estimativas de deslocamentos na face do muro.

Dados de deslocamentos em muros reais

A Fig. 9.33 apresenta resultados de deslocamentos horizontais (δ) normalizados pela altura do muro (H) para muros com faces flexíveis (gabiões, sacos de areia e envelopados) compilados por Bathurst, Miyata e Allen (2010) e Santos, Palmeira e Bathurst (2014) em função da razão entre a largura do muro (B) e sua altura (H) e em função da altura do muro. Para tais tipos de estrutura, as figuras mostram valores de deslocamentos horizontais tipicamente entre 0 e 2,5% da altura do muro na maioria dos casos. A Fig. 9.34 apresenta deslocamentos horizontais normalizados *versus* B/H para muros com faces mais rígidas (muros segmentais, faces em painéis de concreto etc.). Deve-se notar que alguns resultados exibidos nas Figs. 9.33 e 9.34 podem ter sido influenciados por compressibilidade do solo de fundação, uma vez que se trata de resultados obtidos em obras reais. Em outros casos, muros experimentais foram submetidos a condições bastante severas para atender a interesses da pesquisa (Bathurst; Miyata; Allen, 2010).

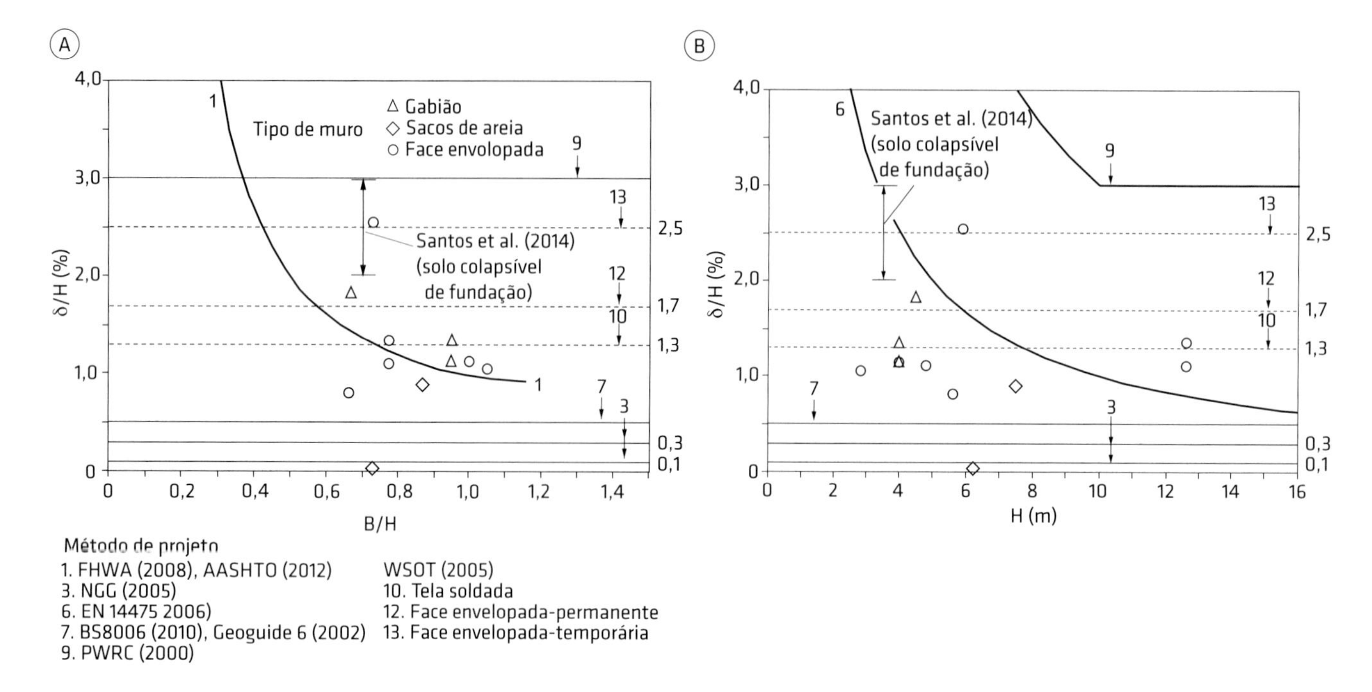

Fig. 9.33 Deslocamentos horizontais (δ) normalizados pela altura do muro (H) para muros com faces flexíveis: (A) em função do comprimento do reforço (B) normalizado pela altura do muro (H) e (B) em função da altura do muro (H)
Fonte: modificado de Bathurst, Miyata e Allen (2010) e Santos, Palmeira e Bathurst (2014).

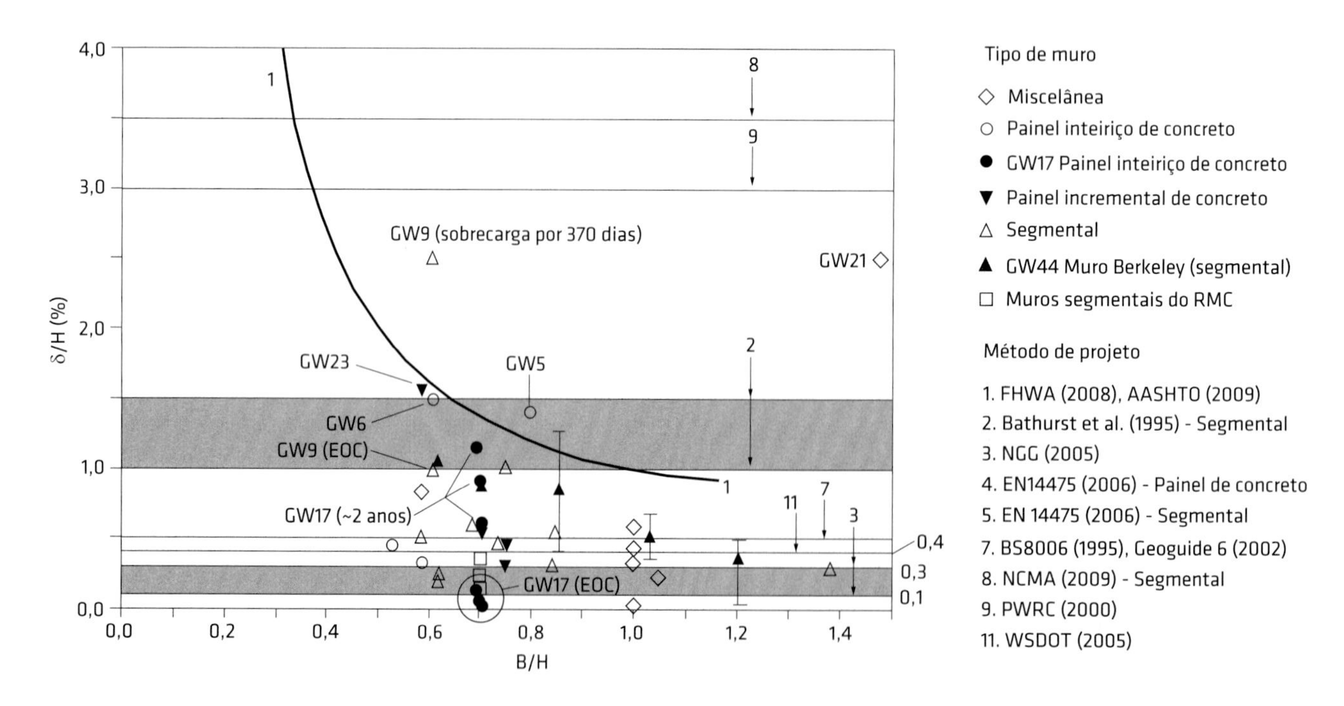

Fig. 9.34 Deslocamento horizontal normalizado para muros com faces rígidas
Fonte: modificado de Bathurst, Miyata e Allen (2010).

Exemplo 9.1

Pré-dimensionar o muro com face envelopada esquematizado na Fig. 9.35 utilizando o método de Rankine para o cálculo de tensões ativas e desprezando possíveis influências da compactação. Os dados relevantes para o dimensionamento são (dados adicionais são apresentados na figura):

- peso específico, ângulo de atrito e coesão de dimensionamento do material de aterro iguais a 17 kN/m³, 34° e 0, respectivamente;
- resistência à tração de dimensionamento do reforço igual a 14 kN/m;
- ângulo de atrito entre o solo e o reforço igual a 30°;
- fatores de segurança contra deslizamento, tombamento e ancoragem iguais a 1,5;
- ângulo de atrito na base do muro igual a 28°;
- adotar espaçamento uniforme entre reforços;
- rigidez à tração do reforço igual a 400 kN/m;
- solo de fundação com 12 m de espessura, módulo de deformação de 40 MPa e coeficiente de Poisson igual a 0,3 – outros dados podem ser vistos na Fig. 9.35;
- um sistema drenante eficiente será utilizado, motivo pelo qual a influência de poropressões pode ser desprezada;
- desprezar o embutimento da base do muro nos cálculos.

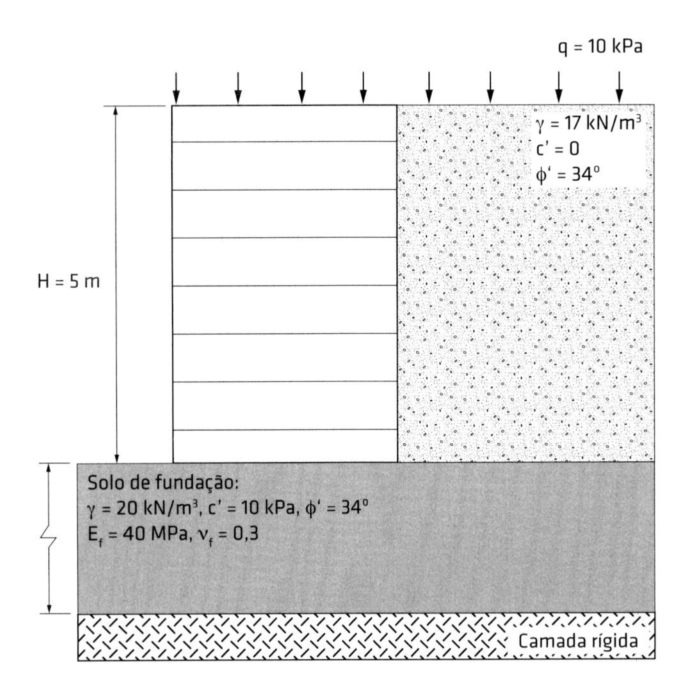

Fig. 9.35 Condições geométricas e de solos do muro

Resolução

Cálculo de tensões ativas e empuxo de terra

$$\sigma'_h = k_a(\gamma z + q) - 2c'\sqrt{(k_a)}$$

com

$$k_a = \tan^2(45^\circ - \frac{\phi'}{2}) = \tan^2(45^\circ - \frac{34}{2}) = 0{,}28$$

A Fig. 9.36 apresenta o diagrama de tensões ativas atuantes sobre a face interna da massa reforçada segundo a teoria de Rankine.

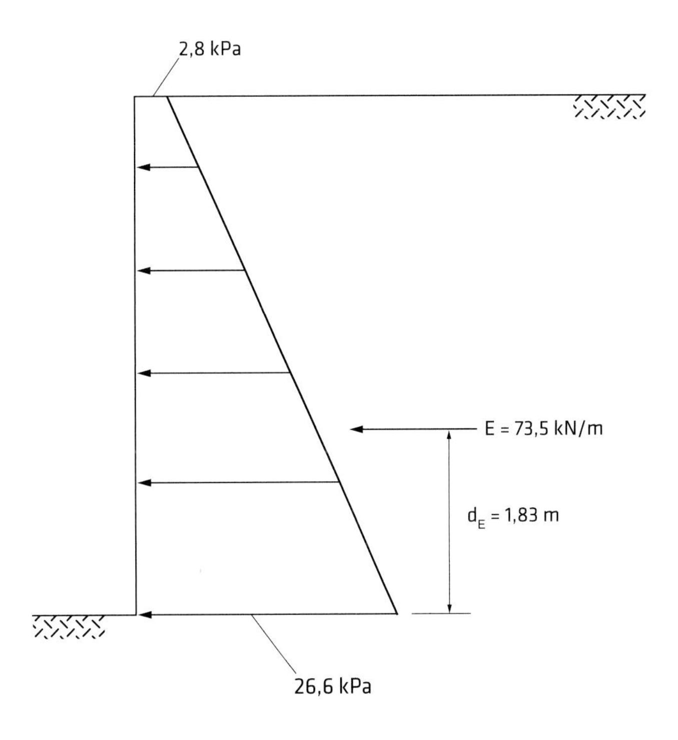

Fig. 9.36 Distribuição de tensões horizontais ativas

Do diagrama de tensões horizontais, obtêm-se:

$$E = 73{,}5 \text{ kN/m}$$

$$d_E = 1{,}83 \text{ m}$$

Análise de estabilidade externa

O fator de segurança contra o deslizamento ao longo da base é dado pela Eq. 9.2:

$$FS_d = \frac{(W + Q + E\sin\alpha)\tan\delta_b}{E\cos\alpha}$$

Para as condições da Fig. 9.35 e utilizando-se essa equação ($\alpha = 0$ para a teoria de Rankine), obtém-se:

$$1{,}5 = \frac{(17 \times 5 \times B_d + 10 \times B_d + 73{,}5\sin 0^\circ)\tan 28^\circ}{73{,}5\cos 0^\circ} \Rightarrow B_d = 2{,}18 \text{ m}$$

O fator de segurança contra o tombamento do muro é dado pela Eq. 9.4:

$$FS_t = \frac{(Wx_w + Qx_Q)}{Ed_E}$$

$$1{,}5 = \frac{(17 \times 5 \times B_t \times B_t / 2 + 10 \times B_t \times B_t / 2)}{73{,}5 \times 1{,}83} \Rightarrow B_t = 2{,}06 \text{ m}$$

Assim, nessa fase, adota-se, $B = B_d = 2{,}18$ m.

Distribuição de tensões e capacidade de carga do solo de fundação:

$$W = 17 \times 2{,}18 \times 5 = 185{,}3 \text{ kN/m}$$

$$Q = 2{,}18 \times 10 = 21{,}8 \text{ kN/m}$$

$$x_W = x_Q = 1{,}09 \text{ m}$$

Pelas Eqs. 9.8 a 9.11, têm-se:

$$\lambda = \tan^{-1}\left(\frac{E\cos\alpha}{W + Q + E\sin\alpha}\right) = \tan^{-1}\left(\frac{73{,}5\cos 0^o}{185{,}3 + 21{,}8 + 73{,}5 \times \sin 0^o}\right) = 19{,}5^o$$

$$R = \frac{E\cos\alpha}{\sin\lambda} = \frac{73{,}5\cos 0^o}{\sin 19{,}5^o} = 220{,}2 \text{ kN/m}$$

$$x_R = \frac{Wx_W + Qx_Q - Ed_E}{R\cos\lambda} = \frac{185{,}3 \times 1{,}09 + 21{,}8 \times 1{,}09 - 73{,}5 \times 1{,}83}{220{,}2 \times \cos 19{,}5^o} = 0{,}44 \text{ m}$$

$$e = \frac{B}{2} - x_R = \frac{2{,}18}{2} - 0{,}44 = 0{,}65 \text{ m}$$

$$N = W + Q = 185{,}3 + 21{,}8 = 207{,}1 \text{ kN/m}$$

Pela Eq. 9.5, chega-se a:

$$\sigma_{vmin} = \frac{2N}{B}\left(\frac{3x_R}{B} - 1\right) = \frac{2 \times 207{,}1}{2{,}18}\left(\frac{3 \times 0{,}44}{2{,}18} - 1\right) = -75{,}0 \text{ kPa} \rightarrow < 0$$

Para evitar tensões negativas na base, deve-se aumentar o valor de B de modo a ter σ_{vmin} positivo e, preferencialmente, não muito pequeno. Admitindo-se, então, $B = 4{,}0$ m:

$$W = 17 \times 4{,}0 \times 5 = 340{,}0 \text{ kN/m}$$

$$Q = 4 \times 10 = 40 \text{ kN/m}$$

$$x_W = x_Q = 2{,}0 \text{ m}$$

$$\lambda = \tan^{-1}\left(\frac{E\cos\alpha}{W + Q + E\sin\alpha}\right) = \tan^{-1}\left(\frac{73{,}5\cos 0^o}{340 + 40 + 73{,}5\sin 0^o}\right) = 10{,}95^o$$

$$R = \frac{E\cos\alpha}{\sin\lambda} = \frac{73{,}5\cos 0^o}{\sin 10{,}95^o} = 386{,}9 \text{ kN/m}$$

$$x_R = \frac{Wx_W + Qx_Q - Ed_E}{R\cos\lambda} = \frac{340 \times 2 + 40 \times 2 - 73{,}5 \times 1{,}83}{386{,}9 \times \cos 10{,}95^o} = 1{,}65 \text{ m}$$

Então:

$$N = W + Q = 340 + 40 = 380{,}0 \text{ kN/m}$$

$$\sigma_{vmin} = \frac{2 \times 380}{4{,}0}\left(\frac{3 \times 1{,}65}{4} - 1\right) = 45{,}1 \text{ kPa} \rightarrow > 0$$

Assim, pela Eq. 9.6:

$$\sigma_{vmax} = \frac{2N}{B}\left(2 - \frac{3x_R}{B}\right) = \frac{2 \times 380}{4{,}0}\left(2 - \frac{3 \times 1{,}65}{4{,}0}\right) = 144{,}9 \text{ kPa}$$

A excentricidade da resultante na base é dada por:

$$e = \frac{B}{2} - x_R \leq \frac{B}{6} = \frac{4{,}0}{2} - 1{,}65 = 0{,}35 \text{ m}$$

A largura equivalente da base é dada por:

$$B' = B - 2e = 4{,}0 - 2 \times 0{,}35 = 3{,}30 \text{ m}$$

A tensão normal média equivalente é obtida pela Eq. 9.13:

$$\sigma_{eqv} = \frac{N}{B'} = \frac{380}{3{,}3} = 115{,}2 \text{ kPa}$$

A capacidade de carga do solo de fundação é dada por:

$$q_{max} = c'N_c + q_s N_q + 0{,}5\gamma_f B' N\gamma$$

Para $\phi' = 34^\circ \rightarrow N_c = 42{,}16$, $N_q = 29{,}44$ e $N_\gamma = 41{,}06$ (Vesic, 1975).

Fatores de correção para levar em conta a inclinação da força atuante na base do muro (Craig, 1978):

$$i_c = i_q = \left(1 - \frac{\alpha}{90^o}\right)^2 = \left(1 - \frac{10{,}95^o}{90^o}\right)^2 = 0{,}77$$

$$i_\gamma = \left(1 - \frac{\alpha}{\phi}\right)^2 = \left(1 - \frac{10{,}95^o}{34^o}\right)^2 = 0{,}46$$

Então:

$$q_{max} = 10 \times 42{,}16 \times 0{,}77 + 0 \times 29{,}44 \times 0{,}77 + 0{,}5 \times \times 20 \times 3{,}30 \times 41{,}06 \times 0{,}46 = 947{,}9 \text{ kPa}$$

Assim:

$$FS_f = \frac{q_{max}}{\sigma_{eqv}} = \frac{947{,}9}{115{,}15} = 8{,}2 \Rightarrow \text{OK}$$

Estabilidade interna

Determinação do espaçamento entre reforços

Admitindo-se espaçamento uniforme entre reforços, tem-se, para $z = H = 5$ m:

$$S = \frac{T_d}{k_a\,(\gamma_1 z + q) - 2c'\sqrt{k_a}} = \frac{14}{0{,}28 \times (17 \times 5 + 10) - 0} = 0{,}53$$

Então $S_{uniforme} = 0{,}5$ m.

A Fig. 9.37 apresenta a distribuição de camadas de reforço ao longo da altura do muro e a superfície de ruptura segundo Rankine.

Verificação do comprimento de ancoragem do reforço

Para as condições da Fig. 9.37, o comprimento de ancoragem disponível para um dado reforço i pode ser obtido por:

$$l_{ai} = B - (H - z_i)\tan\left(45^o - \frac{\phi_1'}{2}\right)$$

Para o reforço mais superficial ($i = 1$), $z_1 = 0{,}50$ m. Assim, o comprimento de ancoragem disponível para esse reforço é dado por:

$$l_{a1} = 4 - (5 - 0{,}50)\tan\left(45^o - \frac{34^o}{2}\right) = 1{,}61 \text{ m}$$

Para a situação sem sobrecarga distribuída na superfície do terrapleno, o comprimento de ancoragem requerido para o reforço mais superficial é obtido pela Eq. 9.55:

$$l_{ar} = \frac{FS_a T_1}{2(a_{sr} + \gamma z \tan\phi_{sr})}$$

em que T_1 é a força de tração no reforço 1, obtida em função das tensões horizontais na região sob responsabilidade desse reforço, como mostrado na Fig. 9.38A.

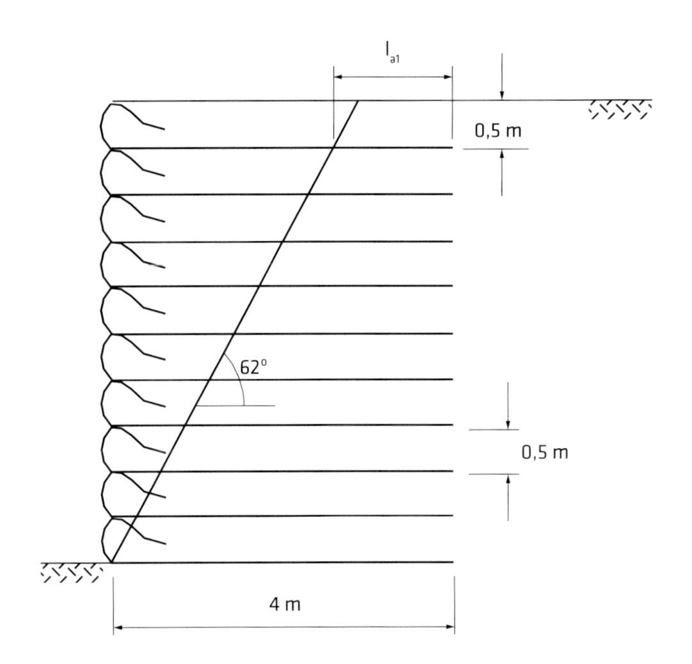

Fig. 9.37 Distribuição de reforços ao longo da altura do muro

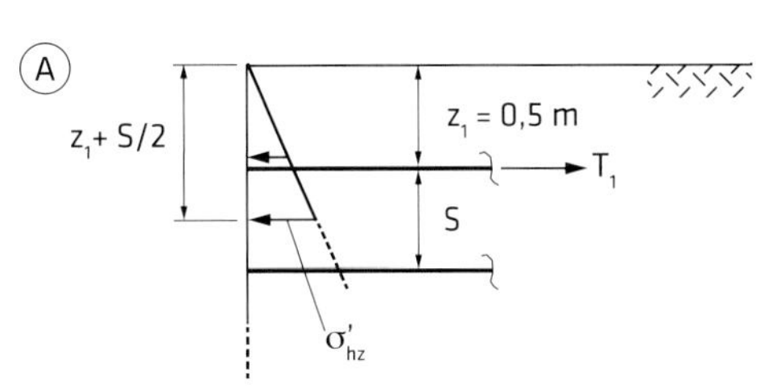

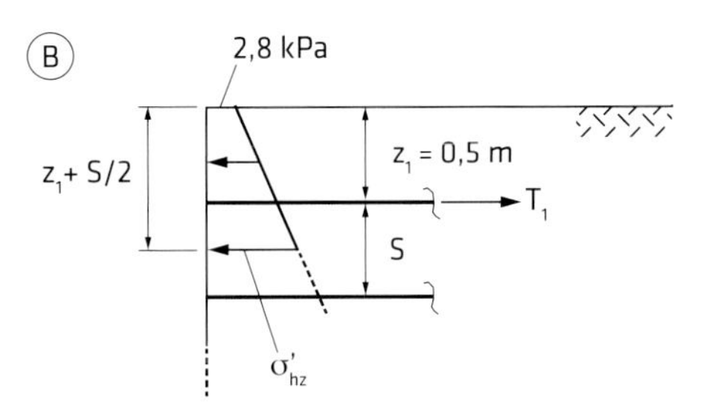

Fig. 9.38 Distribuições de tensões para o cálculo da força no reforço mais superficial: (A) sem sobrecarga superficial e (B) com sobrecarga superficial

Nesse caso, tem-se:

$$T_1 = 0{,}5\left(z_1 + \frac{S}{2}\right)\sigma'_{hz}$$

em que:

$$z_1 + S/2 = 0{,}50 + 0{,}50/2 = 0{,}75 \text{ m}$$

e

$$\sigma'_{hz} = k_a\sigma'_{vz} = k_a(\gamma z + q) - 2c'\sqrt{k_a}) = 0{,}28 \times (0{,}75 \times 17) = 3{,}57 \text{ kPa}$$

Assim:

$$T_1 = 0{,}5\left(0{,}5 + \frac{0{,}5}{2}\right) \times 3{,}57 = 1{,}34 \text{ kN/m}$$

O comprimento de ancoragem requerido para $FS = 1,5$ é dado pela Eq. 9.55:

$$l_{ar} = \frac{FS_a T_1}{2(a_{sr} + \gamma z \tan\phi_{sr})}$$
$$= \frac{1,5 \times 1,34}{2 \times (0 + 17 \times 0,5 \times \tan 30^o)} = 0,20 \text{ m} < l_{a1} (= 1,61 \text{ m}) \Rightarrow \text{OK}$$

Para a situação com sobrecarga distribuída na superfície do terrapleno, o valor da força no reforço mais superficial pode ser obtido por (Fig. 9.38B):

$$T_1 = 0,5\left[k_a q + \sigma'_{hz}\right]\left(z_1 + \frac{S}{2}\right)$$

com

$$\sigma'_{hz} = 0,28 \times (17 \times 0,75 + 10) = 6,37 \text{ kPa}$$

Assim:

$$T_1 = 0,5\left[k_a q + \sigma'_{hz}\right]\left(z_1 + \frac{S}{2}\right)$$
$$= 0,5 \times \left[0,28 \times 10 + 6,37\right]\left(0,5 + \frac{0,5}{2}\right) = 3,44 \text{ kPa}$$

O comprimento de ancoragem requerido nessas condições é dado pela Eq. 9.56:

$$l_{ar} = \frac{FS_a T_1}{2\left[a_{sr} + (\gamma z + \Delta\sigma_v)\tan\phi_{sr})\right]}$$
$$= \frac{1,5 \times 3,44}{2\left[0 + (17 \times 0,5 + 10)\tan 30^o\right]} = 0,24 \text{ m} < l_{a1} (= 1,61 \text{ m}) \Rightarrow \text{OK}$$

Cálculos semelhantes para os comprimentos de ancoragem de reforços mais profundos resultarão em comprimentos de ancoragem requeridos ainda menores que os disponíveis.

Ancoragem dos trechos dobrados junto à face

Para o reforço mais superficial, o comprimento dobrado requerido é fornecido pela Eq. 9.57:

$$l_o = \sqrt{\frac{FS_{af}\sigma'_{hm} z_1}{\gamma \sin\theta \tan\phi_{sr}\left[2 - (2 - k_a)\sin^2\theta\right]}}$$

Para a situação sem sobrecarga na superfície do terrapleno e admitindo-se a inclinação do trecho dobrado com a horizontal (θ) (Fig. 9.28C) igual a 30°, tem-se:

$$l_o = \sqrt{\frac{1,5 \times (0,28 \times 0,5 \times 17/2) \times 0,5}{17 \times \sin 30^o \times \tan 30^o \times \left[2 - (2 - 0,28) \times \sin^2 30^o\right]}} = 0,34 \text{ m}$$

Como o valor de l_o foi menor que 1 m, adota-se l_o = 1 m. Para o presente exemplo, cálculos semelhantes para reforços mais profundos também resultarão em l_o = 1 m.

Avaliação de deslocamentos horizontais na face

Como $H < 6$ m, segundo a FHWA (1990) seria possível esperar:

$$\delta_R \frac{H}{250}\left(1 + 0,25\frac{q}{20}\right) \le \delta_{hmax} \le \delta_R \frac{H}{75}\left(1 + 0,25\frac{q}{20}\right)$$

Para $B/L = 4/5 = 0,8$, tem-se $\delta_R \cong 0,85$ (Fig. 9.29). Assim:

$$0,85\frac{5}{250}\left(1 + 0,25\frac{10}{20}\right) \le \delta_{hmax} \le 0,85\frac{5}{75}\left(1 + 0,25\frac{10}{20}\right)$$

ou

$$0,019 \text{ m} \le \delta_{hmax} \le 0,064 \text{ m}$$

Então, pela experiência da FHWA (1990), seria possível esperar um deslocamento horizontal da face entre 19 mm e 64 mm (relação δ_{hmax}/H entre 0,4% e 1,3%).

Pela abordagem de Jewell e Milligan (1989) (para fundação incompressível), admitindo-se conservadoramente um ângulo de dilatância (Ψ) nulo, pela Fig. 9.30A tem-se:

$$\frac{\delta_{hmax} J}{H T_{base}} = 0,38$$

E, pela Eq. 9.63:

$$T_{base} = K_a S(\gamma_1 H + q) = 0,28 \times 0,5 \times (17 \times 5 + 10) = 13,3 \text{ kN/m}$$

Então:

$$\frac{\delta_{hmax} \times 400}{5 \times 13,3} = 0,38 \Rightarrow \delta_{hmax}$$
$$= 0,063 \text{ m } (= 63 \text{ mm}, \ \delta_{hmax}/H \cong 1,3\%)$$

Pela abordagem conservadora de Milovic, Touzot e Tournier (1970) para o deslocamento horizontal devido somente à compressão do solo de fundação, para $D/B = 12/4 = 3$ e $\nu_f = 0,3$, têm-se $u_{OT} = 2,233$ e $\omega_{CM} = 3,190$ (Tab. 9.3). Pelas Eqs. 9.67 e 9.68:

$$\delta_{xe} = u_{OT}\frac{R \sin\lambda}{E_f} = 2,233\frac{386,9 \times \sin 10,95^o}{40.000} = 0,004 \text{ m}$$

$$\omega_e = \tan^{-1}\left(2\frac{R e \cos\lambda}{E_f B^2}\omega_{CM}\right)$$
$$= \tan^{-1}\left(2 \times \frac{386,9 \times 0,35 \times \cos 10,95^o}{40.000 \times 4^2} \times 3,19\right) = 0,076^o$$

Então (Eq. 9.70):

$$\delta_{he} = \delta_{xe} + H\sin\omega_e$$
$$= 0,004 + 5 \times \sin(0,076^o) = 0,011 \text{ m} = 11 \text{ mm}$$

Segundo dados de Bathurst, Miyata e Allen (2010) (Fig. 9.33A), para $B/H = 0,8$, dados na literatura reportam deslocamentos horizontais entre 0,8% e 1,8% da altura do muro (entre 0,040 mm e 0,090 mm).

As diferentes previsões de deslocamentos máximos da face do muro são sumariadas na Tab. 9.4.

Caso se admita a situação mais conservadora, incluindo-se os deslocamentos previstos por Milovic, Touzot e Tournier (1970) com as ressalvas apresentadas anteriormente, haveria um deslocamento horizontal máximo da ordem de:

$$\delta_{hmax} = 11 + 90 \cong 101 \text{ mm}$$

Para compensar tal deslocamento, o muro poderia ser executado com uma inclinação da face com a vertical de 2% (H:V = 1:50).

Tab. 9.4 ESTIMATIVAS DE DESLOCAMENTOS HORIZONTAIS DA FACE DO MURO

	FHWA (1990)		Jewell e Milligan (1989)		Bathurst, Miyata e Allen (2010)	
	Mínimo	Máximo	Mínimo	Máximo	Mínimo	Máximo
δ_h (mm)	19	64	63	63	40	90

Exemplo 9.2

Para o muro do Exemplo 9.1, estimar os valores máximos de esforços de tração esperados sob condições de serviço pelos métodos de Ehrlich e Mitchell (1994) e *K-Stiffness*, desprezando-se o efeito da compactação e admitindo-se $\kappa = 250$, $n = 0{,}4$ e que o ângulo de atrito de 34° já seja o valor obtido sob condições de deformação plana.

Resolução

Ehrlich e Mitchell (1994)

Como J = 400 kN/m e S_v = 0,5 m (Exemplo 9.1), tem-se, pela Eq. 9.35:

$$S_i = \frac{J}{\kappa p_a S_v} = \frac{400}{250 \times 101 \times 0{,}5} = 0{,}032$$

Para $\sigma'_z = \sigma_{zc}$, a carga máxima ocorre no reforço mais profundo (Fig. 9.24). Desprezando-se o efeito da compactação, tem-se, para $z = H$ (Eq. 9.40):

$$\sigma'_z = \frac{3(\gamma' z + q)}{3 - k_a\left(\dfrac{3q + \gamma' z}{q + \gamma' z}\right)\left(\dfrac{z}{B}\right)^2} = \frac{3 \times (17 \times 5 + 10)}{3 - 0{,}28 \times \left(\dfrac{3 \times 10 + 17 \times 5}{10 + 17 \times 5}\right) \times \left(\dfrac{5}{4}\right)^2} = 115{,}4 \text{ kPa}$$

Então (Eq. 9.33):

$$\beta = \frac{\left(\dfrac{\sigma'_{zc}}{p_a}\right)^n}{S_i} = \frac{\left(\dfrac{115{,}4}{101}\right)^{0{,}4}}{0{,}032} = 33{,}0$$

Para ϕ = 34°, interpolando-se entre os gráficos da Fig. 9.24A,B, obtém-se:

$$\frac{T_{max}}{S_v S_h \sigma_{zc}} = \frac{T_{max}}{0{,}5 \times 1 \times 115{,}4} \cong 0{,}24 \Rightarrow T_{max} = 13{,}8 \text{ kN/m}$$

Método K-Stiffness

A Eq. 9.41 fornece:

$$T_{maxi} = \frac{1}{2} K\gamma(H + \Delta H) S_{vi} D_{tmax} \Phi_g \Phi_{local} \Phi_{fs} \Phi_{fb} \Phi_c$$

Pela Eq. 9.42, têm-se:

$$K = K_o = 1 - \sin\phi_{ps} = 1 - \sin 34^o = 0{,}44$$

$$\Delta H = q / \gamma = 10 / 17 = 0{,}59$$

Para a força máxima, D_{tmax} = 1 (Fig. 9.26) $\Rightarrow T_{max} = T_{mxmx}$.

Pelas Eqs. 9.47 a 9.51, obtêm-se:

$$R_{global} = \frac{\sum_{i=1}^{n} J_i}{H} = \frac{\sum_{1}^{10} 400}{5} = 800$$

$$\Phi_g = \alpha\left(\frac{R_{global}}{p_a}\right)^\beta = 0{,}25 \times \left(\frac{800}{101}\right)^{0{,}25} = 0{,}42$$

$$R_{local} = \left(\frac{J}{S}\right)_i = \frac{400}{0{,}5} = 800$$

$$\Phi_{local} = \left(\frac{R_{local}}{R_{global}}\right)^a = \left(\frac{800}{800}\right)^1 = 1$$

$$\Phi_{fb} = \left(\frac{K_{abh}}{K_{avh}}\right)^d = \left(\frac{0{,}28}{0{,}28}\right)^{0{,}5} = 1$$

Para o muro envelopado, admita-se Φ_{fs} = 1,0, e, como c = 0, tem-se Φ_c = 1,0.

Substituindo-se os valores na Eq. 9.41, obtém-se:

$$T_{maxi} = T_{mxmx} = \frac{1}{2} K\gamma(H + \Delta H) S_{vi} D_{tmax} \Phi_g \Phi_{local} \Phi_{fs} \Phi_{fb} \Phi_c$$

$$T_{max} = \frac{1}{2} \times 0{,}44 \times 17 \times (5 + 0{,}59) \times 0{,}5 \times 1 \times 0{,}42 \times 1 \times 1 \times 1$$

$$\Rightarrow T_{max} = 4{,}39 \text{ kN/m}$$

O valor obtido por Rankine para o reforço mais profundo é dado por:

$$T_{max\,Rankine} = (17 \times 5 + 10) \times 0{,}28 \times 0{,}5 = 13{,}3 \text{ kN/m}$$

O valor previsto por AASHTO (2002) também seria igual a 13,3 kN/m.

Assim, para as condições do problema, o método *K-Stiffness* preveria um valor de força máxima no reforço sob condições de serviço significativamente menor que os previstos por Rankine, AASHTO (2002) e Ehrlich e Mitchell (1994).

9.3 Taludes íngremes reforçados

A inclinação de taludes íngremes com a horizontal pode inviabilizar o uso de métodos de dimensionamento aplicáveis a muros reforçados. Isso se deve ao fato de que as superfícies de deslizamento adotadas nesses métodos (planas nos casos de Rankine e Coulomb, por exemplo) podem se afastar bastante da forma curva das superfícies reais. A utilização do método de Coulomb poderia ser considerada satisfatória para inclinações da face superiores a ~70° com a horizontal. Para inclinações menores, métodos de análise mais realista são necessários. Uma das possibilidades é o emprego de programas computacionais para análises de estabilidade de taludes, desde que estes incorporem de forma apropriada a contribuição das camadas de reforço.

Jewell (1996) apresenta um método de dimensionamento de taludes íngremes reforçados com geossintéticos para análises preliminares para as condições exibidas na Fig. 9.39. Nesse método, o cálculo do empuxo é feito utilizando-se superfícies de deslizamento com forma de espiral logarítmica, em maciços não coesivos, e permitindo-se levar em conta a influência de poropressões com o uso do parâmetro r_u, tradicionalmente adotado em análises de estabilidade de taludes. Admite-se também que o solo de fundação é resistente. Para tais condições, o espaçamento entre reforços pode ser calculado por:

$$S = \frac{T_d}{K \gamma H_{eq}} \quad \textbf{(9.71)}$$

com

$$H_{eq} = H + \frac{q}{\gamma} \quad \textbf{(9.72)}$$

em que S é o espaçamento vertical entre reforços; T_d, a resistência à tração de dimensionamento do reforço; K, o coeficiente de empuxo ativo; γ, o peso específico do solo;

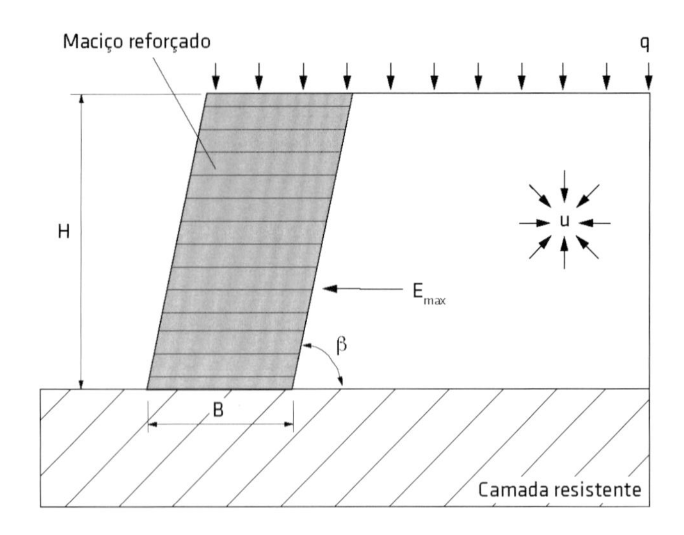

Fig. 9.39 Abordagem de Jewell (1996) para taludes íngremes reforçado

H_{eq}, a altura equivalente de aterro (para compensar a sobrecarga na superfície, q); H, a altura real do aterro; e q, a sobrecarga uniformemente distribuída no topo do talude.

Os gráficos da Fig. 9.40A permitem determinar o valor do coeficiente de empuxo (K) para diferentes valores de r_u. Os gráficos da Fig. 9.40B,C fornecem os comprimentos de reforço mínimos que atendem às condições de estabilidade interna (B_{int}) e de deslizamento ao longo da base (B_{dlz}), respectivamente, e foram desenvolvidos assumindo-se um coeficiente de aderência entre o solo e o reforço f_{sr} ($f_{sr} = \tan\phi_{sr}/\tan\phi'$, sendo ϕ_{sr} o ângulo de atrito entre o solo e o reforço e ϕ' o ângulo de atrito do solo) superior ou igual a 0,8. Se o valor de f_{sr} for menor que 0,8, deve-se multiplicar os valores obtidos nos gráficos da Fig. 9.40B,C por $0{,}8/f_{sr}$ (Jewell, 1996). O maior valor entre B_{int} e B_{dlz} deve ser adotado. A possibilidade de rotação da massa reforçada ao redor de seu pé é remota para taludes com baixos valores de β (Fig. 9.39). Entretanto, no caso de taludes mais íngremes, essa possibilidade deve ser verificada, de forma semelhante ao apresentado no caso de muros reforçados. Quando necessário, a capacidade de carga do solo de fundação deve ser também verificada, bem como a análise de estabilidade global.

9.4 Barreiras de proteção contra o rolamento de blocos em encostas

Geossintéticos também podem ser utilizados como reforço de estruturas de terra visando funcionar como barreiras contra movimentações de blocos rochosos ao longo de encostas (Threadgold; McNicholl, 1984; Brandl, 2010; Lambert; Bourrier, 2013). A continuidade do rolamento de blocos pode provocar perdas de vidas e danos severos a construções civis ao pé da encosta. A Fig. 9.41 esquematiza esse tipo de aplicação. Outros arranjos construtivos

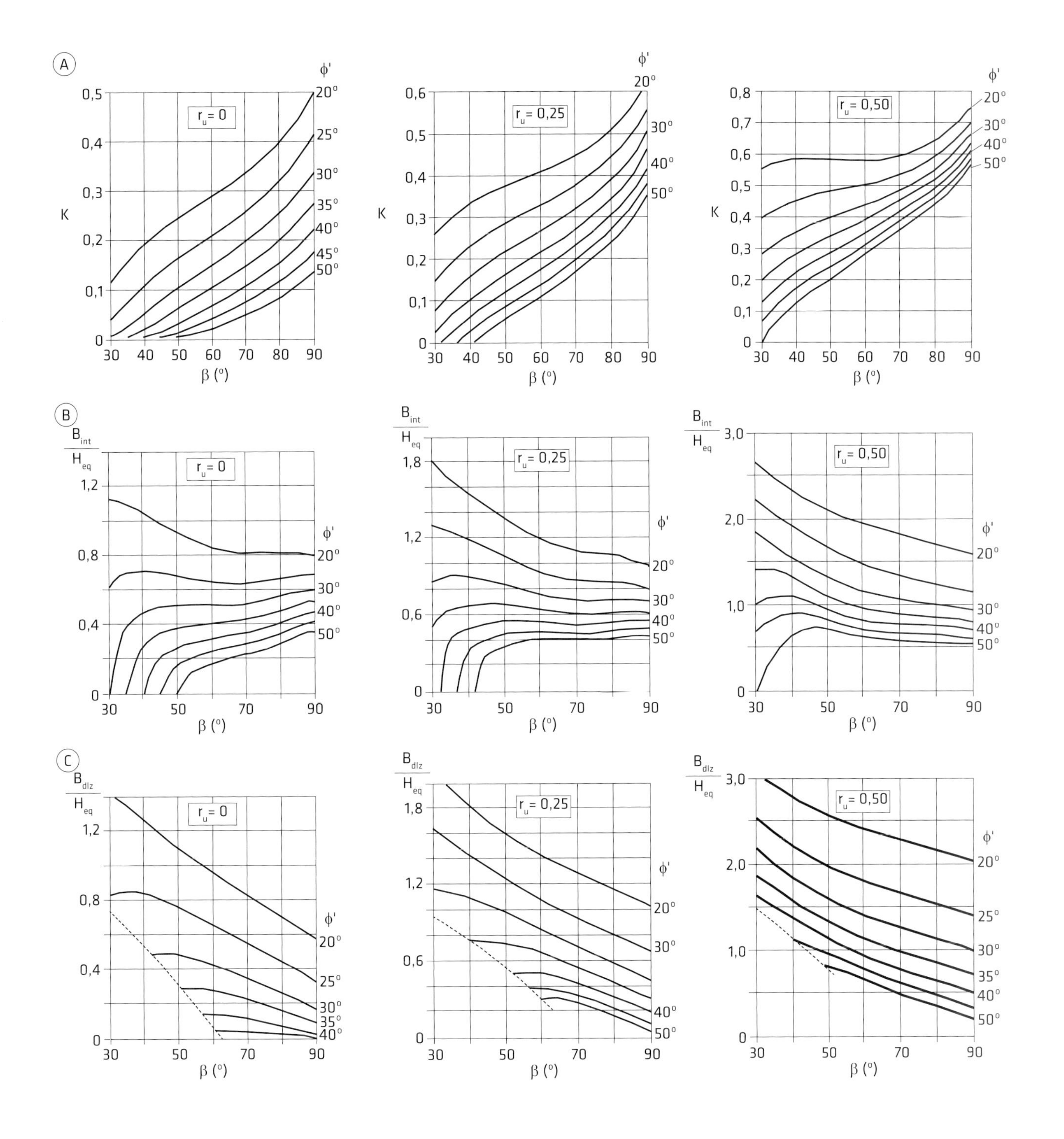

Fig. 9.40 Gráficos de dimensionamento para taludes íngremes: (A) empuxo ativo; (B) comprimento mínimo para estabilidade interna; (C) comprimento mínimo para deslizamento ao longo da base
Fonte: modificado de Jewell (1990).

desse tipo de barreira são apresentados e discutidos em Lambert e Bourrier (2013).

O dimensionamento da barreira depende da velocidade de impacto e da massa do bloco. A Fig. 9.42 apresenta gráficos para a estimativa de velocidade de um bloco com 5 m de diâmetro movimentando-se sobre superfícies lisas ou com ressaltos (espaçamento *e* entre ressaltos com altura *r*, Fig. 9.42A) em função da distância percorrida ou da inclinação da superfície de rolamento.

O deslocamento da barreira devido ao impacto do bloco pode ser estimado por (Threadgold; McNicholl, 1984):

$$x_b = \left(\frac{v}{1+\eta}\right)^2 \frac{1}{2g\tan\delta_b} \quad \textbf{(9.73)}$$

em que x_b é o deslocamento horizontal da barreira; v, a velocidade do bloco; η, a razão entre a massa da barreira e a massa do bloco; g, a aceleração da gravidade; e δ_b, o ângulo de atrito na base da barreira.

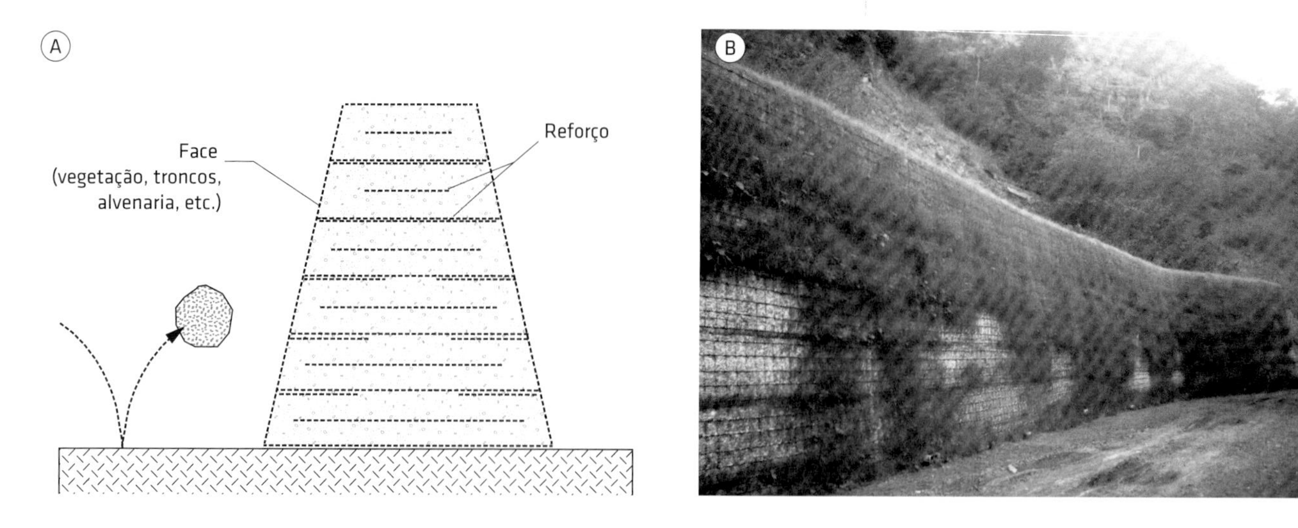

Fig. 9.41 (A) Esquema de barreira contra a queda de blocos e (B) vista de uma barreira em encosta em Goiás
Foto: cortesia do Eng.º Paulo M. F. Viana.

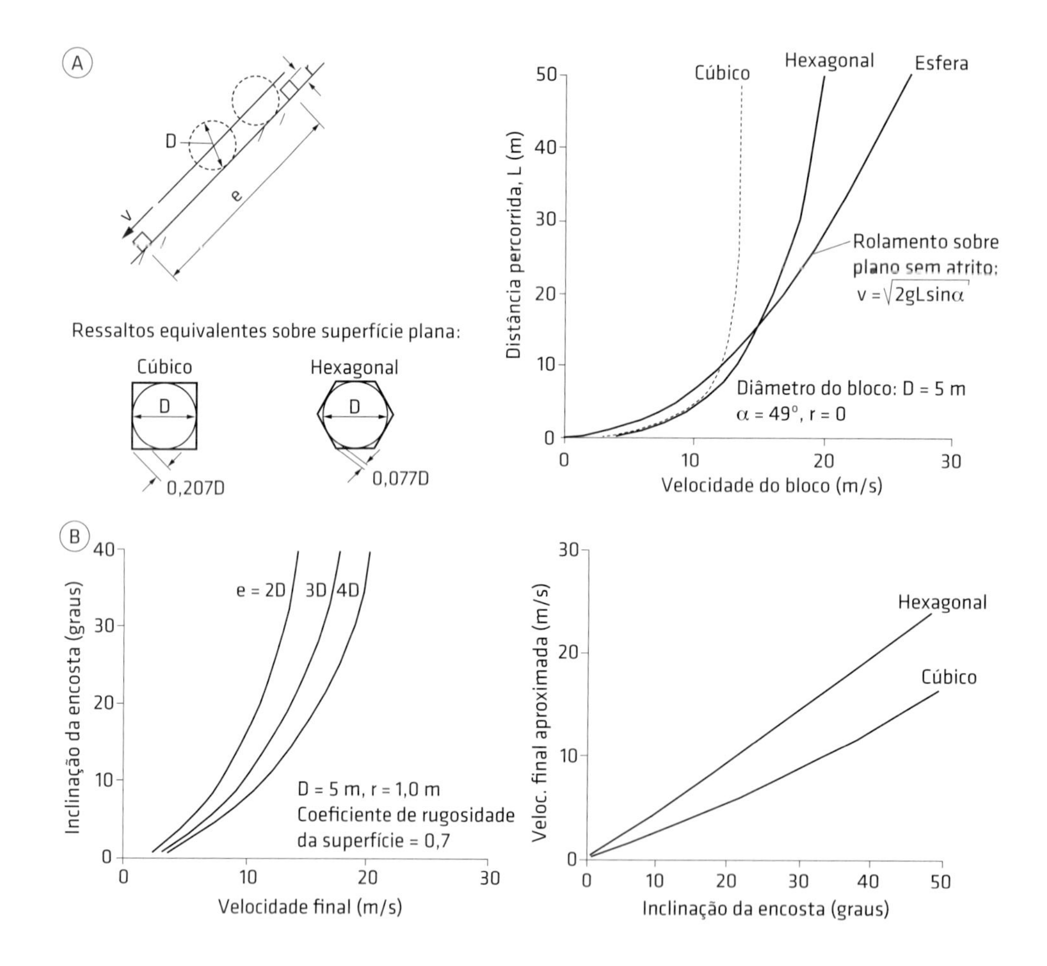

Fig. 9.42 Velocidades de bloco sob diferentes condições: (A) deslocamento sobre superfície plana e sem atrito; (B) velocidade final *versus* inclinação para bloco esférico; (C) velocidade final *versus* inclinação para blocos cúbicos e hexagonais
Fonte: modificado de Threadgold e McNicholl (1984).

A força transmitida à barreira pelo impacto pode ser estimada por (Threadgold; McNicholl, 1984):

$$F = \frac{1}{2x_b}\left(\frac{m_b v}{m_b + m_{blc}}\right)^2 = \frac{1}{2x_b}\left(\frac{\eta v}{\eta + 1}\right)^2 \quad \textbf{(9.74)}$$

em que F é a força transmitida à barreira; m_b, a massa da barreira; e m_{blc}, a massa do bloco.

Outras equações obtidas para situações envolvendo o impacto de blocos em solos que também têm sido utilizadas em estimativas da força máxima transmitida à barreira são:

- *Montani-Stoffel (1998) e Montani, Labiouse e Descoeudres (2004)*

$$F = 1{,}765 M_E^{0,4} R^{0,2} (WH)^{0,6} = 1{,}765 M_E^{0,4} R^{0,2} \left(\frac{m_{blc} v^2}{2} \right)^{0,6} \quad \mathbf{(9.75)}$$

em que F é a força máxima transmitida à barreira (kN); M_E, o módulo elástico do solo (kPa); R, o raio do bloco (m); W, o peso do bloco (kN); m_{blc}, a massa do bloco (kg); e H, a altura de queda (m).

- *Mayne e Jones (1983)*

$$F = \sqrt{\frac{32WHGR}{\pi^2 (1 - \nu)}} \quad \mathbf{(9.76)}$$

em que G é o módulo cisalhante dinâmico do solo e ν é o coeficiente de Poisson do solo.

A penetração do bloco na barreira pode ser estimada por (Carotti et al., 2004):

$$p_{blc} = \frac{m_{blc} v^2}{F} \quad \mathbf{(9.77)}$$

em que p_{blc} é a penetração do bloco na massa da barreira (m); m_{blc}, a massa do bloco (kg); v, a velocidade do bloco (m/s); e F, a força máxima de impacto (N).

A presença das camadas de reforço garante a estabilidade da barreira para a geometria estabelecida, e, sob esse aspecto, ela pode ser dimensionada de forma semelhante a um aterro reforçado. Entretanto, um número maior de camadas de reforço será necessário para aumentar a resistência da barreira aos impactos de blocos. Em razão de os esforços serem resistidos pela barreira, métodos numéricos podem ser utilizados para seu dimensionamento e para um melhor entendimento e estimativa do comportamento da barreira sob o impacto de blocos (Peila; Oggeri; Castiglia, 2007; Lorentz; Plassiard; Muquet, 2010).

O projeto da barreira deve contemplar a necessidade de sistema de drenagem de modo a permitir a passagem da água, evitando que ela se acumule a montante da barreira, dependendo do solo e do tipo de face utilizados.

OUTRAS APLICAÇÕES EM REFORÇO DE SOLOS

10

Este capítulo aborda aplicações particulares de geossintéticos como reforço. Entre elas, incluem-se fundações diretas assentes em solo reforçado com geossintéticos, utilização de fibras e utilização de reforço contra subsidência ou sobre vazios no terreno natural.

10.1 Fundações diretas em aterros reforçados com geossintéticos

A Fig. 10.1 apresenta esquematicamente algumas aplicações de geossintéticos como elementos de reforço em aterros submetidos a carregamentos de fundações superficiais (sapatas, blocos ou baldrames). O aterro pode ter grande espessura (mecanismo de ruptura e deformações concentradas nele) ou estar sobrejacente a uma camada de solo mais fraca. A função das camadas de reforço é aumentar a capacidade de carga do sistema e reduzir, ou uniformizar, os recalques do elemento de fundação. Exemplos de estudos numéricos e em modelos físicos mostrando a eficiência desse tipo de solução podem ser encontrados em Ingold e Miller (1982), Guido, Biesiadecki e Sullivan (1985), Guido, Chang e Sweeney (1986), Das (1989), Manjunath e Dewaikar (1996), Ju et al. (1996), Adamczyk e Adamczyk (2001), Palmeira (2001), Avesani Neto, Bueno e Futai (2012) e Fernandes (2014), por exemplo.

Wang, Ye e Qi (1993) descrevem a utilização de um *radier* composto de geofôrmas preenchidas com areia, combinadas a drenos verticais, para um tanque de aço destinado ao armazenamento de gás, com 15,5 m de diâmetro e 7,9 m de altura, construído sobre terreno mole. Haque et al. (2001), por sua vez, descrevem o desempenho de construções sobre aterro reforçado com geotêxtil em Bangladesh, onde se observaram reduções de recalques totais e diferenciais. Ingold e Miller (1985) realizaram ensaios em modelos de sapatas sobre argila, observando aumentos na capacidade de carga da sapata em relação à situação sem reforço, mas também reduções, dependendo da distância entre a primeira camada de reforço e a base da sapata. Tal redução provavelmente estaria associada a um mecanismo de deslizamento da argila sobre a primeira camada de reforço, devido à baixa aderência entre esses materiais.

Guido, Chang e Sweeney (1986) efetuaram ensaios em modelos com sapatas quadradas e obtiveram aumentos na capacidade de carga do terreno reforçado em relação ao sem reforço de 1,2 a 2,8 vezes, dependendo das propriedades e do número de camadas de reforço. Já Huang e Menq (1997), também em ensaios em modelos, obtiveram aumentos na capacidade de carga do solo de fundação de até 3,9 vezes em virtude da presença de camadas de reforço.

Especial atenção deve ser dedicada à utilização de fundações diretas sobre maciços reforçados, em particular quanto aos aspectos a seguir:

- embora várias pesquisas tenham mostrado o efeito benéfico do emprego de geossintéticos nesse tipo de aplicação, os resultados reportados têm praticamente se restringido àqueles obtidos em laboratório, particularmente em ensaios em modelos;
- além da capacidade de carga, a limitação dos recalques é de fundamental importância para a segurança e a operacionalidade de uma construção assente em fundação direta;

- a maioria dos métodos de projeto disponíveis para a estimativa da capacidade de carga de fundações sobre maciços reforçados foi desenvolvida, até a presente data, como adaptações de métodos propostos para situações sem reforço;
- deve-se garantir que a vida útil do sistema e a durabilidade dos reforços sejam, no mínimo, iguais às da construção;
- devem ser utilizados reforços com baixa susceptibilidade à fluência.

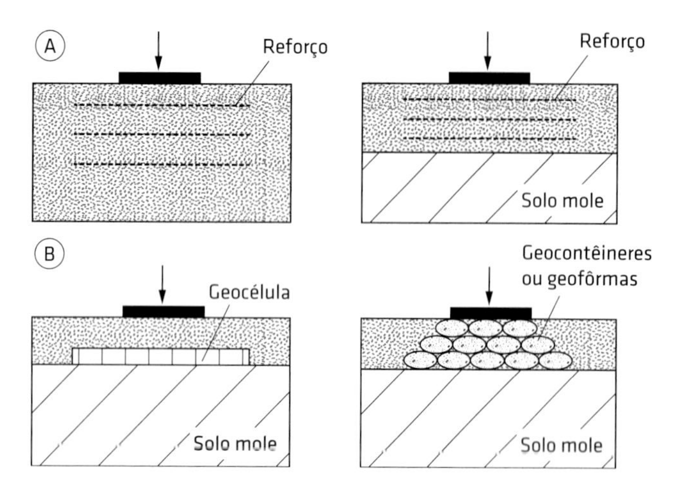

Fig. 10.1 Algumas aplicações de geossintéticos como reforço de terrenos sob fundações diretas: (A) múltiplas camadas de reforço e (B) utilização de geocélulas, geocontêineres ou geofôrmas

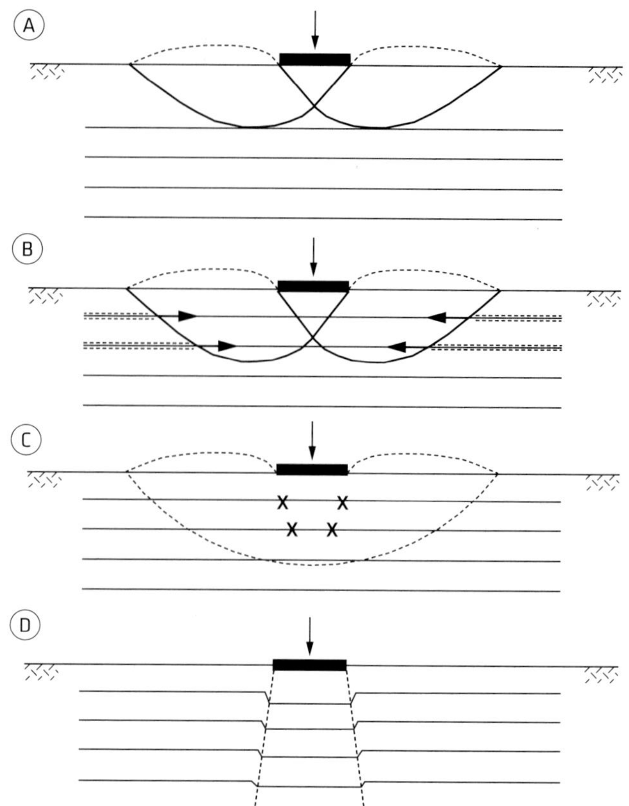

Fig. 10.2 Mecanismos típicos de ruptura de terrenos de fundação reforçados: (A) massa reforçada profunda; (B) deficiência de ancoragem; (C) ruptura por tração de reforços; (D) puncionamento do solo de fundação
Fonte: modificado de Binquet e Lee (1975).

Em vista do exposto, ainda não seria recomendado o uso de fundações diretas de estruturas importantes sobre maciços reforçados, independentemente do tipo de reforço utilizado (sintético ou metálico), em particular em terrenos de fundação compressíveis. No atual estado da arte, tal solução poderia ser considerada para construções submetidas a cargas baixas a moderadas e com requisitos mais flexíveis quanto à tolerância a recalques.

Binquet e Lee (1975) identificaram os mecanismos de ruptura de terrenos de fundação como apresentado na Fig. 10.2. A Fig. 10.2A esquematiza um mecanismo de ruptura decorrente da profundidade elevada da instalação das camadas de reforço. Na Fig. 10.2B é mostrado o mecanismo típico no caso de deficiência de ancoragem (comprimento insuficiente) dos reforços. Outro mecanismo de instabilidade possível é o resultante da ruptura por tração de elementos de reforço (Fig. 10.2C). O mecanismo de ruptura por puncionamento do terreno de fundação é esquematizado na Fig. 10.2D.

O mecanismo de ruptura que prevalecerá vai depender do número de camadas de solo e suas propriedades mecânicas, das propriedades mecânicas do reforço, das características do carregamento, do comprimento do reforço e do arranjo e profundidade do trecho reforçado. Para comprimentos de reforço iguais à largura de uma sapata sobre areia, em que as propriedades da massa reforçada garantam resistência e rigidez adequadas, o mecanismo típico de ruptura aparece esquematizado na Fig. 10.3A. A Fig. 10.3B apresenta o mecanismo de ruptura típico para situações em que as camadas de reforço se estendem suficientemente além das bordas da sapata.

Com base no mecanismo de ruptura apresentado na Fig. 10.3B, a capacidade de carga de uma fundação superficial sobre solo não coesivo reforçado pode ser expressa por:

$$q_r = \gamma D_R N_q s_q d_q + 0{,}5(B + \Delta B)\gamma N_\gamma s_\gamma \quad \textbf{(10.1)}$$

em que q_r é a capacidade de carga da fundação reforçada; γ, o peso específico do solo; D_R, a profundidade atingida pela zona reforçada a partir da superfície do terreno (Fig. 10.3); s_q e s_γ, os fatores de forma; d_q, o fator de profundidade (= 1 + 0,35D_R/B); B, a largura da sapata; e ΔB, o aumento de largura na profundidade D_R devido ao espraiamento do carregamento (= $2D_R\tan\alpha$, sendo α o ângulo de espraiamento, Fig. 10.3B).

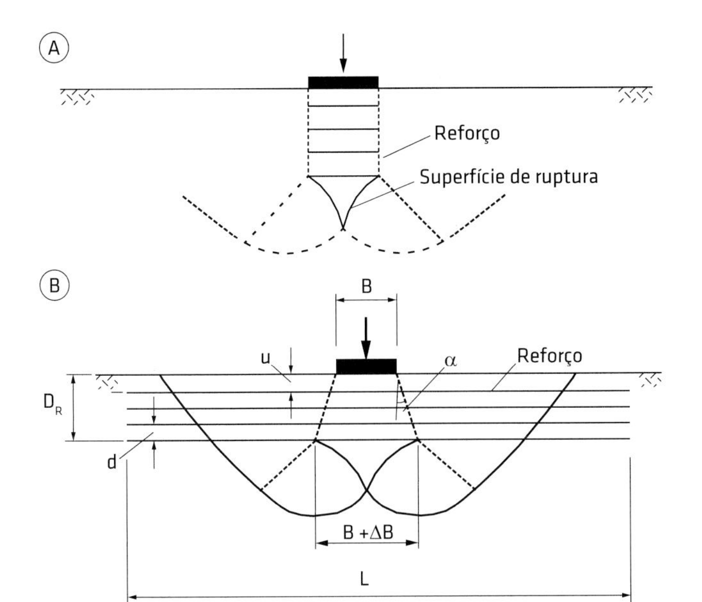

Fig. 10.3 Mecanismos de ruptura típicos em função do comprimento do reforço: (A) reforço com comprimento igual à largura da sapata e (B) reforços longos
Fonte: modificado de (A) Huang e Tatsuoka (1988, 1990) e (B) Schlosser, Jacobsen e Juran (1983).

Dois tipos de mecanismo de ruptura do sistema devem ser considerados. O primeiro é denominado *mecanismo de sapata profunda*, que prevalece quando uma zona quase rígida é desenvolvida sob a sapata (Huang; Tatsuoka, 1988, 1990), como se a base da sapata fosse transferida para a profundidade da base da massa reforçada no caso de camadas de reforço com comprimento igual à largura da sapata (Fig. 10.3A). O segundo mecanismo é denominado *mecanismo de placa larga*, que prevalece quando a placa de solo quase rígida (formada pela zona reforçada) se estende além da largura da sapata (Fig. 10.3B).

Resultados de ensaios em modelos apresentados por Huang e Menq (1997) sugerem que o mecanismo de sapata profunda se desenvolve ou não em função do tipo de reforço e para valores de u/B (= razão entre a profundidade da primeira camada de reforço e a largura da sapata, Fig. 10.3B) menores que 0,3. Ensaios realizados por Guido, Chang e Sweeney (1986) mostraram que os mecanismos de sapata profunda e placa larga foram observados para razões d/B (sendo d o espaçamento entre camadas de reforço) inferiores a 0,4. Resultados de ensaios apresentados por Huang e Menq (1997) sugerem também aumentos menos significativos de capacidade de carga do terreno reforçado quando o número (n) de camadas de reforço é maior que 4. Guido, Chang e Sweeney (1986) observaram ganhos de capacidade de carga praticamente constantes quando o número de camadas de reforço foi maior que 3 (com $u/B = 0,5$, $d/B = 0,25$ e $L/B = 3$). Quanto ao comprimento das camadas de reforço, os mesmos autores reportam aumentos expressivos de capacidade de carga do terreno até um valor de $L/B = 3$ (com $u/B = 0,5$, $d/B = 0,25$ e $n = 3$). Análises numéricas por elementos finitos conduzidas por Fernandes (2014) mostraram aumento de capacidade de carga do terreno reforçado com o aumento do número de camadas de reforço e poucos ganhos para situações com $L/B > 4$. O mesmo autor observou melhores desempenhos dos reforços para valores de rigidez à tração superiores a 1.000 kN/m. Fernandes (2014) também apresenta resultados mostrando a influência do número de camadas de reforço e do comprimento e rigidez à tração do reforço nos recalques superficiais de sapata sobre terreno reforçado.

10.1.1 Abordagem de Huang e Menq (1997) para a capacidade de carga de terrenos reforçados

Huang e Menq (1997) apresentam uma metodologia para a estimativa de capacidade de carga de fundações rasas sobre terreno não coesivo reforçado com base em análises de resultados de um grande número de ensaios em modelos físicos. Segundo Terzaghi (1943), a capacidade de carga de uma fundação direta com base a certa profundidade em solo não coesivo pode ser estimada por:

$$q_{sr} = \xi B \gamma N_\gamma + \gamma D_f N_q \tag{10.2}$$

em que q_{sr} é a capacidade de carga da fundação não reforçada; $\xi = 0,5$ para fundação corrida e 0,4 para fundação com base quadrada; B, a largura da sapata; γ, o peso específico seco do solo; N_γ e N_q, os fatores de capacidade de carga; e D_f, a profundidade da base da sapata em relação à superfície do terreno.

Na abordagem de Huang e Menq (1997), o mecanismo de sapata profunda é admitido para uma sapata sob a condição $0 < D_f/B < 2,5$. Os autores afirmam que o comportamento dessa sapata é totalmente diferente do comportamento de uma sapata profunda convencional empregada na área de fundações.

Vesic (1973) sugere as seguintes expressões para o cálculo de N_q e N_γ:

$$N_q = e^{\pi \tan\phi} \tan^2\left(\frac{\pi}{4} + \frac{\phi}{2}\right) \tag{10.3}$$

$$N_\gamma = 2\left(N_q + 1\right)\tan\phi \tag{10.4}$$

A razão entre capacidades de carga (*bearing capacity ratio*, BCR) para o mecanismo de sapata profunda é dada por:

$$BCR_D = \frac{q_{sr(D_f>0)}}{q_{sr(D_f=0)}} = 1 + \frac{1}{\xi}\frac{D_f}{B}\frac{N_q}{N_\gamma} \quad (10.5)$$

em que $q_{sr(D_f=0)}$ é a capacidade de carga para uma sapata com base sobre a superfície do terreno.

O valor de BCR no caso de utilização de camadas de reforço no terreno é definido por:

$$BCR = \frac{q_r}{q_{sr(D_f=0)}} \quad (10.6)$$

em que q_r é a capacidade de carga do terreno reforçado.

No caso do mecanismo de placa larga, a Eq. 10.2 pode ser estendida para o caso de sapata superficial sobre terreno não coesivo reforçado como:

$$q_r = \xi(B + \Delta B)\gamma N_\gamma + \gamma D_f N_q = q_{sr(D_f>0)} + \xi \Delta B \gamma N_\gamma \quad (10.7)$$

A contribuição do efeito de placa larga na Eq. 10.7 é dada por:

$$q_{r(placa)} = \xi \Delta B \gamma N_\gamma = \Delta B \frac{q_{sr(D_f=0)}}{B} \quad (10.8)$$

Assim, rearranjando-se as equações anteriores, obtém-se:

$$q_{r(placa)} = q_{sr(D_f=0)}(BCR - BCR_D) \quad (10.9)$$

ou

$$BCR = BCR_D + \frac{q_{r(placa)}}{q_{sr(D_f=0)}} \quad (10.10)$$

O valor de ΔB pode ser calculado em função de α por:

$$\tan\alpha = \frac{\Delta B}{2D_R} \quad (10.11)$$

Valores maiores do ângulo de espraiamento (Fig. 10.3B) foram obtidos para razões $u/B \le 0{,}4$ (Huang; Menq, 1997). Esses autores observaram que o valor do ângulo de espraiamento α é influenciado por vários fatores e propuseram a seguinte expressão obtida por regressão multivariável para $u/B = d/B$ e assumindo camada de reforço rugosa (boa aderência com o solo):

$$\tan\alpha = 0{,}680 - 2{,}071\frac{d}{B} + 0{,}743CR + 0{,}030\frac{L}{B} \quad (10.12)$$

em que CR é a razão de cobertura do reforço (para reforços em tiras, CR é a razão entre a largura da tira e a distância horizontal entre centros de tiras) e L é o comprimento das camadas de reforço.

Na Eq. 10.12, como originalmente apresentada em Huang e Menq (1997), está presente também um termo que leva em conta a influência do número de camadas de reforço (n). Entretanto, os próprios autores recomendam que esse termo seja desprezado.

A Eq. 10.12 é válida para as seguintes condições:

$$\frac{u}{B} = \frac{d}{B} \quad (10.13)$$

$$\tan\alpha > 0 \quad (10.14)$$

$$0{,}25 \le \frac{d}{B} \le 0{,}5 \quad (10.15)$$

$$0{,}02 \le CR \le 1 \quad (10.16)$$

$$1 < \frac{L}{B} \le 10 \quad (10.17)$$

$$1 \le n \le 5 \quad (10.18)$$

em que n é o número de camadas de reforço.

EBGEO (2011) apresenta um método de cálculo da capacidade de carga de sapatas sobre solo reforçado mais detalhado e com base em normas de fundações alemãs, que leva em conta a possibilidade de carregamentos excêntricos e inclinados.

Em vista das incertezas ainda presentes nesse tipo de aplicação de geossintéticos, é fortemente recomendado que, em utilizações reais dessa técnica, sejam efetuadas provas de carga em sapatas sobre terrenos reforçados e usada instrumentação apropriada. Os resultados de provas de carga poderão aferir as premissas de projeto e a acurácia do método de dimensionamento utilizado, bem como avaliar a grandeza e as consequências para a obra dos recalques das sapatas. Métodos mais sofisticados (elementos finitos, por exemplo) são também recomendados nessas situações.

Exemplo 10.1

Estimar o aumento da capacidade de carga (BCR) de uma sapata quadrada, com base com dimensões de 1,5 m × 1,5 m, assente sobre um aterro executado com areia e reforçado por quatro camadas de geossintético com elevada rigidez à tração e comprimento de 5 m. As camadas são espaçadas de 0,5 m e a mais superficial dista também 0,5 m da base da sapata. Admitindo-se a situação drenada (sem a presença do nível d'água no aterro), o peso específico da areia é igual a 16 kN/m³ e seu ângulo de atrito é igual a 34°.

Resolução

As condições do exemplo atendem aos requisitos do método de Huang e Menq (1997). Na situação sem reforço, tem-se (Eq. 10.2):

$$q_{sr} = \xi B \gamma N_\gamma + \gamma D_f N_q$$

Pelas Eqs. 10.3 e 10.4:

$$N_q = e^{\pi \tan\phi} \tan^2\left(\frac{\pi}{4} + \frac{\phi}{2}\right) = e^{\pi \tan 34^\circ} \tan^2\left(\frac{\pi}{4} + \frac{34^\circ}{2}\right) = 29{,}44$$

$$N_\gamma = 2\left(N_q + 1\right)\tan\phi = 2 \times \left(29{,}44 + 1\right) \times \tan 34^\circ = 41{,}06$$

Para a sapata quadrada na superfície do terreno, têm-se $\xi = 0{,}4$ e $D_f = 0$. Assim:

$$q_{sr(D_f=0)} = \xi B \gamma N_\gamma + \gamma D_f N_q = 0{,}4 \times 1{,}5 \times 16 \times 41{,}06 + 0 = 394{,}2\,\text{kPa}$$

Admitindo-se o mecanismo de placa larga, tem-se (Eq. 10.8):

$$q_{r(placa)} = \xi \Delta B \gamma N_\gamma$$

com (Eq. 10.11)

$$\tan\alpha = \frac{\Delta B}{2D_R}$$

mas (Eq. 10.12)

$$\tan\alpha = 0{,}680 - 2{,}071\frac{d}{B} + 0{,}743CR + 0{,}030\frac{L}{B}$$

$$\tan\alpha = 0{,}680 - 2{,}071\frac{0{,}5}{1{,}5} + 0{,}743 \times 1 + 0{,}030\frac{5}{1{,}5} = 0{,}83$$

Então, pela Eq. 10.11, obtém-se:

$$\tan\alpha = \frac{\Delta B}{2D_R} = 0{,}83 = \frac{\Delta B}{2 \times \left(4 \times 0{,}5\right)} \Rightarrow \Delta B = 3{,}32\,\text{m}$$

Assim:

$$q_{r(placa)} = \xi \Delta B \gamma N_\gamma = 0{,}4 \times 3{,}32 \times 16 \times 41{,}06 = 872{,}44\,\text{kPa}$$

Pela Eq. 10.5:

$$BCR_D = 1 + \frac{1}{\xi}\frac{D_f}{B}\frac{N_q}{N_\gamma} = 1 + \frac{1}{0{,}4} \times \frac{2}{1{,}5} \times \frac{29{,}44}{41{,}06} = 3{,}39$$

Então, pela Eq. 10.10, tem-se:

$$BCR = BCR_D + \frac{q_{r(placa)}}{q_{sr(D_f=0)}}$$

$$BCR = 3{,}39 + \frac{872{,}44}{394{,}2}$$

$$BCR = 5{,}6$$

Assim, o método prevê um aumento da capacidade de carga do terreno de cerca de 5,6 vezes com a utilização dos reforços.

Notar que as abordagens apresentadas não avaliam recalques dos elementos de fundação, que podem ser fundamentais para o desempenho da fundação.

10.2 Solo reforçado com fibras

O uso de fibras para reforçar solos é uma técnica bastante antiga. Os incas já a utilizavam na construção de estradas para templos religiosos empregando pelos de vicunha misturados a solo local. Algumas dessas estradas resistiram até os dias de hoje. Por muitos séculos esquecida, a técnica de reforço de solos foi revivida na década de 1980 (Laflaive, 1982; Gray; Ohashi, 1983; Gray; Al-Refeai, 1986). Estudos sobre a utilização de pedaços de telas ou grelhas (McGown et al., 1985) e de filamentos contínuos (Laflaive, 1985, 1986) para reforço de solos também foram desenvolvidos naquela década. Laflaive (1985) apresentou uma técnica de mistura de filamentos contínuos ao solo (Texsol) para a formação de massa reforçada visando a uma opção para sistemas de contenções de maciços. Zornberg (2002) reporta o uso de fibras como reforço de solos em taludes de solos de cobertura de áreas de disposição de resíduos. Atualmente, fibras sintéticas discretas (de polipropileno, polietileno, poliéster, poliamida ou fibra de vidro), com comprimentos tipicamente inferiores a 50 mm, diâmetros inferiores a 1 mm e teores em termos de massa entre 0,25% e 5%, têm sido utilizadas em diferentes aplicações geotécnicas.

No Brasil, diversos estudos sobre reforço de solos com fibras vêm sendo realizados desde a década de 1990. Ao conhecimento deste autor, os primeiros estudos sobre tais misturas foram conduzidos na Universidade Federal de Viçosa (UFV), pelos Profs. Benedito S. Bueno e Dario C. Lima (Bueno, 1993; Lima; Bueno; Thomasi, 1996; Silva; Bueno; Lima, 1995). Mais recentemente, o grupo de pesquisas do Prof. Nilo C. Consoli, da Universidade Federal do Rio Grande do Sul (UFRGS), tem sido bastante ativo no estudo de misturas solo-fibras. Estudos do grupo também têm envolvido a utilização de misturas de solos com fibras e agentes cimentantes (Consoli; Ulbrich; Prietto, 1997; Consoli; Prietto; Ulbrich, 1998; Consoli et al., 2009; Consoli; Moraes; Festugato, 2013). Consoli, Consoli e Festugato (2013) apresentam uma metodologia para a determinação de envoltórias de ruptura de areias cimentadas reforçadas com fibras.

Embora a mistura solo-fibra possa ser considerada um compósito, o estudo do comportamento mecânico dessas misturas como tal ainda é bem mais complexo do que quando os comportamentos dos componentes (solo e fibras) são tratados individualmente. Assim como no caso de reforços geossintéticos planares típicos (geogrelha e geotêxteis), a resistência ao cisalhamento das fibras é desprezada, sendo sua contribuição advinda da tensão de tração mobilizada. A abordagem de misturas de fibras com solo como compósitos tem resultado na obtenção de coesões equivalentes para a mistura que são de difícil previsão. Assim, o comportamento dessas misturas como compósitos tem sido pouco estudado. Cabe ressaltar que estudos e pesquisas ainda estão em desenvolvimento para uma melhor compreensão do comportamento de solos reforçados com fibras.

Uma limitação prática na utilização de misturas de fibras em obras geotécnicas é que tais misturas devem ser muito bem executadas para se garantir o sucesso da solução. A falta de uniformidade na distribuição das fibras ou a predominância de uma orientação específica delas no solo podem comprometer seriamente o comportamento mecânico da mistura. Nas seções a seguir, apresentam-se algumas soluções disponíveis na literatura para estimar a contribuição da presença de fibras para o aumento da resistência de sistemas solo-fibras.

10.2.1 Abordagem de Zornberg (2002)

Zornberg (2002) apresentou uma proposta para a estimativa da resistência ao cisalhamento de misturas de solos com fibras para problemas de estabilidade de taludes. Segundo essa proposta, a contribuição das fibras se materializa como uma tensão adicional (t) que aumenta a resistência ao cisalhamento da mistura ao longo do plano de cisalhamento, como esquematizado na Fig. 10.4. A intensidade dessa tensão depende se ocorrerá ruptura por arrancamento ou ruptura por tração das fibras. Para baixas tensões normais de confinamento, haverá a tendência de deslizamento das fibras dentro da matriz de solo (ruptura por arrancamento), enquanto, para elevadas tensões de confinamento, a tendência será a ruptura por tração das fibras. Segundo Zornberg (2002), a tensão normal crítica que define a ocorrência de um ou outro mecanismo é dada por:

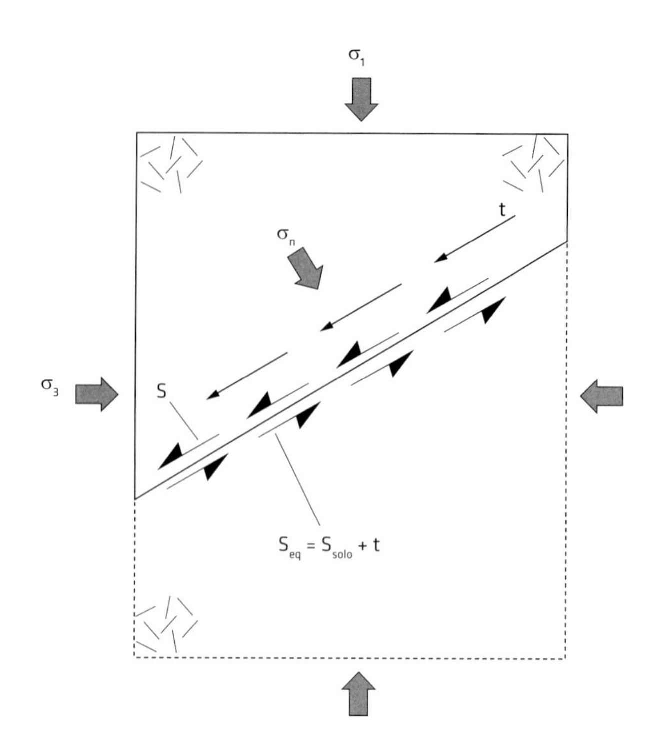

Fig. 10.4 Representação da resistência ao cisalhamento equivalente sob condições triaxiais
Fonte: modificado de Zornberg (2002).

$$\sigma_{n,crit} = \frac{\sigma_{f,ult} - \eta c_{i,c}\, c}{\eta c_{i,\phi} \tan\phi} \quad \textbf{(10.19)}$$

em que $\sigma_{n,crit}$ é a tensão normal crítica; $\sigma_{f,ult}$, a resistência à tração última de uma fibra; η, a razão entre o comprimento e o diâmetro da fibra; $c_{i,c}$, a razão entre a adesão entre solo e fibra e a coesão do solo; c, a coesão do solo; $c_{i,\phi}$, a razão entre a tangente do ângulo de atrito entre solo e fibra e a tangente do ângulo de atrito do solo; e ϕ, o ângulo de atrito do solo.

Para valores de tensões normais menores que $\sigma_{n,crit}$, ocorrerá a ruptura por ancoragem da fibra, e, para valores maiores, a fibra romperá à tração. Para valores usuais de resistência à tração das fibras ($\sigma_{f,ult}$), os valores de $\sigma_{n,crit}$ tendem a ser muito superiores aos níveis de tensões comumente encontrados em obras geotécnicas, o que favorece a ruptura por ancoragem no contato solo-fibra (Zornberg, 2002).

A resistência da mistura solo-fibra dependerá do mecanismo de ruptura da fibra (tração ou ancoragem). No caso de prevalecer a ruptura por ancoragem, a resistência ao cisalhamento equivalente da mistura é dada por:

$$S_{eq,p} = c_{eq,p} + (\tan\phi)_{eq,p}\, \sigma_n \quad \textbf{(10.20)}$$

com

$$c_{eq,p} = \left(1 + \alpha\eta\chi c_{i,c}\right)c \quad (10.21)$$

e

$$\left(\tan\phi\right)_{eq,p} = \left(1 + \alpha\eta\chi c_{i,\phi}\right)\tan\phi \quad (10.22)$$

em que $S_{eq,p}$ é a resistência ao cisalhamento equivalente da mistura no caso de ruptura por ancoragem das fibras; $c_{eq,p}$, a coesão equivalente da mistura; $(\tan\phi)_{eq,p}$, a tangente do ângulo de atrito equivalente da mistura; σ_n, a tensão normal no plano de cisalhamento; α, o coeficiente empírico para levar em conta a orientação das fibras (assumido como igual a 1 para fibras distribuídas aleatoriamente na massa de solo); e χ, o teor volumétrico de fibras na mistura (igual ao volume total de fibras dividido pelo volume da mistura).

No que se refere à preparação da massa reforçada com fibras, o teor de fibras em termos de massa é mais prático. Entretanto, Michalowski e Zhao (1996) comentam que, como as propriedades mecânicas dos constituintes do compósito (solo + fibras) não são necessariamente relacionadas a suas massas, o teor volumétrico (χ) é o parâmetro mais apropriado para representar o conteúdo de fibras na mistura.

No caso de ruptura por tração das fibras (tensão normal média maior que $\sigma_{n,crit}$), a resistência ao cisalhamento equivalente da mistura é dada por:

$$S_{eq,t} = c_{eq,t} + \left(\tan\phi\right)_{eq,t}\sigma_n \quad (10.23)$$

com

$$c_{eq,t} = c + \alpha\chi\sigma_{f,ult} \quad (10.24)$$

e

$$\left(\tan\phi\right)_{eq,t} = \tan\phi \quad (10.25)$$

em que $S_{eq,t}$ é a resistência ao cisalhamento equivalente da mistura no caso de ruptura por tração das fibras; $c_{eq,t}$, a coesão equivalente da mistura; e $(\tan\phi)_{eq,t}$, a tangente do ângulo de atrito equivalente da mistura.

As envoltórias de ruptura ao cisalhamento da mistura e do solo e a variação da tensão resistente (*t*, Fig. 10.4) provida pelas fibras estão esquematizadas na Fig. 10.5. Zornberg (2002) apresenta comparações entre previsões pelo modelo descrito e resultados de ensaios triaxiais com diferentes tipos de solo, em que concordâncias muito boas entre os resultados foram obtidas. O autor comenta que deficiências na mistura das fibras no solo podem comprometer as hipóteses da metodologia adotada para fibras muito longas ou misturas com altos teores de fibras. De fato, uma mistura uniforme das fibras no solo é fator fundamental para o bom comportamento mecânico da mistura.

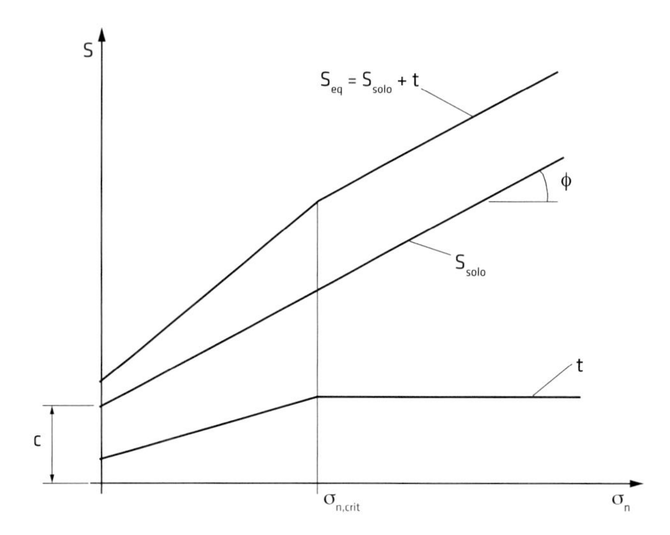

Fig. 10.5 Resistência ao cisalhamento equivalente da mistura
Fonte: modificado de Zornberg (2002).

10.2.2 Critério de ruptura de Michalowski e Zhao (1996) para solo arenoso reforçado com fibras

Michalowski e Zhao (1996) apresentam um critério de ruptura para areia reforçada com fibras distribuídas de forma uniforme e aleatória na matriz de solo e com teor volumétrico de fibras inferior a 10%. Além disso, os autores admitem que as fibras tenham comprimento pelo menos uma ordem de magnitude maior que o diâmetro médio dos grãos da areia e que a espessura das fibras seja, no mínimo, da mesma ordem de magnitude do diâmetro médio dos grãos da areia. Como na abordagem de Zornberg (2002), dois modos de ruptura podem ocorrer: por deslizamento (arrancamento) das fibras dentro da matriz de solo ou por ruptura por tração das fibras. No caso de comportamentos rígidos-perfeitamente plásticos do solo, das fibras e da interface, quando a ruptura por tração das fibras prevalece, a fibra escoa em sua região central e a mobilização ao deslizamento da fibra dentro da matriz de solo ocorre em suas extremidades até uma distância *s*, a partir de cada extremidade (Fig. 10.6), dada por:

$$s = \frac{r}{2}\frac{\sigma_o}{\sigma_{nf}\tan\phi_w} \quad (10.26)$$

em que r é o raio da fibra; σ_o, a tensão de escoamento da fibra; σ_{nf}, a tensão normal na superfície da fibra (admitida, em termos médios, como igual a $(\sigma_1 + \sigma_3)/2$, sendo σ_1 e σ_3 as tensões principais); e ϕ_w, o ângulo de atrito entre o solo e a fibra.

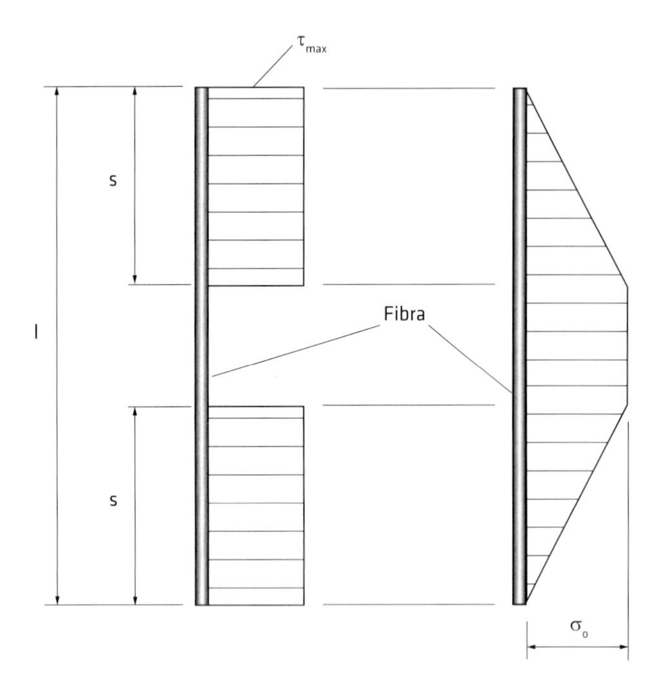

Fig. 10.6 Tensão cisalhante na interface solo-fibra e tensão axial – fibra rígida-perfeitamente plástica
Fonte: modificado de Michalowski e Zhao (1996).

O mecanismo de deslizamento da fibra dentro da matriz de solo prevalecerá se o comprimento (l) da fibra for menor que $2s$ (Eq. 10.26) ou se:

$$\eta < \frac{1}{2}\frac{\sigma_o}{\sigma_{nf}\tan\phi_w} \tag{10.27}$$

em que η é a razão entre o comprimento e o diâmetro da fibra.

Com base em considerações de dissipação de energia da massa de solo reforçado com fibras, Michalowski e Zhao (1996) chegaram às expressões a seguir para critérios de ruptura sob condições de deformação plana.

No caso de mecanismo de ruptura da massa reforçada por ruptura por tração das fibras:

$$\frac{R}{\chi\sigma_o} = \frac{p}{\chi\sigma_o}\sin\phi + \frac{N}{3}\left(1 - \frac{1}{4\eta\chi}\frac{\cot\phi_w}{\dfrac{p}{\chi\sigma_o}}\right) \tag{10.28}$$

com

$$R = \frac{\sigma_1 - \sigma_3}{2} \tag{10.29}$$

$$p = \frac{\sigma_1 + \sigma_3}{2} \tag{10.30}$$

$$N = \frac{\cos\phi}{\pi} + \left(0{,}5 + \frac{\phi}{\pi}\right)\sin\phi \tag{10.31}$$

em que σ_1 e σ_3 são as tensões principais; ϕ, o ângulo de atrito do solo; e χ, o teor volumétrico de fibras na mistura.

No caso de mecanismo de ruptura por deslizamento das fibras no interior da massa reforçada (Eq. 10.27):

$$\frac{R}{\chi\sigma_o} = \frac{p}{\chi\sigma_o}\left(\sin\phi + \frac{N\chi\eta\tan\phi_w}{3}\right) \tag{10.32}$$

No caso de solo sem fibra, tanto a Eq. 10.28 quanto a Eq. 10.32 recaem no tradicional critério de ruptura de Mohr-Coulomb para solos não coesivos, expresso por:

$$R = p\sin\phi \tag{10.33}$$

Conhecendo-se as propriedades do solo e as características geométricas, o teor e a tensão de escoamento das fibras, pode-se determinar a envoltória de resistência da massa reforçada com fibras arbitrando-se valores de σ_3 e determinando-se σ_1 pela Eq. 10.28 ou 10.32, dependendo do mecanismo de ruptura que prevalecer.

Consoli, Consoli e Festugato (2013) apresentam uma metodologia para a determinação da envoltória de ruptura de areias cimentadas reforçadas com fibras.

Exemplo 10.2

Estimar as envoltórias de ruptura de uma areia com ângulo de atrito de 35° reforçada com fibras pelas abordagens de Zornberg (2002) e Michalowski e Zhao (1996) para a faixa de tensões de 0 a 600 kPa. O teor volumétrico de fibras é de 1,25%, a resistência à tração é de 150 MPa, o ângulo de atrito de interface com o solo é igual a 22° e a razão entre o comprimento e o diâmetro é igual a 85.

Resolução

Abordagem de Zornberg (2002)

Pela abordagem de Zornberg (2002), a tensão normal crítica que define o deslizamento das fibras ou a ruptura por tração é dada pela Eq. 10.19:

$$\sigma_{n,crit} = \frac{\sigma_{f,ult} - \eta c_{i,c}\, c}{\eta c_{i,\phi}\tan\phi}$$

A razão entre tangentes de ângulos de atrito solo-fibra e solo é dada por:

$$c_{i,\phi} = \frac{\tan 22^o}{\tan 35^o} = 0{,}58$$

Para $c = 0$, $\phi = 35°$ e $\eta = 85$, tem-se:

$$\sigma_{n,crit} = \frac{150.000 - 85 \times 0 \times 0}{85 \times 0{,}58 \times \tan 35^o} = 4.345\ \text{kPa}$$

Como a tensão máxima considerada (600 kPa) é menor que $\sigma_{n,crit}$, o mecanismo de ruptura se dará por arrancamento das fibras. Nesse caso, a resistência equivalente da mistura é obtida por (Eq. 10.20):

$$S_{eq,p} = c_{eq,p} + (\tan\phi)_{eq,p}\,\sigma_n$$

com (Eq. 10.21)

$$c_{eq,p} = (1 + \alpha\eta\chi c_{i,c})c = 0 \text{ (pois } c = 0\text{)}$$

Admitindo-se a distribuição aleatória das fibras ($\alpha = 1$), tem-se (Eq. 10.22):

$$(\tan\phi)_{eq,p} = (1 + \alpha\eta\chi c_{i,\phi})\tan\phi = (1 + 1 \times 85 \times 0{,}0125 \times 0{,}58) \times \tan 35^\circ$$

$$(\tan\phi)_{eq,p} = 1{,}13 \Rightarrow \phi_{eq,p} = 48^\circ$$

Assim, segundo Zornberg (2002), a equação da envoltória de ruptura da mistura seria dada por:

$$\tau = 1{,}13\sigma_n$$

Abordagem de Michalowski e Zhao (1996)

Segundo Michalowski e Zhao (1996), a condição crítica também é o deslizamento das fibras na matriz de solo. Tal verificação deve ser feita pela inequação a seguir (Eq. 10.27):

$$\eta < \frac{1}{2}\frac{\sigma_o}{\sigma_{nf}\tan\phi_w}$$

No entanto, o valor de σ_{nf} médio é admitido como igual à semissoma das tensões principais (σ_1 e σ_3), que não são conhecidas *a priori*. Entretanto, a inequação apresentada pode ser reescrita como:

$$\sigma_{nf} < \frac{1}{2}\frac{\sigma_o}{\eta\tan\phi_w}$$

Assim:

$$\sigma_{nf} < \frac{1}{2}\frac{150.000}{85 \times \tan 22^\circ} = 2.184 \text{ kPa}$$

Ou seja, ocorrerá deslizamento das fibras se a tensão normal sobre elas for inferior a 2,18 MPa ou se $(\sigma_1 + \sigma_3)/2 < 2{,}18$ MPa. Esse é o caso para as condições do problema, uma vez que, mesmo que na situação extrema σ_1 fosse igual a 600 kPa (limite superior da faixa de tensões sob estudo), a tensão normal sobre as fibras seria menor que 2,18 MPa, porque σ_3 seria menor que 600 kPa. Assim, para a condição de deslizamento das fibras na matriz de solo, tem-se (Eq. 10.32):

$$\frac{R}{\chi\sigma_o} = \frac{p}{\chi\sigma_o}\left(\sin\phi + \frac{N\chi\eta\tan\phi_w}{3}\right)$$

Ou, para as condições do problema:

$$\frac{R}{p} = \left(\sin\phi + \frac{N\chi\eta\tan\phi_w}{3}\right) = \sin\phi_{s-f}$$

em que ϕ_{s-f} é o ângulo de atrito da mistura solo-fibra.

Com (Eq. 10.31):

$$N = \frac{\cos\phi}{\pi} + \left(0{,}5 + \frac{\phi}{\pi}\right)\sin\phi = \frac{\cos 35^o}{\pi} + \left(0{,}5 + \frac{0{,}61}{\pi}\right)\sin 35^o = 0{,}66$$

Então:

$$\frac{R}{p} = \sin\phi_{s-f} = \left(\sin\phi + \frac{N\chi\eta\tan\phi_w}{3}\right)$$

$$= \left(\sin 35^o + \frac{0{,}66 \text{x} 0{,}0125 \text{x} 85 \text{x} \tan 22^o}{3}\right) = 0{,}67$$

$$\phi_{s-f} = 42^o$$

A envoltória do solo reforçado com fibras por Michalowski e Zhao (1996) é dada por:

$$\tau = 0{,}90\sigma_n$$

Sendo assim, para uma mesma tensão normal, a metodologia de Zornberg (2002) previu uma resistência da ordem de 25% maior que a prevista por Michalowski e Zhao (1996).

10.2.3 Abordagem de Michalowski (2008) para estimativas de empuxos ativos e capacidade de cargas de fundações em solos reforçados com fibras

Michalowski (2008) avaliou a influência da presença de fibras na resistência ao cisalhamento de misturas fibras-solos não coesivos enfatizando a natureza anisotrópica de tal mistura. A anisotropia de resistência da mistura decorre de o processo de espalhamento e compactação da mistura no campo provocar uma direção preferencial de orientação das fibras, tipicamente próxima à direção horizontal. A abordagem de Michalowski (2008) admite que a matriz de solo é uma areia e que as fibras são mais longas do que, pelo menos, uma ordem de magnitude da dimensão média dos grãos da areia. O autor admitiu que o teor de fibras na mistura em função da inclinação considerada pode ser expresso por um elipsoide. O teor de fibras ao longo de uma direção θ, admitindo-se uma distribuição de orientação de fibras por um elipsoide, é representado na Fig. 10.7 (seção transversal central do elipsoide).

A metodologia admite que a distribuição de fibras ao longo de um eixo vertical é axissimétrica. A razão entre os semieixos a e b (Fig. 10.7) da seção transversal elíptica é igual a ζ ($\zeta = b/a$). Assim, no caso de distribuição aleatória de fibras (sem plano preferencial de acamamento), o elipsoide da Fig. 10.7 se transforma em uma esfera no espaço x-y-z.

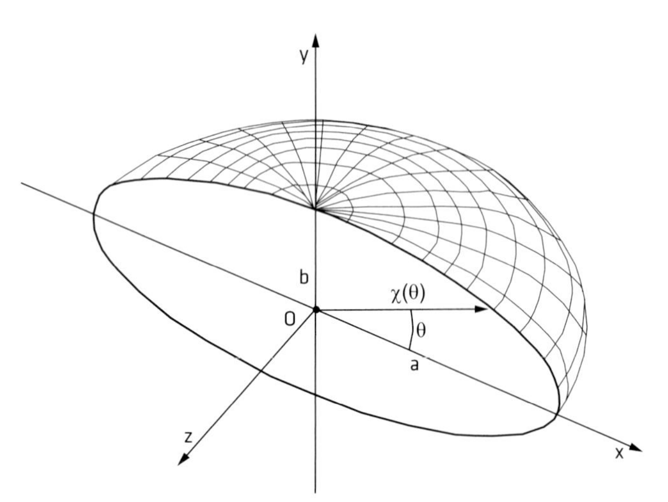

Fig. 10.7 Distribuição elipsoidal com plano preferencial de acamamento
Fonte: modificado de Michalowski (2008).

Michalowski (2008) discute sobre a envoltória de resistência de misturas solo-fibras ser usualmente considerada bilinear, discordando de que a mudança de inclinação entre os trechos lineares da envoltória (Fig. 10.5) seja resultado de uma mudança de mecanismo de interação entre solo e fibra (deslizamento da fibra antes da tensão crítica e deslizamento e ruptura por tração da fibra após a tensão crítica). O autor cita a interpretação de Hausmann (1976) de que a mudança de orientação dos trechos lineares da envoltória seria consequência da redução da resistência por atrito na interface fibra-solo decorrente da redução do diâmetro das fibras altamente tensionadas sob níveis de tensões normais elevados. Michalowski (2008) acrescenta que a quebra na envoltória de resistência da mistura pode também ser devida ao arqueamento da areia ao redor das fibras, que evita a transferência de tensões para as fibras sob altas tensões normais.

No desenvolvimento das soluções apresentadas, Michalowski (2008) equacionou energias dissipadas pela mistura sob tensões e considerações sobre critério de ruptura e condições de escoamento. A superfície de escoamento admitida permite que as fibras deslizem e tenham uma espessura com, pelo menos, a mesma ordem de magnitude do tamanho médio dos grãos da areia. Com base nessas considerações, o autor apresentou as seguintes soluções para casos de empuxo de terra (estado ativo) e capacidade de carga de uma fundação corrida.

Empuxo ativo sobre muro de arrimo contendo maciço composto de mistura solo (areia)-fibras

Para as condições da Fig. 10.8, o empuxo ativo sobre o muro de gravidade é dado por:

$$P_a = \frac{\gamma H^2}{2} K_a \qquad \textbf{(10.34)}$$

em que P_a é o empuxo ativo sobre o muro; γ, o peso específico do material arrimado; H, a altura do muro; e K_a, o coeficiente de empuxo ativo.

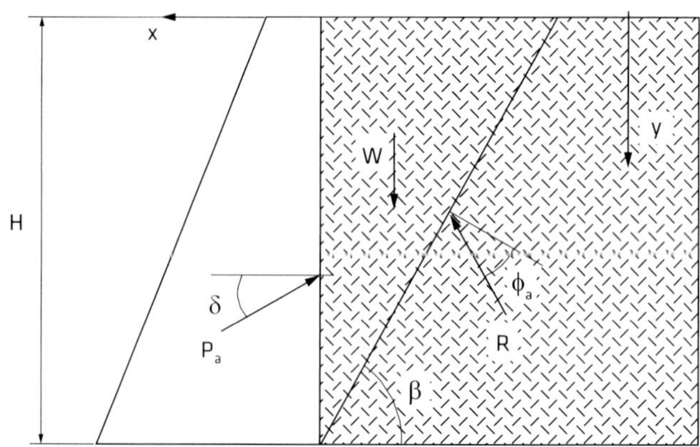

Fig. 10.8 Empuxo ativo sobre muro de arrimo com reaterro reforçado com fibras
Fonte: modificado de Michalowski (2008).

O valor de K_a nessa equação pode ser obtido na Tab. 10.1 para muros com ângulo de atrito entre sua face interna e o solo (δ) igual a 15°, em função do ângulo de atrito da areia (ϕ), do teor volumétrico médio de fibras na mistura (χ), da razão entre o comprimento e o diâmetro da fibra (η), do ângulo de atrito entre a fibra e o solo (ϕ_w) e da razão entre os semieixos da distribuição elipsoidal de teores de fibras (ζ).

Capacidade de carga de fundação corrida sobre solo reforçado com fibras

Michalowski (2008) também apresenta uma solução para a capacidade de carga de uma sapata corrida sobre areia reforçada com fibras. Nesse caso, admite-se um carregamento superficial sobre meio semi-infinito, e a capacidade de carga do terreno é dada por:

$$q_r = \frac{1}{2} \gamma B N_\gamma \qquad \textbf{(10.35)}$$

Tab. 10.1 VALORES DE COEFICIENTE DE EMPUXO ATIVO DE AREIA REFORÇADA COM FIBRAS PARA $\delta = 15°$

ϕ (°)[1]	δ (°)	$\chi\eta \tan\phi_w$	ζ	K_a
30	15	0	-	0,301
		0,2	1,0	0,271
			0,5	0,260
			0,2	0,245
		0,4	1,0	0,242
			0,5	0,221
			0,2	0,193
		0,6	1,0	0,215
			0,5	0,184
			0,2	0,145
35	15	0	-	0,248
		0,2	1,0	0,218
			0,5	0,207
			0,2	0,192
		0,4	1,0	0,189
			0,5	0,168
			0,2	0,141
		0,6	1,0	0,162
			0,5	0,131
			0,2	0,094
40	15	0	-	0,201
		0,2	1,0	0,171
			0,5	0,160
			0,2	0,146
		0,4	1,0	0,142
			0,5	0,121
			0,2	0,096
		0,6	1,0	0,115
			0,5	0,085
			0,2	0,048

Notas: (1) ϕ = ângulo de atrito da areia, δ = ângulo de atrito entre a face interna do muro e o solo, χ = teor volumétrico médio de fibras na mistura, η = razão entre o comprimento e o diâmetro da fibra, ϕ_w = ângulo de atrito entre a fibra e o solo e ζ = razão entre os semieixos da distribuição elipsoidal de teores de fibras.
Fonte: Michalowski (2008).

em que q_r é a pressão máxima resistida pelo terreno reforçado; γ, o peso específico do solo de fundação; B, a largura da sapata; e N_γ, o fator de capacidade de carga, cujos valores são apresentados na Tab. 10.2.

10.3 Reforço de aterros sobre vazios

Geossintéticos podem ser utilizados como elementos de reforço visando permitir que aterros sejam executados

Tab. 10.2 VALORES DE FATOR DE CAPACIDADE DE CARGA

ϕ (°)	$\chi\eta \tan\phi_w$	ζ	N_γ
30	0	-	21,394
	0,2	1,0	33,239
		0,5	35,775
		0,2	39,598
	0,4	1,0	53,301
		0,5	62,636
		0,2	79,380
35	0	-	48,681
	0,2	1,0	84,305
		0,5	92,280
		0,2	104,612
	0,4	1,0	155,559
		0,5	191,827
		0,2	263,931
40	0	-	118,826
	0,2	1,0	241,893
		0,5	272,732
		0,2	321,365
	0,4	1,0	561,436
		0,5	755,590
		0,2	1.207,296

Fonte: Michalowski (2008).

sobre trechos com vazios ou cavidades, ou em áreas sujeitas a subsidência. Vazios sob camadas de aterro ou depressões em sua superfície podem ocorrer devido a processos erosivos, trincas de tração, construções em zonas cársticas, dissolução do solo em contato com a água ou líquidos agressivos, colapso do terreno devido a escavações subterrâneas ou minas abandonadas e recalques diferenciais. A Fig. 10.9A esquematiza a utilização de geossintético sob uma camada de solo construída sobre um vazio. O tracionamento do reforço por efeito membrana minimiza a penetração do material de aterro no vazio. Já a Fig. 10.9B esquematiza uma situação-limite, em que a camada de solo e o geossintético, deformados, atingem o fundo do vazio.

Giroud et al. (1990a) apresentam uma solução para o cálculo da força de tração mobilizada no reforço geossintético levando em conta o efeito de arqueamento da camada

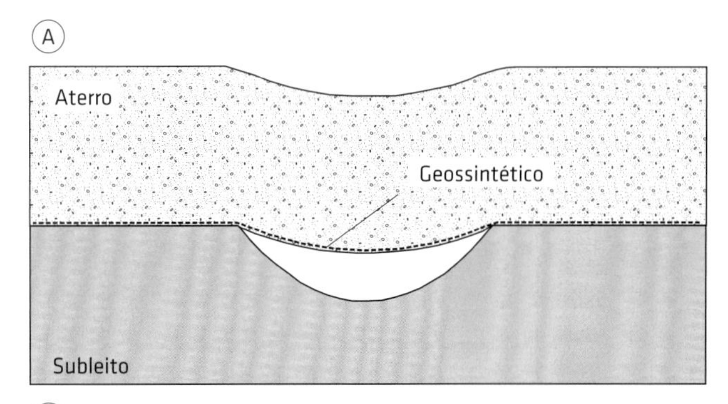

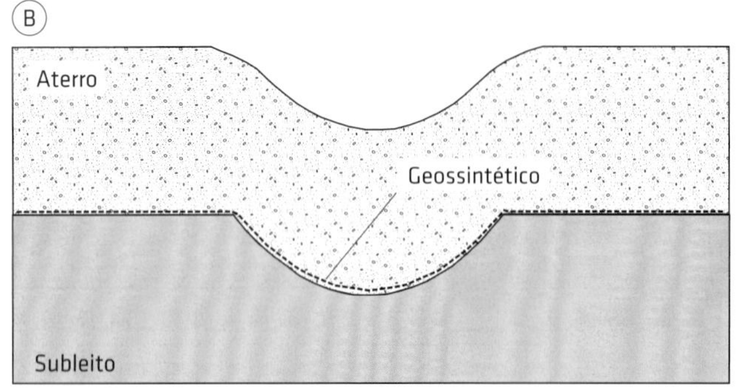

Fig. 10.9 Aterro reforçado construído sobre vazio: (A) penetração parcial do aterro no vazio e (B) penetração total do aterro no vazio

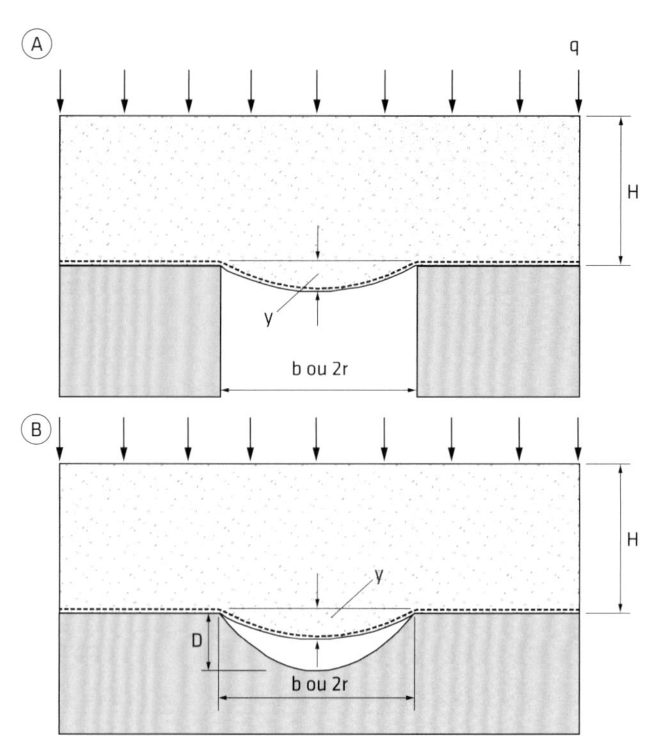

Fig. 10.10 Condições geométricas admitidas na análise de aterros sobre vazios: (A) vazio com profundidade infinita e (B) vazio com profundidade finita
Fonte: modificado de Giroud et al. (1990a).

de solo superior e o efeito membrana do geossintético. Os autores desenvolveram soluções para o caso de vazio com comprimento infinito (condição de deformação plana) e vazio com área circular em planta. A Fig. 10.10 exibe as hipóteses geométricas admitidas pela abordagem de Giroud et al. (1990a).

10.3.1 Cálculo da tensão vertical sobre o reforço para vazio com comprimento infinito e penetração parcial do aterro

Giroud et al. (1990a), utilizando a teoria de arqueamento desenvolvida por Terzaghi (1943), demonstram a seguinte equação para o cálculo da tensão vertical em uma determinada profundidade dentro do trecho sujeito a arqueamento:

$$\sigma_v = \frac{b\left(\gamma - \frac{2c}{b}\right)}{2K\tan\phi}\left[1 - e^{-K\tan\phi\left(\frac{2z}{b}\right)}\right] + qe^{-K\tan\phi\left(\frac{2z}{b}\right)} \quad \textbf{(10.36)}$$

em que σ_v é a tensão vertical; b, a largura do vazio (Fig. 10.10); γ, o peso específico do solo de aterro; c, a coesão do material de aterro; K, o coeficiente de empuxo horizontal na região do arqueamento; ϕ, o ângulo de atrito do aterro; z, a profundidade considerada (a partir da superfície do aterro); e q, a sobrecarga na superfície (Fig. 10.10).

Para aterro não coesivo ($c = 0$) e fazendo-se $z = H$ na Eq. 10.36, obtém-se a tensão vertical sobre a camada de reforço no trecho arqueado por meio de:

$$p = \frac{\gamma b}{2K\tan\phi}\left[1 - e^{-2K\tan\phi\left(\frac{H}{b}\right)}\right] + qe^{-2K\tan\phi\left(\frac{H}{b}\right)} \quad \textbf{(10.37)}$$

em que p é a tensão vertical sobre a camada de reforço ao longo da largura do vazio.

10.3.2 Cálculo da tensão vertical sobre o reforço para vazio circular com penetração parcial do aterro

Baseados em estudos de Kezdi (1975), Giroud et al. (1990a) afirmam que a Eq. 10.37 pode também ser utilizada para um vazio com área em planta circular substituindo-se b pelo valor do raio (r) do vazio.

Os autores argumentam que a obtenção do coeficiente de empuxo, K, não é fácil, devido ao ainda pouco entendimento do estado de tensões em maciços sujeitos a arqueamento. Assim, sugerem a utilização da tradicional equação de Jaky (1944) para a estimativa do coeficiente de empuxo no repouso:

$$K = K_o = 1 - \sin\phi \quad \textbf{(10.38)}$$

Ou a equação de Handy (1985), desenvolvida para terrenos sob condição de arqueamento:

$$K = 1{,}06\left(\cos^2\left(45° + \phi\right) + k_a \sin^2\left(45° + \phi\right)\right) \quad (10.39)$$

com

$$k_a = \tan^2\left(45° - \frac{\phi}{2}\right) \quad (10.40)$$

Entretanto, Giroud et al. (1990a) argumentam que o valor do produto $K \tan\phi$ que aparece nas Eqs. 10.36 e 10.37 é praticamente constante e igual a 0,25 para valores de ângulos de atrito do solo superiores a 20°. Nessas condições, a Eq. 10.37 se transforma em:

$$p = 2\gamma b\left(1 - e^{-0{,}5\left(\frac{H}{b}\right)}\right) + qe^{-0{,}5\left(\frac{H}{b}\right)} \quad (10.41)$$

10.3.3 Deformação e força de tração no reforço

Com base na teoria de membranas tracionadas, e admitindo deformações ao longo do geossintético uniformes e que suas extremidades estão perfeitamente fixas, Giroud et al. (1990a) obtiveram a seguinte expressão para a deformação no reforço no caso de um vazio com comprimento infinito:

$$1 + \varepsilon = 2\Omega \sin^{-1}\left(\frac{1}{2\Omega}\right) \text{ para } y/b \leq 0{,}5 \quad (10.42)$$

e

$$1 + \varepsilon = 2\Omega\left[\pi - \sin^{-1}\left(\frac{1}{2\Omega}\right)\right] \text{ para } y/b \geq 0{,}5 \quad (10.43)$$

em que ε é a deformação no reforço, com:

$$\Omega = 0{,}25\left(\frac{2y}{b} + \frac{b}{2y}\right) \quad (10.44)$$

A Tab. 10.3 apresenta valores de Ω em função da deformação (ε) ou do afundamento (y) do reforço.

Para um vazio com comprimento infinito, a força de tração no reforço pode ser obtida por (Giroud et al., 1990a):

$$\frac{T}{\Omega} = pb = 2\gamma b^2\left(1 - e^{-0{,}5H/b}\right) + qbe^{-0{,}5H/b} \quad (10.45)$$

No caso de vazio circular, a forma deformada do geossintético não é esférica e a deformação ao longo do reforço não é uniforme. Assim, nesse caso, Giroud et al. (1990a) afirmam que a deformação média no reforço pode ser obtida pelas Eqs. 10.42, 10.43 e 10.44, substituindo-se b por $2r$, em que r é o raio do vazio. Já a força de tração média aproximada pode ser estimada pela Eq. 10.45, mas, nesse caso, substituindo-se b por r.

Giroud et al. (1990a) alertam que, no caso de vazio circular, a utilização da Eq. 10.45 só é válida para reforços com propriedades de tração isotrópicas. Desse modo, os autores admitem que o método proposto se aplicaria a geotêxteis isotrópicos (comuns no caso de não tecidos) e geogrelhas biaxiais (mesmas propriedades de tração nas duas direções principais). Para geotêxteis e geogrelhas que não atendam a essas condições, os autores recomendam que a força de tração a ser considerada seja obtida em função da razão entre as forças de tração mobilizadas na direção mais fraca ($T_{mob\text{-}min}$) e na direção mais resistente ($T_{mob\text{-}max}$) para a deformação de projeto. Assim:

- se $T_{mob\text{-}min}/T_{mob\text{-}max} > 0{,}5$, a força de tração a ser considerada é a obtida na direção menos resistente;
- se $T_{mob\text{-}min}/T_{mob\text{-}max} < 0{,}5$, a força de tração a ser considerada é a metade da força na direção mais resistente.

Giroud et al. (1990a) recomendam os seguintes procedimentos para a especificação do reforço geossintético no caso de vazios circulares:

- utilizar reforços isotrópicos (somente alguns geotêxteis não tecidos atendem a tal requisito, mas, em geral, não possuem propriedades de tração satisfatórias para esse tipo de aplicação); ou
- utilizar reforços "praticamente isotrópicos", como geotêxteis tecidos ou geogrelhas biaxiais com mesma relação carga-deformação nas duas direções principais; ou
- utilizar duas camadas de reforço anisotrópico orientadas perpendicularmente entre si.

No caso de vazios com comprimento infinito, a direção mais solicitada é a normal ao comprimento. Assim, geogrelhas uniaxiais poderiam ser utilizadas. Entretanto, cuidados especiais devem ser tomados em regiões onde as condições não são de deformação plana, como nas extremidades de vazios longos.

Uma situação-limite seria aquela em que o geossintético penetra tanto no vazio a ponto de encostar completamente em seu fundo (Fig. 10.9B). Nesse caso, a estimativa da pressão vertical na superfície do terreno pode ser relevante se forem necessárias análises preliminares adicionais sobre tensões transferidas para eventuais vazios em profundidade (regiões cársticas ou de minas abandonadas, por exemplo). Nesse caso, Giroud et al. (1990a) apresentam a seguinte equação para obter a tensão vertical que é transferida à superfície do terreno natural, subjacente à camada de reforço, no caso de vazio com comprimento infinito (Fig. 10.9B):

$$p_b = 2\gamma b\left(1 - e^{-0{,}5\left(\frac{H}{b}\right)}\right) + qe^{-0{,}5\left(\frac{H}{b}\right)} - \frac{T}{b\Omega} \quad (10.46)$$

em que p_b é a tensão vertical transferida ao terreno natural e T é a força de tração no reforço.

No caso de vazio circular, b deve ser substituído por r nessa equação (Giroud et al., 1990a). Um valor negativo para p_b significa que a força de tração no reforço não é suficientemente alta de modo que ele entre em contato com a superfície do vazio.

Tab. 10.3 VALORES DE Ω EM FUNÇÃO DA DEFORMAÇÃO OU DO AFUNDAMENTO DO REFORÇO

y/b ou $y/(2r)$	ε (%)[1]	Ω	y/b ou $y/(2r)$	ε (%)	Ω
0,000	0,000	∞	0,242	15,00	0,64
0,010	0,027	12,51	0,250	15,91	0,62
0,020	0,107	6,26	0,260	17,15	0,61
0,030	0,240	4,18	0,270	18,43	0,60
0,040	0,425	3,15	0,280	19,75	0,59
0,050	0,663	2,53	0,282	20,00	0,58
0,060	0,960	2,11	0,290	21,10	0,58
0,061	1,000	2,07	0,300	22,50	0,57
0,070	1,30	1,82	0,310	23,93	0,56
0,080	1,70	1,60	0,317	25,00	0,55
0,087	2,00	1,47	0,320	25,39	0,55
0,090	2,15	1,43	0,330	26,89	0,54
0,100	2,65	1,30	0,340	28,43	0,54
0,107	3,00	1,23	0,350	30,00	0,53
0,110	3,20	1,19	0,360	31,60	0,53
0,120	3,80	1,10	0,370	33,23	0,52
0,123	4,00	1,08	0,380	34,90	0,52
0,130	4,45	1,03	0,381	35,00	0,52
0,138	5,00	0,97	0,390	36,60	0,52
0,140	5,15	0,96	0,400	38,32	0,51
0,150	5,90	0,91	0,410	40,00	0,52
0,151	6,00	0,90	0,420	41,86	0,51
0,160	6,69	0,86	0,430	43,67	0,51
0,164	7,00	0,84	0,437	45,00	0,50
0,170	7,54	0,82	0,440	45,51	0,50
0,175	8,00	0,80	0,450	47,38	0,50
0,180	8,43	0,78	0,460	49,27	0,50
0,186	9,00	0,76	0,464	50,00	0,50
0,190	9,36	0,75	0,470	51,18	0,50
0,197	10,00	0,73	0,480	53,13	0,50
0,200	10,35	0,72	0,490	55,00	0,50
0,210	11,37	0,70	0,500	57,08	0,50
0,216	12,00	0,69	0,562	70,00	0,50
0,220	12,44	0,68	0,631	85,00	0,51
0,230	13,56	0,66	0,696	100,00	0,53
0,240	14,71	0,64	0,819	130,00	0,56

Nota: (1) no caso de vazio com área em planta circular, os valores de ε e Ω são aproximados.
Fonte: Giroud et al. (1990a).

Exemplo 10.3

Pretende-se construir um reservatório de água em uma região cárstica. Um levantamento do histórico da região registra afundamentos superficiais máximos de 1,5 m de diâmetro. A lâmina d'água máxima no reservatório será de 6 m. Uma geomembrana será utilizada como barreira sobre uma camada de solo com peso específico de 18 kN m^3 e 0,5 m de espessura. Admitindo-se que os afundamentos sejam circulares e que se utilize um reforço isotrópico e com deformação à tração máxima admissível igual a 8%, pede-se determinar a resistência à tração requerida para essa deformação.

Resolução

A pressão máxima sobre o sistema solo-geomembrana será igual a:

$$q = 9{,}81 \times 6 = 58{,}9 \text{ kPa}$$

Pela Tab. 10.3, para uma deformação (ε) igual a 8%, obtêm-se $\Omega = 0{,}8$ e $y/(2r) = 0{,}175$. Como $H = 0{,}5$ m e $r = 0{,}75$ m, tem-se $H/r = 0{,}67$. Pela Eq. 10.45, para um vazio circular (substituindo-se b por r), tem-se:

$$\frac{T}{\Omega} = pb = 2\gamma b^2\left(1 - e^{-0{,}5H/b}\right) + qbe^{-0{,}5H/b}$$

$$\frac{T}{0{,}8} = 2 \times 18 \times 0{,}75^2 \times \left(1 - e^{-0{,}5 \times 0{,}67}\right) + 58{,}9 \times 0{,}75 \times e^{-0{,}5 \times 0{,}67}$$

$$T = 29{,}9 \text{ kN/m}$$

NORMAS DA ABNT PARA ENSAIOS EM GEOSSINTÉTICOS

Código	Título
ABNT NBR 12569	Geotêxteis: determinação da espessura
ABNT NBR 12592	Geossintéticos: identificação para fornecimento
ABNT NBR 12593	Amostragem e preparação de corpos de prova de geotêxteis
ABNT NBR 13134	Geotêxteis: determinação da resistência à tração não-confinada de emendas – ensaio de tração de faixa larga
ABNT NBR 15227	Geossintéticos: determinação da espessura nominal de geomembranas termoplásticas lisas
ABNT NBR 16199:2013	Geomembranas termoplásticas: instalação em obras geotécnicas e de saneamento ambiental
ABNT NBR ISO 10318:2013	Geossintéticos: termos e definições
ABNT NBR ISO 12957-1:2013	Geossintéticos: determinação das características de atrito – parte 1: ensaio de cisalhamento direto
ABNT NBR ISO 12957-2:2013	Geossintéticos: determinação das características de atrito – parte 2: ensaio de plano inclinado
ABNT NBR ISO 10319:2013	Geossintéticos: ensaio de tração faixa larga
ABNT NBR ISO 12236:2013	Geossintéticos: ensaio de puncionamento estático (punção CBR)
ABNT NBR ISO 12958:2013	Geotêxteis e produtos correlatos: determinação da capacidade de fluxo no plano
ABNT NBR ISO 13433:2013	Geossintéticos: ensaio de perfuração dinâmica (ensaio de queda de cone)
ABNT NBR ISO 12956:2013	Geotêxteis e produtos correlatos: determinação da abertura de filtração característica
ABNT NBR ISO 10320:2013	Geotêxteis e produtos correlatos: identificação na obra
ABNT NBR ISO 9862:2013	Geossintéticos: amostragem e preparação de corpos de prova para ensaios
ABNT NBR ISO 9863-1:2013	Geossintéticos: determinação da espessura a pressões especificadas – parte 1: camada única
ABNT NBR ISO 9864:2013	Geossintéticos: método de ensaio para determinação da massa por unidade de área de geotêxteis e produtos correlatos
ABNT NBR 15856:2010	Geomembranas e produtos correlatos: determinação das propriedades de tração
ABNT NBR 15223:2005	Geotêxteis e produtos correlatos: determinação das características de permeabilidade hidráulica normal ao plano e sem confinamento
ABNT NBR 15224:2005	Geotêxteis: instalação em trincheiras drenantes
ABNT NBR 15226:2005	Geossintéticos: determinação do comportamento em deformação e na ruptura, por fluência sob tração não confinada

ABNT NBR 15228:2005	Geotêxteis e produtos correlatos: simulação do dano por abrasão – ensaio de bloco deslizante

NORMAS DA ASTM PARA ENSAIOS EM GEOSSINTÉTICOS

Código	**Título**
D1987-07 (2012)	*Standard test method for biological clogging of geotextile or soil/geotextile filters*
D2643/D2643M-08 (2013) e1	*Standard specification for prefabricated bituminous geomembrane used as canal and ditch liner (exposed type)*
D3745/D3745M-95 (2015) e1	*Standard practice for installation of prefabricated asphalt reservoir, pond, canal, and ditch liner (exposed type)*
D4354-12	*Standard practice for sampling of geosynthetics and rolled erosion control products (RECPs) for testing*
D4355/D4355M-14	*Standard test method for deterioration of geotextiles by exposure to light, moisture and heat in a xenon arc type apparatus*
D4437-08 (2013)	*Standard practice for non-destructive testing (NDT) for determining the integrity of seams used in joining flexible polymeric sheet geomembranes*
D4439-14	*Standard terminology for geosynthetics*
D4491-99a (2014) e1	*Standard test methods for water permeability of geotextiles by permittivity*
D4533/D4533M-15	*Standard test method for trapezoid tearing strength of geotextiles*
D4594-96 (2009)	*Standard test method for effects of temperature on stability of geotextiles*
D4595-11	*Standard test method for tensile properties of geotextiles by the wide-width strip method*
D4632/D4632M-15	*Standard test method for grab breaking load and elongation of geotextiles*
D4716/D4716M-14	*Standard test method for determining the (In-plane) flow rate per unit width and hydraulic transmissivity of a geosynthetic using a constant head*
D4751-12	*Standard test method for determining apparent opening size of a geotextile*
D4759-11	*Standard practice for determining the specification conformance of geosynthetics*
D4833/D4833M-07 (2013) e1	*Standard test method for index puncture resistance of geomembranes and related products*
D4873-15	*Standard guide for identification, storage, and handling of geosynthetic rolls and samples*
D4884/D4884M-14a	*Standard test method for strength of sewn or bonded seams of geotextiles*
D4885-01 (2011)	*Standard test method for determining performance strength of geomembranes by the wide strip tensile method*
D4886-10	*Standard test method for abrasion resistance of geotextiles (sand paper/sliding block method)*
D5101-12	*Standard test method for measuring the filtration compatibility of soil-geotextile systems*
D5141-11	*Standard test method for determining filtering efficiency and flow rate of the filtration component of a sediment retention device*
D5199-12	*Standard test method for measuring the nominal thickness of geosynthetics*
D5261-10	*Standard test method for measuring mass per unit area of geotextiles*
D5262-07 (2012)	*Standard test method for evaluating the unconfined tension creep and creep rupture behavior of geosynthetics*
D5321/D5321M-14	*Standard test method for determining the shear strength of soil-geosynthetic and geosynthetic-geosynthetic interfaces by direct shear*
D5322-98 (2009)	*Standard practice for immersion procedures for evaluating the chemical resistance of geosynthetics to liquids*
D5323-92 (2011)	*Standard practice for determination of 2% secant modulus for polyethylene geomembranes*
D5397-07 (2012)	*Standard test method for evaluation of stress crack resistance of polyolefin geomembranes using notched constant tensile load test*
D5493-06 (2011)	*Standard test method for permittivity of geotextiles under load*
D5494-93 (2011)	*Standard test method for the determination of pyramid puncture resistance of unprotected and protected geomembranes*
D5496-98 (2009)	*Standard practice for in field immersion testing of geosynthetics*
D5514/D5514M-14	*Standard test method for large scale hydrostatic puncture testing of geosynthetics*
D5567-94 (2011)	*Standard test method for hydraulic conductivity ratio (HCR) testing of soil/geotextile systems*

Código	Título
D5596-03 (2009)	*Standard test method for microscopic evaluation of the dispersion of carbon black in polyolefin geosynthetics*
D5617-04 (2010)	*Standard test method for multi-axial tension test for geosynthetics*
D5641-94 (2011)	*Standard practice for geomembrane seam evaluation by vacuum chamber*
D5721-08 (2013)	*Standard practice for air-oven aging of polyolefin geomembranes*
D5747/D5747M-08 (2013) e1	*Standard practice for tests to evaluate the chemical resistance of geomembranes to liquids*
D5818-11	*Standard practice for exposure and retrieval of samples to evaluate installation damage of geosynthetics*
D5819-05 (2012)	*Standard guide for selecting test methods for experimental evaluation of geosynthetic durability*
D5820-95 (2011)	*Standard practice for pressurized air channel evaluation of dual seamed geomembranes*
D5884-04a (2010)	*Standard test method for determining tearing strength of internally reinforced geomembranes*
D5885-06 (2012)	*Standard test method for oxidative induction time of polyolefin geosynthetics by high-pressure differential scanning calorimetry*
D5886-95 (2011)	*Standard guide for selection of test methods to determine rate of fluid permeation through geomembranes for specific applications*
D5887-09	*Standard test method for measurement of index flux through saturated geosynthetic clay liner specimens using a flexible wall permeameter*
D5888-06 (2011)	*Standard guide for storage and handling of geosynthetic clay liners*
D5889-11	*Standard practice for quality control of geosynthetic clay liners*
D5890-11	*Standard test method for swell index of clay mineral component of geosynthetic clay liners*
D5891-02 (2009)	*Standard test method for fluid loss of clay component of geosynthetic clay liners*
D5970-09	*Standard test method for deterioration of geotextiles from outdoor exposure*
D5993-14	*Standard test method for measuring mass per unit of geosynthetic clay liners*
D5994-10	*Standard test method for measuring core thickness of textured geomembrane*
D6072/D6072M-09 (2015)	*Standard practice for obtaining samples of geosynthetic clay liners*
D6088-06 (2011)	*Standard practice for installation of geocomposite pavement drains*
D6102-12	*Standard guide for installation of geosynthetic clay liners*
D6140-00 (2014)	*Standard test method to determine asphalt retention of paving fabrics used in asphalt paving for full-width applications*
D6141-14	*Standard guide for screening clay portion and index flux of geosynthetic clay liner (GCL) for chemical compatibility to liquids*
D6213-97 (2009)	*Standard practice for tests to evaluate the chemical resistance of geogrids to liquids*
D6214/D6214M-98 (2013) e1	*Standard test method for determining the integrity of field seams used in joining geomembranes by chemical fusion methods*
D6241-14	*Standard test method for static puncture strength of geotextiles and geotextile-related products using a 50-mm probe*
D6243/D6243M-13a	*Standard test method for determining the internal and interface shear resistance of geosynthetic clay liner by the direct shear method*
D6244-06 (2011)	*Standard test method for vertical compression of geocomposite pavement panel drains*
D6364-06 (2011)	*Standard test method for determining short-term compression behavior of geosynthetics*
D6365-99 (2011)	*Standard practice for the nondestructive testing of geomembrane seams using the spark test*
D6388-99 (2012)	*Standard practice for tests to evaluate the chemical resistance of geonets to liquids*
D6389-99 (2012)	*Standard practice for tests to evaluate the chemical resistance of geotextiles to liquids*
D6392-12	*Standard test method for determining the integrity of nonreinforced geomembrane seams produced using thermo-fusion methods*
D6434-12	*Standard guide for the selection of test methods for flexible polypropylene geomembranes*
D6454-99 (2011)	*Standard test method for determining the short-term compression behavior of turf reinforcement mats (TRMs)*
D6455-11	*Standard guide for the selection of test methods for prefabricated bituminous geomembranes (PBGM)*

Código	Título
D6495-14	*Standard guide for acceptance testing requirements for geosynthetic clay liners*
D6496-04a (2009)	*Standard test method for determining average bonding peel strength between the top and bottom layers of needle-punched geosynthetic clay liners*
D6497-02 (2010)	*Standard guide for mechanical attachment of geomembrane to penetrations or structures*
D6523-00 (2014) e1	*Standard guide for evaluation and selection of alternative daily covers (ADCs) for sanitary landfills*
D6524-00 (2011)	*Standard test method for measuring the resiliency of turf reinforcement mats (TRMs)*
D6525/D6525M-14	*Standard test method for measuring nominal thickness of rolled erosion control products*
D6566-14	*Standard test method for measuring mass per unit area of turf reinforcement mats*
D6567-14	*Standard test method for measuring the light penetration of a turf reinforcement mat (TRM)*
D6574/D6574M-13e1	*Standard test method for determining the (in-plane) hydraulic transmissivity of a geosynthetic by radial flow*
D6575-14a	*Standard test method for determining stiffness of geosynthetics used as turf reinforcement mats (TRMs)*
D6636-01 (2011)	*Standard test method for determination of ply adhesion strength of reinforced geomembranes*
D6637-11	*Standard test method for determining tensile properties of geogrids by the single or multi-rib tensile method*
D6638-11	*Standard test method for determining connection strength between geosynthetic reinforcement and segmental concrete units (modular concrete blocks)*
D6693-04 (2010)	*Standard test method for determining tensile properties of nonreinforced polyethylene and nonreinforced flexible polypropylene geomembranes*
D6706-01 (2013)	*Standard test method for measuring geosynthetic pullout resistance in soil*
D6707-06 (2011)	*Standard specification for circular-knit geotextile for use in subsurface drainage applications*
D6747-15	*Standard guide for selection of techniques for electrical leak location of leaks in geomembranes*
D6766-12	*Standard test method for evaluation of hydraulic properties of geosynthetic clay liners permeated with potentially incompatible aqueous solutions*
D6767-14	*Standard test method for pore size characteristics of geotextiles by capillary flow test*
D6768/D6768M-04 (2015) e1	*Standard test method for tensile strength of geosynthetic clay liners*
D6817/D6817M-15	*Standard specification for rigid cellular polystyrene geofoam*
D6818-14	*Standard test method for ultimate tensile properties of rolled erosion control products*
D6826-05 (2014) e1	*Standard specification for sprayed slurries, foams and indigenous materials used as alternative daily cover for municipal solid waste landfills*
D6916-06c (2011)	*Standard test method for determining the shear strength between segmental concrete units (modular concrete blocks)*
D6917-03 (2011)	*Standard guide for selection of test methods for prefabricated vertical drains (PVD)*
D6918-09 (2014) e1	*Standard test method for testing vertical strip drains in the crimped condition*
D6992-03 (2009)	*Standard test method for accelerated tensile creep and creep-rupture of geosynthetic materials based on time-temperature superposition using the stepped isothermal method*
D7001-06 (2011)	*Standard specification for geocomposites for pavement edge drains and other high-flow applications*
D7002-15	*Standard practice for electrical leak location on exposed geomembranes using the water puddle method*
D7003/D7003M-03 (2013) e1	*Standard test method for strip tensile properties of reinforced geomembranes*
D7004/D7004M-03 (2013) e1	*Standard test method for grab tensile properties of reinforced geomembranes*
D7005-03 (2008)	*Standard test method for determining the bond strength (ply adhesion) of geocomposites*
D7006-03 (2013)	*Standard practice for ultrasonic testing of geomembranes*
D7007-15	*Standard practices for electrical methods for locating leaks in geomembranes covered with water or earthen materials*
D7008-08 (2013)	*Standard specification for geosynthetic alternate daily covers*
D7056-07 (2012)	*Standard test method for determining the tensile shear strength of pre-fabricated bituminous geomembrane seams*
D7106-05 (2010)	*Standard guide for selection of test methods for ethylene propylene diene terpolymer (EPDM) geomembranes*

Código	Título
D7176-06 (2011)	*Standard specification for non-reinforced polyvinyl chloride (PVC) geomembranes used in buried applications*
D7177-05 (2010)	*Standard specification for air channel evaluation of polyvinyl chloride (PVC) dual track seamed geomembranes*
D7178-06 (2011)	*Standard practice for determining the number of constrictions "m" of non-woven geotextiles as a complementary filtration property*
D7179-07 (2013)	*Standard test method for determining geonet breaking force*
D7180/D7180M-05 (2013) e1	*Standard guide for use of expanded polystyrene (EPS) geofoam in geotechnical projects*
D7238-06 (2012)	*Standard test method for effect of exposure of unreinforced polyolefin geomembrane using fluorescent UV condensation apparatus*
D7239-13	*Standard specification for hybrid geosynthetic paving mat for highway applications*
D7240-06 (2011)	*Standard practice for leak location using geomembranes with an insulating layer in intimate contact with a conductive layer via electrical capacitance technique (conductive geomembrane spark test)*
D7272-06 (2011)	*Standard test method for determining the integrity of seams used in joining geomembranes by pre-manufactured taped methods*
D7273/D7273M-08 (2013) e1	*Standard guide for acceptance testing requirements for geonets and geonet drainage geocomposites*
D7274-06a (2011)	*Standard test method for mineral stabilizer content of prefabricated bituminous geomembranes (BGM)*
D7275-07 (2012)	*Standard test method for tensile properties of bituminous geomembranes (BGM)*
D7361-07 (2012)	*Standard test method for accelerated compressive creep of geosynthetic materials based on time-temperature superposition using the stepped isothermal method*
D7406-07 (2012)	*Standard test method for time-dependent (creep) deformation under constant pressure for geosynthetic drainage products*
D7407-07 (2012)	*Standard guide for determining the transmission of gases through geomembranes*
D7408-12	*Standard specification for non reinforced PVC (polyvinyl chloride) geomembrane seams*
D7409-07e1	*Standard test method for carboxyl end group content of polyethylene terephthalate (PET) yarns*
D7465-08	*Standard specification for ethylene propylene diene terpolymer (EPDM) sheet used in geomembrane applications*
D7466-10	*Standard test method for measuring the asperity height of textured geomembrane*
D7498/D7498M-09 (2014) e1	*Standard test method for vertical strip drains using a large scale consolidation test*
D7499/D7499M-09 (2014)	*Standard test method for measuring geosynthetic-soil resilient interface shear stiffness*
D7556-10	*Standard test methods for determining small-strain tensile properties of geogrids and geotextiles by in-air cyclic tension tests*
D7557/D7557M-09 (2013) e1	*Standard practice for sampling of expanded polystyrene geofoam specimens*
D7613-10	*Standard specification for flexible polypropylene reinforced (fPP-R) and nonreinforced (fPP) geomembranes*
D7700-12	*Standard guide for selecting test methods for geomembrane seams*
D7701-11	*Standard test method for determining the flow rate of water and suspended solids from a geotextile bag*
D7702/D7702M-14	*Standard guide for considerations when evaluating direct shear results involving geosynthetics*
D7703-15	*Standard practice for electrical leak location on exposed geomembranes using the water lance method*
D7737-11	*Standard test method for individual geogrid junction strength*
D7747/D7747M-11e1	*Standard test method for determining integrity of seams produced using thermo-fusion methods for reinforced geomembranes by the strip tensile method*
D7748/D7748M-14	*Standard test method for flexural rigidity of geogrids, geotextiles and related products*
D7749-11	*Standard test method for determining integrity of seams produced using thermo-fusion methods for reinforced geomembranes by the grab method*
D7852-13	*Standard practice for use of an electrically conductive geotextile for leak location surveys*
D7853-13	*Standard test method for hydraulic pullout resistance of a geomembrane with locking extensions embedded in concrete*
D7865-13	*Standard guide for identification, packaging, handling, storage and deployment of fabricated geomembrane panels*

Código	Título
D7880/D7880M-13	*Standard test method for determining flow rate of water and suspended solids retention from a closed geosynthetic bag*
D7909-14	*Standard guide for placement of blind actual leaks during electrical leak location surveys of geomembranes*
D7953-14	*Standard practice for electrical leak location on exposed geomembranes using the arc testing method*
D7982-15	*Standard practice for testing of factory thermo-fusion seams for fabricated geomembrane panels*

Fonte: ASTM (2015).

NORMAS ISO PARA ENSAIOS EM GEOSSINTÉTICOS

Código	Título
ISO 9862:2005	*Geosynthetics: sampling and preparation of test specimens*
ISO 9863-1:2005	*Geosynthetics: determination of thickness at specified pressures – part 1: single layers*
ISO/DIS 9863-1	*Geosynthetics: determination of thickness at specified pressures – part 1: single layers*
ISO 9863-2:1996	*Geotextiles and geotextile-related products: determination of thickness at specified pressures – part 2: procedure for determination of thickness of single layers of multilayer products*
ISO 9864:2005	*Geosynthetics: test method for the determination of mass per unit area of geotextiles and geotextile-related products*
ISO 10318-1:2015	*Geosynthetics – part 1: terms and definitions*
ISO 10318-1:2015/NP Amd 1	
ISO 10318-2:2015	*Geosynthetics – part 2: symbols and pictograms*
ISO 10318-2:2015/NP Amd 1	
ISO 10319:2015	*Geosynthetics: wide-width tensile test*
ISO/NP 10320	*Geotextiles and geotextile-related products: identification on site*
ISO 10320:1999	*Geotextiles and geotextile-related products: identification on site*
ISO 10321:2008	*Geosynthetics: tensile test for joints/seams by wide-width strip method*
ISO 10722:2007	*Geosynthetics: index test procedure for the evaluation of mechanical damage under repeated loading – damage caused by granular material*
ISO 10769:2011	*Clay geosynthetic barriers: determination of water absorption of bentonite*
ISO 10772:2012	*Geotextiles - test method for the determination of the filtration behaviour of geotextiles under turbulent water flow conditions*
ISO 10773:2011	*Clay geosynthetic barriers: determination of permeability to gases*
ISO 10776:2012	*Geotextiles and geotextile-related products: determination of water permeability characteristics normal to the plane, under load*
ISO 11058:2010	*Geotextiles and geotextile-related products: determination of water permeability characteristics normal to the plane, without load*
ISO 12236:2006	*Geosynthetics: static puncture test (CBR test)*
ISO/NP 12956	*Geotextiles and geotextile-related products: determination of the characteristic opening size*
ISO 12956:2010	*Geotextiles and geotextile-related products: determination of the characteristic opening size*
ISO/NP 12957-1	*Geosynthetics: determination of friction characteristics – part 1: direct shear test*
ISO 12957-1:2005	*Geosynthetics: determination of friction characteristics – part 1: direct shear test*
ISO 12957-2:2005	*Geosynthetics: determination of friction characteristics – part 2: inclined plane test*
ISO 12958:2010	*Geotextiles and geotextile-related products: determination of water flow capacity in their plane*
ISO/TR 12960:1998	*Geotextiles and geotextile-related products: screening test method for determining the resistance to liquids*
ISO 13426-1:2003	*Geotextiles and geotextile-related products: strength of internal structural junctions – part 1: geocells*
ISO/NP 13426-1	*Geotextiles and geotextile-related products: strength of internal structural junctions – part 1: geocells*
ISO 13426-2:2005	*Geotextiles and geotextile-related products: strength of internal structural junctions – part 2: geocomposites*
ISO 13427:2014	*Geosynthetics: abrasion damage simulation (sliding block test)*

Código	Título
ISO 13428:2005	*Geosynthetics: determination of the protection efficiency of a geosynthetic against impact damage*
ISO 13431:1999	*Geotextiles and geotextile-related products: determination of tensile creep and creep rupture behaviour*
ISO 13433:2006	*Geosynthetics: dynamic perforation test (cone drop test)*
ISO/NP TS 13434	*Geosynthetics: guidelines for the assessment of durability*
ISO/TS 13434:2008	*Geosynthetics: guidelines for the assessment of durability*
ISO 13437:1998	*Geotextiles and geotextile-related products: method for installing and extracting samples in soil, and testing specimens in laboratory*
ISO/AWI 13438	*Geotextiles and geotextile-related products: screening test method for determining the resistance to oxidation*
ISO 13438:2004	*Geotextiles and geotextile-related products: screening test method for determining the resistance to oxidation*
ISO/NP TR 18198	*Determination of long term flow of geosynthetic drains*
ISO/WD TR 18228-1	*Design of geosynthetics for construction applications – part 1: design using geosynthetics scope, definitions and notations*
ISO/WD TR 18228-2	*Design of geosynthetics for construction applications – part 2: design using geosynthetics for separation*
ISO/WD TR 18228-3	*Design of geosynthetics for construction applications – part 3: design using geosynthetics for filtration*
ISO/WD TR 18228-4	*Design of geosynthetics for construction applications – part 4: design using geosynthetics for drainage*
ISO/WD TR 18228-5	*Design of geosynthetics for construction applications – part 5: design using geosynthetics for stabilisation*
ISO/AWI TR 18228-6	*Design of geosynthetics for construction applications – part 6: design using geosynthetics for protection*
ISO/AWI TR 18228-7	*Design of geosynthetics for construction applications – part 7: design using geosynthetics for reinforcement*
ISO/AWI TR 18228-8	*Design of geosynthetics for construction applications – part 8: design using geosynthetics for surface erosion control*
ISO/WD TR 18228-9	*Design of geosynthetics for construction applications – part 9: design using geosynthetics as a barrier*
ISO/WD TR 18228-10	*Design of geosynthetics for construction applications – part 10: design using geosynthetics for stress relief in asphalt overlays*
ISO 18325:2015	*Geosynthetics: test method for the determination of water discharge capacity for prefabricated vertical drains*
ISO/TS 19708:2007	*Geosynthetics: procedure for simulating damage under interlocking-concrete-block pavement by the roller compactor method*
ISO/TR 20432:2007	*Guidelines for the determination of the long-term strength of geosynthetics for soil reinforcement*
ISO/TR 20432:2007/Cor 1:2008	
ISO 25619-1:2008	*Geosynthetics: determination of compression behaviour – part 1: compressive creep properties*
ISO 25619-2:2015	*Geosynthetics: determination of compression behaviour – part 2: determination of short-term compression behaviour*

Fonte: ISO (s.d.).

REFERÊNCIAS BIBLIOGRÁFICAS

AASHTO – AMERICAN ASSOCIATION OF STATE HIGHWAY AND TRANSPORTATION OFFICIALS. *Geotextile specifications prepared by joint committee of AASHTO-AGC-ARTBA Task Force 25*. Washington, DC, 1986a.

AASHTO – AMERICAN ASSOCIATION OF STATE HIGHWAY AND TRANSPORTATION OFFICIALS. *Guide for design of pavement structures*. Washington, DC, 1986b.

AASHTO – AMERICAN ASSOCIATION OF STATE HIGHWAY AND TRANSPORTATION OFFICIALS. *Guide for design of pavement structures*. Washington, DC, 1993.

AASHTO – AMERICAN ASSOCIATION OF STATE HIGHWAY AND TRANSPORTATION OFFICIALS. *Standard specifications for highway bridges*. 17. ed. Washington, DC, 2002.

ABNT – ASSOCIAÇÃO BRASILEIRA DE NORMAS TÉCNICAS. *NBR 10004*: resíduos sólidos: classificação. Rio de Janeiro, 2004.

ABRAMENTO, M. Durabilidade e comportamento de longo prazo de geossintéticos. Parte 1 – durabilidade dos materiais. In: SIMPÓSIO BRASILEIRO DE GEOSSINTÉTICOS, 2., 1995, São Paulo. v. 1, p. 227-235.

ABRAMENTO, M.; VICKERT, F. Use of a geotextile as mechanical protection of a geomembrane in Itiquira dam channel, Brazil. In: INTERNATIONAL CONFERENCE ON GEOSYNTHETICS, 8., 2006, Yokohama, Japan. v. 2, p. 623-626.

ADAMCZYK, J.; ADAMCZYK, T. The settlements of a continuous foundation footing resting on the geogrid-reinforced sand layer. In: INTERNATIONAL SYMPOSIUM ON EARTH REINFORCEMENT – IS Kyushu, 2001, Fukuoka, Japan. v. 1, p. 513-515.

AGNELLI, J. A. M. *Curso sobre degradação, estabilização e envelhecimento de polímeros*. São Carlos: Associação Brasileira de Polímeros, 1999. 209 p.

AGUIAR, P. R. Geotextile anti-piping barrier for metabasic foundation soil – Tucuruí Dam, Brazil. In: RAYMOND, G. P.; GIROUD, J. P. (Ed.). *Geosynthetics case histories*: thirty five years of experience. British Columbia, Canada: ISSMFE Technical Committee TC9 on Geotextiles and Geosynthetics/ BiTech Publishers, 1993. p. 12-13.

ALFREY, T.; GURNEE, E. F. *Polímeros orgânicos*. São Paulo: Edgard Blücher, 1971. 134 p.

ALLEN, T. M.; BATHURST, R. J. *Prediction of reinforcement loads in reinforced soil walls*. Research Report n. WA-RD 522.2. USA: Washington State Department of Transportation/ US Department of Transportation-Federal Highway Administration, 2003. 292 p.

ALLEN, T. M.; BATHURST, R. J.; HOLTZ, R. D.; WALTERS, D. L.; LEE, W. F. A new working stress method for prediction of reinforcement loads in geosynthetic walls. *Canadian Geotechnical Journal*, v. 40, n. 5, p. 976-994, 2003.

ANTUNES, L. G. S. *Reforço de pavimentos rodoviários com geossintéticos*. Dissertação (Mestrado) – Programa de Pós-Graduação em Geotecnia, Universidade de Brasília, Brasília, DF, 2008.

ARAÚJO, G. L. S. *Estudo em laboratório e em campo de colunas granulares encamisadas com geossintéticos*. Tese (Doutorado) – Programa de Pós-Graduação em Geotecnia, Universidade de Brasília, Brasília, DF, 2009.

ARAÚJO, G. L. S.; PALMEIRA, E. M.; CUNHA, R. P. Behaviour of geosynthetic-encased granular columns in porous collapsible soil. *Geosynthetics International*, v. 16, p. 433-451, 2009.

ARAÚJO, L. M. D.; PALMEIRA, E. M. Análise paramétrica em muros reforçados com geossintéticos. In: SIMPÓSIO BRASILEIRO DE GEOSSINTÉTICOS, 3., 1999, Rio de Janeiro. v. 1, p. 99-106.

ASTM – AMERICAN SOCIETY FOR TESTING AND MATERIALS. *ASTM D7737*: standard test method for individual geogrid junction strength. West Conshohocken, PA, USA, 2011.

ASTM – AMERICAN SOCIETY FOR TESTING AND MATERIALS. *ASTM volume 04.13*. May 2015. Disponível em: <www.astm.org/BOOKSTORE/BOS/TOCS_2015/04.13.html>. Acesso em: 3 fev. 2016.

AVESANI NETO, J. O.; BUENO, B. S.; FUTAI, M. M. Análise de ensaios de placa em reforços de geocélula sob a ótica de modelos numéricos. In: COBRAMSEG, 2012, Porto de Galinhas, PE. 7 p.

AZAMBUJA, E. *Investigação do dano mecânico em geotêxteis não tecidos*. 142 f. Dissertação (Mestrado) – Universidade Federal do Rio Grande do Sul, Porto Alegre, 1994.

BARRAZA, D. Z.; CONTRERAS, J. N.; FRESNO, D. C.; ZAMANILLO, A. V. Evaluation of anti-reflective cracking systems using geosynthetics in the interlayer zone. *Geotextiles and Geomembranes*, v. 29, p. 130-136, 2011.

BARRON, R. A. Consolidation of fine-grained soils by drain wells. *Trans. ASCE*, v. 113, p. 718-754, 1948.

BATHURST, R. J. *Comunicação pessoal*. 2013.

BATHURST, R. J. *Comunicação pessoal*. 2016.

BATHURST, R. J.; ALFARO, M. C. Review of seismic design, analysis and performance of geosynthetic reinforced walls, slopes and embankments. In: INTERNATIONAL SYMPOSIUM ON EARTH REINFORCEMENT – IS Kyushu, 1996, Fukuoka, Japan. v. 1, p. 23-52.

BATHURST, R. J.; ALLEN, T. M.; WALTERS, D. L. Reinforcement loads in geosynthetic walls and the case for a new working stress design method. *Geotextiles and Geomembranes*, v. 23, p. 287-322, 2005.

BATHURST, R. J.; MIYATA, Y.; ALLEN, T. M. Facing displacements in geosynthetic reinforced soil walls. Invited keynote paper. In: EARTH RETENTION CONFERENCE, 3., Aug. 2010, ASCE Geo-Institute, Bellevue, Washington, DC.

BATHURST, R. J.; MIYATA, Y.; NERNHEIM, A.; ALLEN, A. M. Refinement of K-stiffness method for geosynthetic reinforced soil walls. *Geosynthetics International*, v. 15, n. 4, p. 269-295, 2008.

BEECH, J. F. *Non-destructive testing of geomembrane seams*: MQC/MQA and CQC/CQA of geosynthetics. Drexel, USA: GRI Conference Series/IFAI/Drexel University, 1993. p. 112-125.

BHATIA, S. K.; HUANG, Q. Geotextile filters for internally stable/unstable soils. *Geosynthetics International*, v. 2, n. 3, p. 537-565, 1995.

BHATIA, S. K.; SMITH, J. L.; CHRISTOPHER, B. R. Geotextile characterization and pore-size distribution: Part III. Comparison of methods and application to design. *Geosynthetics International*, v. 3, n. 3, p. 301-328, 1996.

BIDONE, F. R.; COTRIN, S. L. Perfil de temperaturas em células de aterros sanitários destinadas ao tratamento de resíduos sólidos urbanos. In: SIMPÓSIO INTERNACIONAL DE QUALIDADE AMBIENTAL – GERENCIAMENTO DE RESÍDUOS E CERTIFICAÇÃO AMBIENTAL, 2., 1988, Porto Alegre, RS. p. 87-97.

BINQUET, J.; LEE, K. L. Bearing capacity analysis of reinforced earth slabs. *Journal of the Geotechnical Engineering Division*, ASCE, v. 101, n. 12, p. 1257-1276, 1975.

BOGOSSIAN, F.; SMITH, R. T.; VERTEMATTI, J. C.; YAZBEK, O. Continuous retaining dikes by means of geotextiles. In: INTERNATIONAL CONFERENCE ON GEOSYNTHETICS, 2., 1982, Las Vegas, Nev., USA. v. 1, p. 211-216.

BOLTON, M. D. The strength and dilatancy of sands. *Geotéchnique*, v. 36, n. 1, p. 65-78, 1986.

BORNS, D. J. Geomembrane with incorporated optical fiber sensors for geotechnical and environmental applications. In: INTERNATIONAL CONTAINMENT TECHNOLOGY CONFERENCE, 1997, St. Petersburg, Florida. *Proceedings*... p. 1067-1073.

BOUAZZA, M.; ZORNBERG, J. G. *Geosynthetics in landfills*: IGS leaflet on geosynthetics applications. Trad. MENDES, M. J. A. IGS – Brasil, 2006. Disponível em: <http://igsbrasil.org.br/os-geossinteticos>.

BRANDL, H. Geosynthetics applications for the mitigation of natural disasters. In: INTERNATIONAL CONFERENCE ON GEOSYNTHETICS, 9., 2010, Guarujá. v. 1, p. 67-112.

BS – British Standard. *BS8006*: code of practice for strengthened-reinforced soils and other fills. UK: British Standards Institution, 2010.

BUENO, B. S. *Estudo do comportamento de solos reforçados com fibras aleatórias*. Proc.-150-94. Rio de Janeiro: Finep, 1993.

BÜLHER, A. *Estudo do efeito de grelha de reforço na restauração de pavimentos*. 323 f. Tese (Doutorado) – Divisão de Engenharia de Infraestrutura, Aeronáutica, ITA, São José dos Campos, SP, 2007.

BUSH, D. I. Variation of long-term design strength of geosynthetics in temperatures up to 40 oC. In: INTERNATIONAL CONFERENCE ON GEOTEXTILES, GEOMEMBRANES AND RELATED PRODUCTS, 4., 1990, Hague. v. 1, p. 673-676.

BUTTON, J. W.; EPPS, J. A.; LYTTON, R. L.; HARMON, W. S. Fabric interlayer for pavement overlays. In: INTERNATIONAL CONFERENCE ON GEOSYNTHETICS, 2., 1982. St. Paul, MN, USA. v. 1, p. 145-152.

CALHOUN Jr., C. C. *Development of design criteria and acceptance specifications for plastic filter cloths*. Technical Report, S-72-7. Vicksburg, MS: US Army Engineer Waterways Experiment Station, 1972. 83 p.

CANCELLI, A.; CAZZUFFI, D. Permittivity of geotextiles in presence of water and pollutant fluids. *Geosynthetics*, New Orleans, USA, v. 2, p. 471-481, 1987.

CANCELLI, A.; MONTANELLI, F.; RIMOLDI, P.; ZHAO, A. Full scale laboratory testing on geosynthetics reinforced paved roads. In: SYMPOSIUM ON EARTH REINFORCEMENT, IS Kyushu, 1996, Fukuoka, Japan. p. 573-578.

CANTRÉ, S. Geotextile tubes: analytical design aspects. *Geotextiles and Geomembranes*, v. 20, n. 5, p. 305-319, 2002.

CANTRÉ, S.; SAATHOFF, F. Design method for geotextile tubes considering strain: formulation and verification by laboratory tests using photogrammetry. *Geotextiles and Geomembranes*, v. 29, n. 3, p. 201-209, 2010.

CAROTTI, A.; DI PRISCO, C.; VECCHIOTTI, M.; RECALCATI, P.; RIMOLDI, P. Modeling of geogrid reinvorced emanankments for rockfall protection. In: EUROPEAN CONFERENCE ON GEOSYNTHETICS – EUROGEO, 3., 2004, Munich, Germany. p. 675-680.

CARRILLO, N. Simple two- and three-dimensional cases in the theory of consolidation of soils. *Journal of Applied Mathematics and Physics*, v. 21, n. 1, p. 1-5, 1942.

CARROLL, R. G. Geotextile filter criteria. *Transportation Research Record*, n. 916, p. 46-53, 1983.

CARROLL, R. G.; WALLS, J. G.; HAAS, R. Granular base reinforcement of flexible paments using geogrids. In: GEOSYNTHETICS '87, 1987, St. Paul, MN, USA, IFAI. p. 46-57.

CARVALHO, P. A. S.; PEDROSA, J. A. B. A.; WOLLE, C. M. Aterros reforçados com geotêxteis: uma opção alternativa para a engenharia geotécnica. In: CONGRESSO BRASILEIRO DE MECÂNICA DOS SOLOS E ENGENHARIA GEOTÉCNICA, 8., 1986, Porto Alegre. v. 1, p. 169-178.

CASTRO, D. C. *Ensaios de arrancamento de geogrelhas no campo e no laboratório*. 147 f. Dissertação (Mestrado) – Pontifícia Universidade Católica do Rio de Janeiro, 1999.

CAZZUFFI, D.; MONARI, F.; SCUERO, A. Geomembrane waterproofing for rehabilitation of concrete and masonry dams – Lago Nero Dam, Italy. In: RAYMOND, G. P.; GIROUD, J. P. (Ed.). *Geosynthetics case histories*: thirty five years of experience. British Columbia, Canada: ISSMFE Technical Committee TC9 on Geotextiles and Geosynthetics/BiTech Publishers, 1993. p. 10-11.

CAZZUFFI, D.; GIROUD, J. P.; SCUERO, A.; VASCHETTI, G. Geosynthetics barriers systems for dams. In: INTERNATIONAL CONFERENCE ON GEOSYNTHETICS, 9., 2010, IGS/IGS-Brasil, Guarujá. v. 1, p. 115-163.

CFGG. AFNOR G38017. Association Française de Normalisation – French Committee on Geotextiles, 1986.

CGS – Canadian Geotechnical Society. Canadian foundation engineering manual. Canada, 1992.

CHIRAPUNTU, S.; DUNCAN, J. M. The role of fill strength in the stability of embankments on soft clay foundations. *Geotechnical Engineering Report*, University of California, Berkeley, n. TE 75-3, 1975.

CHRISTOPHER, B. R.; HOLTZ, R. D. *Geotextile engineering manual*. Report n. FHWA-TS-86/203. Washington, DC: Federal Highway Administration, 1985. 1044 p.

COLLIN, J.G.; HAN, J.; HUANG, J. Geosynthetic-reinforced column-support embankment design guidelines. In: NAGS-GRI-19 CONFERENCE, 2005, Las Vegas, USA. 15 p.

COLMANETTI, J. P. *Estudos sobre a aplicação de geomembranas na impermeabilização da face de montante de barragens de enrocamento*. Tese (Doutorado) – Programa de Pós-Graduação em Geotecnia, Universidade de Brasília, Brasília, DF, 2006.

COLMANETTI, J. P.; PALMEIRA, E. M. Interação entre lixo e filtros geotêxteis em ensaios em grande escala. In: GEOSSIGA 2001 – SEMINÁRIO NACIONAL SOBRE GEOSSINTÉTICOS NA GEOTECNIA AMBIENTAL, 2001, São José dos Campos, IGS-Brasil. v. 1, p. 77-83.

COLMANETTI, J. P.; PALMEIRA, E. M. A study on geotextile-leachate interaction by large laboratory tests. In: INTERNATIONAL CONFERENCE ON GEOSYNTHETICS, 7., 2002, Nice, France. v. 2, p. 749-752.

CONSOLI, N. C.; ULBRICH, L. A.; PRIETTO, P. D. M. Engineering behaviour of randomly distributed fiber-reinforced cemented soil. In: ALMEIDA, M. S. S. (Ed.). *Recent development in soil and pavement mechanics*. Rotterdam: Balkema, 1997. p. 481-486.

CONSOLI, N. C.; PRIETTO, P. D. M.; ULBRICH, L. A. Influence of fiber and cement addition on behavior of sandy soil. *Journal of Geotechniccal and Geoenvironmental Engineering, ASCE*, v. 124, n. 12, p. 1211-1214, 1998.

CONSOLI, N. C.; CONSOLI, B. S.; FESTUGATO, L. A practical methodology for the determination of failure envelopes of fiber-reinforced cemented sands. *Geotextiles and Geomembranes*, v. 41, p. 50-54, 2013.

CONSOLI, N. C.; MORAES, R. R.; FESTUGATO, L. Parameters controlling tensile and compressive strength of fiber-reinforced cemented soil. *Journal of Materials in Civil Engineering, ASCE*, USA, v. 25, n. 10, 2013.

CONSOLI, N. C.; VENDRUSCOLO, M. A.; FONINI, A.; DALLA ROSA, F. Fiber reinforcement effects on sand considering a wide cementation range. *Geotextiles and Geomembranes*, v. 27, n. 3, p. 196-203, 2009.

CORBET, S. P. The design and specification of geotextiles and geocomposites for filtration and drainage. In: CORBET, S.; KING, J. (Ed.). *Geotextile in filtration and drainage*. London, UK: Thomas Telford, 1993. p. 29-40.

CORCORAN, B. W.; BHATIA, S. K. Evaluation of geotextile filter in a collection system at Fresh Kills landfill. In: BHATIA, S. S.; SUITS, L. D. (Ed.). *Recent developments in geotextile filters and prefabricated drainage geocomposites*. ASTM Special Technical Publication 1281. Philadelphia, 1996. p. 182-195.

COSTA, C. M. L.; BUENO, B. S. Fluência de geotêxteis não tecidos. *Revista Solos & Rochas*, v. 23, n. 3, p. 235-248, 2000.

COSTANZI, M. A.; BUENO, B. S.; BARAS, L. C. S.; ZORNBERG, J. G. Avaliação da fluência de geotêxteis não tecidos com ensaios acelerados. *Revista Solos & Rochas*, ABMS/ABGE, v. 26, n. 3, p. 217-228, 2003.

CRAIG, R. F. *Soil mechanics*. New York: Van Nostrand Reinhold, 1978.

CRAWFORD, R. J. *Plastics engineering*. Oxford, UK: Butterworth-Heinemann, 1998. 505 p.

CUELHO, E. V.; PERKINS, S. Geosynthetic subgrade stabilization: field testing and design method calibration. *Transportation Geotechnics*, v. 10, p. 22-34, 2017.

CUELHO, E. V.; PERKINS, S.; MORRIS, Z. Relative operational performance of geosynthetic used as subgrade stabilization. Final Project Report, FHWA/MT-14-002/7712-251. Research Programs, State of Montana Department of Transportation, Montana, USA, 2014.

CUNHA, M. G. *Estudo do comportamento de estradas vicinais reforçadas com geotêxtil através de modelos físicos*. Dissertação (Mestrado) – Programa de Pós-Graduação em Geotecnia, Universidade de Brasília, Brasília, DF, 1990.

DAMIANS, I. P.; BATHURST, R. J.; JOSA, A.; LLORET, A.; ALBUQUERQUE, P. J. R. Vertical facing loads in steel reinforced soil walls. *ASCE Journal of Geotechnical and Geoenvironmental Engineering*, v. 139, n. 9, p. 1419-1432, 2013.

DAMIANS, I. P.; BATHURST, R. J.; ADROGUER, E. G.; JOSA, A.; LLORET, A. *Environmental assessment of earth retaining wall structures*. London, UK: Environmental Geotechnics, ICE, 2016. 17 p.

DANIEL, D. E.; KOERNER, R. M. *Waste containment facilities*: guidance for construction, quality assurance and quality control of liner and cover systems. USA: American Society of Civil Engineers, 1995. 354 p.

DANTAS, B. T.; EHRLICH, M. Ábacos para dimensionamento de taludes reforçados sob condições de trabalho. In: CONFERÊNCIA BRASILEIRA DE GEOSSINTÉTICOS, 3., 1999, Rio de Janeiro, RJ. v. 1, p. 115-122.

DANTAS, B. T.; EHRLICH, M. Método de análise de taludes reforçados sob condições de trabalho. *Solos & Rochas*, v. 23, n. 2, p. 113-133, 2000.

DAS, B. M. Foundation on sand underlain by soft clay with geotextile at sand-clay interface. In: GEOSYNTHETICS '89, 1989, San Diego, USA. p. 203-214.

DAVIES, P. L.; JAMES, G. M.; LEGGE, K. R. Use of geotextiles in dams in South Africa. In: SHORT COURSE ON ADVANCED TECHNOLOGIES FOR CONSTRUCTION OF DAMS AND ENVIRONMENTAL CONSIDERATIONS DURING IMPLEMENTATION, SOUTH AFRICAN COMMISSION ON LARGE DAMS (SANCOLD), Aug. 2012, Hilton, Kwazulu-Natal. 14 p.

DÁVILA-CARDONA, L. I. *Estudo de fluxo através de danos mecânicos em geomembranas*. Dissertação (Mestrado em Geotecnia) – Programa de Pós-Graduação em Geotecnia, Universidade de Brasília, Brasília, DF, 2013.

DE GROOT, M.; JANSE, E.; MAAGDENBERG, T. A. C.; VAN DEN BERG, C. Design method and guidelines for geotextile application in road construction. In: INTERNATIONAL CONFERENCE ON GEOSYNTHETICS, 3., 1986, Vienna. v. 3, p. 741-747.

DEN HOEDT, G. Creep and relaxation of geotextile fabrics. *Geotextiles and Geomembranes*, v. 4, p. 83-92, 1986.

DIAS, A. C. *Análise numérica da interação solo-geossintético em ensaios de arrancamento*. 115 f. Dissertação (Mestrado) – Programa de Pós-Graduação em Geotecnia, Universidade de Brasília, Brasília, DF, 2004.

DIERICKX, W.; VAN DER SLUYS, L. Comparative studies of different porometry determination methods for geotextiles. *Geotextiles and Geomembranes*, n. 9, p. 183-198, 1990.

DIERICKX, W.; MYLES, B. Wet sieving as a European EN-Standard for determining the characteristic opening size of geotextiles. In: BHATIA, S. K.; SUITS, L. D. (Ed.). *Recent developments in geotextile filters and prefabricated drainage geocomposites*. ASTM Special Technical Publication 1281. Philadelphia, 1996. p. 54-64.

DUNCAN, J. M.; BYRNE, P.; WONG, K. S.; MABRY, P. *Strength, stress-strain and bulk modulus parameters for finite element analyses of stresses and moments in soil masses*. Geotechnical Engineering Research. Report n. UCB/GT/80-01. Berkeley: University of California, 1980.

DYER, M. *Observation of the stress distribution in crushed glass with applications to soil reinforcement*. Thesis (PhD) – University of Oxford, UK, 1985.

EBGEO. *Recommendations for design and analysis of earth structures using geosynthetic reinforcements – EBGEO*. Trad. Johnson, A. Berlin: Ernst & Sohn, 2011.

EHRLICH, M. Deformações em muros de solos reforçados. In: SIMPÓSIO BRASILEIRO DE GEOSSINTÉTICOS, 2., 1995, São Paulo. v. 1, p. 31-40.

EHRLICH, M.; MITCHELL, J. K. Working stress design method for reinforced soil walls. *Journal of Geotechnical Engineering, ASCE*, v. 120, n. 4, p. 625-645, 1994.

ELIAS, V. E. Durability/corrosion of soil reinforced structures. Report FHWA-RD-89-186, Federal Highway Administration, Washington, DC, 1990.

ELSEIFI, M. M.; AL-QADI, I. L. A simplified overlay design model against reflective cracking utilizing service life prediction. Paper n. 03-3285. In: ANNUAL MEETING OF THE TRANSPORTATION RESEARCH BOARD, 82., 2003, Washington, DC, USA. 23 p.

ELSHARIEF, A. M.; LOVELL, C. W. A probabilistic retention criterion for nonwoven geotextiles. *Geotextiles and Geomembranes*, v. 14, n. 11, p. 601-617, 1996.

EMPFEHLUNG. Bewehrte erdkörper auf punkt-oder linienförmigen traggliedern – entwurf September 2003, Kapitel 6.9 für die Empfehlungen für Bewehrungen aus Geokunststoffen (EBGEO), Germany. 2003.

EPA. Design and construction of RCLA/CERCLA final covers. Seminar Publication, EPA/625/4-91/025, USA, 1991.

FAHEL, A. R. S. *Instabilidades e problemas construtivos em obras reforçadas com geossintéticos*. 117 f. Dissertação (Mestrado) – Programa de Pós-Graduação em Geotecnia, Universidade de Brasília, Brasília, DF, 1998.

FANNIN, R. J. *Geogrid reinforcement of granular layers on soft clay*: a study at model and full scale. Thesis (PhD) – University of Oxford, UK, 1986.

FANNIN, R. J., VAID, Y. P.; SHI, Y. C. Filtration behaviour of nonwoven geotextiles. *Canadian Geotechnical Journal*, v. 31, p. 555-563, 1994.

FANNIN, R. J.; VAID, Y. P.; PALMEIRA, E. M.; SHI, Y. C. A modified gradient ratio test device. In: BHATIA, S. K.; SUITS, L. D. (Ed.). *Recent developments in geotextile filters and prefabricated drainage geocomposites*. ASTM Special Technical Publication 1281. Philadelphia, 1996.

FARIAS, R. J. C. *Utilização de geossintéticos no controle de erosões*. Dissertação (Mestrado) – Programa de Pós-Graduação em Geotecnia, Universidade de Brasília, Brasília, DF, 1999.

FARIAS, R. J. C. *Utilização de geossintéticos em sistemas de controle de erosões*. Tese (Doutorado) – Programa de Pós-Graduação em Geotecnia, Universidade de Brasília, Brasília, 2005.

FAURE, Y. H. *Approche structurale du comportement filtrant-drainant des geotextiles*. 352 f. Thesis (PhD) – L'Universite Joseph Fourier, L'Institut National Polytéchnique de Grenoble, France, 1988.

FAURE, Y. H.; GOURC, J. P.; GENDRIN, P. Structural study of porometry and filtration opening size of geotextiles. In: PEGGS, I. D. (Ed.). *Geosynthetics*: microstructure and performance. ASTM Special Technical Publication 1076. West Conshohocken, Pennsylvania, 1989. p. 102-119.

FERNANDES, G. *Comportamento de estruturas de pavimentos ferroviários com utilização de solos finos e resíduos de mineração de ferro associados a geossintéticos*. Tese (Doutorado) – Programa de Pós-Graduação em Geotecnia, Universidade de Brasília, Brasília, DF, 2005.

FERNANDES, I. *Fundações diretas em aterros reforçados com geossintéticos*. Dissertação (Mestrado) – Programa de Pós-Graduação em Geotecnia, Universidade de Brasília, Brasília, DF, 2014.

FERREIRA, J.; BECK, A. Inspeção de integridade de *liners* com localização geoelétrica de furos em geomembranas: uma solução efetiva para evitar contaminações ambientais e prejuízos financeiros. *Revista Fundações & Obras Geotécnicas*, Editora Rudder, n. 43, p. 46-49, abr. 2014.

FERREIRA, R. C. Colmatação físico-química de filtros – tentativa de simulação em laboratório. In: CONGRESSO BRASILEIRO DE MECÂNICA DOS SOLOS E ENGENHARIA DE FUNDAÇÕES, 6., 1978, Rio de Janeiro, RJ. v. 1, p. 81-100.

FHWA – FEDERAL HIGHWAY ADMINISTRATION. *Prefabricated vertical drains*: engineering guidelines. Report n. FHWA/RD-86/168. USA: US Department of Transportation, 1986. v. 1.

FHWA – FEDERAL HIGHWAY ADMINISTRATION. *Reinforced soil structures*: design and construction guidelines. Virginia, USA: US Department of Transportation, 1990. v. 1.

FISCHER, G. R.; CHRISTOPHER, B. R.; HOLTZ, R. D. Filter criteria based on pore size distribution. In: INTERNATIONAL CONFERENCE ON GEOTEXTILES, GEOMEMBRANES AND RELATED PRODUCTS, 4., 1990, Hague, Netherlands. v. 1, p. 289-294.

FISCHER, G. R.; HOLTZ, R. D.; CHRISTOPHER, B. R. A critical review of geotextile pore size measurement methods. In: BRAUNS, J.; SCHULER, U.; HEIBAUM, M. (Ed.). *Proceedings of the 1st International Conference on Filters in Geotechnical and Hydraulic Engineering – Geofilters '92*. Karlsruhe, Germany, 1992. v. 1, p. 83-90.

FLEMING, I. R.; ROWE, R. K. Laboratory studies of clogging of landfill leachate collection & drainage systems. *Canadian Geotechnical Journal*, v. 41, n. 1, p. 134-153, 2004.

FLEMING, I. R.; ROWE, R. K.; CULLIMORE, D. R. Field observations of clogging in a landfill leachate collection system. *Canadian Geotechnical Journal*, v. 36, n. 4, p. 685-707, 1999.

FORD, H. W. Biological clogging of synthetic drain envelopes. In: INTERNATIONAL DRAINAGE WORKSHOP, 2., 1982, Washington, DC, USA.

FORGET, B.; ROLLIN, A.; JACQUELIN, T. Lessons learned from 10 years of leak detection surveys on geomembranes. In: INTERNATIONAL WASTE MANAGEMENT AND LANDFILL SYMPOSIUM, 10., 2005, S. Margherita di Pula, Cagliari, Sardinia, Italy. *Proceedings*... Cagliari, Italy: CISA, 2005.

FOURIE, A. B.; BOUAZZA, A.; LUPO, J.; ABRÃO, P. Improving the performance of mining infrastructure through the judicious use of geosynthetics. In: INTERNATIONAL CONFERENCE ON GEOSYNTHETICS, 9., 2010, IGS/IGS-Brasil, Guarujá. v. 1, p. 193-219.

FRISCHKNECHT, R.; STUCKI, M.; BÜSSER, S.; ITTEN, R. Comparative life cycle assessment of geosynthetics versus conventional construction materials. *Ground Engineering*, v. 45, n. 10, p. 24-28, 2012.

FRITZEN, M. A. *Avaliação de soluções de reforço de pavimentos asfálticos com simulador de trafego na rodovia Rio-Teresópolis*. 291 f. Dissertação (Mestrado) – COPPE/UFRJ, Rio de Janeiro, RJ, 2005.

GALLAGHER, E. M.; DARBYSHIRE, W.; WARWICK, R. G. Performance testing of landfill geoprotectors: background, critique, development and current UK practice. *Geosynthetics International*, v. 6, n. 4, p. 283-301, 1999.

GARDONI, M. G. *Comportamento dreno-filtrante de geossintéticos sob pressão*. Tese (Doutorado) – Programa de Pós-Graduação em Geotecnia, Universidade de Brasília, Brasília, DF, 2000.

GARDONI, M. G.; PALMEIRA, E. M. Transmissivity of geosynthetics under high normal stresses. *Geosynthetics*, IFAI/NAGS, Boston, v. 2, p. 769-782, 1999.

GARDONI, M. G.; PALMEIRA, E. M. Microstructure and pore characteristics of synthetic filters under confinement. *Geotéchnique*, v. 52, n. 6, p. 405-418, 2002.

GEO – GEOTECHNICAL ENGINEERING OFFICE. *Review of granular and geotextile filters*. GEO Publication n. 1/93. Hong Kong Government, Civil Engineering Department, 1993. 141 p.

GILBERT, P. A.; MURPHY, W. L. *Prediction/mitigation of subsidence damage to hazardous waste landfill covers*. Cincinnati, OH: US Environmental Protection Agency, Hazardous Waste Engineering Research Laboratory, EPA/600/12/87-025, 1987.

GIRARD, H.; FISHER, S.; ALONSO, E. Problems of friction posed by the use of geomembranes on dam slopes-examples and measurements. *Geotextiles and Geomembranes*, v. 9, n. 2, p. 129-143, 1990.

GIROUD, J. P. Designing with geotextiles. *Materials of Construction*, v. 14, n. 82, p. 257-272, 1981.

GIROUD, J. P. Filter criteria for geotextiles. In: INTERNATIONAL CONFERENCE ON GEOTEXTILES, 2., Aug. 1-6, 1982, Las Vegas, USA. v. 1, p. 103-108.

GIROUD, J. P. *Geotextiles and geomembranes, definitions, properties and designs*. St. Paul, MN, USA: IFAI, 1984.

GIROUD, J. P. Determination of geosynthetic strain due to deflection. *Geosynthetics International*, v. 2, n. 3, p. 635-641, 1995.

GIROUD, J. P. Granular filters and geotextile filters. In: LAFLEUR, J.; ROLLIN, A. (Ed.). *GeoFilters '96*. Montreal, 1996. p. 565-680.

GIROUD, J. P.; NOIRAY, L. Geotextile-reinforced unpaved road design. *Journal of the Geotechnical Engineering Division, ASCE*, v. 107, n. GT9, p. 1231-1254, 1981.

GIROUD, J. P.; BEECH, J. F. Stability of soil layers on geosynthetic lining systems. In: GEOSYNTHETICS '89, Feb. 1989, San Diego, CA, USA. *Proceedings*... IFAI, 1989. v. 1, p. 35-46.

GIROUD, J. P.; BONAPARTE, R. Leakage through a composite liner due to geomembrane defects. *Geotextiles and Geomembranes*, v. 11, n. 1, p. 1-29, 1989.

GIROUD, J. P.; PEGGS, I. D. Geomembrane construction quality assurance. In: BONAPARTE, R. (Ed.). *Waste containment system construction, regulation and performance*. Geotechnical Special Publication n. 26. New York: ASCE, 1990. p. 190-225.

GIROUD, J. P.; GROSS, B. A. Geotextile filters for downstream drain and upstream slope – Valcros Dam, France. In: RAYMOND, G. P.; GIROUD, J. P. (Ed.). *Geosynthetics case histories*: thirty five years of experience. British Columbia, Canada: ISSMFE Technical Committee TC9 on Geotextiles and Geosynthetics/BiTech Publishers, 1993. p. 2-3.

GIROUD, J. P.; HAN, J. Design method for geogrid reinforced unpaved roads – I: Development of design method. *Journal of Geotechnical and Geoenvironmental Engineering, ASCE*, v. 130, n. 8, p. 775-786, 2004a.

GIROUD, J. P.; HAN, J. Design method for geogrid reinforced unpaved roads – II: Calibration and applications. *Journal of Geotechnical and Geoenvironmental Engineering, ASCE*, v. 130, n. 8, p. 787-797, 2004b.

GIROUD, J. P.; AH-LINE, C.; BONAPARTE, R. *Design of unpaved roads and trafficked areas with geogrids*: polymer grid reinforcement. London: Thomas Telford, 1985. p. 116-127.

GIROUD, J. P.; PELTE, T.; BATHURST, R. J. Uplift of geomembranes by wind. *Geosynthetics International*, v. 2, n. 6, p. 897-952, 1995.

GIROUD, J. P.; GLEASON, M. H.; ZORNBERG, J. G. Design of geomembrane anchorage against wind action. *Geosynthetics International*, v. 6, n. 6, p. 481-507, 1999.

GIROUD, J. P.; ZORNBERG, J. G.; ZHAO, A. Hydraulic design of geosynthetic and granular liquid collection layers. *Geosynthetics International*, v. 7, n. 4-6, p. 285-380, 2000.

GIROUD, J. P.; BONAPARTE, R.; BEECH, J. F.; GROSS, B. A. Design of soil layer-geosynthetic systems overlying voids. *Geotextiles and Geomembranes*, v. 9, n. 1, p. 11-50, 1990a.

GIROUD, J. P.; SWAN, R. H.; RICHER, P. J.; SPOONER, P. R. Geosynthetic landfill cap: laboratory and field tests, design and construction. In: INTERNATIONAL CONFERENCE ON GEOTEXTILES, GEOMEMBRANES AND RELATED PRODUCTS, 4., 1990b, Hague, Netherlands. v. 2, p. 493-498.

GOMES, R. C. *Interação solo-reforço e mecanismos de ruptura em solos reforçados com geotêxteis*. Tese (Doutorado) – Escola de Engenharia de São Carlos, Universidade de São Paulo, São Carlos, SP, 1993.

GÓNGORA, I. A. G. *Utilização de geossintéticos como reforço de estradas não pavimentadas*: influência do tipo de reforço e do material de aterro. Dissertação (Mestrado) – Programa de Pós-Graduação em Geotecnia, Universidade de Brasília, Brasília, DF, 2011.

GÓNGORA, I. A. G. *Estradas não pavimentadas reforçadas com geossintéticos*: influência de propriedades físicas e mecânicas do reforço. Tese (Doutorado) – Programa de Pós-Graduação em Geotecnia, Universidade de Brasília, Brasília, DF, 2015.

GÓNGORA, I. A. G; PALMEIRA, E. M. Influence of fill and geogrid characteristics on the performance of unpaved roads on weak subgrades. *Geosynthetics International*, v. 19, n. 2, p. 191-199, 2012.

GÓNGORA, I. A. G.; PALMEIRA, E. M. Assessing the influence of soil-reinforcement interaction parameters on the performance of a low fill on compressible subgrade. Part II: influence of surface maintenance. *International Journal of Geosynthetics and Ground Engineering*, v. 2, n. 2, p. 1-12, 2016.

GOURC, J. P.; FAURE, Y. Soil particles, water and fibres: a fruitful interaction now controlled. In: INTERNATIONAL CONFERENCE ON GEOTEXTILES, GEOMEMBRANES AND RELATED PRODUCTS, 4., 1990, Hague, Netherlands. v. 3, p. 949-971.

GOURC, J. P.; ROLLIN, A.; LAFLEUR, J. Structural permeability law of geotextiles. In: INT. CONF. ON GEOTEXTILES, 2., 1982, Las Vegas, USA. *Proceedings*... v. 1, p. 149-153.

GOURC, J. P.; LALARAKOTOSON, S.; MÜLLER-ROCHHOLTZ, H.; BRONSTEIN, Z. Friction measurements by direct shearing or tilting process: development of a European standard. In: EUROPEAN CONFERENCE ON GEOSYNTHETICS – EUROGEO, 1., 1996, Maastricht, Netherlands. v. 1, p. 1039-1046.

GRAY, D. H.; OHASHI, H. Mechanics of fiber-reinforcement in sand. *ASCE Journal of Geotechnical Engineering*, v. 109, n. 3, p. 335-353, 1983.

GRAY, D. H.; AL-REFEAI, T. Behaviour of fabric versus fiber--reinforced sand. *ASCE Journal of Geotechnical Engineering*, v. 112, n. 8, p. 804-820, 1986.

GREENWOOD, J. A low cost self-erecting flood barrier – Patent EP 1880058 of 31/12/2008. In: SUSTAINABILITY: THE FUTURE IS IN THE HANDS OF THE GEOTECHNICAL ENGINEER, 2012, British Geotechnical Association/International Geosynthetics Society, ICE, London, England.

GUIDO, V. A.; BIESIADECKI, G. L.; SULLIVAN, M. J. Bearing capacity of geotextile-reinforced foundation. In: INTERNATIONAL CONFERENCE ON SOIL MECHANICS AND FOUNDATION ENGINEERING, 11., 1985, San Francisco, USA. v. 2, p. 1777-1780.

GUIDO, V. A.; CHANG, D. K.; SWEENEY, M. A. Comparison of geogrid and geotextile reinforced earth slabs. *Canadian Geotechnical Journal*, v. 23, n. 4, p. 435-440, 1986.

GUO, W.; CHU, J.; YAN, J. Effect of subgrade soil stiffness on the design of geosynthetic tube. *Geotextiles and Geomembranes*, v. 29, n. 3, p. 277-284, 2011.

GUO, W.; CHU, J.; SHUWANG, Y.; NIE, W. Geosynthetic mattress: analytical solution and verification. *Geotextiles and Geomembranes*, v. 37, p. 74-80, 2013.

GUO, W.; CHU, J.; NIE, W.; SHUWANG, Y. A simplified method for design of geosynthetic tubes. *Geotextiles and Geomembranes*, v. 42, p. 421-427, 2014.

HALIBURTON, T. A.; WOOD, P. D. Evaluation of the U.S. Army Corps of Engineers gradient ratio test for geotextile performance. In: INTERNATIONAL CONFERENCE ON GEOTEXTILES, 2., 1982, Las Vegas, USA. *Proceedings*... v. 1, p. 97-101.

HALSE, Y.; KOERNER, R. M.; LORD JR., A. E. Effect of high alkalinity levels on geotextiles: Part I, Ca(OH)2 solutions. *Geotextiles and Geomembranes*, v. 5, n. 4, p. 261-282, 1987a.

HALSE, Y.; KOERNER, R. M.; LORD JR.; A. E. Effect of high alkalinity levels on geotextiles: Part II, Na(OH) solutions. *Geotextiles and Geomembranes*, v. 5, n. 4, p. 295-305, 1987b.

HANDY, R. L. The arch in soil arching. *ASCE Journal of Geotechnical Engineering*, v. 111, p. 302-318, 1985.

HANSBO, S. Consolidation of clay by band-shaped prefabricated drains. *Ground Engineering*, v. 12, n. 5, p. 16-25, 1979.

HANSBO, S.; JAMIOLKOWSKI, M.; KOK, L. Consolidation by vertical drains. *Geotéchnique*, v. 31, p. 45-66, 1981.

HAQUE, M. A.; ALAMGIR, M.; SALIM, M.; KABIR, M. H. Performance of geotextile-reinforced shallow foundations used in Bangladesh. In: INTERNATIONAL SYMPOSIUM ON EARTH REINFORCEMENT – IS KYUSHU, 2001, Fukuoka, Japan. v. 1, p. 565-570.

HAUSMANN, M. R. Strength of reinforced soil. In: AUSTRALIAN ROAD RESEARCH CONFERENCE, 8., 1976, Perth, Australia. p. 1-8.

HAXO, H. E.; HAXO, P. D. Environmental conditions encountered by geosynthetics in waste containment applications. In: KOERNER, K. M. (Ed.). *Seminar on durability and ageing of geosynthetics*. Philadelphia: Geosynthetic Research Institute, 1988.

HEERTEN, G. Dimensioning the filtration properties of geotextiles considering long-term conditions. In: INTERNATIONAL CONFERENCE ON GEOTEXTILES, 2., 1982, Las Vegas, USA. *Proceedings*... v. 1, p. 115-120.

HEERTEN, G. Reduction of climate-damaging gases in geotechnical engineering practice using geosynthetics. *Geotextiles and Geomembranes*, v. 30, p. 43-49, 2012.

HENZINGER, J.; WERNER, G. Geocomposite sliding layer for concrete core dam – Bockhartsee Dam, Austria. In: RAYMOND, G. P.; GIROUD, J. P. (Ed.). *Geosynthetics case histories: thirty five years of experience*. British Columbia, Canada: ISSMFE Technical Committee TC9 on Geotextiles and Geosynthetics/BiTech Publishers, 1993. p. 8-9.

HEWLETT, W. J.; RANDOLPH, M. F. Analysis of piled embankments. *Ground Engineering*, p. 12-18, Apr. 1988.

HINCHBERGER, S. D.; ROWE, R. K. Geosynthetic reinforced embankments on soft clay foundations: predicting reinforcement strains at failure. *Geotextiles and Geomembranes*, v. 21, p. 151-175, 2003.

HIX, K. Leak detection for landfill liners: overview of tools for vadose zone monitoring. Technology status report prepared for the USEPA. Technology Innovation Office under a National Network of Environmental Management Studies Fellowship, USA, 1998.

HOLTZ, R. D. Preloading with prefabricated vertical strip drains. *Geotextiles and Geomembranes*, v. 6, n. 1-3, p. 109--131, 1987.

HOLTZ, R. D. *Comunicação pessoal*. 2015.

HOLTZ, R. D.; SIVAKUGAN, N. Design charts for roads with geotextiles. *Geotextiles and Geomembranes*, v. 5, p. 191-199, 1987.

HOLTZ, R. D.; CHRISTOPHER, B. R.; BERG, R. R. *Geosynthetics engineering*. Richmond, Canada: BiTech Publishers, 1997. 452 p.

HOLTZ, R. D.; JAMIOLKOWSKI, M.; LANCELLOTTA, R.; PEDRONI, S. Behaviour of bent prefabricated vertical drains. In: INTERNATIONAL CONFERENCE ON SOIL MECHANICS AND FOUNDATION ENGINEERING, 12., 1989, Rio de Janeiro. *Proceedings*... p. 1657-1660.

HOOVER, T. S. Laboratory testing of geotextile filter fabrics. In: INTERNATIONAL CONFERENCE ON GEOTEXTILES, 2., 1982, Las Vegas, USA. *Proceedings*... v. 3, p. 839-843.

HOSSEINI, H. R. A.; DARBAN, A.; FAKHRI, K. The effect of geosynthetic reinforcement on the damage propagation rate of asphalt pavements. *Scientia Iranica*, v. 16, p. 26-32, 2009.

HOULSBY, G. T.; WROTH, C. P. Calculation of stresses on shallow penetrometers and footings. Oxford University Engineering Laboratory Report n. 1503/83-SM041/83, 1983. 18 p.

HOULSBY, G. T.; JEWELL, R. A. Design of reinforced unpaved roads for small rut depths. In: INTERNATIONAL CONFERENCE ON GEOSYNTHETICS, 4., 1990, Hague, Netherlands. v. 1, p. 171-176.

HSUAN, Y. G.; KOERNER, R. M.; LORD JR., A. E. Stress crack resistance of high density polyethylene geomembranes. *Journal of Geotechnical Engineering Division*, ASCE, v. 119, n. 11, p. 1840-1855, 1993.

HUANG, C. C.; TATSUOKA, F. Prediction of bearing capacity in level sandy ground reinforced with strip reinforcement. In: INTERNATIONAL SYMPOSIUM ON EARTH REINFORCEMENT – IS Kyushu, 1988, Fukuoka, Japan. v. 1, p. 191-196.

HUANG, C. C.; TATSUOKA, F. Bearing capacity of reinforced horizontal sandy ground. *Geotextiles and Geomembranes*, v. 9, p. 51-82, 1990.

HUANG, C. C.; MENQ, F. Y. Deep-footing and wide slab effects in reinforced sandy ground. *ASCE Journal of Geotechnical and Geoenvironmental Engineering*, v. 123, n. 1, p. 30-36, 1997.

IFAI – INDUSTRIAL FABRICS ASSOCIATION INTERNATIONAL. *North American market for geosynthetics*. USA, 1996. 97 p.

IGS – INTERNATIONAL GEOSYNTHETICS SOCIETY. *Recommended descriptions of geosynthetics functions, geosynthetics terminology, mathematical and graphical symbols*. USA, 1996.

INFANTI Jr., N.; KANJI, M. A. Preliminary considerations on geochemical factors affecting the safety of earth dams. In: INTERNATIONAL CONGRESS OF THE ASSOCIATION OF ENGINEERING GEOLOGY, 2., 1974. v. 1, p. IV.33.1-IV.33.11.

INGOLD, T. S. *Reinforced earth*. London, UK: Thomas Telford, 1982. 141 p.

INGOLD, T. S.; MILLER, K. S. Analytical and laboratory investigations of reinforced clay. In: INTERNATIONAL CONFERENCE ON GEOSYNTHETICS, 2., 1982, Las Vegas, USA. v. 3, p. 587-592.

IONESCU, A.; KISS, S.; DRAGAN-BULARDA, M.; RADULESCU, D.; KOLOZSI, E.; PINTEA, H.; CRISAN, R. Methods used for testing the bio-colmatation and degradation of geotextiles manufactured in Romania. In: INTERNATIONAL CONFERENCE ON GEOSYNTHETICS, 2., 1982, Las Vegas, USA. *Proceedings*... v. 2, p. 547-552.

ISO – INTERNATIONAL ORGANIZATION FOR STANDARDIZATION. *Standards catalogue*. [s.d.]. Disponível em: <www.iso.org/iso/iso_catalogue/catalogue_tc/catalogue_tc_browse.htm?commid=270590>. Acesso em: 4 fev. 2016.

JACOBS, M. M. J.; HOPMAN, P. C.; MOLENAAR, A. A. A. Application of fracture mechanics principles to analyze cracking in asphalt concrete. In: ANNUAL MEETING OF THE ASSOCIATION OF ASPHALT PAVING TECHNOLOGISTS, 1996, Baltimore, MD, USA. v. 65, p. 1-39.

JAKY, J. The coefficient of earth pressure at rest. *Journal of the Society of Hungarian Architects and Engineers*, Budapest, p. 355-358, Oct. 1944.

JEWELL, R. A. *Some effects of reinforcement on soils*. Thesis (PhD) – University of Cambridge, UK, 1980.

JEWELL, R. A. *The mechanics of reinforced embankments on soft soils*. OUEL Report n. 071/87. UK: University of Oxford, 1987.

JEWELL, R. A. Theory of reinforced walls: revised design charts for steep reinforced slopes. In: SHERCLIFF, D. A. (Ed.). *Symposium on reinforced embankments*: theory and practice. Cambridge, UK, 1990. p. 1-30.

JEWELL, R. A. *Soil reinforcement with geotextiles*. UK: Ciria; Thomas Telford, 1996. 332 p.

JEWELL, R. A.; GREENWOOD, J. H. Long term strength and safety in steep soil slopes reinforced by polymer materials. *Geotextiles and Geomembranes*, v. 7, p. 81-118, 1988.

JEWELL, R. A.; MILLIGAN, G. W. E. Deformation calculations for reinforced soil walls. In: INTERNATIONAL CONFERENCE ON SOIL MECHANICS AND FOUNDATION ENGINEERING, 12., 1989, Rio de Janeiro. v. 2, p. 1257-1262.

JEWELL, R. A.; MILLIGAN, G. W. E.; SARSBY, R. W.; DUBOIS, D. Interaction between soil and geogrids. In: SYMPOSIUM ON POLYMER GRID REINFORCEMENT IN CIVIL ENGINEERING, ICE, 1984, London, UK. Paper 1.3, p. 1-13.

JOHN, N. W. M. *Geotextiles*. Glasgow, UK: Blackie and Son, 1987. 347 p.

JONES, C. J. F. P.; EDWARDS, L. W. Reinforced earth structures situated on soft foundations. *Geotéchnique*, v. 30, n. 2, p. 207-213, 1980.

JONES, C. J. F. P.; GLENDINNING, S.; HUNTLEY, D. T.; LAMONT-BLACK, J. Soil consolidation and strengthening using electrokinetic geosynthetics: concepts and analysis. In: KUWANO, J.; KOSEKI, J. (Ed.). *Geosynthetics*. Rotterdam: Millpress, 2006. v. 1, p. 411-414.

JU, J. W.; SON, S. J.; KIM, J. Y.; JUNG, I. G. Bearing capacity of sand foundation reinforced by geonet. In: INTERNATIONAL SYMPOSIUM ON EARTH REINFORCEMENT – IS Kyushu, 1996, Fukuoka, Japan. v. 1, p. 603-608.

JUNQUEIRA, F. F. *Análise do comportamento de resíduos sólidos urbanos e sistemas dreno-filtrantes em diferentes escalas com referência ao aterro Jóquei Clube-DF*. 283 f. Tese (Doutorado) – Programa de Pós-Graduação em Geotecnia, Universidade de Brasília, Brasília, DF, 2000.

JUNQUEIRA, F. F.; PALMEIRA, E. M. Desempenho de células experimentais de lixo geotecnicamente preparadas. In: SIMPÓSIO BRASILEIRO DE GEOTECNIA AMBIENTAL – REGEO, 4., 1999, São José dos Campos, SP, ABMS. v. 1, p. 428-433.

JUNQUEIRA, F. F; PALMEIRA, E. M. Monitoramento do comportamento de lixo em células geotecnicamente preparadas. In: CONGRESSO BRASILEIRO DE GEOTECNIA AMBIENTAL – REGEO, 4., 1999, São José dos Campos, SP. p. 428-432.

JUNQUEIRA, F. F.; SILVA, A. R. L.; PALMEIRA, E. M. Performance of drainage systems incorporating geosynthetics and their effect on leachate properties. *Geotextiles and Geomembranes*, v. 24, n. 5, p. 311-324, 2006.

KANIRAJ, S. R. Rotational stability of unreinforced and reinforced embankments on soft soils. *Geotextiles and Geomembranes*, v. 13, n. 11, p. 707-726, 1994.

KANIRAJ, S. R. Directional dependency of reinforcement force in reinforced embankments on soft soils. *Geotextiles and Geomembranes*, v. 15, n. 9, p. 507-519, 1996.

KANJI, M. A.; FERREIRA, R. C.; GUERRA, M. O.; INFANTI Jr., N. Geoquímica do ferro nas obras de engenharia em solos tropicais: Breve histórico do conhecimento. In: SIMPÓSIO BRASILEIRO SOBRE SOLOS TROPICAIS, 1981, Coppe/UFRJ, Rio de Janeiro, RJ. v. 2, p. 146-158.

KEMPFERT, H.-G.; GÖBEL, C.; ALEXIEW, D.; HEITZ, C. German recommendations for reinforced embankments on pile-similar elements. In: EUROPEAN GEOSYNTHETIC CONFERENCE – EUROGEO, 3., 2004, Munich, Germany. v. 1, p. 279-284.

KENNEY, T. C.; LAU, D. Internal stability of granular filters. *Canadian Geotechnical Journal*, n. 22, p. 215-225, 1985.

KEZDI, A. Lateral earth pressure. In: WINTERKORN, H. F.; FANG, H. Y. (Ed.). *Foundation engineering handbook*. New York: Van Nostrand Reinhold, 1975. p. 197-220.

KHODAII, A.; SHAHAB, F.; FEREIDOON, M. N. Effects of geosynthetic on reduction of reflection cracking in asphalt overlays. *Geotextiles and Geomembranes*, v. 27, p. 1-8, 2008.

KINNEY, T. C. *Standard test method for determining the "Aperture Stability Modulus" of a geogrid*. Seattle, USA: Shannon & Wilson, 2000.

KNUTSON, A. F. Reinforced soil retaining structures, Norwegian experiences. In: INTERNATIONAL CONFERENCE ON GEOSYNTHETICS, 4., 1990, Hague, Netherlands. v. 1, p. 87-91.

KOERNER, G. R.; KOERNER, R. M. Biological activity and potential remediation involving geotextile landfill leachate filters. In: KOERNER, R. M. (Ed.). *Geosynthetic testing for waste containment applications*. ASTM Special Technical Publication 1081. Philadelphia, 1990.

KOERNER, J. R.; KOERNER, R. M. *A survey of solid waste landfill liner and cover regulations*: part II – worldwide status. Drexell, USA: GRI Report n. 23, 1999. 177 p.

KOERNER, R. M. *Construction and geotechnical methods in foundation engineering*. USA: McGraw-Hill, 1988.

KOERNER, R. M. *Designing with geosynthetics*. 2. ed. New Jersey: Prentice-Hall, 1990. 761 p.

KOERNER, R. M. *Designing with geosynthetics*. 4. ed. New Jersey: Prentice-Hall, 1998. 761 p.

KOERNER, R. M.; HWU, B.-L. Stability and tension considerations regarding cover soils on geomembrane lines slopes. *Geotextiles and Geomembranes*, v. 10, n. 4, p. 335-355, 1991.

KOERNER, R. M.; SOONG, T. Geosynthetic reinforced segmental retaining walls. *Geotextiles and Geomembranes*, v. 19, p. 359-386, 2001.

KOERNER, R. M.; KOERNER, G. R. A data base, statistics and recommendations regarding 171 failed geosynthetic reinforced mechanically stabilized Earth (MSE) walls. *Geotextiles and Geomembranes*, v. 40, p. 20-27, 2013.

KOERNER, R. M.; KOERNER, G. R.; HWU, B-L. Three dimensional axisymmetric geomembrane tension test. In: KOERNER, R. M. (Ed.). *Geosynthetic testing for waste containment applications*. ASTM Special Publication 1081. Las Vegas, 1990. p. 170-184.

KOERNER, R. M; WILSON-FAHMY, R. F.; NAREJO, D. Puncture protection of geomembranes – part III: examples. *Geosynthetics International*, v. 3, n. 5, p. 655-675, 1996.

LADE, P. V.; LEE, K. L. Engineering properties of soils. University of California, Los Angeles, CA, Report UCLA-ENG-7652, 1976.

LAFLAIVE, E. Le reforcement des matériaux granulaires avec des fils continus. In: INTERNATIONAL CONFERENCE ON GEOSYNTHETICS, 2., 1982, Las Vegas, USA. v. 3, p. 721-726.

LAFLAIVE, E. Soils reinforced with continuous yarns: the Texsol. In: INTERNATIONAL CONFERENECE ON SOIL MECHANICS AND FOUNDATION ENGINEERING, 11., 1985, San Francisco, USA. v. 3, p. 1787-1790.

LAFLAIVE, E. Le renforcement des sols par fils continus. In: INTERNATIONAL CONFERENCE ON GEOSYNTHETICS, 3., 1986, Vienna, Austria. v. 2, p. 523-528.

LAFLEUR, J. Selection of geotextiles to filter broadly graded cohesionless soils. *Geotextiles and Geomembranes*, v. 17, n. 5-6, p. 299-312, 1999.

LAGATTA, M. D. *Hydraulic conductivity tests on geosynthetic clay liners subjected to differential settlement*. Thesis (MSc.) – University of Texas, Austin, Texas, USA, 1992.

LAGATTA, M. D.; BOARDMAN, B. T.; COOLEY, B. H.; DANIEL, D. E. Geosynthetic clay liners subjected to differential settlement. *Journal of Geotechnical and Geoenvironmental Engineering*, v. 123, n. 5, p. 402-410, 1997.

LAINE, D. L. Analysis of pinhole seam leaks located in geomembrane liners using the electrical leak location method: Case histories. *Geosynthetics*, Atlanta, USA, v. 1, p. 239-253, 1991.

LALARAKOTOSON, S.; VILLARD, P.; GOURC, J. P. Shear strength characterization of geosynthetic interfaces on inclined planes. *Geotechnical Testing Journal*, v. 22, n. 4, p. 284-291, 1999.

LAMBERT, S.; BOURRIER, F. Design of rockfall protection embankments: a review. *Engineering Geology*, v. 154, p. 77-88, 2013.

LANDRETH, R. E. Durability of geosynthetics in waste management facilities: needed research. In: SEMINAR ON DURABILITY AND AGEING OF GEOSYNTHETICS, 1988, GRI, Drexel University, USA.

LAWSON, C. R. Geosynthetics in soil reinforcement. In: SYMPOSIUM ON GEOTEXTILES IN CIVIL ENGINEERING, Institution of Engineers of Australia, Newcastle, 1986a. p. 1-35.

LAWSON, C. R. Geotextile filter criteria for tropical residual soils. In: INTERNATIONAL CONFERENCE ON GEOTEXTILES, 3., 1986b, Vienna, Austria. v. 2, p. 557-562.

LAWSON, C. R. *Basal reinforcement embankment practice in the United Kingdom*: the practice of soil reinforcing in Europe. London, UK: Thomas Telford, 1995. p. 173-194.

LAWSON, C. R. Geotextile containment for hydraulic and environmental engineering. *Geosynthetics International*, v. 15, n. 6, p. 384-427, 2008.

LECLERCQ, B.; SCHAEFFNER, M.; DELMAS, P. H.; BLIVET, J. C.; MATICHARD, Y. Durability of geotextiles: pragmatic approach used in France. In: INTERNATIONAL CONFERENCE ON GEOTEXTILES, GEOMEMBRANES AND RELATED PRODUCTS, 4., 1990, Hague, Netherlands. v. 2, p. 679-684.

LEGGE, K. R. Geotextile selection as filters within embankment and tailings dams. In: INTERNATIONAL CONFERENCE ON FILTERS AND DRAINAGE IN GEOTECHNICAL AND ENVIRONMENTAL ENGINEERING – GEOFILTERS, 4., 2004, Cape Town, South Africa. v. 1, p. 333-345.

LESHCHINSKY, D.; LESHCHINSKY, O.; LING, H. I.; GILBERT, P. A. Geosynthetic tubes for confining pressurized slurry: some design aspects. *Journal of Geotechnical Engineering*, ASCE, v. 122, n. 8, p. 682-690, 1996.

LIMA, D. C.; BUENO, B. S.; THOMASI, L. The mechanical response of soli-lime mixtures reinforced with short synthetic fiber. In: INTERNATIONAL SYMPOSIUM ON ENVIRONMENTAL GEOTECHNOLOGY, 3., 1996, San Diego, USA. v. 1, p. 868-877.

LIMA JÚNIOR, N. R. *Estudo da interação solo-geossintético em obras de proteção ambiental com o uso do equipamento de plano inclinado*. 185 f. Dissertação (Mestrado) – Programa de Pós-Graduação em Geotecnia, Universidade de Brasília, Brasília, DF, 2000.

LINDQUIST, L. N.; BONSEGNO, M. C. Análise de sistemas drenantes de nove barragens de terra da CESP, através da instrumentação instalada. In: SEMINÁRIO NACIONAL DE GRANDES BARRAGENS, TEMA II, 14., ago. 1981, Recife, PE. p. 267-290.

LIST, F. Geotextile filters for self healing of diaphragm cut-off – Förmitz and Schönstädt Dams, Germany. In: RAYMOND, G. P.; GIROUD, J. P. (Ed.). *Geosynthetics case histories*: thirty five years of experience. British Columbia, Canada: ISSMFE Technical Committee TC9 on Geotextiles and Geosynthetics/BiTech Publishers, 1993a. p. 18-19.

LIST, F. Geotextiles for erosion and filter control of earth dam – Frauenau Dam, Germany. In: RAYMOND, G. P.; GIROUD, J. P. (Ed.). *Geosynthetics case histories*: thirty five years of experience. British Columbia, Canada: ISSMFE Technical Committee TC9 on Geotextiles and Geosynthetics/BiTech Publishers, 1993b. p. 20-21.

LIU, G. S. Design criteria of sand sausages for beach defenses. In: INTERNATIONAL CONGRESS OF THE INTERNATIONAL ASSOCIATION FOR HYDRAULIC RESEARCH, 19., 1981, New Delhi, India. p. 123-131.

LIU, G. S.; SILVESTER, R. Sand sausages for beach defense work. In: AUSTRALASIAN HYDRAULICS AND FLUID MECHANICS CONFERENCE, 6., 1977, Adelaide, Australia. p. 340-343.

LONG, J. H. Graphical solution for determining geosynthetic tension in cover systems. *Geosynthetics International*, v. 2, n. 5, p. 777-785, 1995.

LOPES, L. G. R. Aplicação de geotêxteis à pavimentação rodoviária. In: CONFERÊNCIA BRASILEIRA DE GEOSSINTÉTICOS – GEOSSINTÉTICOS'92, 1., 1992, Brasília, DF. p. 301-330.

LOPES, M. L.; LADEIRA, M. Influence of the confinement, soil density and displacement ratio on soil-geogrid interaction. *Geotextiles and Geomembranes*, v. 14, n. 10, p. 543-554, 1996.

LOPES, P. C.; LOPES, M. L.; LOPES, M. P. Shear behaviour of geosynthetics in the inclined plane test: influence of soil particle size and geosynthetic structure. *Geosynthetics International*, v. 8, n. 4, p. 327-342, 2001.

LORD, A. E.; KOERNER, R. M.; SWAN, R. H. Chemical mass transport measurements to determine flexible membrane liner lifetime. *Geotechnical Testing Journal*, v. 11, n. 2, p. 83-91, 1988.

LORENTZ, J.; PLASSIARD, J.-P.; MUQUET, L. An innovative design process for rockfall embankments: application in the protecion of a building at Val d'Isère. In: EURO MEDITERRANEAN SYMPOSIUM ON ADVANCES IN GEOMATERIALS AND STRUCTURES – AGS, 3., 2010, Djerba, Tunisia. p. 277-282.

LOVE, J. P. *Model testing of geogrids in unpaved roads*. Thesis (D.Phil.) – University of Oxford, UK, 1984.

LOVE, J.; MILLIGAN, G. Design methods for basally reinforced pile-supported embankments over soft ground. *Ground Engineering*, p. 39-43, Mar. 2003.

LOW, B. K. Stability analysis of embankments on soft ground. *ASCE Journal of Geotechnical Engineering*, v. 115, n. 2, p. 211--227, 1989.

LOW, B. K.; WONG, H. S.; LIM, C.; BROMS, B. B. Slip circle analysis of reinforced embankments on soft ground. *Geotextiles and Geomembranes*, v. 9, n. 2, p. 165-181, 1990.

LUETTICH, S. M.; GIROUD, J. P.; BACHUS, R. C. Geotextile filter design guide. *Geotextiles and Geomembranes*, v. 11, p. 355--370, 1992.

LYTTON, R. L. Use of geotextiles for reinforcement and strain relief in asphalt concrete. *Geotextiles and Geomembranes*, v. 8, p. 217-237, 1989.

LYTTON, R. L.; UZAN, J.; FERNANDO, E. G.; ROQUE, R.; HILTUMEN, D.; STOFFELS, S. M. Development and validation of performance prediction models and specifications for asphalt binders and paving mixes. SHRP A-357, TRB, National Research Council, Washington, DC, USA, 1993.

MACEDO, I. L.; PALMEIRA, E. M.; ARAUJO, G. L. S. Effects of an abutment construction on soft soil on a neighbouring structure: influence of different construction techniques using geosynthetics. *Soils and Rocks*, v. 32, n. 2, p. 71-82, 2009.

MAGNAN, J. P. *Theorie et pratique des drains verticaux*. Paris, France: Tech. et Doc. e Lavoisier, 1983.

MANJUNATH, V. R.; DEWAIKAR, D. M. Bearing capacity of inclined loaded footing on geotextile reinforced two-layer soil system. In: INTERNATIONAL SYMPOSIUM ON EARTH REINFORCEMENT – IS Kyushu, 1996, Fukuoka, Japan. v. 1, p. 619-622.

MANO, E. B. *Introdução a polímeros*. São Paulo: Blücher, 1985. 111 p.

MANO, E. B. *Polímeros como materiais de engenharia*. São Paulo: Blücher, 1991. 197 p.

MANRICH, S.; FRATTINI, G.; ROSALINI, A. C. *Identificação de plásticos*: uma ferramenta para reciclagem. São Carlos: Editora da UFSCar, 1997. 49 p.

MARTINS, C. C. *Análise e reavaliação de estruturas em solos reforçados com geotêxteis*. 270 f. Dissertação (Mestrado) – Universidade Federal de Ouro Preto, MG, 2000.

MASOUNAVE, J.; DENIS, R.; ROLLIN, A. L. Prediction of hydraulic properties of synthetic fabrics used in geotechnical works. *Canadian Geotechnical Journal*, v. 17, p. 517-525, 1980.

MATHEUS, E. *Comportamento dreno-filtrante de geotêxteis sob condições severas de fluxo*. Dissertação (Mestrado) – Programa de Pós-Graduação em Geotecnia, Universidade de Brasília, Brasília, DF, 1997.

MATHEUS, E. *Efeitos do envelhecimento acelerado e do dano mecânico induzido no desempenho e durabilidade de alguns geossintéticos*. 284 f. Tese (Doutorado) – Programa de Pós-Graduação em Geotecnia, Universidade de Brasília, Brasília, DF, 2002.

MATHEUS, E.; PALMEIRA, E. M.; AGNELLI, J. A. M. Degradação de alguns geossintéticos por radiação ultravioleta e variação de temperatura. *Revista Solos & Rochas*, v. 27, n. 2, p. 177-188, 2004.

MAYNE, P. W.; JONES, S. J. Impact stresses during dynamic compaction. *ASCE Journal of Geotechnical Engineering*, v. 109, n. 10, p. 1511-1516, 1983.

McGOWN, A. *Progress report to Tensar sterring committee*. United Kingdom: University of Strathclyde, 1982.

McGOWN, A.; ANDRAWES, K. Z.; KABIR, M. H. Load-externsion testing of geotextiles confined in soil. In: INTERNATIONAL CONFERENCE ON GEOTEXTILES, 2., 1982, Las Vegas, USA. v. 3, p. 793-798.

McGOWN, A.; ANDRAWES, K. Z.; YEO, K. C. The load-strain-time behaviour of tensar geogrids. In: SYMPOSIUM ON POLYMER GRID REINFORCEMENT IN CIVIL ENGINEERING, ICE, 1984, London, UK.

McGOWN, A.; ANDRAWES, K. Z.; HYTIRIS, N.; MERCEL, F. B. Soil strengthening using randomly distributed mesh elements. In: INTERNATIONAL CONFERENCE ON SOIL MECHANICS AND FOUNDATION ENGINEERING, 11., 1985, San Francisco, USA. v. 3, p. 1735-1738.

McISAAC, R.; ROWE, R. K. Change in leachate chemistry and porosity as leachate permeates through tire shreds and gravel. *Canadian Geotechnical Journal*, v. 42, n. 4, p. 1173--1188, 2005.

McISAAC, R.; ROWE, R. K. Effect of filter/separators on the clogging of leachate collection systems. *Canadian Geotechnical Journal*, v. 43, n. 7, p. 674-693, 2006.

McISAAC, R.; ROWE, R. K. Clogging of gravel drainage layers permeated with landfill leachate. *ASCE Journal of Geotechnical and Geoenvironmental Engineering*, v. 133, n. 8, p. 1026--1039, 2007.

MELLO, L. G. R. *Estudo da interação solo-geossintético em taludes de obras de disposição de resíduos*. 150 f. Dissertação (Mestrado) – Programa de Pós-Graduação em Geotecnia, Universidade de Brasília, Brasília, DF, 2001.

MELLO, L. G. R.; LIMA JÚNIOR, N. R.; PALMEIRA, E. M. Estudo da interação entre interfaces de solos e geossintéticos em taludes de áreas de disposição de resíduos. *Solos e Rochas*, n. 26, p. 19-36, 2003.

MENDES, M. J. A. *Comportamento carga-alongamento de geotêxteis não tecidos submetidos à tração confinada*. 151 f. Dissertação (Mestrado) – Programa de Pós-Graduação em Geotecnia, Universidade de Brasília, Brasília, DF, 2006.

MENDES, M. J. A. *Alguns fatores que influenciam o desempenho de geocompostos bentoníticos sob fluxo de gases e líquidos em barreiras de aterros sanitários*. Tese (Doutorado) – Programa de Pós-Graduação em Geotecnia, Universidade de Brasília, Brasília, DF, 2010.

MENDES, M. J. A.; PALMEIRA, E. M.; MATHEUS, E. Some factors affecting the in-soil load-strain behaviour of virgin and damaged nonwoven geotextiles. *Geosynthetics International*, v. 14, n. 1, p. 39-50, 2007.

MENDES, M. J. A.; TOUZE-FOLTZ, N.; PALMEIRA, E. M.; PIERSON, P. Influence of structural and material properties of GCLs on interface flow in composite liners due to geomembrane defects. *Geosynthetics International*, v. 17, p. 34-47, 2010.

MENDONÇA, M. B. *Avaliação da formação do ocre no desempenho de filtros geotêxteis*. 320 f. Tese (Doutorado) – Coppe, Universidade Federal do Rio de Janeiro, Rio de Janeiro, 2000.

MERRY, S. M.; BRAY, J.; BOURDEAU, P. L. Axisymmetric tension testing of heomembranes. *Geotechnical Testing Journal*, v. 16, n. 3, p. 384-392, 1993.

METRACON INC. *Lining of waste containment and other impoundment facilities*. USEPA/600/2-88/052. Cincinnati, OH, USA, 1988.

MEYERHOF, G. G. The bearing capacity of foundations under eccentric and inclined loads. In: INTERNATIONAL CONFERENCE ON SOIL MECHANICS AND FOUNDATION ENGINEERING, 3., 1953. v. 1, p. 440-445.

MICHAELI, W.; GREIF, H.; KAUFMANN, H; VOSSEBÜRGER, F. J. *Tecnologia dos plásticos*. São Paulo: Blücher, 1995. 205 p.

MICHALOWSKI, R. L. Limit analysis in stability calculations of reinforced soil structures. *Geotextiles and Geomembranes*, v. 16, n. 6, n. 311-332, 1998.

MICHALOWSKI, R. L. Limit analysis with anisotropic fibre -reinforced soil. *Geotéchnique*, v. 58, n. 6, p. 489-501, 2008.

MICHALOWSKI, R. L.; ZHAO, A. Failure of fiber-reinforced granular soils. *ASCE Journal of Geotechnical Engineering*, v. 122, n. 3, p. 226-234, 1996.

MILLAR, P. J.; HO, K. W.; TURNBULL, H. R. *A study of filter fabrics for geotechnical applications in New Zealand*. Central Laboratories Report n. 2-80/5. Ministry of Works and Development, 1980.

MILLIGAN, G. W. E.; EARL, R. F.; BUSH, D. I. Observations of photo-elastic pullout tests on geotextiles and geogrids. In: INTERNATIONAL CONFERENCE ON GEOTEXTILES, GEOMEMBRANES AND RELATED PRODUCTS, 4., 1990, Hague, Netherlands. v. 2, p. 747-751.

MILLIGAN, G. W. E.; JEWELL, R. A.; HOULSBY, G. T.; BURD, H. J. A new approach to the design of unpaved roads – Part I. *Ground Engineering*, p. 25-29, Apr. 1989.

MILOVIC, D. M.; TOUZOT, G.; TOURNIER, J. P. Stresses and displacements in an elastic layer due to inclined and eccentric load over a rigid strip. *Geotéchnique*, v. 20, n. 3, p. 231-252, 1970.

MITCHELL, J. K.; ZORNBERG, J. G. Reinforced soil structures with poorly draining backfills. Part II: case histories and applications. *Geosynthetics*, v. 2, n. 1, p. 265-307, 1995.

MLYNAREK, J. Designing geotextiles as protective filters. In: IAHR CONGRESS, 21., 1985, Melbourne, Australia. p. 154-158.

MLYNAREK, J.; LAFLEUR, J.; LEWANDOWSKI, J. B. Field study on long term geotextile filter performance. In: INTERNATIONAL CONFERENCE ON GEOTEXTILES, GEOMEMBRANES AND RELATED PRODUCTS, 4., 1990, Hague, Netherlands. v. 1, p. 259-262.

MOBASHER, B.; MAMLOUK, M. S.; LIN, H-M. Evaluation of crack propagation properties of asphalt mixtures. *Journal of Transportation Engineering*, v. 123, n. 5, p. 405-413, 1997.

MOLENAAR, A. A. A.; NODS, M. Design method for plain and geogrids reinforced overlays on cracked pavements. In: INTERNATIONAL RILEM CONFERENCE, 3., 1996, London, UK. p. 311-320.

MONONOBE, N. Earthquake-proof construction of mansonry dams. In: WORLD ENGINEERING CONFERENCE, 1929. *Proceedings...* v. 9, 275 p.

MONTANI, S.; LABIOUSE, V.; DESCOEUDRES, F. Impatti di blocchi rocciosi su un modello di galleria di protezione caduta massi. In: PEILA, D. (Ed.). *Proceedings of Convegno su Bonifica di versanti rocciosi per la protezione del territorio*. Trento, Itália: Associazione Georisorse ed Ambiente, 2004. p. 279-293.

MONTANI-STOFFEL, S. *Sollicitation dynamique de la couverture des galeries de protection lors de chutes de blocs*. Thesis (PhD) – École Polytechnique Fédérale de Lausanne, Lausanne, 1998.

MONTESTRUQUE, G. E. *Contribuição para a elaboração de método de projeto de restauração de pavimentos asfálticos utilizando geossintéticos em sistemas anti-reflexão de trincas*. 137 f. Tese (Doutorado) – Divisão de Engenharia de Infraestrutura Aeronáutica, ITA, São José dos Campos, SP, 2002.

MONTEZ, F. T.; MARINI, L. G. Use of geotextiles and geomembranes in irrigation canals – Brazilian case histories. In:

INTERNATIONAL CONFERENCE ON GEOSYNTHETICS, 4., 1990, Hague, Netherlands. v. 2, p. 449-452.

NAREJO, D.; KOERNER, R. M.; WILSON-FAHMY, R. F. Puncture protection of geomembranes – Part II: Experimental. *Geosynthetics International*, v. 3, n. 5, p. 629-653, 1996.

NASCIMENTO, M. T. *Avaliação de dano mecânico em geossintéticos em obras de disposição de resíduos*. 105 f. Dissertação (Mestrado) – Programa de Pós-Graduação em Geotecnia, Universidade de Brasília, Brasília, DF, 2002.

NAVASSARTIAN, G.; GOURC, J. P.; BROCHIER, P. Geocomposite for dam shaft drain – La Parade Dam, France. In: RAYMOND, G. P.; GIROUD, J. P. (Ed.). *Geosynthetics case histories*: thirty five years of experience. British Columbia, Canada: ISSMFE Technical Committee TC9 on Geotextiles and Geosynthetics/BiTech Publishers, 1993. p. 16-17.

NUÑEZ, J. F. J. *Contribuições ao estudo do comportamento de estradas não pavimentadas com e sem reforço geossintético por meio de análises numéricas*. Dissertação (Mestrado) – Programa de Pós-Graduação em Geotecnia, Universidade de Brasília, Brasília, DF, 2015.

OBANDO, J. R. A. *Geossintéticos como reforço de revestimentos em pavimentação*. 95 f. Dissertação (Mestrado) – Programa de Pós-Graduação em Geotecnia, Universidade de Brasília, Brasília, DF, 2012.

OGINK, M. J. M. Investigations on the hydraulic characteristics of synthetic fabrics. *Delf Hydraulics Laboratory*, Netherlands, n. 146, 1975.

OGURTSOVA, J.; BOSSO, A. C. N.; MORILHA JUNIOR, A.; FERNANDES, J. A. A.; MARONI, L. G.; SCHIMDT, L. A. Pavimentos de baixo custo sobe solos argilosos revestidos com membrana impermeável de geotêxtil não-tecido e asfalto. In: REUNIÃO ANUAL DE PAVIMENTAÇÃO, 25., 1991, São Paulo, SP, Sessão Técnica sobre Construção e Controle de Qualidade. 35 p.

OKABE, S. General theory on Earth pressure and seismic stability of retaining wall and dam. *Doboku Gakkaishi, Journal of the Japan Society of Civil Engineers*, v. 10, n. 6, p. 1277-1323, 1924.

OMT – ONTARIO MINISTRY OF TRANSPORTATION. *Guidelines for the design and quality control of geotextiles*. Draft Engineering Material Report. Ontario, Downsview, Canada: Engineering Materials Office, Soils and Aggregate Section, 1992. 44 p.

PALMEIRA, E. M. *Utilização de geotêxteis como reforço de aterros sobre solos moles*. 282 f. Dissertação (Mestrado) – COPPE/UFRJ, Rio de Janeiro, RJ, 1981.

PALMEIRA, E. M. *A study on soil-reinforcement interaction by means of large scale laboratory tests*. 238 f. Thesis (D.Phil.) – University of Oxford, UK, 1987.

PALMEIRA, E. M. *Equipamento de tração confinada da UnB – versão 1*. Relatório de pesquisa, processo n. 400276/90-9/CNPq. Programa de Pós-Graduação em Geotecnia, Universidade de Brasília, Brasília, DF, 1990.

PALMEIRA, E. M. Geossintéticos: tipos e evolução nos últimos anos. In: SIMPÓSIO BRASILEIRO DE GEOSSINTÉTICOS, 1., 1992, Brasília, DF. p. 1-20.

PALMEIRA, E. M. Evolução dos geossintéticos no Brasil. In: SIMPÓSIO BRASILEIRO DE GEOSSINTÉTICOS – GEOSSINTÉTICOS '95, 2., 1995, São Paulo, SP. v. 2, p. 5-15.

PALMEIRA, E. M. *Geossintéticos em aplicações geotécnicas e geoambientais*. 185 f. Publicação GM 001-96. Programa de Pós-Graduação em Geotecnia, Universidade de Brasília, DF, 1996.

PALMEIRA, E. M. Propriedades físicas e hidráulicas de geotêxteis não-tecidos sob pressão. *Revista Solos & Rochas*, v. 20, n. 2, p. 69-78, 1997.

PALMEIRA, E. M. *Estruturas de contenção e aterros íngremes reforçados com geossintéticos*. Programa de Pós-Graduação em Geotecnia, Universidade de Brasília, Brasília, DF, 1998a.

PALMEIRA, E. M. Geosynthetic reinforced unpaved roads on very soft soils: construction and maintenance effects. In: INTERNATIONAL CONFERENCE ON GEOSYNTHETICS, 6., 1998b, Atlanta, USA. v. 2, p. 885-890.

PALMEIRA, E. M. *Equipamento de tração confinada de UnB – versão 2*. Relatório de Pesquisa. Programa de Pós-Graduação em Geotecnia, Universidade de Brasília, Brasília, DF, 1999.

PALMEIRA, E. M. *Curso de estabilização e reforço de solos*: introdução à utilização de geossintéticos. 162 f. Publicação n. GAP001A/2000. Programa de Pós-Graduação em Geotecnia, Universidade de Brasília, DF, 2000.

PALMEIRA, E. M. Discussion leader's report – session on foundations. In: INTERNATIONAL SYMPOSIUM ON EARTH REINFORCEMENT – IS Kyushu, 2001, Fukuoka, Japan. v. 2, p. 963-966.

PALMEIRA, E. M. Fatores condicionantes do comportamento de filtros geotêxteis. In: SIMPÓSIO BRASILEIRO DE GEOSSINTÉTICOS-GEOSSINTÉTICOS, 4., 2003, Porto Alegre. v. 1, p. 49-67.

PALMEIRA, E. M. Bearing force mobilization in pull-out out tests on geogrids. *Geotextiles and Geomembranes*, v. 22, n. 6, p. 481-509, 2004a.

PALMEIRA, E. M. Geosynthetic reinforced walls and slopes. In: ORTIGÃO, J. A. R.; SAYÃO, A. S. F. J. (Ed.). *Handbook of slope stabilisation*. Berlin: Springer-Verlag, 2004b. Cap. 8, p. 243-310.

PALMEIRA, E. M. Geosynthetics in road engineering. In: INTERNATIONAL GEOSYNTHETICS SOCIETY. *IGS leaflets on geosynthetics applications*. USA, 2005.

PALMEIRA, E. M. Soil-geosynthetic interaction: Modelling and analysis. *Geotextiles and Geomembranes*, v. 27, n. 5, p. 368--390, 2009.

PALMEIRA, E. M. Sustainability and innovation in geotechnics: contributions from geosynthetics. XXXII Manuel Rocha Lecture. *Soils and Rocks*, v. 39, n. 2, p. 113-135, 2016.

PALMEIRA, E. M.; ALMEIDA, M. S. S. Atualização do Programa BISPO para Análise de Estabilidade de Taludes. Relatório de Pesquisas IPR Código 2.019.-03.01-2/17/42, Instituto de Pesquisas Rodoviárias – IPR/DNER, RJ, 1980. 82 p.

PALMEIRA, E. M.; ANTUNES, L. G. S. Large scale tests on geosynthetic reinforced unpaved roads subjected to surface maintenance. *Geotextiles and Geomembranes*, v. 28, p. 547-558, 2010.

PALMEIRA, E. M.; CUNHA, M. G. A study of the mechanics of unpaved roads with reference to the effects of surface maintenance. *Geotextiles and Geomembranes*, v. 12, n. 2, p. 109-131, 1993.

PALMEIRA, E. M.; FANNIN, R. J. A methodology for the evaluation of opening sizes of geotextiles under confining pressure. *Geosynthetics International*, v. 5, n. 3, p. 347-357, 1998.

PALMEIRA, E. M.; FANNIN, R. J. Soil-geotextile compatibility in filtration. Keynote Lecture. In: INTERNATIONAL CONFERENCE ON GEOSYNTHETICS, 7., 2002, Nice, France. v. 3, p. 853-872.

PALMEIRA, E. M.; FARIAS, R. J. Geotextile performance as barriers for erosion control. In: EUROPEAN CONFERENCE ON GEOSYNTHETICS-EUROGEO, 2., 2000, Bolonha, Italy. v. 2, p. 789-793.

PALMEIRA, E. M.; GARDONI, M. G. The influence of partial clogging and pressure on the behaviour of geotextiles in drainage systems. *Geosynthetics International*, v. 7, n. 4-6, p. 403-431, 2000a.

PALMEIRA, E. M.; GARDONI, M. G. Geotextiles in filtration: a state-of-the art review and remaining challenges. In: INTERNATIONAL SYMPOSIUM ON GEOSYNTHETICS, GEOENG, 2000b, Melbourne, Australia. v. 1, p. 85-111.

PALMEIRA, E. M.; GARDONI, M. G. Drainage and filtration properties of non-woven geotextiles under confinement using different experimental techniques. *Geotextiles and Geomembranes*, v. 20, n. 2, p. 97-115, 2002.

PALMEIRA, E. M.; GÓNGORA, I. A. G. Assessing the influence of some soil-reinforcement interaction parameters on the performance of a low fill on compressible subgrade. Part I: fill performance and relevance of interaction parameters. *International Journal of Geosynthetics and Ground Engineering*, v. 2, n. 1, p. 1-17, 2016.

PALMEIRA, E. M.; MILLIGAN, G. W. E. Large scale laboratory tests on reinforced sand. *Soils and Foundations*, v. 36, n. 29, p. 18-30, 1989a.

PALMEIRA, E. M.; MILLIGAN, G. W. E. Scale and other factors affecting the results of pull-out tests of grids buried in sand. *Geotéchnique*, v. 39, n. 3, p. 511-524, 1989b.

PALMEIRA, E. M.; VIANA, H. N. L. Effectiveness of geogrids as inclusions in cover soils of slopes of waste disposal areas. *Geotextiles and Geomembranes*, v. 21, n. 5, p. 317-337, 2003.

PALMEIRA, E. M.; BEIRIGO, E. A.; GARDONI, M. G. Tailings-nonwoven geotextile filter compatibility in mining applications. *Geotextiles and Geomembranes*, v. 27, p. 1-27, 2009.

PALMEIRA, E. M.; FANNIN, R. J.; VAID, Y. P. A study on the behaviour of soil-geotextile systems in filtration tests. *Canadian Geotechnical Journal*, v. 33, n. 4, p. 899-912, 1996.

PALMEIRA, E. M.; GARDONI, M. G.; BESSA DA LUZ, D. W. Soil-geotextile filter interaction under high stress levels in the gradient ratio test. *Geosynthetics International*, v. 12, n. 4, p. 162-175, 2005.

PALMEIRA, E. M.; LIMA JÚNIOR, N. R.; MELLO, L. G. R. Interaction between soil and geosynthetic layers in large scale ramp tests. *Geosynthetics International*, v. 9, n. 2, p. 149-187, 2002.

PALMEIRA, E. M.; PEREIRA, J. H. F.; SILVA, A. R. L. Backanalyses of geosynthetic reinforced embankments on soft soils. *Geotextiles and Geomembranes*, v. 16, n. 5, p. 274-292, 1998.

PALMEIRA, E. M.; REMIGIO, A. F. N.; BERNARDES, R. S.; RAMOS, M. L. G. A study on biological clogging of nonwoven geotextiles under leachate flow. *Geotextiles and Geomembranes*, v. 26, p. 205-219, 2008.

PALMEIRA, E. M.; SILVA, A. R. L.; JUNQUEIRA, F. F. Desempenho de sistemas de drenagem alternativos incorporando geossintéticos em obras de disposição de resíduos sólidos urbanos. In: SIMPÓSIO BRASILEIRO DE GEOSSINTÉTICOS, REGEO, 5., 2007, Recife. v. 1, 7 p.

PALMEIRA, E. M.; TATSUOKA, F.; BATHURST, R. J.; STEVENSON, P. E.; ZORNBERG, J. G. Advances in geosynthetics materials and applications for soil reinforcement and environmental protection works. *Electronic Journal of Geotechnical Engineering – EJGE*, v. 8, p. 1-38, 2008.

PALMERTON, J. B. Distinct element modeling of geosynthetic fabric containers. In: INTERNATIONAL CONFERENCE ON GEOSYNTHETICS, 7., 2002, Nice, France. v. 3, p. 1021-1024.

PANDOLPHO, J. R.; GUIMARÃES, D. G. Durabilidade de geotêxteis de poliéster expostos ao intemperismo. In: SIMPÓSIO BRASILEIRO DE GEOSSINTÉTICOS, 2., 1995, São Paulo, SP. v. 1, p. 209-216.

PARANHOS, H. S., PALMEIRA, E. M.; SILVA, A. R. L. *Utilização de materiais alternativos em sistemas dreno-filtrantes de áreas de disposição de resíduos*. Porto Alegre: REGEO, 2003. v. 1, 7 p.

PARIS, P. C.; ERDOGEN, F. A critical analysis of crack propagation laws. *Transactions of the ASME, Journal of Basic Engineering*, series D, v. 85, n. 3, 1963.

PEGGS, I. D. Detection and investigation of leaks in geomembrane liners. *Geosynthetics World*, v. 1, n. 2, p. 7-14, 1990.

PEGGS, I. D. Practical geoelectric leak surveys with hand-held, remote and water lance probes. In: GEOSYNTHETICS '93, 1993. *Proceedings*... Vancouver, Canada: IFAI, 1993. p. 1523-1532.

PEGGS, I. D.; PEARSON, D. L. Leak detection and location in geomembrane lining systems. In: ASCE ANNUAL MEETING, Sept. 1989, Fort Lauderdale.

PEILA, D.; OGGERI, C.; CASTIGLIA, C. Ground reinforced embankments for rockfall protection: design and evaluation of full scale tests. *Landslides*, v. 4, n. 3, p. 255-265, 2007.

PERKINS, S. W. Mechanistic-empirical modeling and design model development of geosynthetic reinforced flexible pavements. Final Report FHWA/MT-01-002/99160-1A, US Department of Transportation, Federal Highway Administration, USA, 2001.

PERKINS, S. W.; ISMEIK, M. A synthesis and evaluation of geosynthetic-reinforced base layers in flexible pavements: part I. *Geosynthetics International*, v. 4, n. 6, p. 549-604, 1997a.

PERKINS, S. W.; ISMEIK, M. A synthesis and evaluation of geosynthetic-reinforced base layers in flexible pavements: part II. *Geosynthetics International*, v. 4, n. 6, p. 605-621, 1997b.

PERKINS, S. W.; ISMEIK, M.; FOGELSONG, M. L. Influence of geosynthetic placement position on the performance of reinforced flexible pavement systems. In: GEOSYNTHETICS '99, 1999, Boston, Massachusetts, USA. v. 1, p. 253-264.

PERKINS, S. W.; CHRISTOPHER, B. R.; THOM, N.; MONTESTRUQUE, G.; KORKIALA-TANTTU, L.; WATN, A. Geosynthetics in pavement reinforcement applications. In: INTERNATIONAL CONFERENCE ON GEOSYNTHETICS, 9., 2010, Guarujá. v. 1, p. 165-192.

PINTO, S.; PREUSSLER, E. S.; RODRIGUES, R. M. Projeto de camadas de reforço com camada intermediária de geotêxtil. In: REUNIÃO ANUAL DE PAVIMENTAÇÃO, 25., 1991, São Paulo, SP. p. 1507-1511.

PLAUT, R. H.; FILTZ, G. M. Deformations and tensions in single -layer and stacked geosynthetic tubes. In: PANAMERICAN CONFERENCE ON GEOSYNTHETICS - GEOAMERICAS 2008, 1., 2008, Cancun, Mexico. p. 382-389.

POHL, D. H. Geomembranas: aplicações e considerações sobre confiabilidade e controle de qualidade. In: SIMPÓSIO SOBRE APLICAÇÕES DE GEOSSINTÉTICOS - GEOSSINTÉTICOS '92, 1., 1992, UnB, Brasília. p. 140-163.

POULAIN, D.; TOUZE-FOLTZ, N.; PEYRAS, L.; DUQUENNOI, C. Conatinment ponds, reservoirs and canals. In: SHUKLA, S. (Ed.). *Handbook of geosynthetic engineering*. UK: Institute of Civil Engineers, 2012. chap. 14, p. 279-302.

PUIG, J.; GOUY, J. L.; LABROUE, L. Ferric clogging of drains. In: INTERNATIONAL CONFERENCE ON GEOTEXTILES, 3., 1986, Vienna, Austria. v. 4, p. 1179-1184.

RAGUTZKI, G. *Beitrag zur ermittlung der filterwitksamkeit durchlassiger kunststoffe*. Jahresbericht der forschungstelle für insel und küstenshutz, band XXV, Nordeney, 1973.

RAITHEL, M.; KEMPFERT, H. G. Calculation models for dam foundations with geotextile coated sand columns. In: GEOENG, 2000, Melbourne, Australia. 6 p.

RAITHEL, M.; KIRCHNER, A.; KEMPFERT, H. G. German recommendations for reinforced embankments on pile-similar elements. In: ASIAN REGIONAL CONFERENCE ON GEOSYNTHETICS, 4., 2008, Shanghai, China. v. 1, p. 697-702.

RAMALHO-ORTIGÃO, J. A.; PALMEIRA, E. M. Geotextile performance at an access road on soft ground near Rio de Janeiro. In: INTERNATIONAL CONFERENCE ON GEOSYNTHETICS, 2., 1982, Las Vegas, USA. v. 1, p. 353-358.

RANKILOR, P. R. *Membranes in ground engineering*. London: Wiley and Co., 1981. 377 p.

RANKILOR, P. R. The weathering of fourteen different geotextiles in temperate, tropical, desert and permafrost conditions. In: INTERNATIONAL CONFERENCE ON GEOTEXTILES, GEOMEMBRANES AND RELATED PRODUCTS, 4., 1990, Hague, Netherlands. v. 2, p. 719-722.

RAUMANN, G. A hydraulic tensile test with zero transverse strain for geotechnical fabrics. *Geotechnical Testing Journal*, v. 2, n. 2, p. 69-76, 1979.

RAYMOND, G. P.; GIROUD, J. P. (Ed.). *Geosynthetics case histories*: thirty five years of experience. British Columbia, Canada: ISSMFE Technical Committee TC9 on Geotextiles and Geosynthetics/BiTech Publishers, 1993.

RECCIUS, G. Muros de contenção de solo reforçado com geogrelhas e paramento de blocos pré-fabricados. In: SIMPÓSIO BRASILEIRO DE GEOSSINTÉTICOS, 3., 1999, Rio de Janeiro. v. 1, p. 421-428.

REMIGIO, A. F. N. *Estudo da colmatação biológica de sistemas filtro-drenantes sintéticos de obras de disposição de resíduos sólidos domésticos sob condições anaeróbias*. Tese (Doutorado) - Programa de Pós-Graduação em Geotecnia, Universidade de Brasília, Brasília, DF, 2006.

REZENDE, L. R. *Estudo do comportamento de materiais alternativos utilizados em estruturas de pavimentos flexíveis*. Tese (Doutorado) - Programa de Pós-Graduação em Geotecnia, Universidade de Brasília, Brasília, DF, 2003.

RICHARDSON, G. R.; MIDDLEBROOKS, P. Simplified design method for silt fences. In: GEOSYNTHETICS '91, 1991, St. Paul, MN, USA, IFAI. p. 879-885.

RIGO, J. M; PERFETTI, J. Nouvelle approache de la mesure de la résistance à traction des geotextiles non-tissées. *Bulletin de Liaison des Laboratoires des Ponts et Chaussées*, n. 107, Mai-Jun, 1980.

RIGO, J. M.; LHOTE, F.; ROLLIN, A. L.; MLYNAREK, J.; LOMBARD, G. Influence of geotextile structure on pore size determination. In: PEGGS, I. D. (Ed.). *Geosynthetics*: microstructure and performance. West Conshohocken, Pennsylvania, USA, 1990. p. 90-101.

RIMOLDI, P.; LORIZZO, R.; PETTINAU, D.; RONCALLO, C.; SECCI, R. Impressive reinforced soil structures in Italy. In: PAN AMERICAN CONFERENCE ON GEOSYNTHETICS - GEOAMERICAS, 1., 2008, Cancun, Mexico. p. 789-798.

ROLLIN, A. L.; MLYNAREK, J.; BOLDUC, G. E. Study of significance of physical and hydraulic properties of geotextiles used as envelopes in subsurface drainage systems. In: INTERNATIONAL CONFERENCE ON GEOTEXTILES, GEOMEMBRANES AND RELATED PRODUCTS, 4., 1990, Hague, Netherlands. v. 1, p. 363.

ROLLIN, A. L.; MARCOTTE, M.; JACQUELIN, T.; CHAPUT, L. Leak location in exposed geomembrane liners using an electrical leak detection technique. *Geosynthetics*, Boston, v. 2, p. 615-626, 1999.

ROSEN, S. L. *Fundamental principles of polymeric materials*. New York: John Wiley and Sons, 1982.

ROWE, R. K.; McISAAC, R. Clogging of tire shreds and gravel permeated with landfill leachate. *ASCE Journal of Geotechnical and Geoenvironmental Engineering*, v. 13, n. 6, p. 682-693, 2005.

ROWE, R. K.; MYLLEVILLE, B. L. J. The stability of embankments reinforced with steel. *Canadian Geotechnical Journal*, v. 30, p. 768-780, 1993.

ROWE, R. K.; SODERMAN, K. L. An approximate method for estimating the stability of geotextile-reinforced embankments. *Canadian Geotechnical Journal*, v. 22, n. 3, p. 392-398, 1985.

ROWE, R. K.; SODERMAN, K. L. Stabilization of very soft soils using high strength geosynthetics: The role of finite element analyses. *Geotextiles and Geomembranes*, v. 6, p. 53-80, 1987.

ROWE, R. K.; YU, Y. Factors affecting the clogging of leachate collection systems in msw landfills. In: INTERNATIONAL CONGRESS ON ENVIRONMENTAL GEOTECHNICS, 6., 2010, New Delhi, India. v. 1, 23 p.

ROWE, R. K.; ARMSTRONG, M. D.; CULLIMORE, D. R. Mass loading and the rate of clogging due to municipal solid waste leachate. *Canadian Geotechnical Journal*, v. 37, n. 2, p. 355-370, 2000a.

ROWE, R. K.; ARMSTRONG, M. D.; CULLIMORE, D. R. Particle size and clogging of granular media permeated with leachate. *Journal of Geotechnical and Geoenvironmental Engineering*, v. 126, n. 9, p. 775-786, 2000b.

ROWE, R. K.; QUIGLEY, R. M.; BOOKER, J. R. *Clayey barrier systems for waste disposal facilities*. London, UK: E&FN SPON, 1997. 390 p.

RUSSELL, D.; PIERPOINT, N. D. An assessment of design methods for piled embankments. *Ground Engineering*, p. 39-44, Nov. 1997.

SABHAHIT, N.; BASUDHAR, P. K.; MADHAV, M. R. Generalized stability analysis of reinforced embankments on soft clay. *Geotextiles and Geomembranes*, v. 13, n. 2, p. 765-780, 1994.

SANDERS, P. J. *Reinforced asphalt overlays for pavements*. Thesis (PhD) – University of Nottingham, UK, 2001.

SANTOS, E. C. G. *Avaliação experimental de muros reforçados executados com resíduos de construção e demolição reciclados (RCD-R) e solo fino*. 214 f. Tese (Doutorado) – Programa de Pós-Graduação em Geotecnia, Universidade de Brasília, Brasília, DF, 2011.

SANTOS, E. C. G.; PALMEIRA, E. M.; BATHURST, R. J. Behaviour of a geogrid reinforced wall built with recycled construction and demolition waste backfill on a collapsible foundation. *Geotextiles and Geomembranes*, v. 39, n. 1, p. 9-19, 2013.

SANTOS, E. C. G.; PALMEIRA, E. M.; BATHURST, R. J. Performance of two geosynthetic reinforced walls with recycled construction waste backfill and constructed on collapsible ground. *Geosynthetics International*, v. 21, n. 4, p. 256-269, 2014.

SCARBOROUGH, J. A. A. A tale of two walls: case histories of failed MSE walls. In: GEOFRONTIERS, 2005, Austin, Texas, USA. *Proceedings*... GSP 140: Slopes and retaining structures under seismic and static conditions. p. 1-12.

SCHEURENBERG, R. J. Experiences in the use of geofabrics in underdrainage of residues deposites. In: INTERNATIONAL CONFERENCE ON GEOTEXTILES, 2., 1982, Las Vegas, USA. v. 1, p. 259-264.

SCHLOSSER, F.; JACOBSEN, H. M.; JURAN, I. Soil reinforcement: general report. In: EUROPEAN CONFERENCE ON SOIL MECHANICS AND FOUNDATION ENGINEERING, 8., 1983, Helsinki. Balkema, 1983. p. 83-103.

SCHOEBER, W.; TEINDL, H. Filter criteria for geotextiles. In: EUROPEAN CONFERENCE ON SOIL MECHANICS AND FOUNDATION ENGINEERING, 7., 1979, Brighton, UK. v. 2, p. 123-129.

SEED, H. B.; WHITMAN, R. B. Design of earth retaining structures for dynamic loads. In: ASCE SPECIALTY CONFERENCE: LATERAL STRESSES IN THE GROUND AND DESIGN OF EARTH RETAINING STRUCTURES, 1970, Ithaca, NY, USA. p. 103-147.

SIEIRA, A. C. C. F. *Estudo experimental dos mecanismos de interação solo-geogrelha*. 363 f. Tese (Doutorado) – Pontifícia Universidade Católica do Rio de Janeiro, 2003.

SILVA, A. M. *Abertura de filtração de geotêxteis sob confinamento*. 129 f. Dissertação (Mestrado) – Programa de Pós-Graduação em Geotecnia, Universidade de Brasília, Brasília, DF, 2014.

SILVA, A. R. L. *Estabilidade de Aterros Sobre Solos Moles Reforçados Com Geossintéticos*. Dissertação (Mestrado) – Programa de Pós-Graduação em Geotecnia, Universidade de Brasília, Brasília, DF, 1996.

SILVA, A. R. L. *Estudo do comportamento de sistemas dreno-filtrantes em diferentes escalas em sistemas de drenagem de aterros sanitários*. 323 f. Tese (Doutorado) – Programa de Pós-Graduação em Geotecnia, Universidade de Brasília, Brasília, DF, 2004.

SILVA, A. R. L.; PALMEIRA, E. M.; VIEIRA, G. R. Large filtration tests on drainage systems using leachate. In: INTERNATIONAL CONGRESS ON ENVIRONMENTAL GEOTECHNICS, 4., 2002, Rio de Janeiro. v. 1, p. 125-128.

SILVA, C. A. *Ensaios de transmissibilidade em geocompostos para drenagem*. Dissertação (Mestrado) – Programa de Pós-Graduação em Geotecnia, Universidade de Brasília, Brasília, DF, 2007.

SILVA, C. A.; PALMEIRA, E. M. Ensaios de transmissibilidade em geocompostos para drenagem sob elevadas tensões normais. In: SIMPÓSIO BRASILEIRO DE GEOSSINTÉTICOS, REGEO, 5., 2007, Recife. v. 1, 7 p.

SILVA, F. A. R.; SILVA, M. N.; SALES, M. J. A.; PALMEIRA, E. M. Estudo da resistência de geossintéticos a fluidos agressivos por termogravimetria. In: REUNIÃO ANUAL DA SOCIEDADE BRASILEIRA DE QUÍMICA, 28., 2005.

SILVA, M. A.; BUENO, B. S.; LIMA, D. C. Estabilização de solos com inclusões curtas aleatórias. In: CONFERÊNCIA BRASILEIRA DE GEOSSINTÉTICOS, 2., 1995, São Paulo. v. 1, p. 327-336.

SILVEIRA, A. An analysis of the problem of washing through in protective filters. In: INTERNATIONAL CONFERENCE ON SOIL MECHANICS AND FOUNDATION ENGINEERING, 6., 1965, Montreal, Canada. *Proceedings*... v. 1, p. 551-555.

SILVESTER, R. Use of grout-filled sausages in coastal structures. *Journal of Waterway, Port, Coastal and Ocean Engineering, ASCE*, v. 112, n. 1, p. 95-114, 1986.

SPRAGUE, J. In-plane rotational stiffness (A.K.A. torsional rigidity). *TRI/Environ Lab Updates*, v. 1, n. 1, 2001. Disponível em: <www.geosynthetica.net/resources/inplane-rotational-stiffness-aka-torsional-rigidity/>. Acesso em: 23 fev. 2015.

STUCKI, M.; BÜSSER, S.; ITTEN, R.; FRISCHKNECHT, R.; WALLBAUM, H. *Comparative life cycle assessment of geosynthetics versus conventional construction materials*. Research Report. Zurich, Switzerland: Swiss Federal Institute of Technology, 2001.

SUGIMOTO, M.; ALAGIYAWANNA, A. N. M.; KADOGUCHI, K. Influence of rigid and flexible face on geogrid pullout tests. *Geotextiles and Geomembranes*, v. 19, n. 5, p. 257-277, 2001.

SWEETLAND, D. B. *The performance of non woven fabrics as drainage screens in subdrains*. Thesis (MSc.) – University of Strathclyde, Scotland, UK, 1977.

TANG, X. *A study of permanent deformation behaviour of geogrid reinforced flexible pavements using small scale accelerated pavement testing*. Thesis (PhD) – Pennsylvania State University, Pennsylvania, USA, 2011.

TANG, X.; CHEHAB, G. R.; PALOMINO, A. Evaluation of geogrids for stabilising weak pavement subgrade. *International Journal of Pavement Engineering*, v. 9, n. 6, p. 413-429, 2008.

TASK FORCE #27. Guidelines for the design of mechanically stabilized earth walls. AASHTO-AGC-ARTBA Joint Committee, Washington, DC, USA, 1991.

TATSUOKA, F.; YAMAUCHI, H. A reinforcing method for steep clay slopes using a nonwoven geotextile. *Geotextiles and Geomembranes*, v. 4, n. 3-4, p. 241-268, 1986.

TATSUOKA, F.; NOJIRI, M.; AIZAWA, H.; TATEYAMA, M.; WATANABE, K. Integral bridge with geosynthetic-reinforced backfill. In: PAN AMERICAN CONFERENCE ON GEOSYNTHETICS – GEOAMERICAS, 1., 2008, Cancún, Mexico. p. 1199-1208.

TEIXEIRA, S. H. C. *Construção e calibração de um equipamento de ensaios de arrancamento de geossintéticos*. 157 f. Dissertação (Mestrado) – Escola de Engenharia de São Carlos, Universidade de São Paulo, São Carlos, SP, 1999.

TEIXEIRA, S. H. C. *Estudo da interação solo-geogrelha em testes de arrancamento e as sua aplicação na análise e dimensionamento de maciços reforçados*. 214 f. Tese (Doutorado) – Escola de Engenharia de São Carlos, Universidade de São Paulo, São Carlos, SP, 2003.

TERZAGHI, K. *Theoretical soil mechanics*. New York: John Wiley and Sons, 1943.

TERZAGHI, K.; PECK, R. B. *Soil mechanics in engineering practice*. New York, USA: John Wiley & Sons, 1967.

THOMAS, R. W.; CASSIDY, P. E. An introduction to polymer science for geosynthetics application. *Geotechnical Fabrics Report*, p. 32-35, Jul./Aug. 1993a.

THOMAS, R. W.; CASSIDY, P. E. An introduction to polymer science for geosynthetics applications: Part two. *Geotechnical Fabrics Report*, p. 10-13, Sept. 1993b.

THOMAS, R. W.; CASSIDY, P. E. An introduction to polymer science for geosynthetics applications: Part three. *Geotechnical Fabrics Report*, p. 25-29, Oct. 1993c.

THOMAS, R. W.; CASSIDY, P. E. An introduction to polymer science for geosynthetics applications: Part four. *Geotechnical Fabrics Report*, p. 18-21, Nov. 1993d.

THOMAS, R. W.; CASSIDY, P. E. An introduction to polymer science for geosynthetics applications: Part five. *Geotechnical Fabrics Report*, p. 12-14, Jan. 1994a.

THOMAS, R. W.; CASSIDY, P. E. An introduction to polymer science for geosynthetics applications: Part six. *Geotechnical Fabrics Report*, p. 6-9, Feb. 1994b.

THORTON, J. S. The stepped isothermal method (SIM) for time-temperature superposition. Report 98-0015-Proc. Creep and Assessment of Geosyntehtics for Soil Reinforcement, 1998.

THREADGOLD, L.; MCNICHOLL, D. P. The design and construction of polymer grid boulder barriers to protect a large public housing site for the Hong Kong housing authority. In: SYMPOSIUM ON POLYMER GRID REINFORCEMENT IN CIVIL ENGINEERING, 1984, The Institution of Civil Engineers, London, UK. Paper 6.6, p. 1-8.

TISSERAND, C.; GOURC, J. P. Geomembrane upstream embankment dam barrier - Ospesdale and Codole Dams, Corsica, France. In: RAYMOND, G. P.; GIROUD, J. P. (Ed.). *Geosynthetics case histories*: thirty five years of experience. British Columbia, Canada: ISSMFE Technical Committee TC9 on Geotextiles and Geosynthetics/BiTech Publishers, 1993. p. 4-5.

TREJOS-GALVIS, H. L. *Avaliação da abertura de filtração de geotêxteis sob confinamento e colmatação parcial*. Dissertação (Mestrado) – Programa de Pós-Graduação em Geotecnia, Universidade de Brasília, Brasília, DF, 2016.

TUPA, N. *Estudo da aderência e interação solo-geossintético*. 168 f. Dissertação (Mestrado) – Programa de Pós-Graduação em Geotecnia, Universidade de Brasília, Brasília, DF, 1994.

TUPA, N.; PALMEIRA, E. M. Estudo da interação entre geossintéticos e solos finos e entre diferentes tipos de geossintéticos. *Revista Solos & Rochas*, v. 18, n. 2, p. 31-41, 1995.

URASHIMA, D. C.; VIDAL, D. Geotextiles filter design by probabilistic analysis. In: INTERNATIONAL CONFERENCE ON GEOSYNTHETICS, 6., 1998, Atlanta, Georgia, USA. *Proceedings*... v. 2, p. 1013-1016.

URIEL, S.; RODRIGUES, J. R. P. Geogrid reinforcement to prevent cracking in dam core – Canales Dam, Spain. RAYMOND, G. P.; GIROUD, J. P. (Ed.). *Geosynthetics case histories*: thirty five years of experience. British Columbia, Canada: ISSMFE Technical Committee TC9 on Geotextiles and Geosynthetics/BiTech Publishers, 1993. p. 14-15.

US NAVFAC. *Design manual*: soil mechanics, foundations and earth structures. NAVFAC DM-7. USA: Department of the Navy, Naval Facilities Engineering Command, 1971.

USACE – UNITED STATES ARMY CORPS OF ENGINEERS. *Plastic filter cloth*. Civil Works Construction Guide Specification n. CW-02215, Office, Chief of Engineers. Washington, DC, 1977.

USEPA – UNITED STATES ENVIRONMENTAL PROTECTION AGENCY. *Design and construction of RCLA/CERCLA final covers*. Seminar Publication, EPA/625/4-91/025. USA, 1991.

USEPA – UNITED STATES ENVIRONMENTAL PROTECTION AGENCY. *Design, operation and closure of municipal solid waste landfills*. Seminar Publication EPA/625/R-94/008. Cincinnati, Ohio, USA, 1994. 86 p.

VAN EEKELEN, S.; BEZUIJEN, A.; VAN TOL, A. F. An analytical model for arching in piled embankments. *Geotextiles and Geomembranes*, v. 39, p. 78-102, 2013.

VAN IMPE, W. F. *Soil improvement techniques and their evolution*. Rotterdam: Balkema, 1989.

VAN IMPE, W. F.; SILENCE, P. Improving of the bearing apacity of wak hydraulic fills by means of geotextiles. In: INERNATIONAL CONFERENCE ON GEOSYNTHETICS, 3., 1986, Vienna, Austria. v. 5, p. 1411-1416.

VAN LEEUWEN, J. H. New methods of determining the stress -strain behaviour of woven and non woven fabrics in the laboratory and in practice. In: COLLOQUE INTERNATIONAL SUR L'EMPLOI DES TEXTILES EN GÉOTECHNIQUE, 1977, Laboratoire Central des Ponts et Chaussées, Paris. v. 2, p. 299-304.

VAN ZANTEN, V. Geotextiles and geomembranes in civil engineering. New York: Wiley-Halsted, 1986.

VAN ZANTEN, R. V.; THABER, R. A. H. Investigation on long-term behaviour of geotextiles in bank protection works. In: INTERNATIONAL CONFERENCE ON GEOTEXTILES, 2., 1982, Las Vegas, USA. v. 1, p. 259-264.

VERMEERSCH, O. G.; MLYNAREK, J. Determination of the pore size distribution of nonwoven geotextiles by a modified capillary flow porometry technique. In: BHATIA, S. S.; SUITS, L. D. (Ed.). *Proc. recent developments in geotextile filters and prefabricated drainage geocomposites*. West Conshohocken, PA, USA: ASTM, 1996. p. 19-34. (ASTM STP, 1281).

VESIC, A. S. Analysis of ultimate load of shallow foundations. *ASCE Journal of Soil Mechanics and Foundation Engineering Division*, v. 99, n. 1, p. 45-73, 1973.

VESIC, A. S. Bearing capacity of shallow foundations. In: WINTERKORN, H. F.; FANG, H. Y. (Ed.). *Foundation engineering handbook*. New York, USA: Van Nostrand Reinhold, 1975. Chap. 3, p. 121-147.

VEYLON, G.; STOLTZ, G.; MÉRIAUX, P.; FAURE, Y. H.; TOUZE-FOLTZ, N. Performance of geotextile filters after 18 years service in drainage trenches. *Geotextiles and Geomembranes*, v. 44, p. 515-533, 2016.

VIANA, H. N. L. *Estabilidade de taludes de áreas de disposição de resíduos revestidos com geossintéticos: influência da presença de geogrelhas*. 98 f. Dissertação (Mestrado) – Programa de Pós-Graduação em Geotecnia, Universidade de Brasília, Brasília, DF, 2003.

VIANA, H. N. L. *Estudo da estabilidade e condutividade hidráulica de sistemas de revestimento convencionais e alternativos para obras de disposição de resíduos*. Tese (Doutorado) – Programa de Pós-Graduação em Geotecnia, Universidade de Brasília, Brasília, DF, 2007.

VIRGILI, A.; CANESTRARI, F.; GRILLI, A.; SANTAGATA, F. A. Repeated load test on bituminous systems reinforced by geosynthetics. *Geotextiles and Geomembranes*, v. 27, p. 187--195, 2009.

VOLKMER, M. V.; DIAS, T. G. S. Design and construction aspects of a geocomposite drainage system in a dam. In: PANAMERICAN CONFERENCE ON GEOSYNTHETICS-GEOAMERICAS, 2., 2012, Lima, Peru. Paper GEO12-FW-081, 10 p.

VOSKAMP, W.; RISSEEUW, P. Method to establish the maximum allowable load under working conditions of polyester reinforcing fabrics. *Geotextiles and Geomembranes*, v. 6, n. 2, p. 173-184, 1987.

WANG, T. R.; YE, Z. X.; QI, S. W. Geotextile-aggregate mat and vertical drains for deep foundation improvement, gas-holder at Hangzhou, China. In: RAYMOND, G. P.; GIROUD, J. P. (Ed.). *Geosynthetics case histories*: thirty five years of experience. British Columbia, Canada: ISSMFE Technical Committee TC9 on Geotextiles and Geosynthetics/BiTech Publishers, 1993. p. 166-167.

WASTI, Y.; ÖZDÜZGÜN, Z. B. Geomembrane-geotextile interface shear properties as determined by inclined board and direct shear box tests. *Geotextiles and Geomembranes*, v. 19, n. 1, p. 45-57, 2001.

WATES, J. A. Filtration, an application of a statistical approach to filters and filter fabrics. In: REGIONAL CONFERENCE FOR AFRICA ON SOIL MECHANICS AND FOUNDATION ENGINEERING, 7., 1980. *Proceedings*... p. 433-440.

WEBSTER, S. L. Geogrid reinforced base courses for flexible pavements for light aircraft, test section construction, behavior under traffic, laboratory tests and design criteria. Technical Report GL-93-6, US Army Corps of Engineers, Waterways Experiment Station, Vicksburg, USA, 1993.

WEBSTER, S. L.; ALFORD, S. J. Investigation of construction concepts for pavements across soft ground. US Army Waterways Rsearch Station, Vicksburg, USA, TR-S-78-6, 1978.

WEI, W. Geotextile for downstream drain – Yangdacheng Dam, China. In: RAYMOND, G. P.; GIROUD, J. P. (Ed.). *Geosynthetics case histories*: thirty five years of experience. British Columbia, Canada: ISSMFE Technical Committee TC9 on Geotextiles and Geosynthetics/BiTech Publishers, 1993. p. 24-25.

WERNER, G.; PÜHRINGER, G.; FROBEL, R. K. Multiaxial stress rupture and puncture testing of geotextiles. In: INTERNATIONAL CONFERENCE ON GEOSYNTHETICS, 4., 1990, Hague, Netherlands. v. 2, p. 765-770.

WHITMAN, R. V.; BAILEY, W. A. Use of computers for slope stability analysis. *ASCE Journal of the Soil Mechanics and Foundation Engineering Division*, v. 93, n. SM4, p. 475-498, 1967.

WILSON-FAHMY, R. F.; NAREJO, D.; KOERNER, R. M. Puncture protection of geomembranes – Part I: Theory. *Geosynthetics International*, v. 3, n. 5, p. 605-628, 1996.

WRIGLEY, N. E. Durability and long-term performance of Tensar polymer grids for soil reinforcement. *Materials and Science Technology*, v. 3, p. 161-170, 1987.

WSDOT – WASHINGTON STATE DEPARTMENT OF TRANSPORTATION. *Method for determination of long-term strength for geosynthetic reinforcement*. WSDOT test method n. 925. 1998. 48 p.

YOO, C.; JUNG, H. Y. Case history of geosynthetic reinforced segmental retaining wall failure. *ASCE Journal of Geotech-*

nical and Geoenvironmental Engineering, v. 132, n. 12, p. 1538--1548, 2006.

ZAESKE, D. *Zur Wirkungsweise von unbewehrten und bewehrten mineralischen Tragschichten über pfahlartigen Gründungselementen.* Helft 10. Schriftenreihe Geotechnik. Germany: Universität Gh-Kassel, 2001.

ZAESKE, D.; KEMPFERT, H. G. *Berechnung und Wirkungsweise von unbewehrten und bewehrten mineralischen Tragschichten auf punkt und linienförmigen Traggliedern.* Bauingenieur, Band 77. 2002.

ZANZIGER, H. Efficiency of geosynthetic protection layers for geomembrane liners: Performance in a large-scale model test. *Geosynthetics International*, v. 6, n. 4, p. 303-317, 1999.

ZHOU, F.; HU, S.; HU, X.; SCULLION, T. Mechanistic-empirical asphalt overlay thickness design and analysis system. Report 0-5123-3, Project n. 0-5123, Texas Department of Transportation and Federal Highway Administration, USA, 2008.

ZHUANG, Y.; WANG, K. Y.; LIU, H. L. A simplified model to analyze the reinforced piled embankments. *Geotextiles and Geomembranes*, v. 42, p. 154-165, 2014.

ZORNBERG, J. G. Discrete frame work for limit equilibrium analysis of fibre-reinforced soil. *Geotéchnique*, v. 52, n. 8, p. 593-604, 2002.

ZORNBERG, J. G.; MITCHELL, J. K. *Poorly draining backfills for reinforced soil structures*: a state of the art review. Geotechnical Engineering Report n. UCB/GT/92-10. Berkeley: University of California, 1992.

ZORNBERG, J. G.; MITCHELL, J. K. Reinforced soil structures with poorly draining backfills. Part I: reinforcement interactions and functions. *Geosynthetics International*, v. 1, n. 2, p. 103-148, 1994.

ZORNBERG, J. G.; CHRISTOPHER, B.; MITCHELL, J. K. Performance of a geotextile-reinforced slope using decomposed granite as backfill material. In: SIMPÓSIO BRASILEIRO DE GEOSSINTÉTICOS, 2., 1995, São Paulo. v. 1, p. 19-30.